普通高等教育“十一五”国家级规划教材
科学出版社“十三五”普通高等教育本科规划教材

大学物理学

（下册）

（第二版）

主　编　李承祖
副主编　曾交龙

科学出版社

北　京

内 容 简 介

本书是普通高等教育“十一五”国家级规划教材《大学物理学》修订版，是科学出版社“十三五”普通高等教育本科规划教材，是“大学物理学立体化系列教材”之一.

本书遵循教育部对精品教材的质量要求，按照“科技底蕴厚实，创新能力突出”的人才培养目标和理念，针对高素质新型军事人才培养对大学物理教学的需要，在原《大学物理学》基础上修订而成. 全书内容体现现代化的要求，不仅系统地介绍了相对论、量子论的基本原理以及半导体、超导体、激光技术、核物理和核技术、量子纠缠和量子信息技术、纳米科技基础等，还包括物理学中的对称性、非平衡热力学简介、非线性物理简介、广义相对论简介等内容. 此外还包括了一些物理学著名实验介绍以及物理学家传记和趣闻轶事. 全书内容精炼、语言简洁，编排上由浅入深、循序渐进，遵从认识规律和教学规律，突出物理图像、物理思想、物理方法教学，淡化具体技术、数学细节. 全书分上、下两册，本书为下册，包括振动、波动、电磁波和波动光学，相对论、物理学中的对称性，量子物理基础，高新技术的物理基础四部分.

本书可作为高等学校理工科非物理专业本科生大学物理课程的教材和参考书，亦可供其他专业的教师和学生阅读与选用.

图书在版编目（CIP）数据

大学物理学. 下册/李承祖主编. —2 版. —北京：科学出版社，2019.2

普通高等教育“十一五”国家级规划教材 · 科学出版社“十三五”普通高等教育本科规划教材

ISBN 978-7-03-060440-8

Ⅰ. ①大…　Ⅱ. ①李…　Ⅲ. ①物理学-高等学校-教材　Ⅳ. ①O4

中国版本图书馆 CIP 数据核字（2019）第 014041 号

责任编辑：窦京涛 / 责任校对：郭瑞芝

责任印制：霍　兵 / 封面设计：迷底书装

科学出版社 出版

北京东黄城根北街 16 号

邮政编码：100717

http://www.sciencep.com

石家庄继文印刷有限公司印刷

科学出版社发行　各地新华书店经销

*

2009 年 7 月第　一　版　开本：720 × 1000　1/16

2019 年 2 月第　二　版　印张：27 1/2

2025 年 1 月第十七次印刷　字数：554 000

定价：52.00 元

（如有印装质量问题，我社负责调换）

前　言

本书是原 2009 年版《大学物理学》基础上的修订版，基本上沿袭了原版教材的教学理念和编写指导思想，此次根据近十年来原版教材使用经验和当前大学物理教学改革现状和趋势，作了以下修订和调整：

(1) 为配合"翻转课堂教学法"的需要，调动学生学习积极性，指导学生预习、自学，在每章开头给出"学习指导"意见，包括预习本章需要重点掌握理解的内容，以及对教师讲授、组织教学的建议，同时删除原版每章后的"内容提要"；

(2) 删除或改写原版教材中带"*"的部分章节以及其他过高的要求和内容，压缩原教材的字数和篇幅；更着重军事、高技术的物理原理，进一步突出军事应用的特色；

(3) 将原版教材力学部分中"质点力学"和"质点系力学"两章合并，删除其中重复，压缩了力学部分篇幅和教学学时，更突出了本书编写的指导思想；

(4) 改变原版教材中习题编写的指导思想，由原来偏重数学和解题技巧训练，变成强化基本物理思想、物理概念、物理方法训练；内容上增加反映近代物理、现代高新技术需要，特别是国防高科技和军事应用的例题和习题；

(5) 更新原版教材中的部分插图，改进原书面貌、风格，使版面更清新活泼；充分利用现代化教学手段，编好配套教材.

参加修订工作的人员和分工如下：曾交龙教授是该修订项目负责人，并承担"电磁学"部分；张婷副教授是项目组秘书，负责协调、联系和文字校订；张晚云副教授参加"力学"部分修订，负责全书插图、版面设计及电子教案编制；江遴汉副教授负责"热学"部分(前三章)以及全书习题选编及习题解答辅助教材编写，陈平形教授负责热学部分第 4 章，沈曦副教授负责"振动 波动 电磁波和波动光学"部分第 1，2，4，5，6 章，李承祖负责"力学"、"振动 波动 电磁波和波动光学"部分第 3 章、"相对论 物理学中的对称性"、"量子物理基础"、"高新技术的物理基础"和"附录"等部分修订，以及全书内容和文字综合、修改和审定.

作者对国防科技大学学校和文理学院，科学出版社窦京涛编辑及其他为本书出版提供帮助的有关人员表示感谢！

编　者

2018 年 5 月

第一版前言

本书是普通高等教育“十一五”国家级规划教材，是编者遵循国家对精品教材的质量要求，按照“科学底蕴厚实，创新能力强”的要求，针对高素质新型军事人才培养对大学物理教学需要，在原《基础物理学》基础上改编而成，教材内容一定程度上反映了编者参于大学物理精品课程建设的经验和体会，特别是近年来对大学物理教学改革的探索和思考.

一

本书的编者继承了编写《基础物理学》的理念和做法，即基础物理教学的目的，不仅仅是为学习后续专业课程服务，通过基础物理教学还应当使学生获得完整的物质世界图像，认识物质世界运动、变化的基本规律；掌握基本物理学语言、概念和物理学的基本原理和方法；对物理学历史、现状和前沿有整体上全面的了解；还应当使学生学会科学思想、科学方法，经受科学精神、科学态度的熏陶、培养，提高其科学、文化素质. 物理教学内容改革的出发点就应当是开发物理教学的这种高品位的文化功能，为提高学生的科学、文化素质服务.

为贯彻这一教学新理念，在教学内容上，重点应放在**物理图像**、**物理思想**、**物理方法**的教学上，而不是满足于仅仅介绍某些物理学现象和知识；要坚持教学内容的现代化改革，充分反映以相对论、量子论为核心的 20 世纪新物理学. 特别是量子力学的基本概念、原理和方法应系统地介绍给学生. 应当在现代物理的基础上给学生构筑合理的、开放的物理知识背景和结构，使他们能以此为基础，去接受、理解当代科技新概念、新技术和最新文献资料；尽可能全面地介绍物理学最基本的原理，给学生描绘出一个包括非线性、量子性、统计的因果性、对称性、时空的物质性、时间方向性等完整的物质世界图像.

在教材处理方法上，坚持“**三个层次、一个统一**”的做法. “三个层次”就是将传统的大学物理教学内容分为三个不同层次.

第一层次：体现现代物理思想，有助于学生获得完整的物质世界图像，建立科学世界观的内容. 例如，世界本质上是量子的；线性问题是一般非线性的近似；Laplace 决定论的因果关系是一般统计因果关系的特殊情况；相对论的时空观，空间、时间和物质运动不可分离的观点；信息即负熵的观点；场作用的观点；相位因子场和相干叠加的观点；物质运动，运动守恒的观点；物质相互作用、相互联系，运动是有规律的，运动规律是可认识的观点；对称性决定相互作用、对称性支配物理规律的观点；物质结构分层次，不同层次的物质遵循不同运动规律的观点等.

第二层次：描述不同物质层次(机械运动、热运动、辐射场，微观粒子)运动基本规律. 这部分内容是教学内容的主题，教学目的是培养学生掌握基本物理学语言、概念、理论和方法，掌握物质世界各层次运动的基本规律.

第三层次：运用第二层次得到的基本规律，或研究一定范围内不同现象局部的、具体的规律；或说明、解释一些自然现象，或说明物理学在生产实际、科学技术中的具体应用. 这一层次内容的教学要体现分析问题、解决问题能力训练，素质培养的要求.

对不同层次采用不同处理，第二层次是第一层次的载体，是教学内容主体和重点. 适当地、有选择地处理第三层次，通过第二层次内容的教学引申、上升到第一层次.

“一个统一”就是用突出“运动状态”的概念，用“独立状态参量描述运动状态，通过状态参量、状态函数的演化表示运动规律”这一理论框架，用统一的体系处理力、热、电及量子物理. 这样做的好处是理论线条清晰，达到优化经典物理教学内容，降低学习量子物理的难度的目的.

二

在改编中做了以下几方面的补充和调整：

(1) 以现代物理思想、观点整合、压缩经典内容，加强近代物理教学. 为了突出波动这一在现代物理中极为重要的运动形式，将振动、“机械波”、电磁波、波动光学合并为一部分，利用机械波的直观性介绍波的概念、描写方法、基本原理，将光波作为电磁波的特例；为物质波概念打下基础；将“非线性振动”“混沌”压缩为一节，放在“振动”一章中；将“物理学和对称性 ”从力学移出，和相对论部分合并，学生具备电磁学和相对论知识后，可能更容易理解物理学的对称性问题. 增加“电磁波的发射和传播”“地球的电磁环境”等内容；在“高新技术物理学基础”部分，补充了超导体和纳米材料等内容.

(2) 编写过程中，编者吸取中美两种教育方式的优点和特色，互相取长补短，努力将两者的优点和谐地统一起来. 一方面，尊重认识规律、教学规律，注意教材的系统性、内在逻辑性，但不追求数学严密(为了教材的系统性，便于学生参考，一些必要的数学知识或推导放在书后的附录中). 根据不同情况，或做粗线条处理，或直接跳过去；在讲知识时，注意趣味性；在讲科学时，注意其中的人性化特征；在这些看似矛盾的地方找到合适的结合点. 努力将教材内容的先进性，系统性、可教性，知识性和趣味性，理论和实践等更好地统一起来.

(3) 突出军事应用特色，当代国防高技术涉及的物理原理，都在物理相应的部分和章节中体现，以讲清物理原理为主，淡化具体技术细节；补充了与国防高技术有关的内容(如 GPS 定位、卫星、火箭技术、电磁波、雷达、激光、半导体、核武器原理和防护、量子保密技术等)；在物理科学知识基础上；全书努力构建一个合理的、开放的物理背景和知识结构，使学生对当代国防高技术的物理原理和技术基础有全面、系统的了解.

(4) 突出了实验教学；体现“从现象引出概念，由实验总结出规律”的普物风格. 教材中新增了描绘作为物理学基石的一些典型实验(如法拉第电磁感应实验、赫兹实验、迈克尔孙-莫雷实验、密立根实验、卢瑟福实验、黑体辐射实验、光电效应实验、康普顿散射实验、物质波实验、量子密钥分配实验等). 通过这些实验内容教学，体现物理学实验的研究方法，认识和实践的关系；培养学生实事求是的科学态度，加强创新意识和创新能力培养.

(5) 书中新编入一些物理学家的生平趣闻轶事，以及充满哲理、启迪睿智的科学故事，体现教材的人性化和趣味性. 这些材料都插在正文中用小字印出，目的是使学生在逻辑思考间隙，放松一下，了解一些物理学发展的历史，受到科学精神、创新意识的熏陶.

书中重绘、增加了许多插图，教材的整体面貌有一定改进.

三

在改编中坚持了对以下几个问题的看法：

(1) 关于“基础物理学”内容.

基础物理学内容可以不可以涉及某些理论物理的内容？我们认为普通物理、理论物理是针对物理专业划分的. 对于非物理专业学生来说，他们的全部物理课程就是这么一个，不应当只限于物理专业普通物理内容. 围绕着上述基础物理教学目的需要，优化后的教学内容可以包括某些属于理论物理的内容，比如相对论和量子力学中的某些内容. 在优化原则下，一些问题的讲法上也可以借鉴理论物理的处理方法.

(2) 关于“普物风格”.

普物风格是好的，基础物理学应当体现这种风格. 但是“风格”毕竟是一种外在表现形式，不应当限制内容，也不是决定教学效果的唯一因素，甚至也不是主要因素. 关于什么是普物风格，赵凯华先生说[①]：“我的理解是讲授尽量避免艰深和复杂的数学，突出物理本质，树立鲜明的物理图像……，在介绍广义相对论的一些基本内容时，避免了黎曼几何与时空度规等数学语言. ”显然“普物风格”不是科普，必要的数学工具还是要用的. 我们体会，“普物风格”的根本是“**从现象中引出物理概念，从实验事实的分析中总结出物理规律**”. “普物风格”一定程度上是相对理论物理方法来说的，理论物理方法是从已知的物理规律出发，通过逻辑和数学得到对物理现象更深入、更系统、更本质的认识. 作为基础物理学，实验规律尚未介绍，是没办法按完全的理论物理方法组织教学的，从这个意义上说，基础物理学只能是“普物风格”.

(3) 关于数学工具.

作为基础物理，考虑到学生的承受能力，尽量避免艰深的数学工具是必要的. 但数学对物理学的重要性是众所周知的. **数学是物理学的语言和工具，它可精确地表述概念，简洁、严格地表示物理规律，可靠、深刻地揭示现象本质，有时是不可替代的**. 牛顿当初就是要表述它的力学理论才发明了微积分. 如果没有微积分，我们很难想象牛顿力学应如何表述；如果不用矢量、微积分等数学工具，麦克斯韦的电磁理论如何能准确地表达.

如果说不用微积分就不能精确地表示物理规律，那么不引进张量的概念就不能准确地表述支配物理规律的对称性. 我们认为在基础物理中引进“张量”的概念是必要的. 首先，张量实际上已经用了，如标量就是零阶张量，矢量就是一阶张量. 没有人对基础物理中使用矢量提出异议. 其次张量的概念学生应当是可接受的，定义三维空间张量的坐标系转动变换，学生在解析几何中已熟悉. 最后引用张量概念可以加深我们对许多基本物理问题的理解，大大简化有关问题的处理. 比如可以根据三维空间的各向同性性质，解释为什么所有物理量都具有标量、矢量或张量性质；可以把类似的思想推广到四维空间$(x,y,z,\mathrm{i}ct)$，把洛伦兹变换解释为四维空间中的坐标系转动变换. 从而可以类似地定义四维张量，把物理学相对性原理表述为：物理规律应取四维空间张量方程形式. 这种做法的实际意义是可以简单地得出质-速关系，质-能关系，相对论的Doppler效应，推导力的变换；特别是可以简单地解释电磁场的统一性和相对性，推导电荷密度、电流密度的变换(矢势和标势的变换)，电磁场的变换等.

(4) 关于教学指导思想、教学方法.

赵凯华先生在他的新概念物理学“力学”序言中，曾谈到杨振宁[②]先生对中

① 赵凯华，罗蔚茵. 新概念物理教程 热学. Ⅱ. 北京：高等教育出版社，1998.

② 杨振宁，近代科学进入中国的回顾与前瞻. 见蔡枢，吴铭磊编，大学物理(当代物理前沿专题部分)，北京，高等教育出版社，1996.

美教育方式的比较[①]. 杨先生认为中国传统教育提倡按部就班的教学方法，认真的学习态度，这有利于学生打下扎实的基础，但相对来说，缺少创新意识；美国提倡“渗透式”的教学方式，其特点是学生在学习的时候，往往对所学的内容还不太清楚，然而就在这过程中一点一滴地学到了许多东西，这是一种体会式的学习方法. 我们的“填鸭式”教学，要求学生当堂消化，当堂理解，一方面大大限制了课堂信息量，使教学内容和学时的矛盾更加突出；另一方面也造成了学生只会接受灌输的学习方法，缺乏积极主动地去吸收营养、成长自己的精神和能力. 结果造成学生知识面窄，缺乏去接受、理解不大熟悉的新东西的知识结构和主动精神. 这种做法的另一后果是培养的学生一个模式，不利于学生特长发挥和优秀人才脱颖而出. 如果稍稍改变一下这种做法，基础物理教学内容改革就会有更广阔的天地.

四

关于本书使用方法的建议.

本书是针对国防科技大学“大学物理”(140 学时)和“高新技术中的物理基础”(30 学时)课程教学需要编写的. 书中第一～六部分用于“大学物理”课程，第七部分用于“高新技术中的物理基础”课程. 用小号字印出的章节可作为选讲内容. 去掉带“*”号的章节，其余的内容作为指挥类各专业(126 学时)的教材.

本书突出物理图像、基本物理概念、原理和方法教学，尽管书中，对许多重要结果都给出了较为详尽的数学处理(这些内容大多都放在书后的附录中)，这纯粹是为了更严格、准确地表述物理思想和原理的需要，并不要求学生完全掌握. 教师可以选讲、指导学生阅读或去掉不要. 本书目的是给出一个较为完整的物理学理论框架，为理解可能遇到的各种技术问题提供必要的物理背景，打下必要的基础，给教师和学生发挥主动性、积极性提供更大的空间. 并不追求面面俱到，允许学生不掌握书中某些细节.

本书的部分附录是根据我们的教学经验编写的，目的是在“高等数学”和物理需要之间架设一个桥梁. 经验告诉我们，适当讲解或指导学生使用这些材料可以收到事半功倍的效果.

五

参加本书编写的有：杨丽佳改编了第一部分“力学”中第 2～4 三章；陆彦文

① 赵凯华，罗蔚茵. 新概念物理教程 力学. Ⅳ. 北京：高等教育出版社，1995.

改编第二部分“热学”中 1～3 三章；陈平形改编了“热学”中第 4 章；袁建民改编了第六部分“量子物理基础”中第 5 章. 李承祖改编“力学”中第 1 章，第三部分“电磁学”，第四部分“振动、波动和波动光学”，第五部分“相对论和物理学中的对称性”，第六部分“量子物理基础”中的第 1～4 章以及第七部分“高新技术中的物理学基础”. 江遴汉重新整理、编写了本书的全部习题和习题参考答案. 李承祖对全书进行补充、改写和审定；杨丽佳召集、组织了本书的多次讨论会，并在本书出版方面做了大量具体工作.

编者还要感谢参加原《基础物理学》编写的沈曦副教授：他编写了原“波动光学”部分的初稿；田成林副教授：他编写了原书“非线性物理简介”一章；陈宇中副教授：他编写了原第七部分中“核物理和核技术”一章. 参加原书习题编写的还有张祖荣(力学、振动和波)；曹慧(热学)；林晓楠(电磁学)；陈菊梅(相对论、量子物理基础). 本书编者对他们表示感谢.

由于编者学识有限，加之时间仓促，书中肯定会有一些不当，恳请读者批评指正.

编　者

2008 年 9 月 4 日

目　　录

第五部分　相对论　物理学中的对称性

第六部分　量子物理基础

第七部分　高新技术的物理基础

第四部分　振动　波动　电磁波和波动光学

振动和波动是自然界物质十分普遍的运动方式，声波、电磁波(包含光波)不仅在日常生活中常见，而且广泛应用于现代科学和技术中. 近代量子物理揭示微观粒子的运动要用物质波描述，也遵从波动规律.

这一部分首先利用机械振动和机械波的直观性，介绍振动和波动的概念、描写方法以及相干叠加等波的基本原理，然后从麦克斯韦方程组出发，阐明电磁波的存在、电磁波的激发和传播特性；最后将光作为电磁波的特例，更仔细地研究光波的干涉、衍射和偏振. 本章关于波和波相干叠加性的讨论是理解量子物理各种神秘量子现象的基础.

第 16 章　振　　动

物体围绕平衡位置做往复运动称为**机械振动**(mechanical vibration). 机械振动是自然界一种十分普遍的运动形式，挂钟摆锤的摆动、物体发声、与机械运转相伴的机座的运动、地震、晶体中原子的运动等都是机械振动的例子.

机械振动是物体相对平衡位置的**位移量**随时间做周期变化. **振动**(vibration)作为一种变化方式不限于机械运动，**任何一个物理量，如果在某一数值附近反复变化，就说这个物理量在振动**. 如交变电路中的电压、电流，交变电磁场中的电场强度、磁场强度等. 这些振动表现形式虽然不同，但满足相同的微分方程，可以用统一的数学形式描述.

本章我们以直观的机械振动为例，研究振动的普遍性质和规律.

学习指导：预习时重点关注①什么是简谐振动、简谐振动的三个特征量、简谐振动的描写方法；②简谐振动的动力学方程和能量转换；③阻尼振动动力学和分类，受迫振动动力学以及共振现象；④沿同一直线振动的合成，频谱分析的概念；⑤沿互相垂直两直线振动的合成.

教师可就简谐振动的概念、特征量、描写方法、动力学方程和能量转换简要讲解；就阻尼振动、受迫振动，特别是共振现象、频谱分析、互相垂直振动的合成作重点讲解；简要介绍非线性振动的概念和混沌现象.

§ 16.1 简谐振动运动学

振动最简单的形式是**简谐振动**(simple harmonic vibration). 利用数学方法可以证明，自然界各种复杂的振动都可表示为简谐振动的合成. 所以研究简谐振动是分析和理解一切复杂振动的基础.

16.1.1 简谐振动

物体相对平衡位置的位移随时间按余弦(或正弦)规律变化，物体的这种运动形式称为简谐振动.

一轻质弹簧一端固定，另一端固结一个可自由运动的小球，就构成一个**弹簧振子**(图 16.1.1). 称弹簧处在自由长度时小球的位置为**平衡位置**(记为 O)，取 O 为坐标原点，弹簧伸长方向为 x 轴. 正向移动小球使弹簧拉长或压缩，然后释放，当小球和桌面间的摩擦可忽略时，小球在弹簧弹性力作用下，将沿着 x 轴在 O 点附近做往复运动. 下一节我们将证明，物体的这种运动就是简谐振动.

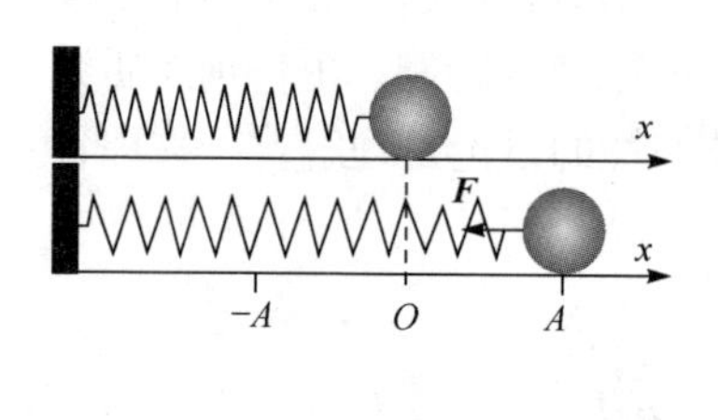

图 16.1.1

作简谐振动物体相对平衡位置的位移可表示为

$$x = A\cos(\omega t + \phi) \tag{16.1.1}$$

其中 A 为最大位移量，称为**振幅**(amplitude)；称物体在单位时间内完成的往复运动次数为振动**频率**(frequency)，记为 ν；频率的倒数 $T = 1/\nu$，是物体完成一次全振动需要的时间，称为**周期**(period). 式(16.1.1)中的 $\omega = 2\pi\nu$，称为**圆频率**(angular frequency). $\omega t + \phi$ 是振动**相位**(phase)，ϕ 是 $t = 0$ 时刻的相位，称为**初相位**(initial phase).

对简谐振动，如果 A, ω, ϕ 已知，式(16.1.1)就完全确定. A, ω, ϕ 称为简谐振动的三个**特征量**.

16.1.2 简谐振动的描述方法

描述简谐振动有三种方法.

(1) 解析法：给出位移对时间关系的式(16.1.1)形式的解析表示.

(2) 曲线法：给出振动物体的位移量对时间关系的曲线(图 16.1.2). 给出振动曲线，描述简谐振动的三个特征量都可从曲线上求出(见例 16.1.2).

(3) 旋转矢量法：选定坐标原点 O，以 Ox 为极轴，作矢量 $\overrightarrow{OM}$，使 $\left|\overrightarrow{OM}\right|$ 等于振幅 A，$\overrightarrow{OM}$ 和极轴的夹角等于初相位 ϕ. 从 $t=0$ 时刻开始，令 $\overrightarrow{OM}$ 以角速度 ω (振动圆频率)在极轴和 $\overrightarrow{OM}$ 确定的平面内逆时针转动(图 16.1.3), $t>0$ 时刻 $\overrightarrow{OM}$ 和极轴的夹角为 $\omega t+\phi$，$\overrightarrow{OM}$ 末端点 M 在 x 轴上投影 M' 相对原点 O 的位移就是 $x=A\cos(\omega t+\phi)$. 所以，当 $\overrightarrow{OM}$ 作匀角速度转动时，其端点在 Ox 轴上的投影的运动就是简谐振动.

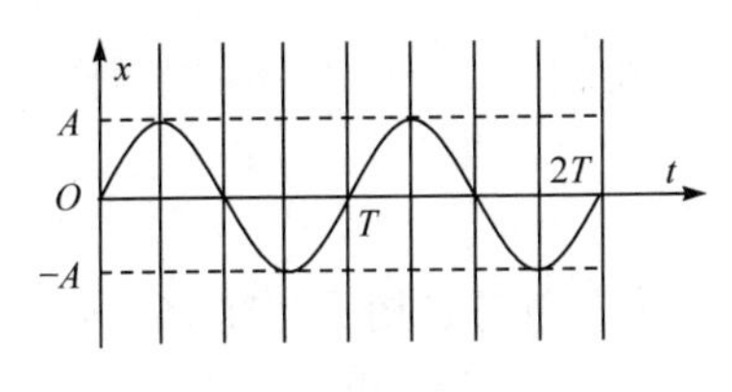

图 16.1.2

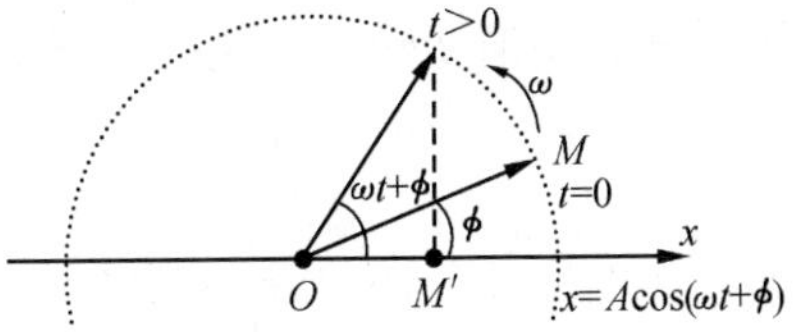

图 16.1.3

16.1.3　相位差

定义两个简谐振动

$$x_1=A_1\cos(\omega_1 t+\phi_1),\quad x_2=A_2\cos(\omega_2 t+\phi_2)$$

的**相位差**(phase difference)为

$$\Delta\phi=(\omega_2 t+\phi_2)-(\omega_1 t+\phi_1) \tag{16.1.2}$$

特别当两个振动频率相同时 $\omega_1=\omega_2$，相位差

$$\Delta\phi=\phi_2-\phi_1 \tag{16.1.3}$$

只是两个振动的初相差，$\Delta\phi$ 是个与时间无关的常数.

当两个振动的相位差 $\Delta\phi=\pm 2k\pi(k=0,1,2,\cdots)$ 时，称这两个振动**同相**(in phase). 两个同相位的振动，位移和速度同步变化，振动步调相同. 当

$$\Delta\phi=\pm(2k+1)\pi\quad(k=0,1,2,\cdots)$$

时，这两个振动在任何时刻位移、速度方向都相反，称这两振动**反相**(antiphase). 若 $\Delta\phi=\phi_2-\phi_1>0$，称振动 x_2 比振动 x_1 超前 $\Delta\phi$ (或 x_1 比 x_2 落后 $\Delta\phi$)；若 $\Delta\phi=\phi_2-\phi_1<0$，称振动 x_2 比振动 x_1 落后 $|\Delta\phi|$ (或 x_1 比 x_2 超前 $|\Delta\phi|$). 通常限制 $-\pi<\Delta\phi\leqslant\pi$，如 $\Delta\phi=3\pi/2$ 时，不说 x_2 比 x_1 超前 $3\pi/2$，而是令 $\Delta\phi=3\pi/2-2\pi=-\pi/2$，说 x_2 比 x_1 落后 $\pi/2$ (或 x_1 比 x_2 超前 $\pi/2$).

16.1.4 简谐振动的速度和加速度

由简谐振动位移表达式(16.1.1)：$x = A\cos(\omega t + \phi)$，作简谐振动物体的运动速度

$$v = \frac{\mathrm{d}x}{\mathrm{d}t} = -\omega A \sin(\omega t + \phi) = \omega A \cos\left(\omega t + \phi + \frac{\pi}{2}\right) \tag{16.1.4}$$

这表示速度也作简谐振动，速度超前位移$\pi/2$．简谐振动物体的加速度

$$a = \frac{\mathrm{d}^2 x}{\mathrm{d}t^2} = -\omega^2 A\cos(\omega t + \phi) = \omega^2 A\cos(\omega t + \phi + \pi) \tag{16.1.5}$$

也随时间作简谐变化，并超前位移π．利用式(16.1.1)，式(16.1.5)可以写作

$$\frac{\mathrm{d}^2 x}{\mathrm{d}t^2} = -\omega^2 x \tag{16.1.6}$$

这表示简谐振动的加速度大小与位移成正比，而方向与之相反．图 16.1.4 给出了简谐振动的位移、速度和加速度曲线．

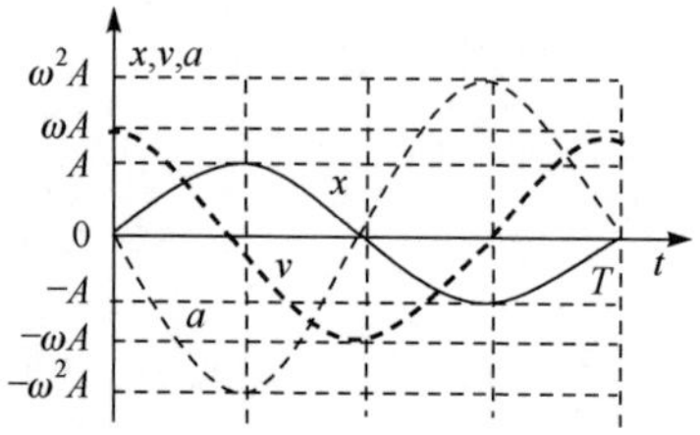

图 16.1.4

例 16.1.1 一简谐振动的解析表达式为

$$x = 0.01\cos(12\pi t + \pi/4) \ \ \text{(SI)} \tag{16.1.7}$$

(1) 求ω, ν, T, A和振动初相位ϕ；(2)求$t = 1.25\mathrm{s}$时刻振动速度、加速度；(3)作出振动曲线．

解 (1)由式(16.1.7)，振动圆频率$\omega = 12\pi$，频率$\nu = \omega/2\pi = 6\mathrm{Hz}$，周期$T = 1/\nu = 1/6\mathrm{s}$，振幅$A = 0.01\mathrm{m}$．

(2) 速度$v = \frac{\mathrm{d}x}{\mathrm{d}t} = -0.01 \times 12\pi \sin(12\pi \times 1.25 + \pi/4) \approx 0.27(\mathrm{m/s})$；加速度$a = \frac{\mathrm{d}^2 x}{\mathrm{d}t^2} = 0.01 \times (12\pi)^2 \cos(12\pi \times 1.25 + \pi/4) \approx -10.0(\mathrm{m/s^2})$．

(3) 振动曲线如图 16.1.5 所示．

例 16.1.2 已知一个振动的振动曲线如图 16.1.6 所示．根据图中标示的数据，求出：(1)该振动的三个特征量和振动的解析表达式；(2)图中a, b点对应时刻的振动相位和时间．

解 (1) 由图 16.1.6 可以求出振幅$A = 0.02\mathrm{m}$，周期$T = 0.25\mathrm{s}$，频率$\nu = 1/T = 4\mathrm{Hz}$．振动的初相可如下求出：由图 16.1.6，$t = 0$时刻

$$x = A\cos\phi = 0.01$$

可以推得

$$\cos\phi = 1/2 \to \phi = \pm\pi/3 \tag{16.1.8}$$

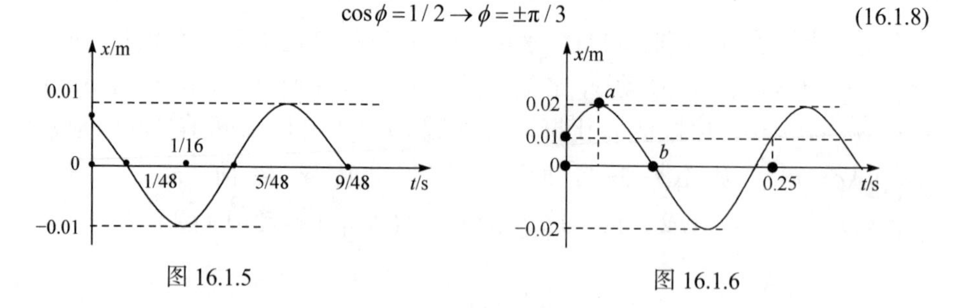

图 16.1.5　　图 16.1.6

又 $t=0$ 时，振动物体正趋向正向最大位移，此时速度为正，即

$$v=\frac{\mathrm{d}x}{\mathrm{d}t}=-\omega A\sin\phi>0$$

由此推得 $\sin\phi<0$，结合式(16.1.8)得 $\phi=-\pi/3$. 所以图 16.1.6 振动曲线的解析表达式为

$$x=0.02\cos(8\pi t-\pi/3)$$

(2) 在图中 a 点：位移 $x=A$， $\cos(\omega t_a-\pi/3)=1$，相位 $(\omega t_a-\pi/3)=0$，所以

$$t_a=\pi/(3\times 8\pi)=0.042(\mathrm{s})$$

在 b 点： $x=0,\ \cos(\omega t_b-\pi/3)=0$，相位 $(\omega t_b-\pi/3)=\pi/2$，所以

$$t_b=\left(\frac{\pi}{2}+\frac{\pi}{3}\right)\Big/8\pi=0.104(\mathrm{s})$$

§ 16.2 简谐振动动力学

上节讨论了简谐振动的描写方法和运动学规律，本节我们研究作简谐振动物体受力特点，揭示简谐振动的动力学规律.

16.2.1 简谐振动的动力学方程

上节已求出物体作简谐振动时，加速度和位移的关系式(16.1.6)

$$a=\frac{\mathrm{d}^2x}{\mathrm{d}t^2}=-\omega^2x \tag{16.2.1}$$

设振动物体质量为 m，受到的作用力为 F，根据牛顿第二定律有

$$F=ma=-m\omega^2x \tag{16.2.2}$$

令

$$k=m\omega^2 \tag{16.2.3}$$

对于给定的振子，k 是个与位移、时间无关，仅由振子固有性质决定的常量. 式 (16.2.2)可写作

$$F=-kx \tag{16.2.4}$$

表示**作简谐振动的物体受到的(合)力，大小与它离开平衡位置的位移 x 成正比，方向与位移相反**. 称振动物体受到的这种性质的力为**弹性恢复力**(elastic recovery force).

反过来可以证明，如果物体受到的合力是弹性恢复力($F=-kx$， k 是**弹性恢复力系数**)，则物体必定作简谐振动. 事实上由

$$m\frac{\mathrm{d}^2x}{\mathrm{d}t^2}=kx \tag{16.2.5}$$

令

$$\omega^2 = k/m \tag{16.2.6}$$

式(16.2.5)可以化为

$$\frac{\mathrm{d}^2x}{\mathrm{d}t^2} + \omega^2 x = 0 \tag{16.2.7}$$

这是二阶常系数线性微分方程，容易验证其解就是

$$x = A\cos(\omega t + \phi)$$

其中 A,ϕ 是两个积分常数，其值由激发振动的初始条件决定. ω 称为振动**固有频率**(intrinsic frequency)，其值决定于振动物体的质量和振子的固有性质. 振动周期

$$T = \frac{2\pi}{\omega} = 2\pi\sqrt{\frac{m}{k}} \tag{16.2.8}$$

根据微分方程理论，唯一确定方程(16.2.7)的解需要两个初始条件：初始位移 x_0 和初速度 v_0. 当给定 x_0, v_0 时，由 $t = 0$ 时刻

$$x_0 = A\cos\phi, \quad v_0 = -\omega A\sin\phi$$

可解出

$$A = \sqrt{x_0^2 + v_0^2/\omega^2} \tag{16.2.9}$$

$$\phi = \arctan(-v_0/\omega x_0) \tag{16.2.10}$$

16.2.2　简谐振动的能量

设作简谐振动物体的质量为 m，其动能

$$E_{\mathrm{k}} = \frac{1}{2}mv^2 = \frac{1}{2}m\omega^2 A^2\sin^2(\omega t + \phi) \tag{16.2.11}$$

由于振动物体受弹性恢复力作用，同时还具有势能

$$E_{\mathrm{p}} = \frac{1}{2}kx^2 = \frac{1}{2}kA^2\cos^2(\omega t + \phi) \tag{16.2.12}$$

振动物体在任意时刻的总机械能

$$E = E_{\mathrm{k}} + E_{\mathrm{p}} = \frac{1}{2}kA^2 \tag{16.2.13}$$

其中利用了式(16.2.6). 由此可见：在振动过程中，振动物体的动能和势能可以互相转化，但总机械能是个守恒量；简谐振动的振幅

$$A = \sqrt{2E/k} \tag{16.2.14}$$

大小取决于振动物体的总机械能和弹性恢复系数，由振子的性质和振动初始条件决定.

16.2.3 简谐振动的例子

(1) **单摆**(simple pendulum). 一根质量可以忽略、长度一定的细线，上端固定，下端挂一个可看作质点的重物，就构成一个单摆(图 16.2.1). 取摆线竖直下垂时重物位置为平衡点，拉动摆锤(重物)，使摆线与竖直方向成一小角度然后放开，略去空气阻力，摆锤相对平衡点的角位移 θ 将作简谐振动.

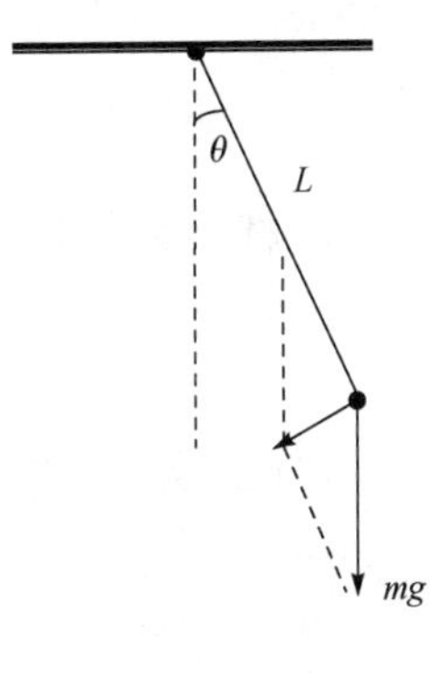

图 16.2.1

设摆锤质量为 m，摆线长为 L. 当摆线与竖直方向夹角为 θ 时，摆锤受到合力沿轨道切向，大小为 $F=-mg\sin\theta$ (图 16.2.1). 在小角位移情况下，$F\approx -mg\theta$，摆锤受到的合外力与角位移成正比，方向相反，所以摆锤的角位移作简谐振动.

摆锤运动方程

$$mL\frac{\mathrm{d}^2\theta}{\mathrm{d}t^2}=-mg\theta$$

即

$$\frac{\mathrm{d}^2\theta}{\mathrm{d}t^2}+\frac{g}{L}\theta=0$$

与简谐振动的标准方程(16.2.7)比较，可得振动的频率和周期分别为

$$\omega=\sqrt{\frac{g}{L}},\quad T=2\pi\sqrt{\frac{L}{g}} \tag{16.2.15}$$

(2) 长为 L 的刚性轻杆，一端固结质量为 m 的小球，另一端可绕过 O 点的水平轴自由转动(图 16.2.2). 用一弹性系数为 k 的弹簧悬挂细杆的中点，使杆在水平位置保持平衡. 向下轻拉细杆，使杆转过一小角度 θ，然后放手. 证明该系统将作简谐振动，并求振动周期.

图 16.2.2

设轻杆在水平位置时，弹簧伸长 y_0,此时杆处在平衡状态，杆受到的、相对过 O 点水平轴的合力矩为零

$$mgL=ky_0L/2$$

当轻杆由水平位置绕 O 轴向下转过一小角度 θ，使弹簧再伸长 y，这时轻杆受到的对 O 轴的合力矩近似为

$$M=mgL-k(y_0+y)L/2=-kLy/2$$

在小角度近似下，$y\approx L\theta/2$，代入上式

$$M\approx -kL^2\theta/4$$

由刚体定轴转动定律 $M=I\alpha$，得

$$mL^2\frac{\mathrm{d}^2\theta}{\mathrm{d}t^2}=-\frac{kL^2}{4}\theta$$

即

$$\frac{\mathrm{d}^2\theta}{\mathrm{d}t^2}+\frac{k}{4m}\theta=0$$

所以轻杆相对水平位置的角位移将作简谐振动，振动频率和周期分别是

$$\omega=\sqrt{\frac{k}{4m}},\quad T=2\pi\sqrt{\frac{4m}{k}}=4\pi\sqrt{\frac{m}{k}} \tag{16.2.16}$$

(3) 弹簧振子的势能 $E_\mathrm{p}=kx^2/2$，其曲线是顶点在 $x=0$，开口向上的抛物线. $x=0$ 是平衡位置(图 16.2.3(a)). 可以一般地证明，质点在任意形状势能曲线上稳定平衡位置附近的微小振动都是简谐振动.

以 $E_\mathrm{p}=E_\mathrm{p}(x)$ 表示势能函数(图 16.2.3(b))，取稳定平衡点为坐标系原点，则

$$F=-\left.\frac{\mathrm{d}E_\mathrm{p}}{\mathrm{d}x}\right|_{x=0}=0,\quad \left.\frac{\mathrm{d}^2E_\mathrm{p}}{\mathrm{d}x^2}\right|_{x=0}>0 \tag{16.2.17}$$

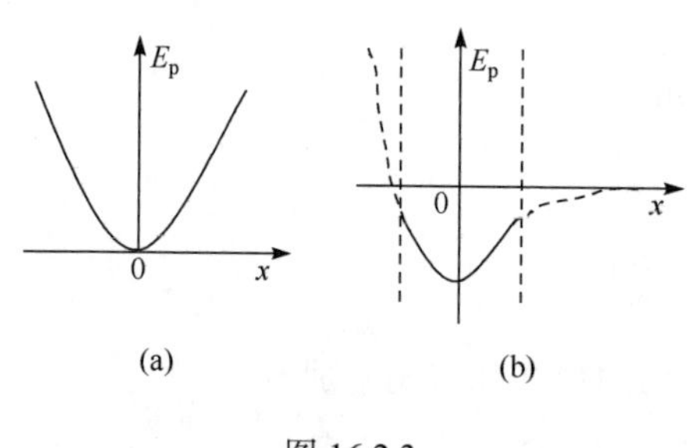

图 16.2.3

将 $E_\mathrm{p}(x)$ 在 $x=0$ 点作泰勒(Taylor)展开，对于微振动，位移 x 是个小量，略去展开式中 x 的二次以上项，得

$$E_\mathrm{p}(x)=E_\mathrm{p}(0)+\left.\frac{\mathrm{d}E_\mathrm{p}}{\mathrm{d}x}\right|_{x=0}\cdot x+\frac{1}{2}\left.\frac{\mathrm{d}^2E_\mathrm{p}}{\mathrm{d}x^2}\right|_{x=0}\cdot x^2$$

注意到 $E_\mathrm{p}(0)$ 是个常数以及式(16.2.17)，质点受到的作用力

$$F(x)=-\frac{\mathrm{d}E_\mathrm{p}(x)}{\mathrm{d}x}=-\left.\frac{\mathrm{d}^2E_\mathrm{p}}{\mathrm{d}x^2}\right|_{x=0}\cdot x \tag{16.2.18}$$

令 $\left.\frac{\mathrm{d}^2E_\mathrm{p}}{\mathrm{d}x^2}\right|_{x=0}\equiv k$，上式可以写作

$$F(x)=-kx \tag{16.2.19}$$

这表明质点受到的力与相对平衡位置的位移大小成正比、方向相反，所以质点将作简谐振动. 振动频率为

$$\omega=\sqrt{\frac{k}{m}}=\sqrt{\frac{1}{m}\left(\frac{\mathrm{d}^2E_\mathrm{p}}{\mathrm{d}x^2}\right)_{x=0}} \tag{16.2.20}$$

双原子分子中两个原子相互作用的势能曲线就具有图 16.2.3(b)的形式，其中原子在其平衡位置附近的运动就可看作简谐振动.

§ 16.3　阻尼振动　受迫振动和共振

16.3.1　阻尼振动

简谐振动是一种理想情况，实际上振动物体总是处在空气、液体或其他介质的包围中，运动时要受到周围介质的阻力作用，同时振动引起周围介质其他质元的运动，使系统能量逐渐向周围传播出去，这种振动能量辐射对振动物体的影响也可作为阻力处理. 称系统在弹性恢复力和阻力作用下的振动为**阻尼振动**(damped oscillation).

实验表明，在振动物体速度不太大时，可认为阻力与速度大小成正比，但方向与速度方向相反. 阻力可表示为

$$f=-\gamma\frac{\mathrm{d}x}{\mathrm{d}t} \tag{16.3.1}$$

其中 γ 称为**阻尼系数**(damping coefficient)，其大小由物体形状、大小、表面状况以及所处介质性质决定.

设振动物体质量为 m ，在弹性力和阻力作用下，运动方程为

$$m\frac{\mathrm{d}^2x}{\mathrm{d}t^2}=-kx-\gamma\frac{\mathrm{d}x}{\mathrm{d}t} \tag{16.3.2}$$

令 $k/m=\omega_0^2$，$\gamma/m=2\beta$ ，ω_0 是不存在阻力时振子的固有频率；β 为**阻尼因子**(damping factor). 方程(16.3.2)化为

$$\frac{\mathrm{d}^2x}{\mathrm{d}t^2}+2\beta\frac{\mathrm{d}x}{\mathrm{d}t}+\omega_0^2x=0 \tag{16.3.3}$$

这是一个常系数二阶线性齐次方程. 物理直观告诉我们，系统运动受到阻力作用，其运动必定逐渐衰减. 取决于阻尼系数 β 相对 ω_0 大小不同，上式的解可区分为三种不同情况.

(1) **欠阻尼**(underdamping)：当阻尼力比较小，$\beta<\omega_0$ 时，式(16.3.3)的解可写作

$$x=A_0\mathrm{e}^{-\beta t}\cos(\omega t+\phi_0) \tag{16.3.4}$$

其中 A_0,ϕ_0 是由振动初始条件决定的两个常数，$\omega=\sqrt{\omega_0^2-\beta^2}$. 图 16.3.1 中曲线 a 是这种情况下的位移-时间曲线. 由这个曲线可以看出，物体往复运动的的振幅随时间减小，已不是严格意义上的周期运动. 如果仍把相位变化 2π 经历的时间称为周期，周期

$$T=\frac{2\pi}{\omega}=\frac{2\pi}{\sqrt{\omega_0^2-\beta^2}} \tag{16.3.5}$$

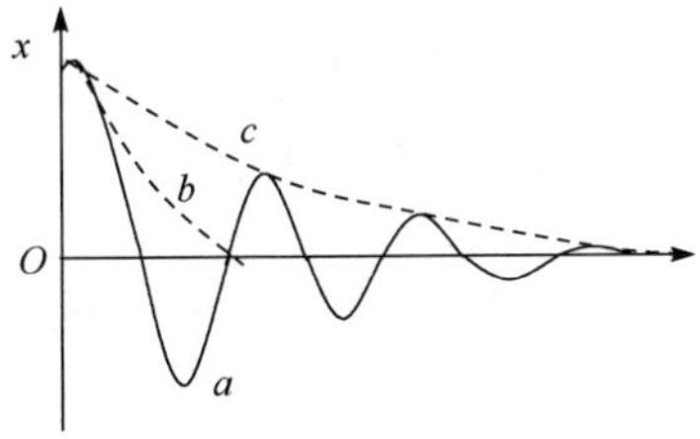

图 16.3.1

大于同一系统没有阻力情况下作简谐振动的固有周期，这是受阻力作用，运动变慢的缘故.

(2) **过阻尼**(overdamping)：当阻尼力较大，$\beta > \omega_0$ 时，解方程(16.3.3)可以得出在这种情况下，质点的运动是非往复的(图 16.3.1 中曲线 c). 在黏稠液体中，偏离平衡位置的物体缓慢趋向平衡位置的运动就属于这种情况.

(3) **临界阻尼**：物体受到的阻力介于前两者之间，且 $\beta = \omega_0$ ，在这种情况下物体的运动也是非往复的(图 16.3.1 中曲线 b)，表现出比过阻尼更快地趋向平衡位置.

16.3.2　受迫振动

物体在周期性外力作用下的振动叫**受迫振动**(forced oscillation). 这种周期作用的外力称为**驱动力**(driving force). 在周期外推力作用下荡秋千是受迫振动；扬声器中纸盆，在与之固连的线圈通有音频电流时，会受到线圈施加的周期作用力，纸盆作受迫振动发出声音；相对转轴质量非对称分布的飞轮，转动起来后会对基座施加周期性作用力，基座的振动也是受迫振动. 如果受迫振动驱动力随时间谐变(即随时间按正弦或余弦规律变化)

$$H = H_0 \cos \omega t \tag{16.3.6}$$

在这样的驱动力作用下，受迫振动的动力学方程可以写作

$$m\frac{\mathrm{d}^2 x}{\mathrm{d}t^2} = -kx - \gamma\frac{\mathrm{d}x}{\mathrm{d}t} + H_0 \cos \omega t \tag{16.3.7}$$

令

$$k/m = \omega_0^2,\ \gamma/m = 2\beta\ ,\quad h = H_0/m \tag{16.3.8}$$

式(16.3.7)化为

$$\frac{\mathrm{d}^2 x}{\mathrm{d}t^2} + 2\beta\frac{\mathrm{d}x}{\mathrm{d}t} + \omega_0^2 x = h\cos \omega t \tag{16.3.9}$$

这是个二阶常系数线性非齐次微分方程. 根据微分方程理论，它的一般解是对应齐次方程通解加上非齐次方程的一个特解，即

$$x = A_0 \mathrm{e}^{-\beta t} \cos(\sqrt{\omega_0^2 - \beta^2}\, t + \phi_0) + A\cos(\omega t + \phi) \tag{16.3.10}$$

其中 A_0, ϕ_0 是由初始条件决定的常数(可以用代入法验证式(16.3.10)满足方程(16.3.9)). 这个解表明受迫振动是第一项表示的减幅振动和第二项等幅振动的叠加. 经过一段弛豫时间后，第一项逐渐衰减而消失，振动达到仅由第二项表示的**稳定态**

$$x = A\cos(\omega t + \phi) \tag{16.3.11}$$

稳定振动的频率和系统的固有频率无关，仅决定于驱动力的频率. 稳定振动振幅为

$$A = \frac{h}{[(\omega_0^2 - \omega^2)^2 + 4\beta^2\omega^2]^{1/2}} \tag{16.3.12}$$

初相位是

$$\phi = \arctan\frac{-2\beta\omega}{\omega_0^2 - \omega^2} \tag{16.3.13}$$

这些结果都与振动初始条件无关，而仅依赖于振动系统的性质以及阻尼力、驱动力的大小和性质.

16.3.3 振幅共振

由式(16.3.12)可以看出,受迫振动达到稳定时的振幅与驱动力频率 ω 有关. 用求极值的方法可以确定，使振幅达到最大值的驱动力的频率为

$$\omega_r = \sqrt{\omega_0^2 - 2\beta^2} \tag{16.3.14}$$

相应的最大振幅为

$$A_r = \frac{h}{2\beta\sqrt{\omega_0^2 - \beta^2}} \tag{16.3.15}$$

特别当 $\beta \ll \omega_0$，在阻尼力很小的情况下，由式(16.3.14) $\omega_r \approx \omega_0$,即驱动力频率近似等于振动系统的固有频率时，稳定振动的振幅达到最大. 称驱动力频率等于固有频率时，系统振幅达到最大的现象为**振幅共振**(amplitude resonance).

在振幅共振情况下，式(16.3.13)中 arctan 后面的函数值因分母趋于零而趋向负无限大，所以稳定振动的初相位 $\phi = -\pi/2$，而在共振情况下振动的速度

$$v = \frac{dx}{dt} = \omega A\cos\left(\omega t + \phi + \frac{\pi}{2}\right) = \omega A\cos\omega t \tag{16.3.16}$$

这表明共振时振动物体的运动速度和驱动力同相位，驱动力对振动物体做功功率

$$Fv = \omega A H_0 \cos^2\omega t \tag{16.3.17}$$

恒为正值，系统可以最大限度地从外界获得能量，这就是共振时振幅达到最大的原因.

共振是一种常见现象，对技术应用共振现象是把双刃剑，有利也有害. 一些乐器利用共振提高音响效果；电视机就是利用空间电磁波频率和接收天线频率相近时的电磁共振，从空中众多的电磁信号中选出特定的频道；物理学利用核磁共振技术进行物质结构的研究等. 但共振也可能造成建筑物或机器部件的破坏. 1940 年，美国西海岸华盛顿州一座跨海峡悬索大桥，就是在阵阵大风袭击下，因共振而坍塌. 因此在技术上我们总是利用共振有利的一面，同时努力避免有害的一面. 在铁路桥梁设计中，总是努力使桥梁的固有频率远离行驶的火车在铁轨衔接处产生的冲击力的频率；机器飞轮高速转动时，往往由于制造或安装上的某种不对称性会给机座周期性的撞击力，为了避免发生共振造成机器损坏，尽可能减小制造、安装上发生这种周期性冲击力的机会；同时增大基座质量(如把机座固结在地板上)，使其固有频率远离可能的冲击力的频率.

§ 16.4　沿同一直线振动的合成　频谱分析

一个质点同时参与两个振动，这个质点的合运动就是这两个振动的合成. 一般情况下振动的合成是比较复杂的，本节讨论沿同一直线振动的合成问题.

16.4.1　沿同一直线、频率相同的两个简谐振动的合成

设两个振动位移都沿 Ox 轴，频率都是 ω，振幅分别是 A_1, A_2，初相位分别为 ϕ_1, ϕ_2. 任意时刻 t，这两个振动的位移分别为

$$x_1 = A_1 \cos(\omega t + \phi_1)$$
$$x_2 = A_2 \cos(\omega t + \phi_2)$$

合位移是

$$x = x_1 + x_2 \tag{16.4.1}$$

我们使用旋转矢量法求合位移. 以 $\overrightarrow{OM_1}$ 和 $\overrightarrow{OM_2}$ 分别表示两个分振动(图 16.4.1)，在 $t=0$ 时刻的合振动就由 $\overrightarrow{OM}$ 表示. 由于 $\overrightarrow{OM_1}$ 和 $\overrightarrow{OM_2}$ 都以相同的角速度 ω 旋转，图中平行四边形 OM_1MM_2 形状不随时间变化，$\overrightarrow{OM}$ 也以角速度 ω 旋转，所以合振幅 A 和时间无关. 由图中的几何关系可以求出

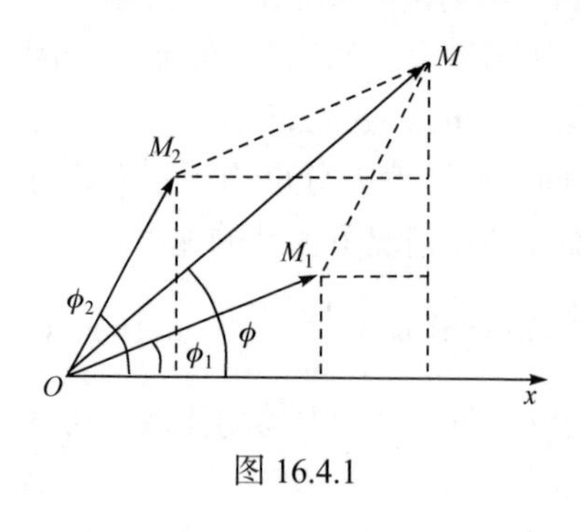

图 16.4.1

$$x = A\cos(\omega t + \phi) \tag{16.4.2}$$

其中

$$A = \sqrt{A_1^2 + A_2^2 + 2A_1A_2\cos(\phi_2 - \phi_1)} \tag{16.4.3}$$

$$\phi = \arctan\frac{A_1\sin\phi_1 + A_2\sin\phi_2}{A_1\cos\phi_1 + A_2\cos\phi_2} \tag{16.4.4}$$

这表明：**沿同一直线、相同频率的两个简谐振动的合振动仍是简谐振动**. 特别当

(1) 两个分振动同相：$\phi_2 - \phi_1 = 2k\pi \ \ (k = 0, \pm1, \pm2, \cdots)$ 时，合振动振幅取最大值

$$A = A_1 + A_2$$

(2) 两个分振动反向：$\phi_2 - \phi_1 = (2k+1)\pi \ \ (k = 0, \pm1, \pm2, \cdots)$ 时，合振幅取最小值

$$A = |A_1 - A_2|$$

如果 $A_1 = A_2$，则 $A = 0$. 表示同时参与两个等振幅、同频率、沿同一直线振动的质点将处于静止状态.

沿同一直线 n 个同频率的简谐振动的合成，可以按上述方法，首先合成第 1、2 两个振动得到它们的合振动，然后再把这个合振动和第 3 个振动合成……最后求出这 n 个振动的合振动.

下面考虑等振幅、同频率、沿同一直线、相位差依次为 δ 的 n 个简谐振动

$$x_1 = a\cos\omega t$$

$$x_2 = a\cos(\omega t + \delta)$$

$$\cdots\cdots$$

$$x_n = a\cos[\omega t + (n-1)\delta]$$

的合成. 用矢量相加的多边形法则求合振动矢量. 分振动以及合成振动的振幅矢量如图 16.4.2 所示. 可以证明这样得到的多边形外接于圆心在 C 点的圆，任意一个矢量两端与 C 构成一个等腰三角形，这些三角形全等，所以每个等腰三角形的顶角都是 δ. 合矢量 A 对应的圆心角为 $n\delta$，所以

$$A = 2R\sin(n\delta/2) \tag{16.4.5}$$

R 是这个多边形外接圆的半径. 由

$$a = 2R\sin(\delta/2)$$

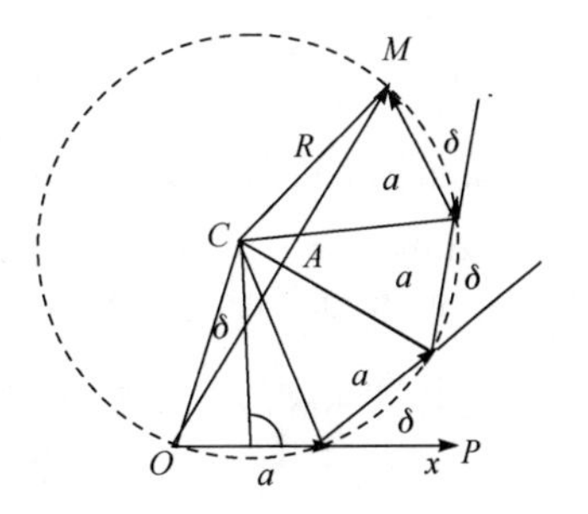

图 16.4.2

求出 R，并代入式(16.4.5)，求得合振幅

$$A = \frac{a\sin(n\delta/2)}{\sin(\delta/2)} \tag{16.4.6}$$

合振动的初相位

$$\phi = \angle COP - \angle COM = \frac{1}{2}(\pi - \delta) - \frac{1}{2}(\pi - n\delta) = \frac{1}{2}(n-1)\delta \tag{16.4.7}$$

于是合振动可表示为

$$x = A\cos(\omega t + \phi) = \frac{a\sin(n\delta/2)}{\sin(\delta/2)}\cos\left[\omega t + \frac{1}{2}(n-1)\delta\right] \tag{16.4.8}$$

由此结果可以看出:

(1) 当各分振动相位相同时，$\delta = 0$，合振动振幅取最大值

$$A = \lim_{\delta\to 0}\frac{a\sin(n\delta/2)}{\sin(\delta/2)} = na$$

(2) 当各个分振动相位差依次为 $\delta = 2\pi/n$ 时，合振动振幅为

$$A = \frac{a\sin\pi}{\sin(\pi/n)} = 0$$

这时分振动振幅矢量围成闭合多边形(当 n 为偶数时，可能出现分振动两两相消的情况). 这一结果将在“波动光学”中研究多光束干涉时用到.

16.4.2　沿同一直线、不同频率的简谐振动的合成

设两个不同频率的简谐振动都相对平衡点 O 沿 Ox 轴振动

$$x_1 = A\cos(\omega_1 t + \phi), \quad x_2 = A\cos(\omega_2 t + \phi)$$

这里为了突出频率不同的效果，我们取这两个振动有相同的振幅和初相位. 在旋转矢量图上，这两个分振动之间的夹角不再保持恒定，从而合振动振幅的大小随时间变化，在 x 轴上的投影不再是简谐振动.

用解析方法，合振动

$$\begin{aligned} x = x_1 + x_2 &= A\cos(\omega_1 t + \phi) + A\cos(\omega_2 t + \phi) \\ &= 2A\cos\frac{\omega_2 - \omega_1}{2}t\cos\left(\frac{\omega_2 + \omega_1}{2}t + \phi\right) \end{aligned} \tag{16.4.9}$$

上式中第二个因子表示频率为 $(\omega_2 + \omega_1)/2$ 的振动，振动的振幅是时间的相对慢变函数($\omega_2 - \omega_1 \ll \omega_2 + \omega_1$). 两者乘积表示振幅被低频调制的高频振动.

当沿同一直线的两个分振动频率之和远大于二者之差(即 $\omega_2 + \omega_1 \gg |\omega_2 - \omega_1|$)时，其合振动具有一些显著的特点. 假设 $\omega_2 > \omega_1$ ，单位时间内第二个振动比第一个振动多振动 $\nu_2 - \nu_1$ 次，用旋转矢量图表示，振幅矢量 A_2 比 A_1 多转动 $\nu_2 - \nu_1$ 圈，所以单位时间内这两个矢量有 $\nu_2 - \nu_1$ 次恰好同方向，此时合振动振幅最大；有 $\nu_2 - \nu_1$ 次恰好反方向，此时合振动振幅最小. 像这样振动时而加强、时而减弱的现象叫作**拍**(beat)(图 16.4.3)，合振动在单位时间内加强或减弱的次数称为**拍频**(beat frequency). 这两个振动合成的拍频

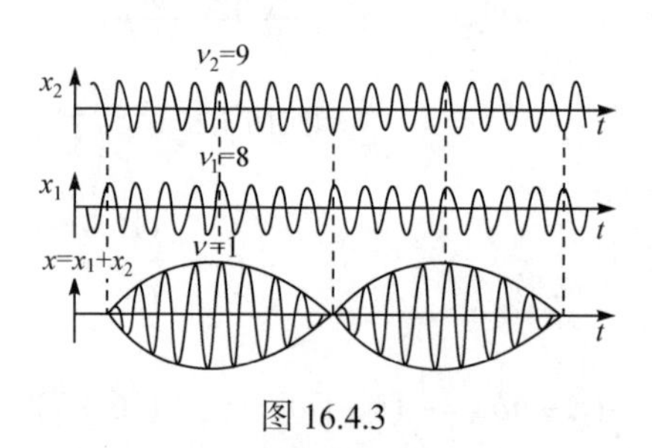

图 16.4.3

$$\nu = |\nu_2 - \nu_1| \tag{16.4.10}$$

拍现象可以用于振动频率测量. 当两个频率相近的振动合成拍时，若已知其中一个的振动频率，通过实验测得的拍频，利用式(16.4.10)可求出另一个未知的分振动的频率.

16.4.3 振动频谱分析

设有某物理量随时间周期变化

$$f(t) = \begin{cases} +a_0, & kT < t < (2k+1)T/2 \\ -a_0, & (2k-1)T/2 < t < kT \end{cases} \tag{16.4.11}$$

其中 k 取整数值. 函数 $f(t)$ 是图 16.4.4 最上一行所示的矩形周期函数，图中下面各行显示出它可以表示为沿同一直线的不同频率、不同振幅的简谐振动合成情况. 其中 x_1, x_3, x_5 是频率分别为 $\nu, 3\nu, 5\nu$ 的适当振幅的简谐振动； $x_1 + x_3 + x_5$ 是它们合成的结果. 可以看出合成的结果已很接近最上面的矩形周期函数. 不难看出，再叠加上适当振幅的更高频谐振动，就可以更精确地逼近

矩形周期函数.

这个例子可以利用数学上的**傅里叶**(Fourier)**分析**更严格地处理. 若某物理量 f 随时间变化的周期为 T，令 $\omega = 2\pi / T$，则该物理量可以表示为函数 $f(\omega t)$，相对于 ωt 的变化周期为 2π. 在数学上可以证明，周期性函数 $f(\omega t)$ 可以展开为三角级数

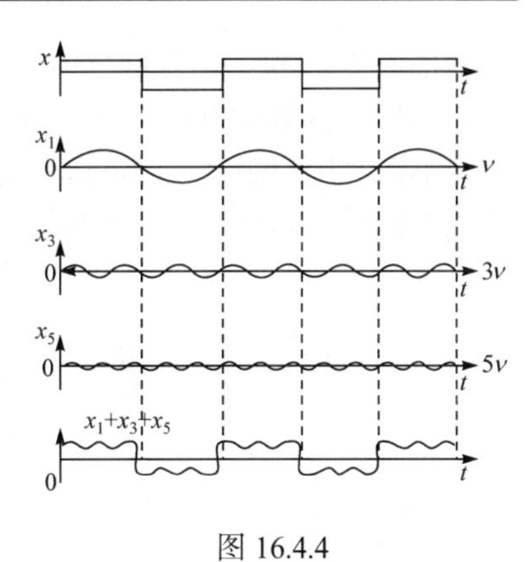

图 16.4.4

$$f(\omega t) = a_0 + \sum_{k=1}^{\infty}(a_k \cos k\omega t + b_k \sin k\omega t) \quad (16.4.12)$$

其中

$$a_0 = \frac{1}{T}\int_{-T/2}^{T/2} f(\omega t)\mathrm{d}t \quad (16.4.13)$$

$$a_k = \frac{2}{T}\int_{-T/2}^{T/2} f(x)\cos k\omega t\mathrm{d}t \quad (16.4.14)$$

$$b_k = \frac{2}{T}\int_{-T/2}^{T/2} f(\omega t)\sin k\omega t\mathrm{d}t \quad (16.4.15)$$

式(16.4.12)称为函数 f 的**傅里叶级数**，其中 a_0, a_k, b_k 称为**傅里叶系数**. 利用式(16.4.13)～式(16.4.15)，可算出函数式(16.4.11)的傅里叶展开系数

$$a_k = 0, \quad k = 0,1,2,\cdots$$

$$b_k = \begin{cases} 4a_0 / k\pi, & k = 1,3,5,\cdots \\ 0, & k = 2,4,6,\cdots \end{cases}$$

代入式(16.4.12),得式(16.4.11)矩形函数的傅里叶展开

$$f(t) = \frac{4a_0}{\pi}\sin\omega t + \frac{4a_0}{3\pi}\sin 3\omega t + \frac{4a_0}{5\pi}\sin 5\omega t + \cdots \quad (16.4.16)$$

这表明，周期函数 $f(t)$ 中包含有频率分别为 $\omega, 3\omega, 5\omega, \cdots$ 的简谐振动成分.

对于这样的矩形电磁脉冲，若调谐接收机到频率 3ω，接收到的振动就是这个展开式中的第二项表示的成分，若调谐到频率 5ω，就可接收到这个展开式中的第三项表示的成分……

上面的分析表明，一个周期运动可以用傅里叶展开唯一地表示为不同频率、不同振幅的简谐振动的叠加，反过来周期运动可以由它包含的频率成分以及每个频率成分对应的振幅唯一表征. 因此，频谱分析是各种音、像信息传输、存储和处理的数学基础. 确定一个振动包含的频率成分以及各个频率的振幅称为振动的**频谱分析**(frequency spectrum analysis)，得到的频率和相应振幅的集合称为**频谱**(frequency spectrum). 周期函数频谱中频率最低的称为**基频**(basic frequency)，其他频率称为**谐频**(harmonic frequency). 基频就是原周期函数的频率，谐频都是基频的

整数倍：$2\omega,3\omega,\cdots$，分别称为 2 次，3 次，…谐频. 图 16.4.5 给出了式(16.4.11)中矩形周期函数的频谱，图 16.4.6(a)给出的是周期锯齿形函数频谱.

不仅对周期振动可以进行频谱分析，对非周期运动也可以进行频谱分析，不过非周期运动的频谱不再是离散的，图 16.4.6(b)给出的是一个非周期阻尼振动的频谱.

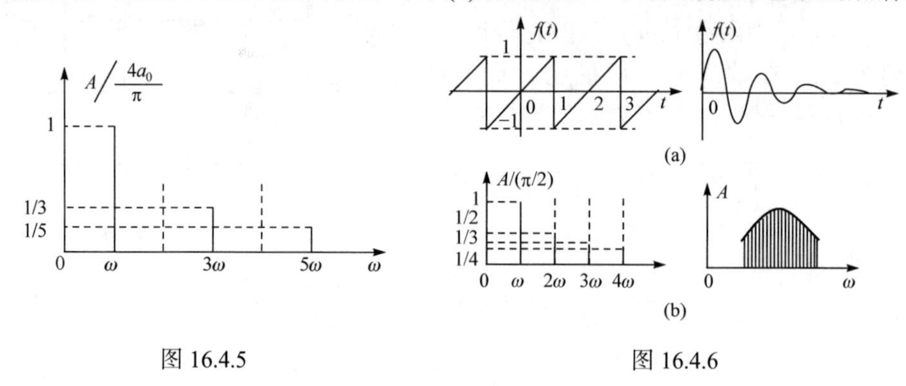

图 16.4.5　　　　图 16.4.6

§ 16.5　沿两条互相垂直直线的振动的合成

设两个简谐振动分别沿直角坐标系的 x,y 轴振动，一般情况下其合成是平面曲线运动，而且可能没有稳定的轨道，情况比较复杂，下面只讨论几种特殊情况.

16.5.1　沿两条互相垂直直线、同频率的简谐振动的合成

设两个分振动的位移分别是

$$x = A_1\cos(\omega t + \phi_1) \tag{16.5.1}$$

$$y = A_2\cos(\omega t + \phi_2) \tag{16.5.2}$$

在任意时刻 t，上两式给出振动质点的位置坐标，所以这两式实际上是以 t 为参数质点的轨道方程. 消去时间 t，得到轨道的直角坐标方程

$$\frac{x^2}{A_1^2} + \frac{y^2}{A_2^2} - 2\frac{xy}{A_1A_2}\cos(\phi_2 - \phi_1) = \sin^2(\phi_2 - \phi_1) \tag{16.5.3}$$

质点将被限制在 $x = \pm A_1, y = \pm A_2$ 范围内运动，具体运动形式取决于初相位差 $(\phi_2 - \phi_1)$.

(1) 当两振动初相位相同时，$\phi_2 = \phi_1 = \phi$，式(16.5.3)化为

$$\left(\frac{x}{A_1} - \frac{y}{A_2}\right)^2 = 0\,,\quad y = \frac{A_2}{A_1}x \tag{16.5.4}$$

这是过坐标系原点、斜率为 A_2 / A_1 的直线. 在任意时刻 t，质点相对坐标原点的位移是

$$\sqrt{x^2+y^2}=\sqrt{A_1^2+A_2^2}\cos(\omega t+\phi) \tag{16.5.5}$$

表示合运动是振幅为$\sqrt{A_1^2+A_2^2}$，频率为ω，沿直线$y=A_2x/A_1$的简谐振动.

(2) 当两振动初相差$\phi_2-\phi_1=\pi$时，式(16.5.3)化为

$$y=-\frac{A_2}{A_1}x \tag{16.5.6}$$

合运动是振幅为$\sqrt{A_1^2+A_2^2}$，频率ω，沿直线$y=-A_2x/A_1$的简谐振动.

(3) 当两振动初相差$\phi_2-\phi_1=\pi/2$时,即沿x轴的振动落后沿y轴的振动$\pi/2$，式(16.5.3)化为

$$\frac{x^2}{A_1^2}+\frac{y^2}{A_2^2}=1$$

这是以坐标轴为主轴的椭圆方程，质点沿椭圆轨道做周期运动. 由于y方向振动超前x方向，质点的运动是顺时针的，常称为“右旋”.

(4) 两振动初相差$\phi_2-\phi_1=-\pi/2$时，质点沿椭圆轨道做“左旋”周期运动.

(5) 对应初相差的其他情况的合运动见图16.5.1.

16.5.2 沿两条互相垂直直线、不同频率的简谐振动的合成

这种情况下质点轨迹一般不能形成稳定的曲线图案，情况比较复杂. 下面只讨论两种简单情况.

(1) 两振动频率只有微小的差异，此时两振动的相位差

$$(\omega_2-\omega_1)t+\phi_2-\phi_1$$

随时间缓慢变化，将依次取值

$$0,\pi/4,\pi/2,3\pi/4,\pi,\cdots$$

所以合运动的轨迹将按图16.5.1的顺序依次从直线变成椭圆，再变成直线，再变成椭圆……重复进行.

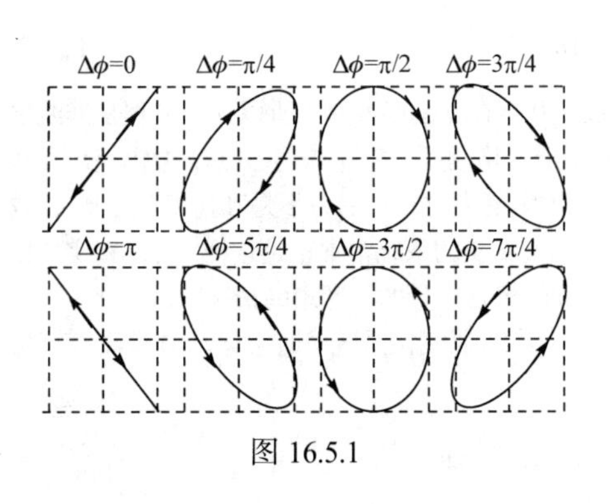

图 16.5.1

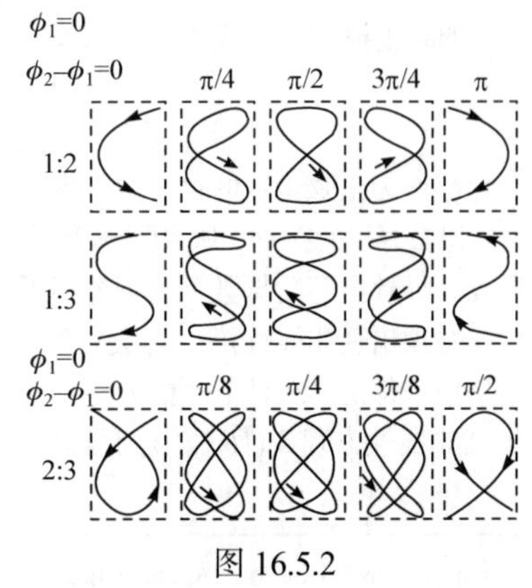

图 16.5.2

(2) 两振动频率相差很大，但成整数比. 这种情况下质点运动轨迹可以形成稳定的曲线，曲线形状取决于频率比以及初相位. 图 16.5.2 给出了几种情况下合运动的轨迹曲线. 这些曲线称为**李萨如图形**(Lissajou figures). 在实验室里，常根据

两个互相垂直的分振动合成运动轨迹的李萨如图形，确定两分振动频率比. 在已经知道一个频率的情况下，可求出另一个振动的频率.

*§16.6 非线性的基本概念 混沌

尽管我们已习惯于对大自然做线性描写，认为整体和部分是简单相加的关系，叠加原理是普适的公理，然而大自然本质上却是非线性的. 对于一个实际的物理系统，线性常常是对真实物理过程在一定条件下的简化或近似描述. 所以从非线性角度去研究系统的运动规律，具有更为普遍和重要的意义.

物理学中对非线性问题的研究始于机械振动，而后扩展到流体力学和声学领域. 20 世纪 60 年代以来，随着人们对非线性现象认识的不断深化和计算机技术，特别是计算机图形技术的迅猛发展，非线性的概念和方法进入物理学的各个领域，出现了诸如非线性光学、非线性热力学、非线性量子力学等学科. 目前，非线性已不仅仅出现在物理学中，在化学、生物学、医学、天文学，甚至在哲学、经济学、社会学等领域，也常常涉及非线性概念，形成了一门研究领域众多、学科跨度广泛的新兴前沿学科——非线性科学.

关于各类非线性问题，虽然已经取得了许多重大突破(特别在非线性物理学中)，但迄今尚无普遍适用的统一的非线性理论. 本节仅以非线性振动为例，简要介绍非线性的基本现象和概念.

16.6.1 单摆的非线性振动

在研究单摆运动时，略去空气阻力，并假设摆锤是个**质点**，**做小角度摆动**，从而把摆锤受到的切向力 $F=-mg\sin\theta$ 近似为 $F\approx -mg\theta$，得到摆锤运动方程

$$\frac{\mathrm{d}^2\theta}{\mathrm{d}t^2}+\omega_0^2\theta=0 \tag{16.6.1}$$

其中 $\omega_0=\sqrt{g/l}$ 为单摆的固有频率. 在这个方程中摆锤的角位移 θ 以及它的各阶(这里仅有二阶)导数都以一次幂出现，这样的方程称为**线性方程**(linear equation). 这个方程有唯一解——简谐振动. 如果去掉“小角度摆动”这个条件，描写摆锤运动的方程为

$$\frac{\mathrm{d}^2\theta}{\mathrm{d}t^2}+\omega_0^2\sin\theta=0 \tag{16.6.2}$$

这里角位移作为正弦函数的自变量出现，它的级数展开存在 θ 的高次幂，所以这个方程是**非线性的**. 对于弹簧振子的振动，如果物体受到的作用力不能严格用胡克定律描述(例如，振幅超出弹簧弹性限度，导致在零阶导数项出现非线性)或者在考虑阻尼力时，阻尼力不是和速度成正比(导致在一阶导数项出现非线性)等，都会导致非线性方程，而真实的系统常常正是这样. 所以真实的振动，严格说来都是非线性的，能够作为线性问题处理的仅是少量的、理想的情况.

虽然非线性方程式(16.6.2)是有解析解的①(对于大多数非线性系统，通常运动方程没有解析

① von Karman T, Biot M A. Mathematical Methods in Engineering,1940.

解，对其运动情况只能进行定性分析)，但要把握运动整体性质，从解析解出发并不是最方便的办法.

16.6.2　相图法

现在对二阶常微分方程式(16.6.2)进行如下变换：

$$x_1=\theta,\qquad x_2=\mathrm{d}\theta/\mathrm{d}t \tag{16.6.3}$$

可以把式(16.6.2)化为两个一阶常微分方程

$$\begin{cases}\mathrm{d}x_1/\mathrm{d}t=x_2\\ \dfrac{\mathrm{d}x_2}{\mathrm{d}t}=-\omega_0^2\sin x_1\end{cases} \tag{16.6.4}$$

其中 x_1 是运动质点的角坐标，x_2 是角速度. 对于一般的非线性系统，坐标、动量(速度)的时间导数可能仍是坐标、动量和时间的非线性函数. 如果坐标、速度的时间导数都不显含时间，相应的系统称为**自治系统**(autonomous system)，否则，系统称为非自治的. 显然，式(16.1.4)描述的单摆就是一个自治系统.

对于一个自由度的系统，其运动状态可以由坐标和动量(速度)唯一描述. 坐标和动量两个独立变量构成一个二维实空间，该空间就称为**相空间**(phase space). 二维相空间又称为**相平面**. 相平面上的点称为**相点**(phase point). 给出系统的一个确定的状态，即给出坐标和动量的一组确定值，在相平面上就有一个确定的点与之对应；反之，给出一个相点，就给出一个确定的运动状态. 因此，相平面上的点与系统的运动状态是一一对应的. 由于系统的状态可用相空间的点来描述，所以相空间也称为**状态空间**(state space).

当系统状态随时间演化时，相点将在相空间中做相应的运动而描出一条曲线，这条曲线称为**相轨线**或**相轨迹**，由相轨线所构成的图形称为**相图**(phase diagram).

不难看出，相图的几何特性(拓扑结构)反映了系统的运动规律，通过研究系统的相图便可得到系统的动力学特性. 这种避开直接求解微分方程，而是把微分方程的解看作由它所定义的相空间中的积分曲线族，通过考察曲线族的结构来研究解的性质，从而定性了解体系的运动规律的方法称为**相图法**. 相图法是非线性动力学中最基本的方法，它的数学基础是著名法国数学家庞加莱(Poincaré)创立的微分方程定性理论.

为了熟悉相图方法，我们首先给出几种前面讨论过的、运动规律已知的振动的相图. 对简谐振动，引进 $x_1=\theta,\quad x_2=\mathrm{d}\theta/\mathrm{d}t$，式(16.6.1)可以写作

$$\begin{cases}\dfrac{\mathrm{d}x_1}{\mathrm{d}t}=x_2\\ \dfrac{\mathrm{d}x_2}{\mathrm{d}t}=-\omega_0^2x_1\end{cases} \tag{16.6.5}$$

两式相除得 $\mathrm{d}x_2/\mathrm{d}x_1=-\omega_0^2x_1/x_2$，积分给出 $x_2^2+\omega_0^2x_1^2=2a^2$，其中 a^2 是积分常数，其相图是个椭圆(图 16.6.1)，表示振子的运动状态(坐标、动量)周期重复，是严格的周期运动，振子运动的相点沿着椭圆顺时针方向(简谐振子的速度超前位移 $\pi/2$)运动.

对于阻尼振动，由于振动能量不断减小，它的最大位移和速度都会随时间减小，运动是非周期的，相轨线不再闭合，而是逐渐向中心螺线似地缩小，最后终止在坐标原点. 坐标原点表示振子的平衡位置，是阻尼振子随时间演化的最终的归宿，故称为**吸引子**(attractor)(图 16.6.2).

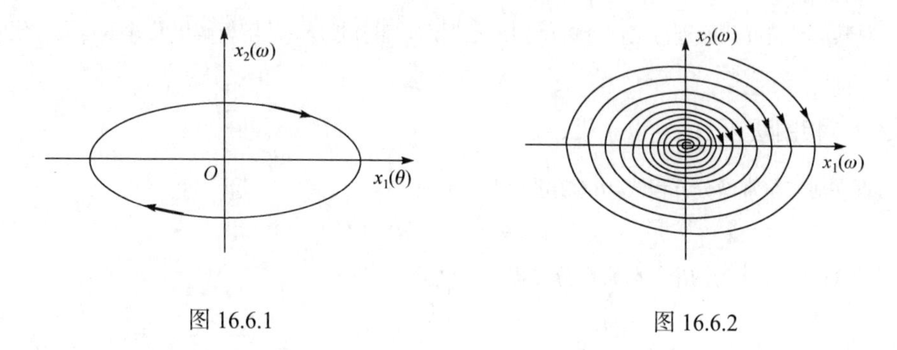

图 16.6.1　　图 16.6.2

受迫振动是振子在周期力驱动下的振动. 图 16.6.3(a)，(b)给出的是分别由两个不同初始条件出发的受迫振动的相图. 由于初始条件不同，最初几个周期两图中相轨线相差很大，但达到稳定后的状态与初始条件无关，都是由驱动力决定的相同的椭圆. 这个共同的椭圆是受迫振动时间趋向无穷大的归宿，称为**极限环**(limit cycle).

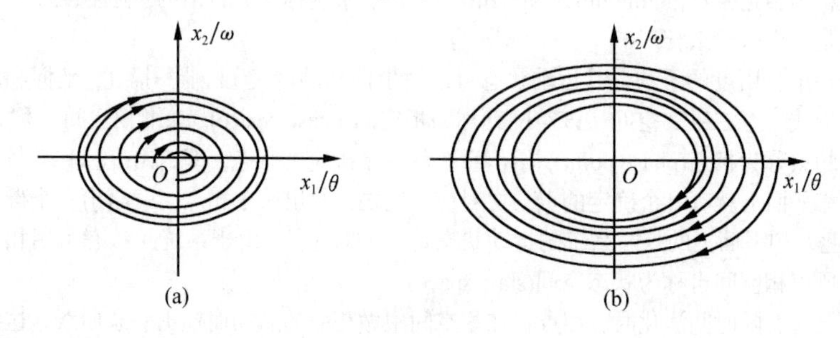

图 16.6.3

16.6.3　无阻尼单摆的非线性振动

现在我们用相图法研究单摆的非线性振动. 假设单摆不受阻尼力作用，注意到 $\omega = \mathrm{d}\theta / \mathrm{d}t$，$\omega$ 就是角速度，式(16.6.4)化为

$$\begin{cases} \dfrac{\mathrm{d}\theta}{\mathrm{d}t} = \omega \\ \dfrac{\mathrm{d}\omega}{\mathrm{d}t} = -\omega_0^2 \sin\theta \end{cases} \tag{16.6.6}$$

我们看到，这样的单摆是一非线性自治系统.

由式(16.6.6)，可得相轨线的微分方程为

$$\frac{\mathrm{d}\omega}{\mathrm{d}\theta} = -\frac{\omega_0^2 \sin\theta}{\omega} \tag{16.6.7}$$

从 $\theta = 0$ 到 θ 积分上式两边，得

$$\frac{1}{2}\omega^2 + \omega_0^2(1 - \cos\theta) = H' \tag{16.6.8}$$

其中 H' 是 $\theta=0$ 时振子角速度平方的一半，令 $H=H'l/g$,注意到 $\omega_0^2=g/l$ ，上式可以改写为

$$\begin{aligned} H &= \frac{l}{2g}\omega^2+(1-\cos\theta)=\frac{1}{mgl}\left[\frac{1}{2}ml^2\omega^2+mgl(1-\cos\theta)\right] \\ &= \frac{1}{mgl}[E_{\mathrm{k}}+E_{\mathrm{p}}] \end{aligned} \tag{16.6.9}$$

其中 $E_{\mathrm{k}}=ml^2\omega^2/2, E_{\mathrm{p}}=mgl(1-\cos\theta)$ 分别是系统动能和势能,所以 H 是和系统的总机械能有关的一个常量.

由式(16.6.8)及 $H=H'l/g$ ， $\omega_0^2=g/l$ ，可以得到

$$\omega=\pm\sqrt{\frac{2g}{l}(H-1+\cos\theta)} \tag{16.6.10}$$

据此式给定不同的 H 值，由每个 θ 值算出 ω 值，可以画出系统的相图，如图 16.6.4 所示.

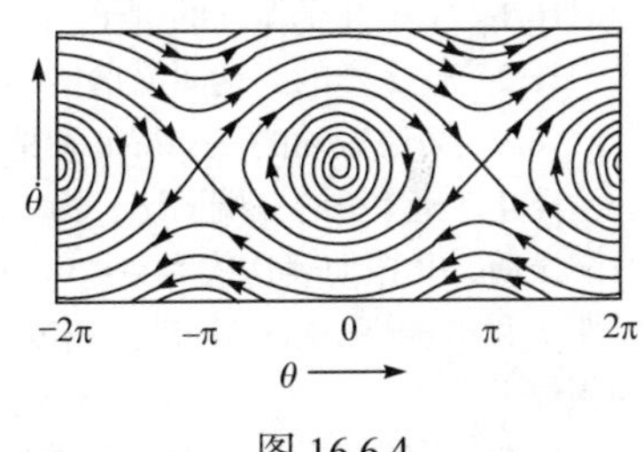

图 16.6.4

H 和系统的总机械能成正比，其大小决定摆锤振动的初始条件. 由相图可以看出，当 H 值很小时，摆锤角振幅很小,相轨道基本上是个椭圆,系统做周期运动. 随着 θ 角度增大,相轨道与椭圆的偏离越来越大. 当 $H=1$ 时,对应角振幅为 π 情况,这时相轨道仍然是闭合曲线,但在轨道左右两端已明显地偏离椭圆,呈凸出的尖角形. $H=3.5$ 时，相轨道分裂为不相连的上、下两个分支，分别对应于摆锤顺时针和反时针旋转. $H=2$ 是介于往复摆动和单向旋转之间的分界点，它在 $\theta=\pm\pi$ 处形成尖角， $\theta=\pi$ 对应摆锤在正上方，此处势能最大是不稳定位置. 这条把运动形式分开的相轨道线称为**分界线**，当摆锤运动到不稳定位置时，出现分叉现象.

16.6.4　混沌

如果对摆锤再施加周期性外力作用，摆锤在外力作用下可以从 $H>2$ 的状态过渡到 $H=2$ 的分叉状态. 在分叉点，由于动能和势能相等，摆锤瞬间处在静止状态. 其后它既可以向前继续原来的运动，也可能向后“落下来”，由原来的旋转运动变成摆动，或反过来由摆动变成单一方向的旋转运动. 这里运动表现出明显的不可预测性，敏感地决定于当时过渡到分叉点前的运动状态，或其后运动对当时初始条件的灵敏的依赖性. 这正是混沌的标记.

“混沌”在汉语中指传说宇宙形成以前天地未开，一切都模糊一团的景象，意思是混乱、无秩序. 在现代非线性理论中，混沌是指在遵从决定论(其中不包含任何随机因素)规律的系统中，出现的貌似无规、随机的运动形式. 我们知道，如果描述物理系统的方程中不包含随机变量，给定一个初始值，方程应当给出确定解，并且在一般情况下，初始值如果稍有偏离，其解应当相差不大. 但是在许多非线性问题中，其解对初始值极为敏感，即使初始“差之毫厘”，结果可以“失之千里”. 因此从物理上看，似乎其解是随机的. 非线性系统中这种类随机的运动就称为**混沌**.

混沌是非线性系统的一种运动状态. 当系统处于混沌态时，系统的运动状态呈现貌似无规的、混乱的、不可预见的情形. 但混沌绝不是如同掷骰子的随机现象，因为随机现象即使在短期内也是不可预测的，而混沌通常是非线性系统，由于对初值的敏感性，在较长时间后才表现

出的现象. 非线性系统从非混沌态过渡到混沌态可以有多种方式，上述单摆随阻尼力和周期驱动力参数变化，可以从倍周期分岔进入混沌状态，也可能处在忽而周期、忽而混沌，阵发性的混沌状态，进而由这种阵发性的状态进入混沌状态。

现在人们已经认识到，混沌现象是普遍的，混沌的概念和理论已经深入到天文学、生物学、医学、生态学和社会经济等各个领域. 由于实际存在的系统本质上都是非线性的，而非线性系统存在着混沌运动，混沌运动对初始条件极为敏感，我们对系统的未来行为，特别是长期行为做出预测事实上是不可能的.

问题和习题

16.1 举出几个振动的例子. 振动和波在物理学中具有怎样的地位和作用?

16.2 什么样的运动叫简谐振动? 为什么说研究简谐振动是研究一切复杂振动的基础?

16.3 简谐振动的三个特征量是什么? 它们各由什么条件决定?

16.4 轻弹簧的一端固定，另一端固结一个小球，从而构成一个弹簧振子. 振子沿 x 轴作简谐振动，其振动表达式为 $x = 5\times10^{-3}\cos(8\pi t + \pi/3)$(SI 制). 求：(1)振动的振幅 A、圆频率 ω、周期 T 和初相位 φ_0；(2)振动的速度和加速度随时间变化的表达式；(3)$t = 0.1$s，0.2s，0.3s 时刻的相位.

16.5 弹簧振子沿 x 轴作振幅为 A 的简谐振动，其振动表达式用余弦函数表示. 振动的初始条件有以下三种情形，试用旋转矢量图法分别确定三种情形下相应的初相位：

(1) $t = 0$ 时 $x_0 = -A$；(2) $t = 0$ 时 $x = 0$ 且 $v > 0$；(3) $t = 0$ 时 $x = 0.5A$ 且 $v < 0$.

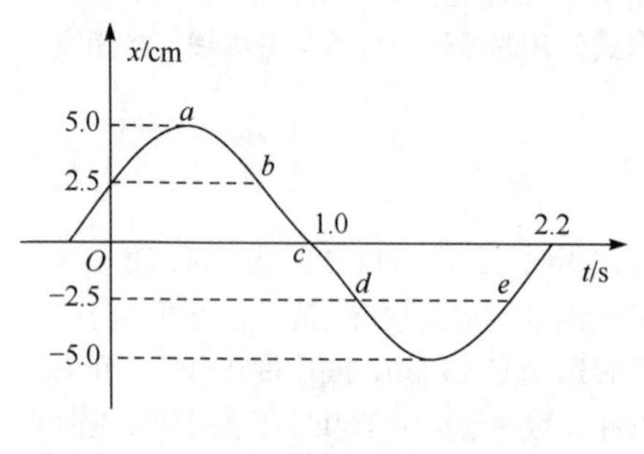

题 16.6 图

16.6 已知一个谐振子的振动曲线如图所示. 试求：(1)振动表达式；(2)a,b,c,d,e 各状态的相位.

16.7 质点作频率为 ν = 10Hz 的简谐振动. 在 $t = 0$ 时，此质点的位移为 x_0 = 10cm，速度为 v_0 = 200π cm/s. 试分别写出此质点的位移、速度和加速度的表示式.

16.8 一个质量为 m = 10g 的质点沿 x 轴作简谐振动，其振幅为 A = 24cm，周期为 T = 4s. 在 $t = 0$ 时刻，质点偏离平衡位置的位移为 x_0 = +24cm. 试求：(1)在 t = 0.5s 时刻，质点偏离平衡位置的位移以及所受合外力的大小和方向；(2)质点从初始位置运动到 x = −12cm 处所需的最短时间以及到达此处时的速度；(3)质点振动的总能量.

16.9 一根劲度系数为 k 的轻质弹簧，其上端固定在天花板上，下端悬挂一个质量为 m 的小球. 初始时刻小球位于平衡位置并以初速度 v_0 向下运动. 试写出系统的振动表达式和振动总能量.

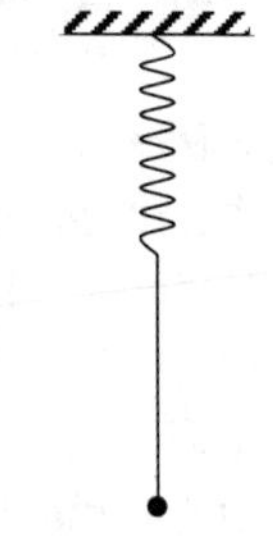
题 16.9 和题 16.10 图

16.10 一根轻质弹簧,其上端固定在天花板上,下端悬挂一个质量为 m = 10g 的小球. 当小球达到平衡时弹簧的伸长量为 b = 4.9cm. 初始时刻把小球由平衡位

置向下拉开 $x_0 = 1.0\text{cm}$，并给予小球向上的初速度 $v_0 = 5.0\text{cm/s}$. 试求小球作简谐振动的振幅以及小球在平衡位置的速度.

16.11 一根劲度系数为 k 的轻质弹簧，其上端固定在天花板上，下端悬挂一质量为 M 的盘子并静止在平衡位置. 一块质量为 m 的油泥块从高度为 h 处由静止落至盘中并粘在盘子上. 油泥落入盘子后系统开始振动，试求其振动表达式.

16.12 取两根劲度系数分别为 k_1 和 k_2 的轻质弹簧，把它们分别串联和并联起来，然后竖直悬挂，上端固定，下端都固结一个质量为 m 的小球. 试分别求出这两个弹簧振子的振动周期.

题 16.11 图　　　　题 16.12 图

16.13 如图所示，质量为 m、长度为 l 的均匀杆可绕着过端点 O 的水平光滑轴在铅直平面内无摩擦地转动. 初始时刻，杆子偏离铅直线一个小角度 $\theta_0(<5°)$，并且在此时刻由静止开始释放. 试求此后杆子与铅直线的夹角 θ 与时间 t 的函数关系式.

16.14 如图所示，一根长度为 l 的细线的一端固定在升降机的天花板上，另外一端拴一个质量为 m 的小球，从而构成一个单摆. 当升降机静止时，让摆球从摆角 $\theta_0(<5°)$处摆下. 当摆球返回到到最高点时，升降机以大小等于重力加速度 g 的加速度加速上升，试问：以后摆球相对于升降机如何运动？若摆球摆到最高点时升降机以 g 下落，则情况如何？若摆球摆到最低点时升降机以 g 下落，则情况又如何？

题 16.13 图　　　　题 16.14 图

16.15 如图所示，把质量为 $m = 121\text{g}$ 的水银灌装在横截面积为 $S = 0.30\text{cm}^2$ 的 U 形管中. 把右边的水银面向下压，使得两边水银面的高度相差 $2y_0$. 初始时刻，把水银面释放，使其上下振动. 试证明此振动是简谐振动并求出其振动周期 T(水银的密度为 $\rho = 13.6\text{g/cm}^3$).

16.16 容器中盛有某种液体，其密度随深度线性地增加. 表面处的密度为 ρ_0，深度为 D 处的密度为 $2\rho_0$. 把一个密度为 $2\rho_0$ 的小球在深度为 $0.5D$ 处从静止释放. 若忽略液体的阻力，试求小球的振动表达式.

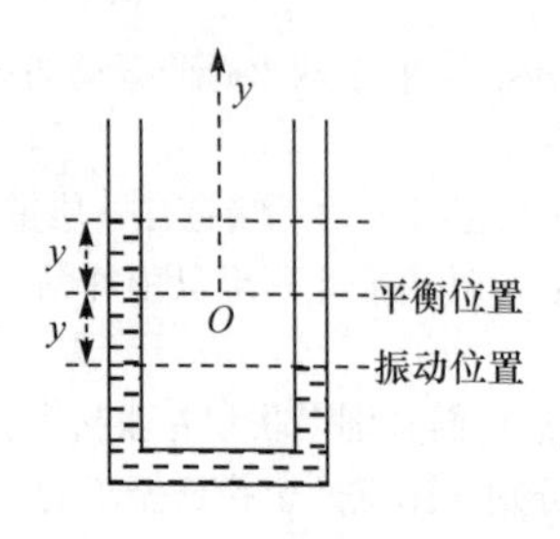

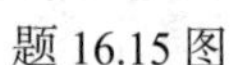
题 16.15 图

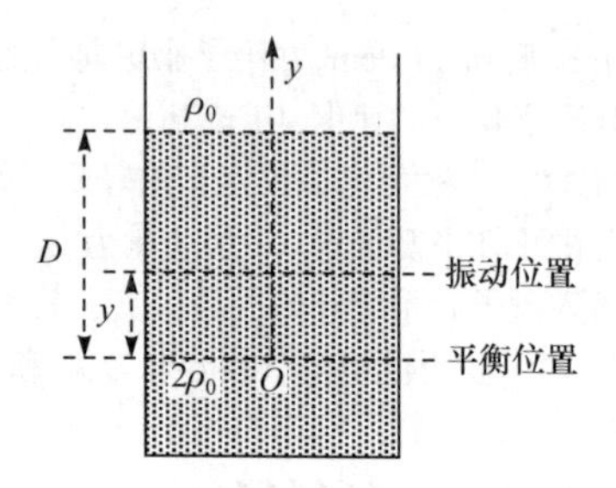

题 16.16 图

16.17 如图所示，两个完全相同的圆柱分别绕其自身的固定中心轴作匀角速转动. 两轴位于同一水平面且相互平行，间距为 $2l$. 两圆柱的转动方向相反且角速度大小相等. 在两个圆柱上平放一块质量为 m 的均匀木板，木板与圆柱面之间的摩擦系数为 μ. 初始时刻，木板的质心稍微偏离了图中的 O 点. 试问：此后木板做何运动?

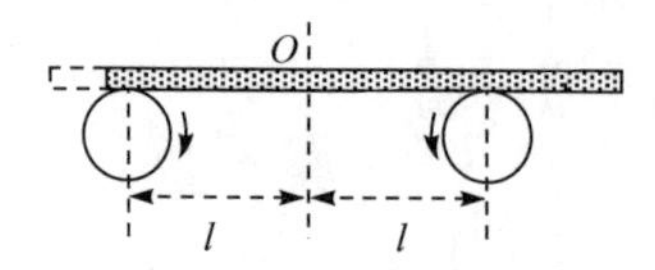

题 16.17 图

16.18 牛顿曾证明：若把一个质量为 m 的质点置于质量为 M 的均匀球壳内，则 m 受到的万有引力为零；若把 m 置于 M 之外，则 m 受到的万有引力就相当于位于球心的质点 M 对它的万有引力. 设想：把地球当作半径为 R、质量为 $M_{地}$ 的均匀球体，沿地球直径开凿一条贯通地球直径的隧道，将质量为 m 的小球从洞口由静止释放. 试问：小球到达隧道另一洞口所用的时间是多长?

16.19 如图所示，取两根长度都为 L 的细线，把一根长度为 $2l$、质量为 m 的均匀杆悬挂起来. 杆子作小角度自由扭转摆动且重心始终保持在同一铅直线上. 试证明此摆动是简谐振动并求出其振动周期 T.

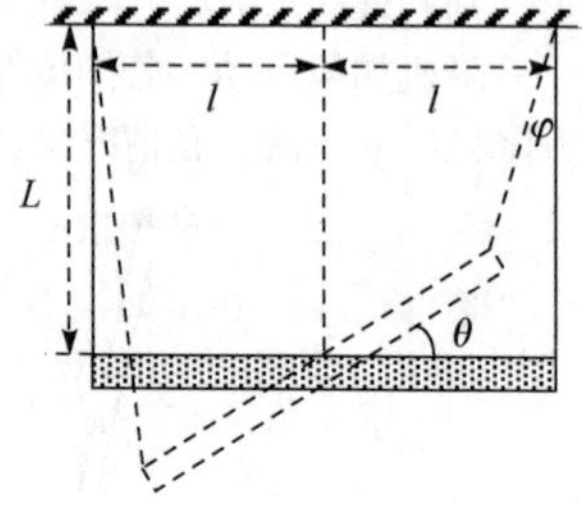

题 16.19 图

16.20 某阻尼振动的振幅在一个周期后减小为原来的 1/3，试问：此振动的周期 T 相较无阻尼存在时的周期 T_0 大百分之几?

16.21 一个力学系统在空气中振动，在 $t_0 = 0$ 时刻其振幅为 $A_0 = 3\text{cm}$，在 $t_1 = 10\text{s}$ 时刻其振幅为 $A_1 = 1\text{cm}$. 试问：何时其振幅减为 $A_2 = 0.3\text{cm}$?

16.22 老式火车之所以比较颠簸，是因为车厢每经过一个铁轨接口处便受到一次震动，从而使车厢在弹簧上上下振动. 设每段铁轨的长度 $l = 12.5\text{m}$，每节车厢的质量为 $m = 5.5\times10^4\text{kg}$，弹簧的劲度系数为 $k = 5.9\times10^6\text{N/m}$，空气阻力可忽略不计. 试问：火车以多大的速度匀速行驶时弹簧的振幅最大?

16.23 一个力学系统同时参与两个同方向、同频率的简谐振动，其中第一个振动的振幅为 $A_1 = 0.173\text{m}$. 两者的合振动的振幅为 $A = 0.20\text{m}$，合振动的相位与第一个振动的相位之差为 $(\varphi-\varphi_1) = \pi/6$. 试求：第二个振动的振幅 A_2 以及第二个振动和第一个振动之间的相位差 $(\varphi_2-\varphi_1)$.

16.24 试用最简单的方法求出下列两组简谐振动合成后所得的合振动.

(1) $\begin{cases} x_1 = 5\cos(3t+\pi/3) \\ x_2 = 5\cos(3t+7\pi/3) \end{cases}$； (2) $\begin{cases} x_1 = 5\cos(3t+\pi/3) \\ x_2 = 5\cos(3t+4\pi/3) \end{cases}$

16.25　三个同方向、同频率的简谐振动分别为

$$\begin{cases} x_1 = 0.08\cos(314t + \pi / 6) \\ x_2 = 0.08\cos(314t + \pi / 2) \\ x_3 = 0.08\cos(314t + 5\pi / 6) \end{cases}$$

试求：(1)合振动的表达式；(2)合振动由初始位置运动到 $x = 0.08$ 所需的最短时间.

16.26　质量为 $m = 0.4\text{kg}$ 的质点同时参与以下两个相互垂直的简谐振动：

$$\begin{cases} x = 0.05\cos(\pi t / 3 + \pi / 6) \\ y = 0.06\cos(\pi t / 3 - \pi / 3) \end{cases} \text{(SI 制)}$$

试求：(1)合运动的轨迹方程，并在 xOy 平面内绘出其轨迹；(2)质点在任意 t 时刻所受到的合外力.

第 17 章　机　械　波

振动在空间的传播叫**波动**(wave). 机械振动在弹性介质中的传播就是机械波；变化的电荷或电流可以激发变化的电磁场，变化的电场和磁场可以互相激发，在空间形成电磁波. 光波是一定频段的电磁波. 在量子物理中,我们还涉及物质波. 虽然各类波物理本质不同，但它们的传播和运动有许多共同的规律. 例如，在两介质交界面上发生反射和折射，在波遇到障碍物时会发生衍射，特别是在两列波交叠区域，满足一定条件的两列波可以发生相干叠加等. 本章我们以机械波为例，研究波动的规律和特点.

学习指导：预习时重点关注①机械波产生、传播条件及传播速度、波长和频率；②简谐波的波函数、能量密度、能流密度；声波、声压、波强级，超声波和次声波等概念；③惠更斯原理，波的衍射和波在介质交界面上的反射和折射；④波叠加原理，波相干条件；驻波、驻波形成条件及驻波和行波的区别；⑤多普勒效应、冲击波.

教师可就简谐波函数、能量密度、能流密度和波强度；惠更斯原理，波叠加原理，波相干条件，多普勒效应等物理概念作重点讲解.

§ 17.1　机械波的产生和传播

17.1.1　机械波产生的条件

抛入平静湖面的小石子会在水面激起向外扩散的涟漪，拨动绷紧的弦会引起沿弦线传播的扰动，擂动的大鼓可以激起空气扰动的传播等，这些都是机械波的例子.

产生机械波首先需要有作机械振动的物体，称为**波源**(wave source). 其次机械波需要有能传播这种机械振动的介质，如空气、液体、固体物质等.

宏观上可以把气体、液体、固体介质看成由许多小**质元**构成，相邻质元通过弹性力作用着(图 17.1.1). 当某一质元离开平衡位置时，就会引起介质局部形变，邻近的质元将对它作用以弹性恢复力，使它回复到平衡位置，并在平衡位置附近振动起来. 振动质元又作用于邻近质元一弹性力，迫使邻近质元也在自己平衡位置附近振动(图 17.1.2). 这样源的振动在介质中就会以波的形式传播出去，这种机械振动在介质中的传播就是**机械波**(mechanical wave). 空气、液体、固体介质能依靠内部弹性力作用传播机械波，这些介质称为**弹性介质**(elastic medium), 在弹性介质中传播的机械波又称**弹性波**(elastic wave).

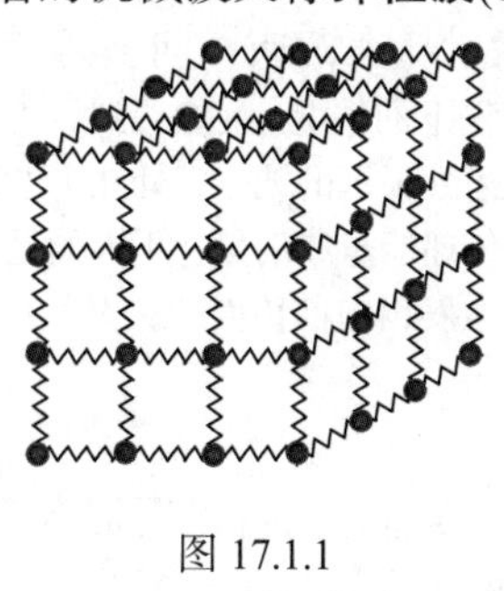

图 17.1.1

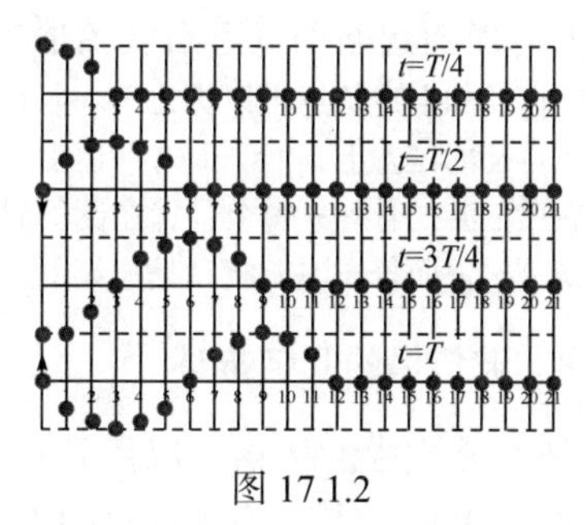

图 17.1.2

17.1.2　横波和纵波

按介质中质元振动方向和波传播方向关系的不同，可以把机械波分为两种基本类型.

横波(transversal wave): 质元振动方向与波传播方向垂直.

纵波(longitudinal wave): 质元振动方向与波传播方向平行.

例如，图 17.1.3 表示沿绳子传播的横波；图 17.1.4 表示沿长弹簧传播的纵波. 气体、液体和固体中都具有不同程度的压缩弹性(即体积被压缩后具有恢复原来体积的性质)，因此都可以传播纵波. 而通常只有固体才具有剪切弹性(即其中长方形体元两相对面发生相对位移形变，体元具有的恢复原来形状的性质)，所以横波只能在固体中传播. 还有一些波既有纵波成分，也有横波成分，如地震波；在两介质交界面上还可以传播**表面波**，例如，抛入平静池面的小石子，可以在池面激起水面波. 水面上的小质元在重力和表面张力作用下，绕平衡位置沿圆形或椭圆形轨道旋转.

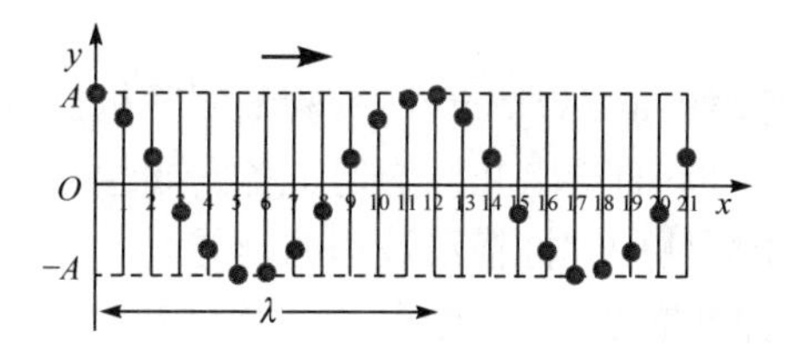

图 17.1.3

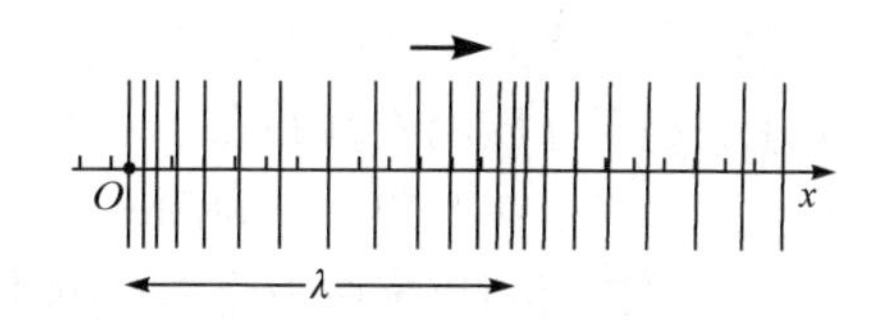

图 17.1.4

从波传播分析中可以看出，波动具有以下特点：

(1) 不管横波或纵波，在传播过程中介质中的各质元均在各自平衡位置附近振动，质元本身并没有“随波逐流”，传播出去的仅是质元的振动状态或运动形式.

(2) 由于各质元的振动状态决定于相位，所以振动状态的传播也就是相位的传播. 沿波传播方向，“下游”质元的相位依次落后于“上游”的质元.

(3) 伴随着振动状态沿波传播方向传播，有能量从上游质元向下游质元传递.

波传播的上述特点可以类比于一长串多米诺骨牌依次倒下的情况. 我们看到尽管每个骨牌都倒在自己的位置上，但倒下这种运动方式却可沿长串传播到很远的地方；处在下游的骨牌倒下落后于上游的骨牌；每个骨牌在倒下时要向下一个骨牌传递能量或动量；不同的是这里源仅被扰动一次，而普通波源扰动是连续的，所以可以持续地激发出向前传播的波.

17.1.3 波传播的几何描述

波在介质中的传播可以用几何方法描述. 波的传播方向可以用带有箭头的直线或曲线表示，表示传播方向的直线或曲线称为**波线**(wave line).

介质中相位相同的点构成的面(平面或曲面)叫**等相面**(equal-phase surface). 在波源振动后的某一时刻，波到达的各点位置在同一等相面上. 由于这一等相面位置在波的最前方，又称为**波前**(wave front)或**波面** (wave surface). 根据波前的几何形状不同，可以区分波为**平面波、球面波和柱面波**等(图 17.1.5). 显然，在均匀的各向同性介质中，点波源可以激发球面波，直线波源激发柱面波；在远离波源的地方观测到的球面波或柱面波的局部波面，可近似看作平面波.

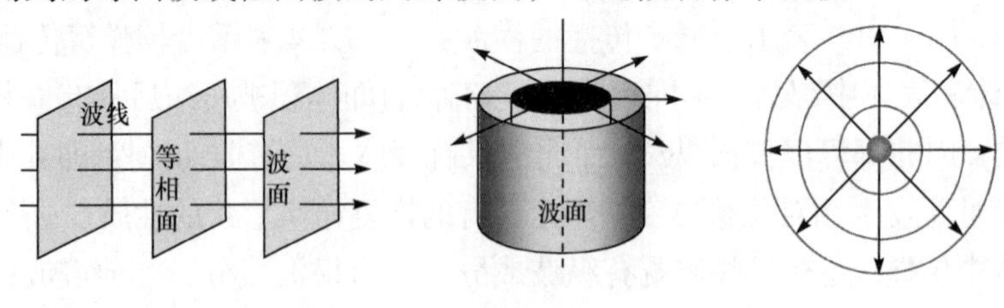

图 17.1.5

在均匀、各向同性介质中，波线与波面垂直.

17.1.4 波速

波面沿波传播方向推进的速度称为**波速度**(wave velocity). 实验证明，机械波的波速决定于介质的密度和介质的弹性性质. 下面给出几种均匀、各向同性介质中的波速公式，在 § 17.3 作为例子，将给出固体中弹性横波波速的推导.

(1) 气体、液体(统称为流体)只能传播弹性纵波，波速

$$u=\sqrt{\frac{K}{\rho}} \tag{17.1.1}$$

其中 ρ 是气体或液体的质量密度，K 是气体或液体的**容变弹性模量**(bulk elastic modulus). 其意义如下：设压强为 p 时流体体积为 V，在通常压强范围内，压强

增大到 $p+\Delta p$ 时，体积变化为 $V+\Delta V$ (图 17.1.6)，容变弹性模量 K 定义为

$$\Delta p = -K\frac{\Delta V}{V} \tag{17.1.2}$$

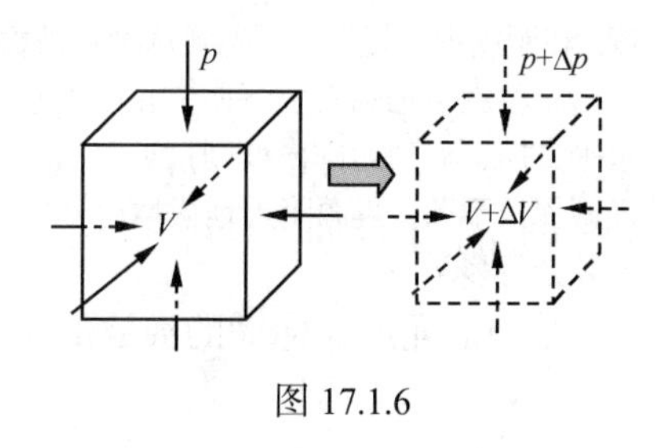

图 17.1.6

(2) 固体中横波的波速

$$u = \sqrt{\frac{G}{\rho}} \tag{17.1.3}$$

其中 ρ 是固体的质量密度，G 是固体的**切变弹性模量**(shear elastic modulus). 切变弹性模量意义如下：在高为 h 、底面积为 ΔS 的长方形柱体上、下两底面上，作用大小相等、方向相反的切向力 F ，使柱体上下底面发生 Δx 的相对位移(图 17.1.7). 在弹性范围内，切应变 $\Delta x / h$ 与切应力 $F / \Delta S$ 成正比，即

$$\frac{F}{\Delta S} = G\frac{\Delta x}{h} \tag{17.1.4}$$

比例系数 G 就是切变弹性模量.

(3) 沿细棒传播的纵波的波速为

$$u = \sqrt{\frac{E}{\rho}} \tag{17.1.5}$$

其中 ρ 是棒的质量密度，E 是细棒的**杨氏弹性模量**(Young's elastic modulus). 其意义如下：若在截面积为 ΔS 、长为 l 的细棒两端加上大小相等、方向相反的轴向拉力 F ,使棒伸长 Δl (图 17.1.8)，实验证明在弹性限度内，应变 $\Delta l / l$ 与应力 $F / \Delta S$ 成正比

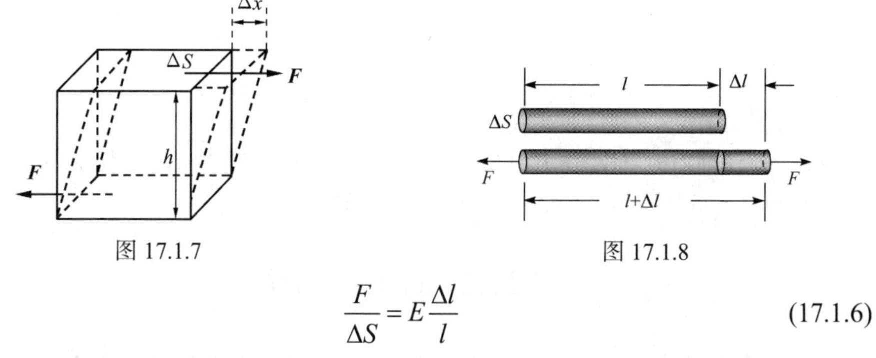

图 17.1.7　　　　图 17.1.8

$$\frac{F}{\Delta S} = E\frac{\Delta l}{l} \tag{17.1.6}$$

比例系数 E 就是**杨氏弹性模量**.

在发生地震时，有人描述他感到的是“先是竖直上下振荡，然后水平横向摇摆”，也有人说法与此相反“先是水平横向摇摆，然后竖直上下振荡”. 其实由于他们相对震源位置不同，他们的说法都对. 位于地下的震源实际上同时激发横波和纵波，但地壳中纵波速度大于横波速

度. 在距震中较近地区，先到达的纵波振动几乎垂直于地面，后到达的横波振动则平行于地面，所以这里就会感到先上下振荡，后水平摆动；而距震中较远的地区，先到达的纵波振动则接近水平方向，后到达的横波则接近竖直方向，这里会感到先水平摆动，后上下振荡. 当然，由于震源深浅不同，震源附近地质情况不同，纵波和横波速度差别会不一样，实际情况比这里分析要复杂得多.

(4) 沿绳或弦传播的横波的波速

$$u=\sqrt{\frac{T}{\mu}} \tag{17.1.7}$$

其中 T 是绳或弦上的张力，μ 是绳或弦线单位长度的质量数.

例 17.1.1 假设空气可以看作摩尔质量为 μ，比热容比为 γ 的理想气体. (1) 证明空气中声波速度可以表示为

$$u=\sqrt{\frac{\gamma RT}{\mu}} \tag{1}$$

其中 R 是普适气体常量，T 为绝对温度. (2)已知空气在标准状态下密度 $\rho_0=1.293\,\mathrm{kg/m^3}$，$\gamma=1.40$，计算空气中的声速.

解 由式(17.1.1),空气中声速为

$$u=\sqrt{K/\rho} \tag{2}$$

其中 K 是空气容变弹性模量，按定义

$$K=-V\frac{\mathrm{d}p}{\mathrm{d}V} \tag{3}$$

当声波在空气中传播时，空气被迅速压缩、膨胀(变化频率等于声波频率)，可视为绝热过程. 利用绝热过程方程 $pV^{\gamma}=C$ 可以求得

$$\frac{\mathrm{d}p}{\mathrm{d}V}=-\gamma\frac{pV^{\gamma-1}}{V^{\gamma}}=-\gamma\frac{p}{V}$$

代入式(2)，得气体容变模量 $K=\gamma p$. 另外，利用摩尔理想气体状态方程 $RT=Vp=p\mu/\rho$，求得空气质量密度

$$\rho=\frac{P\mu}{RT} \tag{4}$$

将 $K=\gamma p$ 及式(4)代入式(2)，即得式(1).

(2) $\mu=22.4\times10^{-3}\rho_0, R=8.314\mathrm{J/(mol\cdot K)}$ 以及 $\gamma=1.40, T=273.16\mathrm{K}$ 代入式(1)求得 $v=331.2\mathrm{m/s}$，这与实际测量值 $v=331.45\mathrm{m/s}$ 非常接近.

§ 17.2 平面简谐波

波是波源振动状态在介质中的传播. 如果振源作简谐振动，则介质中各质元都作简谐振动，相应的波称为**简谐波**(simple harmonic wave). 平面简谐波是最简单的波动形式. 正像复杂的振动都可看成是简谐振动的合成一样，任何复杂的波都

可分解为平面简谐波的叠加，因此研究平面简谐波也是分析复杂波动的基础.

17.2.1　波长、频率和波数

当横波通过介质传播时，在任意时刻观察，介质中各质元相对各自平衡位置的位移形成波峰、波谷相间的分布(图 17.1.3)；纵波中的质元则会形成疏、密相间的分布(图 17.1.4). 称横波相邻两波峰(或波谷)、纵波相邻两密部(或疏部)之间的距离为一个**波长**(wave length)，记为λ. 由于沿传播方向距离为λ的两质元振动步调完全一致(在任意时刻都有相同的位移和速度)，所以它们的振动相位差为2π，并称这样的两质元之间的部分为一个**完整波**(complete wave). 波长即是一个完整波的空间长度.

波通过一个波长的距离(或一个完整波通过空间一点)所用时间称为波的一个**周期**(period)，记为T. 波速、波长和周期之间有关系

$$u = \lambda / T \tag{17.2.1}$$

由于波速对一定介质是个恒量，波长完全取决于波源振动的周期(或频率).

通常将沿波线单位长度上所包含的完整波的个数($1/\lambda$)称为**波数**(wave number)，并引入

$$k = \frac{2\pi}{\lambda} \tag{17.2.2}$$

称为**角波数**(angular wave number). 角波数类似于圆频率 $\omega = 2\pi / T$——单位时间内振动次数的2π倍，是空间单位长度上完整波个数的2π倍. 在描述波动时还常引进

$$\boldsymbol{k} = \frac{2\pi}{\lambda}\boldsymbol{n} \tag{17.2.3}$$

其中$\boldsymbol{n}$是沿波传播方向的单位矢量，$\boldsymbol{k}$称为**波矢量**(wave vector).

17.2.2　平面简谐波的波函数

称描述波场中各质元相对平衡位置的位移与时间关系的函数为**波函数**(wave function). 为了简单，首先讨论**平面简谐波**——波面是平面的简谐波的波函数，并假设波在不吸收能量的无限大、均匀介质中传播，暂时可不考虑波振幅的衰减以及波在介质界面上的反射和折射.

取坐标轴x垂直于平面波波面. 平面波意味着垂直于x轴的平面上各质元有相同的相位，因而这些质元振动完全同步. 平面波波函数就是坐标x值不同的各质元的位移(用ξ表示)关于时间的函数. 设位于参考点$x=0$波面上的质元的振动表达式为

$$\xi(t)=A\cos\omega t \tag{17.2.4}$$

由于介质不吸收能量，坐标 x 不同的质元振幅相等. 坐标 x 处的质元振动相位落后于坐标原点质元

$$2\pi\frac{x}{\lambda}=kx \tag{17.2.5}$$

所以 x 处质元的振动相位为 $\omega t-kx$， x 处质元的振动表达式为

$$\xi(x,t)=A\cos(\omega t-kx) \tag{17.2.6}$$

这就是沿 x 方向传播的平面简谐波波函数.

利用式(17.2.5)，平面简谐波波函数(17.2.6)还可写作

$$\xi(x,t)=A\cos\left(\omega t-\frac{2\pi}{\lambda}x\right)=A\cos 2\pi(\nu t-x/\lambda) \tag{17.2.7}$$

或利用波速 $u=\lambda\nu$，写成

$$\xi(x,t)=A\cos\frac{2\pi}{\lambda}(ut-x) \tag{17.2.8}$$

在量子物理中还常把平面简谐波函数写成复数形式

$$\xi(x,t)=A\mathrm{e}^{\mathrm{i}(kx-\omega t)} \tag{17.2.9}$$

表示描述自由粒子运动的物质波函数.

17.2.3 平面简谐波函数的意义

平面简谐波函数是空间坐标 x 和时间 t 的函数.

(1) 给定 $x=x_0$，平面简谐波函数式(17.2.6)可以写作

$$\xi(x_0,t)=A\cos(\omega t-kx_0) \tag{17.2.10}$$

仅是时间的函数，给出的是坐标为 $x=x_0$ 的质元的振动方程.

(2) 给定 $t=t_0$，平面简谐波函数化成

$$\xi(x,t_0)=A\cos(\omega t_0-kx) \tag{17.2.11}$$

仅是坐标 x 的函数，给出时刻 t_0 坐标 x 不同的质元的位移. 它的图示称为 t_0 时刻的**波形图**.

(3) 在 x 和 t 都变化的情况下，波函数表示坐标为 x 的质元在 t 时刻相对自己平衡位置的位移 $\xi(x,t)$. 由波函数的表达式，在 $t+\Delta t$ 时刻，坐标为 $x+\Delta x$ 处的质元的位移

$$\begin{aligned}\xi(x+\Delta x,t+\Delta t)&=A\cos[\omega(t+\Delta t)-k(x+\Delta x)]\\&=A\cos[(\omega t-kx)+\omega\Delta t-k\Delta x]\\&=A\cos\left[(\omega t-kx)+\frac{2\pi}{\lambda}(u\Delta t-\Delta x)\right]\end{aligned}$$

可以看出，如果$u\Delta t = \Delta x$，即沿波传播方向，间隔等于波在Δt时间内传播距离的两质元有

$$\xi(x+\Delta x, t+\Delta t) = \xi(x,t)$$

这表示下游$x+\Delta x$处的质元在$t+\Delta t$时刻的运动状态，和上游x处质元在t时刻的运动状态完全相同. 也就是说，**上游x处质元在t时刻的运动状态，经Δt时间后传到了下游$x+\Delta x$($\Delta x = u\Delta t$)处**. 这表明**波函数描述了运动状态的传播**.

对各个质元都可做上面的讨论，可以看出：t时刻的波形图在Δt时间内整个地向前平移了距离$\Delta x = u\Delta t$，一个周期内平移了一个波长.

(4) 考虑波场中振动相位等于ϕ_0的点满足的等相面方程

$$\omega t - kx = \phi_0$$

对等式两边对时间微分，并利用式(17.2.2)、式(17.2.1)得

$$\frac{\mathrm{d}x}{\mathrm{d}t} = \frac{\omega}{k} = \frac{\lambda}{T} = v_{\mathrm{p}} = u \tag{17.2.12}$$

这表明波等相面以速率v_{p}向正x方向推进，v_{p}称为波的**相速度**(phase velocity). 对平面简谐波，波相速度等于波速.

例 17.2.1　波长为λ的平面简谐波以速度u沿正x方向传播，已知$x_0 = \lambda/4$处质元振动表达式为$\xi(t) = A\cos\omega t$. (1)求波函数；(2)画出$t=T$和$t=5T/4$的波形图.

解　(1)坐标x处的质元振动相位落后x_0处质元

$$k(x-\lambda/4) = kx - \pi/2$$

所以x处质元的振动方程为

$$\xi(x,t) = A\cos(\omega t - kx + \pi/2)$$

(2) $t=0$时刻的波形图由函数

$$\xi(x) = A\cos(-kx+\pi/2) = A\sin\frac{2\pi}{\lambda}x$$

给出(图17.2.1)，$t=T$时刻的波形图与$t=0$时刻的波形图相同.

求$t=5T/4$时刻的波形图，可将$t=T$时刻的波形图(即$t=0$时刻的波形图)向右平移$\Delta x = u\cdot T/4 = \lambda/4$得出(图17.2.1).

例 17.2.2　图17.2.2给出一简谐波在$t=0$和$t=1\,\mathrm{s}$时刻的波形图. 试根据图中的参数，(1)求波的周期、圆频率和角波数；(2)给出该简谐波的波函数.

解　(1)由图，波振幅$A=0.02\,\mathrm{m}$；波长$\lambda=2\,\mathrm{m}$；比较两个时刻的波形图可以看出，在1s内，波形图向正x方向平移$\lambda/4$，故

$$T = 4\,\mathrm{s}$$

$$\omega = \frac{2\pi}{T} = 0.5\pi/\mathrm{s}$$

$$k = \frac{2\pi}{\lambda} = \pi/\mathrm{m}$$

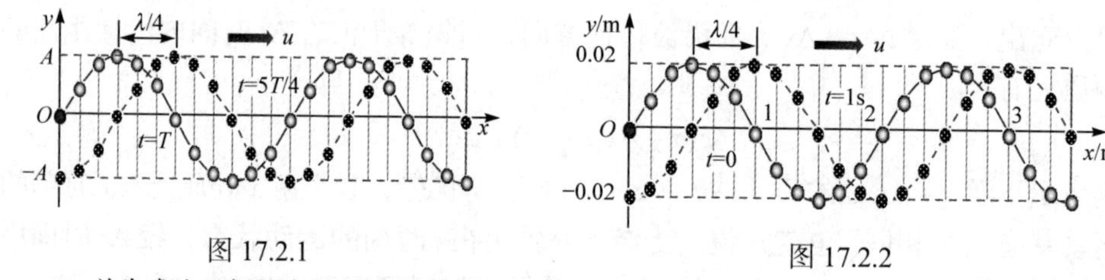

图 17.2.1　　　　图 17.2.2

(2) 首先求出坐标原点的振动表达式

$$\xi(t)=A\cos(\omega t+\phi)=0.02\cos(0.5\pi t+\phi)$$

注意 $t=0$ 时刻，位移 $\xi=0$，可以得出：$\phi=\pm\pi/2$；由波形图随时间增大向右推移可以看出，$x=0$ 处的质元正从平衡位置向负方向最大位移运动，速度为负，$\phi=\pi/2$；所以 $x=0$ 点的振动表达式为

$$\xi(t)=0.02\cos(0.5\pi t+\pi/2)$$

坐标 x 处的质元振动相位落后 $x=0$ 处质元 $kx=\pi x$，所以坐标 x 处的质元在任意时刻 t 的位移

$$\xi(x,t)=0.02\cos(0.5\pi t-\pi x+\pi/2)$$

此即波函数.

17.2.4　平面波的波动方程

由平面简谐波波函数式(17.2.6)

$$\xi(x,t)=A\cos(\omega t-kx) \tag{17.2.13}$$

利用 $\dfrac{k}{\omega}=\dfrac{2\pi}{\lambda}\cdot\dfrac{1}{2\pi\nu}=\dfrac{1}{\lambda\nu}=\dfrac{1}{u}$，可以把式(17.2.13)改写为

$$\xi(x,t)=A\cos\omega\left(t-\frac{x}{u}\right) \tag{17.2.14}$$

将式(17.2.14)分别对 x 和 t 求二次偏导数得

$$\frac{\partial^2\xi}{\partial x^2}=-\frac{\omega^2}{u^2}A\cos\omega\left(t-\frac{x}{u}\right)$$

$$\frac{\partial^2\xi}{\partial t^2}=-\omega^2A\cos\omega\left(t-\frac{x}{u}\right)$$

由上两式得出

$$\frac{\partial^2\xi}{\partial x^2}-\frac{1}{u^2}\frac{\partial^2\xi}{\partial t^2}=0 \tag{17.2.15}$$

这就是平面简谐波函数满足的微分方程，其中 u 是波速. 不难看出，方程(17.2.15)是线性的，即若两个波函数 ξ_1,ξ_2 都满足这个方程

$$\frac{\partial^2\xi_1}{\partial x^2}-\frac{1}{u^2}\frac{\partial^2\xi_1}{\partial t^2}=0,\quad \frac{\partial^2\xi_2}{\partial x^2}-\frac{1}{u^2}\frac{\partial^2\xi_2}{\partial t^2}=0$$

这两个波函数的线性叠加 $\alpha\xi_1+\beta\xi_2$（α,β 是两个任意复常数)也满足这个方程. 由

于一般平面波都可表示为平面简谐波的线性叠加，所以式(17.2.15)也是一般平面波满足的微分方程，称为**平面波方程**.

平面波方程的重要性在于：任意物理量ξ，不管它是力学量位移(对机械波)，还是其他量，如电场强度$\boldsymbol{E}$、磁场强度$\boldsymbol{H}$等，只要它对坐标和时间的关系满足这个方程，这一物理量就必定以平面波的形式传播，其中u就代表这种波的传播速度.

下面我们以固体中的弹性横波为例，说明如何应用动力学的规律导出其中传播的平面波方程，并给出波速.

17.2.5　固体中弹性横波波动方程的动力学推导

设平面波在固体介质中沿正x方向传播，由于在与x轴垂直的平面上的各质元都有相同的相位、相同的运动状态，研究介质中各质元的运动可以选沿x方向的一根细长棒为代表. 设细棒横截面积为ΔS，质量密度为ρ.

设某一时刻沿细棒传播的弹性横波波形图如图 17.2.3 所示，位于x、$x+\Delta x$处的质元(这个质元的自然长度为Δx)的两侧面，受到大小分别为F_x、$F_{x+\Delta x}$，方向相反的力作用. 在Δx足够小的情况下，可近似认为$F_x \approx F_{x+\Delta x} = F$，这个质元受到切应力$F/\Delta s$的作用. 若$x+\Delta x$处的质元相对$x$处质元的位移为$\Delta\xi$，则在这个切应力作用下，这个体元发生的切应变为$\Delta\xi/\Delta x$. 根据固体切变弹性模量$G$的定义式(17.1.4)得

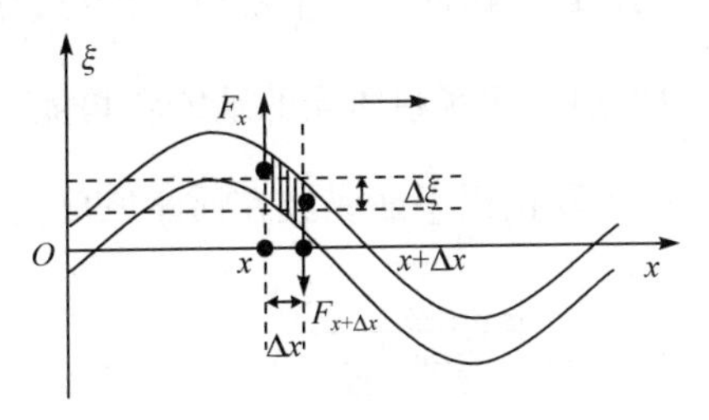

图 17.2.3

$$\frac{F}{\Delta S} = G\frac{\Delta\xi}{\Delta x} = G\frac{\partial\xi}{\partial x} \tag{17.2.16}$$

这表明随着波通过棒传播，棒上各质元将发生切应变，从而施加相邻质元切应力作用.

现在计算位于x、$x+\Delta x$处的质元受到的合力. 这个质元x侧面受到左端质元作用力F_x，$x+\Delta x$侧面受到右端质元作用力$F_{x+\Delta x}$，由式(17.2.16)

$$\frac{F_x}{\Delta S} = G\left.\frac{\partial\xi}{\partial x}\right|_x \quad \frac{F_{x+\Delta x}}{\Delta S} = G\left.\frac{\partial\xi}{\partial x}\right|_{x+\Delta x}$$

从而

$$F_{x+\Delta x} - F_x = G\left(\left.\frac{\partial\xi}{\partial x}\right|_{x+\Delta x} - \left.\frac{\partial\xi}{\partial x}\right|_x\right)\Delta S = G\left.\frac{\partial^2\xi}{\partial x^2}\right|_x \Delta x\Delta S$$

当Δx很小时，可认为其中各质元有相同的加速度$\partial^2\xi/\partial t^2\big|_x$，由牛顿第二定律

$$F_{x+\Delta x} - F_x = \Delta m\left.\frac{\partial^2\xi}{\partial x^2}\right|_x$$

注意到$\Delta m = \rho\Delta x\Delta S$，由上两式可得

$$\frac{\partial^2 \xi}{\partial x^2} - \frac{\rho}{G}\frac{\partial^2 \xi}{\partial t^2} = 0 \tag{17.2.17}$$

这正是式(17.2.15)中的波动方程. 和方程(17.2.15)比较，可得到弹性固体中横波的波速

$$u = \sqrt{G/\rho}$$

此即式(17.1.3).

§ 17.3　机械波的能量密度和能流

当机械波通过弹性介质传播时，介质中的各质元都在平衡位置附近振动，速度不等于零，具有一定的动能. 同时，由于同一时刻各质元的位移不同，介质会发生弹性形变，还存在有势能. 能量不断地由波源发出，通过质元之间的相互作用，由上游质元向下游质元传送，所以波的传播总伴随着能量的传播.

17.3.1　波场中质元的动能和势能

我们以平面纵波在质量密度为ρ的均匀介质中传播为例. 沿传播方向x取横截面积为ΔS、自然长度为Δx的质元为研究对象(图 17.3.1). 设该质元的中心平衡位置坐标为x，当平面简谐波通过这个质元时，此质元t时刻的振动速度可近似认为等于坐标x处质元的速度. 由波函数式(17.2.14)求出

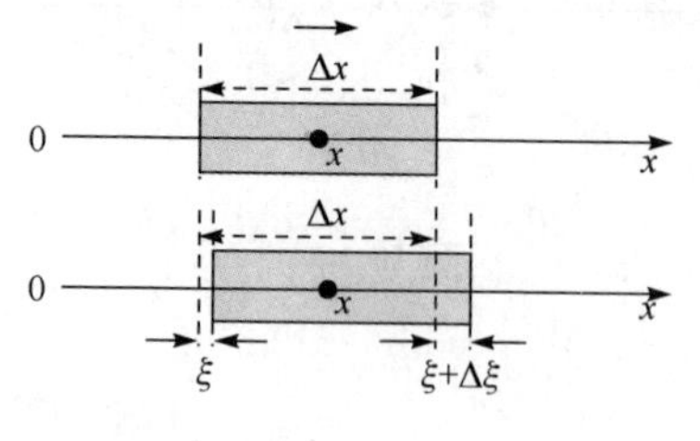

图 17.3.1

$$v = \frac{\partial \xi}{\partial t} = -\omega A \sin\omega\left(t - \frac{x}{u}\right) \tag{17.3.1}$$

此时该质元的动能为

$$E_{\mathrm{k}} = \frac{1}{2}\rho\Delta V v^2 = \frac{1}{2}\rho\Delta V\omega^2 A^2 \sin^2\omega\left(t - \frac{x}{u}\right) \tag{17.3.2}$$

为了求出该质元的弹性势能，设在纵波传过的某一时刻t，此体元两端的位移分别是ξ，$\xi + \Delta\xi$，从而这个体元长度增加了$\Delta\xi$，长度应变是$\Delta\xi/\Delta x$. 由杨氏弹性模量的定义式(17.1.6)，这个体元两端面受到的轴向作用力F满足

$$\frac{F}{\Delta S} = E\frac{\Delta\xi}{\Delta x}$$

根据胡克定律，作用力F可以写作

$$F = E\frac{\Delta\xi}{\Delta x}\Delta S = k\Delta\xi$$

其中

$$k = \frac{E\Delta S}{\Delta x} \tag{17.3.3}$$

是介质的弹性系数. 类似于弹簧的弹性势能的表示，质元的弹性势能为

$$E_{\mathrm{p}} = \frac{1}{2}k(\Delta\xi)^2 = \frac{1}{2}\frac{E\Delta S}{\Delta x}(\Delta\xi)^2$$
$$= \frac{1}{2}E\Delta S\Delta x\left(\frac{\Delta\xi}{\Delta x}\right)^2$$

利用波速 $u = \sqrt{E/\rho}$ ，可将上式写作

$$E_{\mathrm{p}} = \frac{1}{2}\rho u^2 \Delta V\left(\frac{\partial\xi}{\partial x}\right)^2 \tag{17.3.4}$$

另外，由平面简谐波函数(17.2.14)有

$$\frac{\partial\xi}{\partial x} = A\frac{\omega}{u}\sin\omega\left(t - \frac{x}{u}\right)$$

代入式(17.3.4)中，得

$$E_{\mathrm{p}} = \frac{1}{2}\rho\Delta V A^2\omega^2\sin^2\left(t - \frac{x}{u}\right) \tag{17.3.5}$$

比较式(17.3.2)和式(17.3.5)可以看出，平面简谐波场中同一质元的动能和势能随时间同步变化，并且在任意时刻二者都相等(图 17.3.2). 在质元振动通过其平衡位置时，速度取最大值，动能有最大值，这时势能亦有最大值；在体元达到最大位移时，振动速度为零，此时体元的动能、势能都是零. 之所以出现这种情况，是因为体元在平衡位置处有最大形变，而在最大位移处几乎没有形变(图 17.3.3). 这和孤立振子动能和势能互相转化，总机械能守恒情况截然不同.

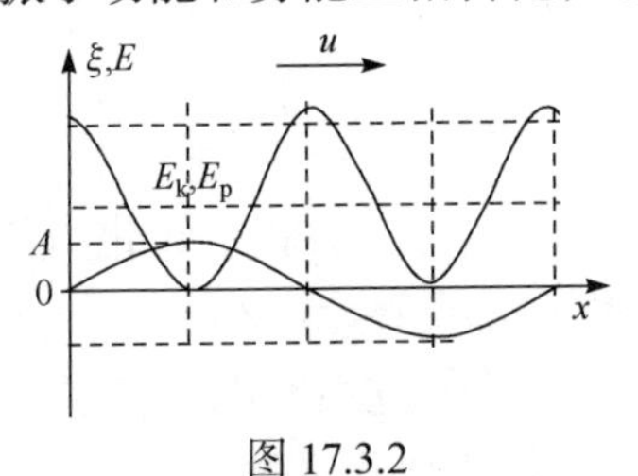

图 17.3.2

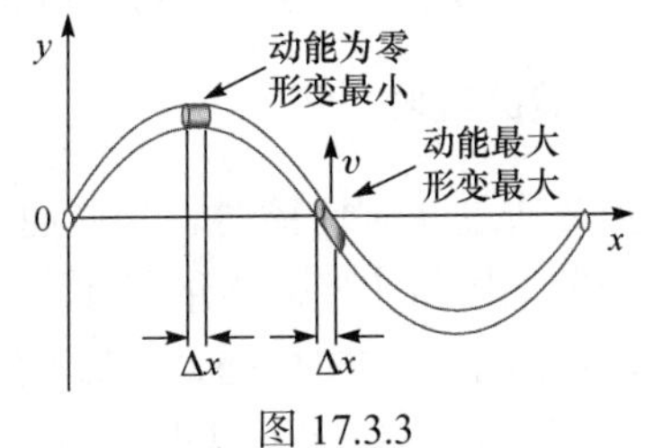

图 17.3.3

波场中质元的机械能

$$E = E_{\mathrm{k}} + E_{\mathrm{p}} = \rho\Delta V A^2\omega^2\sin^2\left(t - \frac{x}{u}\right) \tag{17.3.6}$$

随时间周期变化，变化频率是波频率的 2 倍. 这表明波场中的每个质元在 $T/4$ 时间内从相邻的上游质元接收能量，在接着的下个 $T/4$ 时间内又把这份能量传送给相邻的下游质元，这正反映了能量在波场中传播的情况.

17.3.2　波场中的能量密度和波强度

当波在介质中传播时，波场中单位体积中的波能量称为波的**能量密度**(energy density)，记为 w. 由式(17.3.6),弹性平面波的能量密度为

$$w=\frac{E}{\Delta V}=\rho A^2\omega^2\sin^2\left(t-\frac{x}{u}\right) \tag{17.3.7}$$

当波频率很高时，能量密度随时间迅速脉动，通常我们更关心它的时间平均值

$$\overline{w}=\frac{1}{T}\int_0^T \rho A^2\omega^2\sin^2\left(t-\frac{x}{u}\right)\mathrm{d}t=\frac{1}{2}\rho A^2\omega^2 \tag{17.3.8}$$

定义波场中一点的**能流密度**(energy flux density) $\boldsymbol{I}$ 是一个矢量，其方向就是该点波传播方向，大小等于与传播方向垂直的单位面积上在单位时间内通过的波能量. 一般情况下，$\boldsymbol{I}$ 是空间坐标和时间的函数，通常使用它的时间平均值，并称**时间平均能流密度为波强度**(wave intensity). 一列波作用于观测者或接收器的正是波强度或与波强度直接相关的物理量. 在波场中与波传播方向垂直的平面上取一面积元 ΔS，单位时间内由 ΔS 流过的波能量就是以 ΔS 为底面、长等于波速 u 的柱体内的波能量. 所以波强度为

$$I=\overline{w}u=\frac{1}{2}\rho A^2\omega^2 u$$

时间平均能流密度矢量可表示为

$$\boldsymbol{I}=\overline{w}\boldsymbol{u}=\frac{1}{2}\rho A^2\omega^2\boldsymbol{u} \tag{17.3.9}$$

单位时间内，通过波场中任一曲面的波能量称为波对这个曲面的**能流**(energy flux). 能流可以通过时间平均能流密度矢量的面积分表示.

17.3.3　波的吸收

当波通过介质传播时，介质通常会吸收一部分波能量，并把它转化为其他形式的能量. 由于波能量被介质吸收，波强度和波振幅都要逐渐减小.

设波沿正 x 方向传播，坐标 x 处的波振幅为 A，波传过距离 $\mathrm{d}x$ 后振幅衰减量为 $\mathrm{d}A$. 通常在波强度不是很大的情况下，振幅衰减量正比于 A 和 $\mathrm{d}x$

$$-\mathrm{d}A=\alpha A\mathrm{d}x \tag{17.3.10}$$

比例系数 α 称为介质的**衰减系数**(attenuation coefficient)，它取决于介质的性质. 积分式(17.3.10)得

$$A=A_0\mathrm{e}^{-\alpha x} \tag{17.3.11}$$

A_0 是 $x=0$ 处的波振幅. 由于波强度和波振幅平方成比例，波强度衰减的规律是

$$I=I_0\mathrm{e}^{-2\alpha x} \tag{17.3.12}$$

其中 I 和 I_0 分别是 x 和 $x=0$ 处的波强度.

17.3.4 声波、超声波和次声波

在弹性介质中，频率在 20～20000 Hz 的机械纵波可以引起人的听觉，称为**声波**(sound wave). 频率高于 20000 Hz 的机械波称为**超声波**(supersonic wave), 频率低于 20Hz 的机械波称为**次声波**(infrasonic wave).

并非频率位于 20～20000Hz 的机械纵波都可引起人的听觉. 对于位于声频区间的每个频率，人可听到的声波强度有上、下两个极限值. 例如，对于频率 1000Hz 的声波

$$I_{上}=1\,\mathrm{W/m^2},\quad I_{下}=10^{-12}\,\mathrm{W/m^2}$$

图 17.3.4 给出的就是不同频率下可闻声波声强的上下限.

人的听觉并不是和声强成正比，实验证明，声波的可闻性大致与其强度的对数成比例. 通常选用 $I_0=10^{-12}\,\mathrm{W/m^2}$ 为声强标准，其他声强则用**声强级**(sound intensity level) L_I 表示. 强度为 I 的声波声强级定义为

$$L_I=10\lg(I/I_0) \tag{17.3.13}$$

其单位为分贝(dB).

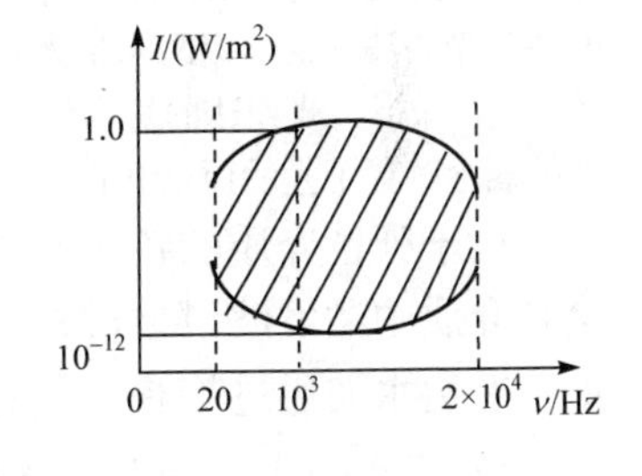

图 17.3.4

超声波具有一些重要性质，在工农业生产、医学和国防技术上都有一些重要应用. 超声波频率高、衍射小，能够形成定向传播的细窄声束，所以传播方向性强. 另外超声波可以在电磁波、光波容易被吸收的导电介质中传播，对导体、海水等都有很强的穿透能力. 例如，对频率 $\nu=100\mathrm{kHz}$ 的超声波，水的吸收系数 $\alpha=8.5\times10^{-5}\mathrm{m^{-1}}$，传播 5.9km 的距离声强才减小到 $1/\mathrm{e}$. 利用超声波强的穿透能力和遇到非均匀介质的反射与透射规律，可以制成各种声成像设备，用于材料检测、超声探伤、海洋调查、地质勘探等；在医学上制成“B 超”，用于医疗诊断. 超声波由于频率较高，声强可以很大，波场中的质元可以有很大的加速度，超声波在工业上还可用于机械加工、焊接、超声清洗等.

超声波在国防上制作声纳. 声纳由发射机、换能器、接收机、显示器和控制系统组成. 发射机产生的电信号，通过换能器转变成超声波在水中传播，遇到潜艇、水雷等目标被反射，接收机接收到反射信号，再转变成电信号，经放大处理后，显示在荧屏上. 根据收、发时间差以及荧光屏上显示出的信息，可确定目标的距离以及目标特性. 声纳可用于在海洋中搜索、测定、识别、跟踪舰艇等水中目标，是舰艇、潜水艇探测周围环境的主要耳目，也是水下通信联络的主要工具.

次声波主要由地壳、海水、大气等大规模运动产生. 由于频率低，衰减小，

可以长距离传输. 次声波的探测是研究地壳、海洋、大气运动的重要方法.

§ 17.4　惠更斯原理　波的衍射、反射和折射

前面我们研究波在无界均匀介质中传播，没有考虑障碍物和介质界面对波传播的影响. 波遇到障碍物会发生衍射现象，波在两介质交界面上会发生反射和折射. 本节我们就来研究这些现象.

17.4.1　惠更斯原理

惠更斯(Huygens)是荷兰物理学家，他研究过碰撞问题，得出动量守恒的结论；研究过单摆的振动，给出振动半周期公式 $T=\pi\sqrt{l/g}$. 1690 年，惠更斯出版了《论光》一书，提出惠更斯原理. 牛顿认为光是由光源发射出的粒子流，而笛卡儿、胡克等则主张光是一种波动. 惠更斯发展了光的波动说，提出光是光源中微小粒子振动激发的、在宇宙空间“以太”这种介质中传播的波. 并指出波到达的每个粒子周围，会激起以该粒子为中心的子波. 惠更斯用子波、波阵面的概念解释了光的反射和折射以及晶体的双折射现象.

由于弹性介质的各质元相互通过弹性力作用着，其中任意一个质元的振动都会在介质中激发波，因此波传播到任何一个质元，这个质元都可看成是新波源. 例如，左边水波通过带有小孔的障碍物后，障碍物右侧的波就是以小孔为中心的半圆形波(图 17.4.1)，与左边入射波波阵面形状无关. 早在 17 世纪惠更斯就总结了这些现象，提出**惠更斯原理**(Huygens' principle)：

介质中波传到的各质元，都可看成是发射子波的波源，其后任意时刻这些子波波面的包迹就是新的波面.

根据惠更斯原理，知道某一时刻的波面，就可用几何方法求出下一时刻的波面. 设平面波在某一时刻 t 的波面是 S_1，分别以 S_1 上各点为中心，以 $r=u\Delta t$ (u 为波速)为半径作出球形子波波面，这些波面在波前进方向的包迹 S_2 就是 $t+\Delta t$ 时刻的波面(图 17.4.2). 对于平面波，S_2 是和 S_1 平行的平面. 同样可作出球面波的波面，是一系列以波源为中心的球面(图 17.4.3).

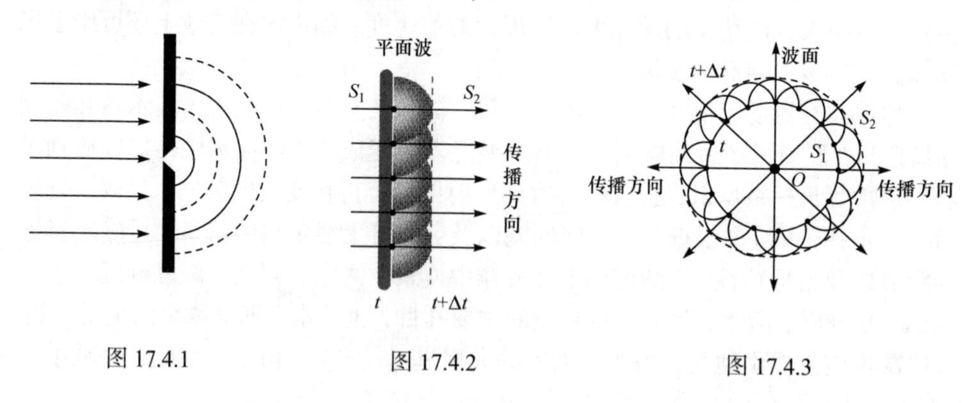

图 17.4.1　　图 17.4.2　　图 17.4.3

17.4.2 波的衍射

波在传播过程中遇到障碍物，能改变直线传播方向，进入障碍物遮挡区域中传播，这种现象称为波的**衍射**(diffraction). 波衍射现象可根据惠更斯原理解释.

如图 17.4.4 所示，当平面波遇到开有窄缝的屏时，波动可以扩展到按直线传播不到的区域. 根据惠更斯原理，当波到达屏时，缝上各点都是发射子波的波源. 以缝上各点为中心，在波前进方向作半径为 $r = u\Delta t$ 的半球面，这些半球面的包迹(和所有这些半球面都相切的曲面)就是通过窄缝波的波面. 由于波面的正法向就是波传播方向，在窄缝的边缘区域，波的传播方向显著地偏离了原来的传播方向，这就发生了波的衍射.

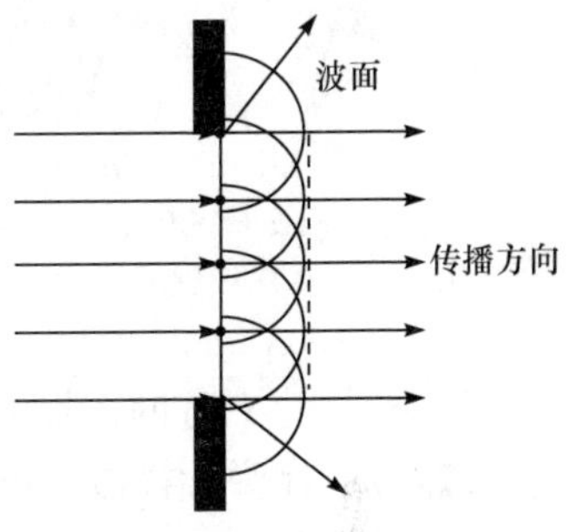

图 17.4.4

17.4.3 波反射和折射定律

利用惠更斯原理，还可以解释波在介质交界面上反射和折射定律. 设有一平面波从介质 1 入射到介质 1 和 2 交界面上，t 时刻波面到达 AB 位置. 此后，在 $t+\Delta t/3$，$t+2\Delta t/3$，$t+\Delta t$ 时刻，波面依次到达界面上 E_1, E_2, C 点. 根据惠更斯原理，界面上各点都是发射子波的波源，这些子波在介质 1 中的传播就是反射波. 在 $t+\Delta t$ 时刻观察，从 A, E_1, E_2 各点发射的子波将到达介质 1 中半径分别为 $u_1\Delta t$，$2u_1\Delta t/3$，$u_1\Delta t/3$ (u_1 是介质 1 中的波速)的球面上(图 17.4.5)，注意，虚线圆在介质 1 和介质 2 中的半径应是不同的，这里只考虑波在介质 1 中的传播. 直线 CD 就是这些子波的包迹. 从图中可以看出，直角三角形 ΔABC 和 ΔCDA 全等，所以 $\angle BAC = \angle DCA$，故图中

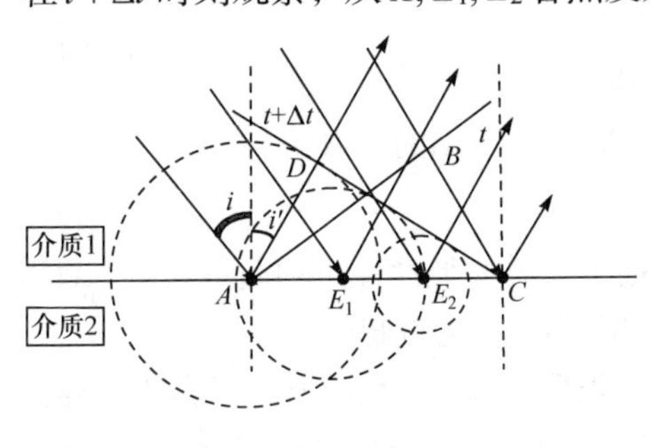

图 17.4.5

$$\angle i = \angle i' \tag{17.4.1}$$

这表明反射角等于入射角，反射线、入射线和界面法线在同一平面内，此即为熟知的波**反射定律**.

入射波到达两介质交界面，界面上各点发射子波在介质 2 中的传播就是折射波. 在 $t+\Delta t$ 时刻，从 A, E_1, E_2 各点发射子波在介质 2 中将到达半径分别为 $u_2\Delta t$，$2u_2\Delta t/3$，$u_2\Delta t/3$ (u_2 是介质 2 中的波速)的球面上，这些子波的包迹就是直线 CD' (图 17.4.6). 同样，虚线因在介质 1 和介质 2 中的半径不等，但这里只考虑波在介质 2 中的传播. 因为 $BC = u_1\Delta t = AC\sin i$，而 $AD' = u_2\Delta t = AC\sin\gamma$ (γ 是折射线和界面法线的夹角，称为**折射角**)，所以

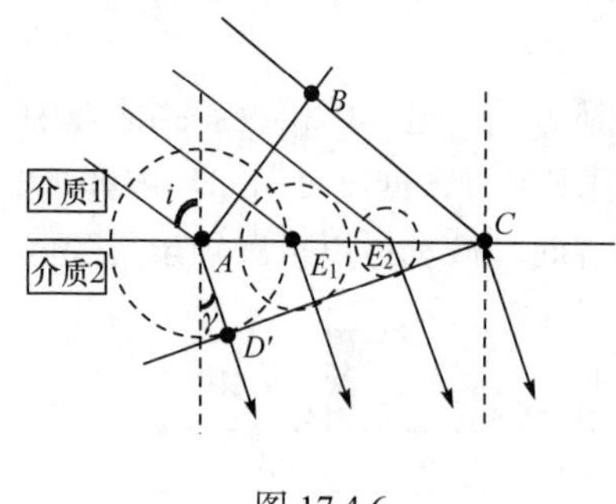

图 17.4.6

$$\frac{\sin i}{\sin \gamma}=\frac{u_1}{u_2}=n_{21} \tag{17.4.2}$$

n_{21}是介质 2 相对介质 1 的折射率，并且折射线、入射线和界面法线位于同一平面内. 这就是**折射定律**.

惠更斯原理虽然可以解释波衍射、反射和折射现象，但不能说明反射、折射波强度. 下面我们研究反射波、折射波和入射波振幅关系.

17.4.4 反射波、折射波和入射波振幅关系

当波沿正 x 方向传播时，坐标x处的质元的运动要受到$x+\Delta x$处质元的阻力(图 17.4.7). 在弹性横波情况下，与x方向垂直的单位面积上受到的阻力由式(17.2.16)给出

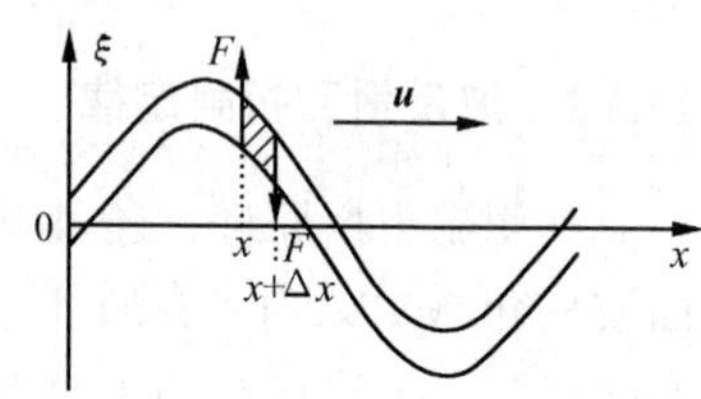

图 17.4.7

$$f=\frac{F}{\Delta S}=G\frac{\partial \xi}{\partial x} \tag{17.4.3}$$

注意到 $\frac{\partial \xi}{\partial x}=\frac{\partial \xi}{\partial t}\frac{\mathrm{d}t}{\mathrm{d}x}=\frac{1}{u}\frac{\partial \xi}{\partial t}$（$u$是波速），以及式(17.1.3) $G=u^2\rho$,可得

$$f=\rho u\frac{\mathrm{d}\xi}{\mathrm{d}t} \tag{17.4.4}$$

这表明单位面积受到的阻力与质元振动速度成正比，比例系数

$$Z=\rho u \tag{17.4.5}$$

称为**波阻**(wave resistance). 弹性波波阻决定于介质的弹性性质和质量密度. 两种介质比较，波阻大的介质称为**波密介质**，波阻小的称为**波疏介质**.

设平面波由介质 1(波阻为Z_1)向介质 2(波阻为Z_2)垂直入射到两介质交界面上，由于两介质波阻不同，在交界面上波将发生反射和折射. 取交界面为$x=0$面(图 17.4.8)，入射波、反射波和折射波的表达式可以分别写作

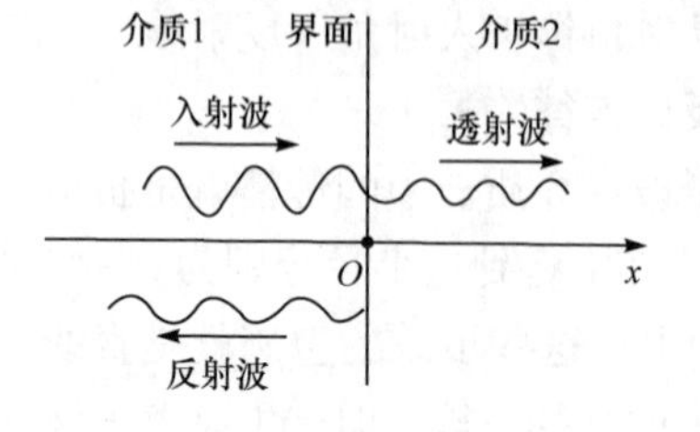

图 17.4.8

$$\xi_1(x,t)=A_1\cos(\omega t-k_1 x),\quad x<0 \tag{17.4.6}$$

$$\xi_1'(x,t)=A_1'\cos(\omega t+k_1 x),\quad x<0 \tag{17.4.7}$$

$$\xi_2(x,t)=A_2\cos(\omega t-k_2 x),\quad x>0 \tag{17.4.8}$$

根据边界条件：(1)在界面($x=0$)两侧两相邻质元振动位移连续，应有

$$(\xi_1 + \xi_1')_{x=0} = (\xi_2)_{x=0} \tag{17.4.9}$$

(2) 界面两侧相邻两质元相互作用力大小相等，即

$$\left(\frac{F_1}{S} + \frac{F_1'}{S}\right)_{x=0} = \left(\frac{F_2}{S}\right)_{x=0}$$

利用式(16.2.16)，这一条件可改写为

$$G_1\left(\frac{\partial \xi_1}{\partial x} + \frac{\partial \xi_1'}{\partial x}\right)_{x=0} = G_2\left(\frac{\partial \xi_2}{\partial x}\right)_{x=0} \tag{17.4.10}$$

将式(17.4.6)～式(17.4.8)代入式(17.4.9)、式(17.4.10)得

$$A_1 + A_1' = A_2 \tag{17.4.11}$$

$$G_1 k_1 (A_1 - A_1') = G_2 k_2 A_2 \tag{17.4.12}$$

注意到 $G = \rho u^2, k = \omega / u$ 以及波阻 $Z = \rho u$ ，式(17.4.12)可以化为

$$Z_1 (A_1 - A_1') = Z_2 A_2 \tag{17.4.13}$$

由式(17.4.11)、式(17.4.13)解得反射波、折射波与入射波振幅关系

$$A_1' = \frac{(Z_1 - Z_2) A_1}{Z_1 + Z_2}, \quad A_2 = \frac{2 Z_1 A_1}{Z_1 + Z_2} \tag{17.4.14}$$

通常定义**反射系数**(reflection coefficient) R 为反射波能流密度矢量沿界面法向分量与入射波能流密度矢量法向分量之比；**透射系数**(transmission coefficient) T 为折射波能流密度矢量沿界面法向分量与入射波能流密度矢量法向分量之比. 在垂直于界面入射情况下，利用平均能流表达式(17.3.9)，可以求得

$$R = \frac{I_1'}{I_1} = \frac{A_1'^2}{A_1^2} = \left(\frac{Z_1 - Z_2}{Z_1 + Z_2}\right)^2 \tag{17.4.15}$$

$$T = \frac{I_2}{I_1} = \frac{Z_2 A_2^2}{Z_1 A_1^2} = \frac{4 Z_1 Z_2}{(Z_1 + Z_2)^2} \tag{17.4.16}$$

由上面的结果，可以得出以下几个重要结论.

(1) 反射系数、透射系数之和等于 1：$R + T = 1$ ，这反映了波在反射、透射过程中能量守恒；

(2) Z_1, Z_2 互换，反射、透射系数不变，这表明波在两介质交界面上的反射和透射只决定于两介质的性质，与从哪一侧入射无关；

(3) 若 $Z_1 = Z_2$ ，即两介质的波阻相等，则 $R = 0, T = 1$ ，波将完全透射；

(4) 若 $Z_1 \gg Z_2$ 或 $Z_1 \ll Z_2$ ，则 $R \approx 1, T = 0$ ，即在波阻显著不等的两介质交界面上，波接近全反射.

最后，当波由波疏介质向波密介质入射时，即 $Z_1 < Z_2$ ，由式(17.4.14)还可得

到一个重要结果：A_1' 和 A_1 反号，表示在反射点反射波发生了相位 π 的突变，这种情况称为“**半波损失**”.

§ 17.5　波的相干叠加　驻波

波可以相干叠加，发生相长或相消干涉，是波运动不同于其他运动形式最显著的特征. 许多光学仪器的原理都要用到光波的相干叠加性质；量子物理的许多深邃、奇妙的性质以及重要应用，几乎都和物质波的这种相干叠加性有关. 本节我们以机械波为例，阐明波相干叠加的概念.

17.5.1　波叠加原理

从弹簧两端相向运动的两列波相遇时，并不反射，而是相互穿越而过. 这表明同时在同一介质中传播的几列波，每列波都可以保持自己的频率、波长、振幅以及振动方向，就像其他波列都不存在，单独这一列波在传播一样. 例如，我们能够从声波中辨别出不同乐器发出的声音,从嘈杂的声音中辨别出你朋友的话音，电视机能够从空中众多的电视信号中选出特定的频道，就是这种情况的例子. 我们把波在传输过程中不受其他波影响的性质称为**波传播的独立性**. 由于波传播的独立性，在几列波相遇的重叠区域，其中**每个质元的振动就是各列波单独引起的该质元振动的合成**. 这一规律称为波的**线性叠加性**，简称为波的**叠加原理**(superposition principle).

波的线性叠加性和波动方程(17.2.15)的线性是一致的. 弹性波的波动方程是在弹性限度内，应用胡克定律推导出来的，当波振幅很大，形变和应力不再是线性关系时，相应波的线性叠加性就不再成立. 这时，一列波对介质的扰动，会对另一列波的传播产生影响.

17.5.2　波的干涉

在平静的湖面上以恒定的周期振动激发连续的水面波，水面波沿以波源为中心的圆半径向外传播. 水面波的波峰和波谷将是以源点为中心的同心圆. 假设在湖面上置一挡板，挡板上开两条竖直窄缝，使水面波能透过两窄缝传播. 在透过窄缝后两波的交叠区域，我们会观察有些地方振动加强，而有些地方振动减弱，而且这种加强和减弱并不随时间变化，这种现象称为**波的干涉**(interference of wave).

并不是任意两列波都能发生干涉. 实验表明，振动方向相同、频率相同、相位差不随时间变化的两列简谐波可以发生干涉. 这样的两列波在空间相遇，交叠区域中有些质元的振动始终加强，有些质元的振动始终减弱，强度在空间有稳定的分布. 能产生干涉的两列波称为**相干波**(coherent wave)，激发相干波的源称为**相干波源**，相干波必须满足的条件：**振动方向相同、频率相同、相位差不随时间变化**称为波**相干条件**(coherent condition).

下面根据波叠加原理解释相干现象.

设 S_1，S_2 是两相干波源，激发频率相同、振动方向相同的两列简谐波. 设这两波源的振动方程分别为

$$\xi_1(t)=A_1\cos(\omega t+\phi_1),\quad \xi_2(t)=A_2\cos(\omega t+\phi_2) \tag{17.5.1}$$

激发的两列波在同一介质中传播. 我们研究两列波交叠区域中 P 点质元的振动情况.

设 P 到 S_1,S_2 的距离分别为 r_1,r_2 (图 17.5.1)，这两列波单独引起 P 点质元的振动分别为

$$\xi_1(r_1,t)=A_1\cos(\omega t+\phi_1-2\pi r_1/\lambda)$$

$$\xi_2(r_2,t)=A_2\cos(\omega t+\phi_2-2\pi r_2/\lambda) \tag{17.5.2}$$

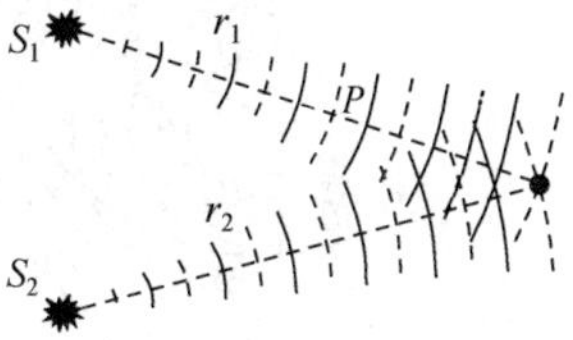

图 17.5.1

这是频率相同、沿同一直线的两个简谐振动，根据振动合成的讨论，P 点的质元将作同频率的简谐振动

$$\xi(t)=A\cos(\omega t+\phi) \tag{17.5.3}$$

合振动振幅

$$A=\sqrt{A_1^2+A_2^2+2A_1A_2\cos\Delta\phi} \tag{17.5.4}$$

其中

$$\Delta\phi=\phi_2-\phi_1-2\pi(r_2-r_1)/\lambda \tag{17.5.5}$$

注意到波强度 $I=\rho\omega^2A^2u/2$，正比于 A^2，式(17.5.4)可以用波强度表示为

$$I=I_1+I_2+2\sqrt{I_1I_2}\cos\Delta\phi \tag{17.5.6}$$

I_1,I_2 分别是两个分波的波强度.

式(17.5.5)中的 $\Delta\phi$ 是两列波在 P 点激起振动的相位差，它由两部分构成：$\phi_2-\phi_1$ 是两波源的初相差，$2\pi(r_2-r_1)/\lambda$ 是由波传播路程不同引进的相差. 对空间任意点 P，由于到两波源距离差恒定，若 $\phi_2-\phi_1$ 恒定，则 P 点 $\Delta\phi$ 不随时间变化，两列波在 P 点发生相干叠加. 显然对交叠区域中不同的点 P，$\Delta\phi$ 取值不同，由式(17.5.6)，空间各点波强度不同，并且波强度分布不随时间变化，这就是波的干涉现象. 由式(17.5.6)得：

(1) 交叠区域中到两波源距离差满足

$$\Delta\phi=\phi_2-\phi_1-2\pi(r_2-r_1)/\lambda=\pm 2k\pi\quad (k=0,1,2,\cdots) \tag{17.5.7}$$

点，这些点上波强度 $I = I_1 + I_2 + 2\sqrt{I_1 I_2}$ ，两列波在这些点上引起的振动互相加强，波强度增大. 称两列波在这些点**干涉相长**.

(2) 当交叠区域点到两波源距离差满足条件

$$\Delta\phi = \phi_2 - \phi_1 - 2\pi(r_2 - r_1)/\lambda = \pm(2k+1)\pi \quad (k = 0,1,2,\cdots) \tag{17.5.8}$$

时，这些点上波强度 $I = I_1 + I_2 - 2\sqrt{I_1 I_2}$ ，两列波在这些点上干涉减弱.

特别当两相干波振幅相等时，波程差等于波整数倍的各点，合成波强度是单独一列波强度的 4 倍，而程差是半波长奇数倍的各点合成波强度等于零.

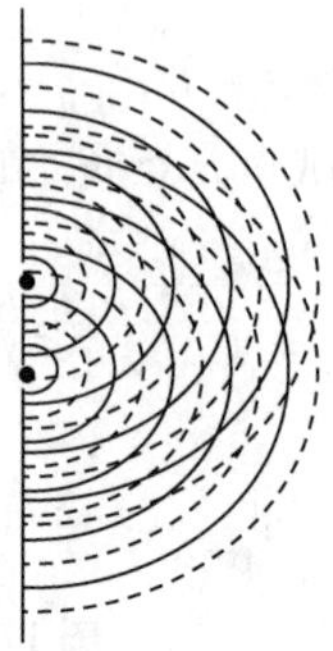

图 17.5.2

图 17.5.2 是水面波透过两窄缝后，在波的交叠区域中的相干情况. 根据惠更斯原理，小孔 S_1, S_2 可以看作两个子波源，它们满足相干条件. 在屏右侧每个子波源都发出子波. 图中用实线圆弧表示波峰位置，虚线圆弧表示波谷位置. 到屏上小孔程差等于波长整数倍的各点(实-实或虚-虚弧线交点)，两列波的波峰或波谷分别重合，这些点干涉相长，强度最大. 在程差等于半波长奇数倍的各点(实-虚弧线交点)，一列波的波峰与另一列波的波谷相遇，两者干涉相消，这些点合成波强度等于零.

17.5.3 驻波

驻波是波干涉的特例. 在同一介质中沿同一直线、传播方向相反、振幅相同的两列相干波干涉可以形成驻波.

设有两列相干波分别沿 x 轴正、负方向传播(图 17.5.3)

$$\xi_1(x,t) = A\cos(\omega t - 2\pi x/\lambda)$$

$$\xi_2(x,t) = A\cos(\omega t + 2\pi x/\lambda) \tag{17.5.9}$$

在 x 轴上两波源之间区域，合成波

$$\begin{aligned}\xi(x,t) &= A[\cos(\omega t - 2\pi x/\lambda) + \cos(\omega t + 2\pi x/\lambda)] \\ &= 2A(\cos 2\pi x/\lambda)\cos\omega t\end{aligned} \tag{17.5.10}$$

由此可以看出，合成波具有以下特点：

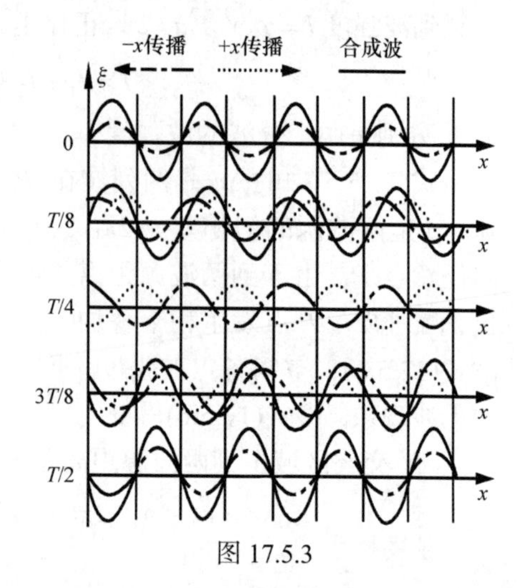

图 17.5.3

(1) 合成波方程(17.5.10)中 $\xi(x,t)$ 不满足行波条件： $\xi(x+u\Delta t, t+\Delta t) = \xi(x,t)$ ，表示合成波不是行波，没有能量、

振动状态或相位的传播，所以称为**驻波**(standing wave).

(2) 由式(17.5.10), 合成波各质元作简谐振动，但振幅与质元坐标有关. 坐标 x 处质元的振幅为 $|2A\cos 2\pi x/\lambda|$，故坐标满足

$$2\pi x/\lambda = m\pi,\ x = m\lambda/2 \quad (m = 0,1,2,\cdots) \tag{17.5.11}$$

的质元振幅最大，称这些质元的位置为**波腹**(antinode);而坐标满足

$$2\pi x/\lambda = (2m+1)\pi/2,\ x = (2m+1)\lambda/4 \quad (m = 0,1,2,\cdots) \tag{17.5.12}$$

的各质元振幅为零，称为**波节**(node). 相邻的波腹和波节之间的距离是 $\lambda/4$.

(3) 虽然各质元振动因子都是 $\cos\omega t$ ，但不能认为它们的相位相同，因为振幅 $2A\cos(2\pi x/\lambda)$ 对不同的 x 值，有正负之分. 如果把**相邻的两波节之间部分称为一段**，在同一段上 $\cos(2\pi x/\lambda)$ 取值符号相同，所以**驻波同一段有相同的相位，但相邻的两段反相**. 驻波可以看作**分段同相**的振动.

图 17.5.3 说明驻波形成的过程，其中虚线表示向右传播的波，点线表示向左传播的波，粗实线表示合振动. 图中各行依次给出 $t = 0, T/8, T/4, 3T/8, T/2$ 各时刻质元的分位移和合位移.

17.5.4　本征频率　简正模

各种弦乐器如二胡、提琴等，都有一根两端固定的弦线. 设弦线长为 L，拨动弦线激发的沿弦线传播的波，在两端点的反射波沿弦线传播，可以叠加形成驻波. 两端点固定不动，必是驻波波节，所以驻波波长必须满足

$$L = n\lambda/2 \quad (n = 1,2,3,\cdots) \tag{17.5.13}$$

以 λ_n 表示与某一 n 值对应的允许波长，由上式

$$\lambda_n = 2L/n \tag{17.5.14}$$

可见弦线上驻波波长只能取一些离散值. 与每一驻波波长对应的频率称为弦线的**本征频率**(eigenfrequency). 设波沿弦线传播速度为 u ，给定长度弦线的本征频率可以应用 $\nu = u/\lambda$ ，由式(17.5.14)求出

$$\nu_n = n\frac{u}{2L} \quad (n = 1,2,\cdots) \tag{17.5.15}$$

其中最低频 $\nu_1 = u/2L$ 称为**基频**(fundamental frequency)，$\nu_2, \nu_3, \cdots$ 依次称为二次、三次、⋯**谐频**(harmonic frequency). 以基频或谐频作简谐振动，是弦线上可能存在的最简单的振动方式，称为弦的**简正模式**(normal mode). 当弦受周期驱动力作用，驱动力频率等于某个简正模频率时，这个模式的振动就会被激发. 一般情况下，弦的振动可以是各种简正模式的叠加.

弦的振动可以在空气介质中激起声波. 声波频率(取决于弦振动频率)不同，我

们听到的音调就不同. 音调由弦线的本征频率决定，具有一定长度的小提琴或风琴管发出一定的音调. 其中基频对应基音调，谐频对应泛音调，泛音能使声音丰满悦耳. 而音色则取决于激发的谐频的频率与基频之比以及谐频的振幅. 这就是弹奏不同乐器能产生不同音乐效果的原因.

弦的本征振动频率取分立的整数值这一结果有深远的物理意义. 在量子物理中，可以用它来解释原子内电子能量的不连续性；在量子场论中，把自然界最基本的粒子看作高维空间中的微小弦，并用这些弦的振动谱解释基本粒子的能量.

§ 17.6　多普勒效应

前面我们假设波源、传播波的介质、接收器都相对静止，因此波频率、接收器接收到的频率都等于波源振动频率ν，我们并没对三者加以区分. 但当波源、介质和接收器存在相对运动时，这三者并不相同. 例如，在火车站台上听到进站火车汽笛声调高，离站火车汽笛声调低，两者都不同于静止火车汽笛的声调. **这种观测者或波源相对于介质有运动时，观测者接收到的波频率不等于波源频率的现象，称为多普勒效应**(Doppler effect). 下面我们取参考系相对介质静止，并假设波源、接收器的相对运动只发生在它们的连线上.

17.6.1　波源静止，接收器运动

设波源以频率ν_s振动，它在介质中激发的波频率为ν，接收器接收到的频率为ν_r. 由于波源相对介质静止，介质中的波频率等于波源频率，$\nu=\nu_s$，这时需要研究的是接收到的波频率ν_r和波源频率ν_s的关系.

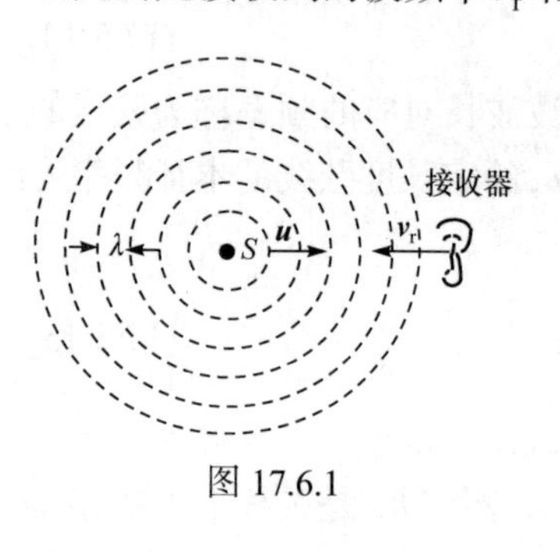

图 17.6.1

设接收器以速度v_r向波源运动，它接收到的波频率就是单位时间内接收到的完整波个数. 由于相对行进中的波，接收器的速度为$u+v_r$ (u为波速)，所以接收到的波频率为(图 17.6.1)

$$\nu_r=\frac{u+v_r}{\lambda}$$

而波长$\lambda=u/\nu_s$，所以

$$\nu_r=\frac{u+v_r}{u}\nu_s=\left(1+\frac{v_r}{u}\right)\nu_s \tag{17.6.1}$$

接收到的波频率大于波源频率；如接收器背离波源(即沿波传播方向)运动，则有

$$\nu_r=\left(1-\frac{v_r}{u}\right)\nu_s \tag{17.6.2}$$

这时接收到的波频率比波源频率低.

17.6.2　接收器静止，波源运动

设波源以速度 v_s 向着接收器运动，由于波速决定于介质的性质，与波源运动无关，波源在 S 点发出的振动在一个周期内向前传播了一个波长 λ 的距离，到达图中的 P 点(图 17.6.2(a)). 但在这段时间内，波源已在介质中沿波传播方向通过距离 v_sT 到达 S'点，并开始发射下一个振波. P 和 S'是相位差为 2π 的两个空间点，其间距离正是观测者测得的波长 λ'，所以 $\lambda' = \lambda - v_sT$，从而接收器接收到的波频率

$$\nu_r = \frac{u}{\lambda'} = \frac{u}{\lambda - v_sT} = \frac{u}{u - v_s}\nu_s \tag{17.6.3}$$

高于波源频率. 显然若波源背离接收器运动，接收到的波频率

$$\nu_r = \frac{u}{u + v_s}\nu_s \tag{17.6.4}$$

低于波源频率.

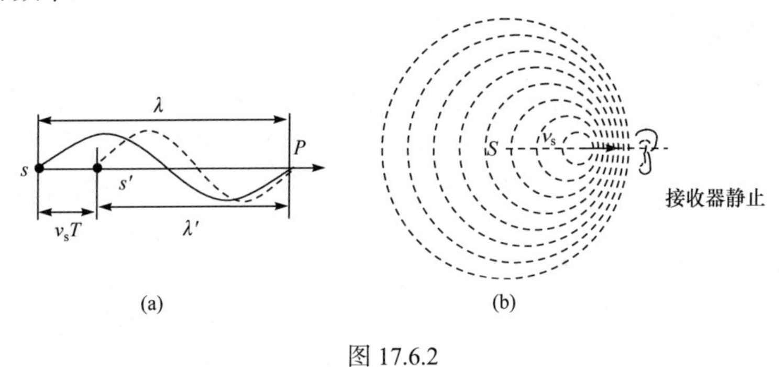

图 17.6.2

17.6.3　波源、接收器都在运动

由于波源运动的效果是改变观测者实际测得的波长，接收器运动的效果是改变观测者单位时间内实际遇到的完整波个数，波源、接收器都运动总的效果是

$$\nu_r = \frac{u + v_r}{u}\frac{u}{u - v_s}\nu_s = \frac{u + v_r}{u - v_s}\nu_s \tag{17.6.5}$$

其中 v_r, v_s 对波源、接收器相向运动情况都取正号；相背运动时取负号.

关于多普勒效应，我们强调两点：

(1) 对于机械波，波源相对介质运动引起介质中波长压缩；接收器相对介质运动，使波相对接收器速度变大，单位时间内接收器接收到的完整波个数增加. 所以即使二者相对介质运动速度相等，产生的多普勒效应也不同.

(2) 上面的讨论中假设波源、接收器沿它们的连线运动，这种多普勒效应称为**纵向多普勒效应**；对机械波，在不考虑相对论效应(见相对论部分 § 23.3)情况下，不存在横向多普勒效应. 如果波源、接收器运动方向任意，其多普勒效应可以只考虑 $\boldsymbol{v}_s, \boldsymbol{v}_r$ 沿二者连线方向的分量.

多普勒效应在科学研究、工程技术、交通管理、医疗诊断、国防技术各方面都有广泛的应用. 例如，在研究原子、分子和离子的光谱时，必须考虑到由原子、分子、离子相对实验室运动引起的光谱线变宽；提高光谱测量精度，操纵、控制孤立的原子都必须使原子“冷”下来(即降低其热运动的速率)，多普勒冷却是冷却原子最基本的技术. 在天体物理中多普勒效应是我们测量分析天体运动的重要手段；在医学上利用超声波的多普列勒应检查血液流速和流量；交通警察用多普勒雷达监测高速公路上车辆速度.

在国防上，利用电磁波的多普勒效应制成多普勒雷达，不仅可以获得敌方目标的位置，而且可以得到目标运动速度大小和方向，对敌方目标进行监控、跟踪. 这种雷达安装在导弹上，可以制导导弹飞向目标.

17.6.4 冲击波

当点波源在介质中运动速度 v_s 大于这种介质中的波速时，在 Δt 时间内，此波源发出一系列波的波振面，形成以Δt 时刻波源位置为顶点的圆锥面(图 17.6.3). 此锥体称为**马赫锥**(Mach cone)，这种波称为**冲击波**(shock wave). 例如，高速快艇在水面、超声速飞机在空气中都会激起这样的冲击波.

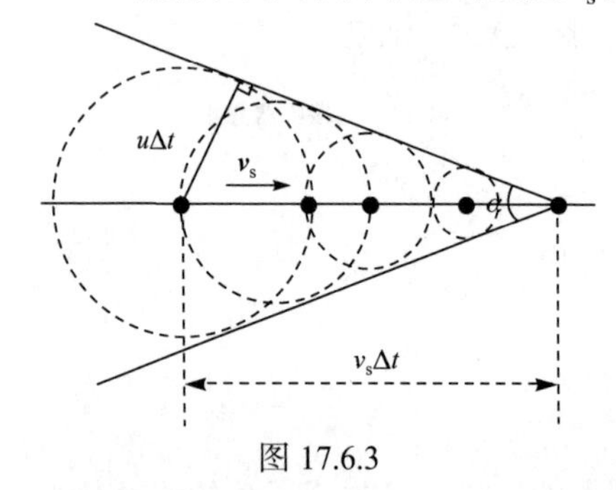

图 17.6.3

设波源运动速度为 v_s，波速为 u，定义

$$M = \frac{v_s}{u} \tag{17.6.6}$$

为**马赫数**(Mach number). 马赫锥的顶角 α 可以用马赫数表示为

$$\sin\frac{\alpha}{2} = \frac{u\Delta t}{v_s\Delta t} = \frac{u}{v_s} = \frac{1}{M} \tag{17.6.7}$$

当 M 大于 1 时，如 $M = 2$，利用式(17.6.3),观测者接收的波频率

$$\nu_r = \frac{u}{u - v_s}\nu_s = -\nu_s$$

为负值，这可解释为观测者接收到的各个振动与波源激发这些振动顺序相反.

关于冲击波的另一重要现象是 $v_s = u$，即波源运动速度等于介质中的波速，此时波源在以前各时刻激发的波都随同波源一起运动，波面从锥面变成与波源运动方向垂直的平面. 这种情况下马赫锥角 $\alpha \to \pi$. 由于各个时刻激发的波在波面上相长干涉，位于波面上的质元有极大的振动强度. 由于这一现象，声速区形成超声速飞机飞行的"声障"，为了避免声障引起飞机强烈的震颤，超声速飞机总是迅速越过声障区，进入超声速区飞行.

在电磁学中，虽然匀速运动的带电粒子不会辐射电磁波，但当带电粒子在介质中运动，且运动速度超过介质中的光速(即 c/n ， n 是介质的折射率)时，由于带电粒子和介质相互作用，在运动路径上各点激发的电磁波，可以在波面上相干形成冲击波，这就是所谓**切伦科夫辐射**(Cerenkov radiation).

冲击波杀伤是热核武器巨大杀伤力的一个重要组成部分. 在核爆炸瞬间形成的高温火球迅速向外膨胀，压缩周围空气形成高压气浪. 高压气浪在扩散过程中速度减慢形成巨大的冲击波. 冲击波的直接杀伤是挤压人体内脏和听觉器官，抛起人体撞击地面或建筑物；冲击波的间接杀伤是抛射物作用于人体或造成建筑物倒塌砸伤.

问题和习题

17.1 沿 x 轴正向传播的平面简谐波的波函数为

$$y = 0.2\cos[\pi(2.5t - x)] \text{ (SI 制)}$$

试求此波的波长、周期、波速.

17.2 声波以及超声波在空气、水和钢中的传播速度分别为 $u_{气} = 340\text{m/s}$， $u_{水} = 1500\text{m/s}$ 和 $u_{钢} = 5300\text{m/s}$. 试分别求出频率为 $\nu_1 = 600\text{Hz}$ 的声波和频率为 $\nu_2 = 2\times10^5\text{Hz}$ 的超声波在空气、水和钢中传播时的波长.

17.3 一列横波沿 x 轴传播，其波函数为

$$y = 0.02\sin[2\pi(200t - 2.0x)] \text{ (SI 制)}$$

试求：(1)此横波的波长、频率、波速和传播方向；(2)传播波动的介质质元的最大振动速度.

17.4 一平面简谐波以 $u = 0.8\text{m/s}$ 的速度沿 x 轴正向传播. 在 $x = 0.1\text{m}$ 处，质元的振动方程为

$$y\big|_{x=0.1} = 0.01\sin(4.0t + 1.0) \text{ (SI 制)}$$

试写出此平面简谐波的波函数.

17.5 一平面简谐波的波函数为

$$y = 0.05\cos[\pi(3t - 400x)] \text{ (SI 制)}$$

试求：(1) $t = 5\text{s}$ 时介质中任一点的位移；(2) $x = 4\text{cm}$ 处质点的振动规律；(3) $t = 3\text{s}$ 时 $x = 3.5\text{cm}$ 处质点的振动速度.

17.6 如图所示，平面简谐波沿 x 轴正向传播. 图中

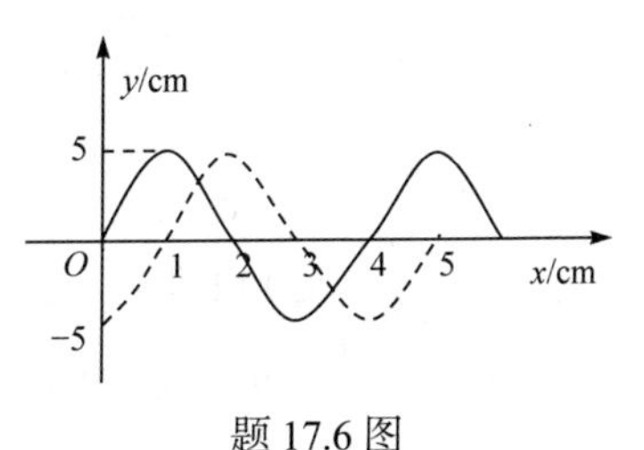

题 17.6 图

的实线表示 $t=0$ 时刻的波形曲线，虚线表示 $t=0.5\text{s}$ 时刻的波形曲线. 已知波的周期 $T\geqslant 1\text{s}$. 试写出此波的波函数，并求出 $x=1\text{cm}$ 处质元的振动方程.

17.7 已知平面简谐波的波函数为

$$y=A\cos[2\pi(2t+x)]\ (\text{SI 制})$$

试写出 $t=4.2\text{s}$ 时刻各波峰位置的坐标表示式，画出此时刻的波形曲线，并计算出此时刻离原点最近的一个波峰的位置，该波峰何时通过原点？

17.8 一平面简谐波的波函数为

$$y=2\cos\left[2\pi\left(t-\frac{1}{2}x\right)\right]\ (\text{SI 制})$$

试分别画出 $x=0$ 和 $x=\lambda/4$ 处质元的振动曲线. 如何由其中一条曲线获得另一条曲线？其物理意义是什么？

17.9 铁路沿线的 A 处在进行施工爆破，所产生的声波沿钢轨传到另一处 B 的仪器中. 由仪器的记录可知，第二个波(横波)比第一个波(纵波)迟到 5s. 已知钢轨的杨氏模量 $E=2\times10^5\text{N/mm}^2$，切变模量 $G=0.75\times10^5\text{N/mm}^2$，密度 $\rho=7.8\text{g/cm}^3$. 试求：(1)横波和纵波在钢轨中的传播速度；(2)A、B 两地间的钢轨长度.

17.10 平面简谐波场中质元的振动能量和自由谐振子的振动能量有何不同？为什么？

17.11 弹性波在密度为 $\rho=800\text{kg/m}^3$ 的介质中传播，其波速为 $u=10^3\text{m/s}$，振幅为 $A=1.0\times10^{-4}\text{m}$，频率为 $\nu=10^3\text{Hz}$. 试求：(1)此波的平均能流密度；(2)每分钟垂直通过面积为 $S=4.0\times10^{-4}\text{m}^2$ 的平面的总能量.

17.12 一根直线波源单位长度的平均辐射功率为 P_0. 此波源在无吸收的各向同性均匀介质中发射柱面波. 试求波场中与直线波源的垂直距离为 r 处的场点的波强 I 和振幅 A.

17.13 一个点波源的平均辐射功率为 $P=10\text{W}$. 此波源在无吸收的各向同性均匀介质中发射声波. 试问：声强级分别为 $L_1=60\text{dB}$ 和 $L_2=10\text{dB}$ 的场点到波源的距离分别为多远？

17.14 两列相干波到达相遇点的强度分别为 I_1 和 I_2，相遇点的总强度为

$$I=I_1+I_2+2\sqrt{I_1I_2}\cos\Delta\varphi$$

若 $I_1=I_2$，则干涉相长点的总强度为 $I=4I_1$. 这种情况是否违背能量守恒定律？

17.15 在 x 轴上 $x=0$ 和 $x=s$ 处分别放置等振幅的相干波源 o 和 b，其圆频率都为ω，相位差为π. 两波源激起的平面波沿两者的连线以相同的波速 u 相向传播. 求两波源连线上因干涉而静止的各点的位置.

17.16 如图所示，在波疏介质中放置一块用波密介质做成的反射面. 一列振幅为 A 圆频率为 ω 的平面简谐纵波从 $-\infty$ 处沿 x 轴正向以波速 u 垂直入射到反射面上. 入射波在坐标原点 O 处引起的分振动的初始条件为：$t=0$ 时刻质元由平衡位置向 x 轴正向运动. 入射波在坐标为 $x_P=3\lambda/4$ 处的 P 点被反射，反射波的振幅也为 A. 试分别写出入射波、反射波和合成波的波函数，并求出因干涉而静止的各点的位置坐标.

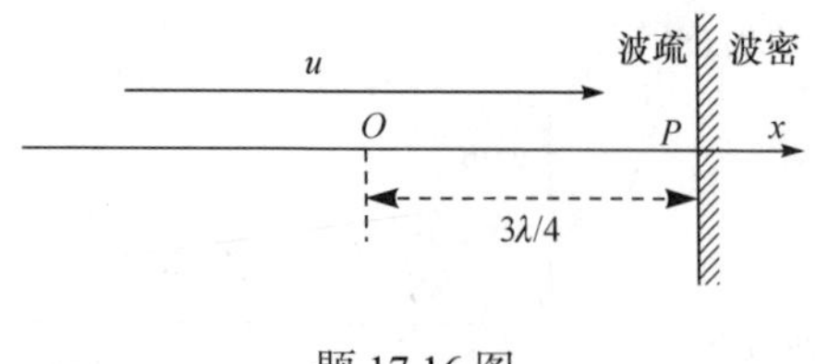

题 17.16 图

17.17 一列驻波的波函数为

$$y = 0.04\cos(10\pi x)\cos(50\pi t)\text{(SI制)}$$

试求：(1)形成此驻波的两行波的振幅和波速；(2)相邻两波节间的距离；(3)$t_0 = 2.0\times10^{-3}$s 时刻 $x_0 = 1.0\times10^{-2}$m 处质元的振动速度.

17.18 两根完全相同的琴弦沿相同的方向以相同的基频ν = 400Hz 振动着. 增加一根弦中的张力并把两弦的振动进行合成，测得合振动的拍频为$\Delta\nu$ = 4Hz. 试问：弦中的张力增加了百分之几?

17.19 频率为ν_s = 1080Hz 的声波波源相对地面以 v_s = 30m/s 的速率向右运动. 在波源的右方有一反射面相对地面以 v_f = 65m/s 的速率向左运动. 设空气中的声速为 u = 331m/s, 试求：(1)声源所发出的声波在声源前方和后方的波长；(2)静止于空气中的观察者所测得的反射波的频率和波长.

17.20 机车以速度 v_s = 72km/h 驶向一静止的观察者，机车鸣笛的持续时间为Δt_s = 2s. 试求观察者听到的笛声的持续时间Δt_R. 已知空气中的声速为 u = 331m/s.

17.21 如图所示，飞机以速度 v_s = 200m/s 作水平直线飞行，并发出频率为ν_s = 2000Hz 的声波. 静止在航线正下方的地面观察者测得，飞机在从仰角α飞到仰角β的过程中经历的时间为Δt = 4s，测出的频率从ν_{R1} = 2400Hz 降为ν_{R2} = 1600Hz. 已知空气中的声速为 u = 331m/s，试用多普勒效应求飞机的飞行高度 h.

题 17.21 图　　　　题 17.22 图

17.22 如图所示，音叉 P 发出频率为ν_s = 500Hz 的声波，此声波以波速 u = 331m/s 在空气中传播. 同时，P 以 O 点为圆心作半径为 r = 8m 的匀速圆周运动，其角速度为ω = 4 rad/s. 观察者 R 相对于空气静止，到 O 点的距离为 $d = 2r$，并且与圆周共面. 试求：R 测得的最高频率和最低频率及其所对应的角坐标θ.

17.23 一架飞机在高度为 h = 5000m 的高空沿水平方向超音速飞行，其飞行速度的马赫数为 M = 2.3. 飞机产生的轰鸣声在空气中的传播速度为 u = 331m/s. 一名观察者静止于地面，飞机恰好从其正上方飞过. 试求：(1)观察者听到轰鸣声的滞后时间；(2)马赫锥的半顶角.

第 18 章　电　磁　波

可以毫不夸张地说，是电磁波创造了我们今天信息化时代. 无线电波、微波到光波等电磁波段，提供了我们现在最主要的通信手段. 根据麦克斯韦(Maxwell)方程组，变化的电、磁场可互相激发磁场，形成在空间运动的电磁波. 本章我们从麦克斯韦方程组出发，首先证明脱离开激发源的电磁场满足波动方程，然后介绍最早证实电磁波存在的赫兹(Hertz)实验，最后说明电磁波的发射以及电磁波的一些基本性质和传播规律. 关于电磁波干涉、衍射以及偏振(极化)，将在后面三章中以光频电磁波为例，作更详细的讨论.

学习指导：在预习时重点关注①为什么说麦克斯韦方程组已蕴含存在电磁波；电磁波谱概念；②电磁波的辐射，电偶级辐射的电磁场、能流和角分布特点；③平面单色电磁波特点、极化状态和类型；④平面单色电磁波在界面上反射和折射，布儒斯特定律；⑤平面单色电磁波的干涉和衍射.

教师可就上述几点的物理图像和概念作重点讲解. “地球的电磁环境和无线电波通信”一节可安排自学.

§ 18.1　电磁波波动方程　赫兹实验

18.1.1　电磁场波动方程

麦克斯韦就是根据麦克斯韦方程预言了电磁波的存在，并得出光波是电磁波的结论. 本节我们首先证明脱离开激发源的电磁场满足波动方程.

由微分形式的麦克斯韦方程组：电磁学部分式(15.2.7)～式(15.2.10)，注意到在源区外有 $\boldsymbol{j}=0, \rho=0$ ，可以得出脱离开激发源的电磁场满足方程

$$\nabla \times \boldsymbol{E} = -\frac{\partial \boldsymbol{B}}{\partial T} \tag{18.1.1}$$

$$\nabla \times \boldsymbol{H} = \frac{\partial \boldsymbol{D}}{\partial t} \tag{18.1.2}$$

$$\nabla \cdot \boldsymbol{D} = 0 \tag{18.1.3}$$

$$\nabla \cdot \boldsymbol{B} = 0 \tag{18.1.4}$$

式(18.1.3)、式(18.1.4) 表明，脱离开源区的电场、磁场的纵场分量都是零，因此是

完全的横场. 式(18.1.1)表示变化的磁场激发变化的横电场，式(18.1.2)表示变化的电场激发横磁场. 变化的电场和磁场的交替激发，就形成了在空间运动的电磁波.

为了简单，我们推导在真空情况下的电磁波方程. 在真空情况下 $\boldsymbol{D}=\varepsilon_0\boldsymbol{E}$ ，$\boldsymbol{B}=\mu_0\boldsymbol{H}$ ，代入式(18.1.2)、式(18.1.3)，得

$$\nabla\times\boldsymbol{B}=\mu_0\varepsilon_0\frac{\partial\boldsymbol{E}}{\partial t} \tag{18.1.5}$$

$$\nabla\cdot\boldsymbol{E}=0 \tag{18.1.6}$$

由式(18.1.1)，并利用式(18.1.5)得

$$\nabla\times(\nabla\times\boldsymbol{E})=-\nabla\times\frac{\partial\boldsymbol{B}}{\partial t}=-\frac{\partial}{\partial t}(\nabla\times\boldsymbol{B})=-\mu_0\varepsilon_0\frac{\partial^2\boldsymbol{E}}{\partial t^2} \tag{18.1.7}$$

另一方面，利用式(A.6.16)有

$$\nabla\times(\nabla\times\boldsymbol{E})=\nabla(\nabla\cdot\boldsymbol{E})-\nabla^2\boldsymbol{E}=-\nabla^2\boldsymbol{E} \tag{18.1.8}$$

其中已用到式(18.1.6). 比较式(18.1.7)和式(18.1.8)得

$$\nabla^2\boldsymbol{E}-\mu_0\varepsilon_0\frac{\partial^2\boldsymbol{E}}{\partial t^2}=0 \tag{18.1.9}$$

类似地由式(18.1.2)、式(18.1.4)可得

$$\nabla^2\boldsymbol{B}-\mu_0\varepsilon_0\frac{\partial^2\boldsymbol{B}}{\partial t^2}=0 \tag{18.1.10}$$

将式(18.1.9)、式(18.1.10)的每个方程沿任意方向的投影和机械波满足的波动方程(17.2.15)进行比较可以看出，这里除去电、磁场强度取代了机械波情况下的位移外，二者形式完全相同. 式(18.1.9)、式(18.1.10)就是电磁场在真空中的波动方程，而且这种波的传播速度

$$u=\frac{1}{\sqrt{\mu_0\varepsilon_0}}=2\cdot 99792458\times10^8\,\mathrm{m/s}\equiv c \tag{18.1.11}$$

即真空中的光速.

18.1.2　赫兹实验

1887 年，德国物理学家赫兹做了验证电磁波存在的实验. 实验装置可以示意地用图 18.1.1 表示. 两根共轴的黄铜棒相对的端部都焊有磨光的小铜球，小铜球间保持适当的间隙. 两铜棒都通过导线和感应线圈的次级线圈相连，赫兹称这个装置为“振荡偶极子”. 感应线圈能够周期地在两铜球间产生很高的电势差，击穿两球间空气产生电火花. 他还将另一根粗导线两端各焊上一个黄铜球，并把粗导线弯成环形，使两铜球间有一极小间距. 放在振荡偶极子附

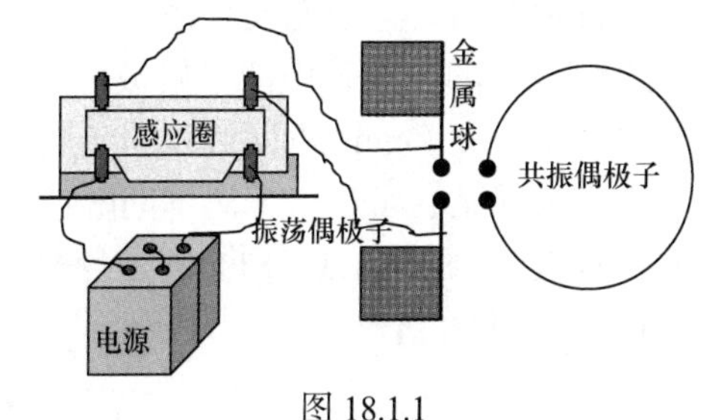

图 18.1.1

近，用作检测器. 赫兹称它为“共振偶极子”.

1887 年的一天，赫兹给振荡偶极子输入高压脉冲电流，在振荡偶极子两铜球间产生跳跃着的电火花. 赫兹把铜环移到与振荡偶极子一定距离时，观察到在振荡偶极子间隙有电火花跳动时，共振偶极子两铜球间隙亦有电火花跳过，尽管共振偶极子和振荡偶极子并不直接相连. 这样赫兹就首次在发射源区外接收到振荡偶极子发射出的电磁波，证实了电磁波的存在和电磁波在空间的传播.

赫兹测量了辐射的波长和频率，确定了波速度约等于 $3\times10^{8}\mathrm{m/s}$，即与光速一样. 赫兹接着又做了一系列的实验，研究了这种波的反射、折射、干涉、衍射和偏振等现象，证明了它和光波具有相同的性质. 基于实验结果，赫兹得出结论：“我觉得，这些实验至少消除了在光、热辐射和电磁波等通行问题上的怀疑.”

赫兹实验不仅证实了麦克斯韦电磁理论的正确性，而且也开创了人类利用电磁波的新时代，赫兹创造的电磁波发射器和接收器，也就成了无线电技术中发射器和接收器的雏形.

18.1.3 电磁波的分类和电磁波谱

我们周围空间中存在各种各样的电磁波，有些是来自自然界，如雷电、太阳辐射以及作为诞生宇宙大爆炸残留的微波背景辐射等；更多的是人工产生的. 后者广泛地用于通信、广播、电视以及照明. 不同来源、不同用途的电磁波有不同的频率. 可以把电磁波按频率 ν(或在真空中传播时的波长 $\lambda=c/\nu$)划分为若干频段，按频率从小到大依次为无线电波、视频波、微波、红外线、可见光波、紫外线、X 射线、γ射线等. 这样按顺序列出电磁波各频段得到的表称为**电磁波谱**(spectrum of electromagnetic wave).

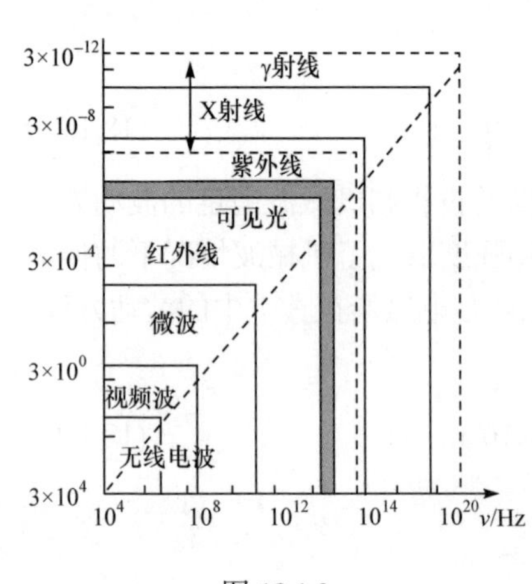

图 18.1.2

由于各种电磁波的频率(或波长)相差悬殊，电磁波谱中的频率(或波长)通常用实际值的对数表示. 图 18.1.2 就是用这种方式给出的电磁波谱.

特别指出，其中光波只是可以引起人眼视觉的窄频带中的电磁波. 光波长在 $0.4\sim0.76\mu\mathrm{m}$；不同波长的光波作用于人眼睛，可以产生出不同颜色的视觉效果(图 18.1.3). 白光则是各种颜色可见光的混合.

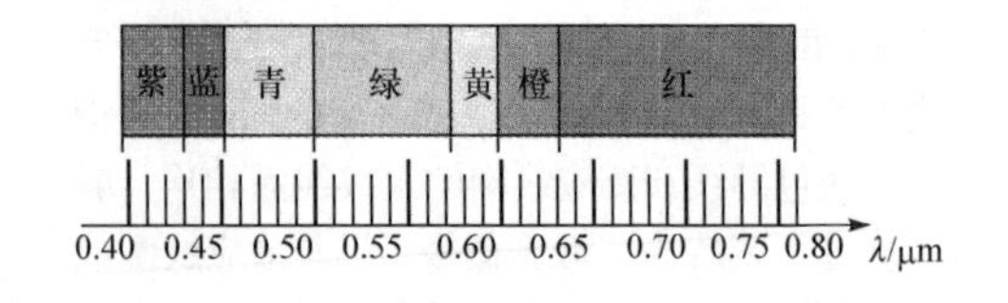

图 18.1.3

§18.2 电磁波的发射 天线 电偶极辐射

18.2.1 电磁波的发射

虽然不同频率的电磁波激发源不同，但归根结底，各种频率的电磁波都是由电荷加速运动产生的. 静止的电荷只能激发静止场，不会形成在空间运动的电磁波. 匀速运动的电荷激发的场被运动电荷携带，随电荷一起运动(称为**自有场**，在运动参考系中自有场仍然是静止场，本质上和静电场没有差别)，这部分场永远和电荷不可分割地结合在一起，实际上是电荷的一个组成部分. **只有加速运动的电荷，才能激发脱离开场源、在空间独立运动的电磁波**.

产生不同频段的电磁波的物理源不同，例如，γ 射线通常来自于原子核内的质子的运动，X 射线由原子内壳层电子跃迁激发，可见光由原子外层电子跃迁激发，而分子振动或转动发射谱线则位于红外区. 至于微波、视频波和无线电波则由人工制造的真空管、半导体器件等构成振荡电路产生，由特制的天线发送出来. 这里我们着重讨论无线电波、视频波、微波的发射.

18.2.2 *LC* 振荡回路和天线

赫兹实验装置虽然能产生电磁波，但把电磁波应用于实际目的，还要求发射波的频率等特性适合于应用、容易控制，而且发射装置稳定、高效. 工程技术上实际发射电磁波的装置称为**天线**(antenna). 虽然适用于不同目的的需要，实际天线有各种不同的型式，但所有天线本质上都可等效地看成是由一个电感、一个电容构成的 *LC* 振荡器.

在图 18.2.1 所示的由电容和电感组成的电路中，当开关和电源接通时，电容器被充电. 充电完成后，电容器极板上电荷量达到最大，电容器内电场强度、储存的电场能量亦达到最大值. 扳动开关，使电容器和电源断开，同时和电感 L 接通，电容器将通过线圈放电. 在放电过程中，线圈产生感生电动势阻碍电流增加，电容器内的电场能克服感生电动势，随着电路中电流增加，逐渐转变为磁场能量，而储存在电感线圈中. 当电流达到最大时，电容器内的电场能全部转化为线圈中的磁场能量，此时电容器极板上的电荷量为零. 但由于线圈的自感作用，线圈中的电流并不立即消失，而是沿原来的方向继续流动，对电容器反方向充电. 线圈中的磁场能又逐渐转变为电容器内的电场能，在电容器

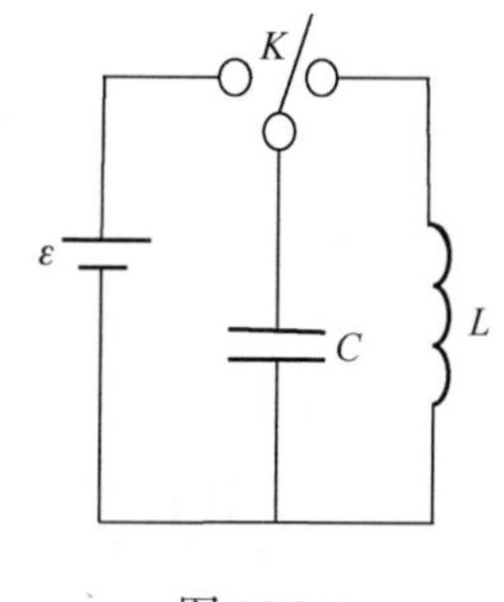

图 18.2.1

内建立与原来反方向的电场. 当电容器极板上电荷达到最大时，线圈中的磁场能又全部转化为电场能. 之后，重复上面的过程. 于是，在 LC 回路中建立起了电磁振荡.

设充电电容器和电感 L 接通后某一瞬时，线圈上的感生电动势为 ε_L，电容器上的电压为 U_C，根据基尔霍夫(Kirchhoff)电压方程有

$$-\varepsilon_L - U_C = 0$$

注意到

$$U_C = q / C\ ,\quad i = -\mathrm{d}q / \mathrm{d}t$$

以及

$$\varepsilon_L = -L\frac{\mathrm{d}i}{\mathrm{d}t} = L\frac{\mathrm{d}^2 q}{\mathrm{d}t^2}$$

得

$$-L\frac{\mathrm{d}^2 q}{\mathrm{d}t^2} - \frac{q}{C} = 0$$

即

$$\frac{\mathrm{d}^2 q}{\mathrm{d}t^2} + \frac{1}{LC}q = 0$$

和标准的简谐振动方程比较可以看出，电容器上的电荷量 q (以及电路中的电流等)作简谐振动，振动频率为

$$\omega_0 = \frac{1}{\sqrt{LC}} \tag{18.2.1}$$

ω_0 决定于回路中的电容和电感值，称为 LC 回路的**固有频率**(natural frequency).

要使上述 LC 振荡器有显著的电磁辐射，就不能使电磁场只局限在电容器两极板间和电感线圈内. 为了有利于电磁波向外发射，应当使电场和磁场尽量弥散在空间中；同时还必须减小 L, C 值，以提高振荡频率. 图 18.2.2 示意地说明了把

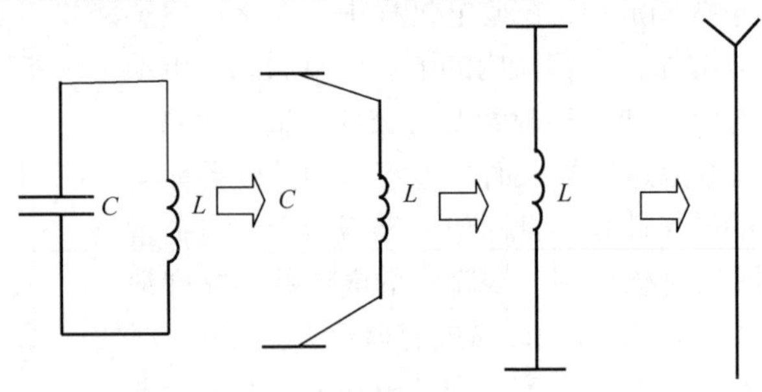

图 18.2.2

LC 振荡器改造为天线的过程. 电容器的两个极板被逐渐拉开，最终被“天”“地”取代，同时电感线圈也被逐渐拉直，最后成为一条直线. 由一条直线构成的振荡电路，因 L, C 值都很小，振荡频率高；同时天线上的振荡电流，直接在周围空间激发出变化的电磁场. 通过电场和磁场的交替激发，就形成离开天线辐射出去的电磁波. 当然要实现稳定的电磁波发射，还必须通过适当的装置，不断地给天线补充因辐射而损失掉的电磁能量. 这通常采用另外的 LC 回路产生电磁振荡,通过适当方式耦合到天线上，振荡器和天线共同构成技术中使用的电磁波源. 在更高频率的微波段，为提高振荡频率，减少损耗，这样的 LC 回路用谐振腔代替.

18.2.3 电偶极辐射场

求解天线辐射问题的严格方法是求麦克斯韦方程组满足天线边界条件的解，这样的处理在数学上往往比较复杂. 一种常见的、较简单情况是①天线的线度 l 比观察场点到天线的距离 r 小得多($l \ll r$)；②天线的线度 l 比辐射出的电磁波波长 λ 小的多($l \ll \lambda$). 满足这两个条件的天线称为**短天线**. 短天线的辐射可以看成电偶极辐射[①]. 下面我们直接给出电偶极辐射场的一些主要结果.

正像电荷量相等、符号相反的两个点电荷的电偶极矩是每个电荷量和其位置矢量乘积的矢量和一样，我们定义短天线的电偶极矩为

$$\boldsymbol{p}(t)=\int_V \boldsymbol{r}\rho(\boldsymbol{r},t)\mathrm{d}v \tag{18.2.2}$$

其中 $\rho(\boldsymbol{r},t)$ 是天线上坐标为 r 点的电荷密度，体积分沿天线进行. 对实际天线，积分结果是一个随时间振荡的电偶极子的电偶极矩. 利用电荷守恒定律 $\nabla\cdot\boldsymbol{j}+\partial\rho/\partial t=0$，可以证明

$$\dot{\boldsymbol{p}}=\frac{\mathrm{d}\boldsymbol{p}}{\mathrm{d}t}=\int_V \boldsymbol{j}(\boldsymbol{r},t)\mathrm{d}V \tag{18.2.3}$$

设短天线沿球坐标极轴方向(图 18.2.3)，到短天线距离 $(r\gg l, r\gg\lambda)$ 处的远区辐射场为

$$\boldsymbol{E}(\boldsymbol{r},t)=\frac{\mu_0}{4\pi r}\mathrm{e}^{\mathrm{i}(kr-\omega t)}|\ddot{\boldsymbol{p}}|\sin\theta\boldsymbol{e}_\theta \tag{18.2.4}$$

$$\boldsymbol{B}(\boldsymbol{r},t)=\frac{\mu_0}{4\pi cr}\mathrm{e}^{\mathrm{i}(kr-\omega t)}|\ddot{\boldsymbol{p}}|\sin\theta\boldsymbol{e}_\phi \tag{18.2.5}$$

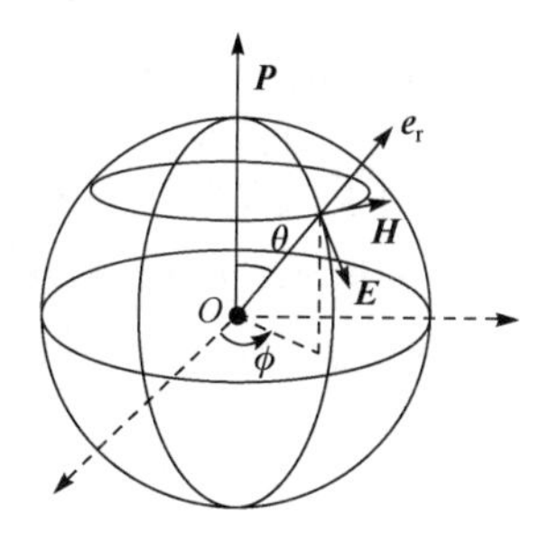

图 18.2.3

其中 $k=\omega/c$ 是电磁波波数，$\boldsymbol{e}_\theta,\boldsymbol{e}_\phi$ 分别是沿球坐标 θ,ϕ

① 李承祖等. 电动力学教程(修订版). 长沙：国防科技大学出版社，1997:258-261.

增大方向的单位矢量. 式(18.2.4)、式(18.2.5)表明，远区辐射场具有以下特征：

(1) 电场和磁场的变化相对于源都有迟后相位因子 e^{ikr} ，表明辐射场是由源发出，并以有限速度(光速 $c=\omega/k$)在空间传播；

(2) 电场和磁场都随离开激发源的距离 r 增大而减小，包含有传播因子 $e^{i(kr-\omega t)}$ ，表明电场和磁场都是以波的形式沿径向向外传播的球面波；

(3) 电场 $\boldsymbol{E}$ 沿球坐标系的经向振动，磁场沿纬向振动，二者都和传播方向(沿径向)垂直，三者构成右手螺旋关系(图 18.2.3).

计算辐射场的时间平均能流 $\overline{\boldsymbol{S}}=\overline{\boldsymbol{E}\times\boldsymbol{H}}$ ，可以得出

$$\overline{\boldsymbol{S}}=\frac{|\ddot{\boldsymbol{p}}|^2}{32\pi^2\varepsilon_0c^3r^2}\sin^2\theta\boldsymbol{e}_r \tag{18.2.6}$$

θ 是观察方向 $\boldsymbol{e}_r$ 和电偶极子方向(球坐标极轴方向)的夹角，说明电偶极子辐射场的平均能流与方向有关. $\sin\theta$ 称为角分布因子. 电偶极子辐射场的角分布已画在图 18.2.4 中. 在与电偶极子垂直($\theta=90°$)的方向上辐射最强，而沿电偶极子方向($\theta=0$ 或 $\theta=\pi$)，辐射为零.

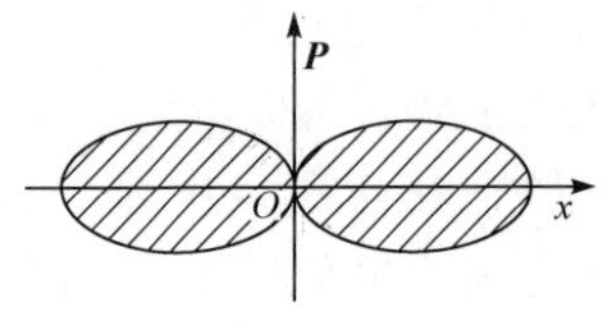

图 18.2.4

电偶极辐射不仅是我们理解天线辐射最简单、最基本的模型，而且在物理上许多微观辐射系统的辐射性质都可以用这个模型近似描述. 用介质在入射电磁场作用下极化分子的偶极辐射，可以解释电磁波在介质界面上的反射、折射以及介质散射. 偶极辐射的方向特性可直接用于解释光学中的布儒斯特(Brewster)定律(见 § 21.1).

§ 18.3 平面单色电磁波

18.3.1 平面单色电磁波方程

当天线以单一频率振荡时，它激发的电磁波也以单一频率变化，单一频率的波称为**单色波**(monochromatic wave). 单色波的电场、磁场对时间的依赖关系可写作 $\cos\omega t$ ($\sin\omega t$, ω 是波的圆频率)，通常用复数形式(只取实部或虚部)表示为

$$\begin{aligned}\boldsymbol{E}(\boldsymbol{r},t)&=\boldsymbol{E}(\boldsymbol{r})e^{-i\omega t}\\ \boldsymbol{B}(\boldsymbol{r},t)&=\boldsymbol{B}(\boldsymbol{r})e^{-i\omega t}\end{aligned} \tag{18.3.1}$$

为了决定电场、磁场的空间分布 $\boldsymbol{E}(\boldsymbol{r}),\boldsymbol{B}(\boldsymbol{r})$ ，将式(18.3.1)代入方程(18.1.1)～(18.1.4)中，并消去共同的时间因子，得

$$\nabla \times \boldsymbol{E}(\boldsymbol{r}) = \mathrm{i}\omega\mu_0 \boldsymbol{H}(\boldsymbol{r}) \tag{18.3.2}$$

$$\nabla \times \boldsymbol{H}(\boldsymbol{r}) = -\mathrm{i}\omega\varepsilon_0 \boldsymbol{E}(\boldsymbol{r}) \tag{18.3.3}$$

$$\nabla \cdot \boldsymbol{E}(\boldsymbol{r}) = 0 \tag{18.3.4}$$

$$\nabla \cdot \boldsymbol{H}(\boldsymbol{r}) = 0 \tag{18.3.5}$$

由式(18.3.2),并利用式(18.3.3)得

$$\nabla \times [\nabla \times \boldsymbol{E}(\boldsymbol{r})] = \mathrm{i}\omega\mu_0 \nabla \times \boldsymbol{H}(\boldsymbol{r}) = \frac{\omega^2}{c^2}\boldsymbol{E}(\boldsymbol{r})$$

另一方面，$\nabla \times [\nabla \times \boldsymbol{E}(\boldsymbol{r})] = \nabla[\nabla \cdot \boldsymbol{E}(\boldsymbol{r})] - \nabla^2 \boldsymbol{E}(\boldsymbol{r})$，比较上两式，并注意到式(18.3.4)得

$$\begin{cases} \nabla^2 \boldsymbol{E}(\boldsymbol{r}) + k^2 \boldsymbol{E}(\boldsymbol{r}) = 0 \\ \nabla \cdot \boldsymbol{E}(\boldsymbol{r}) = 0 \end{cases} \tag{18.3.6}$$

其中 $k = \omega / c$ 是沿波传播方向单位长度上完整波个数的 2π 倍，称为电磁波**波数**(wave number). 式(18.3.6)中第一式称为**亥姆霍兹**(Helmholtz)**方程**；第二式由于下面将解释的原因，称为**横波条件**. 解方程(18.3.6)求出电场分布后，磁场 $\boldsymbol{H}$ 可由式(18.3.3)求出

$$\boldsymbol{H}(\boldsymbol{r}) = \frac{1}{\mathrm{i}\omega\mu_0}\nabla \times \boldsymbol{E}(\boldsymbol{r}) \tag{18.3.7}$$

类似地，也可由式(18.3.3),并利用式(18.3.5)求得

$$\begin{cases} \nabla^2 \boldsymbol{H}(\boldsymbol{r}) + k^2 \boldsymbol{H}(\boldsymbol{r}) = 0 \\ \nabla \cdot \boldsymbol{H}(\boldsymbol{r}) = 0 \end{cases} \tag{18.3.8}$$

和

$$\boldsymbol{E}(\boldsymbol{r}) = -\frac{1}{\mathrm{i}\omega\varepsilon_0}\nabla \times \boldsymbol{H}(\boldsymbol{r}) \tag{18.3.9}$$

注意到在式(18.3.6)、式(18.3.7)中做代换 $\boldsymbol{E} \to -\boldsymbol{H}, \boldsymbol{H} \to \boldsymbol{E}$，就可得到式(18.3.8)、式 (18.3.9). 这表明求出式(18.3.6)、式(18.3.7)的解，做代换 $\boldsymbol{E} \to -\boldsymbol{H}, \boldsymbol{H} \to \boldsymbol{E}$，就可得到式(18.3.8)、式(18.3.9)的解. 所以求真空中电磁波空间分布，可以归结为求式(18.3.6)、式(18.3.7)的解.

18.3.2　平面单色电磁波波函数

按激发和传播条件的不同，式(18.3.6)、式(18.3.7)可以有球面波、狭窄波束、平面波等多种形式解. 我们仅讨论最简单的平面波解.

电磁平面波和机械平面波一样，最基本的特点是等相面和传播方向垂直. 设在无界空间中平面单色波沿 $\boldsymbol{n}$ 方向传播，取 ς 轴沿 $\boldsymbol{n}$ 方向. 由于在垂直于 ς 轴的平

面上电场 $\boldsymbol{E}$ (磁场 $\boldsymbol{H}$)有相同的相位和振幅，所以空间各点电场分布仅和 ς 有关. 在这种情况下式(18.3.6)中的亥姆霍兹方程化为一维形式

$$\frac{\partial^2 \boldsymbol{E}(\varsigma)}{\partial \varsigma^2}+k^2\boldsymbol{E}(\varsigma)=0 \tag{18.3.10}$$

这个方程的解是

$$\boldsymbol{E}(\varsigma)=\boldsymbol{E}_0\mathrm{e}^{\pm \mathrm{i}k\varsigma} \tag{18.3.11}$$

$\boldsymbol{E}_0$ 是个常矢量，稍后将看到它必须与传播方向垂直，其方向和大小决定于激发条件. 将式(18.3.11)代回单色波表达式(18.3.1)得

$$\boldsymbol{E}(\varsigma,t)=\boldsymbol{E}_0\mathrm{e}^{\mathrm{i}(\pm k\varsigma-\omega t)} \tag{18.3.12}$$

波相位为 $\pm k\varsigma-\omega t$ ，取“+”时等相面随时间 t 增大，表示波等相面向 $+\varsigma$ 方向推进，代表沿正 ς 方向传播的波；取“−”代表沿负 ς 方向传播的波. 以下只考虑波沿正 ς 方向传播的情况.

现在把 ς 坐标换回一般坐标 $\boldsymbol{r}$. 注意到图 18.3.1 中

$$\varsigma=\boldsymbol{r}\cdot\boldsymbol{n}=\boldsymbol{k}\cdot\boldsymbol{r}/k$$

其中 $\boldsymbol{k}$ 定义为沿传播方向 $\boldsymbol{n}$ ，大小等于波数的矢量，就是电磁波**波矢量**(wave vector). 将这一结果代入式(18.3.12)中，得

$$\boldsymbol{E}(\boldsymbol{r},t)=\boldsymbol{E}_0\mathrm{e}^{\mathrm{i}(\boldsymbol{k}\cdot\boldsymbol{r}-\omega t)} \tag{18.3.13}$$

这就是沿正 ς 方向传播的平面单色波电场的表达式，可以证明磁场有类似的表达式.

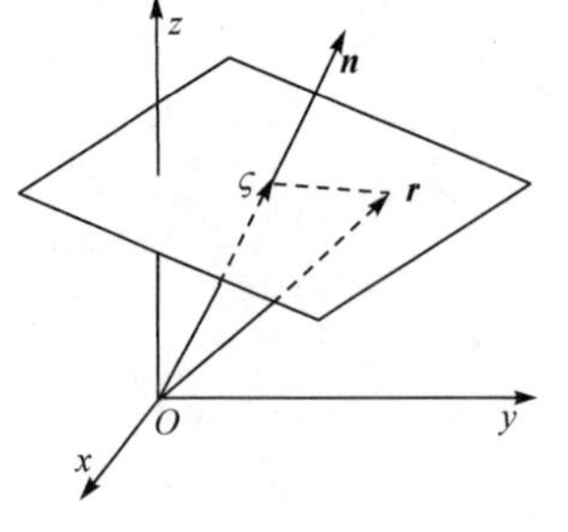

图 18.3.1

18.3.3　平面单色电磁波特点

根据上面的讨论，可以得出平面单色电磁波具有以下特点：

(1) 平面单色电磁波是横波. 式(18.3.13)是亥姆霍兹方程的解，它要代表真实的电磁波模式，还必须满足条件

$$\nabla\cdot\boldsymbol{E}=\nabla\cdot[\boldsymbol{E}_0\mathrm{e}^{\mathrm{i}(\boldsymbol{k}\cdot\boldsymbol{r}-\omega t)}]=\mathrm{i}\boldsymbol{k}\cdot\boldsymbol{E}(\boldsymbol{r})=0 \tag{18.3.14}$$

这表明电矢量方向垂直于传播方向 $\boldsymbol{k}$. 再由式(18.3.7)

$$\boldsymbol{H}=\frac{1}{\mathrm{i}\omega\mu_0}\nabla\times\boldsymbol{E}=\frac{1}{\omega\mu_0}\boldsymbol{k}\times\boldsymbol{E}(\boldsymbol{r}) \tag{18.3.15}$$

表明磁场 $\boldsymbol{H}$ 也和传播方向垂直. 由于电场、磁场都和传播方向垂直，我们说电磁波是**横波**(transversal wave). 式(18.3.15)还表示 $\boldsymbol{H}\perp\boldsymbol{E}$ ，所以对平面电磁波，$\boldsymbol{E},\boldsymbol{H},\boldsymbol{k}$ 三者都互相垂直，并构成右手螺旋关系.

(2) $\boldsymbol{E},\boldsymbol{H}$ 的振幅关系. 由于电磁波 $\boldsymbol{E}\perp\boldsymbol{k}$，根据式(18.3.15)，$kE=\omega\mu_0 H$，所以电场和磁场振幅比是

$$Z=\frac{E}{H}=\sqrt{\frac{\mu_0}{\varepsilon_0}}\approx 377\Omega \tag{18.3.16}$$

Z 称为真空**波阻**(wave resistance). 其中已利用 $k=w/c=w\sqrt{\mu_0\varepsilon_0}$.

(3) 能量密度和能流. 电磁波的能量密度

$$w=\frac{1}{2}(\boldsymbol{E}\cdot\boldsymbol{D}+\boldsymbol{B}\cdot\boldsymbol{H})=\frac{1}{2}(\varepsilon_0 E^2+\mu_0 H^2) \tag{18.3.17}$$

是场强的二次式，取式(18.3.13)电场 $\boldsymbol{E}$ 的实部及相应磁场 $\boldsymbol{H}$ 的实部代入，求得

$$w=\frac{1}{2}[\varepsilon_0 E_0^2\cos^2(\boldsymbol{k}\cdot\boldsymbol{r}-\omega t)+\mu_0 H_0^2\cos^2(\boldsymbol{k}\cdot\boldsymbol{r}-\omega t)]$$

利用式(18.3.16)，可以看出平面电磁波电场能量密度和磁场能量密度相等

$$w=\varepsilon_0 E_0^2\cos^2(\boldsymbol{k}\cdot\boldsymbol{r}-\omega t)=\mu_0 H_0^2\cos^2(\boldsymbol{k}\cdot\boldsymbol{r}-\omega t) \tag{18.3.18}$$

由式(18.3.15)，并利用电磁场能流表达式得平面电磁波的能流

$$\boldsymbol{S}=\boldsymbol{E}\times\boldsymbol{H}=EH\boldsymbol{n}=\sqrt{\frac{\varepsilon_0}{\mu_0}}E_0^2\cos^2(\boldsymbol{k}\cdot\boldsymbol{r}-\omega t)\boldsymbol{n} \tag{18.3.19}$$

利用式(18.3.18),此式可用电磁场能量密度 w 表示为

$$\boldsymbol{S}=cw\boldsymbol{n} \tag{18.3.20}$$

表明真空中电磁波能量传播的速度就等于波的相速度 c.

由于平面电磁波的能量密度和能流都是按 $\cos^2(\boldsymbol{k}\cdot\boldsymbol{r}-\omega t)$ 规律随时间振荡，在高频情况下，我们不可能测量它们的瞬时值，任何测量仪器测量结果都是一段时间内的时间平均值. 和机械波情况相同，定义电磁波能流密度是单位时间内通过与传播方向垂直的单位面积的电磁波能量，其时间平均值为电磁波强度. 取 $\cos^2(\boldsymbol{k}\cdot\boldsymbol{r}-\omega t)$ 在一个周期内的平均值，由式(18.3.19)，得电磁波强度

$$I=\overline{S}=\sqrt{\frac{\varepsilon_0}{\mu_0}}\overline{E^2}=\frac{1}{2}\sqrt{\frac{\varepsilon_0}{\mu_0}}E_0^2 \tag{18.3.21}$$

必须指出，上面总结出的电磁波特点只适用于在自由空间中传播的平面波. 对于局限在有限空间，如沿波导管传播的电磁波，不可能是完全的横电磁波. 对于沿波导管传播的电磁波，如果电场与传播方向垂直，磁场必定会有沿传播方向的分量，这种波称为横电波(TE)；如果磁场与传播方向垂直，电场必定会有沿传播方向的分量，这种波称为横磁波(TM)，关于波导管中电磁波的详细讨论，读者可参阅相关文献①.

① 李承祖等. 电动力学教程(修订版). 长沙：国防科技大学出版社, 1997: 216-238.

18.3.4 平面波的偏振(极化)状态

电磁波的极化状态通常用波场中任意空间点电矢量空间取向随时间变化方式定义. 由于平面电磁波是横波, 电矢量 $\boldsymbol{E}$ 在与波矢 $\boldsymbol{k}$ 垂直的平面上可以有两个独立的取向(图 18.3.2), 可取这两个独立方向(分别记为 $\boldsymbol{e}_x,\boldsymbol{e}_y$)描述电磁波的极化状态.

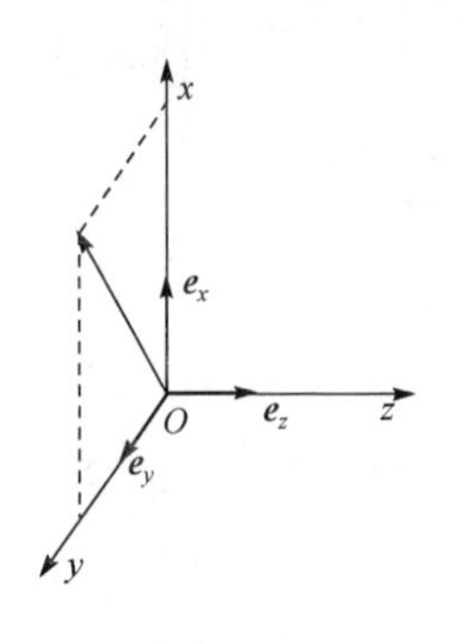

图 18.3.2

(1) 当 $\boldsymbol{E}$ 沿 $\boldsymbol{e}_x,\boldsymbol{e}_y$ 两方向的分振动相位相同或相反, 矢量 $\boldsymbol{E}$ 将始终沿一条直线振动(其端点运动轨迹是一条直线), 称这种波为**线极化波**.

(2) 当 $\boldsymbol{E}$ 沿 $\boldsymbol{e}_x,\boldsymbol{e}_y$ 两个方向的分量相等, 且振动相位差 $\pm\pi/2$ 时, 矢量 $\boldsymbol{E}$ 端点将沿圆周转动, 称这种波为**圆极化波**; 相位差取 $+\pi/2$, 表示 x 分量振动超前 y 分量, $\boldsymbol{E}$ 矢量端点逆时针转动, 称为左旋圆极化波, 相位差取 $-\pi/2$, 称为右旋圆极化波.

(3)当 $\boldsymbol{E}$ 沿这两个方向的分量不相等, 但振动相位差 $\pm\pi/2$ 时, 矢量 $\boldsymbol{E}$ 端点将沿椭圆周转动, 称这种波为**椭圆极化波**. 椭圆极化波也可以和圆极化波一样, 按 x 分量振动和 y 分量阵动相位差取值的正负, 区分为左旋和右旋.

§18.4 电磁波在介质分界面上的反射和折射

能够从镜面上看到物体, 说明物体发出的(或反射)光在镜面上发生反射. 放在水中的物体看起来比实际情况更接近观测者, 说明光发生折射. 光是电磁波, 电磁波在两介质分界面上也会发生反射和折射, 只是不像光波, 我们可以用眼睛直接观察到.

18.4.1 菲涅耳公式

菲涅耳(Fresnel)是一位法国工程师, 他精通数学, 而且对光学很感兴趣, 曾发明现在称为菲涅耳透镜的光学器件. 1818 年, 法国几位坚持光微粒说的著名科学家, 发起悬奖征文活动, 期望用光微粒理论解释光衍射现象. 年轻的菲涅耳却从光的横波性出发, 以严密的数学推理, 圆满地解释了光的偏振, 并用半波带法定量地解释了圆孔、圆板等产生的衍射图样. 菲涅耳发展了惠更斯和托马斯 · 杨(Thomas Young)的光波动理论, 成为物理光学的缔造者之一.

分析电磁波在介质交界面上的反射和折射行为, 可以应用两介质交界面上电磁场边值关系(见电磁学部分§10.3.3, §13.2.3). 注意到介质面上不存在自由面电流($\boldsymbol{\alpha}=0$)时, 电场和磁场的切向分量满足边值关系

$$\boldsymbol{n}\times(\boldsymbol{E}_2-\boldsymbol{E}_1)=0 \tag{18.4.1}$$

$$\boldsymbol{n}\times(\boldsymbol{H}_2-\boldsymbol{H}_1)=0 \tag{18.4.2}$$

即界面两侧电场、磁场的的切向分量连续

$$E_{2t}=E_{1t},\quad H_{2t}=H_{1t} \tag{18.4.3}$$

由于任何偏振态的平面电磁波都可以用偏振态互相垂直的两个平面波表示，我们把入射波分解为垂直于入射面偏振波和平行于入射面偏振波. 假设电磁波从介质 1 向介质 2 入射到两介质交界面上，分别讨论它们在界面上的反射和折射行为.

1. 垂直于入射面的偏振波

对于垂直于入射面的偏振波，取电矢量垂直于入射面(即图 18.4.1 中纸面)由纸内指向外，确定传播方向 $\boldsymbol{k}$ 后，磁矢量方向可按 $\boldsymbol{E},\boldsymbol{H},\boldsymbol{k}$ 三者方向满足右手螺旋关系决定，其方向已绘于图 18.4.1 中. 注意到在介质 1 中，除去入射场，还存在反射波场，在介质 2 中仅有折射波场，对两侧的电场和磁场应用式(18.4.3)，得

$$\begin{cases}E+E'=E''\\ H\cos i-H'\cos i=H''\cos\gamma\end{cases} \tag{18.4.4}$$

其中已利用了反射定律：反射角等于入射角. 将第 2 式中的 H 用关系式 $H=E\sqrt{\varepsilon/\mu}$ 换成 E，并注意到对于各种非铁磁性介质有 $\mu\approx\mu_0$. 利用折射定律 $\sin i/\sin\gamma=\sqrt{\varepsilon_2/\varepsilon_1}$，由上两式可导出

$$\left(\frac{E'}{E}\right)_\perp=-\frac{\sin(i-\gamma)}{\sin(i+\gamma)} \tag{18.4.5}$$

$$\left(\frac{E''}{E}\right)_\perp=\frac{2\cos i\sin\gamma}{\sin(i+\gamma)} \tag{18.4.6}$$

2. 平行于入射面的偏振波

对于平行于入射面的偏振波，$\boldsymbol{E}$ 矢量在入射面内，磁场方向垂直于入射面. 取磁场方向由纸里向外，传播方向($\boldsymbol{k}$ 的方向)确定后，$\boldsymbol{E}$ 在纸面内的指向就可用三者满足的右手螺旋关系决定，结果已画在图 18.4.2 中. 应用电磁场边值关系式(18.4.3)有

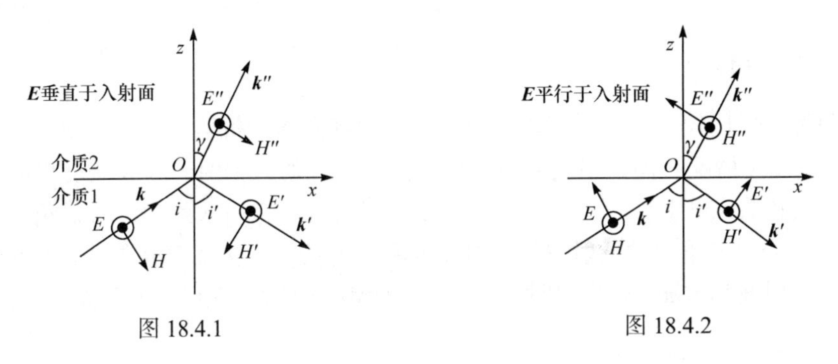

图 18.4.1　　图 18.4.2

$$\begin{cases} -E\cos i + E'\cos i = -E''\cos\gamma \\ H + H' = H'' \end{cases} \tag{18.4.7}$$

同样，利用 $H = E\sqrt{\varepsilon / \mu}$ 和折射定律，可导出

$$\left(\frac{E'}{E}\right)_{//} = \frac{\tan(i-\gamma)}{\tan(i+\gamma)} \tag{18.4.8}$$

$$\left(\frac{E''}{E}\right)_{//} = \frac{2\cos i \sin\gamma}{\sin(i+\gamma)\cos(i-\gamma)} \tag{18.4.9}$$

式(18.4.5)、式(18.4.6)、式(18.4.8)、式(18.4.9)称为**菲涅耳公式**，它们分别描述了垂直于入射面的偏振波、平行于入射面的偏振波在两介质交界面上的反射波、折射波振幅与入射波振幅的比.

18.4.2 菲涅耳公式的应用

1. 反射系数和透射系数

和机械波情况相同，定义电磁波**反射系数**(reflection coefficient) R 为反射波平均能流密度矢量沿界面法向分量，与入射波平均能流密度矢量法向分量之比；**透射系数**(transmission coefficient) T 为折射波平均能流密度矢量沿界面法向分量与入射波平均能流密度矢量法向分量之比. 利用平面电磁波能流表达式(18.3.19)，对两种偏振波，反射系数分别是

$$R_{\perp} = \frac{\overline{\boldsymbol{S}}_{反} \cdot \boldsymbol{n}}{\overline{\boldsymbol{S}}_{入} \cdot \boldsymbol{n}} = \left(\frac{E'}{E}\right)_{\perp}^2 = \frac{\sin^2(i-\gamma)}{\sin^2(i+\gamma)} \tag{18.4.10}$$

$$R_{//} = \left(\frac{E'}{E}\right)_{//}^2 = \frac{\tan^2(i-\gamma)}{\tan^2(\mathrm{i}+\gamma)} \tag{18.4.11}$$

由于透射波与入射波不在同一种介质中传播，透射系数不能单纯由菲涅耳公式给出的振幅比表示，方便的办法是根据反射、透射能量守恒关系由反射系数算出

$$T = 1 - R \tag{18.4.12}$$

2. 半波损失

两种介质比较，称折射率较大的介质为**波密介质**，折射率小的介质为**波疏介质**. 和机械波情况相同，当波从波疏介质向波密介质入射时，在介质交界面上会发生半波损失. 对垂直于入射面的偏振波，当由波疏介质入射时，入射角大于折射角，式(18.4.5)给出的反射波与入射波振幅比为负值，这就表示在界面上反射波相位与入射波相差 π，即反射时波损失了半个波长. 对于平行于入射面的偏振波，

虽然在小角度入射情况下反射波与入射波振幅比非负，但注意到图 18.4.2 中在入射角很小的情况下，反射波电矢量趋向和入射波电矢量方向相反，反射波仍存在半波损失.

由菲涅耳公式可以看出：电磁波在两介质分界面上反射和折射时，不仅会引起电磁波的传播方向改变，也会引起波偏振状态发生变化. 垂直于入射面的偏振波和平行于入射面的偏振波反射、折射行为不同. 特别是当入射角和折射角满足 $i+\gamma=\pi/2$ 时， $\tan\theta\to\infty$ ，由式(18.4.8),此时平行于入射面的偏振波反射波振幅 $E'=0$ ，表示这种情况下，平行于入射面偏振波不发生反射. 这时入射角称为**布儒斯特角**(Brewster angle). 关于这一现象的详细讨论，我们放在第 21 章光偏振进行.

§ 18.5　电磁波干涉和衍射

在讨论机械波时曾指出，两列频率相同、振动方向平行、有恒定相位差的机械波，在波交叠区域会发生干涉. 类似地，两束电磁波满足相干条件时，在波交叠区域中也会发生干涉. 下面我们首先研究电磁波的相干条件.

18.5.1　电磁波的相干条件

由式(18.3.21)，电磁波强度和电场强度振幅平方成正比，在研究电磁波干涉时，我们只关心空间相对波强度的分布，可以用电场强度振幅平方表示波强度.

设 S_1、S_2 是两个电磁波源，激发频率分别是 ω_1,ω_2 ，初相位分别为 φ_1 、φ_2 的两列电磁波. 两列波在 P 点相遇，S_1、S_2 到 P 距离分别为 r_1、r_2(图 18.5.1)，在 P 点激起的电场振动分别为

$$\begin{aligned}\boldsymbol{E}_1&=\boldsymbol{E}_{10}\cos(\omega_1 t+\varphi_1-k_1 r_1)\\ \boldsymbol{E}_2&=\boldsymbol{E}_{20}\cos(\omega_2 t+\varphi_2-k_2 r_2)\end{aligned}\tag{18.5.1}$$

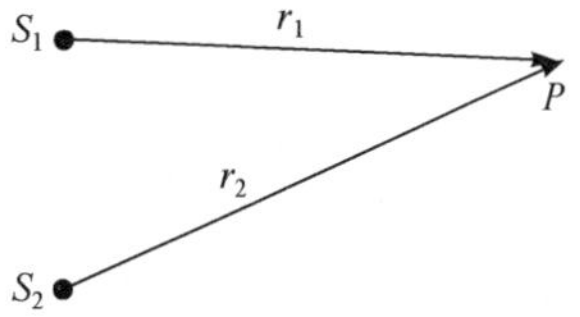

S_1　r_1　P　r_2　S_2

图 18.5.1

这里 $k_i=\omega_i\sqrt{\mu\varepsilon}=2\pi/\lambda_i, i=1,2$ 分别是两列波的波数. 在 P 点的合成电场振动是这两个简谐振动的合成.

(1) 首先只考虑矢量相加，暂不考虑两个振动的相位关系，P 点的合电场强度

$$\boldsymbol{E}=\boldsymbol{E}_1+\boldsymbol{E}_2\tag{18.5.2}$$

合电场强度的平方为 $\boldsymbol{E}^2=\boldsymbol{E}_1^2+\boldsymbol{E}_2^2+2\boldsymbol{E}_1\cdot\boldsymbol{E}_2$. 由于 $I\propto\overline{E^2}$ ，P 点波强度正比于

$$\overline{\boldsymbol{E}^2}=\overline{\boldsymbol{E}_1^2}+\overline{\boldsymbol{E}_2^2}+\overline{2\boldsymbol{E}_1\cdot\boldsymbol{E}_2}\tag{18.5.3}$$

等式右端第 3 项取决于两列波电矢量振动方向，如果两列波电矢量互相垂直，它

将恒等于零. P点波强度就是两个波强度简单地相加. 所以两列电磁波相干条件首先要求**电矢量振动方向相同**.

(2) 其次，在两列波电矢量振动方向相同的条件下，每个时刻 P 点的电场强度是两个振动的合成，按振动合成的振幅矢量法，P 点波强度正比于

$$\overline{E^2} = \overline{E_1^2} + \overline{E_2^2} + 2\overline{E_1 E_2 \cos\Delta\varphi} \tag{18.5.4}$$

其中$\Delta\varphi$为两列波分别在 P 点激起的两个振动的相位差

$$\Delta\varphi = \varphi_2 - \varphi_1 + (\omega_2 - \omega_1)t + (k_2 r_2 - k_1 r_1) \tag{18.5.5}$$

如果$\omega_2 \neq \omega_1$，$\Delta\varphi$将和时间t有关，从而

$$\overline{\cos\Delta\varphi} = \frac{1}{T}\int_t^{t+T} \cos\Delta\varphi \mathrm{d}t = 0$$

不会发生干涉；同样，如果两个波源振动初相位 φ_1, φ_2 随机取值，也会导致$\overline{\cos\Delta\varphi} = 0$. 所以电磁波相干条件和机械波类似：**两列电磁波相干条件是电矢量振动方向相同，振动频率相同，初相位差恒定**.

18.5.2 电磁波的干涉

设 S_1、S_2 是两个相干电磁波源，激发电磁波频率ω，初相位分别为φ_1、φ_2的两列相干电磁波. 两列波在 P 点相遇，S_1、S_2 到 P 距离分别为r_1, r_2，这两列波在 P 点的相位差为

$$\Delta\varphi = \varphi_2 - \varphi_1 + k(r_2 - r_1) \tag{18.5.6}$$

由式(18.5.3)，P 点的波强度可以写作

$$I = I_1 + I_2 + 2\sqrt{I_1 I_2}\cos\Delta\varphi \tag{18.5.7}$$

I_1, I_2分别是两列波单独在 P 点的波强度. 对于波场中不同的空间点 P，相位差$\Delta\varphi$取值不同，波强度也不同. 在两列波相位差为

$$\Delta\varphi = \pm 2k\pi, \quad k = 0,1,2,\cdots \tag{18.5.8}$$

的各点上，发生**相长干涉**，波强度取最大值

$$I_{\max} = I_1 + I_2 + 2\sqrt{I_1 I_2} \tag{18.5.9}$$

在两列波相位差为

$$\Delta\varphi = \pm(2k+1)\pi, \quad k = 0,1,2,\cdots \tag{18.5.10}$$

的各点上，发生**相消干涉**，波强度取最小值

$$I_{\max} = I_1 + I_2 - 2\sqrt{I_1 I_2} \tag{18.5.11}$$

在其他各点，波强度介于 $I_{\max}$ 和 $I_{\min}$ 之间. 在两列波交叠区域，波强度在空间表

现出强、弱不同的分布，而且这一分布不随时间变化. 这就是电磁波的干涉现象.

若两光源的初相位相同($\varphi_2=\varphi_1$)，两列波在 P 点的相位差可写作

$$\Delta\varphi=k(r_2-r_1) \tag{18.5.12}$$

式(18.5.8)、式(18.5.10)中的干涉相长、相消条件,可以用两列波通过路程差 $\Delta L=r_2-r_1$ 表示为

$$\begin{aligned}&\Delta L=\pm k\lambda && \text{干涉相长}\\&\Delta L=\pm(2k+1)\lambda/2\quad(k=0,1,2,\cdots) && \text{干涉相消}\end{aligned} \tag{18.5.13}$$

即在两波源初相相同情况下，到两波源路程差等于波长**整数倍**的各点，发生相长干涉；到两波源程差等于二分之一波长奇数倍的各点，发生相消干涉.

18.5.3 电磁波的衍射现象

电磁波在传播途中遇到障碍物时，也会发生**衍射现象**. 在日常生活中观察到光的传播通常是沿着直线进行的，遇到不透明的障碍物时，会投射出清晰的几何阴影，未明显地表现出衍射现象. 这是因为光的波长非常短，障碍物的尺寸大都比光的波长要大得多. 当障碍物的尺寸减小到与光的波长可以比拟时，光才会明显地表现出衍射现象.

机械波的衍射可以用惠更斯原理说明，电磁波的衍射也可以用惠更斯原理解释. 但对于电磁波，惠更斯原理同样不能确定衍射电磁波的振幅，因而也不能解释衍射波场中的波强度分布. 1918 年菲涅耳仔细研究了光的干涉现象以后认为，惠更斯原理中的子波来自同一波源，它们应该是相干的，因此提出了“子波相干叠加”的思想，把惠更斯原理和相干叠加原理结合起来，发展成为惠更斯-菲涅耳(Huygens-Fresnel)原理. **惠更斯-菲涅耳原理**可表述为：**波阵面上各面元都可以看成是子波源，波前方空间任一点的振动是所有子波在该点相干叠加的结果**.

根据惠更斯-菲涅耳原理，如果已知某时刻的波阵面 S，就可计算出波面前方任意点 P 衍射波的振幅和相位. 方法是把波面 S 分成许多小面元 ΔS ， ΔS 发射的子波在 P 点的振幅正比于 ΔS ，反比于 ΔS 到 P 的距离 r ，并和 $\boldsymbol{r}$ 与 ΔS 正法向 $\boldsymbol{n}$ 的夹角 θ 有关. 这一子波在 P 点引起的振动为

$$\mathrm{d}E=CK(\theta)\frac{A(S)}{r}\cos(\omega t-kr)\mathrm{d}S \tag{18.5.14}$$

式中，C 为比例系数，kr 是子波从 ΔS 传播到 P 点的相位延迟，$K(\theta)$ 为倾斜因子. 基尔霍夫从电磁理论出发，得出

$$K(\theta)=\frac{1}{2}(1+\cos\theta) \tag{18.5.15}$$

求和各个面元在 P 点所产生的振动叠加，就得到 P 点的合波振动

$$E = C\iint_S K(\theta)\frac{A(S)}{r}\cos(\omega t - kr)\mathrm{d}S \tag{18.5.16}$$

式(18.5.14)、式(18.5.16)称为**菲涅耳-基尔霍夫**(Fresnel-Kirchhoff)**公式**，是处理衍射问题的基本公式. 一般情况下，波面 S 本身就是一个非常复杂的曲面，不能用简单的数学表达式表示，计算这个积分是很困难的，即使波面 S 有简单的几何形状，如平面、球面、柱面时，实际计算也很不容易. 通常根据菲涅耳-基尔霍夫公式所表述的物理思想，采用相对简单的方法研究衍射现象. 关于这个问题，我们后面将针对光波这一特例仔细讨论.

*§ 18.6　地球的电磁环境和无线电波通信

由于电磁波不需要任何媒介，在空间中以光速 c 传播，电磁波在现代通信技术中获得了广泛的应用. 在军事上，电磁波广泛用于通信、导航、遥测、雷达定位、武器制导. 在现代信息化战争中，电磁波作为一种武器，应用在电子对抗(或电子战)中. 利用电磁波技术探测、削弱、阻止或利用敌方使用的电磁频谱，同时保护己方使用的电磁频谱，争夺电磁频谱控制权，已经成为取得战争胜利的主要因素. 由于军事应用的电磁波多是在地球附近的大气中传播，本节简要介绍地球周围空间的电磁环境和无线电波传输.

18.6.1　地球的电磁环境

地球和水星、金星，以及火星、木星、土星、天王星、海王星一起，几乎在同一个平面上沿各自的轨道绕太阳转动. 地球到太阳的平均距离约14960 万 km. 地球的体积只有太阳的一百三十万分之一，就是和木星相比，地球的体积还不到它的千分之一. 土星、天王星、海王星都比地球大，图 18.6.1 给出了八大行星到太阳距离以及相对大小示意图. 我们赖以生存的地球只是它们的一个小兄弟.

图 18.6.1

太阳系是靠万有引力维系在一起的一个极其稀松的系统，太阳是一个半径 $6.96\times10^{8}\,\mathrm{m}$，质量约为 $1.99\times10^{30}\,\mathrm{kg}$，相当于太阳系总质量 99.8%的一个巨大的高温气体球. 太阳通过电磁辐射和带电粒子发射影响地球. 太阳的电磁辐射谱覆盖了从长波段的无线电波到微波、可见光直至 γ 射线的几乎所有波段，不同波段辐射强度不同. 包括红外在内的可见光部分辐射是太阳辐射的主要部分，紫外及 X 射线、γ 射线所占比例较少.

太阳辐射波长在 0.3 μm 以下几乎全部被大气吸收，大气相对 0.3～1μm 波段是透明的. 在 1～24μm 波段，只对某些窄波带(如 3～5μm,8～14μm)太阳辐射可以穿过大气，构成所谓红外窗口, 其余都被大气吸收. 24～300μm 的太阳辐射全被大气吸收. 0.3cm～15m 是大气的无线电窗口，15～30m 的辐射通过地球电离层时受影响很大，波长大于 30m 的辐射基本上被电离层反射回太空.

除去辐射电磁波外，太阳还会向外发射带电粒子流. 这些由电子和正离子组成的带电粒子流叫**太阳风**. 太阳活动有某些周期性，人们早就观察到太阳上存在黑斑，黑斑的相对面积和数目都以 11 年为周期变化. 当黑斑数目极大时，太阳辐射 X 射线及粒子流都很强烈，可见光部分的相对变化不大. 此外, 太阳上还会有某些突然的爆发现象发生. 例如, 局部区域可见光或 X 射线辐射突然增强；辐射质子、电子流密度或速度增大等. 这些爆发常在太阳活动峰年发生，通过不同的方式在几小时至几天内影响地球，造成地球空间环境的某些变化，对地球上电波通信、无线电导航、空间定位等产生干扰.

18.6.2 地球周围的大气

大气的质量只有地球的百万分之一，但对地面上物理环境、人类生活却产生决定性的影响. 受地球引力、太阳辐射以及地磁场影响，地球上空的大气形成由低到高，越高越稀薄的分布(图 18.6.2). 最靠近地面的是**对流层**：对流层高度随纬度不同，在极区约为 9km，在赤道约为 17km. 这一层空气稠密，能量来源于地面辐射，垂直方向气体对流剧烈，大气中的水汽几乎全部集中在这一层，我们感受到的各种天气过程主要就发生在这一层. **平流层**：地面上空 15～50km 称为平流层，这里没有大气的垂直对流，但有水平流动. 能量来源是太阳辐射，温度随高度增加.

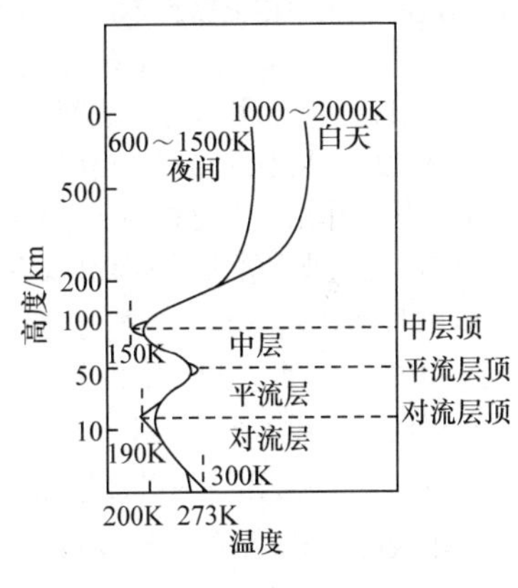

图 18.6.2

中层：50km 高度以上称为中层，在 30～50km 处由于太阳紫外辐照作用，形成一个臭氧含量极大的层，在这层温度从极大开始随高度减小. 从 85km 开始直达数百千米的高空称为**热层**，在这层温度上升至 1000～1500K. 地球最外层是几百千米以上的高空，这里气体已很稀薄，分子极少碰撞. 分子热运动速度大的分子已可能逸出地球大气，进入星际空间，故这一层又称为**逃逸层**. 实际上在这里分子多以电离形式存在，离子运动还要受地球磁场的约束.

受太阳电磁辐射和离子流的影响，地球高空大气分子电离成电子和离子，在 50～80km 以上，直至 1000km 以下形成**电离层**，而在 1000km 以上，大气几乎已完全电离，且极为稀薄，地球磁场对离子运动起主要控制作用，这一层称为**磁层**. 电离层能够导电，能够反射电磁长波，透过电视短波，对地球上电波通信产生重要影响.

18.6.3 地磁场

地球附近空间的磁场基本上可以看作一个大磁偶极子的磁场，磁偶极子的 N、S 磁极分别近似和地理南、北极重合(图 18.6.3). 地磁场强度很弱，不超过 0.6 高斯，地磁场基本上起源于

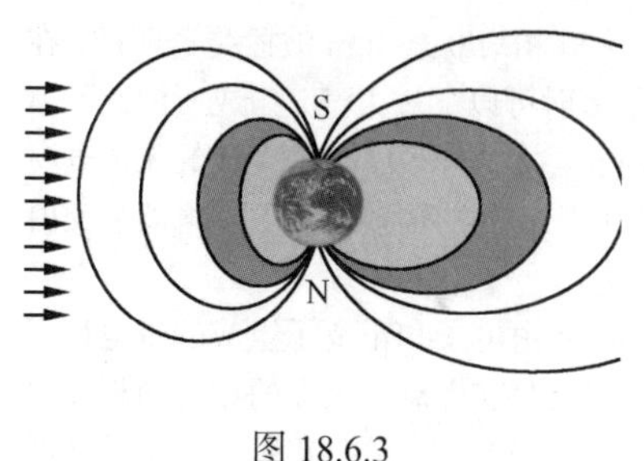

图 18.6.3

地球内部导电流体的运动，其成因现在还没有完全弄清. 地磁效应有一小部分来自地球外部空间，特别是在远离地球相当于几个地球半径的区域，由于太阳喷射出等离子体(太阳风)作用，地球磁场力线向背离太阳一侧弯曲，地磁场被局限在称为磁层的空洞内. 朝向太阳的一侧，磁层顶到地心距离相当于 8～11 个地球半径；在背离太阳一侧，磁层顶可延伸到 15～20 个地球半径处. 地磁场仅在地球附近才近似为一个磁偶极场.

地球内部的物质运动及电离层的潮汐运动和太阳活动的变化，都会引起地磁场长期或短期的变化，这些变化有些是有规律的、周期的，有些是突发的、干扰性的. 将地磁要素短期变化消除(如逐年求平均)后，可得到地磁场长期变化的规律.

地磁场的各种等值线图是航空、航海的重要参考资料. 局部地区的地磁异常可能和该地区特殊的地质结构或矿藏分布有关. 地磁场的异常变化可能是地震的前兆，为地震预报提供信息.

18.6.4　地球周围的无线电波通信

在地面上，用于通信、导航、遥测、雷达定位、武器制导的电磁波都是在大气中传播. 不同波段的电磁波传播特性不同. 根据波的衍射理论，当障碍物和波长尺寸相当时，波会发生明显的衍射. 在地球表面分布有山川河流、高低不一的建筑物，波长在几百米～万米的中长波，可以绕过这些障碍物在地球表面传播. 无线电广播、越洋长距离通信和导航，常使用这一波段.

在地球外层空间存在电离层，当电磁波进入地球上空的电离层传播时，电磁波要和电子、正离子相互作用，带电粒子还会和中性粒子碰撞，情况比在中性气体中传播复杂. 更仔细的研究表明，电磁波在等离子体中传播存在一个截止频率 ω_p，当波频率 $\omega < \omega_p$ 时，波数 k 为纯虚数，波将随传播距离衰减，不能在等离子体中传播. 电离层电子数密度在高度 100～500km 为 $10^{10} \sim 10^{12}\,\text{m}^{-3}$，并且随高度是变化的. 当电磁波从地面发射刚进入电离层时，电子数密度较小，波可以向前传播. 但深入到一定高度时，随电子数密度增大，ω_p 也增大，当 $\omega_p = \omega$ 时，波将不能前进而发生反射. 大气等离子体最大截止频率 $\nu_p = \omega_p / 2\pi \approx 10\text{MHz}$.

虽然电离层对长波、中波和短波都有反射，并且波长越长，越容易反射，但电离层对电波的吸收随波长增大而增大. 所以通常波长在几米～几十米的短波才可以采用高空电离层反射回地球，经地球再反射到电离层，进行所谓“多跳传播”，实现远距离短波通信和广播. **中波段的无线电波在白天几乎全部被电离层吸收. 高频的微波段的无线电波，根本不能被电离层反射，可直接穿透电离层射向太空.** 这个波段的电磁波可以在地面上通过接力方式或特制的传输线(波导管或微带线)传送到更远的地方. 至于光波，则是通过光波导——光纤传输的.

对于电波频率在 30MHz(波长 10m)以上短波、微波段，由于可以穿透电离层，也可以通过人造卫星中继站技术实现地球-卫星通信.

由于地面上短波通信是利用电离层对电波的反射实现的，电离层是太阳辐射及其他宇宙射线作用于地球大气形成的，它的厚度、电子数密度等都随太阳辐照的昼夜、季节变化和地理位置而不同，太阳的黑子、磁暴活动对电离层也有影响，所以地面上的短波通信以及卫星通信都会受到这些因素变化的影响.

问题和习题

18.1　一列单色平面电磁波在真空中沿 z 轴正向以速度 c 传播，其电场强度的正方向沿 x 轴正向. 设某点的电场强度表达式为

$$\boldsymbol{E}=900\cos(\omega t+\pi/6)\boldsymbol{e}_x \text{ (SI 制)}$$

试求该点的磁场强度表达式. 在该点的前方 a 米处和后方 a 米处，电场强度和磁场强度的表达式各如何?

18.2　一列单色平面电磁波在真空中沿 z 轴反向以速度 c 传播，其电场强度的正方向沿 x 轴正向. 设某点处的电场强度的表达式为

$$\boldsymbol{E}=300\cos(\omega t+\pi/3)\boldsymbol{e}_x \text{ (SI 制)}$$

试求该点处磁场强度的表示式.

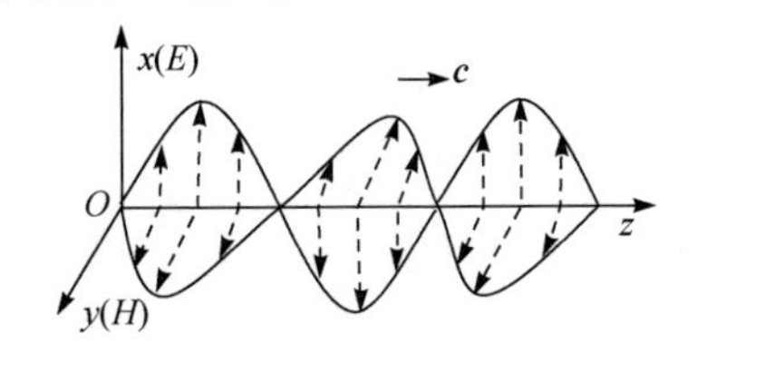

题 18.1 图

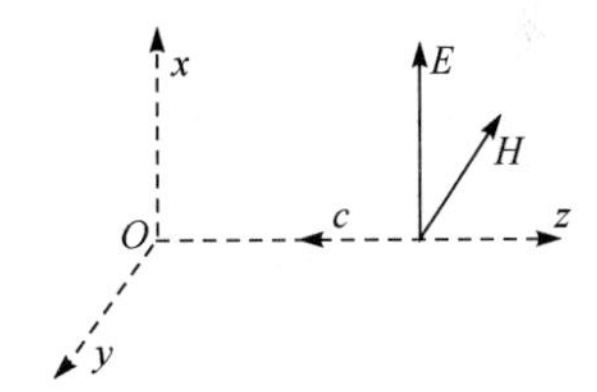

题 18.2 图

18.3　单色平面电磁波的电场强度振幅为 $E_0 = 10^{-3}$V/m，试求此波的磁感应强度振幅和平均能流密度.

18.4　一列波长为 $\lambda = 3.0$m 的单色平面电磁波在真空中沿 z 轴正向以波速 c 传播，其电场强度的正方向沿 x 轴正向，振幅为 $E_0 = 300$V/m. 试求：(1)此电磁波的频率；(2)磁感应强度的正方向和振幅；(3)此电磁波的平均能流密度.

18.5　一个振荡电偶极子在远场辐射的电磁波具有什么特点？是否是平面波？波在各方向的强度是否相等？电场方向和磁场方向各如何？波速和波长如何确定？

18.6　一个振荡电偶极子的电偶极矩为

$$p_{\mathrm{e}}=p_0\cos(\omega t) \text{ (SI 制)}$$

其中 $p_0 = 10^{-6}$C·m，$\omega = 2\pi\times10^{10}$rad/s. 试求此振荡电偶极子的平均辐射功率.

18.7　太阳到地球的平均距离为 $d = 1.5\times10^{11}$m. 在地球上测得太阳光的平均能流密度为 $\overline{S} = 1.5\times10^3$W/m^2. 试求太阳的平均辐射功率.

18.8　有一个氦氖激光管，它发射单色激光的平均功率为 $\overline{P} = 10^{-3}$W. 设发出的激光为圆柱形光束，圆柱截面的直径为 $d = 2\times10^{-3}$m. 试求此激光的电场强度振幅 E_0 和磁感应强度振幅 B_0.

18.9　设雷达天线辐射单色电磁波. 在天线的辐射场中作一个顶点在天线上的圆锥，其顶点的立体角为 $\Omega = 0.01$sr. 假设在圆锥内沿径向的各个方向能流密度都相等. 在距离顶点为 $r = 1000$m 的 P 点，电场强度振幅为 $E_0 = 10$V/m. 试求：(1)P 点的磁场强度振幅；(2)天线在圆锥体

内的平均辐射功率.

18.10　取一个平均功率为 $\overline{P}$=100W 的电灯泡. 假设灯泡的所有能量以电磁波的形式沿各方向无吸收地均匀辐射出去. 场点 P 到灯泡的距离为 r = 20m. 试求 P 点的电场强度和磁场强度的方均根值.

18.11　空气的相对介电常数为 ε_{r1}=1,水的相对介电常数为 ε_{r2}=80. 一列平面电磁波从空气中垂直入射到水面，试求其反射系数.

第 19 章　波动光学(Ⅰ)

光是能激起人类视觉的电磁波. 物理学研究光现象、光的本性、光与物质相互作用规律等这部分内容称为**光学**(optics). 光学可分为几何光学、波动光学和量子光学三部分. **几何光学**(geometrical optics)是以光的直线传播为基础，研究光传播、光的反射和折射以及光学系统成像规律；**波动光学**(wave optics)是以光的波动性质为基础，研究光的干涉、衍射和偏振现象的规律. 实验表明，几何光学只是波动光学一定条件下的近似：当光传播过程中涉及的物体线度远大于光波长时，几何光学可得到近似正确的结果；反之，当涉及到的物体线度可以和波长相比拟时，就必须采用波动光学的处理方法. **量子光学**(quantum optics)是以量子理论为基础，研究光与物质的相互作用规律的. 几何光学的内容大家在中学已经接触到了一些；量子光学的内容在本书的第六部分将有所涉及，本书的这一部分重点研究波动光学，即利用光的电磁波本质，进一步研究光的干涉、衍射和偏振等现象.

应当看到，从物理学角度看波动光学并不包含本质上新的物理原理和方法，根据光的电磁波本质、电磁波运动规律，原则上就可解决波动光学中的全部问题. 但光波与一般无线电波不同，频率高，波长短，它的传播具有一些新特点. 考虑到波动光学在技术中的重要应用，更仔细地讨论波动光学中的一些具体问题仍然是必要的.

学习指导：预习时重点关注①原子发光图像，光程概念，光相干条件和获得相干光方法；②分波振面干涉，杨氏双缝干涉分析方法，条纹分布特点；③分振幅薄膜等倾干涉原理和分析方法，干涉条纹特点；④分振幅薄膜等厚干涉原理、分析方法干涉条纹特点；⑤迈克耳孙干涉仪装置、原理和应用.

教师就上述问题物理图像和物理原理作重点讲解，学时较少的专业对“空间相干性和时间相干性”可不作要求，迈克耳孙干涉仪一节可安排自学(在相对论部分要用到).

§ 19.1　光波的相干叠加——干涉

19.1.1　光源——原子发光

能发出光波的物体称作**光源**(light source). 光源发光就是构成光源的原子或

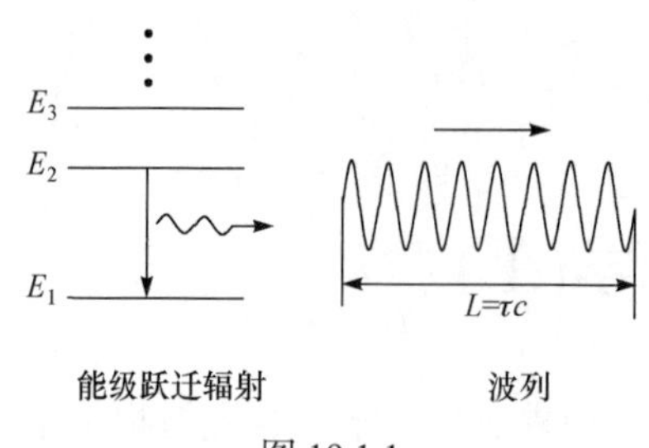

图 19.1.1

分子发光. 现代原子结构理论指出，一个孤立原子的能量只能取一系列分立的值，这些能量值称为**能级**(energy level)(图 19.1.1). 原子能量最低的状态叫**基态**(ground state). 其他能量较高的状态叫**激发态**(excited state). 通常原子处在基态上，但在外界条件的激励下，如通过加热、光照和其他原子的碰撞，它就可以从基态跃迁到激发态上. 处于激发态的原子是不稳定的，它会自发地从激发态回到基态或其他低激发态，这一过程叫原子从高能级到低能级的**跃迁**(transition). 通过这种跃迁,原子向外发射一个光波列,在量子物理中称为一个光子,这个光子的频率(即光波频率)由玻尔(Bohr)条件

$$\nu = \frac{E_n - E_m}{h} \tag{19.1.1}$$

决定,其中 $E_n - E_m$ 是两能级能量差；$h = 6.6260 \times 10^{-34} \mathrm{J \cdot s}$ 是普朗克(Planck)常量. 原子跃迁过程持续时间 τ 为$10^{-11} \sim 10^{-8}$ s，在 τ 这么长的时间内，电磁波传播距离

$$L = \tau c \tag{19.1.2}$$

c 是真空中电磁波速度. 所以，一个原子一次发光实际上发出的是**频率一定**(实际上频率分布在一个以 ν 为中心的窄带中)、**长度有限**、**振动方向一定**的一个**波列**或**波串**. 一个原子经过一次发光跃迁后，还可以再次被激发到较高的能级，因而又可以再次发光. 对于实际的光源,其中包含有大量原子. 一个原子在什么时间发光是完全随机的，各个原子的各次跃迁是相互独立的，所以同一时刻光源中各个原子、同一原子在不同时刻所发出的光波列频率、振动方向和初相位各不相同；实际的光波就是由频率、振动方向、初相位不同的大量波列组成的，光源发光和光波的这一图像就是我们讨论波动光学的出发点.

19.1.2 光干涉 光程

光波作为一定频段的电磁波，电磁波的相干条件对光波仍然适用，即两束同频率、振动方向相同、有恒定相位差的光波，在波交叠区域中可以发生干涉. 满足相干条件的两光波称为**相干光**(coherent light)，其光源为**相干光源**(coherent light source). 发生相干时，在波交叠区域某些点，合光强大于每列光波单独引起的光强之和；在另一些点，合光强小于分光强之和，即合成光波强度在空间形成强弱相间的稳定分布.

设 S_1、S_2 作为光源激发频率都是 ω 、初相位相等、电矢量振动同方向的两相干光波，激发两列波在真空中传播. 任取两列波交叠区域中一点 P，P 到 S_1、S_2

的距离分别为 r_1、r_2(图 18.5.1)，两束光光程差 $\Delta L = r_1 - r_2$，相位差为 $\Delta\varphi = k(r_2 - r_1) = 2\pi(r_2 - r_1)/\lambda$，$P$ 点光强度由式(18.5.7)给出

$$I = I_1 + I_2 + 2\sqrt{I_1 I_2}\cos\Delta\varphi \tag{19.1.3}$$

干涉相长或相消条件由式(18.5.13)给出

$$\begin{aligned} &\Delta L = \pm k\lambda \\ &\Delta L = \pm(2k+1)\lambda/2 \end{aligned} \quad (k = 0,1,2,\cdots) \quad \begin{aligned} &\text{干涉相长} \\ &\text{干涉相消} \end{aligned} \tag{19.1.4}$$

上面我们假设两列波都在真空中传播. 当光通过介质传播时，我们需要把光程和光程差的概念推广到有介质存在的情况.

介质折射率 n 定义为真空中的光速和介质中光速之比

$$n = \frac{c}{u} = \frac{\sqrt{\mu\varepsilon}}{\sqrt{\mu_0\varepsilon_0}} \approx \sqrt{\frac{\varepsilon}{\varepsilon_0}} \tag{19.1.5}$$

(其中利用了对一般非铁磁介质 $\mu \approx \mu_0$ 的事实). 光波频率决定于光源，与介质无关；光在介质中的波长

$$\lambda_n = \frac{u}{\nu} = \frac{c}{\nu n} = \frac{\lambda}{n} \tag{19.1.6}$$

其中 λ 是光在真空中的波长，与介质的折射率有关，其结果是在不同介质中光传播相同的路程，产生的相位改变不同. 设光在折射率为 n 的介质中传播的几何距离为 L'，这引起的相位改变为

$$\Delta\varphi = 2\pi\frac{L'}{\lambda_n} = 2\pi\frac{nL'}{\lambda} \tag{19.1.7}$$

这表明，光在折射率为 n 的介质中前进 L' 距离引起的相位改变，与在真空中前进 nL' 距离引起的相位改变相同. 于是定义光在介质中传播距离与介质折射率的乘积

$$L = nL' \tag{19.1.8}$$

为光在**介质中的光程**(opitical path)(以下简称为光程)，就可以统一用真空中的波长 λ 来计算光在各种不同介质中传播时引起的相位变化. 在有介质存在时，只要计算光程差时，用光程 L 代替其中的几何距离 r，式(19.1.3)以及相干、相消条件式(4.1.4)仍然成立.

关于光程的计算需要注意：当在光路中放置有薄透镜时，由于薄透镜可以使入射平行光会聚在它的焦平面上，所以使用薄透镜不会引起附加光程差.

19.1.3　获得相干光的途径

光虽然能产生干涉现象，但是由于常见的实际光源发出的光是由许多波列组成的，而各波列在频率、振动方向和相位方面均无确定的相互关系，因此来自普

通光源的光是非相干的. 若设计一个光学装置，将一个光束分成两部分(其中每一个波列也就被分成两部分)，然后再使这两部分相互叠加，由于两光束中来源于同一波列的两部分是相干的，所以这两束光也是相干的. 按这种思想获得相干光的方法可以分为两大类：

(1) **分波阵面法.** 将同一波阵面分成两个或多个部分(图 19.1.2). **由于波阵面上任意部分均可视为新波源，而且同一波阵面上各部分有相同的相位**，所以这样分离出的部分构成相干光源. 典型实验装置为杨氏双缝干涉和光栅多缝干涉.

(2) **分振幅法**. 利用光在透明介质膜两表面反射，将入射光的振幅(能量)分为两部分. 如图 19.1.3 所示，当一束单色光照射到透明介质薄膜上时，经薄膜上、下两表面反射得到的光束 1 和 2 来自同一条入射光线，所以是相干的. 从能量的角度看，光束 1 和 2 都是从入射光中分出的一部分能量，而能量又和振幅有关，所以用这种方式获得干涉的方法称为**分振幅干涉**.

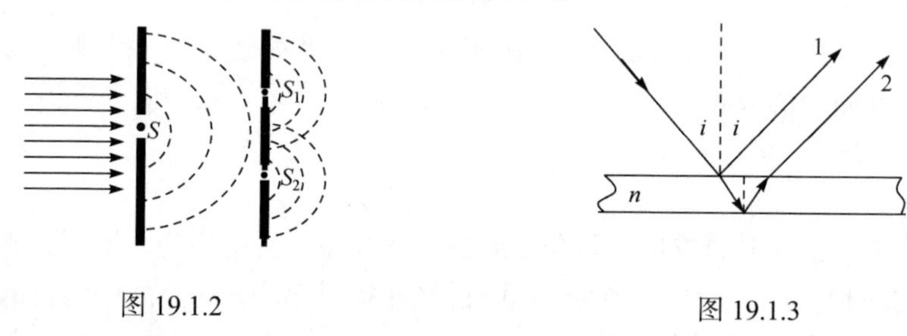

图 19.1.2 　　　　图 19.1.3

分振幅干涉典型情况是薄膜干涉. 薄膜干涉按透明介质薄膜上、下两表面平行或不平行又可区分为**等倾干涉**(equal inclination interference)和**等厚干涉**(equal thickness interference). 平时见到的油膜和肥皂泡被光照射时呈现出颜色就是这类干涉的例子.

下面分别讨论这两种情形.

§ 19.2　分波阵面干涉

托马斯 · 杨是英国医生，同时也是一位自学成才的物理学家. 他从小就聪明好学，博览群书，17 岁时就研究过牛顿的力学和光学著作. 在研究人眼对颜色视觉效应时，发展了惠更斯的波动理论. 1802 年，他想出了一个巧妙的方法，演示光的干涉现象.

19.2.1　杨氏双缝干涉

杨氏双缝干涉实验装置如图 19.2.1 所示. 图中 S 表示在垂直于纸面的遮光板上开的一条狭缝，用强单色光垂直照射遮光板，狭缝形成单色线光源. G 是一个遮光屏，屏上开有与 S 平行的两条窄缝 S_1 和 S_2，这两条缝与 S 等距、缝宽相等，

间距 d 很小($d\approx10^{-4}$ m). E 是与 G 平行的观察屏，E 到 G 的距离为 $D(D\gg d)$.

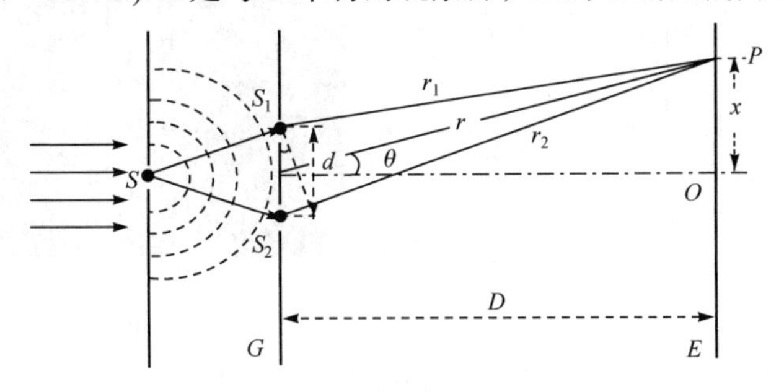

图 19.2.1

由 S 发出的同一光波阵面，被狭缝 S_1 和 S_2 分割出两个子波，构成了两个初相位相等的相干线光源，发出的光波在观测屏 E 上相干叠加，形成干涉条纹. 设观测屏上任意点 P 到两缝 S_1 和 S_2 的距离分别为 r_1 和 r_2，由于 $r_2-r_1\ll r_1$ 和 r_2，且 S_1 和 S_2 缝宽相同，两束光到达屏上 P 点时振幅相等. 这两束光初相位也相等，两束光在 P 点的光程差为

$$\Delta L=r_2-r_1 \tag{19.2.1}$$

设 P 点在观测屏 E 上的坐标为 x (图 19.2.1)，相对双缝中心的角位置为 θ，在 $d\ll D$ 的条件下，近似有 $r_2-r_1\approx d\sin\theta$，两束光在 P 点的相位差为

$$\Delta\varphi=\frac{2\pi}{\lambda}\Delta L=\frac{2\pi d\sin\theta}{\lambda} \tag{19.2.2}$$

代入式(19.1.3)得到屏上光强分布

$$I=2I_0+2I_0\cos\Delta\varphi=4I_0\cos^2\frac{\Delta\varphi}{2}=4I_0\cos^2\frac{\pi d}{\lambda}\sin\theta \tag{19.2.3}$$

其中 I_0 是单独一个缝在 P 点的光强. P 点的合光强决定于 P 在屏 E 上的角位置 θ. 通常 θ 很小，$\sin\theta\approx\tan\theta$；由图 19.2.1 中的几何关系，有 $\tan\theta=x/D$，所以

$$I=4I_0\cos^2\left(\frac{\pi d}{\lambda D}x\right) \tag{19.2.4}$$

上式给出的光强分布如图 19.2.2(a)所示. 图 19.2.2(b)给出双缝干涉图样的实验的照片. 由式(19.2.4)，观测屏上任意点 P 的光强随 P 点坐标 x 变化，明、暗纹中心的坐标 x 满足条件

$$x=\begin{cases}\pm k\dfrac{D}{d}\lambda & \text{明纹中心}\\ & (k=0,1,2,\cdots)\\ \pm(2k+1)\dfrac{D}{d}\dfrac{\lambda}{2} & \text{暗纹中心}\end{cases} \tag{19.2.5}$$

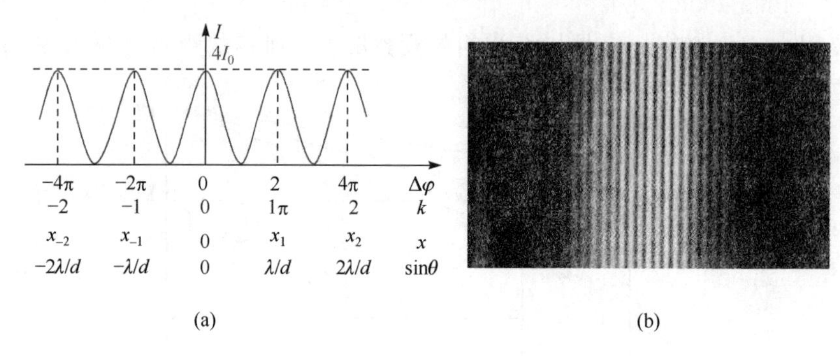

(a)　(b)

图 19.2.2

其中 k 值称为**条纹的级次**，$k=0$ 对应 $x=0$ 的**中央明纹**. 相邻级次的两条明纹(或暗纹)中心在屏上的间距为

$$\Delta x=\frac{D}{d}\lambda \tag{19.2.6}$$

综合以上讨论，杨氏双缝干涉条纹有如下特征：

(1) 杨氏双缝干涉图样是明暗相间的条纹，并对称地分布在中央明纹的两侧，干涉条纹级次由中心 O 随屏上坐标 x 绝对值增大.

(2) 对给定的干涉装置和确定的照射光波长(即 D 、d 、λ 给定)，杨氏双缝干涉条纹是等间距的.

(3) 当照射波长 λ 一定时，条纹间距 $\Delta x \propto D/d$ ，即两缝相距越近，观测屏与缝相距越远，条纹越宽.

(4) 当 d 与 D 一定时，$\Delta x \propto \lambda$ ，即条纹间距与入射光波长成正比.

例 19.2.1　以单色光为光源做杨氏双缝干涉实验，设双缝间距 0.2mm，双缝到观测屏距离 1m. (1)若测得从 1 级明纹中心到同侧第 3 级明纹中心距离 5mm，求单色光波长；(2)若入射光波长为 600nm，求相邻两明纹间的距离.

解　(1)由双缝干涉明纹中心位置式(19.2.5)

$$x=\pm k\frac{D}{d}\lambda \quad (k=0,1,2,\cdots)$$

将 $k=1$ 和 $k=3$ 代入，求得这两条明纹的位置 x_1 和 x_3 ，其间距

$$\Delta x=x_3-x_1=\frac{D}{d}(3-1)\lambda$$

由此求出入射光波长

$$\lambda=\frac{d\Delta x}{2D}=\frac{0.2\times 5}{2\times 1.0\times 10^3}\text{mm}=500\text{nm}$$

(2) 由式(19.2.6)，两明纹中间距离

$$\Delta x=\frac{D}{d}\lambda=\frac{1.0\times 10^3}{0.2}\times 500\text{nm}=2.5\text{mm}$$

例 19.2.2　在杨氏双缝干涉的实验装置中，入射光的波长为 λ. 若在缝 S_2 与屏之间放置一

片厚度为 d 、折射率为 n 的透明介质片，试问原来的零级亮纹将如何移动？如果观测到零级亮纹移到了原来的 k 级亮纹处，求该透明介质的厚度 d .

解　如图 19.2.3 所示，放置了透明介质片之后，缝 S_1 和 S_2 到屏幕上观测点 P 的光程差为

$$\Delta L=(r_2-d+nd)-r_1=r_2-r_1+(n-1)d$$

对于零级亮纹，$\Delta L=0$ ，其位置应满足

$$r_2-r_1=-(n-1)d<0$$

与原来零级亮纹位置满足的 $r_2-r_1=0$ 相比，在放置介质片之后，零级亮纹应该下移.

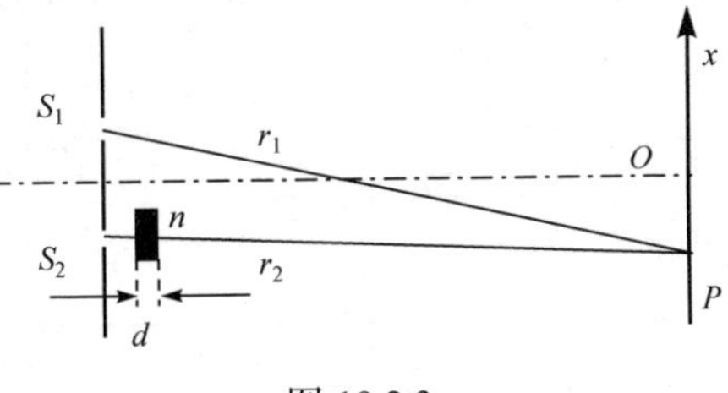

图 19.2.3

在没有放置介质片时，原来的 $-k$ 级亮纹的位置满足 $r_2-r_1=-k\lambda$ ，按题意

$$-(n-1)d=-k\lambda$$

由此可得介质片厚度

$$d=\frac{k\lambda}{n-1}$$

19.2.2　其他分波阵面的干涉

杨氏双缝实验装置中的狭缝很小，它们的边缘往往对实验产生影响(主要是衍射)而模糊了纯粹干涉现象. 人们又提出了获得相干光束的其他方法，可以在更简单的情况下观察到干涉现象. 它们是菲涅耳双棱镜实验、菲涅耳双面镜实验和劳埃德(Lloyd)镜实验.

菲涅耳双棱镜实验　实验装置如图 19.2.4 所示，两个顶角 α 很小(约 1°)，并且主截面垂直于窄缝 S(用作光源)的直角棱镜 A，它们的底边相接构成一个菲涅耳双棱镜 A. S 发出的光波通过双棱镜的折射，波阵面分成沿不同方向传播的两个部分，这两部分好像是分别由虚光源 S_1 和 S_2 发出的一样. 由于它们是从同一波阵面分出来的，所以是相干光. 在两波交叠的区域(图中 P_1、P_2 之间)就会产生干涉. 经过折射的两束光相当于分别来自于杨氏双缝干涉实验中的双缝 S_1 和 S_2，因此对杨氏双缝实验的分析在此也适用，干涉条纹分布与杨氏双缝实验的情况完全一样.

菲涅耳双面镜实验　如图 19.2.5 所示，菲涅耳双面镜由两个相交于 O 点的直

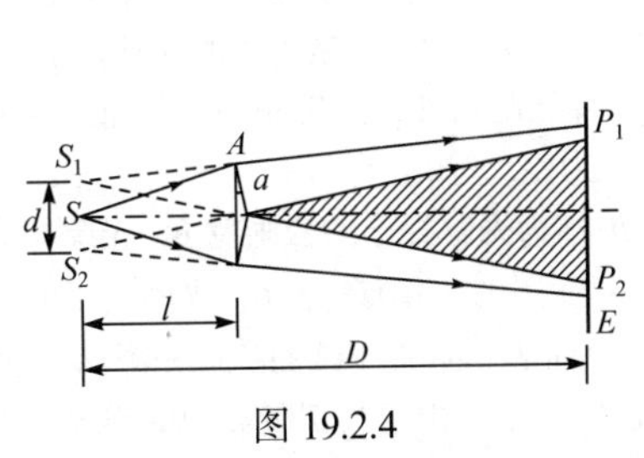

图 19.2.4

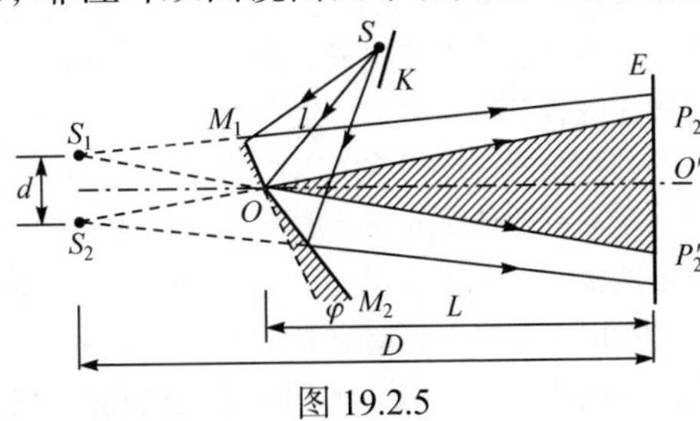

图 19.2.5

线、夹角 φ 很小的平面反射镜 M_1 和 M_2 构成. 由线光源 S 发出的光波分别经平面镜 M_1 和 M_2 反射，分为沿不同方向传播的两个部分，形成的相干波可看成是从虚光源

S_1 和 S_2 发出的，在两波的交叠区域(图中 P_2、P_2' 之间)产生干涉. 把 S_1,S_2 看作杨氏双缝实验的双缝，杨氏双缝干涉实验的分析在此也适用.

劳埃德镜实验 如图 19.2.6 所示，M 为一平面反射镜，S_1 为一线光源. 从 S_1 发出的光波，一部分直接射到屏幕 E 上，另一部分经平面镜反射后到达屏幕，这两部分光也是相干光，在屏上交叠区域(图中 P_2、P_2' 之间)产生干涉.

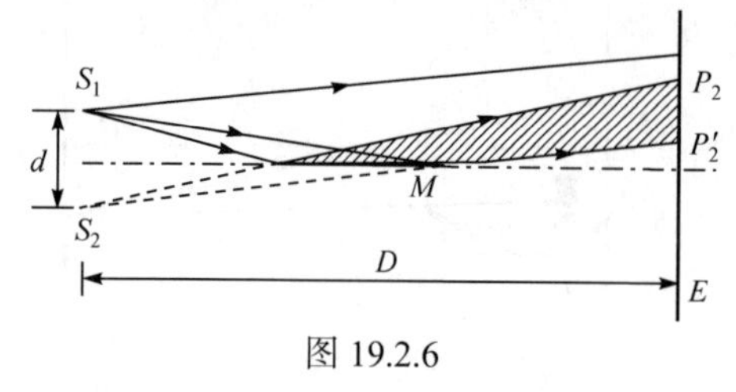

图 19.2.6

要注意的是若把反射光看作由虚光源 S_2 发出的，则由于光线在平面镜 M 上反射时有半波损失，所以 S_1 和 S_2 是一对反相的相干光源，在屏上形成的明暗条纹位置与杨氏双缝实验中的明暗条纹位置正好互换. 劳埃德镜实验不仅显示了光的干涉，而且还直接证明了波从光疏介质入射到光密介质，在界面上反射时存在有半波损失.

*§ 19.3 空间相干性和时间相干性

19.3.1 干涉条纹对比度

为描述两波交叠区域内干涉条纹的清晰程度，可引入**对比度**的概念. 干涉条纹对比度定义为

$$V=\frac{I_{\max}-I_{\min}}{I_{\max}+I_{\min}} \tag{19.3.1}$$

其中 $I_{\max}$ 和 $I_{\min}$ 分别为条纹光强的极大值和极小值. 当 $I_{\min}=0$ 时，$V=1$，此时对比度最大，干涉条纹清晰可见；当 $I_{\max}=I_{\min}$ 时，$V=0$，对比度为零，干涉条纹消失.

影响干涉条纹对比度的因素很多，主要与两相干光源的相对强度、光源宽度以及光单色性有关. 下面分别对每个因素所产生的影响进行讨论.

19.3.2 光源相干的极限宽度 空间相干性

在前面讨论杨氏双缝干涉实验时，假设光源 S 宽度很小，可以看作线光源. 实验表明，随着光源宽度增大，干涉条纹的对比度将下降，当光源宽度达到某个值时，对比度为零，此时干涉条纹消失. 为什么会出现这种现象呢？这是因为任何一个有一定宽度的光源 S，都可以看成由多个更细的线光源组成，由于光源上不同部位发出的光彼此不相干(激光光源除外)，所以每个线光源各自都在屏上产生一组干涉条纹. 这些干涉条纹彼此错开，产生非相干叠加，结果是屏上的条纹变得模糊不清以致消失，条纹的对比度下降为零.

定义干涉条纹的对比度下降到零时，光源的宽度 b_0 称为**光源相干的极限宽度**. 光源相干的极限宽度 b_0 可如下求出，如图 19.3.1 所示，设光源到双缝屏 G 的距离为 B，光源发出的单色光通过屏上双缝在观察屏 E 上形成干涉图样. 光源中心 M(表示垂直于纸面的线光源)发出的光线的零级明纹在 O 处，上端 T 处的线光源的零级明纹在 O_T 处，由于当 T 处光源的零级暗纹与 M 处光源的零级明纹重合时，干涉条纹将消失，若这时光源上 T 和 M 的距离为 $b_0/2$，这里 b_0 就是光源相干的极限宽度.

由于光源 T 处发出的光，分别经 S_1,S_2 缝到达观测屏上 O 点满足零级暗纹条件，若 T 到两缝 S_1,S_2 的距离分别为 r_1,r_2，则有

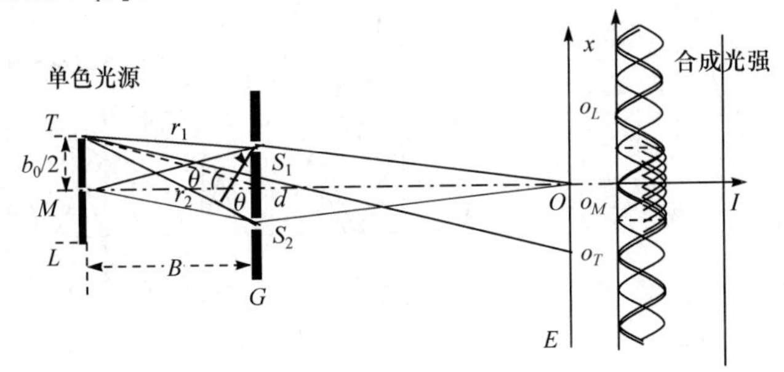

图 19.3.1

$$\Delta L = r_2 - r_1 = \lambda / 2 \tag{19.3.2}$$

由于 $B \gg d$ 和 b_0，由几何关系(图 18.3.1)有

$$\Delta L \approx d\sin\theta = d\frac{b_0}{2B} \tag{19.3.3}$$

结合上两式求出光源相干的极限宽度

$$b_0 = \frac{B}{d}\lambda \tag{19.3.4}$$

当光源宽度 b_0，B 值都给定后，可以得到当 $d < \dfrac{B}{b_0}\lambda$ 时，即宽度为 b_0 的光源发出的波长为 λ 的光波，在距离 B 处的波前上横向距离 d 小于 $\dfrac{B}{b_0}\lambda$ 的子波源 S_1 和 S_2 才是相干的. 决定在到波源距离一定的波前上，多大的横向范围内提取的两个子波源 S_1 和 S_2 满足相干性的问题，称为**光场的空间相干性问题**. 到波源距离一定的波前上，能够相干的子波源横向距离越大，表明光源的空间相干性越好.

19.3.3　光源的单色性　时间相干性

严格的单色光是具有单一频率或波长的简谐波，这样波的波列长度在时间和空间上都是无限的. 然而实际光源发出的光波都是有限长的波列. 按傅里叶(Fourier)分析，一个有限长度的波列(又称波包)可视为一系列不同频率、不同振幅的简谐波的叠加. 因此，实际的原子发光不是严格单色光，而是在一定频率(波长)范围内的复色光，称为**准单色光**(quasi-monochromatic light).

设一个波列的**中心频率**(central frequency)为 ν_0 (图 19.3.2)，定义中心频率两侧，光强度下降到最大强度一半的频率范围为**谱线宽度**(line width)，记为 $\Delta\nu$，$\Delta\nu$ 越小表明波的单色性越好(由于 $\nu = c/\lambda$，谱线宽度还可以用波长范围 $\Delta\lambda$ 表示).

一定谱线宽度的准单色光入射到干涉装置上，每一种频率成长成分都各自产生一套干涉条纹，除了零级条纹外，因波长不同，其他同级次的条纹将彼此错开，并发生非相干的重叠. 在重叠处总的光强为各种频率的干涉条纹光强的非相干相加，结果屏上光强分布如图 19.3.3 所示. 图中数字表示明纹的级次，上面的曲线为屏上总光强. 由图可见，随着屏上点 x 坐标增大，干涉条纹的对比度减小，当 x 增大到某一值以后，对比度下降为零，干涉条纹就消失了.

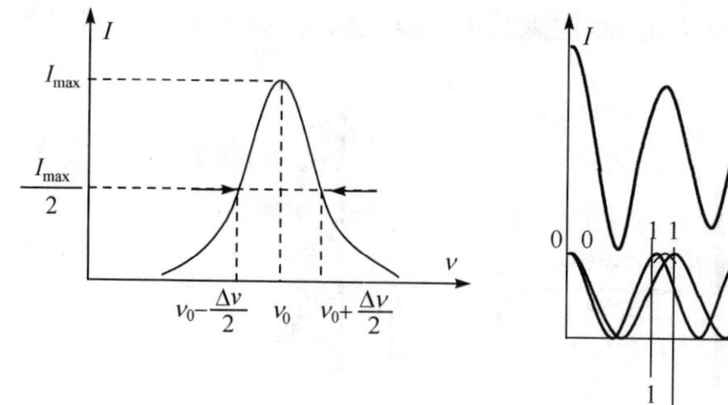

图 19.3.2

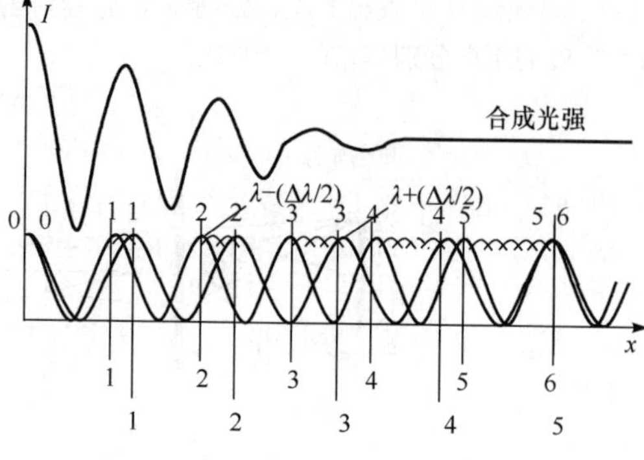

图 19.3.3

对于谱线宽度为 $\Delta\lambda$ 的准单色光，若能观察到的最高明纹级次为 k_m ，于是波长为 $\lambda+\Delta\lambda/2$ 成分的 k_m 级明纹与波长为 $\lambda-\Delta\lambda/2$ 成分的 (k_m+1) 级明纹重合. 由于这两成分的光在此时有相同光程差，根据光程差与明纹级次的关系，条纹消失时光程差应满足

$$\left(\lambda+\frac{\Delta\lambda}{2}\right)k_m=\left(\lambda-\frac{\Delta\lambda}{2}\right)(k_m+1) \tag{19.3.5}$$

由上式解得 $k_m\Delta\lambda=\lambda-\Delta\lambda/2$ ，注意到 $\Delta\lambda\ll\lambda$ ，忽略 $\Delta\lambda$ 项，能观察到干涉条纹的最大级次

$$k_m=\frac{\lambda}{\Delta\lambda} \tag{19.3.6}$$

相应的允许最大光程差

$$\Delta L_{\max}=\frac{\lambda^2}{\Delta\lambda} \tag{19.3.7}$$

所以，$\Delta\lambda$ 越大，即光的单色性越差，能够观察到干涉条纹的最大级次 k_m 和最大允许的光程差 ΔL_m 就越小.

只有在光程差小于 ΔL_m 的条件下才能观察到干涉条纹. 定义 ΔL_m 为**相干长度**(coherent length)，即能观察到干涉条纹条件下允许的最大光程差. 对一定波长的准单色光，波长宽度 $\Delta\lambda$ 越窄(频率宽度 $\Delta\nu$ 也越窄)，单色性越好，其相干长度 ΔL_m 越大.

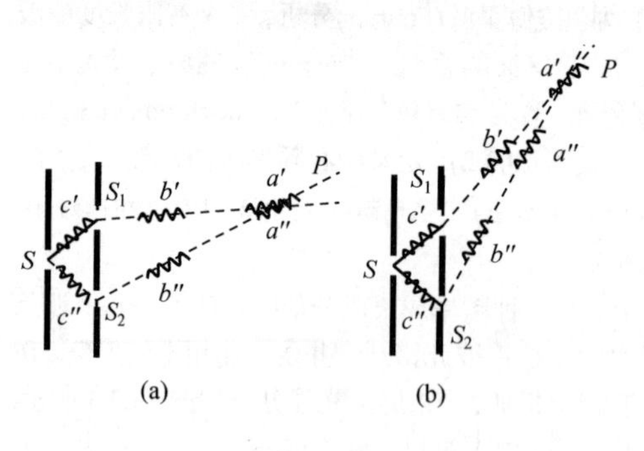

图 19.3.4

我们以双缝干涉实验为例，说明相干长度的意义. 如图 19.3.4 所示，从 S 发出的各波列都分成两部分，分别通过窄缝 S_1,S_2 ，然后在观察点 P 处相遇. 由于原子发光只有同一波列的两部分才满足相干条件，以 a' 和 a'' ，b' 和 b'' ，c' 和 c'' 分别表示同一波列分成的两部分，只要光程差不大，使得在 P 点 a' 和 a'' ，b' 和 b'' · ·可以相遇(图 19.3.4(a))，就可以观察到干涉现象. 但是，如果光程差太大，以致使 a' 和 a'' ，b' 和 b'' ……在 P 点彼此错开了(图 19.3.4(b))，不能相遇，干涉条

纹就会消失. 由此得出：能发生相干的最大的光程差就是原子发光一次跃迁发射光波列长度. 因此，**相干长度等于波列长度**.

光波的波列长度对应着原子每次发光跃迁的持续时间 $\tau=\Delta L_m/c$,所以相干长度还可以用 τ 表示, 称 τ 为**相干时间**(coherence time). 干涉现象受到相干时间制约的性质称为**时间相干性**. 光源的单色性越好，相干长度和相干时间越长，光源的时间相干性就越好.

例 19.3.1　在一双缝干涉实验中，用低压汞灯做光源，并使用它发出的波长 λ=5461Å 的绿光，假设绿光谱线宽度 $\Delta\lambda$=0.44Å，试求能观察到干涉条纹的级次和最大允许的光程差.

解　这里光源是非单色的，不同频率光干涉条纹的不同级次会相互重叠，能观察到干涉条纹的最高级次可由式(19.3.6)求得

$$k_m=\frac{\lambda}{\Delta\lambda}=\frac{5461}{0.44}=12411$$

允许的最大光程差由式(19.3.7)可求得

$$\Delta L_m=\frac{\lambda^2}{\Delta\lambda}=\frac{(5461)^2}{0.44}=6.8\times10^{-3}(\text{m})=6.8(\text{mm})$$

由于 k_m 很大，表明用普通的单色光源就能观察到相当多的干涉条纹. 此例中的绿光的相干长度为 6.8mm，其他的普通的单色光源也大致如此. 激光的相干长度要大得多，可以达几百千米.

§ 19.4　分振幅方法——薄膜等倾干涉

用分波阵面方法产生的相干光一个重要缺点是为了获得清晰的干涉图样，必须限制光源宽度，而限制光源宽度的结果也就限制了干涉条纹的亮度. 采用分振幅干涉可以避免这一缺陷. 下面首先讨论分振幅干涉的等倾干涉.

19.4.1　等倾干涉原理　光程差

设均匀透明薄膜的相对折射率为 n、厚度为 e，波长为 λ 的单色光以入射角 i 入射到其表面(图 19.4.1). 任取一入射光线(记为 1)，这束光一部分在 a 点反射成为反射光线 2；另一部分折射进入薄膜，并在薄膜下表面 b 点反射，再由薄膜上表面的 c 点折射成为光线 3. 光线 2 和光线 3 是由同一条入射光分成的两部分，通过薄透镜 L 会聚，在焦平面 E 上 P 点相遇将发生干涉.

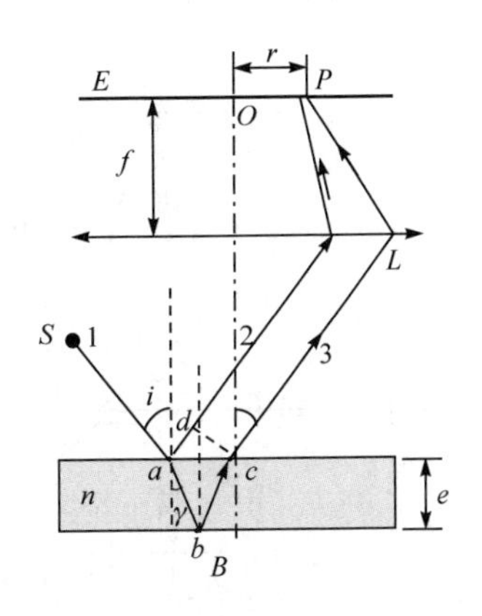

图 19.4.1

等倾干涉由于薄透镜不产生附加的光程差，所以图 19.4.1 中 d 到 P 和 c 到 P 是等光程的，光线 2 和光线 3 的光程差为

$$\Delta L=n(ab+bc)-ad+\lambda/2 \tag{19.4.1}$$

其中 $\lambda/2$ 是由于光从空气入射到介质膜(光密介质)上表面反射时，引起的半波损失. 由几何关系

$$ab = bc = e/\cos\gamma \tag{19.4.2}$$

$$ad = ac\sin i = 2e\tan\gamma\sin i \tag{19.4.3}$$

得

$$\Delta L = 2n\frac{e}{\cos\gamma} - 2e\tan\gamma\sin i + \lambda/2 \tag{19.4.4}$$

利用折射定律 $n_1\sin i = n_2\sin\gamma$ 可将上式改写为

$$\begin{aligned}\Delta L &= 2n\frac{e}{\cos\gamma}(1-\sin^2 i) + \lambda/2 \\ &= 2ne\cos\gamma + \lambda/2 \\ &= 2e\sqrt{n^2-\sin^2 i} + \lambda/2\end{aligned} \tag{19.4.5}$$

由此可得出薄膜干涉的明、暗条纹条件

$$\Delta L = 2e\sqrt{n^2-\sin^2 i} + \frac{\lambda}{2} = \begin{cases} k\lambda, & \text{明} \\ (2k+1)\lambda/2, & \text{暗} \end{cases} \tag{19.4.6}$$

式(19.4.6)表明，当入射光波长 λ、介质折射率 n 和薄膜厚度 e 一定时，光程差 ΔL 仅与光线入射角 i 有关. 凡以相同的倾角 i 入射到薄膜上的光线，经上下表面反射后产生的相干光束有相等的光程差，在观察屏上对应同一级干涉条纹，故称这样的干涉为**等倾干涉**(equal inclination interference).

19.4.2 观察等倾干涉的实验和干涉图样分析

观察等倾条纹的实验装置如图 19.4.2 所示，图中 S 为一面光源，L 为透镜，E 为置于透镜焦平面上的观察屏，M 为垂直于纸面、与 L 主轴成 45° 角放置的半反半透平面镜. 光源面上某一点发出的光线，经半反半透镜反射后，入射到透明膜上，由薄膜上下表面反射后，成平行光线，经透镜会聚到焦平面上.

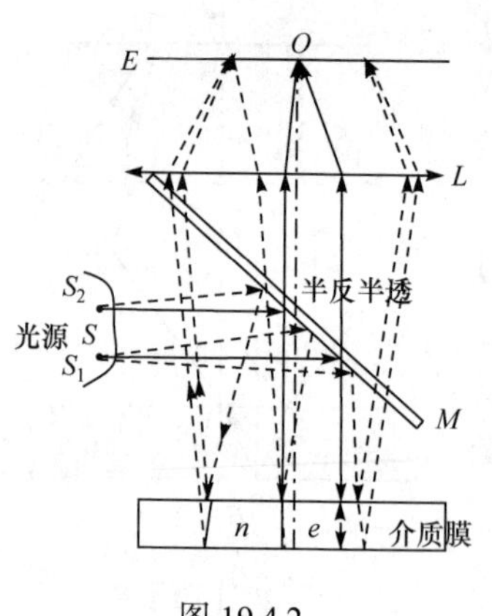

图 19.4.2

(1) 光源上一点(如图中 S_1, S_2)发出的水平光线(如图中用带箭头的实黑线表示)，经 M 反射，垂直入射到薄膜上，经薄膜上下表面再反射后，成平行于 L 主轴的光束，被 L 会聚到其焦点 O 上，O 点的明、暗取决于薄膜上下表面反射光程差.

(2) 光源上一点(如图中 S_1, S_2)发出的、以相同

入射角入射到透明膜上的光线(如图中带箭头的虚线表示的，对透明膜上每一点，这样的光线位置在以该点为顶点的同一圆锥面上)，有相同的光程差，经透镜 L 将会聚在焦平面以焦点为中心的圆周上，这个圆周为亮环或暗环，取决于光程差，由式(19.4.6)决定.

(3) 光源上不同点发出的光线，凡以相同入射角入射到透明膜上的光线，都有相同的光程差，将会聚在以 L 的焦点 O 为中心、焦平面上的同一个圆环上，所以等倾干涉条纹是一组同心圆环. 由于光源上不同点发出的、凡以相同入射角入射到透明膜上的光线，在这里都非相干地相加，所以用这种方法可以获得高亮度的干涉图样.

对给定的 e,n 和 λ 值，由式(19.4.6)，光线对薄膜入射角 i 越小，干涉条纹级次越大. 这表明环心级次最高，由环心向外，条纹级次逐次降低.

(4) 利用明纹条件

$$2ne\cos\gamma+\lambda/2=k\lambda$$

在 e,n 和波长给定情况下微分此式两边，可得

$$-2ne\sin\gamma\Delta\gamma=\Delta k\lambda$$

令 $\Delta k=1$，就可得相邻两环的角间距为

$$-\Delta\gamma=\gamma_k-\gamma_{k+1}=\frac{\lambda}{2ne\sin\gamma}=\frac{\lambda}{2e\sin i}$$

此式表明，等倾条纹的角间距从中心向外变小，因而条纹越来越密(图 19.4.3).

总结上面讨论：

(1) 等倾干涉图样是一系列同心明暗相间的圆环.

(2) 半径越小的亮环级次越高，中心亮斑级次最高.

(3) 对给定的薄膜厚度、折射率和入射波长，亮环越靠近中心(半径越小)越稀疏，越向外越密.

(4) 由于光源上每一点发出的光线都单独产生一组干涉图样，干涉图样仅决定于对透明膜的入射角，而与光线从何处来无关. 所以由光源上不同点发出的光线，凡有相同入射角的，在观察屏上其强度相加，因而干涉图样明暗对比更为鲜明，这也就是观察等倾条纹时使用面光源的道理.

图 19.4.3

例 19.4.1　用波长为 λ 的单色光观察等倾条纹，看到视场中心为一亮斑，外面围以若干圆环，如图 19.4.3 所示. 今若慢慢增大薄膜的厚度，看到的干涉圆环会有什么变化?

解　设薄膜厚度为 e，折射率为 n，光线的入射角为 i，由等倾干涉条纹明环条件式(19.4.6)

$$2e\sqrt{n^2-\sin^2 i}+\frac{\lambda}{2}=k\lambda$$

对给定的 e,n，越靠近干涉环中心的亮斑，入射角 i 越小，上式给出的 k 越大. 这说明越靠近中

心，环纹的级次越高. 在中心处，$i=0$，设最高级次为 k_0，则有

$$2ne+\lambda/2=k_0\lambda$$

中心亮斑以外各亮环的级次依次为 k_0-1，k_0-2，⋯.

当慢慢增大薄膜的厚度 e 时，看到中心亮斑逐渐变暗、变大、变成亮环，同时中心又冒出一个新的亮斑. 由上式可知，新中心亮斑级次比原来的应该多 1，变为 k_0+1，其外面亮环的级次依次应为 k_0, k_0-1，k_0-2，⋯. 这意味着中心处每冒出一个新的亮斑(级次为 k_0+1)，原来的中心亮斑(k_0)扩大成新的亮环，原来的第一亮环(k_0-1)变成第二亮环，⋯. 这就是说，当薄膜厚度慢慢增大时，将会看到中心的光强发生周期性的变化，不断冒出新的亮斑，而周围的亮环也不断地向外扩大.

由于在中心处，$2n\Delta e=\Delta k_0\lambda$，所以每冒出一个亮斑($\Delta k_0=1$)，就意味着薄膜厚度增加了

$$\Delta e=\lambda/2n$$

(与此相反，如果慢慢减小薄膜厚度，会看到中心处亮斑会消失，亮斑外面的亮环会一个一个地向中心缩进并消失. 薄膜厚度每缩小 $\lambda/2n$，中心就有一个亮斑消失).

19.4.3　增反膜和增透膜

在照相机、显微镜、望远镜等光学仪器中，都有许多镜面，为了使入射光能尽可能多地进入光学系统，不造成严重光能损失，在光学仪器中常用薄膜干涉原理增加透射光强度(或增加反射光强度). 在透镜表面镀一层厚度均匀的透明薄膜，使入射单色光在膜的两个表面的反射光产生干涉相消，这种单色光就几乎不反射而完全透过薄膜，这种使透射光增强的薄膜叫做**增透膜**(transmission enhanced film). 例如，希望照相机镜头对λ=5500Å 绿光增透，在镜头上镀 MgF_2 ($n=1.38$) 膜的厚度满足反射光干涉相消条件

$$\Delta L=2ne=(2k+1)\lambda/2,\quad k=0,1,2,\cdots$$

(这里由于 $n_{空气}<n<n_{玻}$，从 MgF_2 膜前后表面反射光的半波损失抵消，光程差中无$\lambda/2$ 附加项)由此求得增透膜厚度

$$e=(2k+1)\frac{\lambda}{4n}=(2k+1)\frac{5500}{4\times1.38}$$

对应 $k=0,1,2,\cdots$ 的不同取值，镀膜厚度可以取 e=996.4Å,2989.2Å,4982Å,⋯. 由于时间相干性，k 的取值不能无限增大. 我们可以取 e=2989.2Å，这样厚度的 MgF_2 对 5500Å 的绿光是增透的.

同样如果取膜厚度满足两表面反射光干涉相长条件，可以获得增大反射光强的效果.

§19.5　分振幅方法——薄膜等厚干涉

平面单色光入射到厚度不等的薄膜上，产生的干涉依赖于薄膜厚度，称为**等厚干涉**.

19.5.1　劈尖干涉

如图 19.5.1 所示，将两块光学平板玻璃的一端接触，在另一端的两板间夹以细丝，使之分开一微小距离，两玻璃片间就形成了一个空气尖劈. 两板接触的一端称为劈尖. 图中将劈尖的楔角 θ 大大地夸大了. 事实上，玻璃片的厚度比劈尖中空气介质的厚度要大得多.

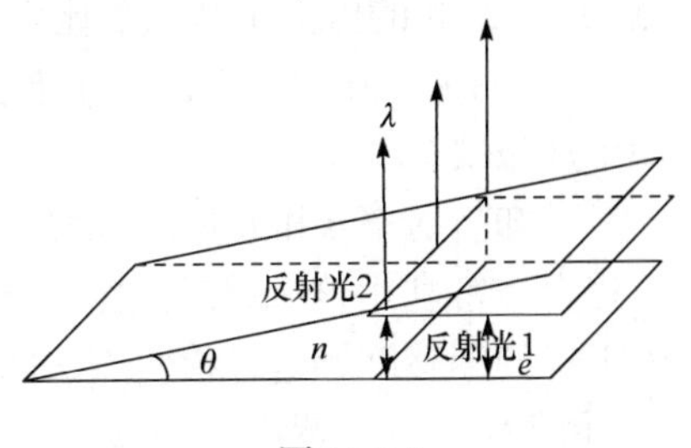

图 19.5.1

当单色平行光垂直入射到劈尖表面时，在劈尖上玻璃板的下表面、下玻璃板的上表面反射的光线的光程差为

$$\Delta L = 2ne + \lambda / 2$$

其中 n 为劈尖内介质的折射率(这里是空气，可取为 $n=1$)，e 为光线入射处的介质厚度，$\lambda/2$ 来自下玻璃板面反射时的半波损失. 劈尖干涉的明暗纹条件为

$$\Delta L = 2ne + \frac{\lambda}{2} = \begin{cases} k\lambda & (k=1,2,3,\cdots) \quad 明 \\ (2k+1)\lambda/2 & (k=0,1,2,\cdots) \quad 暗 \end{cases} \tag{19.5.1}$$

这些明暗条纹出现在劈尖上玻璃板的下表面处.

19.5.2　劈尖干涉图样分析

(1) 由于劈尖干涉条纹亮暗只与介质膜的厚度 e 有关，劈尖处 $e=0$，$\Delta L = \lambda/2$，满足干涉相消条件，所以棱边处为暗纹；随着厚度 e 增加，当 e 满足式(19.5.1)明(暗)条件时，厚度 e 处将出现明(暗)纹. 由于对两平板玻璃，e 相等的点构成平行于劈尖棱的直线，劈尖干涉是平行于劈尖棱的明暗相间的条纹(图 19.5.2).

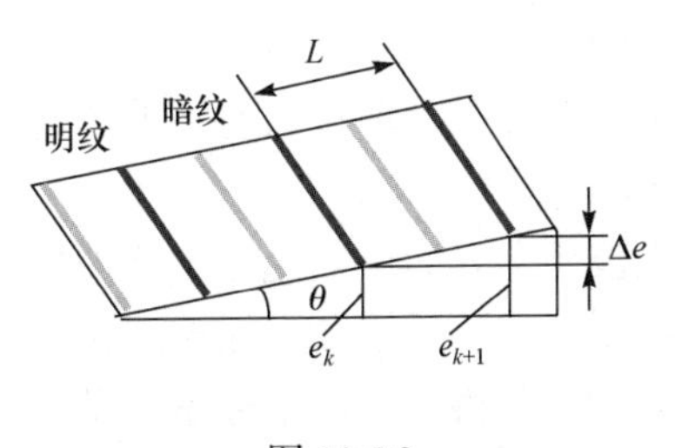

图 19.5.2

(2) 相邻两明纹(或暗纹)中心对应的介质膜厚度差可由条件式(19.5.1)得出

$$\Delta e = \frac{\lambda}{2n} \tag{19.5.2}$$

所以劈尖干涉条纹是等间距的，相邻两条明纹(或暗纹)中心间的距离 L 由图 19.5.2 得

$$L = \frac{\Delta e}{\sin\theta} = \frac{\lambda}{2n\sin\theta} \approx \frac{\lambda}{2n\theta} \tag{19.5.3}$$

(3) 根据式(19.5.3)，可得出如下结论：

① 当入射光波长 λ 和介质折射率 n 一定时，劈尖夹角 θ 越小，相邻干涉条纹间距越大，而夹角 θ 越大，干涉条纹越密. 当 θ 大到一定程度，干涉条纹密到不

能分辨时，就观察不到干涉现象了.

② 如果n和e一定，干涉条纹间距随入射波长变化，波长越长，条纹间距越宽. 所以红光的劈尖干涉条纹比紫光宽，而用白光照射劈尖时将出现彩色光谱.

③ 如果θ和λ一定，干涉条纹将随介质折射率n变化，若将空气劈尖充水，则干涉条纹会变密.

已知折射率n和波长λ，测出条纹间距L，利用式(19.5.3)可求得劈尖角θ. 在工程上，常利用这一原理测定细丝直径、薄片厚度等. 还可利用等厚条纹特点检验工件的平整度，这种检验方法能检查出不小于$\lambda/4$的凹凸缺陷.

例 19.5.1 为了测量一根细金属丝的直径，将金属细丝夹在两块平板玻璃之间形成空气劈尖，用波长为λ的单色光照射形成等厚干涉条纹，用读数显微镜测出干涉明条纹的间距为L，若金属丝与劈尖顶点距离为D. 求金属丝的直径d.

解 参见图 19.5.2，相邻明纹(暗纹)对应的薄膜厚度差$\Delta e=\lambda/2$. 由图中几何关系

$$\frac{d}{\Delta e}=\frac{D}{L}$$

求得金属丝直径为

$$d=\frac{D}{L}\Delta e=\frac{D}{L}\cdot\frac{\lambda}{2}$$

19.5.3 牛顿环

如图 19.5.3(a)所示，在一块平玻璃B上放一曲率半径R很大的平凸透镜A，A的凸表面和平板B之间形成一薄的盘形空气层，单色平行光垂直入射到平凸透镜时，在凸透镜凸表面的反射光和平板玻璃上表面的反射光产生干涉，可在平凸透镜凸处表面观察到干涉条纹. 图中为了使光源S发出的光能垂直入射到平凸透镜，在装置中加进了与水平面成45°角的半反半透平面镜M.

由于干涉条纹是由平凸透镜凸面反射光和平板玻璃上表面反射光相干叠加后形成的，在空气层厚e处，这两束光程差为$2e+\lambda/2$，在凸透镜和平板玻璃接触点O处$e=0$，应为暗点. 由于空气等厚层是以O为中心的圆，所以干涉条纹是以O为中心的同心圆环.

设平凸透镜曲率半径为R，中心O向外第k个环的半径为r_k，对应的空气膜的厚度为e(图 19.5.4)，干涉环的亮、暗条件为

$$\Delta L=2e+\frac{\lambda}{2}=\begin{cases}k\lambda & 亮\\(2k+1)\lambda/2 & 暗\end{cases}\quad(k=0,1,2,\cdots)\tag{19.5.4}$$

因为$\triangle OGA$ 为直角三角形，根据几何关系，有$R^2=r_k^2+(R-e)^2$由于$e\ll r_k,R$，略去e^2，由此式可得

$$r_k^2=2R\cdot e\tag{19.5.5}$$

结合式(19.5.4)，可以求出 k 级亮(暗)环半径

$$r_k = \begin{cases} \sqrt{(k-1/2)R\lambda} & \text{亮} \\ \sqrt{kR\lambda} & \text{暗} \end{cases} \quad (k=0,1,2,\cdots) \tag{19.5.6}$$

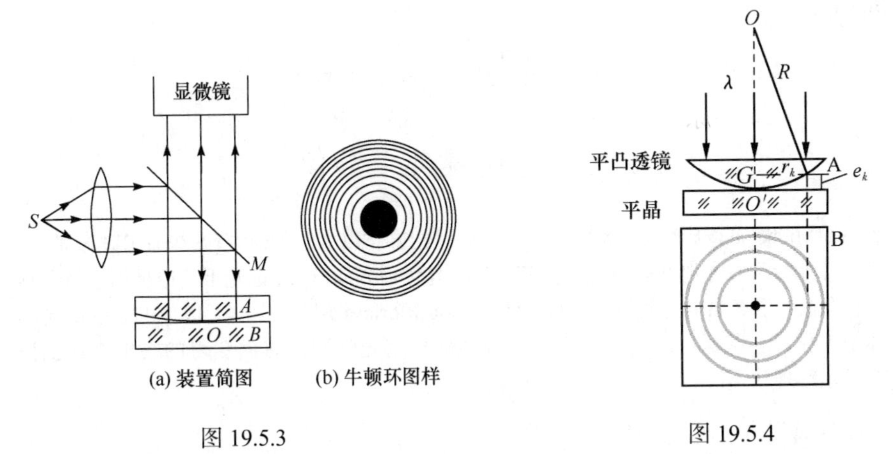

图 19.5.3　　图 19.5.4

牛顿环条纹具有以下特点：

(1) 与等倾干涉相似，干涉条纹是明暗相间的圆环条纹，但与等倾干涉环心可明可暗、中心级次最高不同，在牛顿环中心处总是一暗斑；而且干涉条纹级次中心最低.

(2) 牛顿环半径 r_k 与环的级次的平方根成正比，$\Delta r_k \sim 1/\sqrt{k}$，半径越大环条纹越密，牛顿环是以接触点 O 为中心、内疏外密的同心圆环(图 19.5.3(b)).

(3) 在其他条件一定时，牛顿环半径与入射光波长的平方根成正比，所以不同颜色光的牛顿环半径不相等，用白光入射时的牛顿环形成彩色图案.

(4) 透射光的干涉条纹特点是反射光为明环，透射光为暗环，所以透射光干涉条纹和反射光干涉条纹是互补的.

牛顿环常用来测量透镜的曲率半径，检查光学元件的表面质量等.

例 19.5.2　利用牛顿环可测量透镜的曲率半径. 为了消除中心点接触不好的影响，常先测量某环的半径，再测量与该环相差固定环数的其他环的半径. 今测得牛顿环从中间数第五暗环和第十五暗环的半径分别为 0.70mm 和 1.70mm，设入射光波波长为 0.63μm，求透镜的曲率半径.

解　若中心点 O 接触不好并有一微小间隙 Δe. 此时式(19.5.4)中暗环条件改写为

$$\Delta L = 2(e+\Delta e) + \frac{\lambda}{2} = (2k+1)\frac{\lambda}{2}$$

结合式(19.5.5)，可得 k 级暗纹的半径为

$$r_k^2 = kR\lambda - 2R\Delta e$$

同理可得，$k+m$ 级暗纹的半径为

$$r_{k+m}^2=(k+m)R\lambda-2R\Delta e$$

两式相减，得

$$r_{k+m}^2-r_k^2=mR\lambda$$

所以透镜的曲率半径为

$$R=\frac{r_{k+m}^2-r_k^2}{m\lambda}=\frac{1.70^2-0.70^2}{10\times0.63\times10^{-3}}=381(\text{mm})$$

§ 19.6　迈克耳孙干涉仪

迈克耳孙(Michelson)干涉仪的发明起源于 19 世纪末“以太”的研究(见本书相对论部分). 1881 年迈克耳孙为了研究地球表面光传播速度是否与传播方向有关，把光干涉原理用于精密测量，巧妙地构思出了著名的迈克耳孙-莫雷(Michelson-Morley)实验，发明了以他的名字命名的迈克耳孙干涉仪. 迈克耳孙因发明干涉仪以及他在精密光学测量方面获得的突出成就获得 1907 年诺贝尔物理学奖.

19.6.1　迈克耳孙干涉仪装置

迈克耳孙干涉仪是利用分振幅法产生双光束实现干涉的仪器. 它的基本结构和光路如图 19.6.1 所示. 图中 S 是单色光源，M_1 和 M_2 是在相互垂直的两臂上放置的、镜面互相垂直的平面反射镜，其中 M_2 固定，而 M_1 可以通过精密丝杆控制沿臂轴方向作微小移动. 在两臂相交处放一个与两臂轴各成 45°角的半反半透镜 G_1，它的作用是将入射光分成振幅接近相等的反射光和透射光，称为**分光板**. G_2 是和 G_1 厚度相同的透明玻璃板，起增大 G_1 透射光光程的作用，称为**补偿板**. 从光源 S 射来的光线由分光板 G_1 分成两束，反射光线 2 射向 M_2，经 M_2 反射后再透过 G_1 成光线 2′进入目镜 E. 透射光线 1 透过 G_2 射向 M_1，经 M_1 反射后再透过 G_2，并由 G_1 反射后成光线 1′进入目镜 E. 光线 1、2 来自于同一光线，满足相干条件. 由于光线 2 从分光板中通过 3 次，而光线 1 仅通过分光板 1 次，加上补偿板后，二者到达目镜光程差不致过大，在目镜中可观察到干涉条纹.

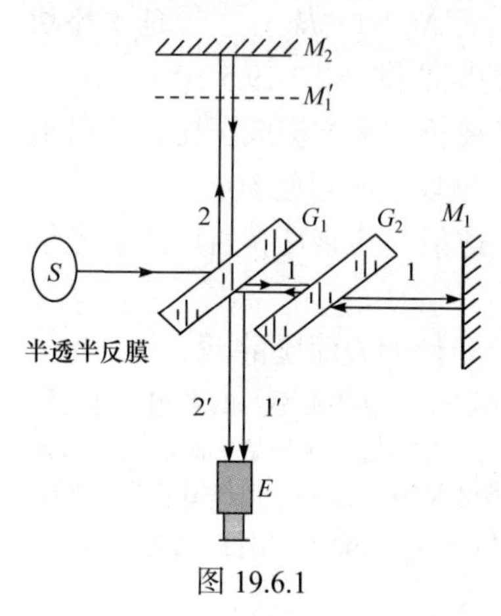

图 19.6.1

19.6.2　迈克耳孙干涉仪原理

根据镜面成像原理，在观察者看来光线 1′好像是从 M_1 的虚像 M_1'射来的，所以在目镜中观察到的干涉条纹，等效于 M_2 和 M_1'之间的空气薄膜的干涉条纹.

如果 M_1 和 M_2 严格相互垂直，则 M_1 与 M_1' 严格相互平行，情况就是前面讨论过的等倾干涉. 如果 M_1 和 M_2 不是严格相互垂直，则 M_1 与 M_1' 不是严格相互平行，而是存在一个小的夹角，情况类似前面讨论的劈尖干涉，将看到等厚干涉条纹.

在等倾干涉情况下(M_1, M_2 严格互相垂直)，向右平移 M_1 (等效于减小空气膜厚度)，根据等倾干涉一节中例 1 的分析，靠近中心的条纹将一个一个地“陷入”中心，每移动 $\lambda/2$，就有一个条纹缩小成中心亮斑(原中心亮斑消失). 图 19.6.2(a)就表示等倾干涉情况下空气膜厚度由大变小至零，然后由零逐渐变大的干涉图样的变化情况. 其中中间图对应空气膜厚度等于零情况，这时中心亮纹充满整个视场，视场内光强均匀分布.

在等厚干涉情况下，空气膜厚度由大变小至零，再由零变大，干涉图样的变化如图 19.6.2(b)所示. 其中两侧的两图表示空气膜厚度太大时得不到干涉条纹，中间一个图表示 M_2 和 M_1' 中央相交情况. 在空气膜厚度允许观察到干涉条纹范围内，向左(向右)平移 M_1，减小(增大)薄膜厚度，将观察到干涉条纹从视场中移进或移出. 每移动 $\lambda/2$，就有一个条纹从视场中移进或移出.

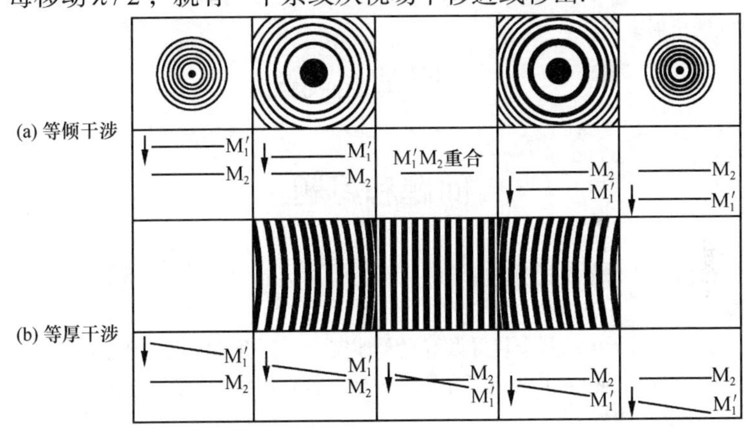

图 19.6.2

无论是等倾干涉还是等厚干涉情况，每当 M_1 移动 $\lambda/2$ 距离时，视场中将看到一条干涉条纹的变化(等厚干涉情况下是条纹从中心“冒出”或“陷入”，等厚干涉情况下是条纹从视场中移进或移出)，条纹变化的数目 N 与 M_1 平移的距离 d 之间的关系为

$$d = \Delta N \cdot \frac{\lambda}{2} \tag{19.6.1}$$

19.6.3　迈克耳孙干涉仪的应用

迈克耳孙干涉仪是实验室一种重要的精密测量设备. 首先，可以用于精密长

度测量. 根据式(19.6.1)，在波长 λ 的单色光入射情况下，如果数出干涉条纹改变数目 ΔN，就可精确测定反射镜 M_1 的移动距离. 在实验中假设 ΔN 可以确定到 0.1(更仔细的估计精度可以达到 0.02)，这样微小距离的测量精度可以达到 $0.05\lambda \sim 0.01\lambda$，对于绿光，测量精度大约在 10^{-7} cm 量级. 此外，由于两束光的程差还可以用在一束光路中加入透明介质改变，迈克耳孙干涉仪还可以用来测量介质折射率等.

例 19.6.1　在迈克耳孙干涉仪的两臂中，分别放入长 70cm 的玻璃管，其中一个抽成真空，另一个充以一个大气压的空气. 设所用光波波长为 546nm，在向真空玻璃管中逐渐充入一个大气压空气的过程中，观察到了有 107.2 条条纹移动，试求空气的折射率 n.

解　设玻璃管 A 和 B 的管长为 l, A 管内为真空而 B 管内充有空气. 当 A 管内充入空气后，两臂之间的光程差变化为

$$\Delta L = 2nl - 2l = 2(n-1)l$$

由于移动 1 个条纹对应的光程差变化为 1 个波长，所以对应的光程差的变化为

$$2(n-1)l = 107.2\lambda$$

由此可得空气的折射率为

$$n = 1 + \frac{107.2\lambda}{2l} = 1.0002927$$

问题和习题

19.1　用白色线光源做双缝干涉实验时，若在缝 S_1 后面放一红色滤光片，S_2 后面放一绿色滤光片，问能否观察到干涉条纹？为什么？

19.2　分别用如图所示的两个装置做双缝干涉实验，是否都能观察到干涉条纹？为什么？

19.3　光强分别为 I_1 和 I_2 的两束光在某处叠加，若它们相干，其总光强如何？若它们不相干，其总光强又如何？

19.4　在双缝干涉实验中，(1)若双缝的间距 d 不断增大，干涉条纹如何变化？(2)若光源 S 在垂直于轴线方向向上或向下移动，干涉条纹如何变化？(3)若光源的上下宽度逐渐加大，干涉条纹如何变化？

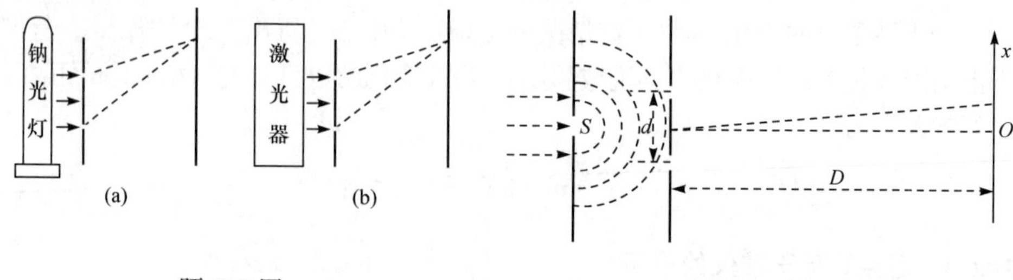

题 19.2 图　　题 19.4 图

19.5　在杨氏双缝干涉实验中，设两缝的间距为 $d = 5.0\text{mm}$，缝与屏的距离为 $D = 5\text{m}$. 在垂直入射的光波中含有两种波长成分，其波长分别为 $\lambda_1 = 480\text{nm}$ 和 $\lambda_2 = 600\text{nm}(1\text{nm}=10^{-9}\text{m})$. 试求屏上两个干涉图样的第三级明纹的间距.

19.6　在杨氏双缝实验中，两缝的间距为 $d = 0.25\text{mm}$，双缝与屏幕的距离为 $D = 50\text{cm}$. 以白光垂直入射在双缝上，其波长 λ 的范围为 400～769nm. 试分别求出屏幕上第一级和第五级明纹彩带的宽度.

19.7　在杨氏双缝实验中，把其中一条缝用折射率为 $n = 1.4$ 的透明薄膜覆盖，以波长为 $\lambda = 480\text{nm}$ 的单色光垂直入射到双缝上，在屏幕中央的 O 点处出现第五级明纹. 试求透明薄膜的厚度 l.

19.8　如图所示，把一个焦距为 $f = 20\text{cm}$ 的薄透镜从中间切断并拉开，形成一个 1mm 的间隙，在间隙中充以不透明介质. 在透镜左边的轴线上距离为 40cm 处放置点光源 S，其所发光的波长为 $\lambda=500\text{nm}$. 在透镜右边距离为 120cm 处放置垂直于轴线的观察屏. 试求观察屏上干涉条纹的间距.

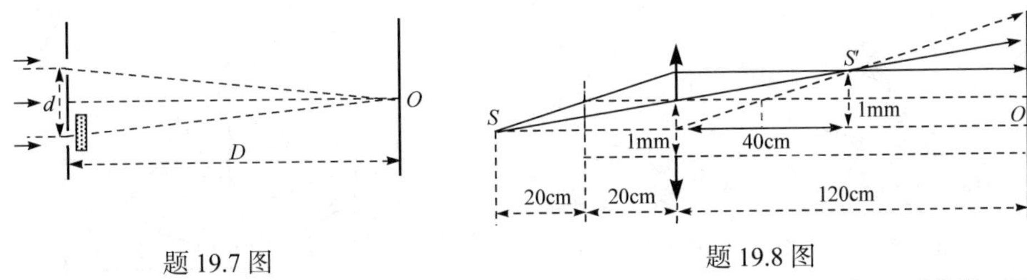

题 19.7 图　　题 19.8 图

19.9　在如图所示的劳埃德镜实验中，光源 S_0 所发光的波长为 $\lambda = 7.2\times10^{-7}\text{m}$，试求第一级明纹的位置.

19.10　如图所示的是菲涅耳双面镜干涉装置. 平面反射镜 M_1 和 M_2 的夹角为 $\alpha = 10^{-3}\text{rad}$，其交棱为 C. 缝光源 S 平行于 C，到 C 的距离为 $r = 0.5\text{m}$，所发光的波长为 $\lambda = 500\text{nm}$. S 关于 M_1 和 M_2 的像分别为 S_1 和 S_2. 观察屏垂直于 S_1CS_2 的角平分线，到 C 的距离为 $L = 1.5\text{m}$. 试求：(1)S_1 和 S_2 的间距 d；(2)相邻明纹的间距 Δx；(3)观察屏上的明纹条数.

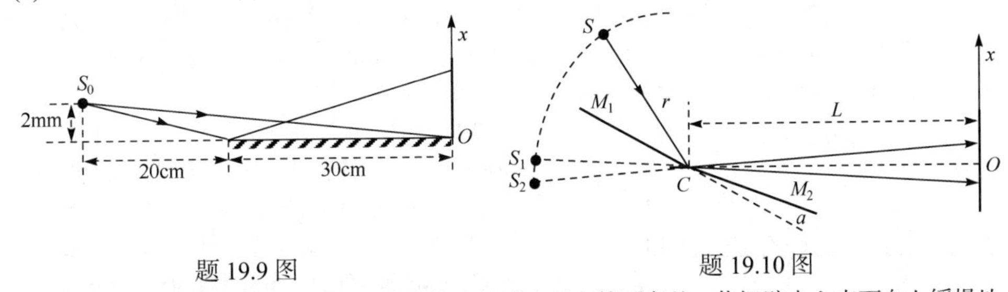

题 19.9 图　　题 19.10 图

19.11　如图所示，用两块平板玻璃构成的劈尖观察等厚条纹，若把劈尖上表面向上缓慢地平移，干涉条纹有何变化？若把劈尖角逐渐增大，干涉条纹又有何变化？

19.12　用普通单色光源照射一块两面不平行的玻璃做劈尖干涉实验，板两表面的夹角很小，但板比较厚. 这时观察不到干涉现象，为什么？

19.13　在劈尖干涉中，两相邻条纹的间距相等，为什么在牛顿环干涉中，两相邻条纹的间距不相等？如果要相等，对透镜应作怎样的处理？

19.14　用波长为 $\lambda = 5893\text{Å}$ 的钠光垂直入射在折射率为 $n = 1.52$ 的玻璃劈尖上，测得相邻明纹的间距为 $L = 5.0\text{mm}$. 试求此玻璃劈尖的劈尖角 θ.

19.15　在牛顿环装置中，平凸透镜球面的曲率半径为 $R = 1.03\text{m}$. 用单色光垂直入射此装置，测得第 k 级明环的半径为 $r_k = 1.50\text{mm}$，第 $k+5$ 级明环的半径为 $r_{k+5} = 2.30\text{mm}$. 试求此入射单色光的波长 λ.

19.16　在牛顿环装置中，平凸透镜球面的曲率半径为 $R = 5.0\text{m}$，透镜平面的半径为 $a = 1.0\text{cm}$. 用波长为 $\lambda = 589\text{nm}$ 的单色光垂直入射此装置，试求干涉暗环的数目. 然后把此装置浸入折射率为 $n = 1.33$ 的水中，再求干涉暗环的数目.

19.17　如图所示，平凸透镜球面的曲率半径为 R_1. 把此透镜放在曲率半径为 R_2 的球形凹面上，中间形成空气层. 以波长为 λ 的单色平行光垂直入射于透镜平面. 试证明：第 k 级干涉暗环的半径为

$$r_k = \sqrt{k\lambda \frac{R_1 R_2}{R_2 - R_1}}$$

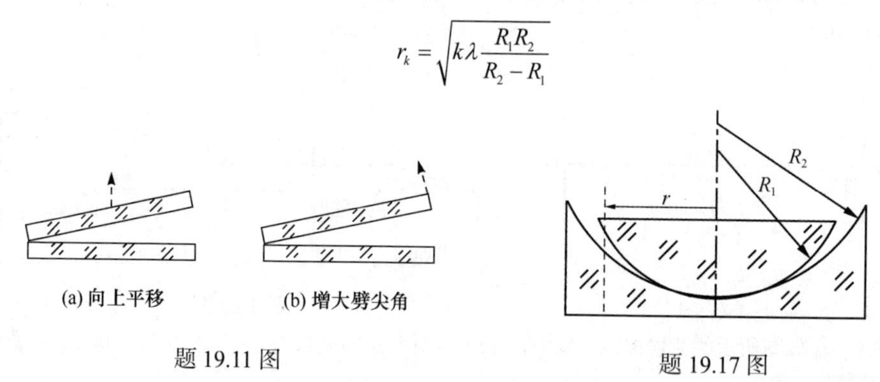

题 19.11 图　　　　题 19.17 图

19.18　把折射率为 n、厚度为 d 的玻璃片放在迈克耳孙干涉仪的一臂上，求两光路光程差的改变量.

19.19　利用迈克耳孙干涉仪，使用待测波长的入射光观察等倾条纹. 测得可动反射镜的移动距离为 $\Delta L = 0.3220\text{mm}$ 时，中心处缩进去的条纹数为 $\Delta N = 1204$. 试求入射光的波长.

19.20　利用迈克耳孙干涉仪，使用波长为 $\lambda = 0.6\mu\text{m}$ 的入射光获得干涉光场. 把干涉后的光通过透镜会聚到光电元件上，从而把光强信号转化为电流信号. 当可动反射镜匀速移动时，测得光电流的变化频率为 f=100Hz. 试求反射镜的移动速率 u.

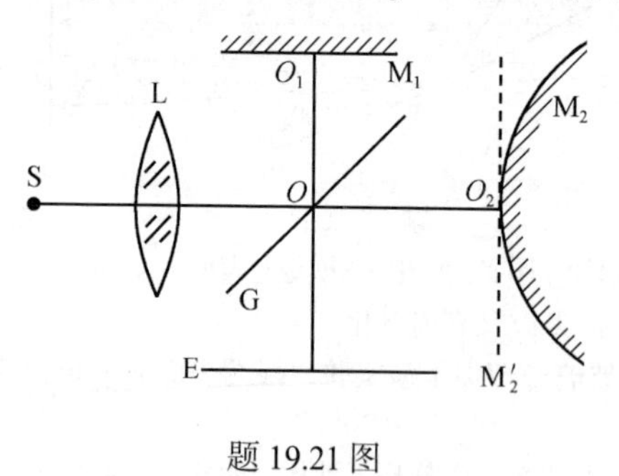

题 19.21 图

19.21　把迈克耳孙干涉仪中的一个平面反射镜换成凸球面反射镜，从而构成如图所示的图门干涉仪. 球面镜 M_2 的曲率半径为 R，其顶点 O_2 的切平面 M'_2 与平面镜 M_1 相垂直，且有 $OO_1 = OO_2$. 分束镜 G 与 M_1 和 M'_2 的交角都等于 45°. 点光源 S 放在透镜 L 的焦点上，所发射的单色光的波长为 λ. 在观察屏 E 上可观察到干涉条纹. 试问：(1)干涉条纹是何形状？(2)干涉条纹的位置表达式如何？(3)当 M_1 向着 G 平移时，干涉条纹如何变化？

第 20 章　波动光学(Ⅱ)

光是电磁波，在传播途中遇到障碍物时，也会发生**衍射现象**(diffraction)，即**光可以绕过障碍物，传播到障碍物的几何阴影区域中**. 本章根据惠更斯-菲涅耳(Huygens-Fresnel)原理讨论光的单缝、多缝和圆孔的夫琅禾费(Fraunhofer)衍射，简要说明衍射对光学仪器分辨本领的影响，最后介绍在物理和现代技术中都有重要应用的晶体 X 射线衍射.

学习指导：预习时重点关注①两种不同类型的衍射；②单缝夫琅禾费衍射实验装置、分析方法；③圆孔的夫琅禾费衍射和光学仪器分辨本领；④光栅夫琅禾费衍射光强分布、光栅光谱和光栅分辨本领.

教师可就几种情况下光夫琅禾费衍射的物理图像、分析方法、光强分布特点，重点讲解；“X 射线的晶体衍射”一节可在教师指导下安排自学(在量子物理部分第 26 章要用到).

§ 20.1　光单缝夫琅禾费衍射

在日常生活中观察到光的传播通常是沿着直线进行的，遇到不透明的障碍物时，会投射出清晰的几何阴影，并不明显地表现出衍射现象. 这是因为光的波长非常短，障碍物的尺寸比光的波长要大得多. 当障碍物的尺寸减小到与光的波长可以比拟时，光会明显地表现出衍射现象. 图 20.1.1 给出了开有圆孔、矩形孔的衍射屏在单色光照射下形成的衍射图样.

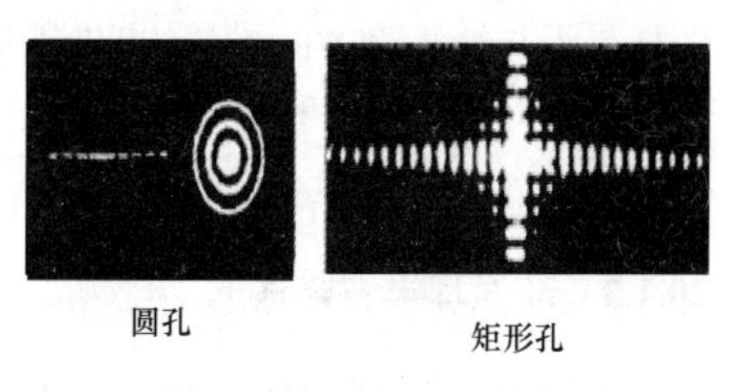

图 20.1.1

20.1.1　菲涅耳衍射和夫琅禾费衍射

光的衍射现象通常按照光源、障碍物(又称衍射屏)和接收屏三者之间的相对距离不同分为两种类型：

(1) **菲涅耳衍射**. 光源和接收屏(或二者之一)到衍射屏的距离为有限远时产生的衍射，如图 20.1.2 所示.

(2) **夫琅禾费衍射**. 光源到衍射屏以及接收屏到衍射屏的距离都是无限远(或相当于无限远)时产生的衍射，如图 20.1.3 所示.

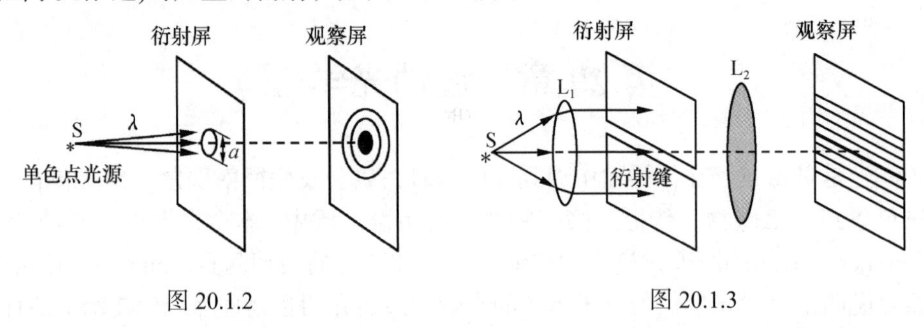

图 20.1.2　　图 20.1.3

显然菲涅耳衍射是普遍的，夫朗禾费衍射只是一个特例，但是后者计算较简单，常见光学仪器中的衍射都可看成这种情形，在傅里叶光学和光学信息处理中也有重要作用，本章只讨论夫琅禾费衍射.

20.1.2　单缝夫琅禾费衍射实验装置

观察单缝的夫琅禾费衍射的实验装置如图 20.1.3 所示. 在衍射屏两边分别放置两个透镜 L_1 和 L_2，点光源 S 位于第一个透镜 L_1 的焦点上，它发出的光经透镜 L_1 后成一平行光束，照在衍射屏上，衍射屏上窄缝处波面向各方向发出衍射子波，方向彼此平行的衍射线经第二个透镜 L_2 会聚到置于其焦面的观察屏上同一点. 在 L_2 焦平面处放一接收屏 E，在 E 上就可看到单缝的夫朗禾费衍射条纹，单缝衍射图样是沿与缝垂直方向展开的明暗相间条纹.

下面首先采用一种直观的分析方法——**菲涅耳半波带法**说明观察屏上的衍射图样.

20.1.3　菲涅耳半波带法

根据惠更斯-菲涅耳原理，观察屏上 P 点的光振动是单缝处波面上所有子波源发出的次波在 P 点的相干叠加. 假设相应 P 点的衍射角 $\theta \neq 0$，把衍射缝上波面沿着与缝平行方向分成宽度相同的一系列窄条 ΔS，并使相邻窄条 ΔS 中各对应点发出的光线到达 P 点的光程差都是半个波长，这样的窄条 ΔS 就称为**半波带**(图 20.1.4).

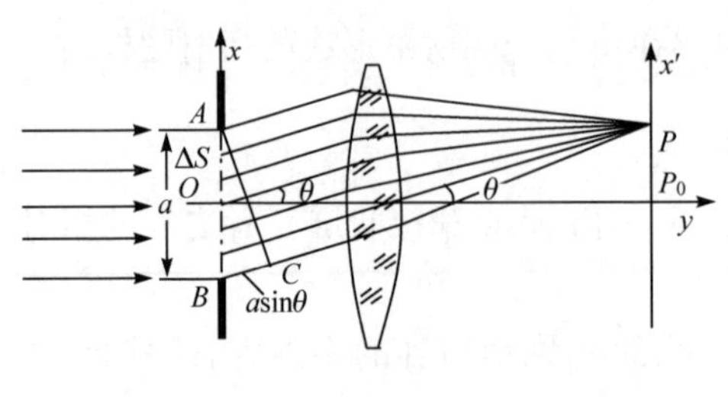

图 20.1.4

由于每个波带的面积相等，到达 P 点的衍射角、距离都近似相等，根据惠更斯-菲涅耳原理，相邻半波带发出的子波到达 P 点的振幅相等. 而相邻半波带中各对应点的光线的光程差都是 $\lambda/2$，相位差为 π，所以相邻半波带发出的光线在 P 点是干涉相消的. 由此得出观察屏上条纹的明暗条件：**对应于衍射角 $\theta \neq 0$ 的点 P，当在衍射缝上分出的半波带数目为偶数时，P 点为暗点；当分出的半波带数目为奇数时，因相邻半波带发出的光两两干涉相消后，剩下一个半波带发出的光未被抵消，因此 P 点为亮点；对应衍射角 $\theta = 0$ 的点 P，所有子波的光程差为零，各子波干涉相长，因此 P 处为中央明纹.**

当 λ 和缝宽 a 给定后，半波带的数目由衍射角 θ 决定. 对应于衍射角为 θ 的平行衍射光束，衍射缝边缘两条光线之间的光程差为(图 20.1.4)

$$\Delta L = BC = a\sin\theta \tag{20.1.1}$$

所以对应的半波带数目为

$$N = \frac{a\sin\theta}{\lambda/2} \tag{20.1.2}$$

由此可得单缝夫琅禾费衍射条纹的明暗条件为

$$\Delta L = a\sin\theta = \begin{cases} 0, & \text{中央明纹中心} \\ \pm(2k-1)\lambda/2, & \text{明纹中心} \\ \pm k\lambda, & \text{暗纹} \end{cases} \tag{20.1.3}$$

其中 $k = 1, 2, 3, \cdots$ 为衍射级. 中央明纹(对应于 $k = 0$)称为**零级明纹**，明纹中心 P_0 点处的光强最大. 当半波带数 N 不是整数时，P 点光强介于明暗之间. 由式(20.1.2)得出，衍射角 θ 越大，衍射缝波面可划分的半波带数目 N 越大，每个半波带的面积越小，在 P 点激起的光振动振幅越小，因而明纹光强随衍射级的增加而减小.

20.1.4　振幅矢量法

分析单缝夫琅禾费衍射更精确的方法是振幅矢量法. 为了求出观察屏上一点 P 的光强，想象将单缝波面分成 N 条等宽度的波带(注意：现在相邻波带到 P 点的程差不一定是半个波长，这里波带不同于前面的半波带). 在衍射角 θ 很小条件下，各波带在 P 点的衍射波振幅可认为大致相等. 相邻的两波带到 P 点的程差是

$$\Delta L = \frac{a}{N}\sin\theta \tag{20.1.4}$$

相位差

$$\Delta\varphi=\frac{2\pi}{\lambda}\Delta L=\frac{2\pi}{\lambda}\frac{a\sin\theta}{N}$$

P 点的光强就是这 N 个振动方向相同、振幅相等、相位差依次为 $\Delta\varphi$ 的振动合成. 引用机械振动章式(16.4.6),可得角位置为 θ 的 P 点波振幅

$$E_P=A\frac{\sin(N\Delta\varphi/2)}{\sin(\Delta\varphi/2)}$$

引入

$$\alpha=N\frac{\Delta\varphi}{2}=\frac{\pi}{\lambda}a\sin\theta \tag{20.1.5}$$

注意到当 N 很大时，$\Delta\varphi$ 很小，近似有 $\sin(\Delta\varphi/2)\approx\Delta\varphi/2$，可以把 E_P 写成

$$E_P=AN\frac{\sin\alpha}{\alpha}=E_0\frac{\sin\alpha}{\alpha} \tag{20.1.6}$$

由于 $\theta\to 0$ 时，$\alpha\to 0$，$\dfrac{\sin\alpha}{\alpha}\to 1$，$E_0=NA$ 是中心明纹的波振幅. 记中央明纹的光强度为 I_0 (它等于单个波带在此点光强度的 N^2 倍). 任意点 P 的衍射光强为

$$I=I_0\left(\frac{\sin\alpha}{\alpha}\right)^2 \tag{20.1.7}$$

根据式(20.1.7)，单缝衍射光强分布曲线如图 20.1.5 所示，可以看出：

(1) 中央明纹在 $\theta=0$ 处，其光强度最大 $I=I_0$.

(2) 暗纹在观测屏上的位置满足

$$\alpha=\pm k\pi\quad(k=1,2,\cdots)$$

即角位置满足

$$\frac{\pi}{\lambda}a\sin\theta=\pm k\pi\to a\sin\theta=\pm k\lambda$$

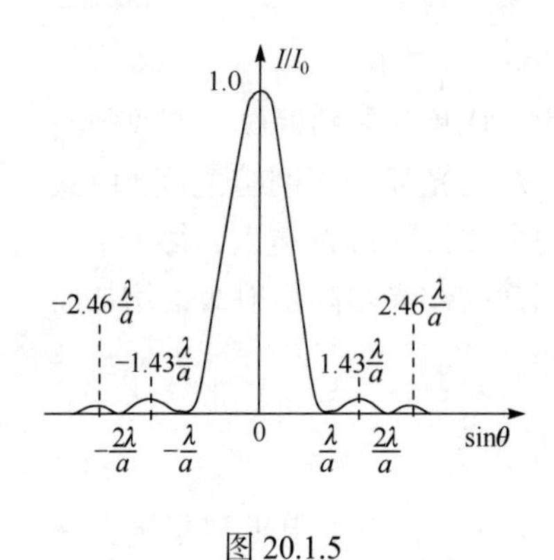

图 20.1.5

(3) 若定义中央明纹宽度为两侧一级暗纹中心线间距离，由 $a\sin\theta=\pm\lambda$ 得中央明纹的角宽度 $\theta\approx\sin\theta=\pm\lambda/a$；若透镜焦距为 f，中央明纹在观察屏上的线宽度为

$$\Delta x=2f|\tan\theta|\approx 2f|\theta|=2f\lambda/a$$

(4) 在两相邻暗纹间必定存在次级明纹. 用极值条件 $\mathrm{d}I/\mathrm{d}\alpha=0$，可得中央明纹两侧各次级明纹的角位置满足超越方程 $\tan\alpha=\alpha$，用图解法解此方程可求出次级明纹角位置取一系列离散值

$$\sin\theta = \pm 1.43\frac{\lambda}{a},\quad \pm 2.46\frac{\lambda}{a},\quad \pm 3.47\frac{\lambda}{a},\quad \cdots$$

(5) 若定义次级明纹的宽度是两相邻暗纹之间的距离，则次级明纹宽度仅是中央明纹宽度的一半，即 $\Delta x = f\lambda / a$.

(6) 当入射光波长一定时，单缝宽度 a 越小，衍射条纹越宽，衍射现象越显著；单缝越宽，衍射越不明显. 当缝宽 $a \gg \lambda$ 时，各级衍射条纹向中央明纹靠拢，而无法分辨，这时衍射现象消失. 由此可见，以光的直线传播为基础的几何光学，是波动光学在 $\lambda / a \to 0$ 时的极限情形.

(7) 上面的讨论假设光源是完全的单色光，若用白光照射，不同波长的光会单独产生自己的衍射条纹，观测屏中央亮纹为白色，从中央向两侧依次为紫色到红色的彩色条纹分布.

干涉和衍射是光波性质的两个方面，分析方法并无本质的差别. 分析干涉是研究有限多(分立的)光束的相干叠加，而分析衍射讨论同一波面上(连续的)无穷多子波发出的光波的相干叠加. 干涉和衍射出现在同一实验中，例如，双缝干涉的图样实际上是双缝发出的光束的干涉和每个缝发出的光束衍射的综合结果.

例 20.1.1　用波长 λ 的单色光，垂直照射到宽 $a = 4\lambda$ 的单缝. 试用半波带法分析在衍射角 $\theta = 30°$ 处，对应的是暗纹还是明纹？

解　此题可用半波带法求解. 要确定某角位置处是暗纹还是明纹，必须确定相应这个角位置单缝波面上能分出的半波带数目是偶数还是奇数. 利用式(20.1.2)，得相应 $\theta = 30°$ 半波带的数目为

$$N = \frac{a\sin\theta}{\lambda/2} = \frac{4\lambda\sin 30°}{\lambda/2} = 4$$

所以此衍射角对应的是暗纹.

例 20.1.2　以单色平行光垂直照射缝宽 a = 0.6mm 的单缝，缝后凸透镜的焦距 f = 40cm，屏上离中心点 O 距离 x = 1.4mm 处的 P 点为一暗纹，试求(1)该入射光波的波长；(2)P 点条纹的级次；(3)从 P 点看来，对该光波而言，狭缝处被划分为多少个半波带？

解　由单缝衍射暗纹条件 $a\sin\theta = \pm k\lambda$ ，注意到 $f \gg a$ ， $\sin\theta \approx x/f$ ，有

$$a\frac{x}{f} = \pm k\lambda \quad (k = 1, 2, 3, \cdots)$$

将 a = 0.6mm，f = 40cm，x = 1.4mm 代入上式得

$$\lambda = \frac{ax}{kf} = \frac{2.1\times 10^4}{k}\text{Å}$$

由于是可见光入射，找出在可见光波长范围内 k 的可能取值，得

$$k = 4,\quad \lambda_1 = 5250\text{Å}$$

$$k = 5,\quad \lambda_2 = 4200\text{Å}$$

对 λ_1 ， P 点为第 4 级明纹，单缝处相应的半波带数为 $2k + 1 = 9$ ；对 λ_2 ， P 点为第 5 级明纹，单缝处相应的半波带数为 $2k + 1 = 11$.

§ 20.2 圆孔的夫琅禾费衍射 光学仪器的分辨本领

20.2.1 圆孔的夫琅禾费衍射

在观察单缝夫琅禾费衍射的装置(图 20.1.3)中，若用一个圆孔代替狭缝，在接收屏上可得到圆孔夫琅禾费衍射图样(图 20.2.1). 该衍射图样中央是一明亮的圆斑，对应于单缝衍射的中央明纹；外围是一组同心暗环和明环，对应于单缝衍射的各级暗纹和次级明纹. 第一暗环所包围的中央亮斑称为**艾里斑**(Airy disk)(图 20.2.2).

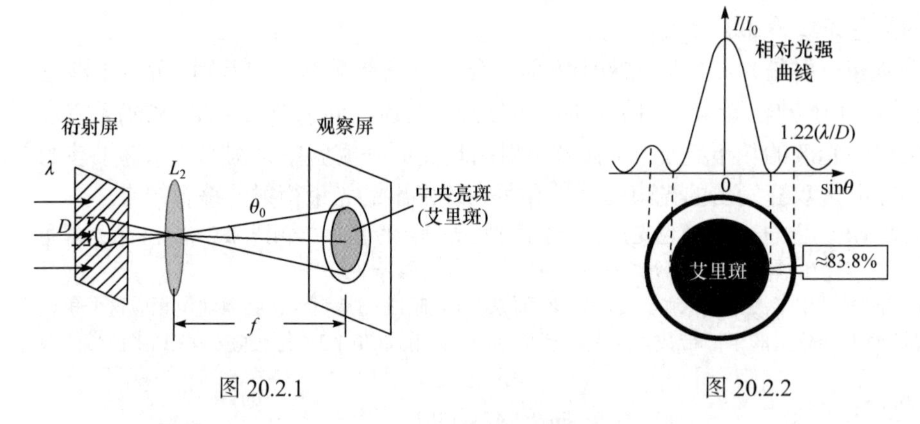

图 20.2.1　　　　图 20.2.2

理论计算表明，艾里斑集中了衍射光能量的 83.8%，圆斑大小角半径(图 20.2.1)为

$$\theta_0 = 1.22\frac{\lambda}{D} \tag{20.2.1}$$

其中 $D = 2a$ 是圆孔的直径，λ 是入射光波的波长. 若透镜 L_2 的焦距为 f，取 $\tan\theta_0 \approx \theta_0$，则艾里斑的半径为

$$r_0 = f \cdot \theta_0 = 1.22\frac{\lambda f}{D} \tag{20.2.2}$$

由此可见，衍射孔径 D 越小，入射波长 λ 越大，衍射现象越明显.

20.2.2 光学仪器的分辨本领

由于衍射，光学仪器的分辨本领受到一定的限制. 光学仪器中所用透镜的边缘(光阑)通常都是圆形的，物体通过光学仪器成像时，都会产生圆孔衍射，因而光学仪器所成的像实际上是由物体上各个点通过透镜形成的许多艾里斑组成的. 当两个物点距离很近时，它们通过透镜成的艾里斑会重叠起来，使像的细节变得模糊不清，影响像的清晰度. 例如，用望远镜观察太空中的一对双星，它们的像是两个艾里斑. 如果这两个艾里斑中心之间的角距离较大，我们能够分辨出是两个艾里斑(图 20.2.3(a))，从而知道是两颗星的像. 但是，如果这两个艾里斑中心之间的角距离很小，实际上重叠在一起，由于它们是非相干叠加(强度叠加)，我们就分辨不出是一个艾里斑还是两个艾里斑，(图 20.2.3(c))，也就无从分辨这两颗星了.

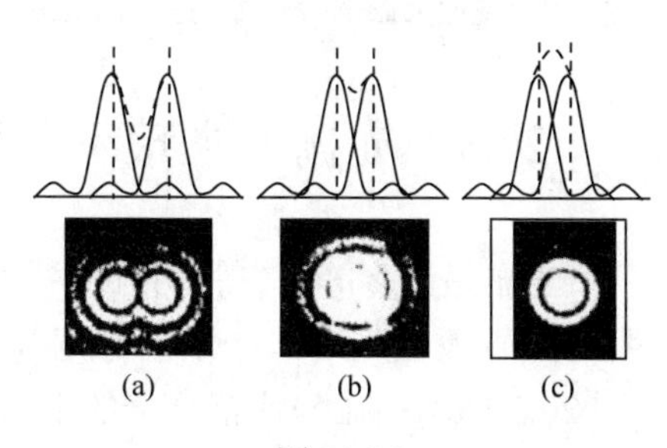

图 20.2.3

通常光学仪器的最小分辨角是由**瑞利判据**(Rayleigh criterion)给出的，该判据约定：**当一个艾里斑的中心刚好落在另一个艾里斑的第一级暗环上时，就认为这两个艾里斑刚刚能够被分辨**，如图 20.2.3(b)所示.

由于满足瑞利判据时，两个艾里斑中心的角距离 $\Delta\theta$ 等于每个艾里斑的角半径 θ_0 (图 20.2.4)

$$\Delta\theta=\theta_0=1.22\frac{\lambda}{D} \tag{20.2.3}$$

这就是如人眼、望远镜和显微镜等常见光学仪器的最小分辨角公式. 在光学中，常将光学仪器最小分辨角 $\Delta\theta$ 的倒数

$$R=\frac{1}{\Delta\theta}=\frac{1}{1.22}\frac{D}{\lambda} \tag{20.2.4}$$

称为这个光学仪器的**分辨本领**. 上式表明，要提高光学仪器的分辨本领可以有两条途径，第一就是增大物镜的孔径 D，如天文望远镜的物镜通常做得很大；第二就是减小入射光的波长 λ，如电子显微镜就是利用电子运动的物质波波长远小于可见光波长来提高分辨率的.

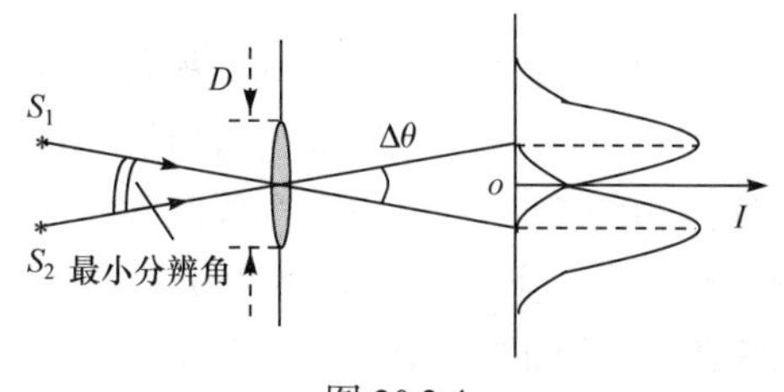

图 20.2.4

例 20.2.1 人眼瞳孔的直径约为 $D\approx 4\text{mm}$，问：人眼的最小分辨角为多少？世界上最大的天文望远镜的孔径有 $D=6\text{m}$，其最小分辨角为多少？它比人眼的分辨能力提高了多少倍？(设入射光平均波长为 $\lambda=550\text{nm}$.)

解 利用式(20.2.3)，对于人眼最小分辨角

$$\Delta\theta_1=1.22\frac{\lambda}{D}=1.22\times\frac{550\times10^{-9}}{4\times10^{-3}}\approx1.69\times10^{-4}(\text{rad})$$

对于天文望远镜

$$\Delta\theta_2 = 1.22\frac{\lambda}{D} = 1.22\times\frac{550\times10^{-9}}{6} \approx 1.12\times10^{-7}(\text{rad})$$

天文望远镜比人眼的分辨能力提高了 $\Delta\theta_1/\Delta\theta_2 = 1500$ 倍.

§ 20.3 光栅的夫琅禾费衍射 光栅光谱和光栅分辨本领

光栅是许多等宽、等间距的平行窄缝(或反射面)构成的光学元件. 在一块不透明的障碍板上刻划出一系列等宽等间隔的平行狭缝，就构成了一维的透射光栅(图 20.3.1(a))；在一块铝合金的平面上制成一系列的等间隔平行槽纹，就构成了反射光栅(图 20.3.1(b)).

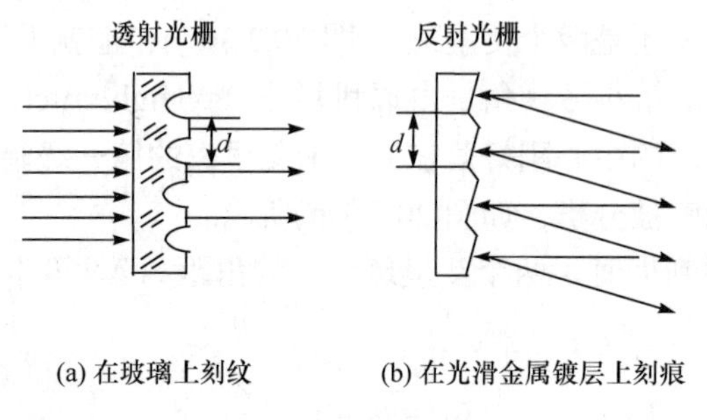

(a) 在玻璃上刻纹 (b) 在光滑金属镀层上刻痕

图 20.3.1

20.3.1 光栅的夫琅禾费衍射

光栅的夫琅禾费衍射就是多缝的夫琅禾费衍射. 图 20.3.2 是观察光栅衍射实验的装置示意图，它与单缝衍射屏不同之处是单缝换成了 N 条等宽等间隔的平行狭缝. 设每条狭缝的宽度为 a (称为**透光宽度**)、缝间不透光部分宽度为 b，则相邻狭缝上对应点之间的距离为 $d=a+b$，称为**光栅常数** (grating constant).

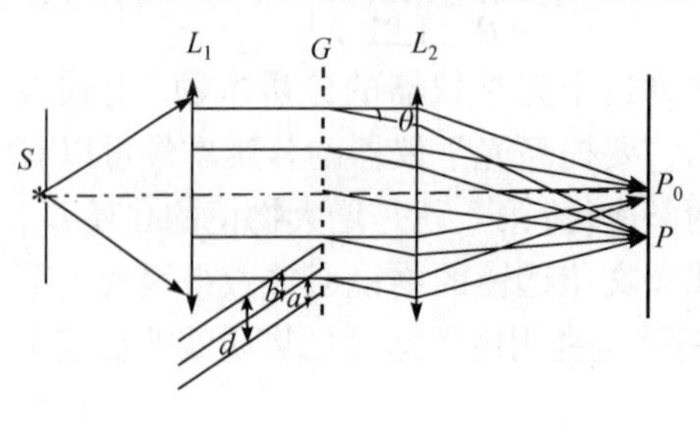

图 20.3.2

当单色平行光垂直入射到光栅上时，产生多缝衍射. 为了研究多缝衍射观测屏上光强分布，设想把图 20.3.2 装置中衍射屏上的各条狭缝除去某一条之外全部遮住，在屏上将观察到单缝衍射图样. 由于透镜成像将把平行光束会聚在同一像点上，与光束从哪条缝发出无关，轮流开放每条缝，观察屏上获得的衍射图样以及位置都完全一样. 假如 N 条缝的光彼此不相干，当它们同时开放时，观察屏上的强度分布形式将与单缝一样，只是按

比例处处增大到 N 倍. 但是实际上多缝衍射中各缝之间的衍射光来自同一波阵面，并且它们之间有确定的相位差，是相干的，所以还会发生分别来自多缝的光束的干涉. 观察屏上的衍射光强分布，就是**分别来自每条缝的衍射光的多光束相干叠加，或者说是受单缝衍射调制的多光束干涉**.

下面，我们首先考虑多光束干涉屏上的光强分布，然后再分析衍射对这个分布的影响.

20.3.2　多光束干涉

假设每条缝发射传播方向相同、频率相同、振幅相同的子波，在角位置为 θ 的 P 点，这些子波的振幅都是 E_P. 由于相邻两缝间的距离等于光栅常数 d，来自相邻两缝子波到达 P 点的光程差为 $\Delta L = d\sin\theta$，相应的相位差为

$$\Delta\varphi = \frac{2\pi}{\lambda} d\sin\theta \tag{20.3.1}$$

于是，接收屏上 P 点的合振动就是 N 个振幅为 E_P、频率相同、相位差依次为 $\Delta\varphi$ 的振动的合成. 接收屏上多光束干涉的光强分布具有以下特点：

(1) 对于屏上一点 P，若来自各缝的子波有相同的相位，即从相邻缝出射的光束在 P 点相位差满足

$$\Delta\varphi = \frac{2\pi}{\lambda} d\sin\theta = \pm 2k\pi \quad (k = 0, \pm 1, \pm 2, \cdots)$$

或

$$d\sin\theta = k\lambda \quad (k = 0, \pm 1, \pm 2, \cdots) \tag{20.3.2}$$

则各子波在 P 点干涉相长，P 点处是明纹. 式(20.3.2)称为**光栅方程**(grating equation),满足光栅方程的明纹称为**干涉主极大**.

(2) 若对于 P 点，来自各缝的子波振幅矢量依次相加，或两两相消，或构成一个或多个多边形，即相邻缝子波相位差满足

$$N\frac{2\pi}{\lambda} d\sin\theta = \pm 2k'\pi$$

或

$$d\sin\theta = \frac{k'}{N}\lambda \qquad (k' = 1, 2, \cdots, N-1;\ \ k' \neq 0, Nk) \tag{20.3.3}$$

这时合振幅矢量等于零，P 点处是暗纹. 但必须注意 $k' \neq 0, kN$，因为这属于主极大情况.

(3) 由于在两相邻主极大间有 $N-1$ 条暗纹，而两暗纹之间必为明纹，所以两主极大间还有 $N-2$ 条明纹. 计算表明，这些明纹强度仅为主极大的 4%，故称为

次极大. 图 20.3.3 给出的就是 $N=4$ 情况下多光束干涉观察屏上的光强分布.

例 20.3.1　设有四个无线电发射天线等距离地排在一条直线上，组成一天线阵. 假设相邻天线的距离恰好等于发射电波的半波长，求这个天线阵辐射的方向特性(即强度在空间的分布).

解　如图 20.3.4 所示，天线发射电磁波，其作用相当于缝光源，四根天线等距离排列构成的天线阵，发射电磁波的相干叠加，可以用四缝光栅相同方法分析. 但与光栅光束单一方向传播不同，这里天线辐射在空间可以向与天线垂直的任意方向传播. 由光栅干涉主极大条件

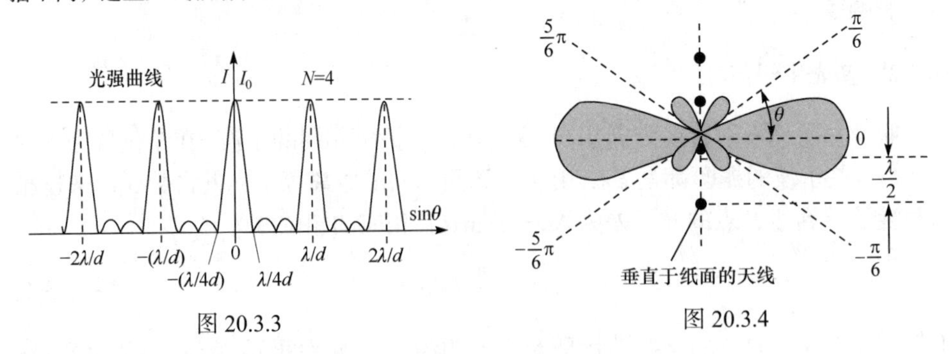

图 20.3.3　　图 20.3.4

$$d\sin\theta = \pm k\lambda$$

将 $d=\lambda/2$ 代入得

$$\sin\theta = \pm 2k$$

由于 $\sin\theta$ 的绝对值不大于 1，这里 k 只能取 0 值，从而辐射主极大只能取 $\theta=0,\pm\pi$ 方向，辐射盲区对应干涉相消、合成波振幅等于零的方向. 利用干涉极小条件

$$d\sin\theta = \pm\frac{k'}{N}\lambda \Rightarrow \sin\theta = \pm\frac{k'}{2}$$

k' 只能等于 1，2. 所以

$$k'=1,\ \ \theta=\pm\frac{\pi}{6},\ \pm\frac{5\pi}{6}$$

$$k'=2,\ \ \theta=\pm\frac{\pi}{2}$$

角分布的方向特性由图 20.3.4 给出.

20.3.3　光栅衍射的光强分布

设单缝在 P 点的衍射波振幅为 E_P(注意，考虑衍射，E_P 大小依赖于 P 点的位置)，P 点的光波振幅就是频率相同、振幅相同、相邻两振动相位差恒定的 N 个振动的合成. 引用力学中机械振动合成式(16.4.6)的结果，P 点的光波振幅可以写作

$$E(P) = E_P\frac{\sin(N\Delta\varphi/2)}{\sin(\Delta\varphi/2)} = E_P\frac{\sin(N\beta)}{\sin\beta} \tag{20.3.4}$$

其中已引入

$$\beta = \frac{\Delta\varphi}{2} = \frac{\pi d}{\lambda}\sin\theta \tag{20.3.5}$$

每条缝发出的光波的振幅 E_P 受衍射调制，在衍射角为 θ 方向上，E_P 由式(20.1.6)给出，代入上式得到 P 点的光振动振幅

$$E(P)=E_0\frac{\sin(N\beta)}{\sin\beta}\frac{\sin\alpha}{\alpha} \tag{20.3.6}$$

于是，P 点的光强度为

$$I(P)=I_0\left(\frac{\sin N\beta}{\sin\beta}\right)^2\left(\frac{\sin\alpha}{\alpha}\right)^2 \tag{20.3.7}$$

其中 $I_0\propto E_0^2$，表示中央主极大的光强度，第一个因子 $(\sin N\beta/\sin\beta)^2$ 来源于多光束干涉，称为**多光束干涉因子**；**第二个因子** $(\sin\alpha/\alpha)^2$ 来源于单缝衍射，叫**单缝衍射因子**. 多光束干涉和单缝衍射共同决定了光栅衍射的光强分布.

图 20.3.5(b),(a)分别画出了多光束干涉因子、单缝衍射因子的变化曲线，在图 20.3.5(c)中画出了两因子乘积的变化曲线. 从图中可以看到，单缝衍射因子的变化曲线可看作各主极大强度的包络线. 从而使不同级的主极大具有不同的强度. 单缝衍射因子的作用体现在如下两个方面.

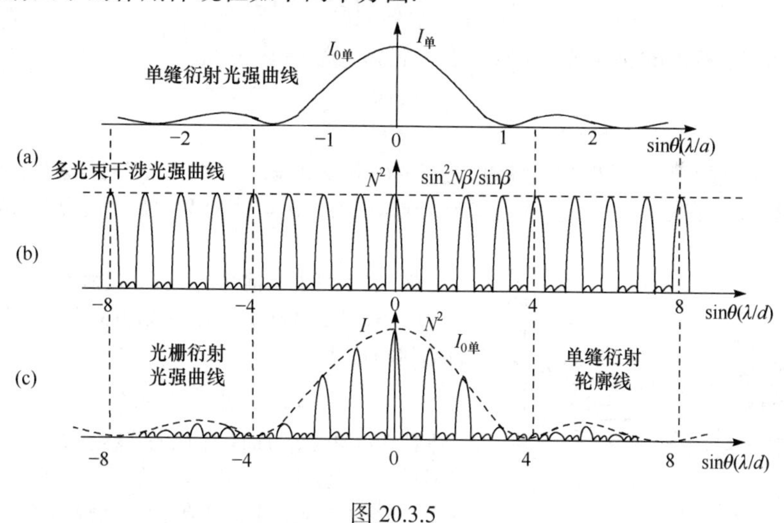

图 20.3.5

(1) 对各级主极大的强度进行调制，使光能量向中央主极大区域集中，落在单缝衍射中央明纹区内的主极大分配到大部分的光能量.

(2) 产生干涉主极大条纹的缺极现象. 当光栅方程(20.3.2)被满足时，应该有相应级的干涉主极大出现，但若该方向恰好满足单缝衍射的暗纹条件，此时合成的光强度仍为零(即原来应该出现的干涉明纹不再出现，称为**缺级**). 缺级发生在干涉主极大和单缝衍射因子极小两个条件同时满足的角位置上

$$d\sin\theta = k\lambda \qquad (k = 0,\ \pm1,\ \pm2,\cdots)$$

$$a\sin\theta = k'\lambda \qquad (k' = \pm1,\ \pm2,\ \pm3,\cdots)$$

故缺级的条件为

$$k = \frac{d}{a}k' \qquad (k' = \pm1,\ \pm2,\ \pm3,\cdots) \tag{20.3.8}$$

当 $d/a = n$ 为整数时，n 整数倍的正负主极大将缺级.

综上所述，多光束干涉因子的作用是确定主极大、暗纹、次极大的位置，而单缝衍射因子的作用是决定各主极大、次极大强度的分配和缺级的产生.

例 20.3.2 用一块每毫米 500 条刻痕，透光宽度 1×10^{-6}m 的光栅，观察波长为 590nm 的光谱线，问平行光垂直入射时，最多能观察到第几级主极大？实际能观察到几条主极大？

解 (1) 按题意光栅常数为

$$d = \frac{1\times10^{-3}}{500} = 2\times10^{-6}(\text{m})$$

k 的可能最大值相应于 $\theta = \pi/2$，令 $\sin\theta = 1$，由光栅方程得

$$k_{\max} = \frac{d}{\lambda} = \frac{2\times10^{-6}}{590\times10^{-3}} = 3.4$$

故最多能观察到到的最高级次为 3 的谱线. 又已知缝宽 $a = 1\times10^{-6}$m

$$\frac{d}{a} = \frac{2\times10^{-6}}{1\times10^{-6}} = 2$$

由式(20.3.8)知光栅衍射谱线 ±2 级缺级，故实际能看到 0 级、±1 级和 ±3 级谱线共 5 条.

例 20.3.3 在例 20.3.2 中，平行光与光栅法线夹角 $\theta_0 = 30°$ 入射时最多能观察到第几级主极大？

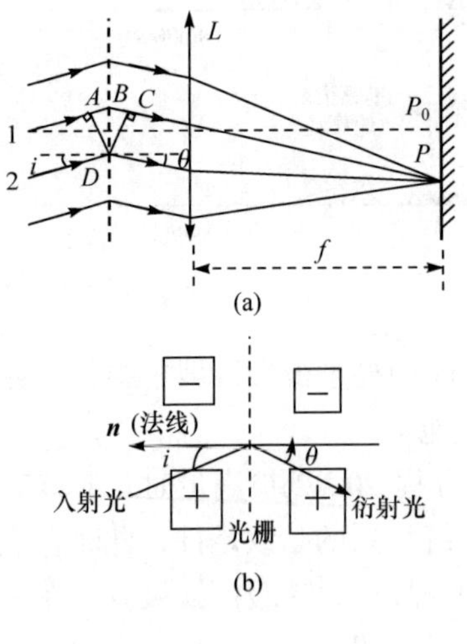

图 20.3.6

解 注意此题与前情况不同，入射方向与光栅法线不平行. 对图 20.3.6(a)所示的入射方向和观察点 P，1、2 两光线的光程差

$$\Delta L = BC + AB = d(\sin\theta + \sin i)$$

显然对不同的入射方向和不同的观察点 P，光程差表达式不同. 但容易验证，如果对入射角、衍射角符号作如图 20.3.6(b)的约定，上面计算光程差公式是普遍适用的. 于是斜入射时光栅方程可以写作

$$d(\sin\theta + \sin i) = k\lambda \tag{20.3.9}$$

要使观察到的级次 k 最大，因为 $\theta_0 = 30°$，k 的可能最大值相应于 $\theta = \pi/2$，因此

$$k = \frac{2\times10^{-6}\times(\sin30° + 1)}{0.59\times10^{-6}} \approx 5$$

30° 斜入射时，最多可观察到第 5 级光谱线.

20.3.4　光栅光谱和光栅分辨本领

前面假设入射到光栅上的是单色光，如果入射的是复色光，根据光栅方程式(20.3.2)

$$d\sin\theta = \pm k\lambda$$

不同波长的光，除中央零级条纹外，其他同级明条纹将在不同的衍射角出现，形成不同颜色的细亮谱线. 这些谱线按波长由短到长顺序，自中央向两端依次排开. 每一干涉级都有这样一组谱线，在较高级上这些谱线将互相重叠. 光栅的这种按波长排列的谱线称为**光栅光谱**(grating spectrum)，光栅就是一种光谱仪.

不同物质由于原子、分子结构不同，会发射出特殊的一组光谱线，所以光谱分析是现代物理学研究物质结构，对物质成分鉴别、分析的重要手段. 原子、分子的光谱研究则是了解原子、分子结构及其运动规律的基本途径.

光栅的分辨本领是指能把波长很接近的两条谱线在光栅光谱中区分开的本领. 根据瑞利判据，一条谱线的中心恰与最近另一条谱线极小重合时，就认为两条谱线恰能分辨. 设波长为 $\lambda+\delta\lambda$ 的第 k 级主极大刚好与波长为 λ 的第 $k'=kN+1$ 级极小重合(图 20.3.7)，利用式(20.3.2)、式(20.3.3)，有

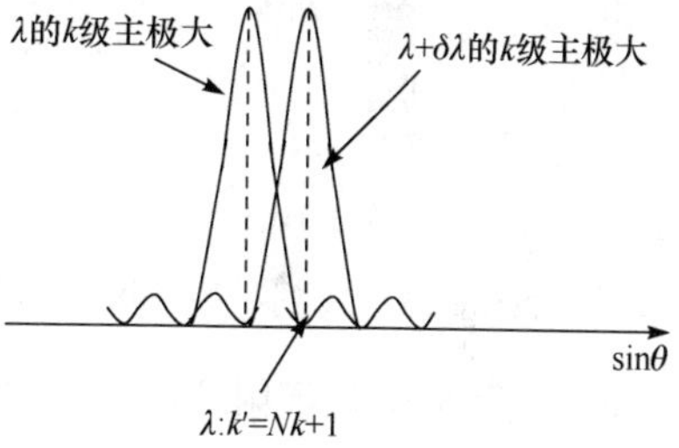

图 20.3.7

$$d\sin\theta_k = k(\lambda+\delta\lambda)$$

$$d\sin\theta_k = \frac{k'}{N}\lambda = \left(k+\frac{1}{N}\right)\lambda$$

由上两式

$$k\delta\lambda = \lambda / N \tag{20.3.10}$$

通常定义光栅的分辨本领

$$R = \frac{\lambda}{\delta\lambda} \tag{20.3.11}$$

利用式(20.3.10)可得

$$R = kN \tag{20.3.12}$$

此式表明，光栅的分辨本领与光栅总缝数 N 和要分开的相邻两谱线的级次 k 有关. 级次和总缝数对光栅的分辨本领各自起着不同的作用，增大级次可以使相邻条纹的间距增大，而增大总缝数可以使单个条纹的宽度减小，都有利于增大分辨本领.

要对某一确定级次谱线提高光栅分辨本领，必须增大光栅的总缝数. 这就是光栅所以要刻上千条甚至上万条刻痕的原因.

* § 20.4　X 射线的晶格衍射

20.4.1　X 射线

1895 年，伦琴(W. K. Röntgen)研究阴极射线时，发现高速电子撞击靶时，发射一种穿透力很强的射线，称之为 X 射线. 为了证实 X 射线是一种电磁波，需要观察其干涉、衍射效应. 但由于 X 射线波长太短(0.001~0.01nm)，用普通光栅观察不到其干涉、衍射现象，这促使人们去寻求更精微的光栅. 1912 年，劳厄(M. V. Laue)想到天然晶体点阵可以等效为一个三维立体光栅，就用 X 射线照射了硫酸铜晶体，第一次观察到晶格衍射图样，并证实了 X 射线是一种电磁波. 现在晶格衍射方法用于研究晶体结构，已形成了一门叫做 X 射线晶体结构分析的新学科.

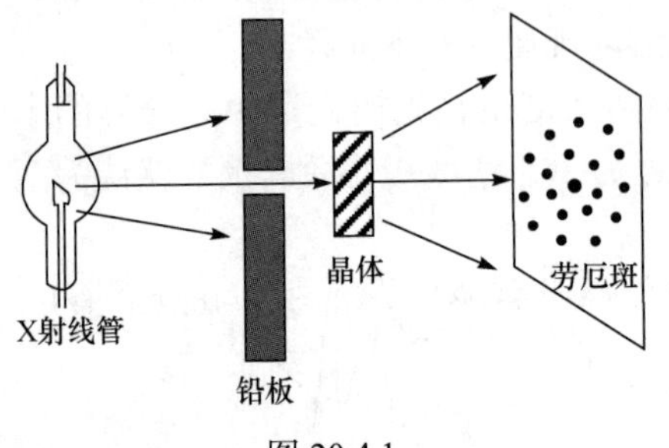

图 20.4.1

晶格衍射的实验装置如图 20.4.1 所示. X 射线管发出的 X 射线，通过屏上开有小孔的铅质光阑，成为 X 射线细束射向可绕轴转动的晶体上，被晶体散射的 X 射线打在晶体后面的接收屏上，在接收屏的照相底片上得到一些对称分布的班点，这些斑点称为劳厄(Laue)斑.

20.4.2　劳厄斑的衍射理论解释　布拉格公式

晶体内原子(离子)形成规则的晶格结构. 图 20.4.2 表示在晶体一个截面上原子分布的示意图，同一条线上原子等间距分布. 图中直线代表垂直于纸面的一个平面，这个平面称为晶面，互相平行的晶面构成一个晶面簇，一个晶面簇内相邻两晶面间距离称为晶格常数，用 d 表示. 这些晶面对应于上节光衍射的窄缝. 由于晶体内原子规则排列，晶体内存在许多不同取向的晶面簇. 对不同晶面簇，d 的取值不同.

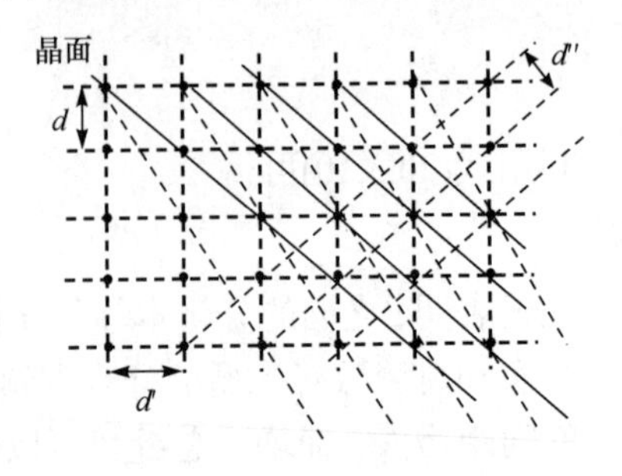

图 20.4.2

当 X 射线入射到晶体上，衍射波实际上就是晶体内的带电粒子在入射波作用下，作受迫振动发射次波叠加. 为了分析简单，假设①只有位置在晶格上的离子才是发射子波的波源；②只考虑衍射主极大的分布.

当 X 射线入射到晶面上时，位置在晶格上的离子发射子波，由于这些子波源规则排列，它们发射的子波在某些方向上发生相长干涉，劳厄斑就是这些子波衍射主极大形成的.

1. 同一晶面内各格点发射子波的干涉

当 X 射线以掠射角 φ 入射到晶面时，相邻两格点的程差(图 20.4.3)

$$\delta = CB - AD = d_1(\cos\varphi - \cos\varphi')$$

明纹条件为

$$d_1(\cos\varphi - \cos\varphi') = \pm k\lambda$$

只考虑零级明纹，$k=0$，有

$$\varphi = \varphi'$$

这表明，同一晶面上各格点子波零级相长干涉，发生在以晶面为反射面的反射方向上.

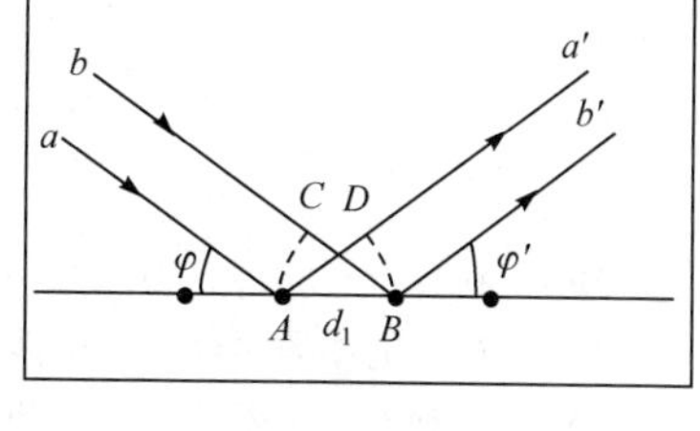

图 20.4.3

2. 同一晶面簇不同晶面上格点发射的子波的干涉

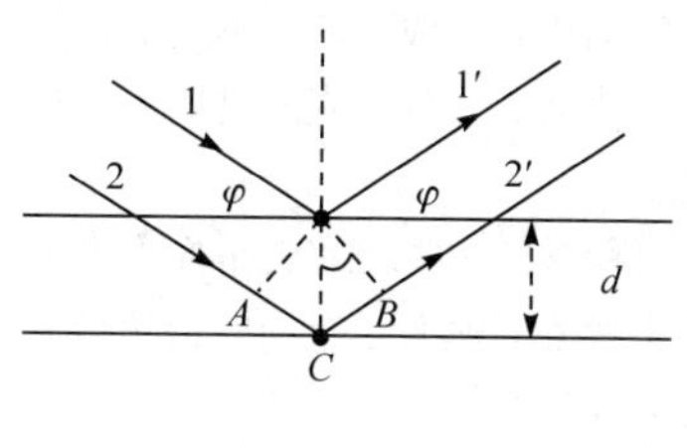

图 20.4.4

如图 20.4.4 所示，同一晶面簇相邻两晶面反射波的光程差为

$$\delta = AC + CB = 2d\sin\varphi \tag{20.4.1}$$

于是得到同一晶面簇发射子波干涉加强的条件

$$2d\sin\varphi = k\lambda \quad (k = 1,2,3,\cdots) \tag{20.4.2}$$

此式称为晶体衍射的**布拉格**(Bragg)公式.

由上面分析可以看出，对某一晶面簇，当入射波长和掠射角满足布拉格公式时，不仅同一晶面上原子散射波干涉相长，而且这个晶面簇不同晶面上原子散射波也干涉相长，这时在反射波方向上可以观测到这个晶面簇产生的衍射波主极大，形成劳厄斑.

3. 对特定的晶体点阵，形成取向、晶格常数各不相同的许多晶面簇，从不同方向入射时，X 射线对不同晶面簇的掠射角也不同. 但只要掠射角满足布拉格公式，就能在相应的反射方向得到加强. 从而在接收屏上形成亮斑. 当用波长连续分布的 X 射线入射时总有一种波长对一些晶面簇满足布拉格公式，产生反射加强；当用单一波长 X 射线入射时，转动晶体，可以找到合适的入射方向，使某些晶面簇满足布拉格条件. 从而观察到劳厄斑.

根据布拉格公式，若已知晶面间距 d，就可以由已知的掠射角，确定 X 射线波长. 用这种方法研究特定原子的 X 射线谱，研究原子或原子核结构. 若已知 X 射线波长，把它透射到晶体表面上，确定最大强度的掠射角，可以研究晶体结构等.

20.4.3　X 射线晶体粉末衍射实验

使用晶体粉末代替单晶体，也可以观察到 X 射线衍射. 晶体粉末可以看成是由晶面取向无规则的无数多个小晶粒组成，不管 X 射线从哪个方向入射到晶体粉末上，总有大量的小晶粒与入射 X 射线构成的掠射角满足布拉格条件，于是在反射方向上产生相应波长最强的干涉. 由于满足布拉格条件的反射线构成一个锥面，在垂直于对称轴的截面上是一个圆环，所以，X 射线的晶体粉末衍射图样可以是明暗相间的同心圆环，类似于光等厚干涉的牛顿环.

问题和习题

20.1 在日常经验中，为什么声波的衍射比光波的衍射更加显著?

20.2 衍射的本质是什么? 干涉和衍射有什么区别和联系?

20.3 在观察夫琅禾费衍射的装置中，透镜的作用是什么?

20.4 有一单缝，缝宽为 $a = 0.1\text{mm}$. 在缝后放一焦距为 $f = 50\text{cm}$ 的会聚透镜. 用波长为 $\lambda = 0.5461\mu\text{m}$ 的单色平行光垂直照射单缝. 求位于透镜焦平面处的屏上中央明纹的宽度.

20.5 垂直入射在单缝上的平行光含有两种波长成分，其中 $\lambda_1 = 6000\text{Å}$, λ_2 是未知波长. 实验发现，λ_1 的第二级衍射明纹恰好与 λ_2 的第三级衍射明纹重合. 试分别用半波带法和振幅矢量叠加法求出 λ_2.

20.6 如图所示，在单缝的夫琅禾费衍射中，单缝处的波阵面恰好分成了四个半波带，其中光线 1 和 3 是同相位的，光线 2 与 4 也是同相位的，试问：为什么 P 点的光强不是极大而是极小?

20.7 如图所示，在单缝的夫琅禾费衍射中，分别作以下两种操作：(1)把单缝平面垂直于透镜的光轴 $O'O$ 向上移动一个微小位移；(2)把单缝平面绕着过 O'点且垂直于纸面的轴转动一个小角度. 试问：在以上两种操作下，屏幕上的衍射图样是否会发生变化? 为什么?

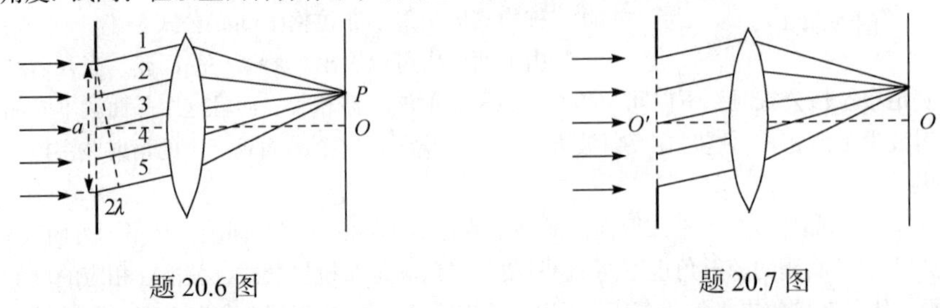

题 20.6 图　　　　题 20.7 图

20.8 在夜间，公路上停着一辆汽车，其正前方站着一个人. 汽车两盏前灯的间距为 $d = 120\text{cm}$，所发光的波长为 $\lambda = 550\text{nm}$，此时人眼睛的瞳孔直径大约为 $D = 5.0\text{mm}$. 试问：此人若要想分辨出这两盏前灯，他到汽车的最远距离是多少? (仅考虑瞳孔的衍射效应.)

20.9 用天文望远镜观察天空中的某双星. 此双星相对望远镜所张的角度为 $\theta = 4.48\times10^{-6}\text{rad}$，所发光的波长为 $\lambda = 5500\text{Å}$. 试问：若要分辨出这是两颗星，望远镜物镜的口径 D 至少要多大?

20.10 一束波长为 $\lambda = 6000\text{Å}$ 的单色平行光垂直入射在一个光栅上，其第二级和第三级主极大明纹分别出现在 $\sin\theta_2 = 0.2$ 和 $\sin\theta_3 = 0.3$ 处，第四级主极大明纹缺级. 试求：(1)光栅常数 d；(2)狭缝的宽度 a；(3)实际呈现的全部主极大明纹的级次.

20.11 氦氖激光器发出波长为 $\lambda = 6328\text{Å}$ 的红光. 把此红光垂直入射到一平面透射光栅上，观察夫琅禾费衍射图样. 测得第一级主极大明纹的衍射角为 $\theta_1=38°$. 试问：此平面透射光

栅的光栅常数 d 是多大？能否观察到第二级主极大明纹？

20.12　一束平行光含有两种波长成分，其中一种波长为 λ=5893Å，另一种波长 λ'是未知波长. 把这束平行光垂直入射到平面透射光栅上，测得两种波长的第一级主极大明纹的衍射角分别为 θ_1 = 19.5°和 θ'_1=15.1°. 试求未知波长 λ'及其所能呈现的全部主极大明纹的级次.

20.13　一束波长为λ=0.0147Å 的平行的 X 射线，照射在晶格常数为 d=0.28nm 的晶体表面. 试问：若要能观察到第二级主极大，X 射线与晶体表面所夹的角度应该是多大？

第 21 章　波动光学(Ⅲ)

光与物质发生相互作用时，起主要作用的是电场强度矢量，所以电场强度矢量又称为**光矢量**. 由于电磁波是横波，光矢量的振动方向与光的传播方向垂直. 在垂直于光传播方向的平面内，光矢量有不同的振动状态，光矢量不同的振动状态称为光的**偏振态**(polarization state). 本章讨论光各种偏振状态的区别、偏振光的获得和检验方法等.

学习指导：预习时重点关注①光偏振的概念，了解光的五种偏振态，起偏和检偏物理原理，反射和折射引起的光偏振态变化,特别是布儒斯特定律；②双折射现象，光轴、o 光、e 光等概念，晶体双折射现象物理图像；③波片的概念，椭圆偏振光和圆偏振光的获得和检测分析方法；④偏振光的干涉，色偏振的概念.

教师可就光偏振概念、起偏和检偏的物理原理，双折射现象包含的概念和物理图像，椭圆、圆偏振的获得和检测以及偏振光干涉的分析方法作重点讲解，“人工双折射”一节可安排自学.

§ 21.1　光的偏振态　偏振光的获得

光波是电磁波，光的偏振态就是电磁场的偏振态.

21.1.1　光的偏振态

光的偏振态主要分为五类：自然光、线偏振光(又称平面偏振光)、部分偏振光、椭圆偏振光和圆偏振光. 下面简要说明这几种偏振态光的特点.

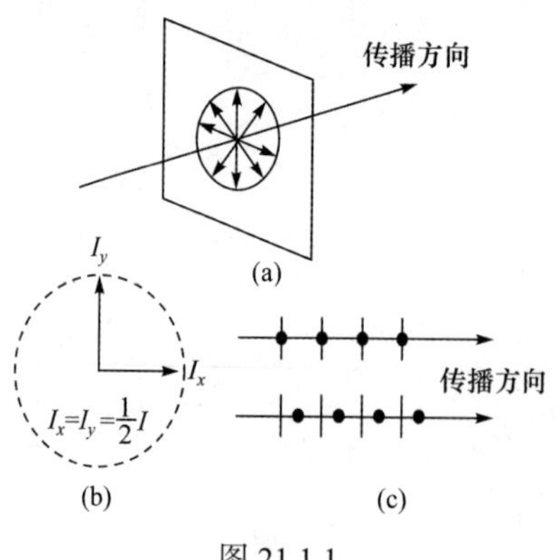

图 21.1.1

1. 自然光

普通光源发出的光是由大量的光波列组成的. 由于原子发光的随机性和独立性，这些波列的光振动在垂直于传播方向的平面内均匀对称分布，这样的光称为**自然光**(natural light)(图 21.1.1(a)). 如果对自然光的光振动进行正交分解,可以得到振动方向互相垂直、振幅相等的两个光振动(图 21.1.1(b)),但是这两个光振动之间无固定的相位关系，并不能合成一个光振动. 图 21.1.1(c)给出自然光的图示法，图中短线表示在纸面内的光振动，圆点表示垂直于纸面的光振动，短线与圆点交替均匀配置表示两个方向光振动的光强相同.

2. 线偏振光　(平面偏振光)

自然光经过某些物质反射、折射、吸收后，可能成为光矢量只沿某一方向振动的光，这样的光称为**平面偏振光**(plane polarized light)(图 21.1.2(a)). 光矢量与光的传播方向构成的平面称为**振动面**,平面偏振光振动面不随时间而改变. 在垂直于传播方向上观察，平面偏振光的光矢量端点始终沿同一条直线振动，所以平面偏振光又称**线偏振光**(linear polarized light). 图 21.1.2(b)给出了平面偏振光的图示法.

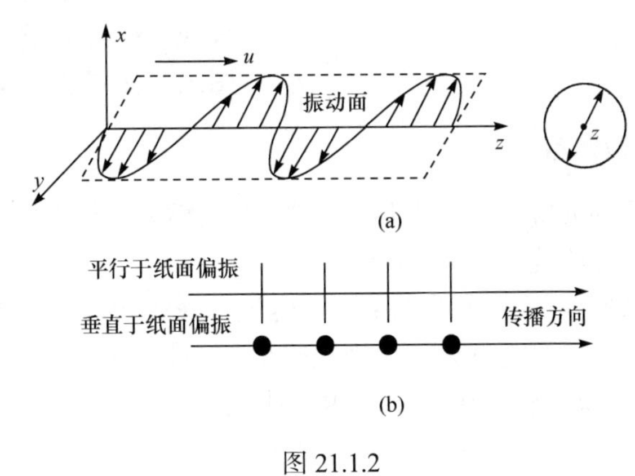

图 21.1.2

3. 部分偏振光

部分偏振光介于平面偏振光和自然光之间，光矢量在垂直于光传播方向的平面内，沿各个方向都有，但沿不同方向，光矢量振幅不等,且无固定相位关系. 部分偏振光也可分解成两个互相垂直、相位独立、振幅不等的光振动,如图 21.1.3(a)所示. 部分偏振光的图示法如图 21.1.3(b)所示.

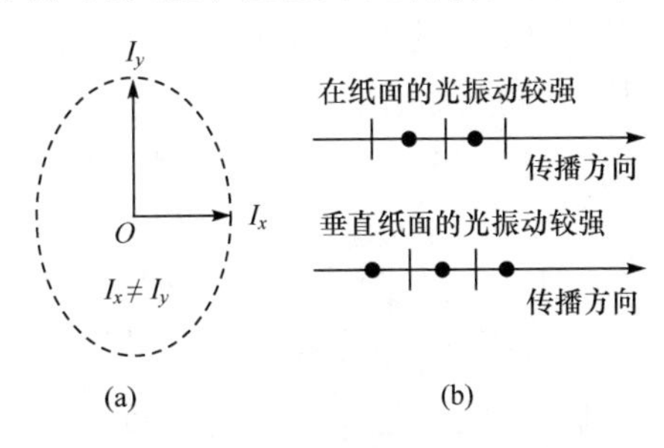

图 21.1.3

4. 椭圆偏振光和圆偏振光

椭圆偏振光和圆偏振光的共同特点是光矢

量在垂直于传播方向的平面内以一定的角速度旋转，其中光矢量的端点轨迹是一个椭圆的叫做**椭圆偏振光**(eliptically polarized light)，光矢量端点轨迹是一个圆的叫做**圆偏振光**(circularly polarized light). 椭圆偏振光和圆偏振光都可区分为右旋和左旋两种，正对来光方向观察，顺时针旋转为**右旋**(right-hand)，逆时针旋转为**左旋**(left-hand). 椭圆偏振光和圆偏振光都可分解为两个互相垂直、频率相同、有确定相位差的光振动的合成. 椭圆偏振光和圆偏振光的图示法如图 21.1.4 所示.

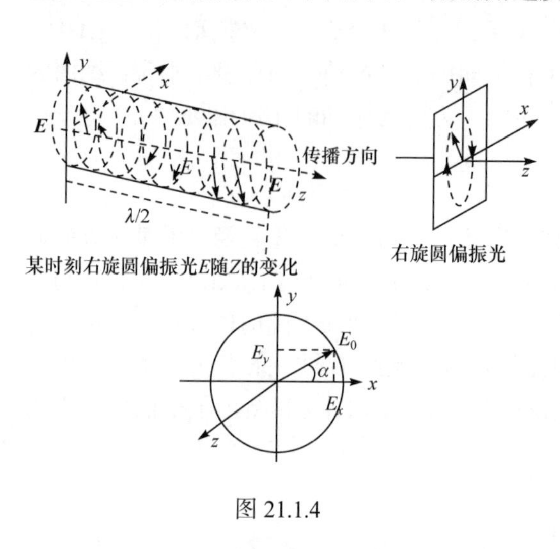

图 21.1.4

21.1.2　起偏器和检偏器

如前所述，普通光源发出的光是自然光. 从自然光获得平面偏振光的过程叫做**起偏**，所用的器件叫**起偏器**(polarizer).

实验发现，某些晶体(如硫酸碘奎宁、电气石等)对某一方向的光矢量有强烈的吸收，而对与该方向垂直的光矢量则吸收很少. 具有这种选择吸收的晶体称为**二向色性晶体**(dichroic crystals). 在透明基片上蒸镀一层某种二向色性晶粒就可做成偏振片. 偏振片只允许在某一特定方向的光振动通过，这一方向称为**通光方向**或**偏振化方向**. 在实验室内产生平面偏振光的最常用的方法就是利用这种**偏振片**. 图 21.1.5 给出了自然光通过偏振片变成平面偏振光的过程.

图 21.1.6 中画出了两个平行放置的偏振片 P_1 和 P_2，它们的偏振化方向分别用它们上面的虚平行线表示. 当自然光垂直入射于 P_1 时，透过的光将成为平面偏振光. 偏振片用来产生平面偏振光时，被称为**起偏器**(polarizer). 由于自然光中光矢

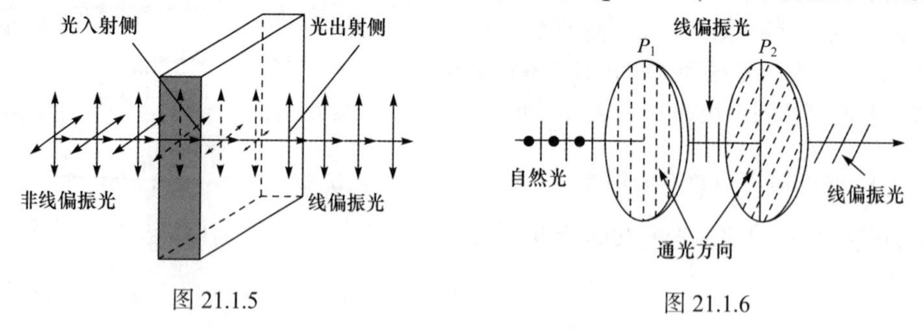

图 21.1.5　　图 21.1.6

量相对光传播方向对称均匀分布，透过 P_1 的光强只有入射光强的**一半**，并且将 P_1 绕光的传播方向慢慢转动时，透过光强不随 P_1 的转动而变化. 若缓慢转动图 21.1.6 中的 P_2，就会看到透过 P_2 的光在明暗之间交替变化. 这说明入射到 P_2 上的光是线偏振光. 所以偏振片不仅可以用作起偏器，也可用来检查光的偏振状态，用作检查光偏振态的偏振片称为**检偏器**(analyzer).

如图 21.1.7 所示，以 E_0 表示入射到检偏器上线偏振光的振幅，α 为入射光偏振方向与检偏器偏振化方向的夹角，则透过检偏器的光矢量振幅 E 只是 E_0 在检偏器偏振化方向上的投影，即 $E = E_0\cos\alpha$，考虑到光强正比于光振幅平方，则有透射光强

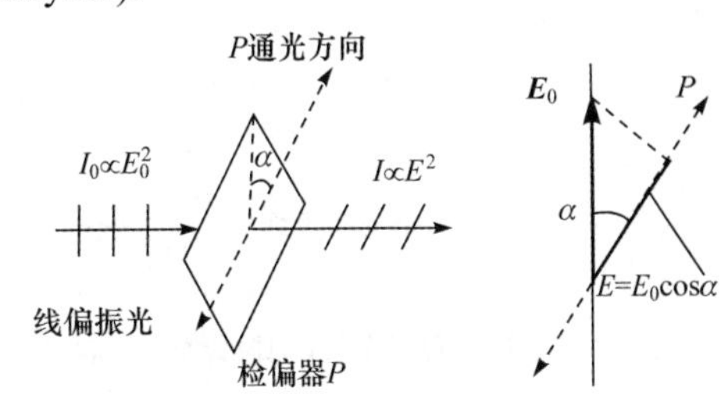

图 21.1.7

$$I = I_0\cos^2\alpha \qquad (21.1.1)$$

其中 I_0 和 I 分别为入射到检偏器上的光强和透过检偏器的光强. 式(21.1.1)称为**马吕斯定律**(Malus law).

当入射到检偏器上的光是部分偏振光时，转动检偏器，透射光的强度也随着转动而变化，但不存在**消光**(光强度等于零)的情况. 衡量部分偏振光偏振程度的是**偏振度**(degree of polarization) P，它的定义为

$$P = \frac{I_{\max} - I_{\min}}{I_{\max} + I_{\min}} \qquad (21.1.2)$$

其中 $I_{\max}$ 和 $I_{\min}$ 分别为透射光的最大光强和最小光强. 显然，平面偏振光的偏振度为 1，自然光的偏振度为 0，部分偏振光的偏振度介于 0 和 1 之间.

虽然用一片偏振片就可将平面偏振光检验出来，但用此方法却不能将自然光和圆偏振光、部分偏振光和椭圆偏振光区分开，区分开这些偏振光的方法在后面介绍.

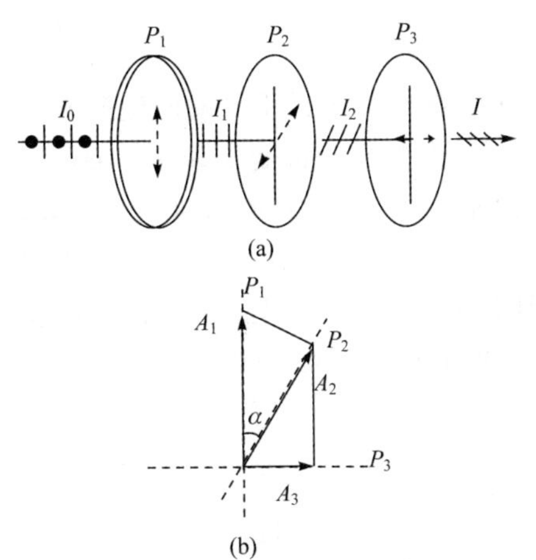

图 21.1.8

例 21.1.1　如图 21.1.8(a)所示，在两块正交偏振片(即偏振化方向相互垂直)P_1、P_3之间插入另一块偏振片 P_2，光强为 I_0 的自然光垂直入射于偏振片 P_1，求转动 P_2 时，透过 P_3 的光强 I 与入射光强 I_0 及 P_2 转角的关系.

解　透过各偏振片的光振幅矢量如图 21.1.8(b)所示，其中 α 为 P_1 和 P_2 的偏振化方向间的夹角. 由于各偏振片只允许与各自偏振化方向相同的偏

振光透过，以 A_1、A_2、A_3 表示透过偏振片 P_1、P_2、P_3 的光振幅，它们之间的关系为

$$A_2 = A_1\cos\alpha,\quad A_3 = A_2\cos(\pi/2-\alpha)$$

因而

$$A_3 = A_1\cos\alpha\cos(\pi/2-\alpha) = A_1\cos\alpha\sin\alpha = \frac{1}{2}A_1\sin 2\alpha$$

于是透过 P_3 的光强

$$I_3 = \frac{1}{4}I_1\sin^2 2\alpha$$

又由于 $I_1 = I_0/2$，所以最后得 $I = \frac{1}{8}I_0\sin^2 2\alpha$.

21.1.3　反射和折射引起的光偏振态的变化

光在两种各向同性介质分界面上反射和折射时，不仅会引起光的传播方向改变，也会引起光偏振状态发生变化. 一般情况下，自然光的反射光和折射光都是部分偏振光. 光波本质是电磁波，光反射、折射行为由菲涅耳公式(式(18.4.5)、式 (18.4.6)、式(18.4.8)、式(18.4.9)

$$\left(\frac{E'}{E}\right)_\perp = -\frac{\sin(i-\gamma)}{\sin(i+\gamma)} \tag{21.1.3}$$

$$\left(\frac{E''}{E}\right)_\perp = \frac{2\cos i\sin\gamma}{\sin(i+\gamma)} \tag{21.1.4}$$

$$\left(\frac{E'}{E}\right)_{//} = \frac{\tan(i-\gamma)}{\tan(i+\gamma)} \tag{21.1.5}$$

$$\left(\frac{E''}{E}\right)_{//} = \frac{2\cos i\sin\gamma}{\sin(i+\gamma)\cos(i-\gamma)} \tag{21.1.6}$$

描述. 根据菲涅耳公式可以看出：垂直于入射面偏振光和平行于入射面偏振光反射、折射行为不同，所以，自然光入射时，反射光和折射光可能变成部分偏振光或线偏振光；根据菲涅耳公式(21.1.5)，当入射角满足 $i+\gamma=\pi/2$ 时，$\tan(i+\gamma)\to\infty$，此时平行入射面的偏振光的反射光振幅 $E'=0$，表示在自然光入射时，反射光仅有垂直于入射面的成分，反射光是垂直于入射面的完全线偏振光. 这时的入射角 i_b 称为起偏角，或**布儒斯特角**(Brewster angle). 利用折射定律，可以得出对两种给定的介质交界面，布儒斯特角

$$\tan i_b = \frac{\sin i_b}{\cos i_b} = \frac{n_2}{n_1} = n_{21} \tag{21.1.7}$$

其中 n_1、n_2 分别为两种介质的折射率，n_{21} 是介质 2 对介质 1 的相对折射率. 该等式称为**布儒斯特定律**.

关于布儒斯特定律，利用电偶极辐射的角分布，可以给出一个很好的物理解释. 反射光和折射光，本质上都是介质在入射场作用下，其中带电粒子作受迫振动激发的次波的叠加. 当带电粒子在入射波电场力作用下振动时，发射次波的角分布主要集中在与电场垂直的方向上，而在沿电场方向的分布等于零. 对平行于入射面的偏振波，当折射角与入射角满足 $i+\gamma=\pi/2$ 时，反射波方向正好沿电场方向(图 21.1.9). 由于所有振动分子电偶极子沿此方向均无辐射，所以这时就没有反射波.

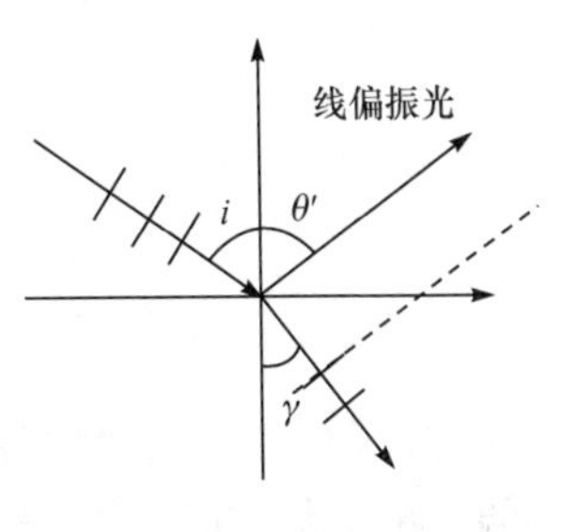

图 21.1.9

当自然光以布儒斯特角 i_b 入射时，由于反射光仅有垂直于入射面的偏振光，并且一般反射的只是入射的自然光中垂直于入射面的成分的一小部分，光强较弱，而剩余的全被折射. 所以折射光是部分偏振光，光强很强. 例如，自然光从空气向玻璃入射时，$n_{21}=1.5$，$i_b=56°$，反射光只占垂直于入射面偏振光强度的 15%，即占总光强的 7.5%，则其余的 92.5%全部折射，成为部分偏振光.

要提高反射光的强度和折射光的偏振化程度，可以让自然光以 i_b 入射到由许多相互平行的玻璃片组成的玻璃片堆(图 21.1.10)，通过各层玻璃片上的多次反射和折射，使反射光的光强得到加强，折射光中的垂直于入射面成分得以减弱，最后使透射光成为平面偏振光.

例 21.1.2　如图 21.1.11 所示，自然光由空气入射到折射率 $n_2=1.33$ 的水面上，入射角为 i 时使反射光为平面偏振光. 今有一块玻璃浸入水中，其折射率 $n_3=1.5$，若光由玻璃面反射也成为平面偏振光，求水面与玻璃之间的夹角 α .

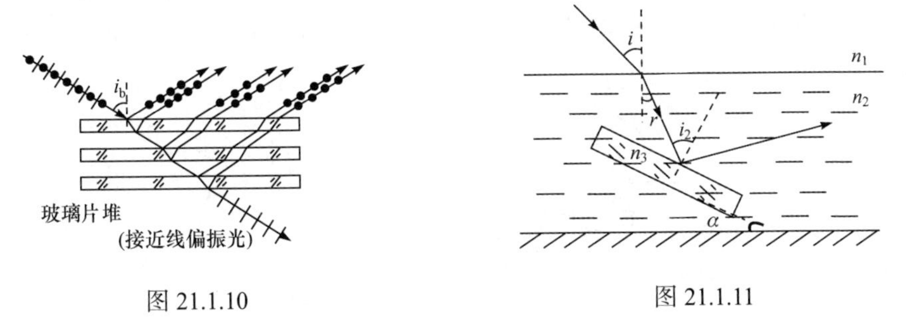

图 21.1.10　　图 21.1.11

解　根据反射光成为平面偏振光的条件 $i=90°-\gamma$，由图可知，$i_2=\gamma+\alpha$，α 为所求的角. 由折射定律可得

$$\sin\gamma=\frac{n_1}{n_2}\sin i=\frac{n_1}{n_2}\cos\gamma$$

即

$$\tan\gamma=\frac{n_1}{n_2}=\frac{1}{1.33}$$

所以 $\gamma=36°56'$. 又因 i_2 是布儒斯特角，由布儒斯特定律可得

$$\tan i_2=\frac{n_3}{n_2}=\frac{1.5}{1.33},\quad i_2=48°26'$$

所以

$$\alpha=i_2-\gamma=48°26'-36°56'=11°30'$$

§ 21.2　双折射现象

除了自然光在两种各向同性介质分界面上反射和折射产生偏振光外，自然光通过晶体后，也可以观察到光的偏振现象. 光通过晶体后的偏振现象是和晶体对光的双折射现象同时发生的.

21.2.1　光的双折射现象

把一块普通玻璃片放在有字的纸上，通过玻璃片看到的是字成的一个像，这是通常的光折射的结果. 如果改用透明的方解石(化学成分是 $CaCO_3$)晶片放到纸上，看到的却是一个字呈现出两个像，这说明光进入方解石后分成两束. 这种一束光射入各向异性介质时折射光分成两束的现象称为**双折射现象**(birefringence phenomenon)(图 21.2.1(a)).

实验表明，改变入射角 i 时，两束折射光中的一束恒遵守折射定律，这束光称为**寻常光线**(ordinary ray)，通常用 o 表示，并简称 o 光；另一束光则不遵守折射定律，当入射角 i 改变时，$\sin i/\sin\gamma$ 的值不是一个常数，该光束一般也不在入射面内. 这束光称为**非寻常光线**(extraordinary ray)，并用 e 表示，简称 e 光(图 21.2.1(b)).

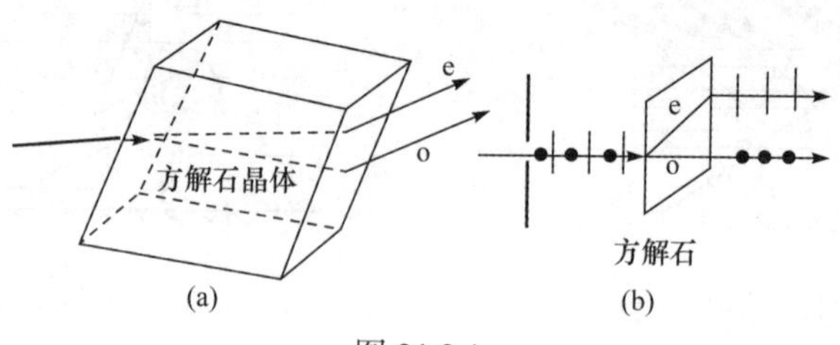

图 21.2.1

21.2.2　晶体的光轴和光线的主平面

双折射现象表明，非寻常光线在晶体内沿不同方向有不同的折射率，而光线传播速度和折射率有关，所以非寻常光线在晶体内的传播速度随方向不同而改变.

寻常光线则不同，在晶体中各个方向上的折射率以及传播速度都是相同的.

研究发现，在晶体内部存在某些特殊的方向，沿此方向不发生双折射现象，光沿这个方向传播和在各向同性介质中传播没什么区别，晶体内部的这个特殊的方向称为晶体的**光轴**(optical axis). 应该注意，光轴是相对晶体的一个特定方向，并不限于某一条特殊的直线. 只有一个光轴的晶体称为**单轴晶体**(uniaxial crystals). 有两个光轴的晶体称为**双轴晶体**(biaxial crystals). 方解石、石英、红宝石等是单轴晶体. 云母、硫磺、蓝宝石等是双轴晶体. 本书仅限于讨论单轴晶体的情形.

天然方解石晶体是六面棱体(图 6.2.2)，两棱之间的夹角约为 78°或 102°. 从其三个钝角相会合的顶点(*A*)引出一条直线，并使其与各邻边成等角，这一直线(图中 *AB*)方向就是方解石晶体的光轴方向.

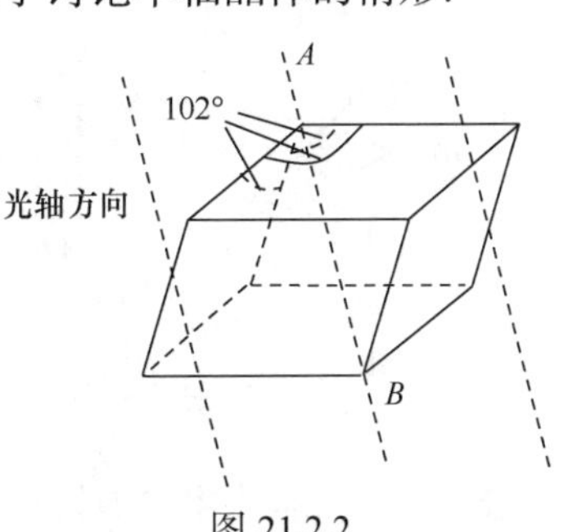

图 21.2.2

假想在晶体内有一波源 O，由于晶体的各向异性性质，从该波源发出的波将分为两组子波(图 21.2.3(a))，一组沿各方向传播速度相等，对应于寻常光线(称为 o 波)，波面是球面；另一组波面是旋转椭球面，表示各方向光速不等，对应于非寻常光线，称为 e 波. 由于 o 光和 e 光沿光轴方向的速度相等，所以两波面在光轴方向相切，在垂直于光轴的方向上，两光线传播速度相差最大. 寻常光线的传播速度用 v_o 表示，折射率用 n_o 表示. 非常光线沿不同方向折射率不同，通常定义在垂直于晶体光轴方向上的折射率为晶体的**主折射率**(principal refractive index)，用 n_e 表示，相应传播速度用 v_e 表示. 则有 $n_o = c / v_o$ 和 $n_e = c / v_e$ (c 为真空中光速)，n_o, n_e 是晶体的两个重要光学参量. 表 21.2.1 列出了几种单轴晶体的主折射率.

表 21.2.1　几种单轴晶体的主折射率(对 5893Å)

晶体	n_o	n_e	晶体	n_o	n_e
石英	1.5443	1.5534	方解石	1.6584	1.4864
冰	1.309	1.313	电气石	1.689	1.683
金红石(TiO_2)	2.616	2.903	白云石	1.6811	1.500

有些晶体 $v_o > v_e$，即 $n_o < n_e$，称为**正晶体**(positive crystal)，如石英等. 另外有些晶体 $v_o < v_e$，即 $n_o > n_e$，称为**负晶体**(negative crystal)，如方解石等.

在晶体中，光线的传播方向和光轴方向构成的平面叫做该光线的**主平面**(principal plane). o 光遵从折射定律，o 光的主平面总和入射面重合. 一般情况下，因为 e 光不一定在入射面内，所以 o 光、e 光的主平面并不重合.

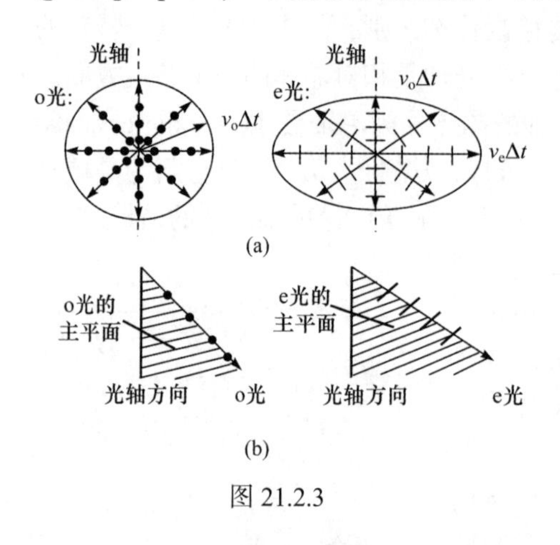

图 21.2.3

实验表明，o **光和 e 光都是线偏振光，但偏振方向不同. o 光的光振动方向垂直于 o 光的主平面，e 光的光振动方向在其主平面内**(图 21.2.3(b)). 由于一般情况下 o 光、e 光的主平面并不重合，所以 o 光和 e 光偏振方向并不互相垂直. 但是在特殊情况下，即当晶体光轴在入射面内时，o 光、e 光的主平面都和入射面重合，这时二者光振动方向互相垂直.

21.2.3 单轴晶体中的波阵面 o 光、e 光的传播方向

根据惠更斯原理，**波面上各点都是发射子波的波源，子波中心到下一个时刻波阵面与包络面切点连线表示波传播的方向**. 应用惠更斯作图法，可以确定单轴晶体中 o 光、e 光的传播方向，从而说明双折射现象.

图 21.2.4 表示平行自然光垂直入射晶体表面，光轴在入射面内，并与晶面平行. 这种情况下入射波波阵面上各点同时到达晶体表面，波阵面 AB 上每一点同时向晶体内发出球面子波和椭球面子波(为了清楚起见，图中只画出 A、B 两点所发子波)，两子波波面在光轴方向上相切，各点所发子波面的包络面为平面. 从入射点 $A(B)$向切点 $O(O')$和 $E(E')$的连线方向分别是 o 光和 e 光的传播方向. 此时，入射角 $i=0$，o 光沿原方向传播，e 光也沿原方向传播，但是两者的传播速度不同，到达同一位置时，两者间有一定的相位差.

图 21.2.5 表示光轴也在入射面内，并平行于晶面，但是入射光是斜入射的情况.

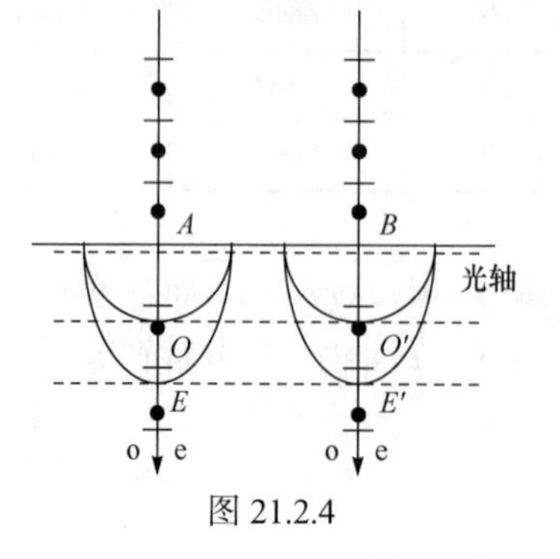

图 21.2.4

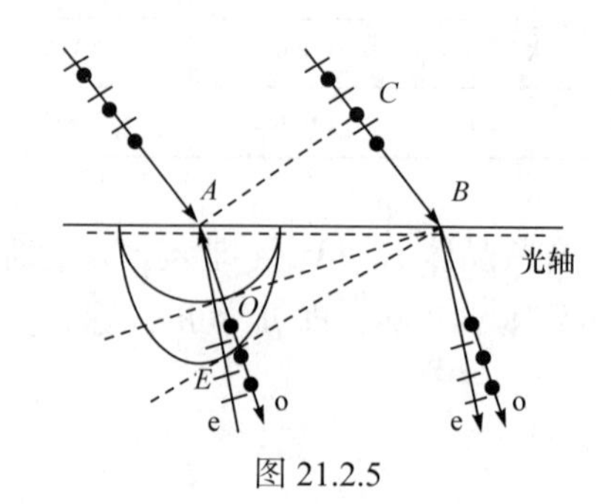

图 21.2.5

入射波波阵面 AC 上各点不能同时到达晶面，设 A 到达晶面后经 Δt 时间波面上 C 点到达晶面 B 点，在这 Δt 时间内 AC 波面上除了 C 点以外，其他各点发出子波均已进入晶体中传播.

图中 A 点发出的子波波面如图所示，o 光波面是球面，e 光波面是椭球面. 由于沿光轴方向，o 光、e 光传播速度相同，球面和椭球面在光轴方向上相切. 与光轴垂直方向，o 光、e 光传播速度不同. o 光波面球面的半径为 $v_o\Delta t$，e 光波面椭球面长轴方向垂直于光轴，长为 $v_e\Delta t$. 为了确定 o 光、e 光传播方向，过 B 点分别作球面和椭球面的切线(实际表示垂直于纸面的切平面)，并分别与球面和椭球面相切于 O 和 E 点，再从入射点 A 向相应的切点 O、E 引直线，即得 o 光、e 光的传播方向 AO 和 AE. 在这种情况下，o 光、e 光沿不同方向传播，表现出双折射现象.

图 21.2.6 表示光轴垂直于入射面，并平行于晶面，平行自然光斜入射. 与图 21.2.5 的情形类似，不同的是因为 e 光波面旋转椭球面的转轴就是光轴，所以旋转椭球与入射面的交线也是圆. 在负晶体情况下，这个圆的半径为椭圆的半长轴，大于球面子波 o 光半径. 从入射点向相应切点引直线，即得 o 光、e 光的传播方向. 在这一特殊情况下，e 光在晶体中的传播方向也与其波面垂直. 如果入射角为 i，o 光、e 光的折射角别分为 γ_o 和 γ_e，则有 $\sin i/\sin\gamma_o=n_o$，$\sin i/\sin\gamma_e=n_e$，式中 n_o、n_e 为晶体的主折射率. 此时 e 光在晶体中的传播方向也可以用普通折射定律求得.

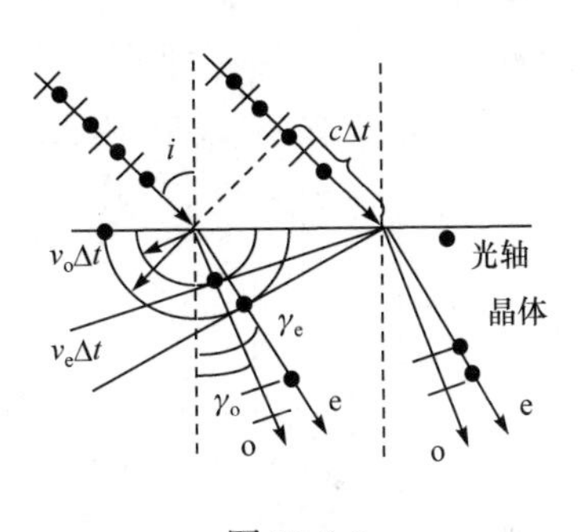

图 21.2.6

图 21.2.7 表示自然光垂直入射于晶体表面，但光轴与入射面斜交情况. 对于这种情况，采用与前面类似的作图法，可以求出 o 光、e 光传播方向(图 21.2.7(a)). o 光折射进入晶体不改变传播方向，e 光进入晶体后波面椭球长轴与光轴方向垂直，e 光、o 光折射后分成两束传播，情况类似于图 21.2.7(b).

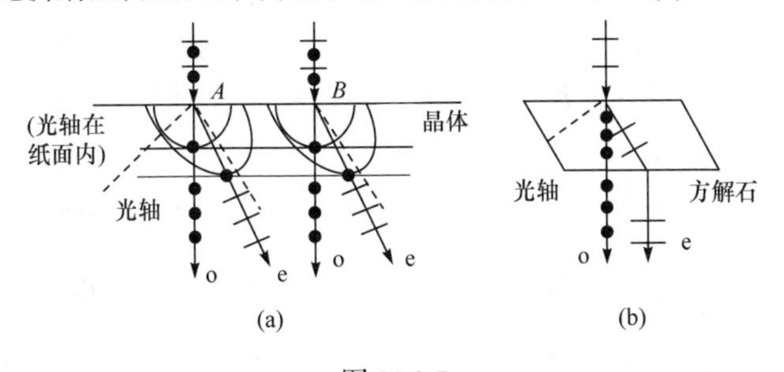

图 21.2.7

§ 21.3　偏振棱镜　波片　圆和椭圆偏振光的产生和检验

21.3.1　偏振棱镜

利用晶体的双折射性质，目前已经研制出许多精巧的复合棱镜，从自然光获得线偏振光. 这里仅介绍三种.

1. 尼科耳(Nicol)棱镜

尼科耳棱镜是一种应用较广泛的偏振棱镜. 它是尼科耳(W.Nicol)于1828年首先创制的. 这种偏振棱镜的结构如图 21.3.1 所示. 取一块长度约为宽度三倍的方解石晶体，将两端面磨掉一部分，使平行四边形上 *ABCD* 中的 71°角减小到 68°成为 *A'BC'D*，并沿垂直于此面且过顶点 *A'*和 *C'*剖成两块，把剖面磨成光学平面，最后用加拿大树胶粘合起来，便做成了一个尼科耳棱镜.

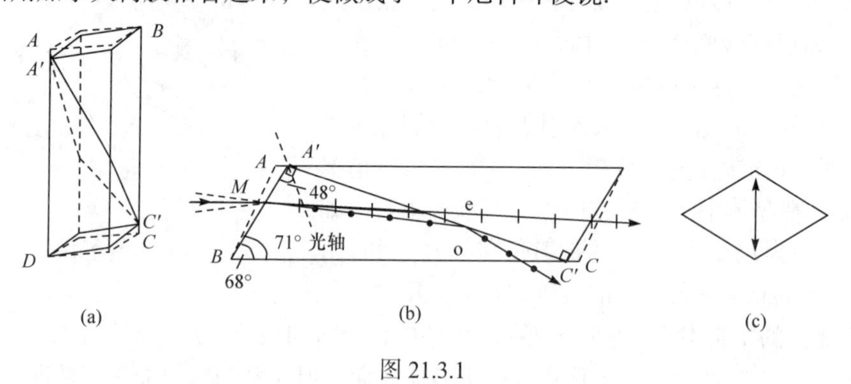

图 21.3.1

加拿大树胶是一种透明的物质，其折射率为 1.550，介于 o 光、e 光的折射率之间. 对 e 光而言，树胶相对于方解石是光密介质；对 o 光而言，树胶相对于方解石是光疏介质. 当自然光从左方射入前半个棱镜时，由于 o 光的折射角比 e 光的大，o 光、e 光被分开. 当到达胶合面时，o 光的入射角大于临界角而产生全反射，射出棱镜；e 光的入射角小于临界角而顺利地通过胶合面，从而获得了偏振程度很高的平面偏振光.

这种偏振棱镜对于所有在水平线上下不超过14°的入射光都是很好适用的.

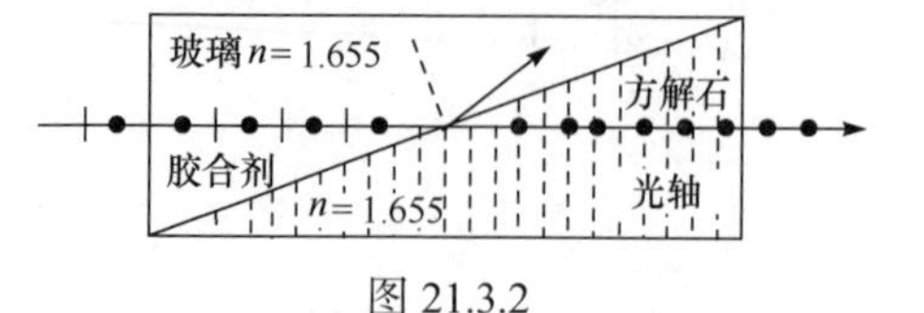

图 21.3.2

2. 格兰-汤姆孙(Glan-Thomson)棱镜

这种偏振棱镜是由两块直角棱镜粘合而成的(图 21.3.2). 其中一块棱镜用玻

璃制成，折射率为 1.655. 另一块用方解石制成，主折射率 n_o = 1.6584，n_e = 1.4864，光轴方向如图示. 胶合剂折射率为 1.655.

当自然光从左方射入棱镜并到达胶合剂和方解石的分界面时，其中的垂直分量(点子)在方解石中为寻常光线，平行分量(短线)在方解石中为非常光线. 方解石的折射率 n_0 = 1.6584 非常接近 1.655，所以垂直分量几乎无偏折地射入方解石而后射入空气. 方解石对于平行分量的折射率为1.4864,小于胶合剂的折射率1.655，因而存在一个临界角，当入时角大于临界角时，平行振动的光线发生全反射，偏离原来的传播方向，这样就把两种偏振光分开，从而获得了偏振程度很高的平面偏振光. 棱镜的尺寸正是这样精心设计的. 这种偏振棱镜对于所有在水平线上下不超过 10°的入射光都是很好适用的.

3. 沃拉斯顿(Wollastone)棱镜

沃拉斯顿棱镜能产生两束互相分开的、振动方向互相垂直的线偏振光. 沃拉斯顿棱镜由两块直角方解石棱镜组成(图 21.3.3)，棱镜 *ABD* 光轴方向平行于直角边 *AB*，棱镜 *BDC* 的光轴与前者垂直. 自然光垂直入射第一块直角棱镜表面时,o 光和 e 光无偏折地沿同一方向传播，但它们的传播速度不同. 当先后进入第二棱镜以后，由于第二棱镜的光轴垂直于第一棱镜的光轴，所以第一棱镜中的 o 光对第二棱镜来说就变为 e 光，而e光就变为o光. 因此原来在第一棱镜中的 o 光在两棱镜的胶合面上相当于从光密介质折射进入光疏介质，而第一棱镜中的 e 光则在胶合面上从光疏介质折射到光密介质. 所以在第二棱镜中的 e 光远离 *BD* 面的法线传播，在第二棱镜中的 o 光靠近 *BD* 面的法线传播，结果两束光在第二棱镜中分开. 这样，经 *CD* 面再次折射而由沃拉斯顿棱镜射出的是两束按一定角度分开的偏振光,它们的振动方向互相垂直. 第二棱镜内的这两束光在 *CD* 面上还要发生一次从光密介质到光疏介质的折射，最后出来的是对应第一棱镜内 o、e 两束线偏振光.

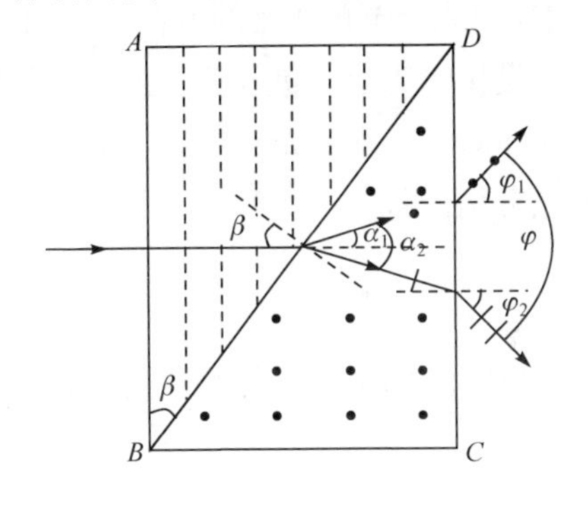

图 21.3.3

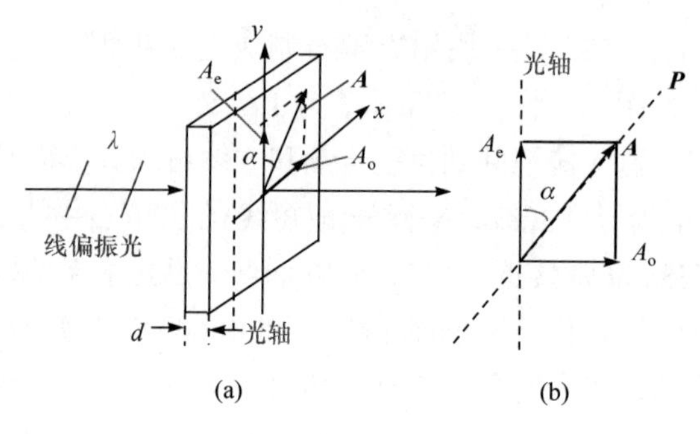

图 21.3.4

21.3.2　波晶片

我们把光轴方向平行于表面的晶体薄片叫做**波片**(wave plate). 由图 21.3.4 可知，自然光垂直向光轴与晶体表面平行的单轴晶体入射时，在晶体内会分解成沿同一方向传播的 o 光和 e 光，两束光有不同的传播速度. 由于波片光轴在入射面内，波片中 o 光和 e 光的主平面重合，o 光和 e 光振动方向互相垂直(图 21.3.4(a)).

设振幅为 A，波长为 λ 的单色线偏振光，垂直入射到厚度为 d 的波片上，由于晶体对 o 光和 e 光有不同的折射率，在晶体内两束光有程差 $|n_e - n_o|d$，出射两束光有相位差

$$\Delta\varphi = \frac{2\pi}{\lambda} d |n_o - n_e| \tag{21.3.1}$$

若线偏振光偏振方向与波片光轴夹角为 α，出射 o 光和 e 光振幅为(图 6.3.4(b))

$$\begin{aligned} A_o &= A\sin\alpha \\ A_e &= A\cos\alpha \end{aligned} \tag{21.3.2}$$

从晶片出射的是两束频率相等、传播方相同、振动方向相互垂直、相位差 $\Delta\varphi$ 取决于波片厚度的线偏振光.

(1) **四分之一波片**. 所谓四分之一波片是波片的厚度 d 使出射 o 光和 e 程差等于四分之一波长，即

$$(n_o - n_e)d = \pm\lambda / 4 \tag{21.3.3}$$

通过四分之一波片 o 光和 e 光的相位差 $\Delta\varphi = \pm\pi / 2$.

显然，四分之一波片只是对某一特定波长而言，不同波长，四分之一波片的厚度也不同. 对于 $\lambda = 5900$Å 的黄光，方解石的折射率差值 $n_o - n_e = 0.172$，四分之一波晶片的厚度 $d = 8.6\times10^{-4}$mm. 对于 λ =4600Å 的蓝光，$n_o - n_e = 0.184$，厚度 $d = 6.3\times10^{-4}$mm，制造这样薄的波片相当困难，通常采用的四分之一波片的厚度是上述数值的奇数倍，产生相位差 $\pm(2k+1)\pi/2$ (k 取整数值).

(2) **二分之一波片**. 二分之一波片是厚度 d 满足

$$(n_o - n_e)d = \pm(2k+1)\frac{\lambda}{2}, \quad k = 0,1,2,3,\cdots \tag{21.3.4}$$

的波片. 二分之一波片对应出射 o 光、e 光的相位差为 $\pm(2k+1)\pi$.

显然自然光透过二分之一波片后仍为自然光. 线偏振光经过二分之一波片后, 出射的还是线偏振光. 如入射时振动面和晶体主平面之间的夹角为 α, 由于通过波片时 o 光和 e 光产生 π 的相差, 合成为透射出来的线偏振光, 其振动面将从原来的方向转过 2α 角或 $\pi - 2\alpha$ 角(图 21.3.5).

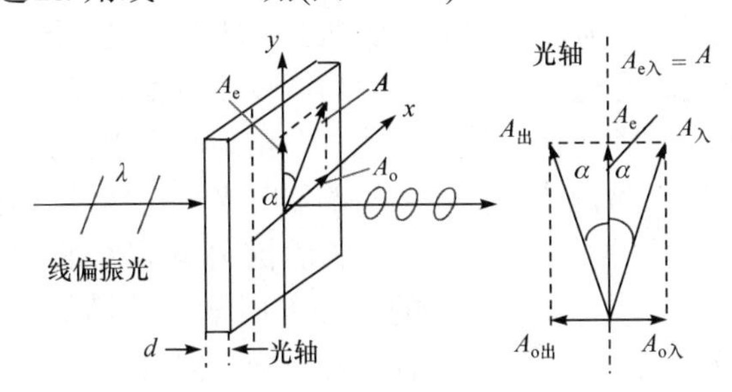

图 21.3.5

21.3.3　圆和椭圆偏振光的产生和检验

由于自然光可以看成两个振动方向互相垂直、振幅大小相同、相位关系随机的光振动的混合, 经过四分之一波片后, 虽然 o 光和 e 光产生 $\pi/2$ 的相位差, 但二者相位关系仍是随机的, 所以出射光仍为自然光. 但对于线偏振光, 经过四分之一波片后, 出射的 o 光和 e 光二者有确定的相位差 $\pi/2$. 正像两个频率相同、振动方向互相垂直、相位差为 $\pi/2$ 的两个简谐振动, 能够合成圆或椭圆运动一样, 出射的 o 光合 e 光可以合成圆偏振光或椭圆偏振光.

产生圆或椭圆偏振光的原理可用图 21.3.6 说明. 图中 P 为偏振片, C 为与 P 平行放置的四分之一波片, 其通光方向与 P 的偏振化方向成夹角 α. 单色自然光通过偏振片后, 成为线偏振光, 设振幅为 A. 此线偏振光进入晶片后, 产生光振动垂直于主平面(对波片即入射面)的 o 光和光振动平行于主平面的 e 光, 振幅分别为 $A_o = A\sin\alpha$, $A_e = A\cos\alpha$. 两束光沿同一方向传播, 通过四分之一波片后的相差 $\Delta\varphi = \pm\pi/2$, 一般情况下其合成光为正椭圆偏振光. 如果取 $\alpha = 45°$, 则 $A_e = A_o$, 通过

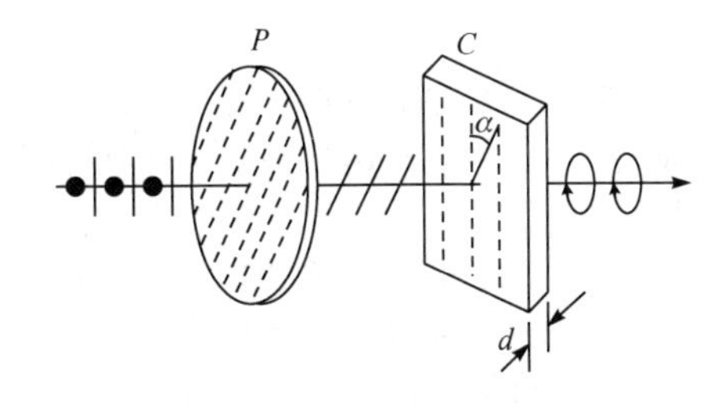

图 21.3.6

四分之一波片后将合成圆偏振光，但若$\alpha=0°$或$\alpha=90°$，则$A_o=0$或$A_e=0$，通过四分之一波片后的光将为线偏振光.

前面曾讲到，因圆偏振光和椭圆偏振光投射到偏振片上，转动偏振片时，透过光强的变化规律与自然光和部分偏振光照射时相同，因而无法区分圆偏振光和自然光、椭圆偏振光和部分偏振光. 由本节讨论可知，圆偏振光和自然光(或椭圆偏振光和部分偏振光)之间的根本区别是分解得到的两个互相垂直分量间相位关系不同. 圆偏振光和椭圆偏振光是由两个有确定相位差的互相垂直的光振动合成的；而对自然光和部分偏振光，互相垂直的两个光振动是彼此独立的，二者没有恒定的相差. 根据这一差别，在检偏器前加上一块四分之一波片，如果入射到检偏器上的是圆偏振光，通过四分之一波片后就变成线偏振光，这样再转动置于其后的检偏器时就可观察到光强的强弱变化，并出现消光现象；如果是自然光，它通过四分之一波片后仍为自然光，转动检偏器时光强仍然没有变化.

检验椭圆偏振光时，要求四分之一波片的光轴方向平行于椭圆偏振光的长轴或短轴，这样椭圆偏振光通过四分之一波片后也变为线偏振光. 而部分偏振光通过四分之一波片后仍然是部分偏振光.

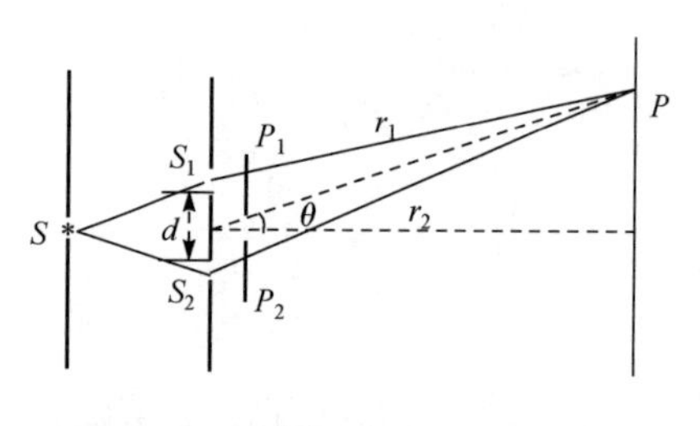

图 21.3.7

例 21.3.1 如图 21.3.7 所示，在杨氏双缝干涉实验双缝屏的后面，分别放一偏振片P_1、P_2，并使两者偏极化方向互相垂直，试分析屏上各处光的偏振状态.

解 从双缝S_1、S_2发出的光通过偏振片P_1、P_2后，成为振动方向互相垂直的线偏振光，不再满足相干条件，屏上无干涉条纹. 但两光束有确定的相差. 当屏上角位置θ满足

$$\Delta\varphi=\frac{2\pi}{\lambda}d\sin\theta=\pm k\pi,\qquad k=0,1,2,\cdots$$

时，两线偏振光同相(或反相)，其合成光仍为线偏振光. 当角位置θ满足

$$\Delta\varphi=\frac{2\pi}{\lambda}d\sin\theta=\pm(2k+1)\frac{\pi}{2},\qquad k=0,1,2,\cdots$$

时，两束光合成为圆偏振光. 在屏上其他位置，$\Delta\varphi\neq\pm k\pi,\pm(2k+1)\pi/2$，两束光合成为椭圆偏振光.

例 21.3.2 在两偏振片P_1、P_2之间插入四分之一波片C，并使其光轴与P_1的偏振化方向成45°(图 21.3.8(a)). 光强为I_0的单色自然光垂直入射于P_1，转动P_2，求透过P_2的光强I如何变化.

解 通过两偏振片和四分之一波片的光振动的振幅关系如图 21.3.8(b)所示. 单色自然光通过P_1后成为振幅为A_1的线偏振光，线偏振光通过四分之一波片后，它的两个互相垂直的分振动的振幅相等

$$A_o=A_e=A_1\cos45°=A_1/\sqrt{2}$$

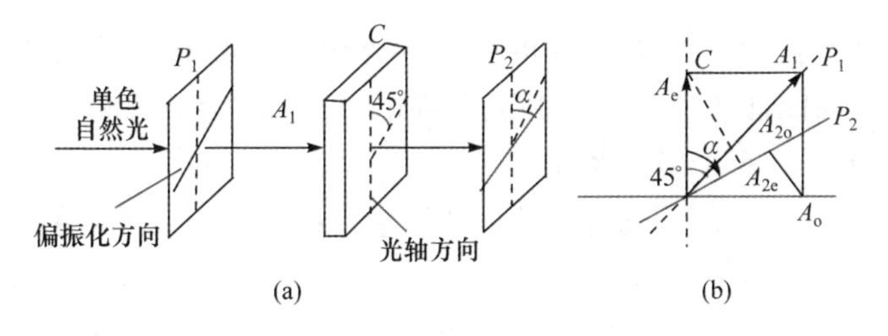

图 21.3.8

相位差为 $\pm\pi/2$，成为圆偏振光. 圆偏振光两个分振动透过 P_2 的振幅，只是它们沿图中 P_2 偏振方向的投影，设 P_2 偏振方向与 C 光轴方向夹角为 α，则有

$$A_{2o} = A_o \cos(90° - \alpha) = A_o \sin\alpha$$

$$A_{2e} = A_e \cos\alpha$$

但二者存在 $\pm\pi/2$ 的相差. 以 A 表示这两个振动同方向、具有恒定相差 $\pi/2$ 的光矢量的合振幅，按振动合成的平行四边形法则

$$A^2 = A_{2e}^2 + A_{2o}^2 + 2A_{2e}A_{2o}\cos\Delta\varphi = A_{2e}^2 + A_{2o}^2$$

将 A_{2e}、A_{2o} 的值代入，得

$$A^2 = (A_e\cos\alpha)^2 + (A_o\sin\alpha)^2 = A_o^2 = A_e^2 = A_1^2/2$$

此结果表明，通过 P_2 的光强 I 只是圆偏振光光强的一半，即透过 P_1 的线偏振光光强 I_1 的一半. 由于 $I_1 = I_0/2$，所以最后得 $I = I_0/4$. 此结果表明，透射光光强与转角无关.

§ 21.4　偏振光的干涉

通光方向互相垂直放置的两个偏振片 P_1，P_1，任何光都不可能通过这两个偏振片. 但是若在两偏振片间放置一个波片，入射到 P_1 上的光可以通过 P_2 射出，特别是波片做成楔形，则可见明暗相间的干涉条纹出现. 加波片后的这种干涉称为偏振光的干涉现象.

观察偏振光干涉现象的实验装置如图 21.4.1 所示. 单色自然光垂直入射到偏振片 P_1，通过 P_1 后成为线偏振光，再通过晶片 C 后成为有一定相差、振动方向互相垂直的两束光. 这两束光射入 P_2 时，只有沿 P_2 的偏振化方向的光振动才能通过. 于是在 P_2 后就得到了两束振动方向相同、有确定相位差的相干光.

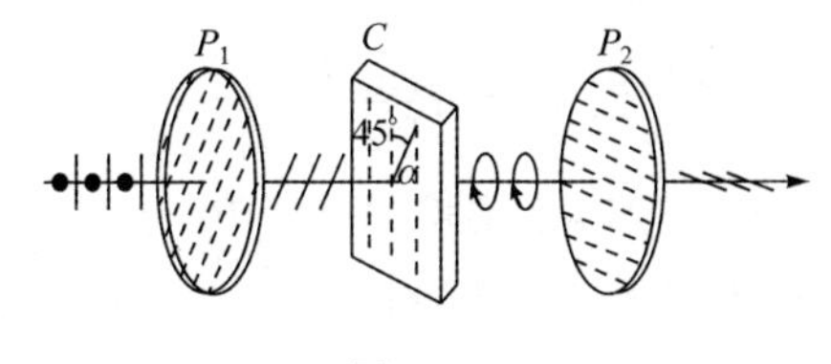

图 21.4.1

21.4.1　P_1 与 P_2 通光方向正交情况

设 P_1 和 P_2 是通光方向互相垂直的两个偏振片，C 表示晶片，C 的光轴方向

如图 21.4.2(a)所示. A 为入射晶片的线偏振光振幅，A_o 和 A_e 分别是通过晶片后 o 光和 e 光的振幅,通过 P_2 后两束光的振幅记为 A_{2o} 和 A_{2e}. 忽略吸收和其他损耗，由振幅矢量图(图 21.4.2(b))可求得

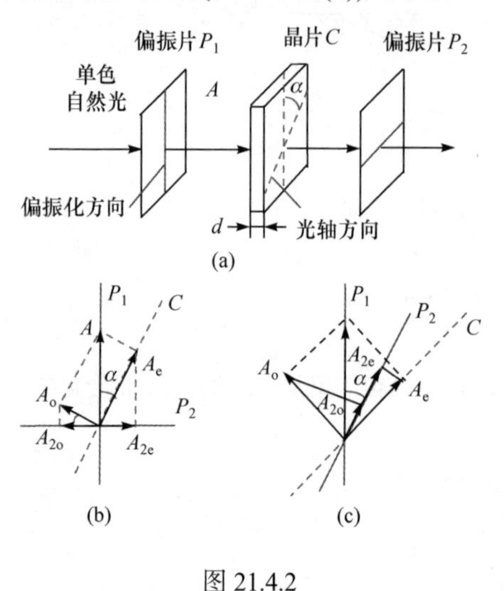

图 21.4.2

$$
\begin{aligned}
A_{2o} &= A_o \cos\alpha = A\sin\alpha\cos\alpha \\
A_{2e} &= A_e \sin\alpha = A\sin\alpha\cos\alpha
\end{aligned} \tag{21.4.1}
$$

所以 $A_{2o} = A_{2e}$. 通过 P_2 后两偏振光总的相差为

$$
\Delta\varphi = \frac{2\pi}{\lambda}(n_o - n_e)d + \pi \tag{21.4.2}
$$

其中第一项是通过晶片时产生的相差，这里的 π 来自 A_o 和 A_e 在 P_2 方向投影 A_{2o} 和 A_{2e} 方向相反，引进的附加相差. 这一附加相差的存在和 P_1、P_2 的偏振化方向间的夹角有关,当 P_1 和 P_2 夹角小于 α 时不存在 π 的相差(图 21.4.2(c)). 由于 A_{2o} 和 A_{2e} 振动方向平行，相位差固定，满足相干光条件，P_2 出射光相干叠加后光强为

$$
I = I_{2o} + I_{2e} + 2\sqrt{I_{2o}I_{2e}}\cos\Delta\varphi \tag{21.4.3}
$$

于是，在 P_1 和 P_2 正交的情况下，当波片厚度 d 满足条件

$$
(n_o - n_e)d = \pm(2k-1)\frac{\lambda}{2}, \quad k = 1,2,3,\cdots \tag{21.4.4}
$$

时，由式(21.4.2) $\Delta\varphi = 2k\pi$，出射光干涉加强；而当 d 满足

$$
(n_o - n_e)d = k\lambda, \quad k = \pm1,\pm2,\pm3,\cdots \tag{21.4.5}
$$

时出射光干涉减弱，光强度等于零.

21.4.2 当 P_1 与 P_2 平行时

图 21.4.3(a)是偏振片 P_1 与 P_2 通光方向互相平行情况. 图 21.4.3(b)为通过 P_1、C 和 P_2 的光的振幅矢量图. 与 P_1 与 P_2 正交时类似，由振幅矢量图可求得

$$
\begin{aligned}
A_{2o} &= A_o \sin\alpha = A\sin^2\alpha \\
A_{2e} &= A_e \cos\alpha = A\cos^2\alpha
\end{aligned} \tag{21.4.6}
$$

可见在 P_1、P_2 平行时，一般情形下 $A_{2o} \neq A_{2e}$

从振幅矢量图可见 A_{2o} 和 A_{2e} 的方向相同，因而没有附加相差，由 P_2 出射的两偏振光总的相差为

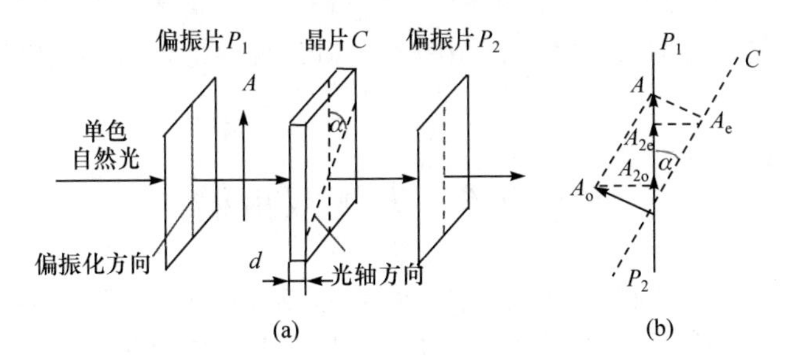

图 21.4.3

$$\Delta\varphi=\frac{2\pi}{\lambda}(n_o-n_e)d \tag{21.4.7}$$

A_{2o} 和 A_{2e} 发生干涉后其光强为

$$I=I_{2o}+I_{2e}+2\sqrt{I_{2o}I_{2e}}\cos\Delta\varphi \tag{21.4.8}$$

所以在 P_1 和 P_2 平行的情况下，当波片厚度 d 满足

$$(n_o-n_e)d=k\lambda,\quad k=\pm1,\pm2,\pm3,\cdots \tag{21.4.9}$$

时干涉加强，当

$$(n_o-n_e)d=\pm(2k-1)\frac{\lambda}{2},\quad k=1,2,3,\cdots \tag{21.4.10}$$

时干涉减弱.

21.4.3　色偏振

无论 P_1、P_2 是垂直还是平行，偏振光的干涉有如下特点：

(1) 当用单色自然光入射时，如果晶片厚度均匀，干涉加强时，P_2 后面的视场最亮，干涉减弱时视场最暗，并无干涉条纹；当晶片厚度不均匀时，自晶片不同厚度处透出的光有不同的相位差，各处干涉情况不同，视场中将出现明暗相间的干涉条纹.

(2) 在 P_1、P_2 垂直和 P_1、P_2 平行两种情况下，对厚度一定的晶片，干涉加强和减弱的条件取决于波长. 并且两种情况下相干叠加后光强之和等于常数. 所以，当白光入射时，对不同波长的光，干涉相长、相消条件不是同时满足的，视场中将出现一定的色彩，这种现象称为**色偏振**(chromatic polarization). 对相同的晶片，在 P_1、P_2 垂直和平行视场中呈现出互补的颜色，但它们的彩色条纹合在一起时，总是白色.

显现色偏振是确定双折射现象极为灵敏的方法. 当折射率差值 n_o-n_e 很小时，用直接观察 o 光和 e 光的方法，很难检定是否有双折射存在，但是只要把这种物质薄片放在两块偏振片之间，用白光照射，观察是否有彩色出现即可鉴定是否存在双折射.

* § 21.5 人工双折射

实验表明，某些本来各向同性的非晶体和液体在人为条件下，可以变成各向异性，因而产生双折射现象. 下面简单介绍两种人工双折射现象中偏振光的干涉和应用.

21.5.1 应力双折射

塑料、玻璃等非晶体物质在机械力作用下拉伸或压缩时，就会获得和单轴晶体一样的各向异性的性质，这种现象称为**应力双折射**(又称**光弹性效应**). 例如，把塑料膜拉紧后夹在两块偏振片之间，通过白光观察可以看到彩色图样. 拉力改变，彩色图样也发生变化，显示出双折射性质随应力变化. 又如玻璃在制造过程中，由于冷却不均匀，内部受到不同程度的应力，常常会自行破裂. 把玻璃放在两块偏振片之间，观察应力引起的双折射现象，就可以控查出内部应力的分布情况. 在单色光照射下可以看到明暗交替的花样；在白光照射下，则显示出彩色花样.

应变双折射现象在工程上可以用于机械零部件内部应力分析. 为了分析某一部件内的应力分布，可首先制成这种部件的塑料透明模型，然后观察、分析部件在受力情况下偏振光干涉的色彩和条纹分布，从而得到零件内部的应力分布的信息. 这种方法称为**光弹性**方法. 图 21.5.1 所示为一个吊钩的塑料模型在受力时产生的偏振光干涉图样的照片. 图中的条纹表示有应力存在，条纹的疏密分布反映应力分布的情况，条纹越密的地方，应力越集中.

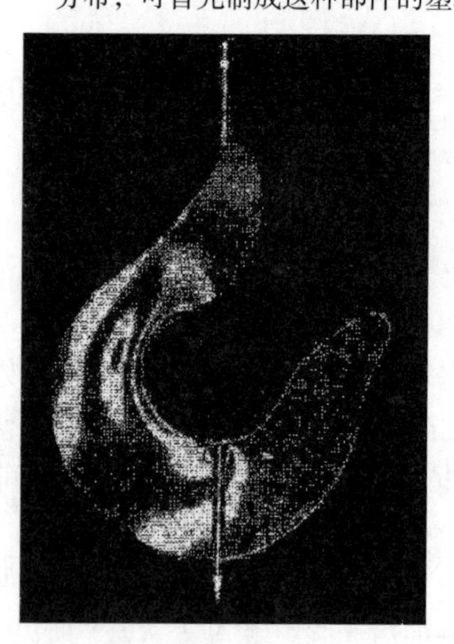

图 21.5.1

实验表明，各向同性介质在某一方向受压力或拉力作用时，在这方向上就形成介质的光轴，两主折射率之差与应力 F 成正比

$$n_o - n_e = CF \tag{21.5.1}$$

其中 C 为介质的材料系数，它和材料的性质有关.

当光经厚度为 l 的形变介质层后，所得的光程差为

$$D = (n_o - n_e)l = CFl \tag{21.5.2}$$

如果形变介质受力是均匀的，则观察到的彩色是相同的. 如果形变介质受力是不均匀的，有的地方应力较大，有的地方应力较小，这样不同地方出现的颜色也就不同. 如果应力分布相当复杂，那就会呈现出五彩缤纷的复杂图案. 利用这个方法来研究介质应力的分布，目前已发展成一个专门的学科——光测弹性学，它为工程设计解决了极其复杂的应力分析问题.

21.5.2 克尔效应

在强电场作用下介质极化，介质分子电偶极子受电场力作用趋向定向排列，可以使某些非

晶体或液体具有双折射性质. 这种在电场作用下介质获得类似于晶体的各向异性性质的现象是克尔(J. Kerr)于 1875 年首次发现的，称为**克尔效应**(Kerr effect).

图 21.5.2 所示的实验装置中，P_1、P_2 为通光方向正交的两个偏振片. 两偏振片之间的克尔盒中盛有液体(如硝基苯等)，并装有长度为 l 、间距为 d 的平行板电极. 实验表明加电场后，两极间液体就能获得单轴晶体的性质，其光轴方向沿电场方向.

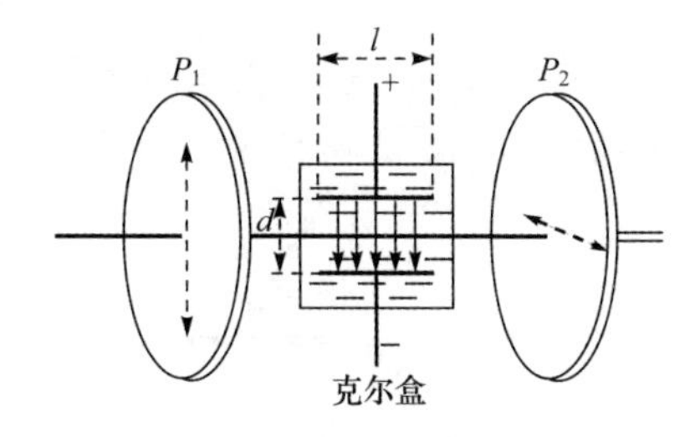

图 21.5.2

实验发现，折射率的差值正比于电场强度的平方，因此这一效应又称为二次**电光效应**(elctro-optic effect)，折射率差为

$$n_o - n_e = kE^2 \tag{21.5.3}$$

其中 k 称为 **Kerr 常数**(Kerr constant)，视液体的种类而定. E 为电场强度.

线偏振光通过这样的液体时产生双折射，通过液体后 o 、e 光的光程差为

$$\Delta L = (n_o - n_e)l = klE^2 \tag{21.5.4}$$

如果两极间所加电压为 U ，则式中 E 可用 U/d 代替，于是有

$$\Delta L = klU^2/d^2 \tag{21.5.5}$$

当电压 U 变化时，光程差 ΔL 随之变化，从而使透过 P_2 的光强也随之变化. 因此可以通过控制电压对偏振光的光强进行调制.

克尔效应产生和消失所需时间都极短，约为 10^{-9}s，因此利用克尔效应，可以通过电信号控制光信号，做成几乎没有惯性的光阀，调节光脉冲信号的时间长短和频率. 这些光阀已广泛用于高速摄影、激光通信和电视等装置中.

另外，有些晶体，特别是压电晶体在加电场后也能改变其各向异性性质. 其折射率的差值与所加电场强度成正比，所以称为线性电光效应，又称**泡克尔斯**(Pockels)**效应**. 能发生线性电光效应的典型晶体是磷酸二氢钾(KH_2PO_4)，近年来这种晶体已取代克尔盒用作高速光开关.

还可以指出，在强磁场作用下，某些非晶体也能产生双折射现象，称为**磁双折射效应**.

问题和习题

21.1　两个重叠的偏振片 P_1 和 P_2，其偏振化方向的夹角为 60°. 一束自然光透过 P_1 和 P_2，透射光强为 I_1. 此时，在 P_1 和 P_2 之间插入第三个偏振片 P_3. P_3 的偏振化方向与 P_1 和 P_2 的偏振化方向夹角都是 30°. 试问：插入 P_3 后透射光强变为多大?

21.2　自然光入射到两个相互重叠的偏振片上. 试求以下两种情形下两个偏振片的偏振化方向之间的夹角. (1)透射光强是最大透射光强的三分之一；(2)透射光强是入射光强的三分之一.

21.3　入射到偏振片上的光束含有自然光和线偏振光两种成分，其透射光强与偏振化方向有关，最大透射光强是最小透射光强的 5 倍. 试问：入射光束中两种成分的光强各占几分之几?

21.4　有一束光，它可能是线偏振光，也可能是部分偏振光，还可能是自然光. 你如何用实验判定这条光究竟是哪一种光?

21.5　有两个共轴的理想偏振片，其偏振化方向相互正交. 在这两个偏振片之间插入第三

个共轴的偏振片. 第三个偏振片以角速度 ω 绕其轴线作匀角速转动. 一束光强为 I_0 的自然光沿轴线方向垂直入射到这组偏振片上. 试证明透射光的光强为

$$I = \frac{1}{16} I_0 [1 - \cos(4\omega t)]$$

21.6 光线由空气入射到介质表面，其入射情形有如图所示的六种情形. 图中的 i_b 是布儒斯特角，$i \neq i_b$. 试画出反射线和折射线，并用点和横线标出反射光和折射光的光振动方向.

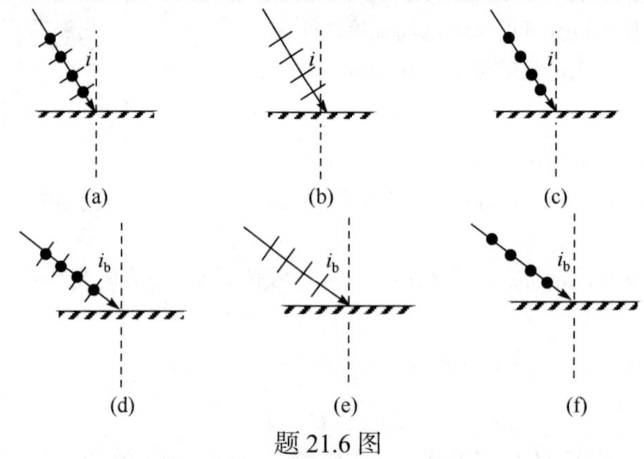

题 21.6 图

21.7 一束自然光和一束线偏振光分别通过 $\lambda/4$ 波片，其出射的光各为什么偏振状态？一束自然光和一束线偏振光分别通过 $\lambda/2$ 波片，其出射的光又各为什么偏振状态？

21.8 对于波长为 $\lambda = 6328\text{Å}$ 的入射光，某晶体的主折射率分别为 $n_o = 1.66$ 和 $n_e = 1.49$. 若要将此晶体制成适用于该波长的 $\lambda/4$ 波片，所用晶片的厚度至少要多少？此 $\lambda/4$ 波片的光轴方向如何？

21.9 有两个共轴的理想偏振片 P_1 和 P_2，其偏振化方向相互正交. 一束自然光沿轴线方向垂直入射，没有光线透过 P_2. 在这两个偏振片之间插入一块共轴的波晶片，发现 P_2 后面有光出射. 当 P_2 绕入射光线沿顺时针方向转过 20°后，视场全暗. 此后，把波晶片也绕入射光线沿顺时针方向转过 20°，视场又亮了. 试问：(1)这是什么性质的波晶片?(2) P_2 要转过多大角度，才能使 P_2 的视场又变为全暗?

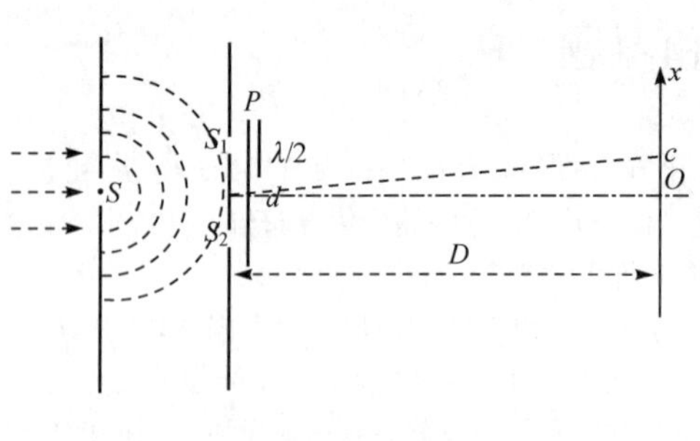

题 21.10 图

21.10 单色平行自然光垂直入射在杨氏双缝干涉装置上，屏幕上出现干涉条纹，其中 O 和 c 两点对应零级明纹和零级暗纹. 试问：(1)若在双缝后放一理想偏振片 P，干涉条纹的位置、宽度有何变化？O 和 c 两点的光强有何变化？(2)在一条缝的偏振片后放置一 $\lambda/2$ 波片，其光轴与偏振片的透光方向成 45°角，屏上有无干涉条纹？屏上各点的光强如何？

第五部分　相对论　物理学中的对称性

19 世纪作家查理斯·兰姆写到：“世间万物没有任何东西像时间和空间那么使我困惑，然而，因为我从来不去思考时间和空间，所以它们带给我的烦恼比任何其他东西都少.”这可能就是我们大多数人对时间、空间的态度. 迄今，我们学习的物理学给出这样的时空观念：空间像是包容宇宙万物的三维延伸的容器，时间则像一维无限长的线——在宇宙空间任何地方都均匀地流逝着. 宇宙万物都在这样的时空背景下运动，而时空本身和其中物质运动无关，自然，空间和时间也彼此无关.

近代物理学揭示没有脱离开物质的、抽象的、绝对的时间和空间. 空间描述物质运动的广延性，时间描述物质运动的次序性、持续性，空间和时间构成四维时空统一体，二者都和物质运动相联系. 在狭义相对论中，我们将揭示时空和物质运动的关系以及新时空理论的基本特征. 在广义相对论中，再进一步阐明物质如何影响时空，时空又如何决定物质运动.

物理学相对论理论不仅给出了研究天体宇宙、高能量物理、开发原子能的基础理论工具，而且揭示了物质运动规律的相对论不变性，展现出物质世界基本层次上的简单、和谐、统一、令人惊叹的美. 在这一部分的最后一章，我们将在相对论基础上，专门讨论构成物理学中美的基本要素——物理学中的对称性问题.

第 22 章　狭义相对论

狭义相对论(special relativity)是爱因斯坦(Einstein)在 20 世纪初创立的物理理论，它和量子论一起，共同构成了近代物理学的理论基础. 狭义相对论的出现，根本上改变了旧的时空理论和时空观念，把物理学推进到一个新的阶段. 本章我们主要介绍狭义相对论的基本原理、实验基础以及建立在狭义相对论基础上的新时空理论.

学习指导：在预习时重点关注①狭义相对论产生的历史原因和实验基础；②狭义相对论的两条基本原理和意义；③洛伦兹变换和狭义相对论的基本原理的

关系，狭义相对论新时空理论具有哪些新特性；④爱因斯坦为什么提出极限速度原理，极限速度原理和因果律的关系；⑤了解相对论的时空结构.

教师可就狭义相对论产生的历史背景、实验基础、基本原理、引起的时空观念变革等作重点讲解；鉴于本章基础性和引起的时空观变革的革命性，可组织学生讨论，加深对相对论、时空性质和物质运动关系的理解. 其中“相对论时空结构”可安排自学，作一般了解.

§ 22.1　狭义相对论产生的背景和实验基础

狭义相对论是直接为解决麦克斯韦(Maxwell)电磁理论与伽利略、牛顿绝对时空理论的矛盾产生的. 为了阐述狭义相对论，我们首先回顾一下在力学中介绍过的绝对时空理论以及与之相应的物理学普遍原理.

22.1.1　绝对时空理论和力学相对性原理

一个物理事件可以用一组时空坐标标识，同一个物理事件在两个特殊相关惯性系(图 22.1.1)中的时空坐标由伽利略(Galileo)变换

$$\begin{cases} x' = x - vt \\ y' = y \\ z' = z \\ t' = t \end{cases} \tag{22.1.1}$$

联系着. 伽利略变换集中地体现了绝对时空理论，即“同时”、时间间隔、空间距离与观测参考系选择无关，具有绝对性. 在伽利略变换下，经典力学规律(牛顿方程)是协变的，这和力学相对性原理：力学规律在所有惯性系中都采取相同形式是一致的. 其次，从伽利略变换出发，可自然地导出经典速度相加定理

$$\boldsymbol{u}' = \boldsymbol{u} - \boldsymbol{v} \tag{22.1.2}$$

即运动质点在 S 系中的速度 $\boldsymbol{u}$，等于 S' 系相对 S 系的速度 $\boldsymbol{v}$ 加上该质点在 S' 系的速度 $\boldsymbol{u}'$. 伽利略变换、绝对时空理论、力学相对性原理、牛顿方程的协变性以及经典速度相加定理，作为基本要素共同构成了旧物理学的基本原理. 由于绝对时空理论和我们日常生活经验吻合，以及牛顿力学的巨大成功，在 19 世纪 50 年代以前，几乎无人怀疑过这些原理的正确性.

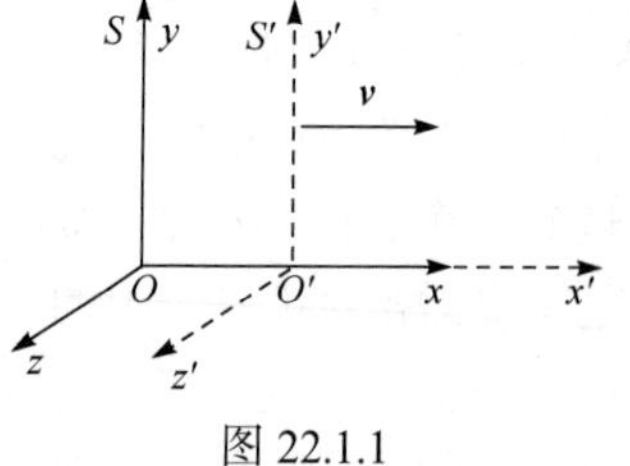

图 22.1.1

22.1.2　麦克斯韦电磁理论与旧物理学原理的矛盾

为了说明麦克斯韦电磁理论的规律不满足力学相对性原理，我们设想一个刚性短棒两端带等量异号的点电荷$\pm q$，静止在S'系中，棒与x'方向成θ角放置(图 22.1.2). 在S'系中两电荷静止，相互作用引力的大小由库仑定律给出，方向沿棒轴线，棒显然不会受到力矩的作用. 当S'系相对S系以速率v沿公共x轴运动时，在S系中观测，两点电荷$\pm q$都沿x方向运动，形成两个方向相反的电流，每个电流都在对方电荷所在点激发方向如图所示的磁场. 由洛伦兹力公式

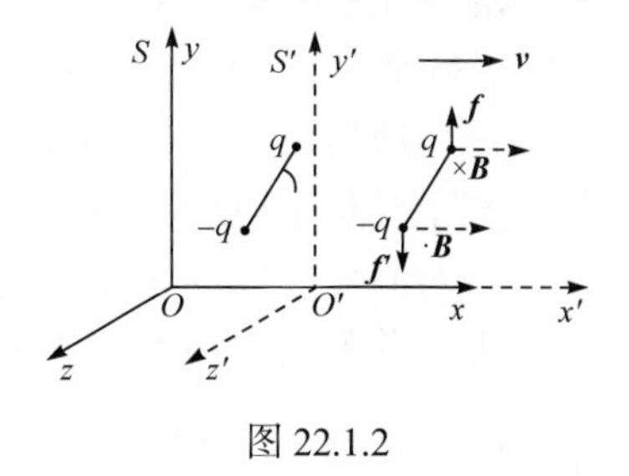

图 22.1.2

$$\boldsymbol{f}=q\boldsymbol{v}\times\boldsymbol{B} \tag{22.1.3}$$

每个电荷除受到另一个电荷的吸引力之外，还受到另一个电荷电流的磁作用力. 这一对磁作用力与电荷运动方向垂直，使棒受到一个逆时针转动的力矩. 由于其中任一个电荷受到作用力在S系和S'系中不同，每个电荷运动方程都不可能在伽利略变换下保持形式不变. 这表明包括电磁现象的物理规律不满足力学相对性原理.

其次，麦克斯韦电磁理论给出电磁波在真空中传播速度$c=1/\sqrt{\mu_0\varepsilon_0}$，是个与观测参考系或光源运动无关的常数，这与经典速度相加定理是矛盾的. 根据经典速度相加定理，若电磁波在S系速度是$\boldsymbol{c}$，S'系相对S以$\boldsymbol{v}$做匀速直线运动，在S'系中电磁波传播的速度就是

$$\boldsymbol{u}'=\boldsymbol{c}-\boldsymbol{v}$$

$$u'=\sqrt{c^2+v^2-2\boldsymbol{c}\cdot\boldsymbol{v}} \tag{22.1.4}$$

所以在S'系中，电磁波速$u'\neq c$，且大小依赖于电磁波传播方向$\boldsymbol{c}$与S'相对S系运动方向$\boldsymbol{v}$的夹角. 这与麦克斯韦电磁理论是完全矛盾的.

既然麦克斯韦电磁理论的基本方程，在伽利略变换下，从一个惯性系到另一个惯性系不能保持形式不变(协变)，这些方程就只能在某一个特殊的参考系中成立. 那么使麦克斯韦电磁理论成立的那个特殊参考系是什么呢?

19 世纪的物理学家对电磁波的认识仍未脱离机械波的模式，他们认为电磁波应当像声波、固体中的弹性波一样，需凭借某种介质才能传播. 麦克斯韦本人就曾经这样说过："…事实上，只要能量在一段时间里从一物体传送到另一物体，那就必然有一种媒体或物质，使得能量在离开一个物体之后而未到达另一物体之前，能够存留在其中．"当时假设能传播电磁波的这种介质是**"以太"**(ether). 由于电磁波可以在整个宇宙空间中传播，还必须假设以太充满全宇宙空间，并且宇宙以

太就其整体来说应当是静止的(说宇宙以太整体的运动显然是没有意义的). 于是相对以太静止的参考系，就自然地被认为是使麦克斯韦电磁理论成立的特殊参考系. 这个参考系本质上就是牛顿的绝对静止的参考系.

如果宇宙空间充满以太，地球就是在“以太海洋”中运动，情况就像汽车在空气中疾驶，车上乘客会感受到迎面吹来的风一样，在地球表面应当存在强劲的以太风(地球运动速度 3×10^5km/s！). 若能测得在地球表面光顺以太风方向和逆以太风方向传播的速度差，就不仅可以确定以太的存在，而且还可以测出地球相对以太(绝对静止参考系)的绝对运动速度. 于是测定地球相对以太的运动速度，就成为 19 世纪末物理学研究的一个重要课题.

22.1.3 迈克耳孙-莫雷实验

设光相对地球速度为 $\boldsymbol{c}'$，地球相对以太速度为 $\boldsymbol{v}$，按经典速度合成公式，光相对以太速度

$$\boldsymbol{c}=\boldsymbol{c}'+\boldsymbol{v}$$

$$c=\sqrt{c'^2+v^2+2\boldsymbol{c}'\cdot\boldsymbol{v}}$$

所以在以太参考系中看，相对地球沿 $\boldsymbol{v}$ 方向传播的光速 $c'=c-v$，逆 $\boldsymbol{v}$ 方向传播的光速 $c'=c+v$，而垂直于 $\boldsymbol{v}$ 方向的光速是 $c'=\sqrt{c^2-v^2}$.

为了测量地球相对以太的速度，可以在地面上平行于以太风方向选择相距 l 的两点 A 和 B，让一个光脉冲顺以太风从 A 传到 B，被 B 处反射镜反射，再逆以太风返回到 A，若共用时间为 Δt，则有

$$\Delta t=\frac{l}{c+v}+\frac{l}{c-v}=\frac{2lc}{c^2-v^2}$$

原则上测量出 Δt，根据已知的 l，就可由上式计算出地球相对以太的速度 v. 但是这个 Δt 和假设地球相对以太没有运动，光往返需要时间 $\Delta t_0=2l/c$ 相比非常接近. 实际上若取地球相对以太运动速度为地球绕太阳公转速度：$v=3\times10^4\text{m/s}$，光速 $c=3\times10^8\text{m/s}$，两种情况下的时间差和 Δt_0 之比

$$\frac{\Delta t-\Delta t_0}{\Delta t_0}=\left(\frac{2lc}{c^2-v^2}-\frac{2l}{c}\right)\Bigg/\frac{2l}{c}=\left(\frac{1}{1-v^2/c^2}-1\right)\approx\frac{v^2}{c^2}$$

仅为10^{-8}，这个测量精度是实验上难以达到的. 有人曾比喻这种测量相当于通过测量人体重量差求出眼睫毛的重量.

迈克耳孙是美国实验物理学家. 1879 年，他在美国航海年鉴办公室工作. 他读到麦克斯韦写给年鉴办公室同事 D. P. 托德的信，信中提到，在地面上通过测量光往返时间差决定地球相对以太速度很难做到，因为其效应取决于地球速度与光速比的平方，这个量太小实验精度难以

达到. 迈克耳孙擅长于光学测量，他决心迎接这一挑战. 1880 年迈克耳孙获准在德国柏林大学 H. V. 亥姆霍兹实验室进行光学技术研究，开始探讨用光干涉方法测量地球相对以太速度.

迈克耳孙

迈克耳孙和莫雷的贡献就在于他们以惊人的创造力，发明了一个新的设备——迈克耳孙干涉仪(这套仪器直到今天在实验室仍广泛使用). 如果确实存在以太，并且地球相对于以太运动，理论上使用这种仪器就应当能观察到地球运动对光速产生的微小效应. 虽然迈克耳孙在他实验目的要证实以太存在的意义上失败了，但他却以发明了能进行精确测量的干涉仪而获得 1907 年的诺贝尔物理学奖. 而且他的这个实验被认为是爱因斯坦狭义相对论最早的实验基础.

1881 年，迈克尔孙和莫雷利用他们设计的干涉仪，测量光在地球表面逆“以太风”和顺“以太风”传播的光程差. 他们的实验装置可示意地用图 22.1.3 表示.

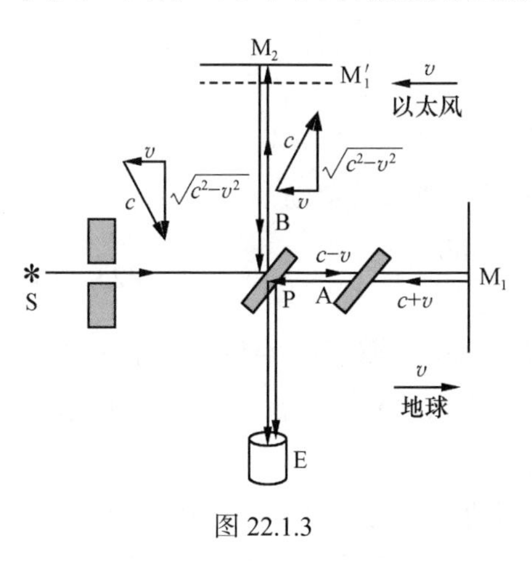

图 22.1.3

由光源 S 发出的光束入射到与光束成 45°角的半镀银玻璃片 P 上，分成 A、B 两束. A 束透过 P，射至反射镜 M_1，经 M_1 反射后回到 P，并经 P 反射进入目镜 E. B 束被 P 反射至反射镜 M_2，经 M_2 反射回到 P，并透过 P 也到达目镜 E. 实验中使 M_1、M_2 镜面并不严格垂直，A、B 两束光在目镜 E 形成等厚干涉条纹(M_1' 是 M_1 关于 P 的像，M_1' 和 M_2 形成空气劈尖). 干涉仪两臂 PM_1、PM_2 互相垂直，长度分别是 l_1、l_2. 整个装置浮在水银槽上，可以在水平面内绕竖直轴平稳地转动.

实验分两步：

第 1 步　使干涉仪臂 PM_1 沿地球轨道运动方向. 注意到 A、B 两束光在 SP 段、PE 段传播路程相同，仅在 PM_1、PM_2 段传播才产生程差. 设地球相对以太速度为 v，光相对以太速度是 c，A 光束在 PM_1 段往返需要时间

$$\Delta t_1 = \frac{l_1}{c-v} + \frac{l_1}{c+v} = \frac{2cl_1}{c^2 - v^2} \tag{22.1.5}$$

B 光束在 PM_2 段往返需要时间

$$\Delta t_2 = \frac{2l_2}{\sqrt{c^2 - v^2}} \tag{22.1.6}$$

这两束光程差

$$c\Delta t = c(\Delta t_2 - \Delta t_1) = \frac{2l_2}{\sqrt{1 - v^2 / c^2}} - \frac{2l_1}{1 - v^2 / c^2} \tag{22.1.7}$$

第 2 步 使整个装置绕竖直轴转动 90°，相当于 PM_1、PM_2 两臂交换位置. 两束光程差

$$c\Delta t' = \frac{2l_2}{1-v^2/c^2} - \frac{2l_1}{\sqrt{1-v^2/c^2}} \tag{22.1.8}$$

转动前后程差改变

$$\Delta L = c(\Delta t' - \Delta t) = 2(l_1 + l_2)\left[\frac{1}{1-v^2/c^2} - \frac{1}{(1-v^2/c^2)^{1/2}}\right] \tag{22.1.9}$$

由于地球轨道运动速度 $v \ll c$，可取以下近似：

$$\frac{1}{(1-v^2/c^2)} \approx 1+\frac{v^2}{c^2}, \quad \frac{1}{(1-v^2/c^2)^{1/2}} \approx 1+\frac{1}{2}\frac{v^2}{c^2}$$

代入式(22.1.9)得

$$\Delta L = (l_1 + l_2)\frac{v^2}{c^2}$$

由此，在干涉仪转动 90°过程中，目镜将观测到干涉条纹移动

$$\Delta n = \frac{\Delta L}{\lambda} = \frac{(l_1 + l_2)v^2}{c^2 \lambda} \tag{22.1.10}$$

个条纹间距. 在 1887 年的迈克耳孙-莫雷实验中，取 $l_1 + l_2 = 22\ \mathrm{m}$，采用波长 $\lambda = 5.9\times10^{-7}\,\mathrm{m}$ 的钠黄光，取地球轨道速度 $v = 3.0\times10^4\,\mathrm{m/s}$，代入式(22.1.10)，求得

$$\Delta n \approx 0.37$$

即转动后干涉条纹相对转动前将移动约 0.37 个条纹间距. 而实验上观测到的条纹移动上限为 0.01 个，仅是预期值的约 1/40. 当然实验可能存在误差，迈克耳孙本人以及以后其他人，采取各种方法，不断改进实验精度，考虑到可能的其他因素的影响，还采用来自恒星的光线；激光出现后，还有人使用高度单色的激光；并在不同季节、不同地点多次重复实验，都没有观察到干涉条纹的移动.

22.1.4 迈克耳孙-莫雷实验“否定”结果的意义

迈克耳孙-莫雷实验原理是假设存在“以太”，电磁波在以太中速度为 c，在相对以太运动的地球参考系中，由经典速度相加定理，光速应表现出方向上的差别. 迈克耳孙实验的目的是要检测到这种差别,证明以太的存在. 实验的否定结果表明，在地球参考系中光沿各个方向有相同的传播速度. 由于地球的轨道运动速度在不同时刻空间取向不同，在一年内不同时间的实验相当于在不同惯性系中的实验. 迈克耳孙-莫雷实验表明光速不依赖于观测参考系，不满足经典速度相加定理,在所有惯性系中的速度都是 c. 这一方面蕴含着电磁波的规律不依赖于某一特

殊选择的参考系，另一方面也表明去掉臆想的电磁波的机械波性质，引进以太作为麦克斯韦电磁理论成立的特殊参考系确无必要. 这些都是下节狭义相对论原理要反映的内容.

尽管历史上爱因斯坦创立狭义相对论，并没有直接依赖迈克耳孙-莫雷实验，但这一实验事实仍然被看作狭义相对论最主要的实验基础.

§ 22.2　狭义相对论的基本原理

企图发现使麦克斯韦方程组成立的特殊参考系实验的失败，使经典物理陷入危机. 为了摆脱危机，许多物理学家都在旧物理原理框架中寻找出路，提出了诸如“拖曳说”“发射说”“收缩说”等假说，这些假说或与已知实验事实矛盾，或缺乏逻辑上的一致性，令人难以信服. 爱因斯坦勇敢地冲出旧物理原理、绝对时空观念的束缚，决定推广力学相对性原理，修改旧的时空理论，解决这一矛盾. 1905 年，爱因斯坦发表了“论运动物体中电动力学”的论文，提出了后来被称为狭义相对论的理论.

22.2.1　狭义相对论的基本原理

爱因斯坦坚信自然界的和谐和统一，既然相对性原理在力学中成立，在电磁学乃至整个物理学都应当成立. 在分析了企图发现特殊(以太)参考系实验失败的事实后，爱因斯坦提出了狭义相对论的两条基本原理：**物理学相对性原理**和**光速不变原理**.

既不能用力学方法，也不能用电磁学、光学等一切物理学方法确定诸惯性系之一是特殊的. 或在实验室进行的任何物理实验(力学、热学、电磁学、光学等)都不能确定实验室是处在静止状态或匀速直线运动状态. 这一假说称为**物理学相对性原理**(relativity principle)或**爱因斯坦相对性原理**.

物理学相对性原理表明物理现象(包括力、热、电磁、光现象等)在所有惯性系中进行都是相同的，因此在任一个惯性系中研究者从现象中总结出的物理规律(如果他没犯错误的话)，都应当是相同的. 从这个意义上，物理学相对性原理也可表述为**一切惯性系在描述物理规律上都是等价的.**

只承认物理学相对性原理，电磁理论和绝对时空的矛盾仍未解决. 如果麦克斯韦方程组是正确的，那么电磁波在任何惯性系中的速度都是 c ，而这与伽利略变换矛盾. 如何解决这个矛盾呢？爱因斯坦决定放弃绝对时空理论，修改伽利略变换，使上述矛盾得到解决. 爱因斯坦认为，既然实验证明光速与观测参考系无关，光速不变又集中反映了和伽利略变换的矛盾，修改伽利略变换就要从光速问题入手，于是他又提出了第二个假设：

真空中光在一切惯性系中的速度都是 c ，与光源(或观测参考系)运动无关.

这个假说称为**光速不变原理**(principle of invariance of light speed).

物理学相对性原理和光速不变原理共同构成了狭义相对论的理论基础. 下面首先分析这两条原理蕴含着什么样的时空观念变化.

22.2.2 “同时”的相对性

由狭义相对论的两条原理出发，可以得出的第一个结论是“同时”是相对的，即**在一个惯性系中判定为同时的两个事件，在另一个惯性系中判定为不同时.**

设有一透明车厢，车厢中部装有一闪光灯，车厢相对地面做匀速直线运动(图 22.2.1). 某一时刻闪光灯发出一闪光，照亮沿车厢运动方向的前壁和后壁. 在车厢内(S' 系)的观测者看来，向前、向后传播的两束光速度都是 c，通过的距离都是车厢长度的一半，闪光照亮前壁、后壁这两个事件是同时的.

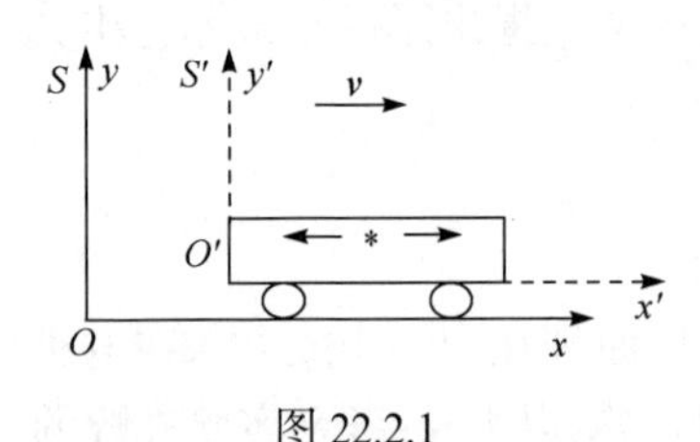

图 22.2.1

在地面(S 系)的观测者看来，由于光速与观测参考系无关，光传播速度仍然是 c，但由于车厢在运动，当闪光传播时，车厢前壁在逃离光信号，而后壁在趋近光信号，所以后壁将首先接收到闪光，前壁将后接收到光信号. 这样闪光到达前壁、后壁这两个事件，在车厢参考系的观测者判定是同时的，而地面参考系的观测者则判定为不同时. 这表明同时不是绝对的，依赖于观测参考系的选择.

由同时的相对性，还可以得出运动物体发生的物理过程延缓、运动物体沿运动方向收缩等结论. 我们暂时放下关于相对论时空理论的讨论，集中精力导出符合上述两条基本原理的新的物理事件时空坐标变换关系——**洛伦兹变换**(Lorentz transformation)，然后就像我们从伽利略变换得出旧时空理论的性质一样，从洛伦兹变换出发，揭示相对论时空理论的特征.

22.2.3 爱因斯坦

爱因斯坦 1879 年 3 月生于德国西南部古城乌尔姆一个犹太人家庭，1900 年毕业于瑞士苏黎世工业大学，曾一度失业，1902 年 6 月才在伯尔尼瑞士专利局找到技术员的工作. 1905 年，他在享有很高学术声誉的刊物《物理年鉴》同一卷发表三篇论文，分别在光量子理论、分子运动理论和力学与电动力学等三个不同领域提出创造性的新见解，其中狭义相对论具有划时代的重要性. 1916 年发表了《广义相对论基础》. 爱因斯坦由于在光量子理论方面的贡献，荣获 1921 年度诺贝尔物理学奖.

爱因斯坦

相对论是现代物理学的基石，是 20 世纪物理学最伟大的成就之一. 狭义相对论揭示了空间和时间的联系，质量和能量的内在联系；广义相对论则更深入地揭示了时空性质与物质运动的不可分割的联系. 相对论从根本上改变了传统的时间、空间观念. 现在这个理论不仅为大量的实验事实证明，而且已经是现代科学技术的主要理论基础. 法国物理学家朗之万认为爱因斯坦的贡献可以和牛顿相比拟. 德国物理学家普朗克则称誉爱因斯坦为 20 世纪的哥白尼.

从爱因斯坦一生的科学活动中，我们可以获得多方面的思想启迪，学习到许多宝贵的科学思想方法.

(1) 爱因斯坦自觉坚持自然科学的唯物主义传统，他相信存在一个独立于我们意识之外的客观世界；并把“掌握这个外在世界，作为一个崇高的目标”. 在科学研究中，他重视实验事实，坚持以实验事实为出发点. 爱因斯坦最初是相信以太存在的，并打算用实验证实这件事. 当他知道得知迈克耳孙实验的零结果后，大声疾呼把迈克耳孙实验的“零”结果作为一个实验事实接受下来. 并很快想到：“如果我们承认迈克耳孙实验的零结果，地球相对以太的运动的想法就是错误的.”就是这种思考最早引导他走向相对论. 关于相对论，他说：“这理论并不起源于思辨，它的创造完全是由于要使物理理论尽可能适应观测到的实验事实.”

(2) 爱因斯坦坚持物质世界统一的思想信念，坚持以统一的观点说明世界；他推广力学相对性原理到物理学相对性原理，他创造广义相对论，使惯性系和非惯性系的不对称消失，揭示空间、时间、物质和运动的统一性，都集中体现了他的这种观点.

(3) 爱因斯坦一生为追求真理勤奋、刻苦工作，持之以恒地探索. 他说“空间、时间是什么，…我一直揣摩这个问题，结果比别人钻得更深些.”爱因斯坦 16 岁还在念中学时，就开始思索一个问题，如果以光速追赶光的运动，将看到什么？他想到看到的应当是一个在空间振荡、停滞不前的电磁场，而这样的情况无论在实验还是在麦克斯韦的电磁理论中都不存在. 于是他直觉地地感到“一切都应当像一个相对于地球静止的观察者所看到的那样按照同样的一些定律进行”. 爱因斯坦后来说，这个问题他沉思了 10 年，才透彻地解决了这个问题. 爱因斯坦曾把天才归结为：艰苦劳动+正确方法+少说空话.

(4) 爱因斯坦勇于创新，对传统和已有的认识采取独立的批判态度，勇敢地冲破传统束缚，敢于去触碰被称为“常识”的信条. 当迈克耳孙零结果实验使一些物理学家感到震惊和迷惘，忙于从传统物理理论出发修补以太论时，爱因斯坦却跳出传统思想的束缚，从更广泛、更普遍的惯性系在物理上的等效性出发，解决这一矛盾，即使冒着修改“常识”的风险，他也在所不惜.

(5) 爱因斯坦善于从哲学批判中吸取营养. 爱因斯坦在大学时就读过奥地利物理学家、哲学家马赫的“力学及其发展的批判历史概论”，1902 年前后，爱因斯坦还和他的朋友常聚在一起研究斯宾诺莎、彭加勒等的科学和哲学著作，斯宾诺莎关于自然界统一的思想，休谟的时空观特别是马赫对牛顿的绝对时空概念进行的分析和批判，对爱因斯坦以后的科学活动产生重大影响. 爱因斯坦在自述中谈到他是如何冲破时间绝对性或同时绝对性传统观念，发现相对论时曾说道：“对于发现这个问题的中心点所需要的批判思想，就我的情况来说，特别是由于阅读了戴维·休谟和恩斯特·马赫的哲学著作而得到决定性的进展.”马赫认为时间、空间概念是通过经验形成的，是从比较两个事物的快慢中产生的. 而绝对时空观念无论依据什么经验也不能把握，只不过是一种无根据的、先验的概念而已. 于是他得出结论，在力学中具有意义的只是相对运动，绝对运动是没有意义的. 这些思想使爱因斯坦感到“引人入胜”“表达了当时还没有成为物理学家公共财富的思想”.

爱因斯坦不仅是一位伟大的科学家和一位富有哲学探索精神的思想家，而且还是一个正直的、有高度社会责任感的人. 他除了孜孜不倦地进行科学研究外，还积极参加正义的社会斗争. 他一贯反对侵略战争，反对军国主义和法西斯主义，反对民族压迫和种族歧视，为人类进步进行坚决的斗争. 他一心希望科学造福人类，表现出对人类面临的各种社会问题的高度关注和热情.

爱因斯坦有高尚的思想境界和崇高的人格魅力. 在巨大的荣誉面前，他强调的是别人的贡献，别人为他的工作创造的条件. 他把相对论的发现看成是在牛顿、法拉第、麦克斯韦等人“伟大构思画上的最后一笔”“是一条可以回溯几世纪的路线的自然延续”. 他反对个人主义和利己主义. 他说“人是为别人而生存的”“一个人的价值首先取决于他的感情、思想和行动对增进人类利益有多大作用”. 他的一个著名的格言是：“人只有献身社会，才能找出那实际上短暂而又有风险的生命的意义.”

§22.3 洛伦兹变换

为了解释迈克耳孙-莫雷实验的否定结果，爱尔兰人菲茨杰拉德提出物体沿运动方向会发生收缩的假说. 洛伦兹是享有很高声望的荷兰理论物理学家，他独立提出了相同的观点，并把这种收缩归因为构成物体的电子(当时，电子这个词指原子中的正负电荷)与以太的相互作用，引起分子力沿运动方向发生变化，导致收缩这样的物理过程. 为了解释迈克耳孙-莫雷实验，他找出了长度和时间测量应有的关系，推导了联系静止和运动两个观测者，测量出的长度和时间满足的一套方程式——现在称为**洛伦兹变换**. 虽然洛伦兹关于电子和以太作用的假设是不正确的，但他得出的变换关系式是正确的，这套关系式构成了狭义相对论的基本内核，可以认为是狭义相对论理论的数学表示.

本节将从狭义相对论的两条基本原理出发，重新导出洛伦兹变换关系. 为了导出新的时空坐标变换关系，我们首先引进“四维时空”“间隔”等概念，并从某些物理上合理的原则出发，推得新变换关系可能的形式.

22.3.1 四维时空 间隔和间隔不变性

物体运动总是在实际的三维空间和一维时间中进行，一个物理事件的完整描述需同时指出它发生的空间位置和时刻. 在相对论中常引进虚数

$$w = \mathrm{i}ct \tag{22.3.1}$$

代替时间 t，并把它和通常三维空间坐标(x,y,z)等同看待，这样通常的三维空间加一维时间就构成了一个四维时空. 这里用光速 c 乘 t 是使 w 和坐标(x,y,z)有相同的量纲，引进虚数 i 的目的是使下面定义的**四维间隔**具有三维空间**距离**的形式. 这样的四维时空又称为**闵可夫斯基空间**(Minkowski space). 闵可夫斯基空间中的

一个点(x,y,z,w)就表示 t 时刻发生在三维空间(x,y,z)点的一个物理事件的时空坐标，称为**“世界点”**(world-point). 由于物体运动可看成是一系列物理事件连续发生的过程，物体运动就可由闵可夫斯基空间中的一条连续曲线表示，称为**“世界线”**(world-line). 下面我们将看到，时间、空间都和物质运动相联系，采用这种四维时空，可以方便地反映这种联系，用更简洁优美的形式表述相对论.

类似于三维坐标空间两点之间的距离 $r^2=(x_2-x_1)^2+(y_2-y_1)^2+(z_2-z_1)^2=|\Delta\boldsymbol{x}|^2$，定义坐标分别为$(x_1,y_1,z_1,w_1),(x_2,y_2,z_2,w_2)$的两个物理事件 P_1,P_2 的**间隔**(interval)为

$$\begin{aligned}s^2&=(x_2-x_1)^2+(y_2-y_1)^2+(z_2-z_1)^2+(w_2-w_1)^2\\&=(x_2-x_1)^2+(y_2-y_1)^2+(z_2-z_1)^2-c^2(t_2-t_1)^2\end{aligned}\tag{22.3.2}$$

特别当这两事件是同时的，$S^2=(x_2-x_1)^2+(y_2-y_1)^2+(z_2-z_1)^2=|\Delta\boldsymbol{x}|^2$，间隔就仅由这两事件空间距离决定；当这两事件发生在同一地点，$S^2=-c^2|\Delta t|^2$，间隔就是光速平方乘以时间间隔平方的负值. 可见这里定义的间隔，是通常三维空间距离和时间间隔的统一，本身就包含有空间距离和时间间隔两个因素.

设在惯性系 S 中于(x_1,y_1,z_1)点 t_1 时刻发出一球面光波，在 t_2 时刻波前到达(x_2,y_2,z_2)点，由于光波传播速度是 c，波前上各点满足方程

$$s^2=[(x_2-x_1)^2+(y_2-y_1)^2+(z_2-z_1)^2-c^2(t_2-t_1)^2]=0\tag{22.3.3}$$

可见，光波发出、光波到达这两事件在 S 系中的间隔为零. 设在 S' 系中上述光信号发出和到达两事件坐标分别为(x_1',y_1',z_1',t_1')和(x_2',y_2',z_2',t_2')，由光速不变，在 S' 系中这两事件的间隔仍为零. **可见由光信号联系的两事件间隔为零，并且与参考系无关.**

一般情况下两事件可能不是以光信号联系或没有联系，这两事件的间隔是否仍与参考系无关呢？关于这个问题可以做以下的论证：

实验表明在同一个惯性系中，所有的时空点在物理上都是等价的，即任何一点都不比其他点具有特殊的物理性质. 两个物理事件之间的空间距离和时间间隔与它们发生在何处何时无关. 这一性质决定了两个惯性系间的时空坐标变换关系必须是**线性的**. 设想一个非线性变换 $x'=ax^2$ (a 是个常数，为了简单可设为 1)，当 S 系中一根长度为 1 的尺子沿 x 轴放置，两端分别与 $x_1=1$ 和 $x_2=2$ 两点重合时，变换到 S' 系中，两端点将与 S' 系中的 $x'=1,x'=4$ 重合，在 S' 系中的长度为 3. 这同一根尺子若放在 S 系中 $x=2,3$ 两点间，变换到 S' 系中，其端点将与 $x'=4,9$ 两点重合，长度变为 5. 这样在 S' 系中，同一根尺子放在不同地点长度就不一样了，这与所有空间点物理上等价的事实矛盾. 关于时间的变换可以做类似的讨论. 所

以两惯性系间正确的时空坐标变换关系，必须是线性的.

设两物理事件在 S 系和 S' 系中的间隔分别是 s^2 和 s'^2，由于 s^2 和 s'^2 都是坐标的二次式，从 S 系到 S' 系间隔应满足一般线性关系

$$s'^2 = as^2 + b \tag{22.3.4}$$

a 是可能与相对运动速度有关的常数. 由运动的相对性，若把 S' 看作静系，把 S 看作以速率 v 沿 $-x$ 方向运动，应有

$$s^2 = as'^2 + b = a(as^2 + b) + b = a^2s^2 + ab + b$$

这是一个恒等式，比较对应项的系数得

$$a^2 = 1, \quad b = 0 \to a = \pm 1$$

注意到 a 作为相对运动速度的函数，应当是连续的. 由 $a(v \to 0) = 1$，应有 $a(v) = 1$. 故式(22.3.4)可写为

$$s'^2 = s^2 \tag{22.3.5}$$

这表明在**式(22.3.2)中定义的间隔，在坐标变换下应当是一个不变量**，这可看作是对新坐标变换关系的一个限制条件.

22.3.2 洛伦兹变换关系

设 S 和 S' 是两个特殊相关惯性系(即 S 和 S' 坐标轴都互相平行，S' 相对 S 以速率 v 沿公共 x 轴方向运动，且当两坐标系原点 O 和 O' 重合时($t = t' = 0$)，发生一个物理事件 P，在 S' 系中的观测者确定这个事件的时空坐标为 (x', y', z', t')，在 S 系的观测者确定这个事件的坐标为 (x, y, z, t). 现在我们寻找这两组坐标之间的关系. 前面已指出新变换关系必须是线性的，而且应保证式(22.3.5)成立. 其次新变换关系在相对运动速度 $v \ll c$ 情况下，还要过渡到伽利略变换. 因为在低速情况下，伽利略变换毕竟和我们的经验吻合，被大量实验证明是正确的.

根据上述考虑可设新变换关系为

$$\begin{cases} x' = \gamma(x - vt) \\ y' = \lambda y \\ z' = \lambda z \\ t' = \alpha x + \delta t \end{cases} \tag{22.3.6}$$

其中 $\gamma, \alpha, \lambda, \delta$ 是待定常数，是一些可能与相对运动速度有关的量，现在就来确定这些常数.

(1) 由运动相对性

$$y = \lambda y' = \lambda^2 y \to \lambda = 1$$

这里舍去 $\lambda=-1$ 是考虑到过渡到低速情况下应与伽利略变换一致. 实际上在写出变换关系式(22.3.6)时已注意到 y,z 都是与相对运动方向垂直的分量，与沿相对运动方向的 x 坐标应取不同的形式. $\lambda=1$ 表示新变化关系仍有 $y'=y,z'=z$ ，即与运动方向垂直的长度在两个惯性系中是相同的. 设想车厢正好要通过一个山洞，山洞高度和车厢静止时的高度相等. 如果运动引起高度变小，那么在车厢参考系看，山洞相对车厢在运动，车厢将不能通过山洞. 而在地面参考系看，运动车厢高度变小，车厢应能通过山洞. 车厢能否通过山洞是一个物理事实，不应当和参考系选择有关. 所以车厢运动不会引起高度变小. 同样的论证可以说明运动也不会引起高度变大. **所以垂直于运动方向的长度不会因观测参考系变化**.

(2) 计算事件 P 与发生在时空坐标原点的事件 $O(0,0,0,0)$ 的间隔，在 S 系中 $s^2=x^2+y^2+z^2-c^2t^2$. 在 S' 系中，应用式(22.3.6)，并注意到 $\lambda=1$ ，有

$$s'^2=\gamma^2(x-vt)^2+y^2+z^2-c^2(\alpha x+\delta t)^2$$

由间隔不变性 $s'^2=s^2$ ，稍加整理得

$$\begin{aligned}&(\gamma^2-c^2\alpha^2)x^2+y^2+z^2-2(\gamma^2v+c^2\alpha\delta)xt-(c^2\delta^2-\gamma^2v^2)t^2\\&=x^2+y^2+z^2-c^2t^2\end{aligned}$$

这是一个恒等式，比较对应项系数得

$$\begin{cases}\gamma^2-c^2\alpha^2=1\\\gamma^2v+c^2\alpha\delta=0\\c^2\delta^2-\gamma^2v^2=c^2\end{cases}\tag{22.3.7}$$

由式(22.3.7)前两式消去 γ^2 得

$$c^2\alpha(\delta+\alpha v)=-v\tag{22.3.8}$$

由式(22.3.7)后两式消去 γ^2 得

$$\delta^2+\alpha\delta v=1\tag{22.3.9}$$

最后，利用式(22.3.8)、式(22.3.9)消去 α 求得

$$\delta^2=\frac{1}{1-v^2/c^2}$$

考虑到相对运动速度 $v\to0$ 时，应过渡到伽利略变换，取

$$\delta=\frac{1}{\sqrt{1-v^2/c^2}}\tag{22.3.10}$$

将 δ 代入式(22.3.9)求得

$$\alpha = -\frac{v/c^2}{\sqrt{1-v^2/c^2}} \tag{22.3.11}$$

将式(22.3.11)中α代入式(22.3.7)中第1式，基于和δ取正号相同的理由，求得

$$\gamma = \frac{1}{\sqrt{1-v^2/c^2}} \tag{22.3.12}$$

将上面求得的$\lambda,\delta,\alpha,\gamma$代入式(22.3.7)，得

$$\begin{cases} x' = \gamma(x - vt) \\ y' = y \\ z' = z \\ t' = \gamma(t - \beta x/c) \end{cases} \tag{22.3.13}$$

其中引入习惯记法$\beta = v/c$. 式(22.3.13)称为**洛伦兹变换**(Lorentz transformation).

反解式(22.3.13)，或直接应用运动相对性，将其中带撇量与不带撇量互换，同时改变相对运动速度v的符号，可得从S'系到S系的**逆变换关系**

$$\begin{cases} x = \gamma(x' + vt') \\ y = y' \\ z = z' \\ t = \gamma(t' + \beta x'/c) \end{cases} \tag{22.3.14}$$

上面得到的洛伦兹变换适合于两个特殊相关惯性系，其中相对运动速度$\boldsymbol{v}$沿公共x方向. 相对运动速度$\boldsymbol{v}$任意取向的洛伦兹变换,可分别求出三维位矢的平行于相对运动分量、垂直于相对运动分量的变换关系，合在一起得到.

22.3.3 关于洛伦兹变换的讨论

洛伦兹变换是狭义相对论两条基本原理的直接结果，集中地体现了狭义相对论的时空观，在狭义相对论中占有中心地位. 下面对它再作些讨论.

(1) 洛伦兹变换**给出了同一个物理事件在两个不同惯性系中的时空坐标之间的关系**. 这个关系表明一个物理事件在S'系的时空坐标，不仅取决于它在S系中的坐标，而且还与相对运动速度v有关，通过相对运动v相联系，物理事件的时间、空间坐标不再互相独立. 这反映了空间、时间和物质运动的联系.

(2) 既然空间、时间都和物质、物质运动相联系，就不可能有一个脱离物质和物质运动的抽象的“钟”和“尺”作为度量空间和时间的基准. **空间和时间只能用具体的物体和具体的物理过程度量**. 例如，现代的原子钟用某一原子振动的周期度量时间，用某一原子发射特定谱线的波长度量长度等. 为了比较不同运动状态惯性系中时空性质的差别，在不同惯性系中应选用同一物理过程作为度量基

准. 所谓“**钟**”, 就是指其物理过程被我们选作度量时间基准的物体; 所谓“**尺**”就是其空间性质被选作度量空间广延性基准的物体. 由于物体的空间性质以及物理过程的进行都与它的运动状态有关, 我们还**限制每个惯性系“钟”“尺”相对这个惯性系必须处在静止状态**, 否则就不再是这个惯性系的“钟”和“尺”.

(3) 在 $v \ll c$ 的低速情况下, $\beta = v/c \approx 0, \gamma = 1/\sqrt{1-\beta^2} \approx 1$, 洛伦兹变换式(22.3.13)就自动回到式(22.1.1)的伽利略变换.

(4) 为了使洛伦兹变换有意义, 两惯性系相对运动速度 v 不能大于真空中的光速 c, 否则将导致坐标为虚数. 而参考系选择是任意的, 这意味着光速 c 是一切速度之上限.

§ 22.4　相对论的时空性质

一种时空坐标变换关系是以一定的时空观念为基础的, 和伽利略变换反映了绝对时空观的基本性质一样, 洛伦兹变换也蕴含着相对论时空观的基本特征. 本节就来揭示洛伦兹变换反映的相对论时空观的一些基本性质.

22.4.1　“同时”的相对性

设 S 和 S' 是两个特殊相关惯性系, 假设发生两个物理事件 P_1, P_2, 在 S 系中的观测者确定这两个事件的时空坐标分别为 $(x_1, t_1), (x_2, t_2)$, 在 S' 系的观测者确定这两个事件的坐标分别为 $(x_1', t_1'), (x_2', t_2')$ (这里考虑到与相对运动方向垂直的坐标并不变化, 把它们略去了). 考虑这两事件的时间坐标, 由洛伦兹变换式(22.3.13)

$$t_1' = \gamma(t_1 - \beta x_1 / c), \quad t_2' = \gamma(t_2 - \beta x_2 / c)$$

由此

$$t_2' - t_1' = \gamma[t_2 - t_1 - \beta(x_2 - x_1)/c] \tag{22.4.1}$$

若这两个事件在 S 系同时发生, 即 $t_2 = t_1$, 在 S' 系中这两事件的时间间隔

$$t_2' - t_1' = \gamma[-\beta(x_2 - x_1)/c]$$

一般情况下, 这两事件并不同时发生. 特别若 $x_2 > x_1$, 则 $t_2' - t_1' < 0$, 表示在 S' 系中事件 2 发生在事件 1 之前; 若 $x_2 < x_1$, 则 $t_2' - t_1' > 0$, 在 S' 系中事件 2 发生在事件 1 之后. 只要 $x_2 \neq x_1$, 在 S 系同时发生的两个事件, 在 S' 系中就不是同时的. 这表明在相对论中, **同时是相对的, 在一个惯性系判定为同时的两个事件, 在另一个惯性系中有可能判定为不同时**. 这是相对论时空理论的一个显著特征.

22.4.2　运动长度收缩

仍假设 S 和 S' 是两个特殊相关惯性系，一根棍子沿它们公共 x 轴放置，且相对 S' 系静止(图 22.4.1). 定义相对棍子静止的参考系的观测者(尺子)测得棍子的长度为**静止长度**或**固有长度**(proper length)，相对棍子运动参考系的观测者(尺子)测得棍子长度为**运动长度**. 所以 S' 系观测者测得的棍长是棍子的固有长度，S 系观测者测得的棍长是运动长度. 现在我们求棍子运动长度和静止长度的关系.

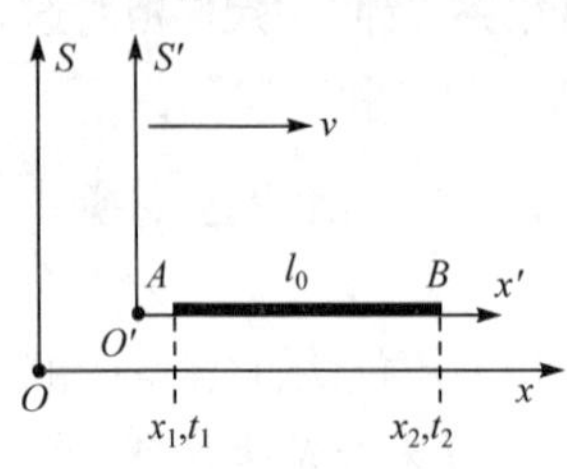

图 22.4.1

首先我们考虑两个参考系的观测者各自应如何测棍子长度. 由于棍子相对 S' 系静止，在 S' 系的观测者测棍长和通常的测量就没有什么差别. 他可以用 S' 系的尺子，从棍子一端量到另一端；或者找出棍子两端点 A、B 的坐标 x_1', x_2'，坐标差 $x_2' - x_1'$ 就是棍子长度. 由于棍子相对 S 系在运动，在 S 系的测量就不是那么简单了. S 系观测者不可能用他的尺子量棍长，因为 S 系尺子相对 S 系静止，而棍子相对 S 系在运动；S 系观测者也不可能先确定棍子一端坐标，再确定棍子另一端坐标，由两端坐标差求出棍长. 因为在这段时间内棍子另一段已经移动了一段距离，这段距离和棍长无关. 但是，如果在 S 系中同时确定棍子两端坐标，这时棍子两端坐标差就应当看作在 S 系中测得的棍长.

设棍子两端点 A、B 分别与 S 系中坐标 x_1、x_2 重合这两事件在 S 系中的坐标分别为 (x_1,t_1)、(x_2,t_2)，由于要求这两事件在 S 系中是同时的，所以 $t_1 = t_2$. 设这两事件在 S' 系中的坐标分别为 $(x_1',t_1'),(x_2',t_2')$，由洛伦兹变换关系式(22.3.13)

$$x_1' = \gamma(x_1 - vt_1),\quad x_2' = \gamma(x_2 - vt_2)$$

由此

$$x_2' - x_1' = \gamma[(x_2 - x_1) - v(t_2 - t_1)] = \gamma(x_2 - x_1)$$

由于棍子相对 S' 系静止，棍子两端点坐标 x_1', x_2' 与时间无关，$x_2' - x_1'$ 就是棍子的静止长度，记为 L_0. 记棍子的运动长度为 L，由上式得到

$$L_0 = \gamma L \tag{22.4.2}$$

由于 $\gamma = 1/\sqrt{1 - v^2/c^2} > 1$，式(22.4.2)表明棍子运动长度变小，即相对观测者运动的物体，沿运动方向发生了收缩. 由于这根棍子可以作为度量长度的尺子，有时候也说运动尺子变短.

必须指出，这里运动尺收缩和洛伦兹最初为解释迈克耳孙-莫雷实验结果提出的收缩概念毫无共同之处，不意味着运动尺子内部结构发生了变化，从而导致收缩这么一个真实的物理过程. **动尺收缩是一种相对论运动学效应，如果仅局限在**

惯性系间，这种效应也是相对的，在 S' 系观测者看来，静止在 S 系的尺子也会发生收缩. 所以**物体长度是个相对量，依赖于观测参考系的选择**.

22.4.3　运动时钟延缓

仍然取 S 和 S' 是两个特殊相关惯性系，设某个物体发生了某个物理过程(如一块衰变核物质)，该物体相对 S' 系静止. 定义相对放射核静止的时钟(参考系)测得核衰变过程持续时间为**固有时间**(proper time)**(或静止时间)**；相对放射核运动的时钟(参考系)测得的时间为**运动时间**. 我们研究这同一个物理过程固有时间和运动时间的关系.

设放射核静止在 S' 系的 $(x_1,0,0)$ 点(图 22.4.2)，同样在 S' 系中测量时间是简单的，可以拿一只钟 C 放在这一点，记下放射核开始放射(记为事件 1)时刻 t'_1 和放射完毕(记为事件 2)时刻 t'_2，时间差 $t'_2-t'_1$ 就是在 S' 系中测得的放射过程持续时间. 在 S 系中如何测量这个物理过程持续时间呢？当然不能让 S 系的钟和放射核一起运动测量时间，因为相对 S 系运动的时钟就不再是 S 系的钟. 一个可能的办法是在 S 系沿 x 轴放置一系列的时钟，这些时钟都相对 S 系静止，并保持完全同步. 放射核(或 C 钟)在沿 x 轴运动的每个时刻都会和 S 系的一个钟处在同一地点，这个钟就可以记下两者重合这一时刻. 设开始放射(事件 1)C 钟正和 S 系中的 A 钟重合，A 钟记下的开始时刻为 t_1；放射结束(事件 2)C 钟和 S 系 B 钟重合，B 钟此时指示时间 t_2，t_2-t_1 就应当是 S 系观测者测得的放射核衰变过程持续的时间. 事件 1 和事件 2 在 S 系中的时空坐标分别为 $(x_1,t_1),(x_2,t_2)$，利用逆洛伦兹变换式(22.3.14)有

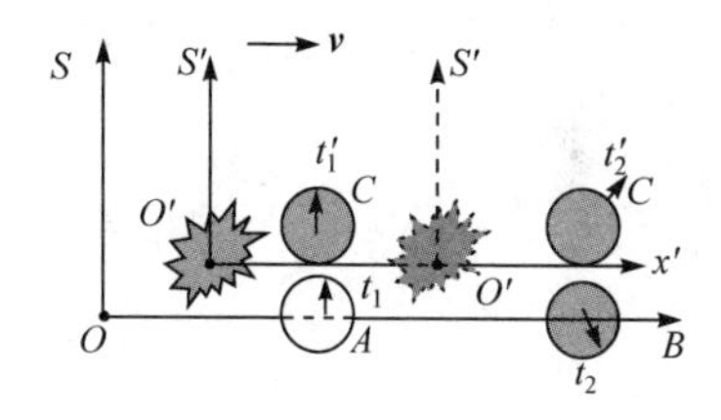

图 22.4.2

$$t_1=\gamma(t'_1+\beta x'_1/c),\quad t_2=\gamma(t'_2+\beta x'_2/c)$$

注意到 C 钟在 S' 系中静止，$x'_1=x'_2$，上两式两边相减得

$$t_1-t_1=\gamma(t'_2-t'_1)$$

或

$$\Delta t=\gamma\Delta\tau \tag{22.4.3}$$

其中 Δt 是相对放射物质运动的时钟测得的时间，即运动时间；$\Delta\tau$ 是静止时间. 式(22.4.3)表明相对实验室系(S 系)运动的时钟(C)测得的时间(静止时间)，小于实验室系测得的时间，表示**相对实验室运动的时钟是延缓的**. 时钟本身就是一个物体. 时钟走时就是具体的物理过程，**运动时钟延缓实际就是运动物体内部发生的物理过程是变慢的**.

如果仅仅局限在惯性系间，运动时钟延缓也是相对的. 在S'系的观测者也会观测到静止在S系的时钟也是延缓的. 在上面的例子中，当C钟同B钟重合时，两者可以互相比较，由于B指示的时间大于C指示的时间，S系观测者得出C钟变慢的结论. 但在S'系观测者看来，因为同时是相对的，开始时在S系坐标x_1的钟A指示t_1，坐标x_2的钟B也指示t_1是不可能的，B钟必定指示时间$t_1+\delta$（δ是某个不等于零的量). 若坐标x_1的钟A指示t_1，坐标x_2的钟B指示时间$t_1+\delta$，在S'系为同时，按洛伦兹变换式(22.3.13)应有

$$t_1'=\gamma(t_1-\beta x_1/c)=\gamma(t_1+\delta-\beta x_2/c)=t_2'$$

由此可以求出

$$\delta=\beta(x_1-x_1)/c$$

在S'系观测者看来，由于B钟是从$t_1+\delta$开始记时的，所以B钟测得的放射核放射过程持续时间是

$$\Delta t_B'=t_2-(t_1+\delta)=\left(t_1+\frac{x_2-x_1}{v}\right)-(t_1+\delta)$$

$$=\frac{x_2-x_1}{v}-\frac{v}{c^2}(x_2-x_1)=\Delta t(1-v^2/c^2)$$

利用式(22.4.3)，上式可以改写为

$$\Delta t_B'=\Delta\tau\sqrt{1-v^2/c^2} \tag{22.4.4}$$

这表示在S'系的观测者看来，B钟指示的时间小于C钟指示的时间，B钟是变慢的.

综上所述，在相对论中，每个观测者都观测到相对他运动的钟(物理过程)变慢了. **两个物理事件的时间间隔或一个物理过程持续的时间是个相对量，依赖于观测参考系的选择**.

22.4.4 因果律和信号速度　极限速度原理

上面已看到同时是相对的，下面我们说明在相对论中不同地点发生的两个物理事件，其先后次序也是相对的.

设发生两个物理事件P_1、P_2，其时空坐标在两特殊相关惯性系S和S'中分别为

	P_1	P_2
S	x_1,t_1	x_2,t_2
S'	x_1',t_1'	x_2',t_2'

由洛伦兹变换式(22.3.13)，这两个事件时间差

$$t_2'-t_1'=\gamma[t_2-t_1-\beta(x_2-x_1)/c] \tag{22.4.5}$$

由此看出，在S系中若$t_2>t_1$，即事件1先发生，事件2后发生，当两参考系相对运动速度v满足$t_2-t_1-\beta(x_2-x_1)/c<0$时，在$S'$系中$t_2'-t_1'<0$，事件2发生在

事件 1 之前，在 S' 系中事件 P_1、P_2 的先后次序被颠倒了.

事物发展是有一定因果关系的，"因"总是通过物质运动联系着"果". 总是作为原因的第 1 事件先发生，作为结果的第 2 事件后发生. 例如，子弹射出后经过一段飞行时间后才击中靶子，击中靶子这一事件不可能发生在发射子弹之前；同样，电视机接收到信号不可能发生在电视台发射信号之前. **事物发展的这种因果性是绝对的，在任何观测参考系都应成立**. 上述两事件先后次序的相对性是否和因果律矛盾呢?

为了保证因果律在相对论中成立，爱因斯坦提出：**真空中的光速是一切物体或信号速度之极限**，这一结论称为**极限速度原理**(principle of limiting velocity). 在极限速度原理条件下，可以证明在相对论中因果律仍成立.

设在 S 系中，$t_1<t_2$，t_1 代表发射子弹时刻，t_2 是击中靶时刻. 为了保证在 S' 系中仍有 $t_1'<t_2'$ 成立，由式(22.4.5)应有

$$t_2-t_1-\frac{v}{c^2}(x_2-x_1)>0$$

即

$$\frac{x_2-x_1}{t_2-t_1}<\frac{c^2}{v} \tag{22.4.6}$$

上式左端代表子弹飞行的速度，一般情况下代表联系有因果关系的两事件的信号的速度，记为 u，条件(22.4.6)可写作

$$uv<c^2 \tag{22.4.7}$$

在极限速度原理下，u,v 都不大于 c，不等式(22.4.7)恒满足，所以上述两事件先后次序是绝对的.

然而总可找到两个事件，它们的空间距离与发生时间间隔之比

$$\frac{x_2-x_1}{t_2-t_1}>c \tag{22.4.8}$$

从而使式(22.4.6)不成立，这样的两个事件的先后次序在 S' 中是被颠倒的. 不过这不会和因果律矛盾，因为按极限速度原理，这样的两个事件坐标既然满足式(22.4.8)，就不可能由任何实际信号建立联系，因此是不可能有因果关系的事件. 比如昨天半人马座星球上发生的大爆炸，决不可能成为今天早晨地球某处地震的原因. 因为我们知道半人马座到地球距离有 4 光年之遥，半人马座的大爆炸不可能通过任何实际信号在这么短的时间内波及地球. 所以**相对论保证有因果关系(或可能有因果关系)的两个事件先后次序是绝对的，但对不可能有因果关系的事件，其先后次序是相对的. 所以相对论不违背因果律.**

我们看到，相对论不违背因果律是以极限速度原理为前提的；反过来，因果律的普遍性也解释了极限速度原理的正确性.

例 22.4.1　在地球大气层上方，高能宇宙射线与气体原子核碰撞，产生 μ 子的速度接近光速 c. 已知 μ 子的固有寿命约为 2.2×10^{-6}s. 若按这个平均寿命计算，它通过的平均距离仅为

$$3.0\times10^{8}\times2.2\times10^{-6}=660(\mathrm{m})$$

实际大气层约有 100km 厚，在地面上观测到 μ 子流强度高达 500 个/(s · m²). 大量 μ 子之所以能渡越大气层到达地面，就是由于运动时钟延缓效应. 由于 μ 子以接近光速运动，其衰变过程大大延缓. 若 μ 子运动速率 $v=0.99998c$，其运动寿命为

$$t=\frac{t_0}{\sqrt{1-v^2/c^2}}\approx158t_0$$

比固有寿命长得多，所以才可能有大量 μ 子到达地面.

例 22.4.2　关于例 22.4.1 中 μ 子能渡越厚厚大气层的事实，还可以用运动长度收缩效应解释. 由于 μ 子的速率 $v=0.99998c$，在 μ 子参考系中，大气层以 v 速率运动接近 μ 子，其厚度(L_0=100km)大大减小，为

$$L=L_0\sqrt{1-\frac{v^2}{c^2}}\approx0.0063L_0=630\mathrm{m}$$

μ 子当然可以穿过这个厚度.

§ 22.5　相对论的速度合成　相对论时空结构

上一节我们看到，极限速度原理保证了在相对论中因果律成立. 如果物体在 S' 中的速度为 $\boldsymbol{u}'$, S' 相对 S 以速度 $\boldsymbol{v}$ 运动，当 $\boldsymbol{u}'$ 和 $\boldsymbol{v}$ 方向相同，且二者都大于 $c/2$，按伽利略速度合成公式，物体相对 S 系的速度 $|\boldsymbol{u}|=|\boldsymbol{u}'+\boldsymbol{v}|>c$，这不是和极限速度原理矛盾吗?

首先我们指出，物体相对一个参考系的速度，是用这个参考系的“钟”度量时间，用这个参考系的“尺”度量距离测得的速度. $\boldsymbol{u}'$ 是物体相对 S' 系的速度，所以它是用 S' 系的钟和尺测得的，$\boldsymbol{u}'+\boldsymbol{v}$ 不是物体相对 S 系的速度. 应如何求物体在 S 系中的速度呢?

22.5.1　相对论的速度相加公式

正如经典速度相加公式是从伽利略变换导出一样，相对论的速度合成也应当由洛伦兹变换得到. 下面我们从洛伦兹变换出发，推导相对论速度合成公式.

由洛伦兹变换式(22.3.13)，对坐标微分得

$$
\begin{aligned}
\mathrm{d}x' &= \gamma(\mathrm{d}x - v\mathrm{d}t) \\
\mathrm{d}y' &= \mathrm{d}y \\
\mathrm{d}z' &= \mathrm{d}z \\
\mathrm{d}t' &= \gamma(\mathrm{d}t - \beta\mathrm{d}x / c)
\end{aligned}
\tag{22.5.1}
$$

在每个参考系中的速度，应当是这个参考系测得的位矢改变量与这个参考系确定的发生这种改变所用时间之比，所以利用式(22.5.1)，在 S' 系物体运动速度分量

$$
u_x' = \frac{\mathrm{d}x'}{\mathrm{d}t'} = \frac{\mathrm{d}x - v\mathrm{d}t}{\mathrm{d}t - \beta\mathrm{d}x / c} = \frac{u_x - v}{1 - \beta u_x / c} \tag{22.5.2}
$$

其中 $u_x = \mathrm{d}x / \mathrm{d}t$ 是 S 系中速度的 x 分量. 类似地可求出

$$
u_y' = \frac{\mathrm{d}y'}{\mathrm{d}t'} = \frac{u_y}{\gamma(1 - \beta u_x / c)} \tag{22.5.3}
$$

$$
u_z' = \frac{\mathrm{d}z'}{\mathrm{d}t'} = \frac{u_z}{\gamma(1 - \beta u_x / c)} \tag{22.5.4}
$$

式(22.5.2)～式(22.5.4)就是**相对论的速度合成公式**.

相对论的速度合成公式(22.5.2)～式(22.5.4)是从 S 系到 S' 系的速度变换，从 S' 到 S 的逆变换可把不带撇量作为带撇量函数，反解式(22.5.2)～式(22.5.4)得出；也可由运动相对性，把式(22.5.2)～式(22.5.4)中带撇量和不带撇量互换，同时改变 v 的符号得到.

我们还注意到当 $\beta = v / c \ll 1$ 时 $\gamma \to 1$，相对论的速度合成公式就自动地化为伽利略速度合成公式，并且可以证明，利用相对论的速度合成，不可能得到超过真空中光速 c 的相对速度.

例 22.5.1　一飞船以 0. 8c 的速度相对地球飞行，如果飞船沿速度方向发射一枚火箭，火箭相对飞船速度是 0. 9c，问在地球参考系测得火箭速度是多大?

解　能不能说火箭相对地球速度是 $u_x = 0.8c + 0.9c = 1.7c$ 呢？0. 9c 是火箭相对飞船的速度，即用飞船参考系的钟、尺确定的火箭速度，而要求的是火箭相对地球的速度，必须用地球参考系的钟、尺度量. 正确做法是，设飞船速度方向为 x 轴，根据相对论速度相加公式

$$
u_x = \frac{u_x' + v}{1 + \beta u_x' / c} = \frac{0.9c + 0.8c}{1 + 0.8 \times 0.9} = 0.99c
$$

这个速度并不超过光速，事实上即使 $u_x' = v = c$，u_x 也不大于 c.

例 22.5.2　静止长度为 l_0 的车厢以速度 v 相对地面参考系沿 x 轴运动. 车厢后壁以速度 u_0 向前壁推出一小球(图 22.5.1)，求地面观测者测得小球从后壁到达前壁运动时间.

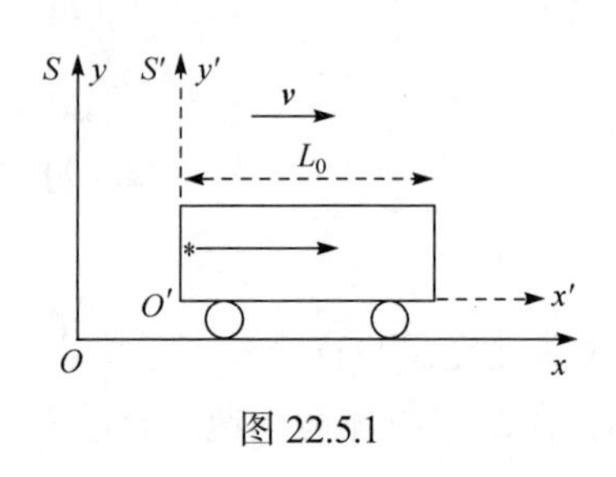

图 22.5.1

解　我们用三种方法解此题，读者可仔细体会这些方法及其中要注意的问题.

(1) 利用相对论速度逆变换公式，地面参考系测得小球运动速度

$$u_x = \frac{u_0 + v}{1 + vu_0 / c^2} \tag{22.5.5}$$

在地面参考系观测，车厢长度是缩短的

$$l = l_0\sqrt{1 - v^2 / c^2}$$

注意到在小球从后壁到达前壁这段时间 Δt 内，车厢相对地面又前进了 $v\Delta t$ 的距离，所以

$$l + v\Delta t = u_x \Delta t$$

由此

$$\Delta t = \frac{l}{u_x - v} = \frac{l_0(1 + u_0 v / c^2)}{u_0\sqrt{1 - v^2 / c^2}} \tag{22.5.6}$$

其中 $u_x - v$ 即地面观测到的小球相对车厢的速度.

(2) 记小球离开后壁、到达前壁两事件分别为 P_1、P_2，在车厢参考系(S')和地面参考系(S)这两事件的时空坐标分别为

	P_1	P_2
S'	$x_1' = 0, t_1' = 0$	$x_2' = l_0, t_2' = l_0 / u_0$
S	x_1, t_1	x_2, t_2

由逆洛伦兹变换式(22.3.14)

$$t_2 - t_1 = \frac{t_2' - t_1' + \dfrac{v}{c^2}(x_2' - x_1')}{\sqrt{1 - v^2 / c^2}} = \frac{\dfrac{l_0}{u_0} + \dfrac{v}{c^2} l_0}{\sqrt{1 - v^2 / c^2}} = \frac{l_0(1 + u_0 v / c^2)}{u_0\sqrt{1 - v^2 / c^2}}$$

这与式(22.5.6)相同.

(3) 如果应用运动时钟延缓效应，可取相对小球静止系 S'' (只有在这个系中，P_1、P_2 才在同一地点发生). 在 S'' 系中，车厢长度

$$l = l_0\sqrt{1 - u_0^2 / c^2}$$

在 S'' 系中

$$\Delta t'' = \frac{l}{u_0} = \frac{l_0\sqrt{1 - u_0^2 / c^2}}{u_0} \tag{22.5.7}$$

可看作固有时，应用运动时钟延缓效应，求出在地面参考系

$$\Delta t = \Delta t'' / \sqrt{1 - u^2 / c^2} \tag{22.5.8}$$

其中 u 是小球(或 S'' 系)相对地面的速度，即式(22.5.5)中的 u_x . 将式(22.5.5)、式(22.5.7)代入式(22.5.8)中，可求出和式(22.5.6)相同的结果.

*22.5.2　相对论的时空结构

为了导出洛伦兹变换，在 22.3 中曾把 $w = \mathrm{i}ct$ 作为一维坐标变量，和 (x, y, z) 一起构成四维时空，并证明间隔

$$s^2 = (x_2 - x_1)^2 + (y_2 - y_1)^2 + (z_2 - z_1)^2 - c^2(t_2 - t_1)^2 = r^2 - (c\Delta t)^2 \tag{22.5.9}$$

在洛伦兹变换下保持不变. 在相对论中单独的空间距离或时间间隔都和参考系有关，从一个参考系到另一个参考系会发生变化，但**统一空间和时间的“间隔”是不随参考系变化的**. 两个物理事件(可用四维空间中两个点表示)之间间隔 s^2 大于、小于或等于零是绝对的. 根据 s^2 的取值不同，可以把两个事件的间隔分为三类.

(1) $s^2 > 0$；由式(22.5.9)，即

$$r^2 > (c\Delta t)^2 \tag{22.5.10}$$

具有这样间隔的两个事件，其空间距离 r 大于光在时间间隔 Δt 内传播的距离，因此是**不可能有因果关系的**. 这样的两个事件间隔的主要因素是空间距离，并且可以证明存在参考系，在这个参考系中这两事件是同时发生的，间隔就是这两事件的空间距离. 故称 $s^2 > 0$ 的两个事件间隔是**类空的**(space-like).

(2) $s^2 < 0$；即 $r^2 < (c\Delta t)^2$，具有这种间隔的两个事件，其空间距离小于这两事件的时间间隔乘以光速 c，因此是可以有因果关系的. 这样的两个事件间隔的主要因素是时间，并存在一个使这两事件在同一地点发生的参考系，在这个参考系中间隔就只是这两事件的时间间隔. 称 $s^2 < 0$ 的两事件间隔是**类时的**(time-like).

(3) $s^2 = 0$；对具有这种间隔的两个事件，在任何参考系中可以通过光信号联系，称这样的两个事件具有**类光间隔**(light-like interval).

取事件 P_1 发生在闵可夫斯基空间坐标系原点 $(0,0,0,0)$，另一事件 P_2 坐标为 $(x, y, z, w = \mathrm{i}ct)$，这两个事件之间的间隔

$$s^2 = (x^2 + y^2 + z^2) - c^2t^2 = r^2 - c^2t^2 \tag{22.5.11}$$

根据 s^2 的取值，可以把闵可夫斯基空间划分为三个不同的区域，这三个区域在 x-y-t“平面”上的投影可由图 22.5.2 表示.

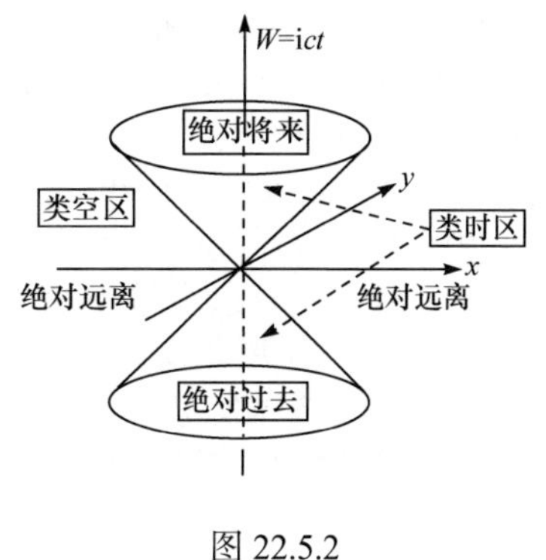

图 22.5.2

(1) **类光区域**：是以坐标原点为顶点，以时间轴线 w 为轴线的圆锥面. 由于锥面上点满足 $r = ct$，锥面在 x-t 或 y-t 平面上的投影与 t 轴夹角都是 45°. 由于这个锥面是由从原点发出的光子的世界线组成，故称为**光锥**(light cone). 光锥面上的点表示的事件和发生在原点的事件如果有联系，也只能通过光信号联系.

光锥面又把闵可夫斯基空间分成两个部分：锥内和锥外.

(2) **锥内区域**：锥内区域任何点与原点的间隔都是类时的，其中上圆锥内各点均有 $t > 0$，表示上圆锥内各点代表的物理事件和原点代表的事件比较是绝对将来(在任何参考系都是落后

的). 同样，下圆锥内的事件和原点事件比较是绝对过去.

(3) **锥外区域**：这个区域中任何点与原点的间隔都是类空的.

由于间隔 s^2 与参考系选择无关，上述划分是绝对的.

问题和习题

22.1　迈克耳孙-莫雷实验原理是什么？这个实验得到的零结果具有什么物理意义？

22.2　与经典的绝对时空观比较，相对论时空观具有哪些特征？

22.3　S 和 S'是两个特殊相关惯性系. 在 S'系中固定一根长度为 l'的尺子，尺子与 x'轴的夹角为 θ'. S 系中的观测者测得此尺与 x 轴的夹角为 θ. 试求 S 系中测得的尺子长度 l 以及两个惯性系的相对运动速率 v.

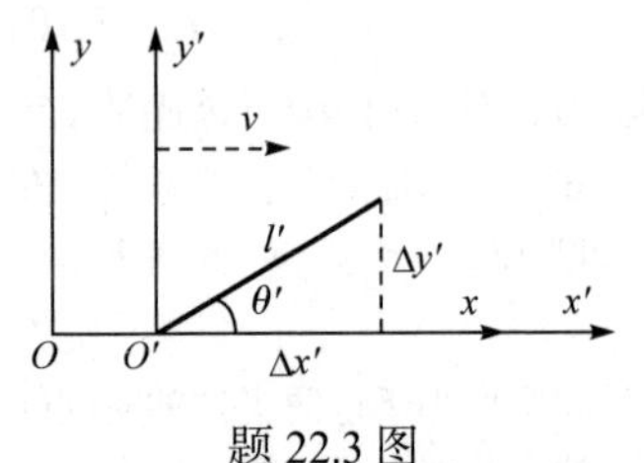

题 22.3 图

22.4　在惯性系 S 中，观察者 A 站在 $x = 0$ 处，观察者 B 站在 $x = 2000\text{m}$ 处，A 和 B 各拿一个已经调好的同步钟. B 测得另外一个观察者 C 在 $t = 0$ 时刻与他相遇并且正以 $v = 0.6c$ 的速度向着 A 运动. (1)据 A 观测，多长时间后 C 与他相遇？(2)据 C 观测，多长时间后 A 与他相遇？

22.5　洛伦兹变换及其物理意义是什么？

22.6　在高能直线加速器中，一微观粒子以速度 v 做匀速直线运动，它从产生到湮没飞过的距离为 Δx. 试求此粒子的固有寿命.

22.7　S 和 S'是两个特殊相关惯性系. 在 S 系的 x 轴上相距为 $\Delta x = 6\text{m}$ 的两点处同时发生两个事件，在 S'中测得此两事件发生的空间距离为 $\Delta x' = 12\text{m}$. 试问：在 S'系中测得此两事件发生的时间间隔是多少？

22.8　在某科幻影片中，一艘静长为 $l_0 = 90\text{ m}$ 的宇宙飞船以速度 $v = 0.8\,c$ 在地面上空水平匀速地飞行. 某时刻自飞船头部向着飞船尾部发出一个光信号. 试问：(1)在飞船上测量，光信号从头到尾的时间是多少？整个飞船掠过地面上空某一点的时间是多少？(2)在地面上测量，上述两个时间又是多少？

22.9　在高能直线加速器中，放射性原子核以速度 $v = 0.5c$ 作匀速直线飞行. 在飞行过程中原子核放出一个电子从而衰变，电子相对于核的速度为 $u' = 0.9c$. 因为电子的质量 $\ll$ 核的质量，所以，可以认为，在衰变过程中核的速度不变. 试求以下两种情形下在实验室中测得的电子速度的大小. (1)电子的速度方向沿着核的运动方向；(2)电子的速度方向垂直于核的运动方向.

22.10　法国物理学家菲佐(A. H. Fizeau)在 1851 年做了一个测量流水中光速的实验：折射率为 n=4/3 的水相对实验室的流速为 v. 光在流水中沿着流动反向传播，在实验室中测得的光速为

$$u = \frac{1}{n}c + kv$$

其中比例常数 $k \approx 0.44$. 这个实验曾被看作流水拖动“以太”的证据，并把 k 称为“拖曳系数”. 试用相对论的速度变换公式解释这一实验结果.

22.11　试证明：

(1) 若两事件的间隔 $s^2>0$，则存在一个惯性系 X，在 X 系中此两事件是同时发生的；

(2) 若两事件的间隔 $s^2<0$，则存在一个惯性系 T，在 T 系中此两事件是同地点发生的.

第 23 章　相对论质点力学　电磁场的相对性

狭义相对论作为基本的物理理论，对一个物理规律是否正确提出了必要的判据：**只有符合狭义相对论要求，即在洛伦兹(Lorentz)变换下保持形式不变的物理规律才可能是正确的**. 利用这一判据，既可检查已知的物理规律在高速、大范围情况下是否需要修改，又为探索新的、未知规律指明了方向. 本章我们首先研究在洛伦兹变换下保持形式不变(即洛伦兹协变式)的数学形式，然后建立相对论质点力学方程，导出重要的质速关系、质能关系. 最后回到电磁学问题，进一步揭示电磁现象的统一性和电磁场的相对性.

学习指导：在预习时重点关注①洛伦兹变换具有怎样的几何意义，为什么符合狭义相对论原理要求的物理规律要取四维空间张量方程的形式；②相对论的力学方程以及相对论质速关系是怎样得到的；③相对论质量能量关系、质能关系是怎样得到的，它在开发核能中有什么应用；④动量能量关系和相对论的多普勒效应；⑤狭义相对论对电磁学为什么没有根本的改变、它揭示的电荷和电流、电场和磁场的统一性和相对性的具体内容.

教师引导学生掌握张量这个重要工具，重点阐明符合狭义相对论要求的物理规律应取四维空间张量方程形式；用狭义相对论理论改造力学得到的质速关系、质能关系以及狭义相对论揭示的电磁场具有怎样的统一性和相对性.

§ 23.1　四维张量　狭义相对论要求物理规律的数学形式

根据物理学相对性原理，既然物理现象在一切惯性系中进行都是相同的，正确的物理规律在所有惯性系中就应当取相同的形式，因此正确的物理规律必须在洛伦兹变换下保持形式不变，本节我们研究在洛伦兹变换下保持形式不变(协变)的物理规律，数学上应当取什么形式. 为此，我们首先讨论洛伦兹变换的几何意义.

23.1.1　洛伦兹变换的几何意义

当三维空间直角坐标系 S 绕 z 轴转动 θ 角，过渡到坐标系 S' 时，位置矢量 $\boldsymbol{r}=\overline{OP}$ 的长度不变，且各分量满足变换关系(图 23.1.1)

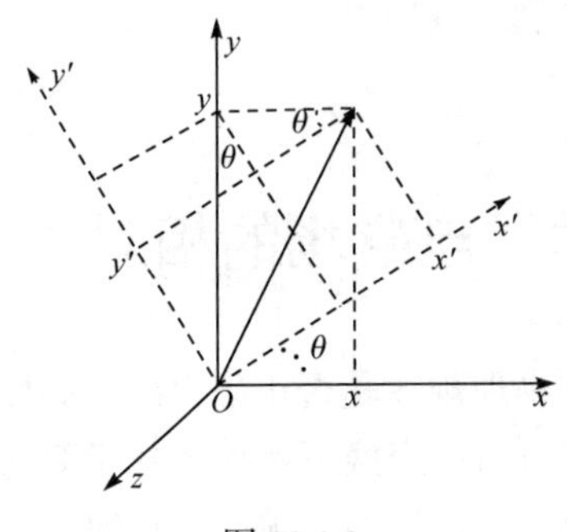

图 23.1.1

$$\begin{cases} x' = \cos\theta \cdot x + \sin\theta \cdot y \\ y' = -\sin\theta \cdot x + \cos\theta \cdot y \\ z' = z \end{cases} \tag{23.1.1}$$

式(23.1.1)可写成矩阵形式(参见附录 7)

$$\begin{bmatrix} x' \\ y' \\ z' \end{bmatrix} = \begin{bmatrix} \cos\theta & \sin\theta & 0 \\ -\sin\theta & \cos\theta & 0 \\ 0 & 0 & 1 \end{bmatrix} \cdot \begin{bmatrix} x \\ y \\ z \end{bmatrix} \tag{23.1.2}$$

闵可夫斯基(Minkowski)首先注意到上述三维空间中坐标系转动变换和洛伦兹变换之间的联系，引入了洛伦兹变换的几何解释. 把由原点事件 $O(0,0,0,0)$ 引向事件 $P(x,y,z,w=\mathrm{i}ct)$ 的“矢量”看成 P 在四维空间中的“位置矢量”，把 $(x,y,z,w=\mathrm{i}ct)$ 看成这个位矢的分量. 容易验证，洛伦兹变换式(22.3.4)也可写成矩阵形式

$$\begin{bmatrix} x' \\ y' \\ z' \\ w' \end{bmatrix} = \begin{bmatrix} \gamma & 0 & 0 & \mathrm{i}\beta\gamma \\ 0 & 1 & 0 & 0 \\ 0 & 0 & 1 & 0 \\ -\mathrm{i}\beta\gamma & 0 & 0 & \gamma \end{bmatrix} \cdot \begin{bmatrix} x \\ y \\ z \\ w \end{bmatrix} \tag{23.1.3}$$

并且由间隔不变性，这一变换也保持“位矢” $R_\mu = (x,y,z,w)$ (今后我们用带有希腊字 $(\mu,\nu,\lambda,\cdots)$ 下标的字符表示四维矢量)的“长度”不变. 与式(23.1.2)比较可以看出，两个特殊相关惯性系间的洛伦兹变换是四维空间中 x-w 平面上的坐标系转动变换. 如果令“转角” θ 满足

$$\tan\theta = \mathrm{i}\beta$$

从而

$$\sin\theta = \pm\frac{\mathrm{i}\beta}{\sqrt{1-\beta^2}} = \pm\mathrm{i}\beta\gamma, \quad \cos\theta = \pm\frac{1}{\sqrt{1-\beta^2}} = \pm\gamma$$

正、负号表示正转动和负转动. 取正号代入式(23.1.3)，就可用“转角”为参数，把洛伦兹变换式(23.1.3)表示成与三维空间坐标系转动变换式(23.1.2)类似的形式. 记

$$\left[\alpha_{\mu\nu}\right] = \begin{bmatrix} \gamma & 0 & 0 & \mathrm{i}\beta\gamma \\ 0 & 1 & 0 & 0 \\ 0 & 0 & 1 & 0 \\ -\mathrm{i}\beta\gamma & 0 & 0 & \gamma \end{bmatrix} = \begin{bmatrix} \cos\theta & 0 & 0 & \sin\theta \\ 0 & 1 & 0 & 0 \\ 0 & 0 & 1 & 0 \\ -\sin\theta & 0 & 0 & \cos\theta \end{bmatrix} \tag{23.1.4}$$

称为**洛伦兹变换矩阵**(Lorentz transformation matrix)，它表示的变换几何上就可看

作**四维空间中坐标系转动变换**. 使用爱因斯坦重复下标就表示对这个下标求和的惯例，洛伦兹变换式(23.1.3)可以写作

$$R'_\mu = \alpha_{\mu\nu} R_\nu \tag{23.1.5}$$

23.1.2　四维张量　洛伦兹协变式的数学形式

与数学上利用三维空间坐标系转动变换定义三维张量类似(附录 7)，现在根据物理量在坐标系转动变换(洛伦兹变换)下的性质，定义四维张量.

(1) 一个物理量如果只有一个分量，并且这个量在洛伦兹变换下保持不变，这个物理量就是一个**四维标量**(4-dimensional scalar)，或**洛伦兹标量**(Lorentz scalar). 固有长度、固有时间、§ 22.3 定义的间隔、电荷量(见 § 23.4)等都是四维标量的例子.

(2) 一个物理量由四个分量构成，其中每个分量在洛伦兹变换下都如同四维位矢 R_μ 一样变换(见式(23.1.5))

$$A'_\mu = \alpha_{\mu\nu} A_\nu \tag{23.1.6}$$

这个物理量就是一个**四维矢量**(4-dimensional vector). 世界点位矢 $R_\mu = (x, y, z, w = \mathrm{i}ct)$ 就是四维矢量的一个具体例子.

(3) 一个物理量由 16 个分量构成(常用一个 4×4 矩阵表示)，其中每个分量在洛伦茨变换下满足变换关系

$$F'_{\mu\nu} = \alpha_{\mu\lambda}\alpha_{\nu\delta} F_{\lambda\delta} \tag{23.1.7}$$

这个物理量就是一个**四维张量**(4-dimensional tensor). 后面将看到，电场和磁场的各分量就构成一个四维张量.

以类似的方式还可定义更高阶张量.

习惯上常把四维标量、四维矢量、四维张量统称为**四维张量**，称四维标量为**零阶张量**，四维矢量为**一阶张量**，而刚刚定义的四维张量为**二阶张量**……

必须注意，一个三维空间的标量、矢量或张量，在四维空间中不一定仍是标量、矢量或张量. 例如，时间 t 是三维标量，但在四维空间它变成四维坐标矢量的一个分量；后面将看到物体的质量 m 、电荷密度等三维标量，在四维空间中也都是四维矢量的一个分量. 电场强度和磁场强度都是三维矢量，但在四维空间中变成电磁场张量的不同分量. 一个物理量在四维空间是什么性质的量，需要按它在洛伦兹变换下的性质重新确定.

四维张量的代数运算和三维张量相同(见附录 7).

现在我们可以看出，如果表示物理规律的数学方程是(或可以化成)四维空间中的张量方程(零阶、一阶、二阶或更高阶张量方程)，由于这样方程的每一项都

是同阶张量，在洛伦兹变换下满足相同的变换关系，整个方程就可以保持方程形式不变. 例如，惯性系 S' 中的一阶张量方程

$$A'_{\mu} + aB'_{\mu} = 0 \tag{23.1.8}$$

其中 a 是洛伦兹标量. 利用一阶张量定义式(2.1.6)，在 S 系有

$$\alpha_{\mu\nu}(A_{\nu} + aB_{\nu}) = 0$$

由于 $[\alpha]$ 是可逆矩阵，所以在 S 系中必有

$$A_{\nu} + \alpha B_{\nu} = 0 \tag{23.1.9}$$

这仍是四维空间一阶张量方程形式.

总结上述，**符合狭义相对论原理要求的物理规律的数学形式，是四维空间中的张量方程(即零阶、一阶、二阶张量方程等)**. **于是考察一个物理规律是否满足狭义相对论的要求，即是否是洛伦兹变换下的协变式，就归结为这个物理规律能否表述为四维空间中张量方程形式**. 下面我们按这条思路首先研究相对论的力学方程.

23.1.3　四维速度矢量

现在考虑速度的四维形式. 三维空间中的速度是个矢量，它的第 i 个分量是

$$u_i = \mathrm{d}x_i / \mathrm{d}t$$

其中 x_i 是三维坐标的第 i 个分量. 与此类似，定义四维速度为

$$U_{\mu} = \mathrm{d}R_{\mu} / \mathrm{d}\tau_0 \tag{23.1.10}$$

其中 R_{μ} 是四维位置矢量，它类似于三维空间中的坐标矢量 $\boldsymbol{R}$；$\mathrm{d}\tau_0$ 是微分固有时，这里不用运动时间 $\mathrm{d}t$，是因为它不是四维标量，不能保持上述定义的 U_{μ} 是四维矢量. 由固有时和运动时间的关系式(22.4.3)：$\mathrm{d}t / \mathrm{d}\tau_0 = \gamma_u$（此处 $\gamma_u = 1/\sqrt{1-u^2/c^2}$），得到四维速度的前三个分量(空间分量)是

$$\frac{\mathrm{d}\boldsymbol{R}}{\mathrm{d}\tau_0} = \frac{\mathrm{d}\boldsymbol{R}}{\mathrm{d}t}\frac{\mathrm{d}t}{\mathrm{d}\tau_0} = \gamma_u \boldsymbol{u} \tag{23.1.11}$$

而它的第四个分量(时间分量)为

$$\frac{\mathrm{d}R_4}{\mathrm{d}\tau_0} = \frac{\mathrm{d}R_4}{\mathrm{d}t}\frac{\mathrm{d}t}{\mathrm{d}\tau_0} = \gamma_u \mathrm{i}c \tag{23.1.12}$$

所以四维速度可以写作

$$U_{\mu} = \gamma_u(\boldsymbol{u}, \mathrm{i}c) \tag{23.1.13}$$

它的前三个分量就是三维速度 $\boldsymbol{u}$ 乘以 γ_u，第四个分量 $\mathrm{i}c\gamma_u$ 仅和三维速度大小有关.

例 23.1.1　利用四维速度的洛伦兹变换，导出相对论的速度合成公式(22.5.2)～式(22.5.4).

解　取 S 和 S' 是两个特殊相关惯性系，物体在 S 系的速度为 $\boldsymbol{u}$，在 S' 系的速度为 $\boldsymbol{u}'$. 按式(23.1.13)，在 S 系、S' 系的四维速度分别为

$$U_\mu = \gamma_u(\boldsymbol{u},\mathrm{i}c),\quad U'_\mu = \gamma_{u'}(\boldsymbol{u}',\mathrm{i}c)$$

其中 $\gamma_u = 1/\sqrt{1-u^2/c^2}, \gamma_{u'} = 1/\sqrt{1-u'^2/c^2}$. 由四维矢的洛伦兹变换式(23.1.6)

$$U'_\mu = \alpha_{\mu\nu}U_\nu$$

写成矩阵形式即

$$\gamma_{u'}\begin{bmatrix} u'_1 \\ u'_2 \\ u'_3 \\ \mathrm{i}c \end{bmatrix} = \begin{bmatrix} \gamma & 0 & 0 & \mathrm{i}\beta\gamma \\ 0 & 1 & 0 & 0 \\ 0 & 0 & 1 & 0 \\ -\mathrm{i}\beta\gamma & 0 & 0 & \gamma \end{bmatrix}\begin{bmatrix} u_1 \\ u_2 \\ u_3 \\ \mathrm{i}c \end{bmatrix}\gamma_u \tag{23.1.14}$$

其中第四分量方程给出

$$\gamma_{u'} = \gamma\gamma_u(1-\beta u_1/c) \tag{23.1.15}$$

由式(23.1.14)中第 1 分量方程得

$$\gamma_{u'}u'_1 = \gamma\gamma_u(u_1 - v)$$

利用式(23.1.15)，可求出

$$u'_1 = \frac{u_1 - v}{1-\beta u_1/c} \tag{23.1.16}$$

类似地由式(23.1.14)的第 2、第 3 分量方程，并利用式(23.1.15)可求出

$$u'_2 = \frac{u_2}{\gamma(1-\beta u_1/c)},\quad u'_3 = \frac{u_3}{\gamma(1-\beta u_1/c)} \tag{23.1.17}$$

这与式(22.5.2)～式(22.5.4)完全相同.

§ 23.2　相对论质点力学方程

经典力学中的牛顿方程不符合相对论原理要求，突出地表现在两个方面：①根据牛顿方程，物体加速度正比于外力，在恒力作用下速度随时间可无限增大，不会以光速为极限. ②牛顿方程不是洛伦兹变换下的协变式，由相对论基本原理，它不可能是完全正确的物理规律.

寻找符合相对论要求的力学方程，显然有两条原则必须遵循：①新的力学方程必须是四维空间的矢量(即 1 阶张量)方程；②既然在低速情况下，牛顿方程已被大量实验证明是正确的，新力学方程在低速情况下应过渡到牛顿方程.

23.2.1　质量对速度的依赖关系

高速运动粒子的质量与速度有关，已经被高能物理的实验证实，成为设计高

能加速器的理论基础. 下面我们还将看到，为了使质量守恒、动量守恒等基本物理规律在相对论条件下成立，必须把质量看成与速度有关的量.

设 S 和 S' 是两特殊相关惯性系，S' 相对 S 的运动速度为 v . 在 S' 系中静止在原点 O' 的一个粒子,某时刻分裂成质量相同的两块 A 和 B. 假设 A 块以速率 $u'_A = v$ 沿正 x 方向运动, B 块以相同速率 $u'_B = -v$ 沿负 x 方向运动(图 23.2.1). 显然，在 S' 系中粒子分裂前后动量守恒.

在 S 系中，分裂前粒子总动量为 $(m_A + m_B)v$ ，分裂后两粒子在 S 系中的速度分别为

$$u_A = \frac{u'_A + v}{1+\beta u'_A / c} = \frac{2v}{1+v^2/c^2},\quad u_B = 0$$

分裂后总动量

$$m_A u_A + m_B u_B = \frac{m_A 2v}{1+v^2/c^2}$$

在 S 系中动量守恒要求

$$(m_A + m_B)v = m_A \frac{2v}{1+v^2/c^2} \tag{23.2.1}$$

如果仍认为质量和运动速度无关，除非 $v=0$ ，否则式(23.2.1)就不可能成立. 所以为了使动量守恒定律在 S 系中能够成立，我们必须认为**质量是个和速度有关的量**.

迄今，实验已经证明粒子的质量和粒子速度有关. 图 23.2.2 是电子质量随速度变化的实验曲线(其中圆点、圆圈和叉号分别表示几位研究者的实验数据). 在设计高能量电子加速器中，就必须考虑到电子质量的这种相对论效应.

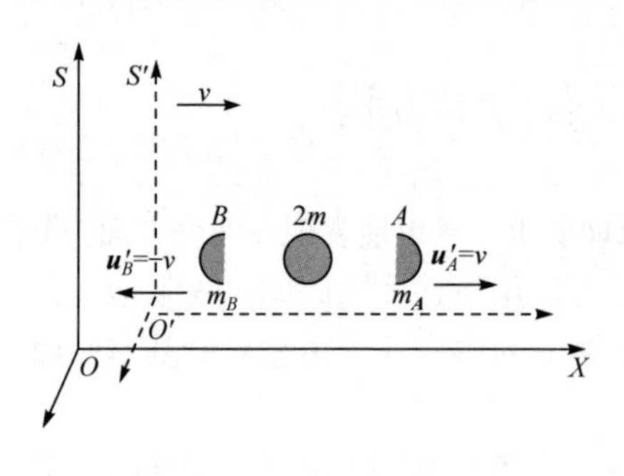

图 23.2.1

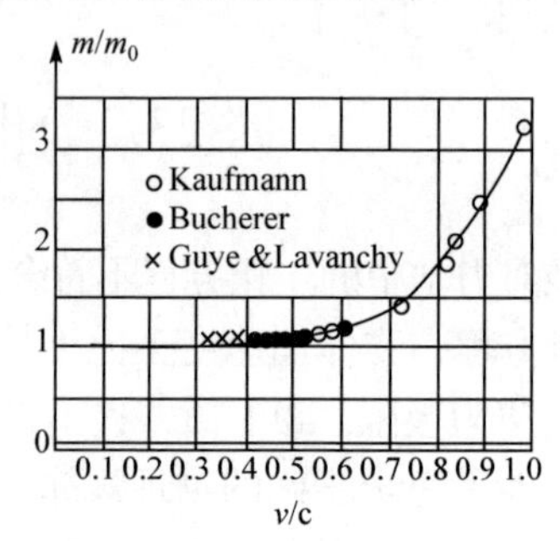

图 23.2.2

23.2.2　四维动量矢量

与经典力学中动量的定义类似，定义四维动量

$$P_\mu = m_0 U_\mu \tag{23.2.2}$$

U_μ 是粒子的四维速度，为了使 P_μ 是四维矢量，m_0 必须是四维标量. 前已看到，在相对论中质量是和速度有关的量，我们规定 m_0 是相对粒子静止参考系中测得的粒子质量(它显然是洛伦兹标量)，并称它为**静止质量**(rest mass). 利用式(23.1.13)中的四维速度，四维动量可以写为

$$P_\mu = \gamma_u (m_0 \boldsymbol{u}, m_0 \mathrm{i}c) \tag{23.2.3}$$

引入

$$m = \gamma_\mu m_0 = \frac{m_0}{\sqrt{1-u^2/c^2}} \tag{23.2.4}$$

表示粒子以速度 u 运动时的质量，称为粒子的**运动质量**(motion mass)或**相对论质量**，它是和速度有关的量，当 $u=0$ 时，就是静止质量. 定义粒子运动质量与运动速度乘积为粒子的**相对论动量**(relativistic momentum)

$$\boldsymbol{P}_{相} = m\boldsymbol{u} \tag{23.2.5}$$

式(23.2.3)表明，四维动量的空间分量就是粒子的相对论动量，四维动量的第四个分量为 $P_4 = \mathrm{i}cm$，所以四维动量可以写作

$$P_\mu = (\boldsymbol{P}_{相}, \mathrm{i}cm) \tag{23.2.6}$$

可见，在相对论中，质量和光速乘积成为四维动量的一个分量.

例 23.2.1　验证如果认为物体质量对速度的依赖关系由式(23.2.4)给出，S 系中的动量守恒式(23.2.1)就能成立.

解　两粒子静止质量都是 m_0，分裂前在 S 系的速度都是 $\boldsymbol{v} = v\boldsymbol{e}_x$，分裂前的总动量

$$\boldsymbol{P}_{前} = 2mv\boldsymbol{e}_x = \frac{2m_0 v}{\sqrt{1-v^2/c^2}}\boldsymbol{e}_x$$

分裂后，在 S 系 B 粒子静止，A 粒子速度为 $2v\boldsymbol{e}_x/(1+v^2/c^2)$，分裂后总动量是

$$\boldsymbol{P}_{后} = m\cdot\frac{2v}{\left(1+\dfrac{v^2}{c^2}\right)}\boldsymbol{e}_x = \frac{m_0}{\sqrt{1-\left(\dfrac{2v}{1+v^2/c^2}\right)^2\dfrac{1}{c^2}}}\cdot\frac{2v}{\left(1+\dfrac{v^2}{c^2}\right)}\boldsymbol{e}_x$$

$$= \frac{2m_0 v}{\sqrt{1-v^2/c^2}}\boldsymbol{e}_x$$

所以在 S 系中粒子分裂前后仍有动量守恒.

23.2.3　相对论质点力学方程　四维力矢量

类似经典力学中的牛顿方程：作用在粒子上的力等于粒子动量对时间的变化率，$\boldsymbol{F} = \mathrm{d}\boldsymbol{P}/\mathrm{d}t$，相对论力学方程可表示为作用在粒子上的四维力等于粒子四维

动量 P_μ 对固有时 $\mathrm{d}\tau_0$ 的变化率

$$F_\mu = \frac{\mathrm{d}P_\mu}{\mathrm{d}\tau_0} \tag{23.2.7}$$

$\mathrm{d}\tau_0$ 是洛伦兹标量，F_μ 是四维力矢量. 式(23.2.7)是四维空间的一阶张量方程，形式上已满足相对论基本原理的要求. 问题是这个方程的物理意义是什么，是否能为实验证实，为此首先讨论四维力的可能形式.

利用式(22.4.3)固有时间和运动时间关系：$\mathrm{d}\tau_0 = \mathrm{d}t/\gamma_u$，式(23.2.7)可以写作

$$F_\mu = \gamma_u \frac{\mathrm{d}P_\mu}{\mathrm{d}t} \tag{23.2.8}$$

由四维动量表达式(23.2.6)，四维力矢量的空间分量可以写作

$$\gamma_u \frac{\mathrm{d}\boldsymbol{P}_{相}}{\mathrm{d}t} = \gamma_u \boldsymbol{F} \tag{23.2.9}$$

即 $\boldsymbol{F} = \mathrm{d}\boldsymbol{P}_{相}/\mathrm{d}t$，是**粒子相对论动量对时间的变化率**，意义与经典力学相同. 四维力的第四分量是

$$F_4 = \mathrm{i}c\gamma_u \frac{\mathrm{d}m}{\mathrm{d}t} \tag{23.2.10}$$

利用式(23.2.4)

$$\frac{\mathrm{d}m}{\mathrm{d}t} = \frac{m_0 \boldsymbol{u}\cdot \mathrm{d}\boldsymbol{u}/\mathrm{d}t}{c^2(1-u^2/c^2)^{3/2}} = \frac{m\boldsymbol{u}\cdot \mathrm{d}\boldsymbol{u}/\mathrm{d}t}{c^2(1-u^2/c^2)} \tag{23.2.11}$$

注意到

$$\boldsymbol{F} = \frac{\mathrm{d}\boldsymbol{P}_{相}}{\mathrm{d}t} = \frac{\mathrm{d}}{\mathrm{d}t}(m\boldsymbol{u}) = \frac{\mathrm{d}m}{\mathrm{d}t}\boldsymbol{u} + m\frac{\mathrm{d}\boldsymbol{u}}{\mathrm{d}t}$$

力 $\boldsymbol{F}$ 对粒子做功功率是

$$\boldsymbol{F}\cdot\boldsymbol{u} = \frac{\mathrm{d}m}{\mathrm{d}t}u^2 + m\boldsymbol{u}\cdot\frac{\mathrm{d}\boldsymbol{u}}{\mathrm{d}t}$$

将式(23.2.11)代入得

$$\boldsymbol{F}\cdot\boldsymbol{u} = \frac{m\boldsymbol{u}\cdot \mathrm{d}\boldsymbol{u}/\mathrm{d}t}{c^2(1-u^2/c^2)}u^2 + m\boldsymbol{u}\cdot\frac{\mathrm{d}\boldsymbol{u}}{\mathrm{d}t} = \frac{m\boldsymbol{u}\cdot \mathrm{d}\boldsymbol{u}/\mathrm{d}t}{1-u^2/c^2} = c^2\frac{\mathrm{d}m}{\mathrm{d}t}$$

所以式(23.2.10)中四维力的第四分量与三维力 $\boldsymbol{F}$ 对粒子做功功率有关

$$F_4 = \frac{\mathrm{i}}{c}\gamma_u \boldsymbol{F}\cdot\boldsymbol{u} \tag{23.2.12}$$

综合式(23.2.9)，式(23.2.12)，四维力可以写作

$$F_{\mu}=\gamma_{u}\left(\boldsymbol{F},\frac{\mathrm{i}}{c}\boldsymbol{F}\cdot\boldsymbol{u}\right) \tag{23.2.13}$$

它的空间分量就是γ_u与通常三维力的乘积，第四分量是$\mathrm{i}\gamma_u/c$乘以三维力的功率.

23.2.4　相对论质点力学方程的空间分量方程的意义

为了研究相对论力学方程(23.2.7)的意义和它的合理性，我们首先考虑它的空间分量方程

$$\gamma_u\boldsymbol{F}=\frac{\mathrm{d}\boldsymbol{P}_{相}}{\mathrm{d}\tau_0}=\gamma_u\frac{\mathrm{d}\boldsymbol{P}_{相}}{\mathrm{d}t}$$

即

$$\boldsymbol{F}=\frac{\mathrm{d}\boldsymbol{P}_{相}}{\mathrm{d}t} \tag{23.2.14}$$

形式上和牛顿方程相同. 特别当粒子运动速度u远小于光速时，$u/c\to0$，$\boldsymbol{P}_{相}\to\boldsymbol{P}$，式(23.2.14)自动化为牛顿方程；但当$u\to c$时，$m=\gamma_u m_0\to\infty$,在有限力作用下，粒子加速度趋于零，这就使粒子速度不可能超过真空中光速. 上述讨论表明式(23.2.7)作为相对论力学方程是合理的,当然判断其正确性最终要靠实验.

例 23.2.2　试导出两惯性系间三维力的变换关系.

解　设在惯性系S中粒子运动速度为$\boldsymbol{u}$，受到作用力为$\boldsymbol{F}$. 四维力可写作

$$F_{\mu}=\gamma_{u}\left(\boldsymbol{F},\frac{\mathrm{i}}{c}\boldsymbol{F}\cdot\boldsymbol{u}\right)$$

在S'系中的四维力为$F'_{\mu}=\gamma_{u'}(\boldsymbol{F}',\frac{\mathrm{i}}{c}\boldsymbol{F}'\cdot\boldsymbol{u}')$. $\boldsymbol{F}',\boldsymbol{u}'$分别是粒子在$S'$系受到的力和相对$S'$系的速度. 假设$S'$和$S$特殊相关，由相对论速度合成公式有(见式(23.1.15))

$$\gamma\gamma_u=\gamma_{u'}/(1-\beta u_1/c) \tag{23.2.15}$$

利用这一结果和四维力矢量的变换关系

$$F'_{\mu}=\alpha_{\mu\nu}F_{\nu}$$

中前三个方程，就可导出三维力的变换关系

$$\begin{cases}F'_1=\dfrac{F_1-\beta\boldsymbol{F}\cdot\boldsymbol{u}/c}{1-\beta u_1/c}\\[2mm]F'_2=\dfrac{F_2}{\gamma(1-\beta u_1/c)}\\[2mm]F'_3=\dfrac{F_3}{\gamma(1-\beta u_1/c)}\end{cases} \tag{23.2.16}$$

其中$\gamma=1/\sqrt{1-\beta^2},\beta=u/c$. 关于四维力第 4 个分量的讨论见下节.

§ 23.3　质量-能量、动量-能量关系　相对论的多普勒效应

23.3.1　质量-能量关系

上节给出了相对论力学方程(23.2.7)，并讨论了它的空间分量方程的意义. 现在考虑它的第四个分量方程

$$\gamma_u\left(\frac{\mathrm{i}}{c}\boldsymbol{F}\cdot\boldsymbol{u}\right)=\gamma_u\frac{\mathrm{d}}{\mathrm{d}t}(\gamma_u \mathrm{i}cm_0)$$

即

$$\boldsymbol{F}\cdot\boldsymbol{u}=\frac{\mathrm{d}}{\mathrm{d}t}(\gamma_u m_0 c^2) \tag{23.3.1}$$

从普遍能量关系看，上式左端是外力对运动质点做功功率，右端应当是粒子动能增加率. 记质点动能为 E_{k} ，则

$$\frac{\mathrm{d}E_{\mathrm{k}}}{\mathrm{d}t}=\frac{\mathrm{d}}{\mathrm{d}t}(\gamma_u m_0 c^2)$$

积分上式两端，得

$$E_{\mathrm{k}}=\gamma_u m_0 c^2+C \tag{23.3.2}$$

其中 C 是积分常数，其值可由 $u=0$ 时粒子动能 $E_{\mathrm{k}}=0$ 条件定出， $C=-m_0c^2$ ，代入式(23.3.2)中得

$$E_{\mathrm{k}}=\gamma_u m_0 c^2-m_0c^2=mc^2-m_0c^2 \tag{23.3.3}$$

m 是粒子相对论质量. 特别当 $u/c\ll 1$ 时，上式可展开为

$$E_{\mathrm{k}}=m_0c^2\left(1+\frac{1}{2}\frac{u^2}{c^2}+\cdots\right)-m_0c^2\approx\frac{1}{2}m_0u^2$$

这表示 E_{k} 在低速情况下就化为粒子的非相对论动能.

式(23.3.3)表明粒子速度由零增加到 u 时，外力做功引起的粒子能量增加为 $mc^2-m_0c^2$,可见粒子静止时仍有能量 m_0c^2 . m_0c^2 称为粒子**静止能量**(rest energy). 粒子静止能量加上动能，应等于粒子的总能量，由式(23.3.3)，粒子在任意运动状态下总能量为

$$E=mc^2 \tag{23.3.4}$$

这就是著名的**质量-能量关系**(mass-energy relation).

质能关系的发现是相对论最重要的成就之一，它表明描述物质运动的两个

量——质量(物质运动惯性的度量)和能量(物质运动量的尺度)存在联系，显示了物质和运动不可分割的联系，**没有不运动的物质，也不存在没有物质的运动**.

关于质能关系存在着唯物主义和唯心主义两种不同的解释. 唯心主义者认为物质和运动是可分离开的，质量只描述物质，能量只描述运动，于是把质能关系解释为消灭一定量的物质，获得了一定量的运动. 例如，对于高能量物理中正、负电子对湮灭而转化为光子这一现象，他们认为是作为物质存在的电子消灭了，产生了作为能量的光子. 这种观点当然是错误的. 在辩证唯物主义看来，**物质和运动不能分割，质能关系就反映了物质和运动不可分割的联系**. 表观上静止的电子也具有内部运动的能量 m_0c^2 ,光子也是物质，也具有质量($m=\hbar\omega/c^2$). 在上述正负电子对湮灭反应中，电子的静止质量转化为光子的运动质量，而实物电子的内部能量则外化为光子场的能量，这里**既没有物质的消灭，也没有能量产生，所发生的仅是一种形式的质量转化为另一种形式的质量；一种形式的能量转化为另一种形式的能量**. 质能关系的发现是辩证唯物主义观点正确性的一个证据.

23.3.2　核裂变、聚变和核能应用

现在，质能关系不仅是一个理论结果，而且已经是开发应用核能的理论基础.

实验表明在一定条件下，构成原子核的质子和中子通过相互作用可以发生裂变或聚合反应. 一个静止质量为 M_0 的原子核可能分裂为静止质量分别为 m_{0i} 的多个碎片，设在母核静止系中这些碎片飞离速度分别为 v_i ，运动质量为 $m_i(v_i)$ ，每个碎片获得的动能 $E_{ki}=m_i(v_i)c^2-m_{0i}c^2$ ，碎片获得的总动能是

$$E_k=\sum_i m_i(v_i)c^2-\sum_i m_{0i}c^2$$

而在同一个参考系(质心系)中反应前后总质量守恒

$$M_0=\sum_i m_i(v_i)$$

所以

$$E_k=\left(M_0-\sum_i m_{0i}\right)c^2 \tag{23.3.5}$$

其中括号中部分表示反应前母核静止质量与反应后碎片静止质量和之差，称为**质量亏损**(mass defect). 在上述核裂变过程中，原子核的部分静止质量转化为碎片的动能(运动质量). 在核碎片结合成原子核的聚合反应过程中，也会发生质量亏损：原子核的静止质量 M_0 小于组成原子核的所有核子静止质量总和，其差额对应的能量在聚变中被释放出来，称为原子核的**结合能**(binding energy).

$$E_{\mathrm{B}}=\left(\sum_{i} m_{0i}-M_{0}\right) c^{2} \tag{23.3.6}$$

1939 年人们发现，中子打击铀核可以引起铀核裂变，铀核裂变时还可以放出 2～3 个中子. 这些中子在一定条件下又可引起新的铀核裂变，从而产生链式反应. 1942 年就建成了控制链锁反应的装置——核反应堆. 从 1954 年苏联建成第一座核电站至今，世界上已有近千座核电站在运行，成为人类解决日趋紧张的能源问题的最重要的途径. 铀核不加控制的裂变可以在极短时间内释放出大量的能量，这就是原子弹；在极高温条件下，超过一定量的氘核和氚核可以瞬时地发生聚变，释放出能量，这就是氢弹. 关于核以及核能的国防应用将在第七部分中 § 34.5 更详细介绍.

例 23.3.1　已知质子、中子和氘核的静止质量分别为

$$m_{0\mathrm{p}}=1.6726231\times10^{-27}\,\mathrm{kg}, m_{0\mathrm{n}}=1.6749286\times10^{-27}\,\mathrm{kg}, m_{0\mathrm{d}}=3.3435860\times10^{-27}\,\mathrm{kg}$$

试计算一个质子和一个中子结合成氘核时释放出多少能量，并据此计算聚合 1kg 氘核能获得多少核能.

解　由式(23.3.6)

$$E_{\mathrm{B}}=(m_{0\mathrm{p}}+m_{0\mathrm{n}}-m_{0\mathrm{d}})c^{2}=3.5642\times10^{-13}\,\mathrm{J}$$

聚合 1kg 氘核释放的能量为

$$E=\frac{1}{m_{0\mathrm{d}}}E_{\mathrm{B}}=1.07\times10^{14}\,\mathrm{J/kg}$$

此能量值相当燃烧 1kg 汽油放出热量的 230 万倍.

23.3.3　相对论动量-能量关系

现在我们考虑式(23.2.6)定义的四维动量的第四分量，利用质能关系可以写作

$$P_{4}=\mathrm{i}cm=\frac{\mathrm{i}}{c}mc^{2}=\frac{\mathrm{i}}{c}E$$

于是四维动量可以写作

$$P_{\mu}=\left(\boldsymbol{P}_{\text{相}}, \frac{\mathrm{i}}{c}E\right) \tag{23.3.7}$$

$\boldsymbol{P}_{\text{相}}$ 是四维动量的空间分量，由式(23.2.5)，$\boldsymbol{P}_{\text{相}}=m\boldsymbol{u}=\gamma_{u}m_{0}\boldsymbol{u}$. 四维动量和自身的标积是洛伦兹标量

$$P_{\mu}P_{\mu}=P_{\nu}'P_{\nu}' \tag{23.3.8}$$

P_{ν}' 是 S' 系的四维动量. 设粒子在 S' 系中静止，$\boldsymbol{P}_{\text{相}}'=0$，粒子能量就是静止能量

$$P_{\nu}'P_{\nu}'=-E'^{2}/c^{2}=-m_{0}^{2}c^{2}$$

所以式(23.3.8)可以写作

$$P_{相}^2 - E^2 / c^2 = -m_0^2 c^2 \tag{23.3.9}$$

或

$$E = \sqrt{P_{相}^2 c^2 + m_0^2 c^4} \tag{23.3.10}$$

由于粒子相对 S' 系静止，相对 S 系的速度就是 v (即 S' 系相对于 S 系的运动速度)，$\boldsymbol{P}_{相} = m\boldsymbol{v}$. 式(23.3.10)就是相对论的**动量-能量关系**(momentum-energy relation)，是高能物理中的一个重要公式.

有些微观粒子的静止质量为零，如光子、中微子等，它们没有静止状态，只能以光速 c 运动. 对静止质量为零的粒子，动量能量有关系 $P = E / c$ ，运动质量 $m = E / c^2$ 和能量有关.

23.3.4　相对论的多普勒效应

按照量子物理观点，电磁波是光子场. 光子的静止质量为零，能量和光频率成正比：$E = \hbar\omega$, 动量 $\boldsymbol{P} = \hbar\boldsymbol{k}$, ω 是圆频率， $\boldsymbol{k} = \omega\boldsymbol{n} / c$ 是三维波矢量，其中 $\boldsymbol{n}$ 是沿波传播方向的单位矢量. 由式(23.3.7)光子的四维动量为

$$P_\mu = \hbar\left(\boldsymbol{k}, \frac{\mathrm{i}}{c}\omega\right) = \hbar K_\mu \tag{23.3.11}$$

K_μ 也是个四维矢量，称为**四维波矢量**(4-dimension wave vector).

相对光源运动的观测者测得的光频率，不同于相对光源静止的观测者测得的光频率的现象，称为**多普勒效应**. 利用四维波矢量满足洛伦兹变换，可以简单地导出相对论的多普勒效应公式.

设 S 和 S' 系是两个特殊相关惯性系，光源静止在 S' 系中，S' 系观测者测得的光频率称为**固有频率**(proper frequency)，记为 ν_0 ，在 S' 系光圆频率 $\omega' = 2\pi\nu_0$. 在 S 系测得的光频率记为 ν ，圆频率为 $\omega = 2\pi\nu$. 由四维波矢量的洛伦兹变换

$$K'_\mu = \alpha_{\mu\nu} K_\nu \tag{23.3.12}$$

写成矩阵形式

$$\begin{bmatrix} k'_1 \\ k'_2 \\ k'_3 \\ \dfrac{\mathrm{i}}{c}\omega' \end{bmatrix} = \begin{bmatrix} \gamma & 0 & 0 & \mathrm{i}\beta\gamma \\ 0 & 1 & 0 & 0 \\ 0 & 0 & 1 & 0 \\ -\mathrm{i}\beta\gamma & 0 & 0 & \gamma \end{bmatrix} \begin{bmatrix} k_1 \\ k_2 \\ k_3 \\ \dfrac{\mathrm{i}}{c}\omega \end{bmatrix}$$

即

$$\begin{cases} k_1' = \gamma(k_1 - \beta\omega / c) \\ k_2' = k_2 \\ k_3' = k_3 \\ \omega' = \gamma(\omega - vk_1) \end{cases} \tag{23.3.13}$$

设在 S 系中观测到波沿与 x 轴正向夹角 θ 方向传播，在 S' 系中光沿与正 x 方向夹角 θ' 方向传播，则

$$k_1 = \frac{\omega}{c}\cos\theta, \quad k_1' = \frac{\omega'}{c}\cos\theta' \tag{23.3.14}$$

将 k_1 代入式(23.3.13)第四式中，得

$$\omega' = \gamma\omega(1 - \beta\cos\theta)$$

或

$$\nu = \frac{\nu_0}{\gamma(1 - v\cos\theta / c)} \tag{23.3.15}$$

这就是**相对论多普勒效应**公式. 特别在 S 系中光沿正 x 方向传播时，$\theta = 0$，S 系观测到的光频率为

$$\nu = \frac{\nu_0}{\gamma(1 - v / c)} = \nu_0\sqrt{\frac{1 + v / c}{1 - v / c}} > \nu_0 \tag{23.3.16}$$

大于固有频率，称为频率**紫移**(violet shift)，而逆 x 方向传播的光频率低于固有频率，称为**红移**(red shift). 像这样观测者顺着或逆着光传播方向光频率改变的现象称为**纵向多普勒效应**.

若 $\theta = \pi / 2$,由式(23.3.15)

$$\nu = \nu_0 / \gamma \tag{23.3.17}$$

即在垂直于光源运动方向观测到的光频率小于固有频率，这种现象称为**横向多普勒效应**. 横向多普勒效应在经典物理中是不存在的，它起源于运动时钟延缓效应，由于运动的物体中发生的物理过程变慢，所以 S 系观测到光周期变长，频率变小. 横向多普勒效应的观测是运动时钟延缓效应的直接证明，但由于横向效应是 v / c 的二级效应，很容易被纵向的一级效应掩盖，观测比较困难，但近年已有实验事实证实了这种效应的存在.

光的多普勒效应在天文学中可用来确定天体的退行速度. 由于观测到星球光谱几乎都发生红移，这成为关于宇宙起源的“大爆炸”理论的重要依据. 在技术上，多普勒效应还被用来监测汽车行驶速度，跟踪人造地球卫星等.

23.3.5　光行差现象

在不同惯性系中还可观测到光的传播方向不同，这种现象称为**光行差现象**(aberration

phenomenon). 设在 S' 系观测到光传播方向与 x 轴夹角 θ'，在 S 系中为 θ，利用式(23.3.14)，有

$$\cos\theta' = \frac{ck_1'}{\omega'} = \frac{\cos\theta - v/c}{1 - v\cos\theta/c}$$

由此可求出

$$\tan\theta' = \frac{\sin\theta}{\gamma(\cos\theta - v/c)} \tag{23.3.18}$$

这就是**相对论的光行差公式**，它描述了两个惯性系中光传播方向的关系.

光行差现象在 17 世纪就被天文观测发现. 假设某恒星的光线在太阳参考系 S 中垂直于地面射来，$\theta = 90°$，由于地球相对 S 以速度 v 运动，地球参考系观测到光的传播方向将与竖直方向有一夹角 α，与 x 轴夹角 $\theta' = 90° + \alpha$ (图 23.3.1)，$\tan\theta' = -1/\tan\alpha$. 利用式(23.3.18)

$$\tan\theta' = -\frac{1}{\gamma v/c} \approx \frac{c}{v}$$

图 23.3.1

所以 $\tan\alpha = v/c, \alpha \approx 25 \cdot 5'$. 这与天文观测结果完全一致.

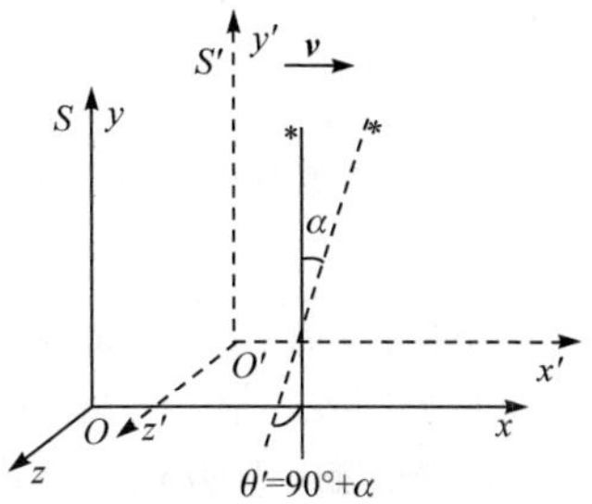

* § 23.4 电磁现象的统一性和电磁场的相对性

狭义相对论是在肯定电磁规律是正确的前提下，修改旧时空理论得到的，可以预计狭义相对论不会引起电磁现象基本规律根本改变,但是狭义相对论仍更深刻地揭示了电磁现象的统一性和电磁场量的相对性.

23.4.1 电荷密度和电流密度的统一 四维电流密度矢量

设电荷 Q 静止在 S 系中，在 S 系中观测到空间有一静止的电荷分布；在相对 S 系运动的 S' 系中，除观测到有电荷分布外，还会观测到空间有一电流密度分布. 这反映了电荷密度、电流密度本质上是同一个物理量，仅只是观测参考系选择不同.

大量的实验事实都表明，带电物体的电荷总量不会随带电体的运动状态改变，即**电荷量是个洛伦兹标量**. 电荷总量是电荷密度 ρ 的体积分

$$Q = \int_V \rho \mathrm{d}v \tag{23.4.1}$$

当带电体以速率 u 运动时，带电体横向线度不变，而沿运动方向线度收缩了因子 $1/\gamma_u$,因此体积减小，电荷密度变大. 设带电体静止时的电荷密度为 ρ_0，以速率 u 运动时的电荷密度为 ρ，则

$$\rho = \gamma_u \rho_0 \tag{23.4.2}$$

三维空间电流密度矢量定义为 $\boldsymbol{j}=\rho\boldsymbol{u}$,利用四维速度矢量，类似地可定义四维电流密度矢量为

$$J_\mu=\rho_0 U_\mu \tag{23.4.3}$$

ρ_0 是相对带电体静止的观测者测定的电荷密度，是个洛伦兹标量. J_μ 的前三个分量是

$$\rho_0\gamma_u\boldsymbol{u}=\rho\boldsymbol{u}=\boldsymbol{j} \tag{23.4.4}$$

就是三维电流密度矢量，而第四个分量

$$J_4=\rho_0\gamma_u \mathrm{i}c=\mathrm{i}c\rho$$

所以四维电流密度矢量可写为

$$J_\mu=(\boldsymbol{j},\mathrm{i}c\rho) \tag{23.4.5}$$

由于相对论的时空统一，非相对论中两个不同的物理量电荷密度、电流密度矢量，现在统一为一个四维矢量——四维电流密度矢量.

利用四维矢量的洛伦兹变换

$$J'_\mu=\alpha_{\mu\nu}J_\nu$$

即

$$\begin{bmatrix} j'_1 \\ j'_2 \\ j'_3 \\ \mathrm{i}c\rho' \end{bmatrix}=\begin{bmatrix} \gamma & 0 & 0 & \mathrm{i}\beta\gamma \\ 0 & 1 & 0 & 0 \\ 0 & 0 & 1 & 0 \\ -\mathrm{i}\beta\gamma & 0 & 0 & \gamma \end{bmatrix}\begin{bmatrix} j_1 \\ j_2 \\ j_3 \\ \mathrm{i}c\rho \end{bmatrix}$$

可得出两惯性系间电荷密度、电流密度的变换关系

$$\begin{cases} j'_1=\gamma(j_1-v\rho) \\ j'_2=j_2 \\ j'_3=j_3 \\ \rho'=\gamma(\rho-\beta j_1/c) \end{cases} \tag{23.4.6}$$

特别注意到电荷守恒定律 $\nabla\cdot\boldsymbol{j}+\partial\rho/\partial t=0$,利用四维电流密度矢量可写为

$$\partial J_\mu/\partial R_\mu=0 \tag{23.4.7}$$

它是四维空间中的标量方程，具有明显的洛伦兹协变性.

例 23.4.1　一无限长带电直线电荷线密度为 λ，静止在 S 系并沿 x 轴放置. S' 系和 S 系特殊相关，求 S' 系观测到的电荷密度和电流密度.

解　由于运动物体横向线度不变，所以电荷线密度和体密度满足相同的变换关系. 在 S 系中电荷线密度为 λ, $\boldsymbol{j}=0$, 由式(23.4.6)在 S' 系观测到的电荷线密度、电流密度为

$$\lambda'=\gamma\lambda \tag{23.4.8}$$

$$j'_1=-\gamma v\lambda,\quad j'_2=j'_3=0 \tag{23.4.9}$$

这一结果的意义很明显：带电直线相对 S' 系沿负 x 方向运动，由运动长度收缩，在 S 系的

单位长度，在 S' 系观测将小于一个长度单位，故电荷线密度变大，同时观测到沿负 x 方向的电流(设直线带正电荷).

23.4.2 电磁场张量 电磁场的相对性

设电荷相对 S 系静止，在 S 系只能观测到静电场，如上例所见，在 S' 系还观测到电流，由此在 S' 系还存在磁场. 可见是否存在磁场，决定于观测者相对带电体的运动状态，本质上不可能独立于电场. 可以证明[①]，电场强度 $\boldsymbol{E}$ 和磁感应强度 $\boldsymbol{B}$ 的六个分量是四维空间二阶反对称张量 $F_{\mu\nu}$ 的分量，用矩阵表示为

$$[F]=\begin{bmatrix} 0 & B_3 & -B_2 & -\mathrm{i}E_1/c \\ -B_3 & 0 & B_1 & -\mathrm{i}E_2/c \\ B_2 & -B_1 & 0 & -\mathrm{i}E_3/c \\ \mathrm{i}E_1/c & \mathrm{i}E_2/c & \mathrm{i}E_3/c & 0 \end{bmatrix} \tag{23.4.10}$$

F 称为**电磁场张量**(electromagnetic field tensor).

利用二阶张量的变换关系式(23.1.7) $F'_{\mu\nu}=\alpha_{\mu\lambda}\alpha_{\nu\delta}F_{\lambda\delta}$,注意它可写成

$$F'_{\mu\nu}=\alpha_{\mu\lambda}F_{\lambda\delta}\tilde{\alpha}_{\delta\nu} \tag{23.4.11}$$

其中 $\tilde{\alpha}_{\delta\nu}$ 是 $\alpha_{\nu\delta}$ 的转置(即行列互换). 式(23.4.11)右端是 α,F,α 转置三个矩阵的乘积，作出这个乘积，然后使等号两端矩阵对应元素相等，得两特殊相关惯性系间电磁场的变换关系

$$\begin{cases} E'_1=E_1 \\ E'_2=\gamma(E_2-vB_3) \\ E'_3=\gamma(E_3+vB_2) \end{cases} \tag{23.4.12}$$

$$\begin{cases} B'_1=B_1 \\ B'_2=\gamma(B_2+\beta E_3/c) \\ B'_3=\gamma(B_3-\beta E_2/c) \end{cases} \tag{23.4.13}$$

这反映了**电场和磁场本质的联系，实际上是同一个物理场的两种不同表现形式，取决于观测者所在的参考系，电场和磁场可以互相转化**.

例 23.4.2 利用电磁场的变换关系，求例 1 中在 S' 系观测到的电磁场，并和直接用 S' 系的电荷、电流求得的场比较.

解 在 S 系观测到的是线密度为 λ 、沿 x 轴的无限长带电直线的静电场

① 李承祖等. 电动力学教程(修订版). 国防科技大学出版社, 1997: 317

$$E_1 = 0, E_2 = \frac{\lambda y}{2\pi\varepsilon_0 r^2}, \quad E_3 = \frac{\lambda z}{2\pi\varepsilon_0 r^2}$$

$$\boldsymbol{B} = 0$$

利用变换关系式(23.4.12)式(23.4.13)，得在 S' 系观测到的电磁场

$$E_1' = 0, E_2' = \gamma E_2, E_3' = \gamma E_3$$

$$B_1' = 0, B_2' = \gamma\beta E_3 / c, B_3' = -\gamma\beta E_2 / c$$

在 S' 系测得的电场、磁场都只有垂直于带电直线的分量，大小分别为

$$E' = \sqrt{E_1'^2 + E_2'^2} = \gamma E$$

$$B' = \sqrt{B_1'^2 + B_2'^2} = \gamma\beta E / c$$

也可以利用例 1 求得的 S' 系中电荷密度、电流密度计算场. 在 S' 系中仍是无限长带电直线，但电荷线密度 $\lambda' = \gamma\lambda$ ，所以电场强度仍垂直于带电直线，大小 $E' = \gamma E$. 在 S' 系的磁场大小，可由式(23.4.9)给出的线电流密度，根据安培环路定理求出

$$B' = \frac{\mu_0 j_1'}{2\pi\sqrt{y'^2 + z'^2}} = \frac{1}{2\pi\varepsilon_0 r^2 c^2}\gamma\lambda v = \gamma\beta E / c$$

与前面得到结果完全相同.

23.4.3　麦克斯韦方程组的协变性

利用式(23.4.10)给出的电磁场张量，可以把麦克斯韦方程组改写为四维空间中的张量方程. 例如，真空中的麦克斯韦方程

$$\nabla \cdot \boldsymbol{E} = \rho / \varepsilon_0 \tag{23.4.14}$$

$$\nabla \times \boldsymbol{B} = \mu_0\varepsilon_0 \partial \boldsymbol{E} / \partial t \tag{23.4.15}$$

可合并写成四维空间中一阶张量方程

$$\partial F_{\mu\nu} / \partial \chi_\nu = \mu_0 J_\mu \tag{23.4.16}$$

这可直接验证，例如，$\mu = 1$ 的分量方程是

$$\frac{\partial F_{11}}{\partial x_1} + \frac{\partial F_{12}}{\partial x_2} + \frac{\partial F_{13}}{\partial x_3} + \frac{\partial F_{14}}{\partial x_4} = \mu_0 J_1$$

利用式(23.4.10)，此式可写作

$$\frac{\partial B_3}{\partial x_2} - \frac{\partial B_2}{\partial x_3} = \mu_0\varepsilon_0 \frac{\partial E_1}{\partial t} + \mu_0 j_1$$

此即式(23.4.15)的 x 分量方程. 同样可证式(23.4.16)的 μ=2,3 分量方程就是式(23.4.15)的 y，z 分量方程， $\mu = 4$ 的分量方程则给出方程(23.4.14).

另一对麦克斯韦方程

$$\nabla \cdot \boldsymbol{B} = 0 \tag{23.4.17}$$

$$\nabla \times \boldsymbol{E} = -\partial \boldsymbol{B} / \partial t \tag{23.4.18}$$

可合并写成四维空间三阶张量方程

$$\partial F_{\mu\nu} / \partial x_{\lambda} + \partial F_{\nu\lambda} / \partial x_{\mu} + \partial F_{\lambda\mu} / \partial x_{\nu} = 0 \tag{23.4.19}$$

这里虽然下标 μ，ν，λ 都可取值 1～4，但只要有两个取相同值，式(23.4.19)只能给出恒等式；仅当 μ，ν，λ 取值全不相同时，才给出独立的方程，而这样的方程正好只有四个. 例如，取 μ，ν，λ 分别等于 1，2，3，给出

$$\frac{\partial F_{12}}{\partial x_3} + \frac{\partial F_{23}}{\partial x_1} + \frac{\partial F_{31}}{\partial x_2} = 0$$

利用式(23.4.10)，此即

$$\partial B_3 / \partial x_3 + \partial B_1 / \partial x_1 + \partial B_2 / \partial x_2 = 0$$

也就是式(23.4.17). 当 μ,ν,λ 取值(4，2，3)，(4，3，1)，(4，1，2)时，可得式(23.4.18)的三个分量方程.

电磁场的基本方程都可改写成四维空间张量方程，表明电磁现象的基本规律符合狭义相对论的基本原理要求. 这正是我们所预期的.

问题和习题

23.1　为什么说洛伦兹坐标变换是四维时空坐标系在 x-w 平面内的转动变换?

23.2　为什么一个物理规律的数学表达式，如果不能写成四维时空中的张量方程形式，我们就说它不满足狭义相对论原理的要求，从而不可能是完全正确的物理规律?

23.3　把三维空间坐标系在 x-y 平面内转动的变换矩阵和四维时空的洛伦兹变换矩阵分别记为$[R]$和$[\alpha]$，其转置矩阵分别记为$[R]^{\mathrm{T}}$和$[\alpha]^{\mathrm{T}}$，单位矩阵记为$[I]$. 试验证：(1)$[R]^{\mathrm{T}}[R]=[I]$，并且在三维转动变换下两点之间的距离保持不变；(2)$[\alpha]^{\mathrm{T}}[\alpha]=[I]$，并且在洛伦兹变换下四维间隔 s^2 保持不变.

23.4　为什么说牛顿力学方程不是完全正确的物理规律? 建立相对论力学方程应遵循哪些原则?

23.5　有两个特殊相关惯性系 S 系和 S'系，在 S'系的原点处固定一个电量为 Q 的正点电荷 a，在 y'轴上坐标为 $y'=r'$处也固定一个电量为 Q 的正点电荷 b. 试求在 S 系中测得的 a 对 b 的作用力.

23.6　如何理解质能关系式 $E=mc^2$? 当初始静止的电子与正电子发生湮没产生两个光子时，这是否意味着质量消灭了?

23.7　一个波长为 $\lambda=0.003$Å 的光子在一个重核附近产生一个电子–正电子对，若正电子的动能恰好等于电子动能的 2 倍，试分别计算出电子和正电子的动能. 这一过程是否意味着运动消灭了从而产生出了物质?

23.8　一个能量为 $E^-=5.0\times10^6$eV 的电子与一个静止的正电子发生湮没，产生了两个相同的光子. 试求每个光子的能量 E^{γ}.

23.9　设想：一艘飞船以速度 $v=0.8c$ 相对地面沿水平方向做匀速直线运动. 在飞船上固定

一个高能直线加速器，一个电子以速度 $u'_x = 0.6c$ 相对加速器水平向前飞行. 试问：在地面观测者看来，电子的动能是多大?

23.10 在高速公路上用雷达测速仪测量汽车的车速. 测速仪发出频率为$\nu_1 = 5.0\times10^{10}$Hz 的电磁波，被迎面驶来的汽车反射回来. 反射波与发射波叠加，所形成的合成波的拍频为 $\Delta\nu = 5.0\times10^{3}$Hz. 试求此汽车的车速.

23.11 电量为 q 的点电荷在实验室中沿 x 轴以速度 v 做匀速直线运动. 求实验室中的观测者所测得的电磁场的强度.

23.12 在实验室中，一根无限长均匀带电直线沿 x 轴放置，其静止时的电荷线密度为 λ_0. 若此带电直线沿 x 轴以速度 v 做匀速直线运动，试求在实验室中测得的电荷体密度、电荷线密度、电流密度以及带电直线所激发的电磁场强度.

*第 24 章　广义相对论简介

狭义相对论成功地解决了麦克斯韦电磁场理论和旧物理学原理的矛盾，揭示了空间和时间的统一，把物理学大大推进一步，但狭义相对论仍存在一些局限性. 首先，狭义相对论肯定所有的惯性系都可等效地描述物理现象，而惯性系毕竟仍然是一类特殊的参考系，况且在自然界根本就不存在严格意义上的惯性系. 其次，狭义相对论根本就没涉及自然界普遍存在的万有引力问题，事实上万有引力定律并不满足狭义相对论要求. 为了克服这些局限性，爱因斯坦进一步推广了狭义相对论原理，在 1915 年创立了广义相对论的物理理论. 广义相对论更深刻地揭示了时间、空间和物质运动的联系，建立了本质上新的引力理论. 本章首先介绍广义相对论的基本原理，然后简要地介绍广义相对论的时空性质和引力场理论，最后给出广义相对论的若干实验证据.

学习指导：本章全部内容只要求一般了解. 主要了解狭义相对论有哪些局限性，广义相对论的两条基本原理是什么，广义相对论得到哪些实验事实证明，广义相对论的时空理论是什么，着重理解“**物质分布决定时空几何，时空几何影响物质运动**”.

以学生自学为主，学时较多的专业，教师可做适当辅导讲解.

§ 24.1　广义相对论原理

24.1.1　狭义相对论的局限性

根据狭义相对论的基本原理，物理过程在一切惯性系中的进行都是相同的，或者说物理规律对一切惯性系都有效. 而惯性系毕竟仍是一类特殊的参考系，在描述物理规律上惯性系果真优越于非惯性系吗？这种优越的理由是什么？其次，由于物质之间的相互作用，以牛顿力学概念为基础的惯性系，严格说来在自然界并不存在. 在研究地球上物体运动时，常认为地球是惯性系. 研究行星运动时选太阳参考系为惯性系，而地球在绕太阳转动，整个太阳系也在银河系中转动，银河系也在宇宙中加速运动. 尽管加速度不大，但这些参考系都不是严格的惯性系. 物理规律难道只能对虚拟的参考系(惯性系)才有效吗？爱因斯坦的回答是否定的.

狭义相对论另一个局限性就是没有把引力理论包括进来. 虽然看上去万有引力公式和库仑定律形式相像，但这只是表明引力场可以看作静电场的类似物，匀速运动的电荷(电流)可激发磁场，而匀速运动的质点却不能激发类似于磁场的任何东西. 由于电场、磁场可以同时存在，在洛伦兹变换下互相消长，保持电磁场的基本规律满足狭义相对论的基本原理，而对引力场却做不到这一点.

为了克服狭义相对论的局限性，爱因斯坦决定推广狭义相对论，建立广义相对论的理论. 广义相对论也是建立在两条基本原理之上.

24.1.2 等效原理

惯性质量描述物体惯性大小，引力质量是物体产生或感受引力这一属性的度量，二者概念上不同. 但经典物理已经证明，**引力质量和惯性质量之比对所有物体相同，与物体的材质、大小无关**. 实际上由于已经取度量惯性质量标准同时也是度量引力质量标准，对任何物体惯性质量 m_I 和引力质量 m_G 数值相等

$$m_G = m_I \tag{24.1.1}$$

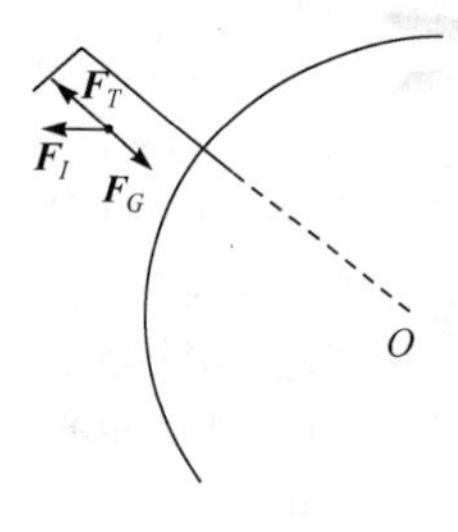

图 24.1.1

检验引力质量和惯性质量等价的精确实验是匈牙利物理学家厄缶(R. Eötvös)在 1900 年做的. 其实验可用图 24.1.1 示意地表示. 在地球引力场中，将一质点用悬线悬挂起来，在平衡状态下，质点受到三个力：地球对它的引力 $\boldsymbol{F}_G$ ，方向指向地心；地球自转引起的惯性离心力 $\boldsymbol{F}_I$ 以及悬线的张力 $\boldsymbol{F}_T$. 注意到 F_G 正比于引力质量，而惯性力 F_I 正比于惯性质量，厄缶仔细地比较各种不同物质如木、铂、铜、水等悬挂起来后的平衡位置，结果没有观测到任何变化，证明对所有物体，引力质量和惯性质量相等，与材质无关. 厄缶的实验精度在 1922 年已达 5×10^{-9} ，到 20 世纪 70 年代实验精度进一步提高，可达到 10^{-12} 量级. 所以**引力质量和惯性质量相等可以看成是精确成立的物理定律**.

引力质量和惯性质量相等，是一个实验事实. 为了揭示隐蔽在这一实验事实后面的物理根源，爱因斯坦构思了如下的“理想实验”. 假设有一个密封舱静止地悬挂在地球表面上方(图 24.1.2)，如果密封舱不很大，可认为舱内引力场均匀. 舱内质点受地球引力

$$\boldsymbol{F}_G = m_g\boldsymbol{g} \tag{24.1.2}$$

假想有另外一个密封舱，它远离所有物体，舱内可认为是“无引力作用的空间”. 当这个密封舱相对地球以等于 g 的加速度向上运动时，舱内每个质点将受到一个惯性力

$$\boldsymbol{F}_I = m_I\boldsymbol{g} \tag{24.1.3}$$

由于引力质量和惯性质量相等，一个质点在上述两密封舱内受到的力相同，相对地球参考系的运动就不会有任何差别. 这就是说引力作用的效果和惯性力作用效果完全相同，这两个密封舱内发生的力学现象都相同.

上述理想实验结果表明：在一个相当小的时空范围(密封舱)内，用任何力学实验都不可能区分开引力和惯性力的效果；或者说，**在力学范围内引力和惯性力完全等效**. 这称为**弱等效原理**(principle of weak equivalence). 这里“相当小的时空范围”条件是必要的，因为加速参考系中惯性力是常矢量，而通常只在小的时空范围内，引力场产生的加速度才可认为是常矢量. 爱因斯坦对弱等效原理加以推广，认**为在一个相当小的时空范围内，不仅力学实验，而且其他任何物理实验(电磁学、光学等)都不能区分引力和惯性力的效果，这称为强等效原理**.

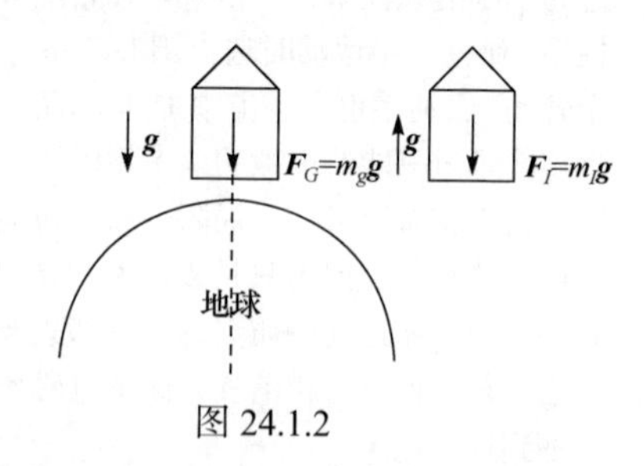

图 24.1.2

由于引力和惯性力等效，广义相对论实际上是关于引力场的理论.

24.1.3　广义相对性原理

在狭义相对论中，所有惯性参考系在物理上完全等价. 根据等效原理，加速参考系内发生的物理过程和局域均匀引力场中发生的物理过程完全相同，即局域均匀引力场和加速参考系在物理上完全等价.

引力和惯性力不可区分已蕴含着有引力场的静止系(惯性系)和无引力场的加速系不可能用任何物理实验区分. 这就表明在物理上惯性系并不比加速参考系更优越，加速参考系等价于其中包含有引力场的惯性系. 这样就可把物理学相对性原理由惯性系推广到非惯性系，得到广义相对性原理：

一切参考系在描述物理规律上等价，或者说物理规律在一切参考系中都取相同形式.

利用广义相对性原理，可以决定严格的惯性系和非惯性系. 例如，上述在地球引力场中自由下落的密封舱中的任何物理实验，都不能显示引力的效应，由于物体受到的引力被惯性力相消，物体将保持静止或匀速直线运动状态不变. **这样自由下落的密封舱就是一个实际存在的惯性系**. 当然，由于引力场非均匀性，严格说来，在密封舱下落的不同时刻，舱内不同区域是不同的惯性系. 只在某充分小的时间间隔内，空间充分小的区域才是一个严格惯性系，这样的惯性系称为**局域惯性系**(local inertial system).

§ 24.2　广义相对论的时空理论

在一个惯性系中，所有的时空点(世界点)都具有相同的物理性质，具有这种性质的时空称为平直时空. 我们熟悉的欧几里得(Euclid)几何学就是描述这种时空性质的. 平直时空具有如下熟知的几何性质：两点间直线最短；两条平行直线永不相交；三角形的内角和等于 180°；半径为 r 的圆周长等于 $2\pi r$ 等. 在弯曲空间中这些性质不再成立. 例如，在球面上(二维弯曲空间)，两点间沿大圆弧(过此两点及球心的平面和球面交线形成的圆周上的圆弧)距离最短，两平行线可以相交，三角形内角和大于 π 等(图 24.2.1). 研究空间几何的性质是欧几里得的或非欧几里得的，可以判断出空间是平直的或弯曲的.

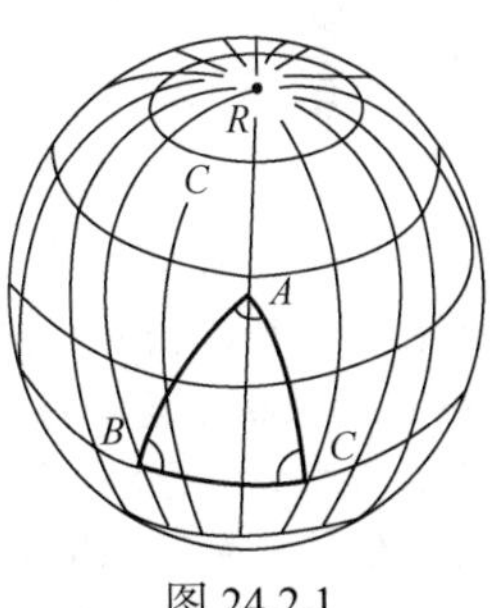

图 24.2.1

根据广义相对论，在非均匀引力场中只存在局域的惯性系，平直时空只存在于小范围(其中引力场可看作是均匀的)内，大范围的时空整体上就不再具有平直性.

24.2.1　引力场和时空弯曲

正像我们必须用具体的物理过程度量时间和空间一样，空间的平直性也必须用一个具体的物理过程表示. 在平直空间的真空中，光总是沿直线传播，因此可以认为光(在真空中)沿直线传播的空间是平直的，否则就说这个空间是弯曲的.

考虑下面的“理想实验”，令密封舱从远离地面的上方(意为这里没有引力场)朝向地球加速运动，设相对密封舱静止系为 S'，舱内无引力场，S' 是一个惯性系. 在 S' 系观测，舱左壁 A' 处发出的一束光将直线传播打到右壁 A 处. 在地面参考系 S 观测，S' 相对地面加速运动，光线沿一条抛物线传播. 所以 S 系中的空间是弯曲的(图 24.2.2). 从另一角度看，S 系相对惯性系 S' 加速运动，由惯性力和引力等效原理，S 系又可看成其中存在引力场的静止系，表明在引力场中的空间是弯曲的.

再来考察所谓“爱因斯坦转动圆盘”的另一个假想实验(图 24.2.3). 设圆盘绕固定在地面上的竖直轴以角速度 ω 转动，以转轴为中心，r 为半径作一圆周，圆周上每点都沿圆周切向运动，在圆周上每点取相对转盘静止的局域系为 S' 系，取地面参考系为 S，S 系的观测者将观测到 S' 系中的弧长 ds' 发生洛伦兹收缩

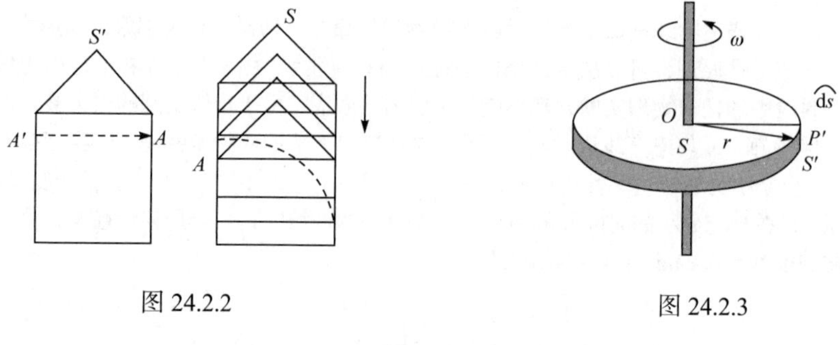

图 24.2.2　　图 24.2.3

$$ds=\sqrt{1-\beta^2}ds',\quad \beta=\omega r/c \tag{24.2.1}$$

积分上式求得 S 系中圆周长

$$s=\oint\sqrt{1-\beta^2}ds'=\sqrt{1-\beta^2}s'$$

即

$$s'>s \tag{24.2.2}$$

而在 S 系中 $s=2\pi r$，在转动系 S' 中，由于与运动方向垂直的长度不变，仍有 $r'=r$，所以在 S' 系中 $s'>2\pi r'$，这表明加速参考系 S' 中空间弯曲，不同半径 r' 处弯曲程度不同. 在 S' 系的观测者相对 S' 系静止，不存在运动收缩，但确实感受到惯性离心力的存在，而惯性力又和引力场等效，于是 S' 系观测者得出结论：**在引力场中空间弯曲**. 空间和时间是密不可分的，空间弯曲和时间弯曲是不可分割的，所以可以一般地说，**引力场中的时空是弯曲的**.

爱因斯坦认为，物质的非均匀分布引起时空弯曲和畸变，使之不再平坦. 物体在这样的时空中虽然仍企图沿着直线运动，但由于时空弯曲，它的运动轨道就成为弯曲的了. 这种弯曲时空对物体运动的影响就表现为物体受到引力场的作用. 所以，广义相对论表明：**物质分布决定时空几何，时空几何影响着物质运动**.

在大范围宇宙空间中，可以认为物质是均匀分布的，引力场很弱，时空是平缓地均匀弯曲的. 而某些天体(如中子星、白矮星等)物质密度很大，周围存在强大的引力场，这里时空弯曲就非常显著，这里时空和物质运动就会表现出一些非同寻常的性质. 下面我们用一个特殊的引力场说明这些性质.

24.2.2　施瓦西场中的时空

完全球对称分布的引力场称为**施瓦西**(Schwarzschild)**场**. 一个远离其他天体、完全球对称质量分布星体，其外部真空区域的引力场就是一个施瓦西场. 施瓦西场是最简单的引力场，下面我们通过这种场说明引力的时空效应.

设一个密封舱在施瓦西引力场中，由无限远处向激发这个引力场的星体自由降落(图 24.2.4). 此密封舱是个局域惯性系，记为 S. 相对星体静止的参考系记为 S'，S' 系相对惯性系 S 加速运动，S' 是个非惯性系，"引力"就是这个非惯性系中惯性力的表现；当然还可以采取另一种看法：S' 系是有引力场的静止系.

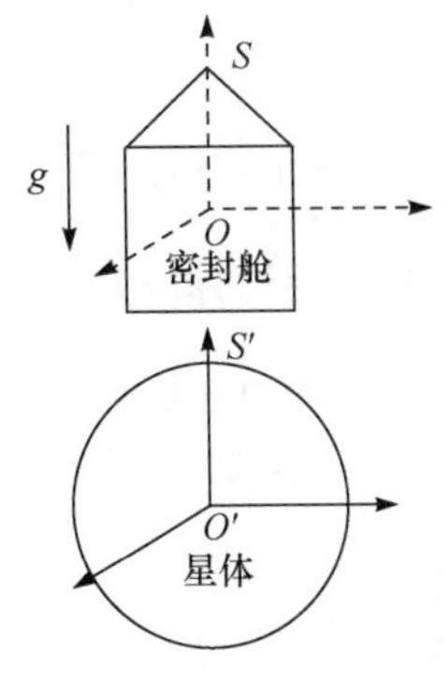

图 24.2.4

密封舱向星体自由降落过程中，星体相对密封舱加速运动. 当星体中心到密封舱距离为 r 时，S' 系相对 S 系的速率 v 可用牛顿力学计算(假设密封舱经过的区域都属弱引力场)，由机械能守恒定律

$$\frac{1}{2}mv^2 = G\frac{mM}{r}$$

求得

$$v^2 = \frac{2GM}{r} \tag{24.2.3}$$

其中 M 是星体质量，这里已取相距无穷远为势能零点. 由密封舱(惯性系 S)观测，S' 系中时钟延缓，沿径向尺长收缩

$$\begin{aligned} \mathrm{d}t &= \frac{\mathrm{d}t'}{\sqrt{1-v^2/c^2}} \\ \mathrm{d}r &= \sqrt{1-v^2/c^2}\,\mathrm{d}r' \end{aligned} \tag{24.2.4}$$

利用式(24.2.3)，式(24.2.4)可写作

$$\mathrm{d}t = \frac{\mathrm{d}t'}{\sqrt{1-\dfrac{2GM}{c^2r}}},\quad \mathrm{d}r = \sqrt{1-\frac{2GM}{c^2r}}\,\mathrm{d}r' \tag{24.2.5}$$

$\mathrm{d}t$、$\mathrm{d}r$ 是 S 系中的时、空间隔，它可理解成相距星体无穷远处，无引力场的时空间隔. $\mathrm{d}t'$、$\mathrm{d}r'$ 是引力场中的固有时、空间隔. 式(24.2.5)说明了引力场对时空的影响：**在引力场中发生的物理过程，从无限远处观察，时间节奏比当地固有时慢，空间距离比当地固有长度短**. 引力越强(GM/r 越大)、钟越慢，径向尺缩越烈.

由式(24.2.5)还可求出

$$v' = \frac{\mathrm{d}r'}{\mathrm{d}t'} = \left(1-\frac{2GM}{c^2r}\right)\frac{\mathrm{d}r}{\mathrm{d}t} = v\left(1-\frac{2GM}{c^2r}\right) \tag{24.2.6}$$

$v=\mathrm{d}r/\mathrm{d}t$ 是局域惯性系中粒子的速度，或在距星体无穷远处粒子的速度；$v'=\mathrm{d}r'/\mathrm{d}t'$ 是粒子在引力场中的速度(即无穷远观测者观测到的粒子在引力场中的速度)，式(24.2.6)表明在引力场中粒子速度变小. 特别若粒子就是光子，式(24.2.6)表示从远处观测，**在引力场中光速变小，光在**

引力场中传播变慢.

由于引力场决定于物质分布，引力场又决定时空几何性质，这反映了时空、物质分布和运动紧密的、不可分割的联系.

§ 24.3　广义相对论的实验验证

本节讨论能证明广义相对论正确性的几个实验. 为了简单，我们取引力场为施瓦西场.

24.3.1　引力红移

设在施瓦西场中，到激发这个场的星体中心距离 $r=R$ 的原子，发出固有周期 $T_0=T'$ 的光波，由式(24.2.5)，从远处观察光波周期

$$T=\frac{T_0}{\sqrt{1-\dfrac{2GM}{c^2R}}} \tag{24.3.1}$$

和固有周期 T_0 比变大，光频率

$$\nu=\nu_0\sqrt{1-\frac{2GM}{c^2R}} \tag{24.3.2}$$

变小，即**引力引起光频率"红移"**. 定义红移量 z 为

$$z=\frac{\nu-\nu_0}{\nu} \tag{24.3.3}$$

利用式(24.3.2)，可求得

$$z=1-\left(1-\frac{2GM}{c^2R}\right)^{-1/2}\approx-\frac{GM}{c^2R} \tag{24.3.4}$$

假设施瓦西场是太阳激发的，太阳质量 $M=1.99\times10^{30}\text{kg}$，太阳半径 $R=6.96\times10^5\text{km}$，由此算出太阳表面物质发光的红移量

$$z\approx\frac{GM}{c^2R}=-2.12\times10^{-6}$$

可见引力红移是个很小的量，容易被其他效应(如发光粒子运动的多普勒效应等)掩盖，观测比较困难，直到 20 世纪 60 年代才得到比较确定的结果. 1961 年观测了太阳光谱中钠 5896Å 谱线的引力红移，与相对论预言偏差小于 5%[①]；1971 年观测到的太阳光谱中钾 7699Å 谱线的引力红移，与理论值偏离在 6%范围内[②]；1971 年对天狼星伴星(白矮星)的观测结果与理论值的偏离在 7%以内[③]. 这些实验可看成广义相对论正确性的证明.

在地球引力场中也存在弱的引力红移(地球质量比太阳更小)，20 世纪 60 年代，庞德(Pound)等利用穆斯堡尔(Mössbauer)效应消除发光原子反冲，成功地做了地面上的引力红移实验. 测得

① J. W. Brault, PhD Thesis, Princeton University. 1962.

② J. L. Snider, Phys. Rev. Lett., 28(1972). 853.

③ J. L. Green Stein, J. B. Oke, H. L. Shipman. Astrophys.,169(1971)563.

从高度 h=22.6m 的塔顶，^{57}Co 衰变放出的能量为14.4keV 的γ射线，在塔底的频率增加(准确地说这是频率“蓝移”实验). 实验测得的结果 $z=(2.57\pm0.26)\times10^{-15}$，与理论计算结果 $z=2.46\times10^{-15}$ 很好符合.

24.3.2　光线在引力场中弯曲

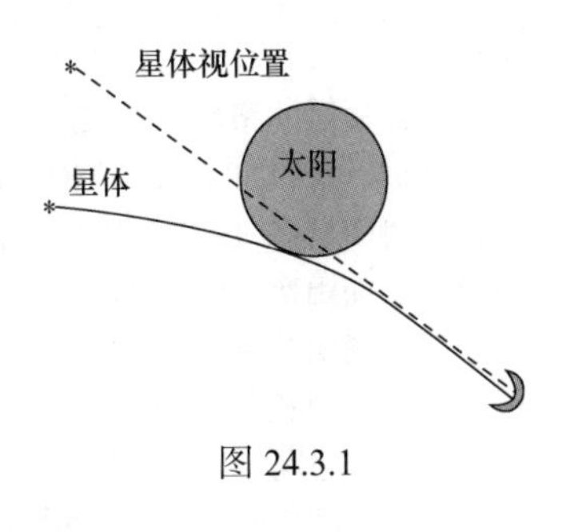

图 24.3.1

根据广义相对论，光在引力场中传播时，其路线是弯曲的. 星光在通过太阳附近的强大引力场时，传播路线将被弯曲. 为了建立一个直观的图像，我们用二维曲面比喻四维弯曲时空，如图 24.3.1 所示，当某恒星发出的光线经太阳附近射向地球时，原来直线行进的光线，好像受太阳吸引似的(如果认为光子有一定质量，光子在通过引力场时，的确会受到太阳的吸引而偏转. 但偏转角度仅是广义相对论预言值的一半. 实际上光线在引力场中的偏转还应包括引力场时空弯曲的因素)弯向太阳，因此观测到的恒星的视位置不同于恒星的实际位置.

根据相对论的理论，光线掠过太阳的偏转角是

$$\delta=\frac{4GM}{c^2R}=1.75'' \tag{24.3.5}$$

由于太阳光强烈，光在太阳附近的偏转只能在发生日全食时才能观测到. 1919 年 5 月 29 日，英国天文学家爱丁顿(Eddington)率领的两支观测队在南美洲和非洲进行日全食观测，首次拍到了太阳附近恒星视位置偏移的照片. 以后每次日全食都要拍这种照片，得到的结果与式(24.3.5)在10%以内相符.

更好的观测数据来自近年射电天文学的测量，1975 年对射电源 0116+08(此射电源每年 4 月中旬被太阳遮掩)观测到无线电波在太阳附近的偏转角是 $(1.761\pm0.016)''$，这和式(24.3.5)理论结果 $1.75''$ 符合很好.

24.3.3　水星轨道近日点的进动

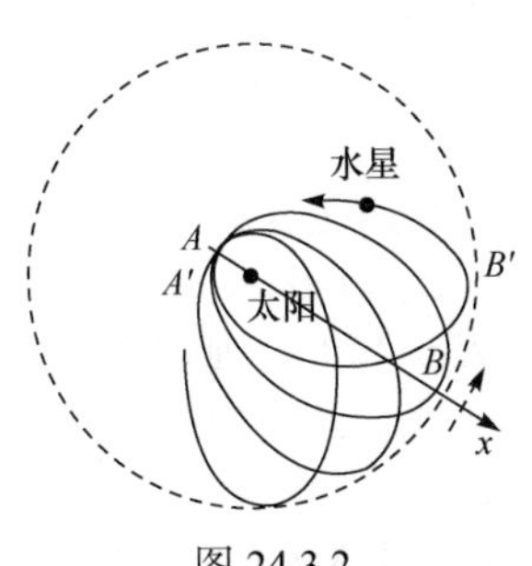

图 24.3.2

水星是靠太阳最近的一颗行星，按开普勒(Kepler)定律，其轨道是以太阳为焦点之一的一个椭圆(图 24.3.2)，椭圆长轴的两端的 A 点是近日点，B 是远日点. 根据牛顿力学，引力的严格平方反比律导致水星的轨道是严格的闭合曲线. 由于水星做严格的周期运动，近日点、远日点连线 AB 在空间确定的方向应当是不变的(图中取为 x 轴). 在 19 世纪，天文观测数据已经显示出水星的轨道不是严格闭合的，它的近日点相对空间固定方位(x 轴)不断缓慢变化，每转一周，轨道长轴方向转过一个严格小角度 ϕ_0，这种现象称为“**进动**”. 水星进动的实际观测值是每世纪转过 $5600.73''$. 为了解释这一观测结果，人们考虑到地球的非惯性系效应、其他行星(主要是金星、地球和木星)的摄动影响后，尚有每世纪 $43.11''$ 的进动不能解释.

广义相对论创立后，考虑到水星在太阳引力场的弯曲空间中运动，水星近日点的进动还应有每世纪 $43.03''$ 的附加值，这就很好地解释了观测结果中原来不能解释的部分.

24.3.4 雷达回波的时间延迟

引力场中时缓、尺缩和光速减小效应的另一个可观测现象是雷达回波时间延迟.

假设地球 E、太阳 S 和某星体 P 近似在同一条直线上时，由地球掠过 S 向 P 发射一束雷达波(高频电磁波). 假设地球与 P 星体距离是 l，不考虑太阳引力场影响，雷达波从发出到返回需要时间 $\Delta t = 2l/c$. 实际上由于引力场的影响，射出和返回的雷达波传播路径在太阳附近发生弯曲，实际通过的路径比直线路径要长，雷达波回波时间应有延迟.

1967～1971 年，夏皮罗(I. Shapiro)等测量了雷达波由水星、金星反射，经太阳表面引力场返回的时间延迟. 1971 年对金星的测量结果与理论预言值 $\Delta t = 2.05\times10^{-4}$s 的偏差不到 2%. 考虑到金星表面山峦起伏可能影响测量精度，人们又利用固定在火星表面的反射器反射雷达波，得到了更好的实验结果.

广义相对论另一个重要的理论预言是存在**引力波**，就像变化的电荷电流能够激发脱离源区，形成在空间传播的电磁波一样，变化的质量源可以激发变化的引力场，这引力场也会以波的形式在空间传播. 引力波的性质和实验检测也是当前广义相对论研究的前沿课题.

24.3.5 黑洞

广义相对论的另一个有兴趣的预言是，宇宙空间中一些大质量的天体可以形成“黑洞”.

考虑一个质量 M 的天体，假设它的引力场可以把质量为 m 的粒子约束在半径为 r 的范围内(这个天体的半径小于 r). 根据牛顿万有引力定律，被约束粒子运动速度满足

$$\frac{1}{2}mv^2 \leqslant \frac{GMm}{r}$$

粒子速率上限是光速 c，由此这个星体的半径上限是

$$r_s = \frac{2GM}{c^2} \tag{24.3.6}$$

r_s 称为这个天体的**引力半径**(gravitational radius). 由于这个星体的强大引力，连光子都不能逃逸，这星体半径 r_s 区域和外界断绝了任何信息交流. 这种质量完全分布在引力半径以内的天体称为**黑洞**(black hole). r_s 称为黑洞的**视界**(horizon). 这种黑洞的概念是相对论出现以前，法国数学家拉普拉斯(Laplace)在 18 世纪提出的，广义相对论的黑洞概念包含有时空弯曲等更为丰富的内容.

设想宇航员从引力场外部飞向黑洞引力中心，由式(24.2.5)，在远离引力中心的观测者看来，随着他越来越接近引力半径(在相对论中又称**施瓦西**半径)，他携带的时钟越来越慢，沿径向尺子越来越短，发出的光波红移量越来越大. 特别当 $r = r_s$ 时，时间延缓趋于无限大，他的时钟停止，尺缩到零，飞船将被冻结在这一点，永远看不到他穿越 $r = r_s$ 处. 同时，由于红移无限大，再也看不到他发出的任何光线.

值得指出的是上述情况只是无穷远观测者看到的表观现象，对宇航员本人来说，在他渡越 $r = r_s$ 时，并没有发现任何异常.

由于黑洞的质量全部集中在引力半径以内，形成黑洞的天体必定有极高的密度. 例如，如果把地球压缩成一个黑洞，它的全部质量必须压缩到半径 1cm 的球内. 如果太阳成为一个黑洞，它的半径不能大于 3km. 据信，一些质量为几个或几十个太阳的恒星，在它们演化的晚期，由

于核燃料耗尽，强大的引力可能使它坍缩成黑洞.

由于黑洞视界内和外部不可能有任何通信、交流手段，为了探索黑洞，只可能利用它还可以继续对视界外部天体施加引力，或者说，它外部仍然存在时空弯曲. 由于黑洞集中地体现了广义相对论的效应，如果找到了一个大质量的黑洞，就可以更直接地观测时空弯曲，检验广义相对论理论. 但是直到目前，尽管存在关于黑洞的各种猜测，仍没有黑洞存在的可靠的直接证据.

问题和习题

24.1　狭义相对论存在哪些局限性?

24.2　广义相对论的基本原理是什么？概述广义相对论的时空特征.

24.3　在广义相对论中，物质、运动和时空存在怎样的关系?

24.4　典型的中子星的质量约为 $m = 2\times10^{30}$kg，半径约为 $r = 10$km. 若中子星进一步坍缩为黑洞，其施瓦西半径是多少？估算质子大小的微黑洞质量的数量级，质子的大小按 10^{-18}m 估算.

24.5　列举出证明广义相对论理论正确性的几个实验结果.

第 25 章　物理学中的对称性

爱因斯坦以简单性原理为基础，依靠严密的逻辑构建了相对论的理论大厦，深刻揭示了物质、运动、时间、空间的本质和联系，概括了物理学的基本原理. 爱因斯坦的巨大贡献源于他对物质世界深刻的洞悉. 爱因斯坦说：“世界富于秩序与和谐”[①]并深信“美是理论物理学上探求重要答案时的指导原则”. 不仅爱因斯坦，几乎所有伟大的物理学家都相信，物质世界是按照美学原理构建的，自然界具有和谐的结构，表现出对称美. [②]R. P. 费曼说：“大自然具有一种质朴性，因而非常优美. ”[③]P. A. M. 狄拉克则明确地把这种认识上升为一种物理学方法说：“让方程式优美比让方程式符合实验更重要……”[④]杨振宁更明确地指出：“对称支配相互作用. ”[⑤]

物理学研究物质世界运动的规律，大自然的美、大自然规律的美都反映在物理学中，使物理学具有简单、统一、对称等美学的基本特征，所以说物理学就是物质世界的美学. 从美学的要素之一——对称性的角度去理解、探索物质世界运动规律，就成为物理学研究的一个重要方法. 本章就来介绍对称性的概念和对称性在物理学中的一些应用.

学习指导：本章内容很有趣，对深入理解物理学很有意义，但受学时限制，全部内容都作为了解内容，以自学为主. 在学习时重点关注①对称和美学，对称的概念和描写方法；②时空对称性对物理量、物理规律和物理相互作用的限制；③对称性和守恒定律的关系以及对称性在物理学中的应用.

学时较多的专业，教师可作辅导讲解.

---

① A. Einstein, Essays in Science. New Yock: Philosophical Library, 1934.

② 据 Zee, Fearful Symmetry, 转引自 Einstein: The Man and His Achievement,ed. G. J. Whitrow, New York: Dover, 1973.

③ R. P. Feynman, The Character of Physical Law. B. B. C. Publication, 1965.

④ P. A. M. Dirac, The evolution of the physicist’s picture of nature. Scientific American. May 1963.

⑤ Yang C. N. Physics Today, 1980, 33(June): 42.

§ 25.1　对称性的概念和描写方法

25.1.1　大自然喜欢对称性

对称的概念起源于自然界. 大自然中的对称结构几乎随处可见，首先人本身就具有左右对称的形体结构；在生物界，几乎所有的动物形体都具有和人相同的左右对称性；几乎所有植物的叶子也都具有左右对称的形状，许多植物的花都表现出比简单的左右对称更高的对称性(图 25.1.1、图 25.1.2 分别是树叶、蝴蝶形体的对称性). 在无机界，人们早就发现自然界存在种类繁多、绚丽多彩的晶体，这些晶体不仅具有规则对称的外形，而且其内部结构都可归结为一个平行六面体单元(晶胞)，沿三个边方向重复排列构成(图 25.1.3 是氯化钠晶体结构). 雪花具有六角形的对称结构(图 25.1.4). 许多分子也具有对称结构，例如，氨分子 NH_3 中的三个氢原子在等边三角形的三个顶点上，氮原子在三个氢原子的正上方(图 25.1.5). 原子结构也都表现出不同程度的对称性，氢原子基态的电子云表现出完全球对称的分布，而不同激发态的电子云则呈现出美妙的不同对称性分布(见本书第六部分图 30.1.1). 宇宙空间中许多天体都采取具有最高对称性的球形外形……大量的例子表明，大自然喜欢对称性.

图 25.1.1

图 25.1.2

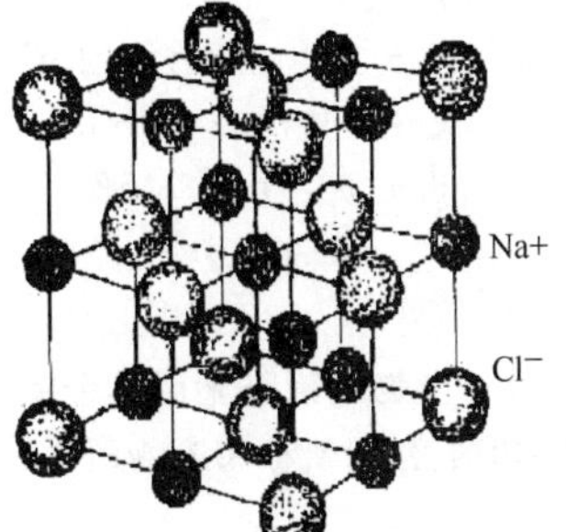

图 25.1.3

图 25.1.4

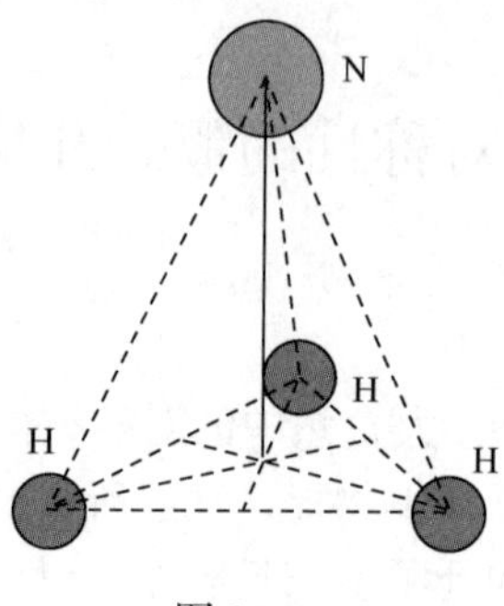

图 25.1.5

25.1.2 对称性的定义和描写方法

前面我们列举的种种对称性，还只是停留在一般概念上. 如果要对对称性加以研究，并在物理学研究中利用对称性，还必须给出对称性的严格定义，并建立用数学语言描绘、刻画不同物体对称性的系统方法.

考察图 25.1.6 中的三个几何图形，容易看出它们具有不同程度的对称性. 为了刻画、描绘它们各自的对称性，并比较它们对称程度的差别，我们首先引进"**对称操作**"的概念. **如果一个操作能把图形带到和它原来重合，这个操作就称为该图形的一个对称操作**(symmetry operation).

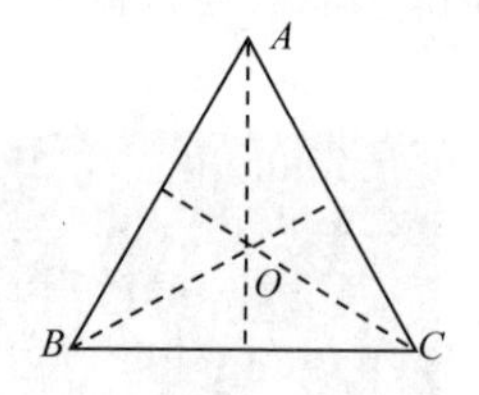

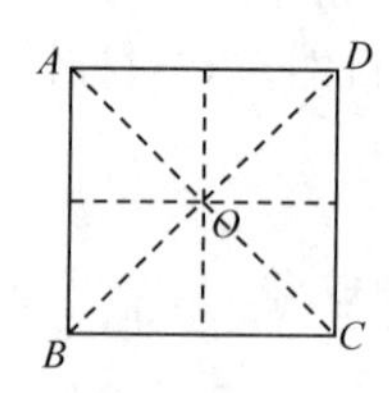

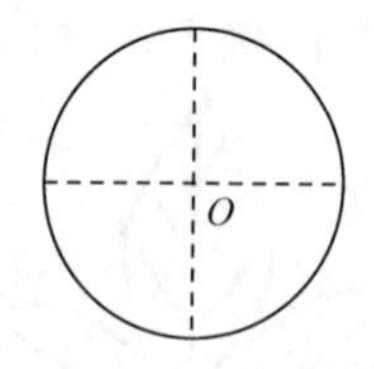

图 25.1.6

显然，正三角形的对称操作有：分别以正三角形三边上高为轴，转动π角度，这样的操作有三个，用转轴上的字符标示，分别记为$\sigma_A,\sigma_B,\sigma_C$；绕过正三角形中心 O 且垂直于三角形平面的轴分别转动角$2\pi/3,4\pi/3$，这样的操作有两个,分别记为c_3^1,c_3^2；通常把**恒等操作**(即不操作)也算作一个对称操作，记为E，正三角形的对称操作共有这 6 个. 正四边形的对称操作可以有 8 个：绕过中心且垂直于四边形平面的轴转动$\pi/2,\pi,3\pi/2$角，这样的操作有 3 个；绕两对边中点连线、两条对角线转动角度π，这样的操作有 4 个，再加上一个恒等操作，总共有 8 个对称操作. 对于圆可以指出无穷多个对称操作，事实上绕任意一条直径转动π角都是它的对称操作.

可以把上面对称操作的概念推广到物理系统. **如果对一个物理系统施用某个操作(或变换)，系统不发生任何物理上可能检测出的变化，这个操作(或变换)就称为该物理系统的一个对称操作(或变换)**.

可以证明任意几何图形的对称操作(称为元素)全体，在"**两个对称操作的结合即依序连续施用这两个对称操作**"的合成法则下，满足数学群的性质. 群的定义中并没有指定群元素具体的意义，因此一个物理系统所有对称操作(或变换)全体也构成群，称为该物理系统的**对称性群**.

群的概念是 19 世纪数学家创造的代数学的一个分支，群是刻画、分析对称性的工具. 关于对称性详细的群论分析和讨论已超出本书的范围.

25.1.3　对称是美学的基本要素

对称不仅出现在自然界中，而且也出现在艺术乃至文学创作中. 在人类长达数千年绘画、雕塑、建筑、文学创作中，对称的例子屡见不鲜(图 25.1.7 是公元前 9 世纪古亚述人的装饰图案，图 25.1.8 是北京天坛祈年殿外形). 这些例子说明：**对称是美的基本要素，对称就是一种美**.

图 25.1.7

图 25.1.8

物理学是自然科学，大自然的对称性也必定反映在物理学中. 在物理学的发展历史中，我们也可看到追求对称美的推动作用. 历史上当奥斯特(H. C. Oersted)发现电流产生磁场后，人们马上就想到了用磁场产生电流的实验研究；麦克斯韦的电磁理论一定程度上就是努力追求电磁对称性，追求电磁现象的统一理解的结果；把反映电、磁现象的基本规律的方程放在一起比对

$$\boldsymbol{D}=\varepsilon\boldsymbol{E} \qquad\qquad \boldsymbol{B}=\mu\boldsymbol{H}$$

$$\oint_L \boldsymbol{E}\cdot\mathrm{d}\boldsymbol{l}=0 \qquad\qquad \oint_L \boldsymbol{H}\cdot\mathrm{d}\boldsymbol{l}=\int_S \boldsymbol{j}\cdot\mathrm{d}\boldsymbol{S}$$

$$\oint_S \boldsymbol{D}\cdot\mathrm{d}\boldsymbol{S}=\int_V \rho\mathrm{d}V \qquad\qquad \oint_S \boldsymbol{B}\cdot\mathrm{d}\boldsymbol{S}=0$$

$$C=\frac{Q}{U} \qquad\qquad L=\frac{\varPhi}{I}$$

$$W=\frac{1}{2}QU=\frac{1}{2}CU^2 \qquad\qquad W=\frac{1}{2}I\varPhi=\frac{1}{2}LI^2$$

$$w=\frac{1}{2}\boldsymbol{E}\cdot\boldsymbol{D} \qquad\qquad w=\frac{1}{2}\boldsymbol{B}\cdot\boldsymbol{H}$$

就像一幅工整对称的对联，唯一的缺憾就是自然界中还没发现与电荷对应的磁单极(磁荷). 至今追求麦克斯韦方程组中电磁描写更好的对称性仍然是人们寻找磁

单极的主要推动力.

当伽利略确定力学现象在所有惯性系中进行都相同后，爱因斯坦就想到不应当仅仅是力学现象，应当推广到包括所有物理现象，在惯性系进行都应当是相同的，从而创立狭义相对论；同样，惯性系不应当是描述物理现象的唯一可能的一类参考系，所有参考系在描述物理规律上都应当是等价的，这就导致了广义相对论的理论. 所以相对论也是追求物理规律应具有更高对称美的认识的产物；迄今人们仍在追求的“大统一理论”，其动力不能不说也和追求这种对称美有关.

§ 25.2　时空对称性和物理量、物理规律、物理相互作用

25.2.1　时空对称性

物理实验的基本事实是，孤立的物理系统的性质不会仅仅因为在时间中平移(等价于描述系统物理过程的时间坐标进行了平移变换)而发生变化. 同一个物理系统的实验，不会因为今天做、昨天做或上个世纪做，实验结果会有所变化，除非实验其他条件已经改变. 这一事实说明所有的时间点在物理上都是等价的，任一时间点都不比其他时间点具有更特殊的物理性质. 像这样对物理系统作变换，物理系统在变换下性质不变，这样的变换就称为系统的**对称变换(操作)**. 所以时间平移变换是孤立系统的对称变换.

类似地，实验表明物理系统经空间平行移动(等价于描述物理系统的坐标系经平移变换)，其物理性质也不会发生变化(除非其他因素发生了变化)；这表明所有的空间点都具有相同的物理性质，因而在物理上是等价的，所以**空间平移变换**也是孤立系统的对称变换. 完全类似，将一个物理系统绕空间任意方向轴转动某一角度(等价于描述物理系统的坐标系经一转动变换)，系统的物理性质不会仅仅因这种转动而变化，这反映了空间具有各向同性的性质，坐标系空间转动变换是孤立系统的对称变换.

下面将看到，时空的这种对称性对物理规律以及表述物理规律的物理量都提出了严格的限制. 下面考虑转动对称性对物理规律可能形式的限制.

25.2.2　空间各向同性要求物理规律必须是三维空间中的张量方程

物理规律是通过物理量构成的数学方程式表述的. 由于空间物理上各向同性(即沿各个方向有相同物理性质)，孤立系统绕空间任意方向转过任意角度，其性质以及其中发生的物理过程不会有任何不同. 由于物理系统的这种转动可等效于描述物理系统的坐标系转动，所以用转动后的坐标系 S' 描述的物理规律和用原来坐标系 S 描述的物理规律应有相同的形式. 为了满足这一要求，如果物理量都

是三维空间的张量(不同物理量可以有不同阶，关于三维空间中的张量，见附录 7)，由这样的张量构成的数学方程式各项都是同阶张量，在坐标系转动变换下，每一项都按相同的规律变换，整个方程式的形式才可以保持不变. 由此可见，**在坐标系转动变换下保持形式不变，或反映空间各向同性要求的物理规律，应采取三维空间张量方程形式**. 例如，牛顿定律

$$
\boldsymbol{F} = \frac{\mathrm{d}\boldsymbol{P}}{\mathrm{d}t} \tag{25.2.1}
$$

是三维空间一阶张量方程；而动能定理：外力对质点做功功率等于质点动能增加率

$$
\boldsymbol{F} \cdot \boldsymbol{v} = \frac{\mathrm{d}E_{\mathrm{k}}}{\mathrm{d}t} \tag{25.2.2}
$$

则是三维空间中的零阶张量方程，等等.

由于物理规律应采取三维空间张量方程形式，这就解释了为什么迄今我们所遇到的物理量都具有标量、矢量或张量的性质.

根据狭义相对论的基本原理，物理现象在所有惯性系中进行都相同，所以物理规律具有从一个惯性系到另一个惯性系保持形式不变的对称性. 由于从一个惯性系到另一个惯性系的变换关系就是洛伦兹变换，所以物理规律应具有在洛伦兹变换下保持形式不变的对称性. 在这一部分的 § 23.1 就是通过证明洛伦兹变换具有四维空间坐标系转动变换的意义，把上述思想推广到四维空间，类似于三维空间情况，定义四维空间张量，给出了在狭义相对论的数学表述：**所有物理量都应是四维空间中的张量；符合狭义相对论要求的物理规律，都必定是四维空间的张量方程等**.

25.2.3　空间对称性和相互作用势函数

一种对称性总是和存在某种不可观测量联系着. 例如，空间平移对称性意味着所有的空间点是等价的，空间点的绝对位置是物理上不可观测的；空间各向同性意味着空间各个方向是物理上等价的，空间绝对方向是物理上不可观测的；我们将看到空间这种对称性，严格地制约着相互作用势函数的可能形式.

尽管在宏观上看物体间的相互作用力存在着保守力和非保守力的差别，但从微观看粒子之间都通过保守力相互作用，根本不存在耗散力. 不失一般性，考虑以保守内力相互作用着的粒子 A 和 B 构成的系统. 设 A 和 B 相对空间点 O 的位矢分别是 $\boldsymbol{R}_A, \boldsymbol{R}_B$，在 O 点观测 A 和 B 相互作用势是 $E_{\mathrm{p}}(\boldsymbol{R}_A, \boldsymbol{R}_B)$ (图 25.2.1). 同样若 A 和 B 相对空间点 O' 的位矢分别是

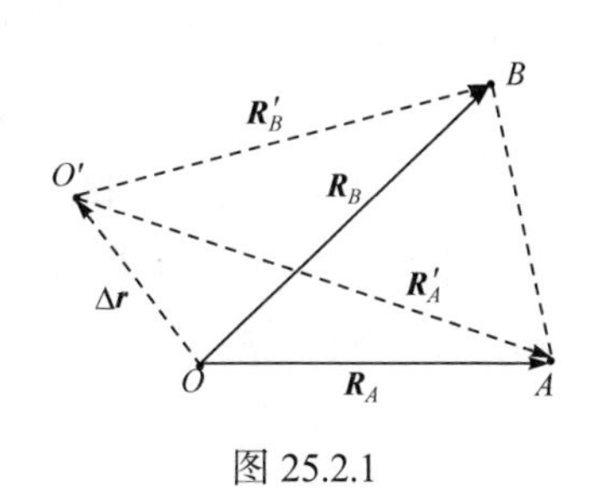

图 25.2.1

$\boldsymbol{R}'_A, \boldsymbol{R}'_B$，在 O' 点观测 A 和 B 相互作用势是 $E_{\rm p}(\boldsymbol{R}'_A, \boldsymbol{R}'_B)$. 由于所有的空间点在物理上等价，必有

$$E_{\rm p}(\boldsymbol{R}_A, \boldsymbol{R}_B) = E_{\rm p}(\boldsymbol{R}'_A, \boldsymbol{R}'_B) \tag{25.2.3}$$

如若不然，就可通过在不同点测得的相互作用势能值不同，对空间点做出区分. 由于

$$\boldsymbol{R}_A = \boldsymbol{R}'_A + \Delta \boldsymbol{r}, \quad \boldsymbol{R}_B = \boldsymbol{R}'_B + \Delta \boldsymbol{r} \tag{25.2.4}$$

$\Delta \boldsymbol{r}$ 是 O' 点相对 O 的位矢，式(4.2.3)表明势函数具有空间平移不变性，**势函数只能是两粒子相对坐标的函数**

$$E_{\rm p}(\boldsymbol{R}_A, \boldsymbol{R}_B) = E_{\rm p}(\boldsymbol{R}_A - \boldsymbol{R}_B)$$

与两粒子的绝对位置无关(这也是空间均匀性的必然结果).

其次，由于空间各向同性，绝对方向是物理上不可观测的，这两粒子的相互作用势必定与 $\boldsymbol{R}_A - \boldsymbol{R}_B$ 的空间取向无关，所以势能应当仅为两粒子距离的函数，即

$$E_{\rm p}(\boldsymbol{R}_A, \boldsymbol{R}_B) = E_{\rm p}(|\boldsymbol{R}_A - \boldsymbol{R}_B|) \tag{25.2.5}$$

由此可见：由于空间平移对称性和空间各向同性，**两粒子相互作用势仅可能是其相对距离的函数**.

25.2.4 空间对称性和作用力、反作用力定律

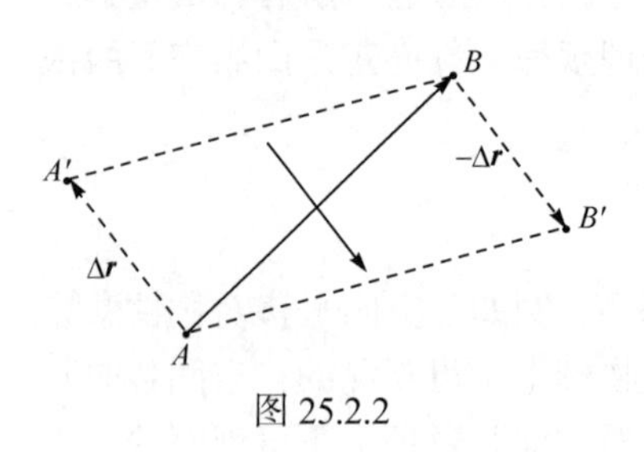

图 25.2.2

考虑一对粒子 A 和 B 构成的系统，两粒子以保守内力相互作用着. 设它们相互作用势为 $E_{\rm p}$(图 25.2.2). 现在固定粒子 B，将粒子 A 沿任意方向移动到 A' 点，发生位移 $\overrightarrow{AA'} = \Delta \boldsymbol{r}$；位移 $\Delta \boldsymbol{r}$ 引起的势能改变等于 B 对 A 作用的保守力做的负功

$$\Delta E_{\rm p} = -\boldsymbol{f}_{AB} \cdot \Delta \boldsymbol{r} \tag{25.2.6}$$

若 A 不动，将 B 粒子移动到 B' 点，使 $\overrightarrow{BB'} = -\Delta \boldsymbol{r}$. 则势能的改变为

$$\Delta E'_{\rm p} = -\boldsymbol{f}_{BA} \cdot (-\Delta \boldsymbol{r}) = \boldsymbol{f}_{BA} \cdot \Delta \boldsymbol{r} \tag{25.2.7}$$

其中 $\boldsymbol{f}_{BA}$ 表示粒子 A 对粒子 B 的作用力. 上述两种移动操作系统末位形的差别仅在于系统发生了空间平移，由于空间点在物理上等价，初、末两状态两粒子间的相互作用势相等

$$E_{\rm p} + \Delta E_{\rm p} = E_{\rm p} + \Delta E'_{\rm p}$$

即 $\Delta E_{\mathrm{p}} = \Delta E'_{\mathrm{p}}$，或

$$-\boldsymbol{f}_{AB} \cdot \Delta \boldsymbol{r} = \boldsymbol{f}_{BA} \cdot \Delta \boldsymbol{r} \tag{25.2.8}$$

由于 $\Delta \boldsymbol{r}$ 是任意的，式(25.2.8)意味着

$$-\boldsymbol{f}_{AB} = \boldsymbol{f}_{BA}$$

这说明**作用力和反作用力大小相等，方向相反**.

由空间各向同性，还可推得两粒子的相互作用力不可能有垂直于它们位置连线的分量. 仍考虑上述粒子 A、B 构成的系统，固定粒子 B，将 A 粒子沿以 B 为圆心、$\overline{AB}$ 为半径的弧移动到 A' 点(图 25.2.3)，系统末状态仅是初状态的空间转动，由于空间各向同性，转动过程中相互作用势改变量等于零

$$\Delta E_{\mathrm{p}} = -(\boldsymbol{f}_{AB})_{\text{切}} \Delta \widehat{s} = 0$$

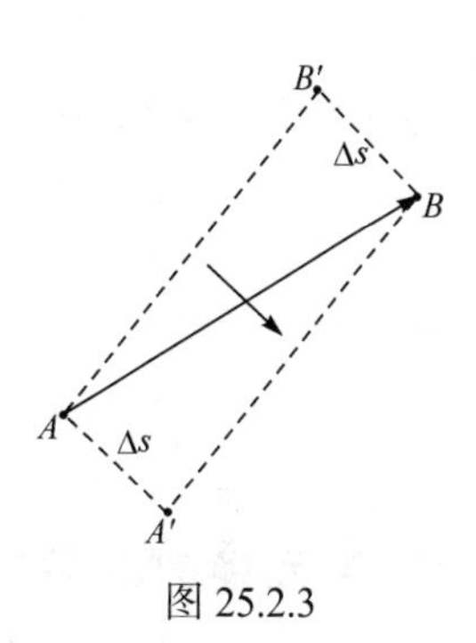

图 25.2.3

即 $\boldsymbol{f}_{AB}$ 垂直于粒子连线方向的分量等于零；类似地还可证明 $\boldsymbol{f}_{BA}$ 垂直于粒子连线方向的分量也等于零. 所以两粒子相互作用力只能沿它们连线方向.

综合上述结果，**由空间平移不变性和空间各向同性，就可逻辑上导得牛顿第三定律，而不依赖新的实验结果**.

§ 25.3　对称性和守恒定律

上节已看到，时空对称性决定了物理量的数学性质、物理规律可能的数学形式以及物理上相互作用. 本节我们将说明，时空对称性和物理上守恒定律的联系.

1918 年，德国数学家诺特(E. Nöther)证明了一条著名的定理：**对应自然界每一个(连续变换)对称性，都存在一条守恒定律；反之，每一条守恒定律都蕴含着存在某种对称性**. 下面我们举几个例子，说明这条支配着物理定律的定律.

25.3.1　空间平移对称性和动量守恒

考虑由 2 个粒子构成的一个孤立系统，由于系统的相互作用势仅是两粒子距离的函数

$$E_{\mathrm{p}}(\boldsymbol{R}_A, \boldsymbol{R}_B) = E_{\mathrm{p}}(|\boldsymbol{R}_A - \boldsymbol{R}_B|) \tag{25.3.1}$$

当系统坐标发生无穷小平移(任何有限平移都可看作是无穷小平移连续作用的结果)

$$\boldsymbol{R}_A = \boldsymbol{R}'_A + \delta \boldsymbol{r}, \quad \boldsymbol{R}_B = \boldsymbol{R}'_B + \delta \boldsymbol{r} \tag{25.3.2}$$

相互作用势不变. 而且在这种平移变换下

$$\nabla_A E_{\mathrm{p}} = \boldsymbol{i}\frac{\partial E_{\mathrm{p}}}{\partial x_A} + \boldsymbol{j}\frac{\partial E_{\mathrm{p}}}{\partial y_A} + \boldsymbol{k}\frac{\partial E_{\mathrm{p}}}{\partial z_A} = -\nabla_B E_{\mathrm{p}}$$

(∇_A, ∇_B分别表示对粒子 A，B 坐标的矢量微分算子)这表明两粒子相互作用力大小相等，方向相反

$$\boldsymbol{f}_A = -\boldsymbol{f}_B \tag{25.3.3}$$

考虑到两粒子都不受外力作用，由牛顿定律

$$\boldsymbol{f}_A = \frac{\mathrm{d}\boldsymbol{p}_A}{\mathrm{d}t}, \quad \boldsymbol{f}_B = \frac{\mathrm{d}\boldsymbol{p}_B}{\mathrm{d}t}$$

有

$$\frac{\mathrm{d}}{\mathrm{d}t}(\boldsymbol{p}_A + \boldsymbol{p}_B) = \boldsymbol{f}_A + \boldsymbol{f}_B = 0 \tag{25.3.4}$$

即**系统动量守恒**. 这样我们就由系统的空间平移对称性导得系统动量守恒.

25.3.2 空间各向同性和角动量守恒

仍考虑由 2 个粒子构成的一个孤立系统，系统的相互作用势仅是两粒子距离的函数

$$E_{\mathrm{p}}(\boldsymbol{R}_A, \boldsymbol{R}_B) = E_{\mathrm{p}}(|\boldsymbol{R}_A - \boldsymbol{R}_B|)$$

坐标系发生无穷小转动变换

$$\boldsymbol{R}'_A = \boldsymbol{R}_A + \delta\boldsymbol{\theta} \times \boldsymbol{R}_A, \quad \boldsymbol{R}_B = \boldsymbol{R}_B + \delta\boldsymbol{\theta} \times \boldsymbol{R}_B \tag{25.3.5}$$

(虽然有限角位移不是矢量，但无穷小角位移可作为矢量描写，$\delta\boldsymbol{\theta}$ 方向沿转轴，大小表示转过的角度)由于空间各向同性，势函数在这样的变换下保持不变. 两粒子的相互作用力沿 $\boldsymbol{R}'_A - \boldsymbol{R}'_B$ 方向且满足关系

$$\boldsymbol{f}'_A = -\boldsymbol{f}'_B$$

对每个粒子应用角动量定理

$$\boldsymbol{M}'_A = \boldsymbol{R}'_A \times \boldsymbol{f}'_A = \frac{\mathrm{d}\boldsymbol{L}_A}{\mathrm{d}t}, \quad \boldsymbol{M}'_B = \boldsymbol{R}'_B \times \boldsymbol{f}'_B = \frac{\mathrm{d}\boldsymbol{L}_B}{\mathrm{d}t}$$

从而

$$\frac{\mathrm{d}}{\mathrm{d}t}(\boldsymbol{L}_A + \boldsymbol{L}_B) = (\boldsymbol{R}'_A - \boldsymbol{R}'_B) \times \boldsymbol{f}'_A = 0 \tag{25.3.6}$$

所以**系统的角动量守恒**. 这里我们从系统转动对称性得到系统角动量守恒.

25.3.3 时间平移不变性和能量守恒

仍考虑由 2 个粒子构成的一个孤立系统，系统的总能量是两粒子动能和相互

作用势能总和

$$E=\frac{1}{2}m_A v_A^2+\frac{1}{2}m_B v_B^2+E_{\rm p} \tag{25.3.7}$$

其中 $E_{\rm p}$ 是相互作用势能. 由于所有时间点在物理上等价，粒子相互作用势函数不可能显含时间(即具有时间平移不变性)，$E_{\rm p}$ 仅可能是两粒子相对距离的函数，所以 $\partial E_{\rm p}/\partial t=0$,从而

$$\frac{{\rm d}E_{\rm p}}{{\rm d}t}=\frac{\partial E_{\rm p}}{\partial t}+\nabla_A E_{\rm p}\cdot\frac{{\rm d}\boldsymbol{R}_A}{{\rm d}t}+\nabla_B E_{\rm p}\cdot\frac{{\rm d}\boldsymbol{R}_B}{{\rm d}t}=-\boldsymbol{f}_A\cdot\boldsymbol{v}_A-\boldsymbol{f}_B\cdot\boldsymbol{v}_B$$

注意到 $\boldsymbol{f}_B=-\boldsymbol{f}_A$，有

$$\frac{{\rm d}E_{\rm p}}{{\rm d}t}=-\boldsymbol{f}_A\cdot(\boldsymbol{v}_A-\boldsymbol{v}_B) \tag{25.3.8}$$

而

$$\begin{aligned}\frac{{\rm d}E}{{\rm d}t}&=m_A\boldsymbol{v}_A\cdot\frac{{\rm d}\boldsymbol{v}_A}{{\rm d}t}+m_B\boldsymbol{v}_B\cdot\frac{{\rm d}\boldsymbol{v}_B}{{\rm d}t}+\frac{{\rm d}E_{\rm p}}{{\rm d}t}=\boldsymbol{f}_A\cdot\boldsymbol{v}_A+\boldsymbol{f}_B\cdot\boldsymbol{v}_B+\frac{{\rm d}E_{\rm p}}{{\rm d}t}\\&=\boldsymbol{f}_A\cdot(\boldsymbol{v}_A-\boldsymbol{v}_B)-\boldsymbol{f}_A\cdot(\boldsymbol{v}_A-\boldsymbol{v}_B)=0\end{aligned} \tag{25.3.9}$$

其中已利用了式(25.3.8). 这表示系统总能量守恒. 所以由时间平移不变性，可导得孤立系统能量守恒.

* § 25.4　动力学对称性

除了上面介绍的时空几何对称性制约着物理规律的可能形式，并可导得若干守恒定律以外，物理规律还受着从实验中总结出来的动力学对称性的限制.

25.4.1　力学相对性原理和伽利略变换

在牛顿(Newton)建立他的力学体系之前的 1632 年，伽利略(Galileo)就通过观察和实验分析，得出在所有惯性系中力学现象的进行都是相同的，这一结论称为**力学相对性原理**. 根据这一原理，不可能依靠力学实验对不同的惯性系做出区分. 这就是说**力学相对性原理要求力学规律从一个惯性系变换到另一个惯性系应保持不变**，或者说从一个惯性系到另一个惯性系的变换，即伽利略变换应当是所有力学规律的对称变换. 牛顿第二定律在伽利略变换下不变，就是牛顿力学动力学对称性的表现.

$$\begin{cases}x'=x-vt\\y'=y\\z'=z\\t'=t\end{cases} \tag{25.4.1}$$

25.4.2 物理学相对性原理和洛伦兹变换

爱因斯坦推广力学相对性原理到物理学相对性原理，建立了狭义相对论的物理理论. 根据狭义相对论的基本原理，**物理现象在所有惯性系中进行都是相同的**，由于从一个惯性系到另一个惯性系的坐标变换是洛伦兹变换，所以洛伦兹变换是物理规律的对称变换. 设惯性系 S 和 S' 特殊相关(即相应坐标轴平行，S' 相对 S 沿公共 x 方向、以速度 $\boldsymbol{v}$ 运动，并取两坐标系原点重合时刻为时间零点). S' 、S 系中时空坐标的变换是特殊洛伦兹变换

$$\begin{cases} x' = \dfrac{x - vt}{\sqrt{1 - v^2 / c^2}} \\ y' = y \\ z' = z \\ t' = \dfrac{t - vx / c^2}{\sqrt{1 - v^2 / c^2}} \end{cases} \tag{25.4.2}$$

25.4.3 对称性和量子力学

人们把对称性用于物理学研究已经得到了许多重要结论. 例如，还在 19 世纪，在对各种晶体的微观结构进行系统研究之前，人们仅通过对晶体空间平移对称性和转动对称性的研究，就已经确定自然界的晶体只可能有 7 个晶系和 32 个晶类，存在 230 个晶格结构类型. 到了 20 世纪量子理论产生以后，对称性对物理学的重要性得到了更充分的体现.

首先，量子力学中的时空和经典物理时空本来就是同一个时空，因此孤立系统由于时空对称性决定的动量守恒、角动量守恒和能量守恒，对量子物理仍然成立.

其次，微观世界存在更广泛的对称性，例如，所有的电子都是全同的(质量、电荷、自旋等一切内禀性质相同)，所有的碳原子都是全同的，等等，由于这种全同性，系统中两个全同粒子的任意交换(即交换粒子全部坐标)是系统的对称操作. 根据量子力学的基本原理(见本书第六部分——量子物理)量子系统的状态用波函数 $\Psi(\boldsymbol{R}_1, \boldsymbol{R}_2, \cdots, t)$ 描写，测量力学量取值的概率和波函数的模方有关，全同粒子坐标的交换必然不会影响测得结果的概率，为了保证这一点成立，全同粒子系统状态的波函数必须相对其中任意两粒子交换是对称的或反对称的. 根据粒子是用对称波函数描写，或是用反对称波函数描写，可以把微观粒子区分为两类：**玻色子**(boson)和**费米子**(fermion). 理论和实验都表明，具有半整数自旋的全同粒子(电子、质子等)是费米子，需要用反对称波函数描写；而具有整数自旋的粒子(光子、α 粒子等)是玻色子，要用对称波函数描写. 并由此可导出泡利(Pauli)不相容原理，而泡利不相容原理是我们理解原子结构乃至物质世界结构的基础.

在量子力学中，系统的动力学行为由系统的哈密顿量(Hamiltonian)描写. 保持系统哈密顿不变的所有对称变换，构成一个群，称为系统的**哈密顿对称性群**. 用群论的方法研究系统哈密顿的对称性群，不需要知道系统内相互作用的具体细节，就可得到系统各种定量或定性的重要性质. 例如，哈密顿具有一般球对称性的系统，从对称性考虑就可决定它的一个能级(一个能量值)对应的线性独立状态(波函数)的个数是 $2l+1$ 个(l 是角动量量子数). 但是人们发现，氢原子的能量有更高的简并度 n^2 (其中 $n^2 = \sum_{l=0}^{n-1}(2l+1)$)，即对应同一能量值有 n^2 个线性独立态.

氢原子有更高的简并度只能用其哈密顿具有更高对称性解释. 后来人们果然证明，氢原子(包括一切以平方反比力相互作用的系统)除具有几何上的球对称性外，还具有同时变换坐标和动量、使哈密顿整体保持不变的动力学对称性. 从而，根据哈密顿的对称性就可正确解释氢原子的能级简并度.

对于连续的对称变换构成的哈密顿对称性群，群的生成元必定是系统的守恒量；哈密顿的本征函数可以按其对称群的不可约表示分类，研究对称性群不可约表示的维数，可以了解系统能级的简并度；利用对称性群的子群链的不可约表示标记、区分各个简并态；利用对称性可以大大简化量子物理中各种矩阵元的计算，确定系统在各种作用下跃迁选择定则；了解粒子能级在晶体场中的分裂等，借助群论工具，对称性分析是研究量子物理问题强有力的方法.

一般说来，物理系统中的对称性会通过系统运动的规律反映出来，认识到系统的运动规律，也就知道了系统的对称性. 然而认识物理系统的对称性常常更容易些，在物理学发展中人们常常首先认识系统的对称性，然后以这种认识为指导，去探索系统的具体规律. 例如，在原子核物理中核力的探索上，在粒子物理研究中，对称性还以这种方式发挥作用.

问题和习题

25.1　何为对称操作？试指出正三角形的所有对称操作.

25.2　在经典力学中，如何理解物理量都必须是三维空间中的(不同阶)张量？

25.3　如何根据空间对称性解释两粒子相互作用势仅是其相对距离的函数？

25.4　如何根据空间对称性解释作用力反作用力定律？

25.5　举例说明诺特定理：对应自然界每一个(连续)对称性，都存在一条守恒定律.

25.6　举例说明相对性原理与坐标变换不变性的对应关系.

第六部分　量子物理基础

20世纪以前的物理学认为，自然界存在两种不同的物质形态：一种是可定域在空间有限区域中的实物粒子(宏观物体是实物粒子的聚集态)，其运动状态可由动力学变量——坐标和动量——的不同取值描述，运动状态的变化遵从经典力学的规律. 另一类物质是可弥散于空间中的辐射场,其运动遵从麦克斯韦方程组. 带电粒子在电磁场中的运动，可联立洛伦兹力公式和麦克斯韦方程组解决. 不论是经典力学方程或是洛伦兹–麦克斯韦方程组都是拉普拉斯决定论的,即给出系统的初始状态，通过解运动方程，就可唯一地决定未来任意时刻系统的状态.

到19世纪末，经典物理学已发展到相当成熟的地步. 物体的机械运动遵从以牛顿定律为基础的经典力学规律;场物质运动和光现象由麦克斯韦电磁理论描述,热现象则由热力学和统计物理学解决. 在大多数物理学家看来，物质世界的图像已很清楚，基本物理理论已很完备. 有些物理学家甚至预言，物理学中剩下的工作只是把实验做得更精密些，把计算做得更准确些. 但随着物理学研究深入到微观领域，人们发现建立在直接感觉和经验基础上的经典物理的概念和描述方法，不能简单地推广到微观世界；微观粒子不同于宏观粒子，它具有**波粒二象性**(wave-particle dualism). 为了描述微观粒子运动规律，需要建立新的物理理论，这就是产生于20世纪20年代的量子力学. 量子力学表明物质世界本质上是量子的,经典物理学只是描述物质世界在宏观条件下的近似理论. 量子力学揭示了完全不同于经典物理的物质世界图像.

从我们在日常生活中建立的物质观念看，量子理论是难以理解的、奇怪的，甚至荒唐的. 然而就是这个理论可以描述各种微观粒子的行为，解释分子、原子、原子核结构，导致了当代许多新技术的诞生. 作为现代信息技术基础的微电子学,就是用量子力学弄清楚半导体结构才发展起来的；同样，正是这个理论解释了原子发光机制，才导致激光和激光技术的出现. 今天量子通信卫星已经上天，量子力学正直接应用于通信技术、计算技术，产生极具魅力、十分火爆的量子信息学科. 在物理这部分内容中，我们将引导大家认识微观世界的奥妙，学习量子物理的基本原理.

第 26 章　波粒二象性

本章我们将列举实验事实,说明微观粒子既具有粒子性也具有波动性——“波粒二象性”是微观粒子的普遍性质，并阐明极为重要的物质波的概念.

学习指导：在预习时重点理解为什么说量子力学是物理学深入发展的一个必然结果. 具体关注①哪些物理实验事实在经典理论框架中不能解释，为什么说光具有粒子性，实物粒子具有波动性；②玻尔的原子结构理论内容以及它的局限性；③怎样理解物质波的概念和物质波的概率解释，掌握德布罗意关系式.

本章重点是理解量子力学是物理学深入发展的必然结果，波粒二象性是物质微粒普遍属性，教师可围绕这两点作重点讲解. 鉴于量子力学相对经典物理物质和物质运动图像革命性变革，为加深理解，可就波粒二象性、物质波概念组织课堂讨论.

§26.1　黑体辐射问题　能量子假说

光的波动说起源于 17 世纪的惠更斯(Huygens)，波最主要的特征是存在衍射现象，可以相干叠加并发生干涉. 由于 19 世纪初杨(Young)、菲涅耳(Fresnel)和夫琅禾费(Fraunhofer)关于光的干涉、衍射和偏振现象的研究，光的波动说已为大量实验证实. 19 世纪 60 年代，麦克斯韦创立的电磁理论进一步揭示了光的电磁波本质. 但是 19 世纪末一些新的物理实验事实，迫使人们接受另一种看法：光是粒子，是光量子(光子)构成的粒子流.

26.1.1　黑体辐射的实验规律

物体温度升高，就会向四周放出热量，这种现象称为**热辐射**(heat radiation). 热辐射的本质是物体发射一定频率的电磁波. 一般情况下温度越高，单位时间内物体辐射出的电磁能量越多，辐射波谱中短波成分越多. 为了定量描述热辐射现象，需要定义几个物理量.

定义物体表面单位面积在单位时间发射的、波长在 λ 到 $\lambda+\mathrm{d}\lambda$ 范围内的电磁波能量与波长范围 $\mathrm{d}\lambda$ 之比为**单色辐出度**(monochromatic radiant exitance). 单色辐出度是温度 T 和波长 λ (或频率 ν)的函数，记为 $e(\lambda,T)$. 单色辐出度对波长积分给出物体表面单位面积的辐射功率，称为**辐出度**(radiant exitance)，辐出度描述物体的辐射本领.

物体在向周围放出热量的同时，也从周围辐射场中吸收能量. 定义物体的**吸收率**(absorption rate)为物体表面单位面积吸收的能量与入射能量的比，它也是温度的函数. 温度为 T 时、波长在 $\lambda\sim\lambda+\mathrm{d}\lambda(\mathrm{d}\lambda\to 0)$ 区间内的吸收率称为**单色吸收率**(monochromatic absorption rate)，记为 $a(\lambda,T)$. 若物体在任何温度下对任意波长都有 $a(\lambda,T)=1$，即物体能完全吸收投射其上的电磁波能量，这样的物体称为**黑体**(blackbody).

1860 年，基尔霍夫(G. Kirchhoff)发现，单色辐出度和单色吸收率之比是一个与构成物体的材料、物体表面性质无关，仅决定于温度和波长的普适函数

$$\frac{e(\lambda,T)}{a(\lambda,T)}=c(\lambda,\ T) \tag{26.1.1}$$

$c(\lambda,T)$ 对所有物体是仅依赖波长和温度的常数，这一结果称为**基尔霍夫定律**. 根据这一定律，黑体不仅具有最强的吸收，而且在相同的温度下有最强的辐射. 记黑体的单色辐出度为 $e_0(\lambda,T)$，由于对黑体 $a(\lambda,T)=1$，确定普适函数 $c(\lambda,T)$，就可归结为确定黑体的单色辐出度 $e_0(\lambda,T)$，于是研究黑体辐射就具有特殊的理论和实际意义.

完全的黑体是没有的. 但是一个由不透明材质做成的、开有小孔的空腔，投射到小孔上的辐射，将在空腔内经多次反射而被腔壁吸收，极少有机会被反射出来(图 26.1.1)，小孔区域就可看成黑体表面. 加热空腔时，构成腔内壁的原子不断地发射和吸收电磁波，当辐射和吸收达到平衡后，腔内形成稳定的电磁驻波.

腔内辐射场**能量谱密度**(单位体积中辐射场能量相对波长的分布)只和温度有关，和腔壁材料无关. 腔内壁的电磁辐射经多次反射，最后由小孔逸出，已不表示构成腔壁具体材料的辐射性质，所以测量小孔向外的辐射，就可了解黑体辐射的特性.

图 26.1.2 是从实验中测得的在几种温度下热平衡时，黑体单色辐出度 $e_0(\lambda,T)$ 对波长关系的曲线. 实验表明这些曲线具有以下特征：

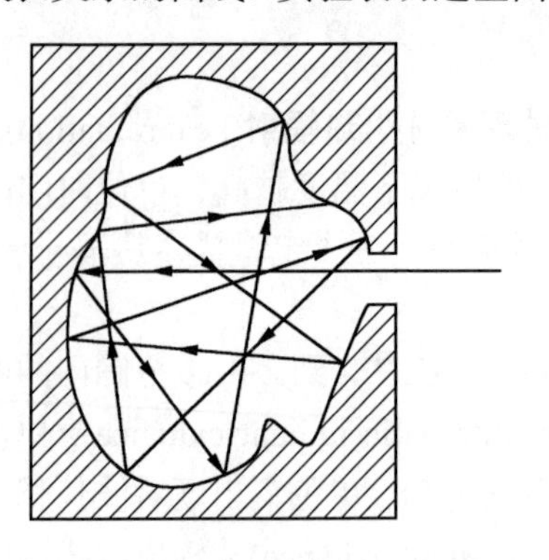

图 26.1.1

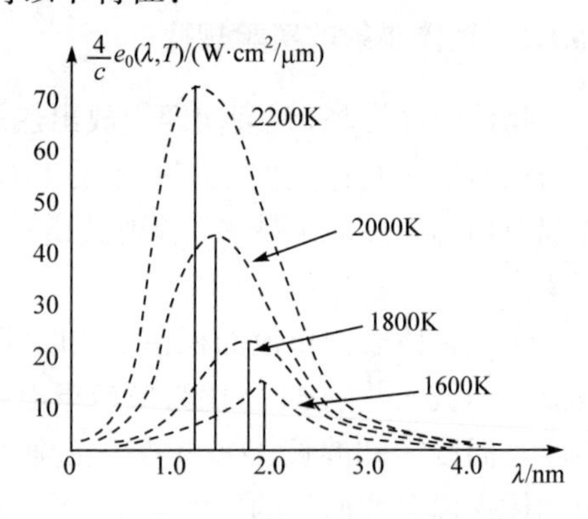

图 26.1.2

(1) 对一定的温度 T，曲线形状一定，与腔壁材质和空腔形状、大小无关.

(2) 每条曲线下的面积，即一定温度下黑体辐出度，与绝对温度 T^4 成正比

$$\int e_0(\lambda,T)\mathrm{d}\lambda=\sigma T^4 \tag{26.1.2}$$

其中比例系数 σ 称为**斯特藩-玻尔兹曼**(Stefan-Boltzmann)**常量**，它的实验值是

$$\sigma=5.670400\times10^{-8}\,\mathrm{W/(m^2\cdot K^4)}$$

这一结果称为**斯特藩-玻尔兹曼定律**.

(3) 对应一定温度 T，$e_0(\lambda,T)$ 曲线有一最高点，最高点对应的波长 λ_{m} 满足

$$\lambda_{\mathrm{m}}T=b \tag{26.1.3}$$

其中 b=2.897756×10^{-3}m · K 是个常数,这称为**维恩位移定律**(Wien displacement law).

如何从理论上解释上述实验事实呢？

26.1.2　经典理论在解释黑体辐射实验规律上的困难

1896 年，维恩假设黑体辐射平衡时能量按频率的分布和同温度下理想气体按动能的麦克斯韦分布相同，导出一个黑体辐射单色辐出度公式

$$e_0(\lambda,T)=\frac{B}{\lambda^5}\mathrm{e}^{-A/\lambda T} \tag{26.1.4}$$

其中 A，B 是常数，以此拟合 T=1600K 的黑体辐射谱，结果如图 26.1.3 所以，在短波区域几乎和实验值(图中用“。”标出)完全符合，而在长波区域曲线系统地低于实验值.

1900 年瑞利(Rayleigh)根据经典电动力学与经典统计的能量均分定理，也得到一个黑体辐射能量密度谱分布的公式，经金斯(Jeans)修正后，这个公式为

$$e_0(\lambda,T)=\frac{2\pi c}{\lambda^4}kT \tag{26.1.5}$$

其中 $k=1.380658\times10^{-23}\,\mathrm{J/K}$ 是**玻尔兹曼常量**. 瑞利-金斯公式在长波区和实验符合，在短波区和实验不符，特别在极高频(极短波)情况下发散(图 26.1.3)，这种情况被称为“紫外灾难”. 这些试图用经典物理观念和理论解释黑体辐射实验都导致失败的结果.

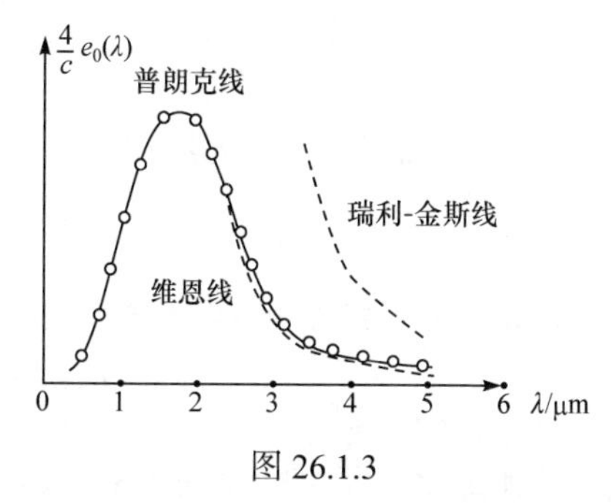

图 26.1.3

26.1.3　普朗克公式　能量子假设

1900 年 10 月，德国物理学家普朗克(Planck)改进了维恩公式，凑合实验数据，得到一个新的黑体辐射公式

$$e_0(\lambda,T)=\frac{2\pi hc^2}{\lambda^5}\frac{1}{\mathrm{e}^{hc/\lambda kT}-1} \tag{26.1.6}$$

其中引入一个常数 h=6.62606876×10^{-34}J · s，称为**普朗克常量**. 这个公式和实验符合很好(图 26.1.3). 事实上在短波段 $hc>>\lambda kT$,式(26.1.6)分母中的 1 可忽略，得到

$$e_0(\lambda,T)=\frac{2\pi hc^2}{\lambda^5}\mathrm{e}^{-hc/\lambda kT} \tag{26.1.7}$$

这就是维恩公式. 而当波长很大时， $hc/\lambda kT\ll 1$,将式(26.1.6)分母中的指数展开，

$$\mathrm{e}^{hc/\lambda kT}=1+\frac{hc}{\lambda kT}+\cdots$$

只取前两项，就得到瑞利-金斯公式(26.1.5).

普朗克作为一个物理学家，并不满足于他这个几乎是凑出的公式，这个公式和实验符合越好，他感到越有必要给出这个公式的物理解释. 经过两个月的努力，普朗克在 1900 年 12 月 14 日柏林的物理学会议上给出了他的解释. 在他的解释中提出一个惊人的假设：**对于一定频率的电磁辐射，物体只能以** $h\nu$($\nu=c/\lambda$ 是辐射频率)**为单位发射或吸收电磁波**. 换言之，物体发射或吸收电磁波只能以“**量子**”的方式进行，每个量子的能量

$$\varepsilon=h\nu \tag{26.1.8}$$

这就是**能量子**(quanta)假设. 根据这一假设，就可利用经典统计从理论上导出黑体辐射普朗克公式(关于普朗克公式的理论推导，有兴趣的读者可参看本书原版教材或其他量子力学教科书).

普朗克能量子假设和经典物理学连续性的概念是完全抵触的. 能量子概念的提出，标志着量子物理学的产生，普朗克常数 h 作为最基本的物理常数之一在物理学中出现了，所以人们把 1900 年 12 月 14 日称为量子物理的诞生日.

例 26.1.1　试由普朗克公式导出黑体辐射单色辐出度取最大值时的波长.

解　令 $x=hc/\lambda kT$ ，单色辐出度式(26.1.6)可写作

$$e_0(\lambda,T)=\frac{2\pi K^5T^5}{h^4c^4}\frac{x^5}{e^x-1}$$

将 $e_0(\lambda,T)$ 对 x 求导，并令其为 0，得 $\mathrm{e}^{-x}+x/5-1=0$. 解这个超越方程求得 $x=4.9651$ 是个常数. 于是有

$$\lambda_{\mathrm{m}}T=b$$

这就是式(26.1.3)中的维恩位移定律，并且可求出其中

$$b=hc/4.9651k=2.8978\times10^{-3}\,\mathrm{m\cdot K}$$

这与实验结果一致.

例 26.1.2　试由普朗克公式导出黑体辐射能量密度.

解　根据能量子假设，普朗克求出达到热平衡时，空腔中每个振动模式的平均能量以及腔内单位体积、单位频率间隔的振动模式数目，给出黑体辐射能量谱密度

$$\rho(\nu,T)=\frac{8\pi h\nu^3}{c^3}\frac{1}{e^{h\nu/kT}-1}$$

令 $x=h\nu/kT$，有 $d\nu=(kT/h)dx$，代入上式，并对频率积分，可得能量密度

$$\rho(T)=\frac{8\pi h}{c^3}\int_0^\infty\frac{\nu^3 d\nu}{e^{h\nu/kT}-1}=\frac{8\pi h}{c^3}\left(\frac{kT}{h}\right)^4\int_0^\infty\frac{x^3 dx}{e^x-1}$$

其中的积分值是 6.4938，于是

$$\rho(T)=aT^4$$

其中 $a=6.4938\times 8\pi k^4/c^3h^3=7.5643\times10^{-16}\,\mathrm{J/(m^3\cdot K^4)}$．这与式(26.1.2)给出的**斯特藩-玻尔兹曼**定律一致. 进一步考虑黑体辐射能量谱密度和单色辐出度 $e_0(V、T)$ 之间的关系，还可进一步求出斯特藩玻尔兹曼常量 $\sigma=ca/4$．

§26.2　光子　光的波粒二象性

26.2.1　爱因斯坦光量子假设

在黑体辐射的普朗克理论中，只是假设构成器壁原子振动能量是量子化的，电磁波的发射和吸收是以能量子形式进行的，但电磁波在空间的传播仍按麦克斯韦电磁理论处理. 1905 年，爱因斯坦进一步假定，**电磁场本身也是量子化的，即电磁场是“由数目有限的、每个都局限于空间小体积中的能量子所组成，这些能量子在运动中不再分散，只能整个地被吸收或产生.**”其中频率为 ν 的电磁场能量子的能量是 $h\nu$，后来简称这些能量子为**光子**(photon).

26.2.2　光电效应现象

爱因斯坦最初引入光子的概念是为了解释**光电效应**(photoelectric effect)现象. 光电效应是光照射到金属上，有电子从金属表面逸出的现象. 光电效应是赫兹(H. Hertz)用实验验证麦克斯韦关于存在电磁波的预言时偶然发现的，德国物理学家霍尔瓦克斯(W. Hallwachs)、意大利的里奇(A. Righi)和俄国的斯托列托夫详尽地研究了光电效应现象. 研究光电效应现象的实验可示意地用图 26.2.1 表示：K 是表面敷有感光金属层的阴极，A 是阳极，二者密封在抽成真空的玻璃管中. 在阳极 A 和阴极 K 之间加上直流电压 U. 当一定频率的光照射到阴极 K 上时，就有电子从阴极飞出，这些电子称为**光电子**(photo-electron). 光电子在加速电场作用下飞向阳极,形成电流 I，称为**光电流**(photocurrent). 实验总结出光电流有以

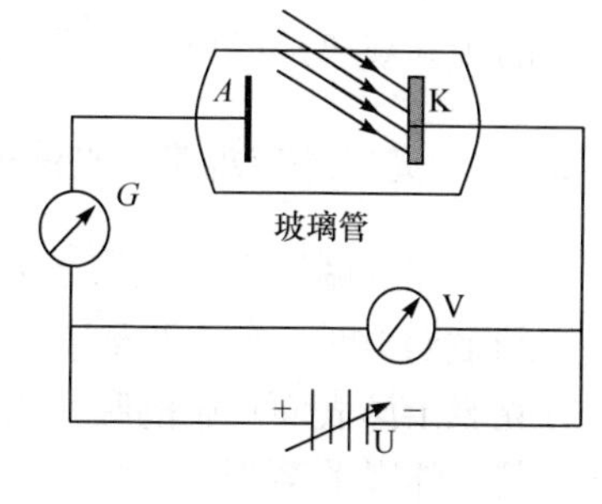

图 26.2.1

下规律：

(1) 对于一定金属材料做成的阴极，只有照射光的频率大于一定值时，才有光电子发射出来；当光频率低于这个值，不论照射光多强，都不会有电子发射. 这个由阴极金属材料决定的频率 ν_0 称为**截止频率**(cutoff frequency).

(2) 照射光频率和强度一定时，改变加速电压 U，光电流随正向 U 增大而增大，并趋向饱和值 I_s(图 26.2.2)；并且**饱和电流**(saturation current)I_s 值与入射光强成正比. 电流饱和表明阴极发射出的电子全部到达阳极，饱和电流与光强成正比说明单位时间阴极发射的光电子数目与照射光强成正比.

(3) 加速电压为零时，光电流并不为零；表明有部分初动能大的电子在阴极、阳极电压为零时，仍可以渡越阴极-阳极之间区域到达阳极. 在两极间加上反向电压并增加其值时，存在一个使光电流减少到零的**截止电压**(cutoff voltage)U_c(图 26.2.2)，这表示具有最大初动能的光电子，即使用其全部初动能克服外电场力做功，也不能到达阳极.

(4) 截止电压或光电子的初动能只与光的频率 ν 成线性关系(图 26.2.3)，与光强无关.

(5) 从光照射到光电流产生弛豫时间小于 10^{-9}s，即光电流和光照射几乎同时发生.

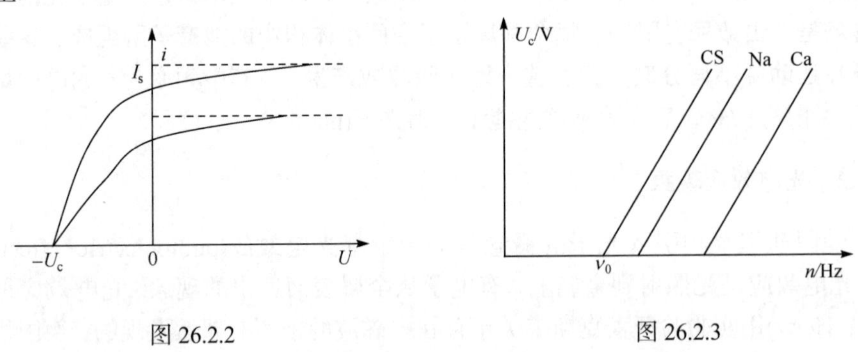

图 26.2.2　　图 26.2.3

根据光的经典电磁理论，光能量只决定于光强，与光频率无关. 上述光电效应的实验规律是经典理论是无法解释的.

26.2.3　光电效应规律的光量子解释

按照爱因斯坦的光量子假设，可以很好地解释光电效应的上述规律. 当光照射到金属上时，能量为 $h\nu$ 的光量子被金属中的电子吸收，电子用这份能量的一部分克服金属表面对它的吸引力做功，另一部分就变成电子离开金属表面后携带的动能，能量关系为

$$\frac{1}{2}mv^2 = h\nu - w_0 \tag{26.2.1}$$

其中 m 是电子质量，v 是电子离开金属表面的速度，w_0 是电子从金属中逸出时克服金属表面引力必须做的功，称为**逸出功**(work function)，逸出功大小依赖于材料和材料表面性质，对一定的金属材料 w_0 一定. 按照式(26.2.1),如果照射光频率低，$h\nu < w_0$,就不会有电子逸出，这就解释了"截止频率"的存在. 当 w_0 一定时，由式(26.2.1),出射电子的能量只决定于照射光频率，与光强无关，光强度只影响产生电子的数量，这就解释了上述实验规律的(2)～(4). 最后，由于光电子发射可看成光子碰撞电子的结果，所以几乎不存在弛豫时间. 这样利用光量子的概念，爱因斯坦成功地解释了光电效应现象.

应当指出，1905 年爱因斯坦提出他的光电效应现象解释时，金属材料阴极截止电压与光频率的线性关系(图 26.2.3)还没有从实验中得到，当时爱因斯坦的理论也没有被普遍承认. 例如，物理学家密立根最初对爱因斯坦理论就抱有怀疑态度，他从 1904 年到 1914 年，做光电效应实验达十年之久，目的是希望证明经典电磁理论. 但是，密立根周密安排实验细节，巧妙地布置实验装置，逐渐改进实验精度，最终得到金属钠截止电压与光频率关系几乎严格是一条直线的实验结果. 他在实验事实面前服从真理，最终承认他的实验结果证实了爱因斯坦的光电效应理论，光量子理论才得到普遍承认. 爱因斯坦和密立根分别在 1921 年、1923 年获得诺贝尔物理学奖.

26.2.4　光子的能量和动量

一定频率的光子不但有确定的能量

$$\varepsilon = h\nu = \hbar\omega \tag{26.2.2}$$

(其中 $\hbar = h/2\pi$, 是现代文献资料中惯用记法，称为**约化普朗克常量**)；而且还有一定的动量. 按照相对论，以速度 v 运动的粒子的能量 $E = m_0c^2/\sqrt{1-v^2/c^2}$. 光子以速度 c 运动，光子的静止质量 m_0 必定为零. 再利用相对论动量-能量关系 $E^2 = c^2p^2 + m_0^2c^4$ ，得光子动量

$$\boldsymbol{p} = \frac{h\nu}{c}\boldsymbol{n} = \hbar\frac{\omega}{c}\boldsymbol{n} = \hbar\boldsymbol{k} \tag{26.2.3}$$

其中 $\omega=2\pi\nu$ 是波的圆频率，$\boldsymbol{n}$ 是沿波传播方向的单位矢量，$\boldsymbol{k} = \frac{\omega}{c}\boldsymbol{n}$ 是波矢量.

26.2.5　康普顿效应和康普顿效应的光量子解释

康普顿(Compton)效应是光具有粒子性的又一实验证明. 1922 年，康普顿发现将单色 X 射线投射到石墨上，沿不同方向的散射波都包含两种不同波长成分：一种波长与入射波相同；另一种比入射波长更长(康普顿称之为变线). 并且波长改变

量随散射角增大而增大(图 26.2.4). 这种电磁波被物质散射后波长改变的现象称为**康普顿效应**(Compton effect).

按照经典电磁理论，电磁波被物质散射，实际上是物质中的电子在入射场作用下作受迫振动，重新辐射电磁波的过程，在稳定情况下散射波长等于入射波长. 但是如果把物质散射电磁波的过程看成是光子与物质中电子的碰撞过程，就可圆满地解释康普顿散射现象.

物质中原子外壳层的电子受原子核束缚较弱，可以看作自由电子. 由于这些电子热运动动能(约百分之几电子伏)和入射 X 射线光子能量(10^4～10^5eV)比较可略去不计，可近似认为电子在碰撞前是静止的. 碰撞后光子被散射，同时电子获得一定的动能. 以 $\hbar\omega$ 和 $\hbar\omega'$ 分别表示光子在碰撞前后的能量，m_0 表示电子的静止质量，$\boldsymbol{p}$ 表示碰撞后电子的动量，由碰撞前后能量守恒和动量守恒(图 26.2.5)，有

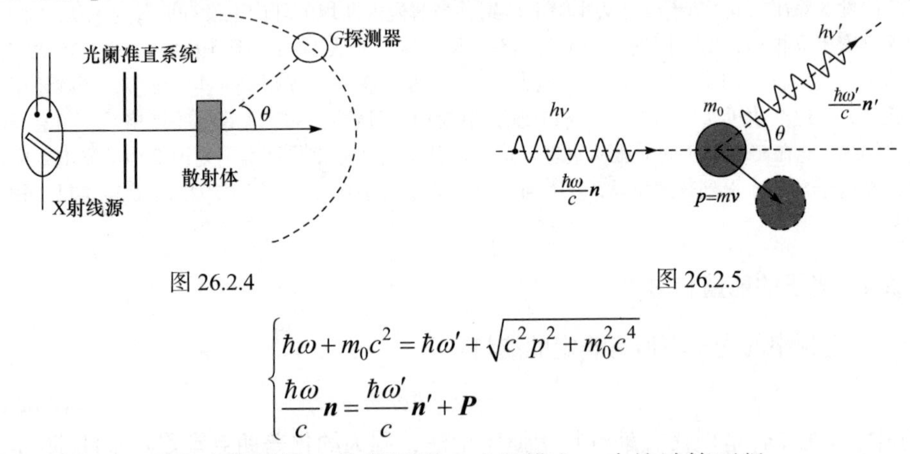

图 26.2.4　　　　图 26.2.5

$$
\begin{cases}
\hbar\omega + m_0c^2 = \hbar\omega' + \sqrt{c^2p^2 + m_0^2c^4} \\
\dfrac{\hbar\omega}{c}\boldsymbol{n} = \dfrac{\hbar\omega'}{c}\boldsymbol{n}' + \boldsymbol{P}
\end{cases}
$$

第 1 式移项、平方去掉根号，并利用第 2 式的模方，直接计算可得

$$
\Delta\lambda = \lambda' - \lambda = \frac{4\pi\hbar}{m_0c}\sin^2\theta \tag{26.2.4}
$$

其中 θ 是光子散射方向和入射方向的夹角. 这个公式首先由康普顿得出，由康普顿和吴有训用实验证实.

关于在散射中观测到的与入射波长相同的散射，可解释如下：散射体中还有大量被原子核紧紧束缚着的内层电子，光子和这些电子的碰撞事实上等效于光子和整个原子的碰撞. 由于原子的质量比光子质量大得多，光子和原子碰撞后，光子的能量几乎没有变化，所以导致散射波频率不变.

26.2.6　光的波粒二象性

光电效应和康普顿效应证明了爱因斯坦光量子理论的正确性，表明光具有粒子性.

光的微粒说最早起源于牛顿,和牛顿同时代的荷兰人惠更斯则主张波动说. 19 世纪以前,由于牛顿本人的巨大影响,牛顿主张的光的微粒说一直占统治地位. 19 世纪初杨、菲涅耳和夫琅禾费等人发展了惠更斯的波动理论,成功地解释了光的干涉、衍射和偏振现象,光的波动说取得了决定性的胜利. 现在在新的实验事实面前,物理学家又不得不承认光具有微粒性. **实验事实迫使我们必须承认光具有波动和微粒的双重性质**,这种性质称为光的波**粒二象性**(wave-particle duality). 光的波粒二象性不管怎样不可思议,但确是实验事实.

§ 26.3　原子结构的玻尔理论

26.3.1　原子的有核模型

物质是由小微粒原子构成的这种认识,可以追溯到几千年前的远古时期. 直到 19 世纪末,人们一直认为**原子是物质不可分割的最小单元**. 1897 年,汤姆孙 (J. J. Thomson) 从实验上发现电子,才揭示了原子是由带正、负电荷的两类粒子构成的. 1911 年,卢瑟夫(E. Rutherford)根据α粒子散射实验中,α粒子可以被原子大角度偏转的实验事实,提出原子结构的**有核模型**. 按照这个模型,原子中心存在一个带正电荷的、几乎集中了原子全部质量的原子核,而电子则在核外空旷的空间中绕核运动. 为了检验这个模型的正确性,卢瑟夫的两个学生盖革(Geiger)、马斯登(Marsden) 用实验进一步证实了用原子有核模型推算出的α粒子散射规律,卢瑟夫的原子有核模型得到了广泛的承认.

原子结构的有核模型仍然存在着经典物理无法解释的矛盾. 首先,按卢瑟夫模型,原子中的电子绕核做圆周运动,根据经典电磁理论,电子的这种加速运动要不断地向外辐射电磁能量,辐射耗尽能量的电子最终要落到原子核上(粗略计算表明这个过程只需 10^{-9}s),这样看来原子是极不稳定的,而这显然与事实不符. 其次,原子发光必定是原子内部运动状态发生变化的结果,这种模型在经典理论范围内也不能解释当时已知的原子发光光谱的规律.

26.3.2　氢原子光谱的实验规律

氢原子光谱是由许多分立的谱线组成的. 19 世纪 80 年代,关于氢原子光谱已经积累了大量的数据资料,物理学家急需整理这些资料,找出规律,并对光谱的成因给以解释. 1885 年,巴耳末(J. J. Balmer)从氢原子光谱的观测资料中总结出一个经验公式

$$\nu = cR_{\mathrm{H}}\left(\frac{1}{2^2}-\frac{1}{m^2}\right), \quad m=3,4,\cdots \tag{26.3.1}$$

其中ν是氢原子可见谱线的频率，R_{H}是**里德伯常量**(Rydberg constant)，由氢光谱实验数据算得

$$R_{\mathrm{H}}=1.09677576\times10^{7}\,\mathrm{m}^{-1}$$

式(26.3.1)称为**巴耳末公式**(Balmer formula). 1889年，里德伯(Rydberg)用一个整数平方代替式(26.3.1)中的2^2，给出氢原子光谱中其他线系的频率公式：

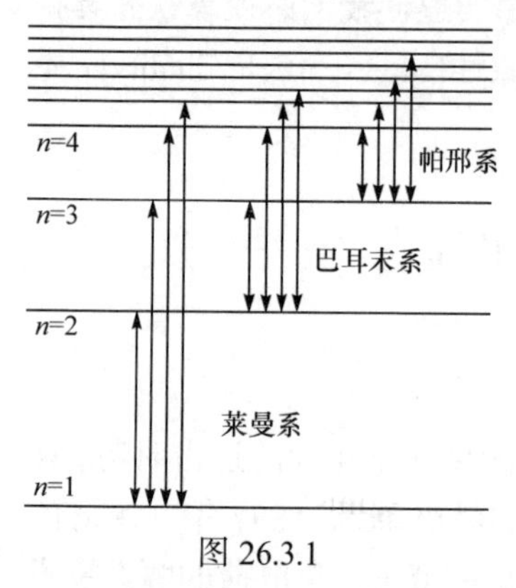

图 26.3.1

$$\nu=cR_{\mathrm{H}}\left(\frac{1}{n^2}-\frac{1}{m^2}\right),\quad m=2,3\cdots,n=1,2,3,4\cdots,m>n \tag{26.3.2}$$

式(26.3.2)称为**里德伯公式**(Rydberg formula). 后来在氢原子光谱可见光区域外，的确发现了对应式(26.3.2)中n取其他值的新线系. 图26.3.1给出了对应前几个n值的氢光谱线系.

如何解释原子的线状光谱以及原子光谱的上述规律，是物理学家面临的一个难题.

26.3.3 玻尔的原子结构理论

1913年，丹麦青年物理学家玻尔(N. Bohr)在原子结构理论上迈出重要一步，他放弃了把经典电动力学的概念用于描述原子系统的行为，以氢原子光谱的实验事实为基础，提出了三条基本假设：

(1) **定态条件**：电子只能处于一些分立的轨道上绕核运动，这种运动虽有加速，但并不产生辐射，原子处在这种状态称为**定态**.

(2) **频率条件**：当电子从一个允许轨道(能量E_n)跃迁到另一个允许轨道(能量E_m)时，便发射或吸收一份电磁辐射，即发射或吸收一个光子. 发射和吸收光子的频率由

$$\nu=\frac{E_m-E_n}{h} \tag{26.3.3}$$

决定. 当$E_m>E_n$时，吸收光子；当$E_m<E_n$时，发射光子.

为了确定电子可能的轨道，玻尔提出了以下的量子化条件.

(3) **定态量子化条件**：对于一个自由度的体系，设q为广义坐标，p为相应的广义动量，定态条件为

$$\oint p\mathrm{d}q=nh,\quad n\text{为正整数} \tag{26.3.4}$$

其中h是**普朗克常量**.

对于氢原子，由玻尔的上述假设，以a表示电子可能的轨道半径，取极角θ为

坐标，相应的广义动量 $p_\theta = ma^2\dfrac{\mathrm{d}\theta}{\mathrm{d}t}$，利用定态量子化条件式(26.3.4)，注意到 p_θ 是常量，得

$$2\pi ma^2\frac{\mathrm{d}\theta}{\mathrm{d}t} = nh \tag{26.3.5}$$

另一方面根据经典力学，电子运动方程为

$$ma\left(\frac{\mathrm{d}\theta}{\mathrm{d}t}\right)^2 = \frac{e^2}{4\pi\varepsilon_0 a^2} \tag{26.3.6}$$

由式(26.3.5)、式(26.3.6)消去 $\dfrac{\mathrm{d}\theta}{\mathrm{d}t}$，得

$$a = \frac{4\pi\varepsilon_0\hbar^2}{me^2}n^2 = 0.529\times10^{-10}n^2(\mathrm{m}) \tag{26.3.7}$$

对于 $n=1$, 得允许的最小轨道半径——称为**玻尔半径**(Bohr radius)，记为

$$a_0 = \frac{4\pi\varepsilon_0\hbar^2}{me^2} = 0.529\times10^{-10}\,\mathrm{m}$$

玻尔半径常用于度量原子大小的尺度.

氢原子能量是电子动能和势能总和

$$E_n = \frac{1}{2}mv^2 - \frac{e^2}{4\pi\varepsilon_0 a}$$

利用式(26.3.6)、式(26.3.7),可求出

$$E_n = -\frac{me^4}{32\pi^2\varepsilon_0^2\hbar^2}\cdot\frac{1}{n^2} \tag{26.3.8}$$

此式代入式(26.3.3)中，得

$$\nu = \frac{me^4}{64\pi^3\varepsilon_0^2\hbar^3}\left(\frac{1}{n^2}-\frac{1}{m^2}\right) \tag{26.3.9}$$

此即**里德伯公式**，并且可由此求得**里德伯常量**

$$R_{\mathrm{H}} = \frac{me^4}{64\pi^3\varepsilon_0^2\hbar^3 c} = 1.0973731534\times10^{-7}\,\mathrm{m}^{-1} \tag{26.3.10}$$

进一步考虑氢原子核质量有限，电子实际上是绕电子-核系统的质心运动，上式中电子质量应代以折合质量 $mM/(m+M)$ (M 是原子核质量)，可得出与光谱分析实验值更好符合的结果.

玻尔将普朗克能量子概念和爱因斯坦光量子假说结合，把量子概念引入原子

内部，成功地解释了氢原子光谱的实验规律，并推出和实验符合的里德伯常量值，显示了玻尔理论的成功. 但是玻尔理论也存在着严重的困难.

26.3.4　玻尔理论的局限性

玻尔理论的局限性表现在以下几个方面：

(1) 对于比氢更复杂的多电子原子(虽经索末菲(Sommerfeld)的推广，可以解释类氢原子的光谱)，玻尔理论却无能为力；

(2) 关于光谱线强度，即使对于氢原子，玻尔理论也不能给出任何说明；

(3) 为什么要引进量子化条件，玻尔理论也没有适当的解释.

由于玻尔理论是将经典理论和量子概念生硬地结合在一起，没有统一、完整的理论基础，不可避免地存在许多矛盾. 例如，为什么氢原子核与电子间的静电吸引还有效，而电子处在“定态”时却不能辐射电磁波？索末菲(Rutherfold)曾对玻尔理论提出质疑：一个处在 E_1 能态的电子，必须吸收能量为 E_n-E_1 的光子才能从 E_1 跃迁到 E_n，为了选出它需要的光子，电子必须事先就知道它要去的能级，电子是怎样事先就知道它往那里跳的呢？薛定谔(Schrödinger)的非难即所谓“糟透了的跃迁”，电子从一个轨道跳到另一个轨道其速度不能超过光速，当电子离开一个轨道而尚未到达另一个轨道，电子又处在什么状态？这都是玻尔“糟透了的跃迁”理论无法回答的问题.

玻尔理论显然不是一个令人满意的理论，但是它为过渡到新的量子力学理论架设了重要的桥梁，是量子力学理论发展的一个里程碑.

26.3.5　玻尔

尼耳斯·玻尔是丹麦杰出的物理学家，近代量子物理学的奠基者之一. 他出生在哥本哈根大学一个生理学教授家庭，从小就受到浓厚科学文化思想熏陶. 1903 年进入哥本哈根大学主修物理学，1911 年 5 月通过题为“金属电子论研究”论文答辩，获得博士学位. 其后先后在英国剑桥大学卡文迪什实验室、曼彻斯特大学卢瑟福实验室工作. 在卢瑟福实验室工作期间，参加 α 粒子散射实验，深刻了解原子有核模型所面临的稳定性以及难以解释原子光谱的不连续性的困难，深信必须改造经典物理，建立新的理论才能解决. 正当他深入考虑这一问题时，他看到了巴耳末和斯塔克介绍氢光谱的著作，他对光谱学家从杂乱无章的谱线中发现的规律惊叹不已，顿时思想豁然开朗. 他勇敢地接受实验事实，大胆冲破旧理论束缚，在 1913 年连续写出关于原子和分子结构的三篇论文，把光谱实验规律、普朗克和爱因斯坦的光子说以及卢瑟福的原子有核模型结合起来，建立了原子结构的量子理论. 这个理论在解释氢原子光谱方面取得了巨大的成功.

玻尔

玻尔在量子力学理论的诞生中科学上的贡献是巨大的. 玻尔的爱国主义精神和高尚的思想情操也是值得称道的. 1918 年，玻尔的导师和挚友曾以高薪盛情邀请玻尔去英国任职. 玻尔婉言谢绝了，他在回信中说“我非常喜欢再次到曼彻斯特去. 我知道，这对我的科学研究有极大的重要性. 但我觉得我不能接受您提到的这一职务，因为哥本哈根大学已经在尽力支持我的工作，虽然他们在财力上，在人员能力上，以及在实验管理上，都远远达不到英国的水平”“我立志尽力帮助丹麦发展自己的物理学研究工作……我的职责是在这里尽我的全部力量”. 玻尔对自己祖国的热爱，促使他留在人口不足 500 万的丹麦继续自己的工作. 这样在 20 世纪 20 年代，以玻尔为中心，哥本哈根聚集了一批世界优秀的物理学家，形成了著名的“哥本哈根学派”，在量子力学的创立和发展中起了主导作用.

§ 26.4　实物粒子的波动性 物质波

现代量子理论的发展开始于发现光除具有以波长 λ 和频率 ω 表征的波动性外，还具有由能量 ε 和动量 $\boldsymbol{p}$ 表征的粒子性. 这些量由爱因斯坦关系联系着

$$\begin{gathered}\varepsilon = h\nu = \hbar\omega \\ \boldsymbol{p} = \frac{h}{\lambda}\boldsymbol{n} = \hbar\boldsymbol{k}\end{gathered} \tag{26.4.1}$$

26.4.1　实物粒子的波动性德布罗意假设

德布罗意

路易·德布罗意(Louis de Broglie)是法国人，最初学习历史、法律并获学士学位. 受他哥哥研究 X 射线和庞加莱著作影响，1911 年改学物理学. 他对物理学的研究是直接从历史观点出发的，深受人们关于光的概念历史发展过程启发，他想，作为波描写的辐射场具有粒子性，而作为粒子的物质为什么不可以具有波动性呢? 长期以来，人们在光的研究上强调了光的波动性，而忽略了它的粒子性；在物质粒子的研究上可能相反，过分强调了粒子性，而忽略了波动性. 他在晚年回忆说“经过长期孤寂的思索和遐想之后，在 1923 年蓦然想到，爱因斯坦在 1905 年所作出的发现应当加以推广，使它扩展到包括一切物质粒子，尤其是电子”. 1923 年 9～10 月，德布罗意接连写了三篇短文，并于 1924 年 11 月向巴黎大学理学院提交了题为“关于量子理论的研究”的博士论文，在这些论文中提出了实物粒子也同光一样，具有波粒二象性的思想. 通常物理学家不愿意轻易接受任何古怪的新想法，特别是还没有任何实验证明它的正确性，德布罗意论文答辩委员会不知道如何评价他的论文. 郎之万(当时已经是著名的物理学家)是答辩委员会的一名成员，就把德布罗意的论文寄给爱因斯坦. 爱因斯坦对德布罗意的新思想很感兴趣，评价说：“**我相信这是揭开我们物理学最困难迷题的一道微弱的希望之光.** ”由于德布罗意这一极富创新性的思想，他的预言“通过电子在晶体上的衍射实验，应当有可能观察到这种假定的波动效应”得到实验上证实，德布罗意于 1929 年获诺贝尔物理学奖.

德布罗意认为“任何物体运动都伴随着波，而且不可能将物体运动和波传播

分开”. 并假设实物粒子的波性和粒子性间的数量关系，与光波波性和粒子性关系式(26.4.1)相同. 对实物粒子式(26.4.1)称为**德布罗意关系**. 但必须注意，对于光子 $\lambda\nu=c$,可以从 $\varepsilon=h\nu$ 导得关系式 $p=h/\lambda$,但对于静止质量不等于零的粒子，式(26.4.1)中的两个关系式是相互独立的.

自由粒子的能量和动量都是常量，由德布罗意关系式，可知与自由粒子相伴的物质波频率和波矢(波长)都是常量,因此是平面波. 平面波函数可写成复数形式

$$\psi(\boldsymbol{R},t)=A\mathrm{e}^{\mathrm{i}(\boldsymbol{k}\cdot\boldsymbol{R}-\omega t)}=A\mathrm{e}^{\frac{\mathrm{i}}{\hbar}(\boldsymbol{p}\cdot\boldsymbol{R}-\varepsilon t)} \tag{26.4.2}$$

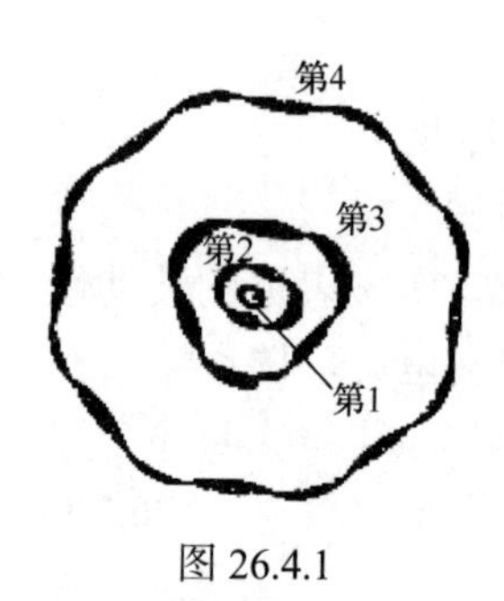

图 26.4.1

德布罗意把物质波驻波和玻尔的原子内的定态联系起来，把这种波概念应用到沿闭合轨道绕核运动的电子上,电子沿轨道运动,伴随着物质波沿轨道传播(图 26.4.1). 如果轨道周长等于物质波波长整数倍，电子绕核一周后相位不变，与这个电子相应的波是驻波，可以稳定存在. 如果轨道周长不等于波长整数倍，电子物质波将自相干涉而消失，即相应的电子轨道是不允许的. 所以形成驻波的条件是

$$\oint\frac{\mathrm{d}q}{\lambda}=n,\quad n=1,2,3,\cdots \tag{26.4.3}$$

以 $\lambda=h/p$ 代入，即得玻尔量子化条件式(26.3.4). 这样由德布罗意假设物质波驻波条件漂亮地解释了玻尔量子化条件.

利用这种德布罗意原子模型，还可以解释玻尔氢原子跃迁的频率条件. 当电子在能量为 E_m 的轨道上运动时，物质波频率为 $\nu_m=E_m/h$，电子在能量为 E_n 的轨道上运动时,频率为 $\nu_n=E_n/h$. 假设 $E_m>E_n$，当电子从能量为 E_m 的轨道向 E_n 轨道跃迁时，在跃迁过程中电子必定处在 ν_m、ν_n 两个振动模式的叠加状态(因为我们不知道跃迁发生这段时间内电子处在那个振动模式),电子振动频率就应当是这两个波模叠加形成的“拍”的频率，于是这个跃迁过程发射光子频率就是拍频：$|\nu_m-\nu_n|=(E_m-E_n)/h$,这就是波尔的频率条件. 这样德布罗意就用物质波的概念给出了玻尔的原子结构假设一个理论解释.

物质波的概念提出后，人们自然会问，既然实物粒子都具有波性，为什么过去一直把它们作为粒子处理而没导致错误呢？为了回答这个问题，回顾一下我们是如何认识光具有波性的，只有在实验上肯定了光的干涉、衍射现象后，我们才认识到光的波性. 而观测干涉和衍射，只有当仪器的特征长度(比如孔径、狭缝宽等)与光波长可比拟时才是明显的. 下面我们估算一下实物粒子的德布罗意波长.

设自由粒子的速度远小于光速，粒子动能 $\varepsilon=p^2/(2m)$,由式(26.4.1),与这样的

粒子运动相伴的德布罗意波长

$$\lambda = \frac{h}{\sqrt{2m\varepsilon}} \tag{26.4.4}$$

由此可算出被 150V 电势差加速后的电子的德布罗意波长大约仅有 1Å. 至于其他实物粒子，如质子、中子和原子，质量要比电子大得多，一般情况下其德布罗意波长比电子波长还要小得多. 例如，质量 1g，速度为 10m / s 的小球的德布罗意波长仅为 $6\cdot 63\times 10^{-22}$ Å. 我们缺乏观测如此小波长干涉的设备，就是实物粒子的波性长期未被直接观察到的原因.

26.4.2　粒子波性的实验证明

1924 年，德布罗意在他的博士论文答辩中，回答如何实验验证物质波时，曾建议用电子在晶体上的衍射实验验证物质波的存在. 1926 年，戴维孙(Davisson)和革末(Germer)用加速电子束入射到镍单晶体表面上，研究散射电流与加速电压和散射角的关系，探测到和 X 射线照射晶体时相同的衍射现象. 他们的实验装置示意地画在图 26.4.2 中.

从加热灯丝 K 发射出的电子经电势差 U 加速后，通过一组栏缝 D 形成平行电子细束，以一定角度入射到镍单晶体 N 上，经晶面反射后被电子探测器 B 搜集. 进入电子探测器的电子强度可用与 B 相连的电流计 G 测量. 探测器 B 可以沿圆弧绕晶体转动，能够搜集 20°～90°范围内各个散射角处的电子.

戴维孙和革末的实验观测到了与 X 射线的晶体衍射类似的现象，实验结果定量地满足 X 射线相干条件：根据衍射理论，衍射最大值由布拉格(Bragg)公式给出

$$2d\sin\theta = n\lambda,\quad n = 0,1,2,\cdots \tag{26.4.5}$$

d 是晶格之间距离，θ 是衍射角(图 26.4.3)，λ 是入射波长，n 是衍射极大值序数. 在电子速度 $v \ll c$ 时，电子动量可由 $p^2/(2m_0) = eU$ 求出

$$p = \sqrt{2m_0 eU}$$

代入德布罗意关系式，求得入射电子的德布罗意波长

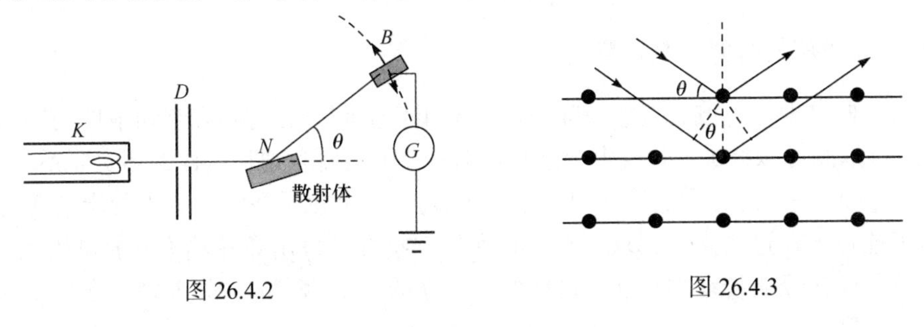

图 26.4.2　　图 26.4.3

$$\lambda = \frac{h}{\sqrt{2m_0 eU}} \tag{26.4.6}$$

结合式(26.4.5)，得

$$2d\sin\theta = \frac{nh}{\sqrt{2m_0 eU}} \tag{26.4.7}$$

即加速电势差 U 满足上式时，电子流强度取最大值，实验证实了这一结果.

1927 年，汤姆孙(G. P. Thomson)使用高达上万伏的电压加速的电子束(能量相当于 10～40keV)，直接入射到金箔和铝箔的多晶薄箔上，透射电子发生衍射，可直接产生衍射图样. 由于多晶体是由大量随机取向的微小细晶粒组成，沿各个方向的晶面都可能满足布拉格条件，所以可以从各个方向同时观察到衍射. 图 26.4.4 中左边一幅是 X 射线的多晶粉末衍射图样，右边一幅是适当速度的电子的衍射图样，二者非常相似. 这不仅证实了电子具有波动性，而且根据这些衍射环半径计算出的电子德布罗意波长与理论值符合.

1930 年，施特恩(O. Stern)与他的合作者用氢分子和氦原子证实了普通原子和分子也具有波动性. 以后他们改进实验，把经速度选择的氢分子束和氦原子束对准氟化锂晶体的解理面，衍射结果大为改善，与德布罗意关系误差在 1%～2%以内相符. 1936 年，人们又获得了中子衍射的实验证据. 1961 年，约恩孙(C. Jönson)还直接做了电子双缝干涉实验，他在铜膜上刻出宽 $b \approx 0.3\mu\text{m}$ ，相距约 $1\mu\text{m}$ 双缝，用波长 $\lambda \approx 0.05\times10^{-10}\text{m}$ 电子束入射到双缝上，拍摄到了电子痕迹类似光双缝干涉条纹. 图 26.4.5 是他得到的照片，从左到右依次是电子通过单缝、双缝、三缝和四缝的衍射图样. 总而言之，大量的实验事实都证明，实物粒子也具有波性.

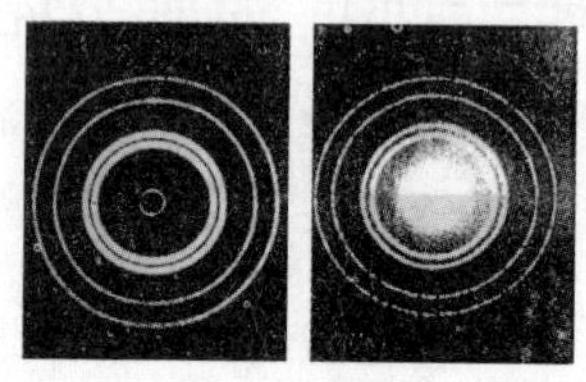

图 26.4.4

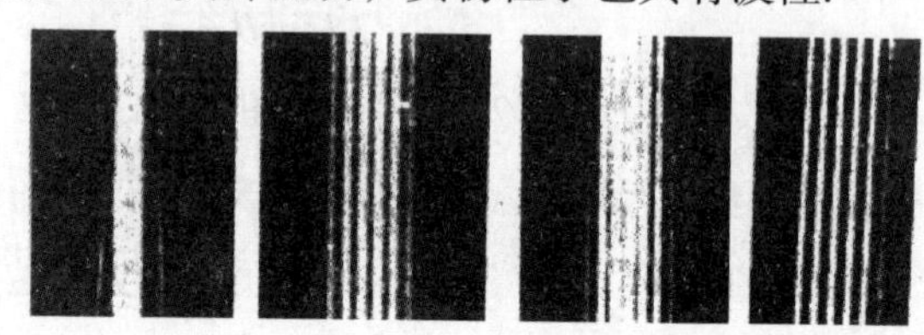

图 26.4.5

26.4.3　物质波的解释　概率波

在经典物理中，波的概念意味着可弥散于全空间，在时间和空间中作周期的变化，特别波可以叠加，并发生干涉和衍射；粒子的概念则和这样的事实联系着：可定域在空间一点(实际上是空间一个小区域)，一个粒子在空间一点的出现总是排斥其他粒子在这一点的出现，粒子在保持原特性条件下意味着不可分割等. 波性和粒子性在经典物理中是互相排斥的、对立的、不相容的，如何理解在量子论中的波粒二象性呢?

在历史上曾经有两种看来最为自然的解释. 一种是认为物质波是由粒子组成的，即粒子在空间分布形成的疏密波，就像声波是空气分子在空间形成的疏密分布一样. 另一种解释是认为物质粒子是由波构成的，粒子物质分布不是集中于空间一点，而是其波包占据的一个小空间，空间中物质密度分布与波包强度成正比，因此波包的大小就是粒子的大小，波包运动的群速度就是粒子运动的速度. 下面我们看到，这两种解释都与实验事实不符.

图 26.4.6 是电子双缝干涉实验示意图. 电子枪发射的电子由小孔 G 射出，经 M 屏上距离很近(约10^{-8}m)的平行窄缝 S_1、S_2 到达屏幕 N 上. 当窄缝宽度相当于晶格中原子距离时，实验表明在屏幕 N 上将出现电子痕迹形成的干涉图样.

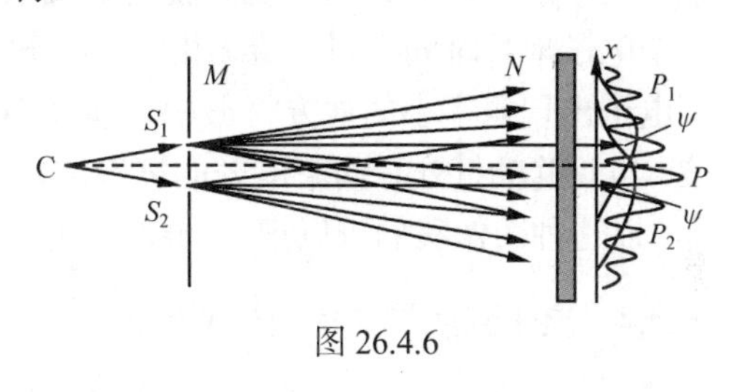

图 26.4.6

实验分三个步骤做:

(1) 关闭 S_2 缝，只开 S_1，结果电子在屏 N 上呈现出由曲线 P_1 表示的分布;

(2) 关闭 S_1 缝，只开 S_2，结果电子在屏 N 上呈现出由曲线 P_2 表示的分布;

(3) 同时打开 S_1，S_2 两缝，实验表明电子在屏幕 N 上的分布由曲线 P 描述.

P 曲线不是 P_1, P_2 两条曲线的简单相加，而是和光的杨氏(Young)双缝干涉实验相同，电子在屏上呈现出和光明暗相间相同的疏密分布，这种分布表明电子表现出和光类似的波动性. 现在我们分析前面关于物质波的两种解释是否能说明这些实验事实.

第一种解释. 如果波是由粒子构成的，那么屏幕 N 上电子分布就是分别由 S_1、S_2 两缝通过的两波束叠加的结果，衍射图样应当与波束中粒子数密度有关. 但是可以这样做上述实验，使入射电子流极其微弱，电子几乎是一个一个地通过衍射缝，只要实验时间足够长，在 N 上仍能得到相同的电子衍射图样. 这表明波动性不是粒子群体的行为，干涉是一个电子自己和自己的干涉，单个电子就具有波动性!

第二种解释把物质波看成三维空间中的波包，这可以解释电子自己和自己的干涉，但这意味着电子通过窄缝时要分成两个部分，这与电子的粒子性矛盾. 如果坚持粒子性，势必假设电子或通过 S_1 缝，或通过 S_2 缝，二者必居其一. 如果这样的话，对每个电子无论哪种情况实际起作用的只是一条缝，所以同时打开两条缝时，屏幕 N 上的电子分布必定是单独打开一条缝时分布图样的简单相加，而不可能出现干涉图样. 其次，如果把电子看成平面波叠加的波包，从数学上可以证明，由于色散关系这种波包是极不稳定的. 这表明电子不可能是物质波包.

1926 年，德国物理学家波恩(M. Born)给出物质波的合理解释. 他认为**物质波不是实际物理量的波动，只是刻画粒子空间分布的概率波(probability wave)，这个概率波“引导”粒子运动，决定着粒子在空间各点出现的概率**. 在电子双缝干涉实验中，电子通过双缝后，就像单色光波通过双缝干涉实验，在屏上会形成明暗相间的条纹分布一样，电子不是可打到屏上任何位置，而是以一定的概率打到不同位置上. 和通过双缝的光在屏上形成亮纹一样，电子概率大的地方电子打到上面的可能性就大，这些地方就会形成电子“亮纹”. 多数电子一次入射或一个一个电子地长时间入射，情况相同，概率大的地方电子数目就多，形成干涉极大. 在电子出现概率小的地方将形成干涉极小. **物质波就是描述这种概率分布的概率波**. 当双缝都打开，两束电子的概率波发生干涉，使电子在屏幕上呈现出干涉图样. 以这种图像我们可以把实物粒子的波动性和粒子性统一起来.

26.4.4 电子到底是如何通过双缝的

关于上述电子通过双缝的干涉实验，读者可能会问，描述电子的物质波，因为是波，可以认为是从两个缝通过的，但作为电子，它是不可分割的粒子，它到底是从哪个缝过来的?

如果要知道电子从哪个缝通过，我们必须对正通过缝的电子进行测量. 所谓测量，实际上是用某一种“仪器”使它和电子发生某种相互作用，以便带来我们关心的电子从哪条缝过来的信息. 一个容易想到的方法就是用一束光去照亮正通过缝的电子，靠我们眼睛或仪器接收的散射光从哪个缝来的，判定电子是从哪个缝过来的. 事实上，如果我们能测量出打在屏上的电子各是从哪条缝过来的，屏上电子留下的径迹就必定是电子分别从两条缝过来形成径迹的简单相加，干涉图样就会消失. 这可解释为探测电子的光束对电子运动产生了干扰，电子改变了它的运动方式.

减少光对电子运动干扰的一个办法是减少照射光束强度，也就是说减少探测光束中包含的光子数目. 当光束减弱时，只要还能探测出电子是从哪条缝过来，情况和前面没有什么改变：我们能说出每个电子各是从哪条缝过来的，但观察不到干涉图样. 但光束减弱到已经不能探测到电子从那条缝通过(即光束中光子是如此稀少，以致没有光子能碰到正通过的电子)，这时我们重新观测到电子的干涉图样.

为了减少光对电子运动干扰的另一个想法是减少光子的动量，这样撞上电子不至于严重干扰电子的运动. 但是根据德布罗意关系，减少光子动量意味着增大探测光的波长，当探测光波长很大时，光的分辨本领已经不足以区分出靠得很近的两条缝，也就不能告诉我们电子从哪一条缝通过的了.

由此我们看到，如果观测到干涉图样，那么就不可能决定出电子是从哪条缝过来的；一旦能确定电子是从哪条缝过来的，就不可能再看到干涉图样. 在存在干涉图样的条件下，自然界就没有给我们留下探测电子从哪条缝过来的任何手段和方法.

上述讨论说明，当存在干涉时，我们必须承认电子从哪条缝通过原则上是不能确定的，我们只能用同时从两条缝通过的物质波的干涉统计预言电子运动路径. 尽管这从经典上是多么不可思议！

问题和习题

26.1　简要描述经典物理学中给出的关于粒子和场的物质世界图像.

26.2　简要描述黑体辐射的实验规律以及经典物理理论在解释这些规律时遇到的巨大困难.

26.3　普朗克引进了什么假设来解释黑体辐射实验规律？此假设与经典物理的观念有何矛盾？

26.4　假设太阳可以看作理想黑体，其单色辐出度的极大值出现在频率 $\nu_m=3.4\times10^{14}$Hz 处. 求：(1)太阳表面的温度；(2)太阳的总辐出度.

26.5　简述光电效应的实验规律以及经典物理理论在解释这些规律时遇到的巨大困难. 如何用光子的概念解释这些规律？

26.6　用波长为 λ = 400nm 的紫光去照射某种金属，观察到光电效应，同时测得截止电压为 U_c = 1.24V，试求该金属的逸出功 w_0 和红限频率 ν_0.

26.7　铝的逸出功是 w_0 = 4.2eV，今用波长为 λ = 200nm 的光照射铝表面，求：(1)光电子的最大初动能 E_{km}；(2)截止电压 U_c；(3)铝的红限波长 λ_0.

26.8　如何用光子的概念解释康普顿效应？

26.9　波长为 λ_0 = 0.200nm 的 X 射线入射在某种晶体上而产生康普顿散射，在散射角 θ = 90°的方向上观测到散射的 X 射线. 求:(1)散射的 X 射线相对于入射的 X 射线的波长改变量 $\Delta\lambda$；(2)引起这种散射的反冲电子所获得的动能 E_k.

26.10　用动量守恒定律和能量守恒定律证明：一个自由电子不可能一次完全吸收一个光子.

26.11　简述德布罗意的物质波假设，举出几个微观粒子具有波动性的实验证据.

26.12　设慢中子的动能为 E_k = 0.05eV，试求其德布罗意波的波长. 能否用实验验证慢中子的波动性？

26.13　设电子显微镜的加速电压为 U = 40kV，求加速后电子的德布罗意波的波长.

26.14　一个质量为 m = 10g 的子弹头以 v = 1000m /s 的速度飞行，试求子弹的德布罗意波的波长，并由此说明为什么在日常生活中我们从未观察到实物粒子的波动性.

26.15　在戴维孙-革末电子衍射实验中，将电子束垂直入射到平行于主布拉格面切出的一个镍晶体表面上，晶面上镍原子的间距为 d = 2.15Å. 在与表面法线成 φ=50.0°的方向上观测到散射电子束的强度主极大. 求实验中电子的德布罗意波的波长和电子的能量.

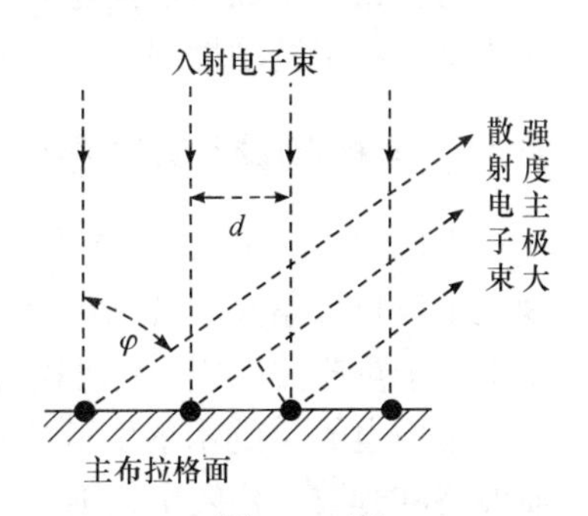

题 26.15 图

26.16　如何把物质波的概念和微观粒子的运动联系起来？怎样理解微观粒子的波粒二象性？

第 27 章　波　函　数

以下几章我们介绍作为量子力学理论基础的六条基本原理，并从这些基本原理出发揭示量子系统不同于经典系统的性质，描述量子力学系统的运动规律.

物体运动规律是通过物体运动状态随时间变化描述的，在牛顿力学中，我们用坐标和动量描述质点的运动状态(即用坐标和动量张起的相空间中一个点表示质点的运动状态). 由于微观粒子具有波粒二象性，牛顿力学这种描述方法对微观粒子失效. 量子力学如何描述粒子运动状态呢？本章首先介绍量子力学描述微观粒子运动状态的**波函数.**

学习指导：在预习时重点关注①为什么微观粒子运动状态不能像牛顿力学那样，用坐标、动量描述，量子力学怎样描述微观粒子运动状态. ②波函数的归一化条件和标准化条件是什么，具有怎样的物理意义；波函数的叠加原理物理意义是什么. ③已知描述粒子运动状态的波函数，怎样确定在这个状态下粒子动量取值. ④波函数的物理意义.

教师重点讲解微观粒子运动状态用波函数描写的合理性，波函数的归一化条件和标准化条件、波函数相干叠加原理等的物理意义，已知波函数，求粒子动量的物理思想和方法.

§ 27.1　不确定性关系式

为什么说牛顿力学描述质点运动状态的方法对微观粒子失效，本节我们就来说明微观粒子波动性的一个重要结果——不确定性关系式.

27.1.1　坐标-动量不确定关系式

坐标-动量不确定关系是 1927 年海森伯(W. Heisenberg)首先提出的，它是微观粒子波粒二象性的必然结果，集中地反映了微观粒子运动的基本特性，是物理学中一个重要关系式. 下面我们用一种简单的方式把它推导出来.

考虑电子单缝衍射实验(图 27.1.1). 由于电子通过单缝时描述电子运动的物质波将和光波一样发生衍射，当缝宽为 d，入射电子波长为 $\lambda(d \approx \lambda)$ 时，单缝衍射中心亮纹角宽度 θ 满足

$$d\sin\theta = \pm\lambda \tag{27.1.1}$$

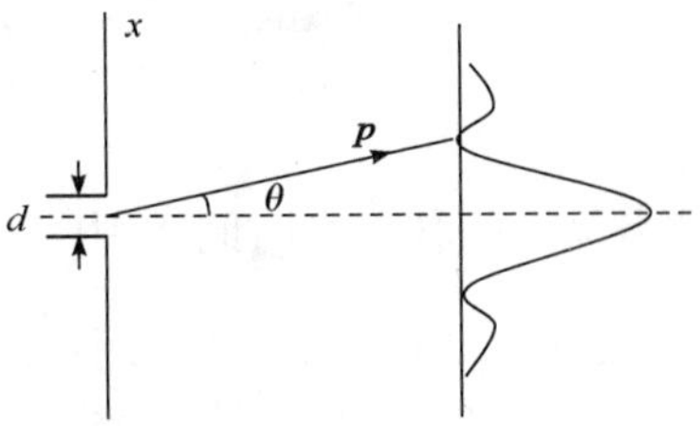

当电子通过单缝时，我们不可能确切知道电子是从缝中哪一点通过的，电子坐标 x 的不确定程度等于缝宽

$$\Delta x = d \tag{27.1.2}$$

图 27.1.1

打在屏上的电子有衍射分布，表明电子动量的 x 分量有不确定性. 即使只考虑打在中心衍射主极大区域中的电子，电子动量 x 分量的不确定程度仍有 $\Delta p_x = p\sin\theta$. 考虑到电子还可能出现在次级衍射极大区域，电子动量 p_x 不确定程度应有

$$\Delta p_x \geqslant p\sin\theta \tag{27.1.3}$$

由式(27.1.1)～式(27.1.3)得到

$$\Delta x \cdot \Delta p_x \geqslant p\lambda \tag{27.1.4}$$

利用德布罗意关系式(26.4.1)，就有

$$\Delta x \cdot \Delta p_x \geqslant h \tag{27.1.5}$$

这里的推导是比较粗糙的，更严格的证明在 § 29.3 给出

$$\Delta x \cdot \Delta p_x \geqslant \hbar / 2 \tag{27.1.6}$$

其中 $\hbar = h / 2\pi$ 称为约化普朗克(Planck)常量. 对坐标和动量的其他分量，类似地有

$$\Delta y \cdot \Delta p_y \geqslant \hbar / 2 \tag{27.1.7}$$

$$\Delta z \cdot \Delta p_z \geqslant \hbar / 2 \tag{27.1.8}$$

式(27.1.6)～式(27.1.8)就是量子力学中**坐标**和**动量**的**不确定关系式**(uncertainty relation). 它表明当粒子坐标局限在一维小范围 Δx 内时，它相应的动量分量必有一个不确定范围 Δp_x，两者乘积大于等于 $\hbar / 2$. 根据不确定关系式，当粒子坐标完全确定($\Delta x = 0$)时，其动量是完全不确定的($\Delta p_x \to \infty$). 反之，当动量完全确定时，其坐标就完全不确定. **粒子的坐标和动量不能同时取确定值**，这一结论称为**海森伯**(Heisenberg)**不确定性原理**.

27.1.2　能量-时间不确定关系

对能量和时间也有类似的不确定关系. 粒子相对论动量-能量关系为

$$p^2c^2 = E^2 - m_0^2c^4$$

解出 $p = \sqrt{E^2 - m_0^2c^4} / c$ ，求微分得动量、能量不确定度有关系

$$\Delta p=\Delta\left(\frac{1}{c}\sqrt{E^2-m_0^2c^4}\right)=\frac{E}{c^2p}\Delta E$$

动量为 p 的粒子在时间 Δt 内可能发生位移 $v\Delta t=\frac{p}{m}\Delta t$,就是这段时间内粒子沿动量方向(设为 x 方向)坐标的不确定程度，即

$$\Delta x=\frac{p}{m}\Delta t$$

将上两式相乘，得

$$\Delta x\cdot\Delta p=\frac{E}{mc^2}\Delta E\cdot\Delta t$$

注意到 $E=mc^2$ ，再利用坐标动量不确定关系，可得到**能量-时间不确定关系**

$$\Delta E\cdot\Delta t\geqslant\frac{\hbar}{2}\tag{27.1.9}$$

能量-时间不确定关系表明，当粒子保持某一运动状态时间 Δt ,那么这段时间内粒子能量的不确定程度 $\Delta E\geqslant\hbar/(2\Delta t)$,只有粒子保持某一运动状态时间无限长(稳定态)，粒子能量才是完全确定的.

不确定关系是粒子波动性的必然结果，是微观粒子运动固有的性质，与测量技术无关，不是提高测量技术可以避免的. 应当指出，**在不确定关系中普朗克常量 h 起关键作用**. 由于它是一个小量，不确定关系在宏观世界中的作用才可略去，但它又不等于零，不确定关系才成为支配微观世界的重要规律. 根据 h 和具体问题中所涉及的相关量(如空间限度、动量、时间间隔、能量等)相比是否可以忽略，就可把问题区分为经典的或量子的，在这个意义上 h 是划分经典物理和量子物理的界限.

27.1.3　不确定关系应用举例

例 27.1.1　已知原子的线度约 10^{-10}m，所以原子内电子坐标的不确定程度 $\Delta x=10^{-10}$ m ,由不确定关系式(27.1.6)，可估算出原子中电子速度的不确定程度

$$\Delta v_x=\frac{\Delta p_x}{m}\geqslant\frac{\hbar}{2m\Delta x}=\frac{1.05\times10^{-34}}{2\times9.11\times10^{-31}\times10^{-10}}=5.76\times10^5(\mathrm{m/s})$$

根据牛顿力学估算出氢原子中电子轨道运动的速度是 $10^6\,\mathrm{m/s}$,这与速度不确定程度已有相同数量级. 所以对**在原子范围内运动的电子来说，谈论其速度已没有意义，相应的轨道概念也就自然失效**.

例 27.1.2　质量为 m 的粒子被限制在宽度为 a 的一维势阱中运动,试估算它的最小平均能量值.

解　粒子被限制在阱内运动，其坐标不确定程度 $\Delta x<a$ ，根据不确定性关系，动量不确

定度

$$\Delta p_x \geqslant \frac{\hbar}{2\Delta x}$$

由于势阱是左右对称的，粒子向左、向右运动概率均等，平均动量 $\overline{p}_x = 0$，所以

$$\overline{p_x^2} = \overline{(p_x - \overline{p}_x)^2} = \overline{(\Delta p_x)^2} \geqslant \frac{\hbar^2}{4a^2}$$

平均动能 $\overline{E}_\mathrm{k} = \frac{\overline{p_x^2}}{2m} \geqslant \frac{\hbar^2}{8ma^2}$，所以最小平均能量值为 $\overline{E} = \frac{\hbar^2}{8ma^2}$. 这表明根据不确定性关系，**粒子即使处在最低能量状态，其平均能量值也不可能等于零**. 这是运动被约束在有限区域中粒子的普遍性质.

例 27.1.3 对应原子从高能态到低能态的一次跃迁，原子发射出一个光波串，即一个光子. 设光子波长为 λ，谱线宽度为 $\Delta\lambda$，光子动量 $p_x = h/\lambda$，所以

$$\Delta p_x = \frac{h}{\lambda^2}\Delta\lambda$$

设这个光子沿 x 方向传播，光子 x 坐标的不确定程度

$$\Delta x \geqslant \frac{\hbar}{2\Delta p_x} = \frac{\lambda^2}{4\pi\Delta\lambda} \tag{27.1.10}$$

Δx 可粗略地看作波串长度. 上式表明 $\Delta\lambda$ 越小，即**波的单色性越好，光子坐标不确定程度越大，相应波串长度越长**. 真正的单色波波串长度应为无限长. 这些结果与光的干涉(第四部分 § 19.1)讨论相符.

例 27.1.4 谱线的自然宽度. 设原子中电子从能量为 E_m 的某一激发态跃迁到基态 E_0，发射出频率为 ν 的一个光子. 根据玻尔频率公式(26.3.3) $\nu = (E_m - E_0)/h$，由于电子在 E_m 能级上有一个有限长寿命 Δt，按照能量-时间不确定关系，E_m 必定存在一个不确定度

$$\Delta E_m \geqslant \frac{\hbar}{2\Delta t}$$

从而发射出的光子就不可能是单色的，而是有一个谱线宽度

$$\Delta\lambda = \frac{\lambda^2}{c}\Delta\nu = \frac{\lambda^2}{2\pi c\hbar}\Delta E_m \geqslant \frac{\lambda^2}{4\pi c\Delta t} \tag{27.1.11}$$

这种由能级有限寿命引起的谱线宽度称为**自然宽度**(natural width).

§ 27.2 微观粒子运动状态的描述 波函数

在经典物理中，给定状态下粒子的坐标、动量都取确定值，经典粒子的运动状态可以用力学变量——坐标、动量(或速度)——描述. 对于微观粒子，由于具有波动性，微观粒子的坐标和动量一般不能同时取确定值，轨道概念失效，经典物理描述粒子运动状态的方法也就失效. 量子力学如何描述微观粒子的运动状态呢？

27.2.1　自由运动单粒子波函数

考虑在三维空间中运动的一个自由粒子. 由于自由粒子能量ε和动量$\boldsymbol{p}$都是常量，由德布罗意关系式(26.4.1)，伴随自由粒子运动的物质波的圆频率是常数，波矢量是常矢量，因此是平面波

$$\Psi(\boldsymbol{R},t)=A\mathrm{e}^{\mathrm{i}(\boldsymbol{k}\cdot\boldsymbol{R}-\omega t)}=A\mathrm{e}^{\frac{\mathrm{i}}{\hbar}(\boldsymbol{p}\cdot\boldsymbol{R}-\varepsilon t)} \tag{27.2.1}$$

根据物质波的概率解释，$\Psi(\boldsymbol{R},t)$应描述自由粒子在空间各处出现的概率. $\Psi(\boldsymbol{R},t)$是个复值函数，为了使$\Psi(\boldsymbol{R},t)$和概率分布联系起来，可以取$\Psi(\boldsymbol{R},t)$的模方

$$\left|\Psi(\boldsymbol{R},t)\right|^2=\Psi^*(\boldsymbol{R},t)\Psi(\boldsymbol{R},t) \tag{27.2.2}$$

这是个实数. 并假设粒子 t 时刻在空间$\boldsymbol{R}$点处体积元$\mathrm{d}V$ 内出现的概率正比于$\left|\Psi(\boldsymbol{R},t)\right|^2\mathrm{d}V$. 对于用平面波描述的自由粒子，$\left|\Psi(\boldsymbol{R},t)\right|^2\mathrm{d}V=\left|A\right|^2\mathrm{d}V$，这表示自由粒子在空间各点单位体积中出现的概率均等，这反映了自由空间各点在物理上等效，空间具有平移对称性的物理事实，也与自由粒子实际情况一致.

在更一般情况下，粒子可能在一个复杂的力场中运动，粒子运动状态不能用平面波描述. 一般情况下微观粒子运动状态如何描述呢？推广自由粒子情况，量子力学有下面的假设.

量子力学的第一条基本假设：微观粒子的运动状态由波函数$\Psi(\boldsymbol{R},t)$描写.

描述微观粒子运动状态的波函数$\Psi(\boldsymbol{R},t)$一般情况下是空间坐标和时间的复值函数. (在量子力学书中，常使用**狄拉克符号**$|\ \rangle$，把波函数写作$|\Psi(\boldsymbol{R},t)\rangle$或$|\Psi\rangle$，而记波函数$|\Psi(\boldsymbol{R},t)\rangle$的共轭复数$\Psi^*(\boldsymbol{R},t)$为$\langle\Psi(\boldsymbol{R},t)|$或$\langle\Psi|$). 在波函数$\Psi(\boldsymbol{R},t)$描述的状态中，粒子在 t 时刻出现在空间$\boldsymbol{R}$点体积元 $\mathrm{d}V$ 内的概率正比于$|\Psi(\boldsymbol{R},t)|^2\mathrm{d}V$，所以粒子在$t$时刻出现在$\boldsymbol{R}$点的概率密度(单位体积中的概率)是

$$\left|\rho(\boldsymbol{R},t)\right|=\left|\Psi(\boldsymbol{R},t)\right|^2 \tag{27.2.3}$$

(或用狄拉克符号记为$\rho(\boldsymbol{R},t)=\langle\Psi(\boldsymbol{R},t)|\Psi(\boldsymbol{R},t)\rangle$). 由于波函数模方具有概率密度的意义，波函数本身只是**概率幅**(probability amplitude)，它本身并不表示概率. 由于它是复函数，它也不表示任何物理量. 但是后面将看到，知道了描述粒子运动状态的波函数，就可预言在这个状态下粒子运动各种力学量取值(一般情况下，给定运动状态下一个力学量可以有多个可能取值，波函数可以预言不同力学量取各个可能值的概率). **在量子力学中引入概率幅，使量子力学根本不同于任何以概率为研究对象的经典统计，量子力学许多不同寻常的性质(如量子纠缠现象)和重要应用(如量子信息)，都与量子态的概率幅描写有关**. 著名物理学家费曼(R. P. Feynman)称**概率幅的概念是量子力学中最基本的概念之一**.

27.2.2　波函数的归一化

在非相对论量子力学中，粒子不能产生也不能消灭. 根据波函数的统计解释，很自然地要求任意时刻粒子出现在整个空间中的总概率等于 1，即

$$\int_{\infty}\rho(\boldsymbol{R},t)\mathrm{d}V=\int_{\infty}\left|\Psi(\boldsymbol{R},t)\right|^{2}\mathrm{d}V=1 \tag{27.2.4}$$

其中积分遍及粒子可能出现的全空间. 式(27.2.4)称为波函数的**归一化条件**(normalizing condition). 满足归一化条件的波函数称为**归一化的波函数**(normalized wave function).

必须指出，在电子双缝干涉和单缝衍射实验中，衍射图样与电子束整体的强度无关，强度大的电子束仅使整个衍射图样各处按同一比例变得更浓一些. 所以 $\left|\Psi(\boldsymbol{R},t)\right|^{2}$ 本身描写电子分布的相对强度，而不是绝对强度. 因此用常数 c 乘波函数，虽然波函数模方变了，但它们在空间各点相对比值不变，即

$$\frac{\left|c\Psi(\boldsymbol{R}_1,t)\right|^{2}}{\left|c\Psi(\boldsymbol{R}_2,t)\right|^{2}}=\frac{\left|\Psi(\boldsymbol{R}_1,t)\right|^{2}}{\left|\Psi(\boldsymbol{R}_2,t)\right|^{2}}$$

这表示 $c\Psi$ 和 Ψ 描述同一量子态. 量子力学中波函数的这一特性是任何经典波所没有的，对经典波，$c\Psi$ 表示各点波振幅都增大了 c 倍的新状态.

在某些情况下，一个任意给出的波函数 Φ 在空间的积分可能不等于 1，而是等于某个常数 A

$$\int_{\infty}\left|\Phi(\boldsymbol{R},t)\right|^{2}\mathrm{d}V=A\neq 1$$

我们说波函数 Φ 是**没有归一化的**. 对于一个没有归一化的波函数，恒可通过下述方式归一化

$$\Phi\rightarrow\frac{1}{\sqrt{A}}\Phi\equiv\Psi \tag{27.2.5}$$

Ψ 显然是已经归一化的波函数. 今后不作特殊声明，我们认为波函数都是归一化的.

还应当指出，用因子 $\mathrm{e}^{\mathrm{i}\delta}$ (δ 是实数)去乘一个波函数，并不影响波函数的归一化，所以波函数的归一化只能确定到相差模为 1 的相因子 $\mathrm{e}^{\mathrm{i}\delta}$.

例 27.2.1　已知一维简谐振子的波函数为

$$\Phi(x,t)=A\mathrm{e}^{-\beta^{2}x^{2}/2}\mathrm{e}^{-\frac{\mathrm{i}}{\hbar}Et}$$

其中 β, E 都是实常数，A 是归一化常数. 试将这个波函数归一化并求概率密度.

解　先求积分

$$\int_{\infty} |\Phi(x,t)|^2 \mathrm{d}V = A^2 \int_{-\infty}^{\infty} \mathrm{e}^{-\beta^2 x^2} \mathrm{d}x = A^2 \sqrt{\frac{\pi}{\beta^2}}$$

令 Φ 是归一化的，由上式可以求出归一化常数 A，按式(27.2.5),得归一化波函数

$$\Psi(x,t) = \left(\frac{\beta^2}{\pi}\right)^{1/4} \mathrm{e}^{-\beta^2 x^2/2} \mathrm{e}^{-\frac{\mathrm{i}}{\hbar}Et}$$

相应的概率密度由

$$\rho(x,t) = |\Psi(x,t)|^2 = \frac{\beta}{\sqrt{\pi}} \mathrm{e}^{-\beta^2 x^2}$$

给出. 注意在 $\Phi(x,t)$ 描述的状态中概率分布与时间无关，这是定态(见 § 28.2)波函数的普遍特征.

*27.2.3　多粒子系统的波函数

上面给出的是单个粒子系统的波函数. 推广单粒子波函数，对于多个粒子的量子系统，它的波函数可写作

$$\Psi(\boldsymbol{R}_1, \boldsymbol{R}_2, \cdots, \boldsymbol{R}_N, t)$$

其中 N 是构成系统的粒子数. $\boldsymbol{R}_1, \boldsymbol{R}_2, \cdots, \boldsymbol{R}_N$ 分别表示各个粒子在 t 时刻的空间坐标. 根据波函数的概率幅解释

$$|\Psi(\boldsymbol{R}_1, \boldsymbol{R}_2, \cdots, \boldsymbol{R}_N, t|^2 \mathrm{d}V_1 \mathrm{d}V_2 \cdots \mathrm{d}V_N \tag{27.2.6}$$

就表示 t 时刻，粒子 1 出现在 $\boldsymbol{R}_1$ 点体积元 $\mathrm{d}V_1$ 中，同时粒子 2 出现在 $\boldsymbol{R}_2$ 点体积元 $\mathrm{d}V_2$ 中，…，粒子 N 出现在 $\boldsymbol{R}_N$ 点体积元 $\mathrm{d}V_N$ 中的相对概率(如果波函数 Ψ 已归一化，就表示概率). 多粒子系统波函数归一化条件可以写作

$$\int_V |\Psi(\boldsymbol{R}_1, \boldsymbol{R}_2, \cdots, \boldsymbol{R}_N, t)|^2 \mathrm{d}V_1 \mathrm{d}V_2 \cdots \mathrm{d}V_N = 1 \tag{27.2.7}$$

其中积分区域 V 包括所有粒子的全部坐标空间.

27.2.4　波函数的标准化条件

由于波函数描述量子系统的状态，波函数必须满足物理上一些合理要求，这些要求就是一个函数可以作为波函数的必要条件.

(1) **平方可积**. 由于波函数模方给出概率密度，概率密度在全空间积分等于在全空间发现粒子的概率 1，所以波函数必须是平方可积函数.

(2) **单值有界**. 任何时刻波函数在空间某点多值，意味着对应这一点可以有多个概率，这一点物理性质就不确定，这当然不可能；同样波函数在某一点无界，意味着粒子在这一点出现概率为无穷大，而概率不能为无限大，所以**波函数必须单值有界**.

(3) **连续可微**. 在一般情况下，物理上概率不会在某处发生突变，这要求波函数应当是连续函数. 后面将看到，波函数随时间的演化要满足薛定谔方程，薛定

谔方程是波函数对时间的一阶导数、对空间坐标的二阶导数满足的方程，因此除个别孤立奇点外，**波函数以及波函数对空间坐标的一阶导数必须是空间坐标和时间的连续函数**.

上述条件称为**波函数的标准化条件**，在决定量子系统的性质上将起重要作用.

§ 27.3　量子态叠加原理

量子系统运动状态用波函数描写，在经典物理中，波动的一个显著特点就是满足线性叠加原理. 例如，空间一点的光振动，根据惠更斯原理，就是前一时刻波阵面上各点发射子波在该点叠加的结果. 应用波叠加原理可以很好地解释波的干涉、衍射现象. 物质波是否满足叠加原理呢？下面我们首先考察电子衍射实验，说明物质波也满足波的线性叠加原理.

27.3.1　电子通过金属多晶膜衍射实验

§1.4 曾提到，加速电子束入射到金属多晶膜上，透射电子发生衍射，在薄膜后的照相底板上形成同心衍射环. 衍射电子的状态可以用波函数 $\Psi(\boldsymbol{R},t)$ 描写，根据波函数的统计解释，照相底板上的电子分布可以用 $|\Psi(\boldsymbol{R},t)|^2$ 描述. 电子打在照相底板不同位置，表示原来的电子有不同的动量. 这表示在 $\Psi(\boldsymbol{R},t)$ 描写的状态中，电子动量有不同取值. 由于粒子动量取确定值 $\boldsymbol{p}$ 的运动状态由平面波

$$\Psi_{\boldsymbol{p}}(\boldsymbol{R},t)=A\mathrm{e}^{\frac{\mathrm{i}}{\hbar}(\boldsymbol{p}\cdot\boldsymbol{R}-Et)} \tag{27.3.1}$$

描写，$\Psi(\boldsymbol{R},t)$ 应能表示成平面波态的叠加

$$\Psi(\boldsymbol{R},t)=\sum_{\boldsymbol{p}}c(\boldsymbol{p},t)\Psi_{\boldsymbol{p}}(\boldsymbol{R},t) \tag{27.3.2}$$

其中 $c(\boldsymbol{p},t)$ 是叠加系数. 照相底板上电子的分布就是这些平面波相干叠加的结果. 这个实验事实表明物质波和经典波一样，也满足线性叠加原理.

27.3.2　量子力学中的态叠加原理

物质波叠加原理可表述如下：**一个量子系统，若可能处在波函数 Ψ_1,Ψ_2 描写的状态中，Ψ_1,Ψ_2 的线性叠加态**

$$\Psi=c_1\Psi_1+c_2\Psi_2 \tag{27.3.3}$$

也是系统的一个可能态. 这个原理就是量子力学的**第二条基本假设**.

量子力学态叠加原理和经典物理中的波叠加原理虽然形式相同，但二者意义

有重要差别. 这种差别表现在：

(1) 两个相同波的叠加在经典物理中代表振幅不同的新的波动，而两个相同波函数的叠加，由于叠加态要满足归一化条件，所以在量子物理中仍描写相同的物理态.

(2) 在经典物理中Ψ_1和Ψ_2表示两列波；在量子物理中，Ψ_1和Ψ_2是描写同一个量子系统的两个可能状态；当系统究竟是处在Ψ_1态还是Ψ_2态原则上不能确定时，系统就处在它们的叠加态. 处在叠加态中系统，以与叠加系数有关的概率，部分地处在各个相叠加的态中.

量子力学的许多奇妙的非经典性质以及在信息技术中的重要应用，都和量子态叠加原理有直接关系.

上述量子力学态叠加原理，显然可作以下推广：若量子系统的可能状态是Ψ_1，$\Psi_2,\cdots$，$\Psi_n,\cdots$这些波函数的线性叠加态

$$\Psi = c_1\Psi_1 + c_2\Psi_2 + \cdots + c_n\Psi_n + \cdots = \sum_n c_n\Psi_n \tag{27.3.4}$$

也是系统的一个可能状态，其中叠加系数$c_1,c_2,\cdots,c_n,\cdots$ 是一组有限复常数.

例 27.3.1 在电子双缝干涉实验中，由S_1缝通过的电子态用波函数Ψ_1描写，电子在屏幕上的分布是$|\Psi_1|^2$；由S_2缝通过的电子态用波函数Ψ_2描写，电子在屏幕上的分布是$|\Psi_2|^2$. 当两缝都打开时，电子既可能从缝 1 通过，也可能从缝 2 通过，类比于光的双缝干涉实验，投射到屏幕上的电子波究竟通过缝 1 或缝 2 原则上不能确定时，电子就处在分别由S_1、S_2两缝出射波的叠加态，即

$$\Psi = c_1\Psi_1 + c_2\Psi_2 \tag{27.3.5}$$

c_1,c_2是两个复常数. 根据物质波的概率解释，屏幕上的电子分布由

$$|\Psi|^2 = |c_1\Psi_1|^2 + |c_2\Psi_2|^2 + c_1^*c_2\Psi_1^*\Psi_2 + c_1c_2^*\Psi_1\Psi_2^* \tag{27.3.6}$$

描写. 式(27.3.6)中前两项分别是电子波通过S_1、S_2两缝时屏幕上电子的分布，第三、四项是干涉项. 由于干涉项的存在，电子在屏幕上的分布不是简单的$|\Psi_1|^2$与$|\Psi_2|^2$之和，而是发生干涉形成疏密相间的分布. 这一实验事实证明了量子力学中态叠加原理的正确性.

例 27.3.2 在量子信息学中把有两个线性独立状态的量子力学系统称为一个**量子位**(qubit). 记一个量子位的两个线性独立态分别为$|0\rangle,|1\rangle$(这里使用狄拉克符号$|*\rangle$)，根据态叠加原理，量子位可以处在叠加态

$$|\Psi\rangle = \alpha|0\rangle + \beta|1\rangle \tag{27.3.7}$$

α,β是满足$|\alpha|^2+|\beta|^2=1$的复常数. 特别可以取$\alpha=\beta=1/\sqrt{2}$，得

$$|\Psi\rangle = \frac{1}{\sqrt{2}}(|0\rangle + |1\rangle) \tag{27.3.8}$$

在这个态中，$|0\rangle,|1\rangle$各以相等的概率出现，所以在态$|\Psi\rangle$中既包含态$|0\rangle$的信息，也包含态$|1\rangle$的

信息. 如果有两个这样的量子位构成一个量子系统，这个量子系统就可以处在

$$|0\rangle|0\rangle,\ |0\rangle|1\rangle,\ |1\rangle|0\rangle,\ |1\rangle|1\rangle$$

四个态的叠加态中，表示 {00,01,10,11} 四种不同的信息在叠加态中可以同时存在. 以此类推，在有 N 个量子位的系统中，可以制备出 2^N 个不同态的叠加态. 量子系统可以这种方式指数地增加存储能力.

* § 27.4　平面波波函数的归一化　动量取值的概率

前已指出，在波函数 $\Psi(\boldsymbol{R},t)$ 描述的状态中，t 时刻粒子坐标取 $\boldsymbol{R}$ 值的概率由 $|\Psi(\boldsymbol{R},t)|^2$ 给出，在这个态中粒子动量取什么值呢？为了讨论给定状态下粒子动量取值，根据量子力学原理，需要将态 $\Psi(\boldsymbol{R},t)$ **按动量取确定值的平面波态展开**，为此需要将平面波波函数归一化**.** 平面波描述的粒子在空间各点出现的概率密度等于一个非零常数，概率密度在全空间积分发散，所以平面波波函数不能按式(27.2.5)方式归一化. 本节首先研究平面波波函数归一化的方法，然后讨论给定状态下动量取值的概率分布.

27.4.1　平面波波函数的 δ 函数归一化方法

动量为 $\boldsymbol{p}$ 的自由粒子的波函数是平面波

$$\Psi_p(\boldsymbol{R},t) = C\mathrm{e}^{\frac{\mathrm{i}}{\hbar}(\boldsymbol{P}\cdot\boldsymbol{R}-\omega t)} \tag{27.4.1}$$

C 是待求的归一化常数. 为了使它归一化，需要计算积分

$$\int \Psi_p^*(\boldsymbol{R})\Psi_{p'}(\boldsymbol{R})\mathrm{d}V = |C|^2\int \mathrm{e}^{\frac{\mathrm{i}}{\hbar}(\boldsymbol{p}-\boldsymbol{p}')\cdot\boldsymbol{R}}\mathrm{d}V \tag{27.4.2}$$

利用附录公式(A.9.19)，上式积分可写作

$$\int_\infty \mathrm{e}^{\frac{\mathrm{i}}{\hbar}(\boldsymbol{p}-\boldsymbol{p}')\cdot\boldsymbol{R}}\mathrm{d}V = (2\pi\hbar)^3\delta(\boldsymbol{p}-\boldsymbol{p}')$$

将这些结果代入式(27.4.2)中，得

$$\int \Psi_p^*(\boldsymbol{R})\psi_{p'}(\boldsymbol{R})\mathrm{d}V = |C|^2(2\pi\hbar)^3\delta(\boldsymbol{p}-\boldsymbol{p}')$$

如果取归一化常数 $C=(2\pi\hbar)^{-3/2}$，波函数 $\Psi_p(\boldsymbol{R},t)$ 就归一化为 δ 函数

$$\int \Psi_p^*(\boldsymbol{R})\Psi_{p'}(\boldsymbol{R})dV = \delta(\boldsymbol{p}-\boldsymbol{p}') \tag{27.4.3}$$

由 δ 函数的定义式(A.9.1)

$$\delta(\boldsymbol{p}-\boldsymbol{p}')=0 \quad (\boldsymbol{p}\neq\boldsymbol{p}')$$

式(27.4.3)还表示描述不同动量值的平面波函数正交. 将归一化常数 $C=(2\pi\hbar)^{-3/2}$ 代入式(27.4.1)中，得归一化为 δ 函数的平面波波函数

$$\Psi_p(\boldsymbol{R},t) = \frac{1}{(2\pi\hbar)^{3/2}}\mathrm{e}^{\frac{\mathrm{i}}{\hbar}(\boldsymbol{p}\cdot\boldsymbol{R}-Et)} \tag{27.4.4}$$

27.4.2　平面波波函数的箱归一化方法

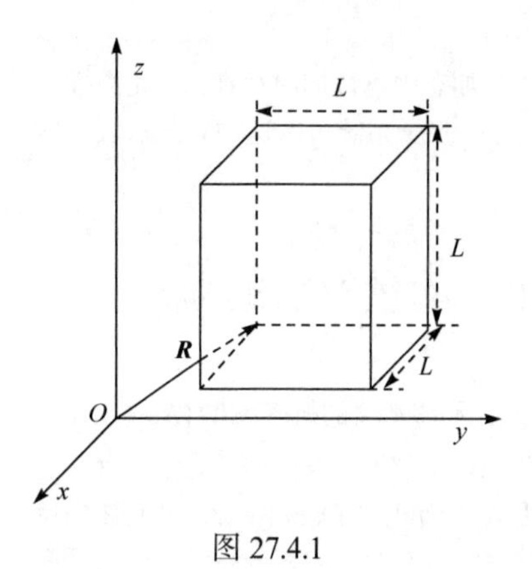

图 27.4.1

对动量波函数还可以采取箱归一化方法，仍旧把它归一化为 1. 设想粒子在一个边长为 L 的立方箱(图 27.4.1)内运动，如果取 L 足够大，这一限制对粒子的运动不会产生本质的影响，并且可以施加任何边界条件. 我们要求波函数满足周期边界条件

$$\Psi(x,y,z)=\Psi(x+L,y,z)=\Psi(x,y+L,z)=\Psi(x,y,z+L) \tag{27.4.5}$$

这种边界条件要求

$$A\mathrm{e}^{\frac{\mathrm{i}}{\hbar}p_x x}=A\mathrm{e}^{\frac{\mathrm{i}}{\hbar}p_x(x+L)}\rightarrow \mathrm{e}^{\frac{\mathrm{i}}{\hbar}p_x L}=1$$

即

$$\frac{p_x}{\hbar}L=2n_x\pi\rightarrow p_x=\frac{2\pi\hbar}{L}n_x\quad (n_x\text{取整数值}) \tag{27.4.6}$$

类似地还可求得

$$p_y=\frac{2\pi\hbar}{L}n_y,\quad p_z=\frac{2\pi\hbar}{L}n_z\quad (n_y,\ n_z\text{取整数值}) \tag{27.4.7}$$

这些动量分量离散值间隔都和 L 成反比，当 $L\rightarrow\infty$ 时就变成实际上的连续取值，回到无穷空间中自由粒子的情况.

加上周期边界条件限制后，式(27.4.1)中的波函数就可按式(27.2.4)方式归一化

$$\int\Psi_p^*(\boldsymbol{R})\Psi_p(\boldsymbol{R})\mathrm{d}V=|C|^2\int_{-L/2}^{L/2}\int_{-L/2}^{L/2}\int_{-L/2}^{L/2}\mathrm{d}x\mathrm{d}y\mathrm{d}z=|C|^2L^3$$

求得归一化系数 $C=1/\sqrt{L^3}=1/\sqrt{V}$,代入式(27.4.1)中得归一化的波函数

$$\Psi(\boldsymbol{R},t)=\frac{1}{\sqrt{V}}\mathrm{e}^{\frac{\mathrm{i}}{\hbar}(\boldsymbol{p}\cdot\boldsymbol{R}-\omega t)} \tag{27.4.8}$$

其中 $V=L^3$ 是立方箱体积.

27.4.3　给定状态下动量分布概率

有了归一化的平面波波函数，就可以计算给定状态下动量的概率分布. 仍以粒子入射到晶体薄膜上并透过薄膜衍射为例，衍射粒子到达观测屏上不同位置，表明粒子以不同的动量 $\boldsymbol{p}$ 运动，透射波中包含有各种动量的平面波. 以一定动量 $\boldsymbol{p}$ 运动的状态可用归一化为 δ 函数的平面波函数描写

$$\Psi_p(\boldsymbol{R},t)=\frac{1}{(2\pi\hbar)^{3/2}}\mathrm{e}^{\frac{\mathrm{i}}{\hbar}(\boldsymbol{p}\cdot\boldsymbol{R}-Et)} \tag{27.4.9}$$

透射波可表示为各种动量平面波的叠加

$$\Psi(\boldsymbol{R},t)=\sum_{\boldsymbol{p}}c(\boldsymbol{p},t)\Psi_p(\boldsymbol{R},t) \tag{27.4.10}$$

其中展开系数 $c(\boldsymbol{p},t)$ 是动量为 $\boldsymbol{p}$ 的平面波振幅. 根据波函数的统计解释，在给定状态 $\Psi(\boldsymbol{R},t)$ 中，粒子动量取值 $\boldsymbol{p}$ 的概率由 $|c(\boldsymbol{p},t)|^2$ 给出. 由于实际 $\boldsymbol{p}$ 值可连续变化，式(27.4.10)中的求和应用对 p_x,p_y,p_z 的积分代替

$$\Psi(\boldsymbol{R},t)=\int c(\boldsymbol{p},t)\psi_{\boldsymbol{p}}(\boldsymbol{R},t)\mathrm{d}\boldsymbol{p} \tag{27.4.11}$$

为了求出展开系数 $c(\boldsymbol{p},t)$，以 $\Psi_{\boldsymbol{p}'}^*(\boldsymbol{R},t)$ 乘上式两边，并在全空间积分，利用式(27.4.4)中归一化条件，求得

$$\begin{aligned}\int\Psi(\boldsymbol{R},t)\Psi_{\boldsymbol{p}'}^*(\boldsymbol{R},t)\mathrm{d}V&=\int c(\boldsymbol{p},t)[\int\Psi_{\boldsymbol{p}}(\boldsymbol{R},t)\Psi_{\boldsymbol{p}'}^*(\boldsymbol{R},t)\mathrm{d}V]\mathrm{d}\boldsymbol{p}\\&=\int c(\boldsymbol{p},t)\delta(\boldsymbol{p}-\boldsymbol{p}')\mathrm{d}\boldsymbol{p}=c(\boldsymbol{p}',t)\end{aligned}$$

其中已利用了附录公式(A.9.6)，上式即

$$c(\boldsymbol{p},t)=\frac{1}{(2\pi\hbar)^{3/2}}\int\Psi(\boldsymbol{R},t)\mathrm{e}^{-\frac{\mathrm{i}}{\hbar}(\boldsymbol{p}\cdot\boldsymbol{R}-Et)}\mathrm{d}V \tag{27.4.12}$$

容易证明

$$\int_{-\infty}^{\infty}|c(\boldsymbol{p},t)|^2\mathrm{d}\boldsymbol{p}=1 \tag{27.4.13}$$

因为由式(27.4.12)并利用

$$\begin{aligned}\int_{-\infty}^{\infty}|c(\boldsymbol{p},t)|^2\mathrm{d}\boldsymbol{p}&=\int_{-\infty}^{\infty}c(\boldsymbol{p},t)c^*(\boldsymbol{p},t)\mathrm{d}\boldsymbol{p}\\&=\int\int\Psi(\boldsymbol{R},t)\Psi^*(\boldsymbol{R},t)[\frac{1}{(2\pi\hbar)^3}\int_{-\infty}^{\infty}\mathrm{e}^{\frac{i}{\hbar}\boldsymbol{p}\cdot(\boldsymbol{R}-\boldsymbol{R}')}\mathrm{d}p]\mathrm{d}V\mathrm{d}V'\\&=\int\int\Psi(\boldsymbol{R},t)\Psi^*(\boldsymbol{R}',t)\delta(\boldsymbol{R}-\boldsymbol{R}')\mathrm{d}V\mathrm{d}V'\\&=\int\Psi(\boldsymbol{R},t)\Psi^*(\boldsymbol{R},t)\mathrm{d}V=1\end{aligned}$$

最后一步用到了 $\Psi(\boldsymbol{R},t)$ 是归一化的条件，所以 $c(\boldsymbol{p},t)$ **就是以动量为变量的波函数，它的模方给出粒子 t 时刻动量取值 $\boldsymbol{p}$ 的概率.**

27.4.4　坐标表象和动量表象

前面已经看到，微观粒子的状态用波函数 $\Psi(\boldsymbol{R},t)$ 描写. 设 $\Psi(\boldsymbol{R},t)$ 定义在空间区域 Ω 中. 我们可以想象把区域 Ω 分割成许多小区域：$\Delta\Omega_1,\Delta\Omega_2,\cdots,\Delta\Omega_i,\cdots,\Delta\Omega_N$，联系每个小区域一个单位矢量 $\boldsymbol{e}_i$，并认为不同小区域的单位矢量是正交的. 在每个小区域中取一点 $\boldsymbol{R}_i$，记函数 $\Psi(\boldsymbol{R},t)$ 在该点取值为 $f(\boldsymbol{R}_i,t)$. 于是 $\Psi(\boldsymbol{R},t)$ 就可看成是由 $\{\boldsymbol{e}_i,i=1,2,\cdots,N\}$ 张起的 N 维空间中的一个矢量，由在各个 $\boldsymbol{e}_i$ 上的分量 $\sqrt{\Delta V_i}f(\boldsymbol{R}_i,t)$（$\Delta V_i$ 是小区域 $\Delta\Omega_i$ 的体积)定义. t 时刻粒子出现在 $\Delta\Omega_i$ 中的概率由

$$\Delta V_i|f(\boldsymbol{R}_i,t)|^2 \tag{27.4.14}$$

给出. $\Psi(\boldsymbol{R},t)$ 的归一化条件可表示为

$$\sum_i \Delta V_i \left| f(\boldsymbol{R}_i, t) \right|^2 = 1 \tag{27.4.15}$$

特别当 $N \to \infty$ 时，函数 $\Psi(\boldsymbol{R},t)$ 就可严格用这种方式表示. 所以 $\Psi(\boldsymbol{R},t)$ 可看成是以 $\{\boldsymbol{e}_i\}$ 为基矢的无穷维空间中的矢量，波函数又称为**状态矢量**(state vector)，简称为**态矢**. 上面用空间各点的函数值表示态矢的方法，称为态矢的**坐标表象**(coordinate representation).

正像三维空间中的位置矢量可以用不同的坐标系表示一样，也可以选择其他的坐标系表示态矢量，例如，在式(27.4.11)中，我们把态矢量表示为取不同动量的平面波态的叠加，由于式(27.4.3),属于不同动量值的平面波态是正交的

$$\int_{\infty} \Psi_{\boldsymbol{p}}^*(\boldsymbol{R},t)\Psi_{\boldsymbol{p}'}(\boldsymbol{R},t)\mathrm{d}V = \delta(\boldsymbol{p}-\boldsymbol{p}')$$

可以把动量取确定值 $\boldsymbol{p}$ 的平面波态 $\psi_{\boldsymbol{p}}$ 看成无穷维矢量空间的基矢，式(27.4.12)

$$c(\boldsymbol{p},t) = \frac{1}{(2\pi\hbar)^{3/2}} \int \Psi(\boldsymbol{R},t) \mathrm{e}^{-\frac{\mathrm{i}}{\hbar}(\boldsymbol{p}\cdot\boldsymbol{R}-Et)} \mathrm{d}V \tag{27.4.16}$$

其中 $c(\boldsymbol{p},t)$ 就是态矢 $\Psi(\boldsymbol{R},t)$ 沿基矢 $\Psi_{\boldsymbol{p}}$ 的分量. 这种以动量取确定值的态为基矢，表示状态的方法称为态矢的**动量表象**(momentum representation). 正像 $\Psi(\boldsymbol{R},t)$ (对给定的坐标 $\boldsymbol{R}_i$，就是式(27.4.14)中的 $f(\boldsymbol{R}_i,t)$)是坐标表象中的波函数一样，$c(\boldsymbol{p},t)$ 是动量表象中的波函数. 正像三维空间中的矢量在不同坐标系(即不同基矢组)的表示可以通过坐标系变换联系起来一样，式(27.4.11)和式(27.4.16)给出了坐标表象和动量表象间波函数的变换关系.

27.4.5 波函数的意义

我们引进波函数描述微观粒子的运动状态，波函数的物理意义在于能对处在它描述的系统实施测量得到结果的概率分布作出预言. 波函数本身是抽象的，我们可以从以下两个方面来理解：

一方面，波函数是系统获得这个态历史过程的记录，包含着制备这个态过程中使用的仪器，选定的参数值，经过的一套操作程序等信息. 指定量子系统的一个态，就是指定这个系统的组分，制备过程中使用的仪器，选择的操作程序和参数等. 比如从电子枪出发，通过屏上一条缝的电子态就由制备、发射电子束，指定屏上窄缝等一套程序制定，通过屏上两条缝的电子态就不同于通过屏上一条缝的电子态. 如果两个系统在制备过程中有关条件都相同，就可认为这两个系统处在相同的量子态. 因此波函数记录了制备系统态的信息.

另一方面，处在不同态的系统，对测量会作出不同的响应，说明不同的态具有不同的物理性质. 从这个意义上说波函数是联系态制备历史和测量结果的纽带. 一个态物理性质的辨认需要多次重复(不是对一个系统的一个态，而是对处在这个态的多个系统重复)测量实现. 由后面(见 § 29.6)将要解释的量子力学测量过程可以看到，对处在同一个波函数描写的量子态，测量结果不是单值决定的，每个不同的结果都以一定的概率出现，而且一般的测量会引起态不可逆的“坍缩”(破坏)，因此**测量过程实质上也是新态的制备过程**. 只有对相同态的多次重复测量，得到力学量可能取值的概率分布，才能得到态描述的物理系统完全的性质. **波函数中包含着一个或几个物理量实现其某些特定值潜在可能性的全部信息，在这个意义上，我们说波函数完全描述了量子系统的状态**.

问题和习题

27.1 为什么说描述粒子运动状态的经典方法对于微观粒子不再适用？量子力学是如何描述微观粒子运动状态的？

27.2 实验测得某光子的波长为 $\lambda = 3000$ Å，测量精度(相对不确定量)为 $\Delta\lambda/\lambda = 10^{-6}$，试求此光子坐标的不确定量 Δx.

27.3 若原子中一个电子处于某激发态的平均寿命为 $\Delta t = 10^{-8}$s，电子从此激发态跃迁到基态所发射的谱线的波长为 $\lambda = 4000$Å，试求此谱线的自然宽度 $\Delta\lambda$.

27.4 原子核直径的数量级约为 $d \approx 10^{-14}$m. 试估算被约束在原子核内的中子的最小动能 E_{kmin}.

27.5 原子核发生 β 衰变而放出电子，测得电子动能的数量级约为 $E_k \approx 10^5$ eV. 原子核直径的数量级约为 $d \approx 10^{-14}$m. 若电子存在于原子核内，试估算核内电子的最小动能，并由此说明：原子核内不可能存在单个电子，β 衰变中的电子是核内的中子衰变为质子时"临时制造"出来的.

27.6 一颗质量为 $m = 10$g 的子弹以速度 $v = 200$m/s 沿 x 轴运动，测量其动量时的相对不确定量为 $\Delta p_x/p_x = 0.001\%$. 试求子弹的坐标不确定量 Δx，并由此说明：对于宏观粒子，可以同时具有确定的坐标和动量，它们的运动可以用轨道来描述.

27.7 质量为 $m = 9.11\times10^{-31}$kg 的电子以速度 $v = 200$m/s 沿 x 轴运动，测量其动量时的相对不确定量为 $\Delta p_x/p_x = 0.001\%$. 试求电子的坐标不确定量 Δx，并由此说明：对于微观粒子，不可能同时具有确定的坐标和动量，它们的运动不能用轨道来描述.

***27.8** 假设一个粒子被限制在 $x \geqslant 0$ 的区域内沿 x 轴运动，其状态波函数为 $\psi(x) = Axe^{-\lambda x}$(其中 $\lambda > 0$). 求：(1)此波函数的归一化常数 A；(2)粒子动量的概率分布函数.

第 28 章　薛定谔方程　几个典型量子现象

物理学不仅是描述物理系统的运动状态，更重要的是给出物理系统运动状态变化的规律. 在经典力学中，由粒子在初始时刻的运动状态和粒子受到的作用力，根据力学规律，就可唯一决定以后任何时刻粒子的运动状态. 同样，量子力学中需要由已知系统初始状态，预言以后任何时刻系统的运动状态. 本章就来介绍描述量子态随时间演化的**薛定谔方程**，并引出定态的概念，然后通过求解定态薛定谔方程，揭示几个简单情况下量子力学系统处在定态的性质，阐明几个不同寻常的典型量子现象.

学习指导：预习时重点关注①薛定谔方程的形式和物理意义，薛定谔方程和牛顿力学方程的区别和联系，弄清定态薛定谔方程的概念；②一维无限深势阱中单粒子薛定谔方程的求解过程，被囚禁单粒子的非经典性质、运动图像；③量子谐振子和经典谐振子的区别和联系；④势垒贯穿的量子力学解释和在技术中的应用.

教师可就薛定谔方程的物理意义，定态和非定态概念，以及上述几个典型量子现象的物理图像作重点讲解.

§ 28.1　薛定谔方程

现在我们寻找量子态随时间演化满足的方程式. 由于我们要建立的方程描述波函数随时间的演化，因此它必然是包含波函数对时间导数的微分方程. 此外量子态时间演化方程还必须满足以下几条明显合理的要求：

(1) 方程必须是线性的，即如果ψ_1，ψ_2是方程的两个解，那么ψ_1和ψ_2的线性叠加

$$\psi = c_1\psi_1 + c_2\psi_2$$

也是方程的解. 这是因为波函数满足叠加原理.

(2) 方程中各项的系数不能包含如动量、能量等与具体状态有关的参量. 因为如果系数包含这些状态参量，方程将只能被特定的状态满足，这样的方程就不会是普遍的.

(3) 在经典极限下，量子力学方程应以某种方式过渡到经典力学方程.

下面，我们就从这些一般要求出发，寻求状态波函数演化满足的方程式.

28.1.1　薛定谔方程

首先考虑描述自由粒子的平面波所满足的方程，描述自由粒子的平面波是

$$\psi(\boldsymbol{R},t)=A\mathrm{e}^{\frac{\mathrm{i}}{\hbar}(\boldsymbol{p}\cdot\boldsymbol{R}-Et)} \tag{28.1.1}$$

将式(28.1.1)两端对时间 t 求导数，得

$$\frac{\partial\psi}{\partial t}=-\frac{\mathrm{i}}{\hbar}E\psi \tag{28.1.2}$$

这里系数含有能量 E，不满足我们的要求. 再把式(28.1.1)对空间坐标求二次偏导数，得

$$\frac{\partial^2\psi}{\partial x^2}=-\frac{p_x^2}{\hbar^2}\psi,\quad \frac{\partial^2\psi}{\partial y^2}=-\frac{p_y^2}{\hbar^2}\psi,\quad \frac{\partial^2\psi}{\partial z^2}=-\frac{p_z^2}{\hbar^2}\psi$$

上三式相加得

$$\nabla^2\psi=-\frac{p^2}{\hbar^2}\psi \tag{28.1.3}$$

其中 $\nabla^2=\frac{\partial^2}{\partial x^2}+\frac{\partial^2}{\partial y^2}+\frac{\partial^2}{\partial z^2}$，是**拉普拉斯**(Laplace)算子. 在非相对论条件下，利用自由粒子能量动量关系

$$E=\frac{p^2}{2m} \tag{28.1.4}$$

比较式(28.1.2)和式(28.1.4)，并利用式(28.1.3)可得

$$\mathrm{i}\hbar\frac{\partial\psi}{\partial t}=-\frac{\hbar^2}{2m}\nabla^2\psi \tag{28.1.5}$$

这就是**非相对论自由粒子的波动方程**. 现在考虑把它推广到一般情况. 如果粒子在势场 $U(\boldsymbol{R},t)$ 中运动，代替式(28.1.4)，这种情况下粒子能量-动量关系为

$$E=\frac{p^2}{2m}+U(\boldsymbol{R},t) \tag{28.1.6}$$

于是将方程(28.1.5)推广到有势场存在的情况，得

$$\mathrm{i}\hbar\frac{\psi}{t}=\left[-\frac{\hbar^2}{2m}\nabla^2+U(\boldsymbol{R},t)\right]\psi \tag{28.1.7}$$

或

$$\mathrm{i}\hbar\frac{\partial\psi}{\partial t}=\left[\frac{p^2}{2m}+U(\boldsymbol{R},t)\right]\psi \tag{28.1.8}$$

式(28.1.7)或式(28.1.8)就是要求的**非相对论量子力学方程**，它首先由薛定谔(Schrödinger)在 1926 年给出，称为**薛定谔方程**(Schrödinger equation). 薛定谔方程描述了波函数随时间演化的规律，是量子力学的基本方程.

薛定谔

薛定谔 1887 年出生于奥地利维也纳，从小受到良好的家庭教育. 1906 年，就读于维也纳大学物理系. 在此期间，曾深入研究过连续介质物理中的本征值问题. 1910 年获博士学位. 毕业后在维也纳大学从事物理实验工作. 第一次世界大战爆发后，他应征入伍，服役于一个偏僻的炮兵要塞，仍利用闲暇时间研究理论物理. 1921 年受聘到瑞士苏黎世大学任数学物理教授，从事量子气体理论研究. 1925 年，他从爱因斯坦的论文中得知德布罗意物质波概念时，深受启发. 他深入研究了德布罗意的博士论文. 1925 年 10 月，在苏黎世召开的一个讨论会上，薛定谔应主持人苏黎世理工学院教授德拜(Debye)要求作关于德布罗意工作的报告. 报告后德拜向他指出，要正确处理波的行为，应当有一个波动方程. 这句话使薛定谔心里一动，便走开了. 经过几个星期的认真研究，从质点力学和几何光学的类似性，提出了波动力学也许应当类似于波动光学. 在 1926 年，就“量子化就是本征值问题”为题，连续发表了 4 篇论文，系统地阐述了他的波动力学思想，建立了上面的薛定谔波动方程，薛定谔本人获得了 1933 年诺贝尔物理学奖.

28.1.2 能量算子 动量算子和哈密顿算子

观察式(28.1.2)、式(28.1.3)可以看出，自由粒子的能量 E 和动量平方对波函数 ψ 的作用分别相当于算子 $\mathrm{i}\hbar\dfrac{\partial}{\partial t}$ 和 $-\hbar^2\nabla^2$ 对波函数 ψ 运算，即

$$E\to\mathrm{i}\hbar\frac{\partial}{\partial t},p^2\to-\hbar^2\nabla^2\Rightarrow\boldsymbol{p}\to-\mathrm{i}\hbar\nabla \tag{28.1.9}$$

$\mathrm{i}\hbar\partial/\partial t$ 和 $-\mathrm{i}\hbar\nabla$ 分别称为**能量算子**(energy operator)和**动量算子**(momentum operator),记为 $\hat{E},\hat{\boldsymbol{p}}$. 式(28.1.5)右端的算子

$$-\frac{\hbar^2}{2m}\nabla^2=\frac{\hat{\boldsymbol{p}}^2}{2m} \tag{28.1.10}$$

称为**动能算子**. 势函数 $U(\boldsymbol{R},t)$ 也可看作算子并记为 $\hat{U}(\boldsymbol{R},t)$，不过它对波函数的运算不是求导，而是直接乘. 定义系统的动能算子和势能算子总和

$$\hat{H}=-\frac{\hbar^2}{2m}\nabla^2+\hat{U}(\boldsymbol{R},t) \tag{28.1.11}$$

为系统的**哈密顿**(Hamiltonian)**算子**. 利用哈密顿算子，薛定谔方程(28.1.7)、(28.1.8)

就可写作

$$i\hbar\frac{\partial\psi}{\partial t}=\hat{H}\psi \tag{28.1.12}$$

其中 H 是系统的哈密顿算子. 在粒子自由运动的情况下，势函数等于零，自由粒子的哈密顿算子就是动能算子. 式(28.1.12)就是用算子形式表示的普遍情况下的量子力学方程. 方程(28.1.12)显然不是严格逻辑推导的结果，为严格起见，量子力学中把它看作又一条基本假设：

量子力学的第三条基本假设：孤立量子系统态矢 ψ 随时间的演化遵从薛定谔方程.

和量子力学的其他假设一样，方程(28.1.12)的正确性要靠以这些假设为基础的理论预言和实验结果一致来证明.

28.1.3　关于薛定谔方程的讨论

(1) 薛定谔方程只含对时间的一阶导数，因此只要给定系统的初始状态 $\psi(\boldsymbol{R},t=0)$，以后任何时刻系统的状态原则上就完全确定. 在这个意义上薛定谔方程和经典力学中的牛顿方程地位相当，体现了量子力学中运动状态演化的因果关系. 但是牛顿方程直接决定的是物理量，而薛定谔方程决定的是波函数，波函数只是概率幅，物理量在其中一般不取确定值，不同物理量的不同取值各以一定概率出现. 所以**牛顿方程的预言是拉普拉斯(Laplace)决定性的，而薛定谔方程对物理量取值的预言是非决定性的、概率的、统计性的**.

(2) 薛定谔方程中包含有复系数，满足此方程的波函数必须是复函数，这就是前面我们取态矢空间为复矢量空间的原因. 虽然经典物理中也用复函数描写波，那纯粹是为了运算方便，而物质波则必须由复函数描写.

(3) 薛定谔方程式(28.1.12)原则上可推广适用于多粒子系统. 设系统由N个粒子组成，以 $\boldsymbol{R}_1,\boldsymbol{R}_2,\cdots,\boldsymbol{R}_N$ 表示各个粒子的坐标，多粒子波函数可写作 $\psi(\boldsymbol{R}_1,\boldsymbol{R}_2,\cdots,\boldsymbol{R}_N,t)$，多粒子系统的哈密顿量可推广式(28.1.11)中的单粒子哈密顿量得到

$$\hat{H}=\sum_{i=1}^{N}\frac{\hbar^2}{2m_i}\nabla_i^2+\hat{U}(\boldsymbol{R}_1,\boldsymbol{R}_2,\cdots,\boldsymbol{R}_N,t) \tag{28.1.13}$$

其中第一项表示各个粒子动能之和；第二项 $\hat{U}(\boldsymbol{R}_1,\boldsymbol{R}_2,\cdots,\boldsymbol{R}_N,t)$ 描述系统粒子的相互作用.

(4) 注意薛定谔方程中包含对时间的一阶微商，对空间坐标的二阶微商. 时间、空间微商阶次的不对称性，起源于我们采用了非相对论的能量-动量关系式(28.1.4)，**薛定谔方程是非相对论的**. 如果采用相对论的能量-动量关系

$$E^2 = c^2 p^2 + m_0^2 c^4$$

作算子代换，可得到相对论的量子力学方程

$$\hbar^2 \frac{\partial^2 \psi}{\partial t^2} = c^2 \hbar^2 \nabla^2 \psi - m_0^2 c^4 \psi \tag{28.1.14}$$

这个方程称为**克莱因-戈尔登方程**(Clein-Gordon equation)，实践证明它可以描述零自旋粒子的高速运动.

(5) 可以证明在$\hbar \to 0$的经典极限下，薛定谔方程可以自动过渡到经典力学方程(有兴趣的读者可参阅相关文献①.

§ 28.2 定态薛定谔方程

一般情况下描述系统相互作用的势函数是空间坐标和时间 t 的显函数. 但当系统的势函数与时间无关时，系统的哈密顿量

$$\hat{H} = -\frac{\hbar^2}{2m}\nabla^2 + \hat{U}(\boldsymbol{R})$$

仅是空间坐标的函数，与时间无关. 这样的系统称为**定态系统**(stationary-state system)，意思是系统处在不随时间变化的稳定状态. 在物理上，除去研究物理系统运动状态随时间演化的规律外，我们还关心系统处在一定运动状态下的性质，这时所讨论的问题就属于定态问题. 定态问题在量子力学中非常重要，因为如分子、原子、原子核、基本粒子和晶体等，其内部相互作用势函数都可认为和时间无关，研究这些微观系统的结构和性质，就归结为解相应的定态问题.

28.2.1 定态薛定谔方程

由于定态问题哈密顿量与时间无关，薛定谔方程

$$\mathrm{i}\hbar \frac{\partial \psi}{\partial t} = \left[-\frac{\hbar^2}{2m}\nabla^2 + \hat{U}(\boldsymbol{R})\right]\psi \tag{28.2.1}$$

其中空间坐标和时间坐标可分离变量. 令

$$\psi(\boldsymbol{R},t) = \psi(\boldsymbol{R}) f(t) \tag{28.2.2}$$

代入式(28.2.1)，并用$\psi(\boldsymbol{R}) f(t)$除两端，得

$$\frac{\mathrm{i}\hbar}{f(t)}\frac{\mathrm{d}f}{\mathrm{d}t} = \frac{1}{\psi(\boldsymbol{R})}\left[-\frac{\hbar^2}{2m}\nabla^2 + \hat{U}(\boldsymbol{R})\right]\psi(\boldsymbol{R}) = E$$

① 张永德. 量子力学. 科学出版社，2002: 46.

E 是个与空间坐标和时间都无关的常数. 上式两端分别仅为独立变量 t 和空间坐标 $\boldsymbol{R}$ 的函数，除非恒等于同一个常数(设为 E)，否则等式不能成立. 于是得到两个方程

$$\mathrm{i}\hbar\frac{\mathrm{d}f(t)}{\mathrm{d}t}=Ef(t) \tag{28.2.3}$$

$$\left[-\frac{\hbar^2}{2m}\nabla^2+\hat{U}(\boldsymbol{R})\right]\psi(\boldsymbol{R})=E\psi(\boldsymbol{R}) \tag{28.2.4}$$

方程式(28.2.3)可直接解出

$$f(t)=c\mathrm{e}^{-\frac{\mathrm{i}}{\hbar}Et} \tag{28.2.5}$$

其中 c 是个任意常数. 方程(28.2.4)的解 $\psi(\boldsymbol{R})$ 依赖势函数具体形式, 需要给出系统相互作用势 $\hat{U}(\boldsymbol{R})$ 后才能求解. 求出式(28.2.4)的解，连同式(28.2.5)中的 $f(t)$ 一起代入式(28.2.2)，方程(28.2.1)的解可写作

$$\psi(\boldsymbol{R},t)=c\psi(\boldsymbol{R})\mathrm{e}^{-\frac{\mathrm{i}}{\hbar}Et} \tag{28.2.6}$$

这个态随时间变化的仅是相位因子，其圆频率是 $\omega=E/\hbar$,根据德布罗意关系，常数 E 就是系统处在 $\psi(\boldsymbol{R},t)$ 状态时的能量. 由于在这个状态下能量取确定值，这样的状态称为**定态**(stationary state). 系统处在定态时的概率密度

$$\rho(\boldsymbol{R},t)=|\psi(\boldsymbol{R},t)|^2=|\psi(\boldsymbol{R})|^2$$

与时间无关. 式(28.2.6)中的 $\psi(\boldsymbol{R},t)$ 称为**定态波函数**(stationary-state wave function). 由于定态波函数对时间关系完全由与能量有关的因子 $\mathrm{e}^{-\frac{\mathrm{i}}{\hbar}Et}$ 决定，其中的 $\psi(\boldsymbol{R})$ 与时间无关，通常也称为**定态波函数**，相应的方程(28.2.4)称为**定态方程**(stationary-state equation).

28.2.2　本征值问题

观察方程(28.2.3)、方程(28.2.4), 这两个方程都具有共同的形式：一个算子作用到函数上等于常数乘这个函数

$$\hat{A}\Phi(\xi)=A\Phi(\xi) \tag{28.2.7}$$

数学上称这类方程为**本征值方程**(eigenvalue equation). 其中常数 A 称为**本征值**(eigenvalue)，$\Phi(\xi)$ 称为算子 $\hat{A}$ 的属于本征值 A 的**本征函数**(eigenfunctions).

方程(28.2.4)可以写作

$$\hat{H}\psi(\boldsymbol{R})=E\psi(\boldsymbol{R}) \tag{28.2.8}$$

$\hat{H}$ 是系统的哈密顿量，此方程就是哈密顿算子的本征值方程. 从数学上看这个方程对任意 E 值都会有解，但并非对应任意 E 值的本征函数都满足波函数的标准化条件. 一般只对某些特定的本征值，相应的本征函数才是给定物理问题的解.

对不同的物理问题，哈密顿算子的本征值 E 可能取连续值(称为**连续谱**)，也可能取分立的离散值(**分立谱**). E 的可能取值也称为**能级**(energy level),狭义的能级专指分立谱. 对于某一能级 E_n，如果对应的线性独立的本征函数只有一个，称能级 E_n 是**非简并**(non-degenerate)的. 如果对应同一能级，线性独立的本征函数有多个，称这一能级是**简并的**(degenerate). 对应同一能级线性独立本征函数的个数，称为这个能级的**简并度**(degeneracy).

例 28.2.1 验证平面波函数是动量算子的本征函数，本征值就是平面波相应的动量 $\boldsymbol{p}$，即

$$-\mathrm{i}\hbar\nabla\psi_{\boldsymbol{p}}(\boldsymbol{R},t)=\boldsymbol{p}\psi_{\boldsymbol{p}}(\boldsymbol{R},t) \tag{28.2.9}$$

证明 动量取确定值的平面波表达式为

$$\psi_{\boldsymbol{p}}(\boldsymbol{R},t)=\frac{1}{(2\pi\hbar)^{3/2}}\mathrm{e}^{\frac{\mathrm{i}}{\hbar}(\boldsymbol{p}\cdot\boldsymbol{R}-Et)}$$

注意到(见 A.6.22)

$$\nabla\mathrm{e}^{\frac{\mathrm{i}}{\hbar}(\boldsymbol{p}\cdot\boldsymbol{R}-Et)}=\mathrm{e}^{\frac{\mathrm{i}}{\hbar}(\boldsymbol{p}\cdot\boldsymbol{R}-Et)}\nabla[\frac{\mathrm{i}}{\hbar}(\boldsymbol{p}\cdot\boldsymbol{R}-Et)=\frac{\mathrm{i}}{\hbar}\boldsymbol{p}\mathrm{e}^{\frac{\mathrm{i}}{\hbar}(\boldsymbol{p}\cdot\boldsymbol{R}-Et)} \tag{28.2.10}$$

其中已利用到 $\nabla(\boldsymbol{p}\cdot\boldsymbol{R})=\boldsymbol{p}$ (见 A.6.21). 将式(28.2.10)代入式(28.2.9)左端，即得证.
由于动量 $\boldsymbol{p}$ 的每个直角分量都可连续取值，**动量算子的本征值构成连续谱**.

例 28.2.2 考虑自由粒子 $(U(\boldsymbol{R},t)=0)$ 沿 x 方向的一维运动. 其哈密顿量为

$$\hat{H}=\frac{p_x^2}{2m}=-\frac{\hbar^2}{2m}\frac{\mathrm{d}^2}{\mathrm{d}x^2}$$

与时间无关，描述粒子运动的波函数满足的定态薛定谔方程是

$$-\frac{\hbar^2}{2m}\frac{\mathrm{d}^2}{\mathrm{d}x^2}\psi(x)=E\psi(x)$$

引入 $k^2=2mE/\hbar^2$,上式可化成

$$\frac{\mathrm{d}^2\psi(x)}{\mathrm{d}x^2}+k^2\psi(x)=0 \tag{28.2.11}$$

对应同一个 k 值(因 $E=\hbar^2k^2/2m$，即对应它一个能量 E)，方程(28.2.11)有两个线性独立的解：$\psi_k(x)=\mathrm{e}^{\mathrm{i}kx},\mathrm{e}^{-\mathrm{i}kx}$. 定态波函数

$$\psi_E(x)=\begin{cases}\mathrm{e}^{\mathrm{i}kx}\mathrm{e}^{-\frac{\mathrm{i}}{\hbar}Et}=\mathrm{e}^{\mathrm{i}(kx-\omega t)}\\ \mathrm{e}^{-\mathrm{i}kx}\mathrm{e}^{-\frac{\mathrm{i}}{\hbar}Et}=\mathrm{e}^{\mathrm{i}(-kx-\omega t)}\end{cases}$$

是二度简并的，两个波函数分别描述沿正、负 x 方向传播的两列波. 由于 k 取任何实数波函数都可满足标准化条件，能量 E 有连续谱.

§ 28.3　粒子在一维无限深势阱中的运动

下面我们用前面给出的量子力学基本原理，通过解定态薛定谔方程，研究几个最简单的量子系统，揭示某些基本的量子特征现象.

28.3.1　一维无限深势阱问题

一维无限深势阱(图 28.3.1)可表示为

$$U(x)=\begin{cases}0, & 0\leqslant x\leqslant a\\ \infty, & x<0,x>a\end{cases} \tag{28.3.1}$$

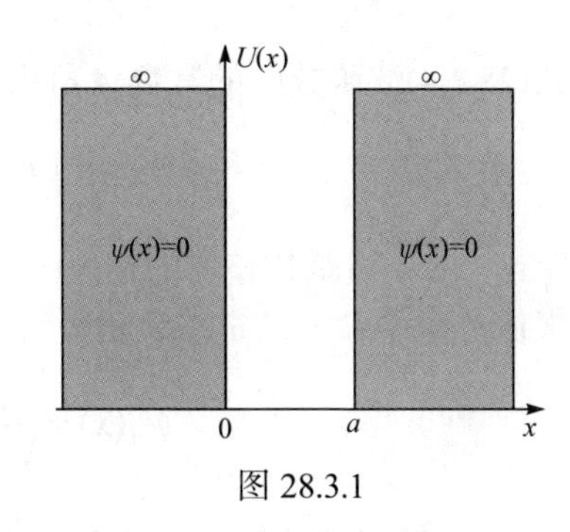

图 28.3.1

粒子在这样的势阱中运动时完全不受力作用，运动是自由的，但在阱壁处，由于势阱无限深，粒子不可能逃出势阱，这相当于粒子受到无穷大斥力作用. 无限深势阱是被囚禁束缚态粒子运动最简单模型，可用来描述如金属中的自由电子运动等.

显然在势阱外发现粒子的概率等于零，所以

$$\psi(x)=0,\quad x<0,x>a \tag{28.3.2}$$

在阱内粒子运动满足的定态薛定谔方程是

$$-\frac{\hbar^2}{2m}\frac{\mathrm{d}^2\psi}{\mathrm{d}x^2}=E\psi$$

其中 m 是粒子的质量. 由于粒子能量 $E>0$，可引入实数

$$k=\sqrt{\frac{2mE}{\hbar^2}} \tag{28.3.3}$$

上面的方程化为

$$\frac{\mathrm{d}^2\psi}{\mathrm{d}x^2}+k^2\psi=0$$

这是经典简谐振动满足的方程，其通解是熟知的：$\psi(x)=A\sin kx+B\cos kx$. 其中待定常数 A，B 可由边界条件确定.

由边界条件：$\psi(x=0)=0$ ，即 $\psi(0)=B=0$ ，所以

$$\psi(x)=A\sin kx \tag{28.3.4}$$

再由 $\psi(x=a)=0$ ，即 $\psi(a)=A\sin ka=0$. A=0 将导得平凡解 $\psi(x)\equiv 0$ ，要得到非平凡解意味着

$$ka = 0, \pm\pi, \pm 2\pi, \cdots \tag{28.3.5}$$

$k=0$同样导得平凡结果，应舍弃；对k取负数，由于$\sin(-\theta)=-\sin\theta$,负号可吸收到归一化常数$A$中，不给出新的结果. 因此有物理意义的解可以写作

$$k_n = \frac{n\pi}{a}, \quad n = 1,2,3,\cdots \tag{28.3.6}$$

代入式(28.3.3)得到势阱中粒子能量可能取值

$$E_n = \frac{\hbar^2 k_n^2}{2m} = \frac{n^2\pi^2\hbar^2}{2ma^2}, \quad n = 1,2,3,\cdots \tag{28.3.7}$$

式(28.3.4)波函数中的常数A可由归一化条件

$$\int_0^a |A|^2 \sin^2(kx)\mathrm{d}x = |A|^2 \frac{a}{2} = 1$$

定出. 由于波函数整体的相位因子没有物理意义,可以简单取$A=\sqrt{2/a}$,最后得无限深势阱中粒子的定态波函数为

$$\psi_n(x) = \sqrt{\frac{2}{a}} \sin\left(\frac{n\pi}{a}x\right), \quad n = 1,2,3,\cdots \tag{28.3.8}$$

28.3.2 无限深势阱中粒子运动的特性

根据上面求解薛定谔方程得到的结果，可以得出在无限深势阱中粒子运动有以下特性：

(1) **粒子能量只能取式(28.3.7)中给出的分立值**，其中 n 称为**能量量子数**. 粒子能量取值的这一特征是粒子运动被限制在有限区域的结果，是被束缚粒子运动能量取值的普遍特性. 现在我们看到，早期玻尔量子论中神秘的量子化现象，实际上是薛定谔方程加上波函数标准化条件的一个自然结果.

(2) 由式(28.3.7),**粒子的最低能量($n=1$)不等于零**. 粒子的最低能量态称为**基态**(ground state),无限深势阱中粒子运动的基态能量

$$E_1 = \frac{\pi^2\hbar^2}{2ma^2} \tag{28.3.9}$$

与势阱宽度a有关. 宽度越小，基态能量越大，粒子运动越剧烈. 表明阱内不可能有静止的粒子，这与§27.1由不确定关系得到的结论一致.

(3) 描述粒子在阱内运动的完整波函数是空间坐标有关部分和时间有关部分的乘积

$$\psi(x,t) = \sqrt{\frac{2}{a}} \sin kx \mathrm{e}^{-\frac{\mathrm{i}}{\hbar}Et} \tag{28.3.10}$$

这个波函数可以化为

$$\psi(x,t)=\frac{1}{2\mathrm{i}}\sqrt{\frac{2}{a}}(\mathrm{e}^{\mathrm{i}kx}-\mathrm{e}^{-\mathrm{i}kx})\mathrm{e}^{-\frac{\mathrm{i}}{\hbar}Et}=\frac{1}{2\mathrm{i}}\sqrt{\frac{2}{a}}[\mathrm{e}^{\mathrm{i}(kx-\omega t)}-\mathrm{e}^{-\mathrm{i}(kx+\omega t)}] \qquad (28.3.11)$$

这正是沿正 x 方向和负 x 方向传播的两列平面波的**叠加**. 由式(28.3.6) $k_n a=n\pi$ ，即 $(2\pi/\lambda_n)a=n\pi$ ，可以求出

$$a=n\frac{\lambda_n}{2},\quad n=1,2,3,\cdots \qquad (28.3.12)$$

表明对任意给定的能级 n ，阱宽都是半波长的整数倍，**物质波在阱中形成驻波分布**. 图 28.3.2 给出了无限深势阱中粒子的前三个能级的波函数以及相应的概率密度.

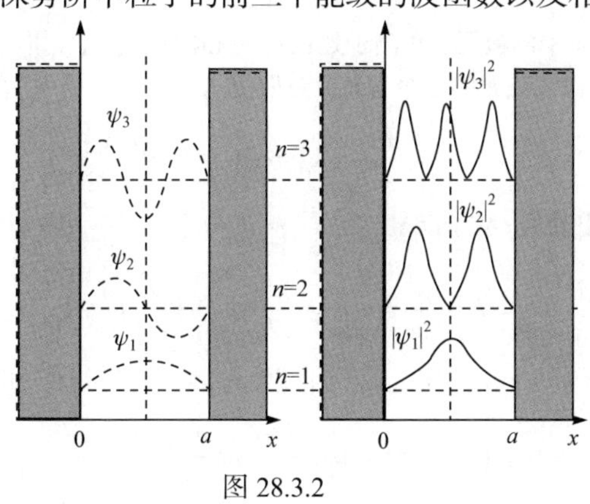

图 28.3.2

(4) 属于不同能量本征值的波函数互相正交；本征函数全体是**完备的**(complete)，即在阱内运动的粒子任意状态(波函数)都可用这组本征函数(作为基矢量)的线性叠加严格表示.

属于能量本征值 E_n 的归一化波函数是

$$\psi_n(x)=\sqrt{\frac{2}{a}}\sin\left(\frac{n\pi}{a}x\right),\quad n=1,2,3,\cdots$$

容易验证，属于两个不同本征值 $(m\neq n)$ 的本征函数内积是

$$\langle\psi_m|\psi_n\rangle=\frac{2}{a}\int_0^a\sin\left(\frac{m\pi}{a}x\right)\sin\left(\frac{n\pi}{a}x\right)\mathrm{d}x=0$$

至于本征函数的完备性，可由数学上已经证明了的正弦级数的完备性得出. 所以式(28.3.8)函数全体构成正交、归一、完备本征函数系. 从物理上看，如果粒子在阱内运动，它的任意状态都必定可以用这些本征态的适当叠加表示. 后面将看到势阱中粒子波函数的这一性质，是任何被限制在有限区域中运动粒子的哈密顿算子的本征函数共同特征.

例 28.3.1　本节求解薛定谔方程得到的结果，可以用物质波的概念给以简单的解释. 当粒子被限制在阱中运动时，描述粒子运动的波函数 $\psi(x)$ 在两边界 $x=0,x=a$ 处必须为零(即为驻波波节)，从而阱内只有半波长的整数倍正好等于阱宽 a 的德布罗意波才能存在，即阱中物质波

长满足 $a=n\lambda/2$，此即式(28.3.2). 根据德布罗意关系，粒子动量可以取值

$$p=\frac{h}{\lambda}=\frac{nh}{2a},\quad n=1,2,3,\cdots$$

所以粒子动能，即粒子总能量(阱中粒子势能为零)只能取分立值

$$E_n=\frac{p^2}{2m}=\frac{n^2h^2}{8ma^2},\quad n=1,2,3,\cdots$$

此即为式(28.3.7).

例 28.3.2 试求囚禁在边长为 a,b,c 的势箱内的粒子的能级和波函数,并讨论立方箱情况下能级的简并度.

解 被囚禁在势箱中的粒子，相当于处在三维无限深势阱中，推广一维无限深势阱中的结果式(28.3.6)，可以求得波矢 $\boldsymbol{k}$ 的三个直角分量取值

$$k_x=\frac{n_x\pi}{a},\quad k_y=\frac{n_y\pi}{b},\quad k_z=\frac{n_z\pi}{c}$$

其中 n_x,n_y,n_z 取非零整数值. 粒子能量

$$E=\frac{\boldsymbol{p}^2}{2m}=\frac{\hbar^2k^2}{2m}=\frac{\hbar^2\pi^2}{2m}\left(\frac{n_x^2}{a^2}+\frac{n_y^2}{b^2}+\frac{n_z^2}{c^2}\right)\tag{28.3.13}$$

波函数可表示为

$$\psi(x,y,z)=A\sin\frac{n_x\pi x}{a}\sin\frac{n_y\pi y}{b}\sin\frac{n_z\pi z}{c}\tag{28.3.14}$$

当 $a=b=c$ 立方箱情况，能量值

$$E=\frac{\hbar^2\pi^2}{2m}\left(\frac{n_x^2}{a^2}+\frac{n_y^2}{b^2}+\frac{n_z^2}{c^2}\right)=\frac{\hbar^2\pi^2}{2ma^2}n^2\tag{28.3.15}$$

其中 $n^2=n_x^2+n_y^2+n_z^2$. 由于能量值只决定于 n^2，而波函数却与 n_x,n_y,n_z 都有关系，能级除基态 $E=3E_0$ 外都是简并的，如 $E=6E_0$，相应波函数中 (n_x,n_y,n_z) 的取值可以是 (2,1,1),(1,2,1),(1,1,2)，这个能级的波函数是三度简并的.

§ 28.4　一维线性谐振子

作为束缚态粒子运动的另一个例子，我们研究一维线性谐振子. 线性谐振子是描述许多物理系统相互作用的一个重要的物理模型. 我们将通过解一维谐振子的定态薛定谔方程，解释量子谐振子许多不同寻常的量子特性.

28.4.1　一维谐振子

粒子在一维空间中运动，如果势函数可以写成

$$U(x)=\frac{1}{2}m\omega^2x^2\tag{28.4.1}$$

其中 m 是粒子质量，ω是常量(其意义后面可以看出)，称这样的系统为**一维线性谐振子**(one-dimension linear harmonic oscillator). 虽然严格的线性谐振子很少见，但它是许多实际问题的一个很好近似. 例如，晶体中晶格点阵上离子受到的作用，双原子分子中原子之间的相互作用等都可以用谐振子模型描述.

以双原子分子中两原子相互作用为例，其相互作用势是原子距离的函数 $U(x)$ (图 28.4.1)，在 $x=a$ 处有一稳定极小点. 将 $U(x)$ 在 $x=a$ 处用**泰勒**(Taylor)级数表示

$$U(x)=U(a)+(x-a)\frac{\mathrm{d}U}{\mathrm{d}x}\bigg|_{x=a}+\frac{1}{2}(x-a)^2\left(\frac{\mathrm{d}^2U}{\mathrm{d}x^2}\right)\bigg|_{x=a}+\cdots \tag{28.4.2}$$

其中右端第一项是常数，第二项是零(势函数在平衡点的一阶导数等于零)，在微振动条件下，略去$(x-a)$三次方以上的项，得

$$U(x)=U(a)+\frac{1}{2}(x-a)^2\left(\frac{\mathrm{d}^2U}{\mathrm{d}x^2}\right)\bigg|_{x=a} \tag{28.4.3}$$

由此求得两原子间的作用力 $f=-\dfrac{\mathrm{d}U}{\mathrm{d}x}=(x-a)k$,其中

$$k=\left(\frac{\mathrm{d}^2U}{\mathrm{d}x^2}\right)\bigg|_{x=a} \tag{28.4.4}$$

代入式(28.4.2)中，并平移坐标系原点到 $x=a$ 点，取新坐标系原点为势能零点,式(28.4.3)中的势函数就可写为式(28.4.1)形式. 其中

$$m\omega^2=k \tag{28.4.5}$$

由此可见，**任何粒子在平衡点附近的微振动都可用简谐振动近似**.

28.4.2　量子谐振子

量子谐振子(图 28.4.2)满足定态薛定谔方程

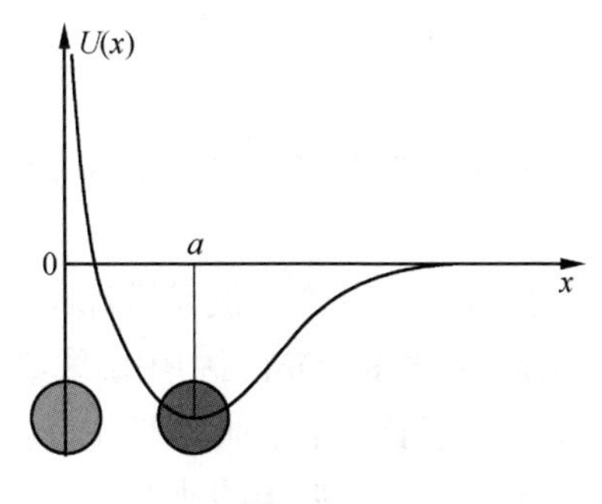

图 28.4.1

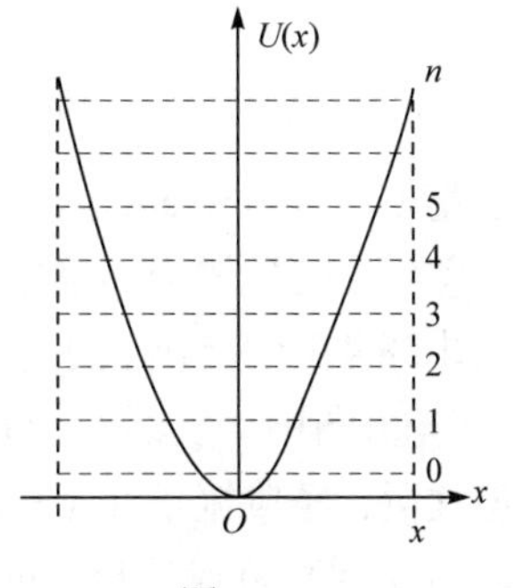

图 28.4.2

$$\left[-\frac{\hbar^2}{2m}\frac{\mathrm{d}^2}{\mathrm{d}x^2}+\frac{1}{2}m\omega^2x^2\right]\psi = E\psi \tag{28.4.6}$$

这个方程可严格求解，但求解过程较繁，这里直接给出结果(有兴趣的读者可以参考任何一本标准量子力学教科书). 方程(28.4.6)满足波函数标准化条件的解是

$$\psi_n(x)=\left(\frac{m\omega}{\pi\hbar}\right)^{1/4}\frac{1}{\sqrt{2^n n!}}\mathrm{H}_n\left(\sqrt{\frac{m\omega}{\hbar}}x\right)\mathrm{e}^{-\frac{m\omega}{2\hbar}x^2} \tag{28.4.7}$$

相应的能量本征值是(图 28.4.2)

$$E_n=\left(n+\frac{1}{2}\right)\hbar\omega \tag{28.4.8}$$

式(28.4.7)中的 $\mathrm{H}_n(\xi)$ 是**厄米特(Hermite)多项式**，对应前几个 n 值的表达式是

$$\mathrm{H}_0(\xi)=1$$

$$\mathrm{H}_1(\xi)=2\xi$$

$$\mathrm{H}_2(\xi)=4\xi^2-2$$

$$\mathrm{H}_3(\xi)=8\xi^3-12\xi$$

$$\mathrm{H}_4(\xi)=16\xi^4-48\xi^2+12$$

28.4.3 量子谐振子的基本特征

从上面的结果，可以看出量子谐振子有以下特征：

(1) **量子谐振子能级呈分立谱**(这再次说明被限制在有限区域内运动粒子能量取离散值的特性)，能级间隔是常量 $\hbar\omega$，这与普朗克黑体辐射能量子假设一致. 由于 $\hbar \sim 1.0\times10^{-34}\,\mathrm{J\cdot s}$ 是个小量，当振子能量较大时，事实上可看作连续谱.

(2) **量子谐振子基态($n=0$)能量**

$$E_0=\frac{1}{2}\hbar\omega$$

称为**零点能**(zero-point energy). 零点能不等于零是量子谐振子和经典谐振子的显著不同. 这可看成是量子不确定关系的表现.

(3) 图 28.4.3 中给出量子谐振子 $n=0$，1，2，3 几个状态的波函数和相应的概率密度分布(图中用实线给出)，**它和经典振子的概率密度分布**(图中用虚线给出)**毫无相似之处**. 经典振子在 $x\sim x+\mathrm{d}x$ 区间出现的概率正比于它在此区域中停留时间，因此与速度 $v(x)$ 成反比. 对经典振子 $x=A\sin(\omega t+\delta)$，振子的速度

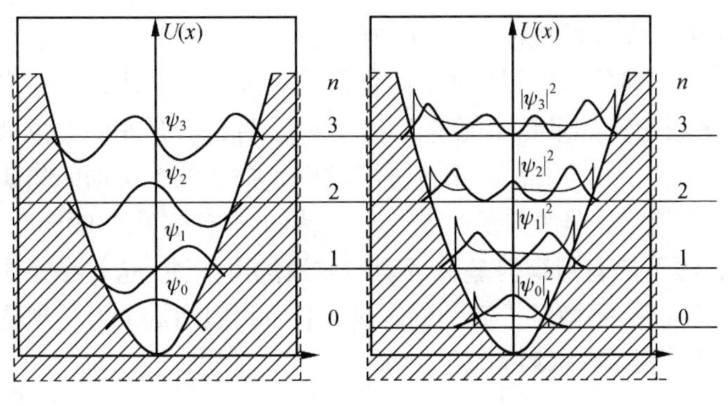

图 28.4.3

$$v(x) = A\omega\cos(\omega t + \delta) \quad 或 \quad v(x) = A\omega\sqrt{1 - x^2 / A^2}$$

所以经典振子的概率密度与 $1/\sqrt{1 - x^2 / A^2}$ 成反比. 可以看出，**量子谐振子概率密度是振荡的，在经典振子概率密度不为零的点，量子谐振子的概率密度可以等于零. 而在经典振子不能到达的区域，量子谐振子却可以到达**. 图 28.4.4 中给出了 $n = 15$ 量子谐振子的概率密度和相应的经典振子的概率密度曲线(图中用虚线表示). 可以看出在量子数 n 很大，即振子能量值很大时，将量子概率密度的振荡平滑后，二者才趋于一致.

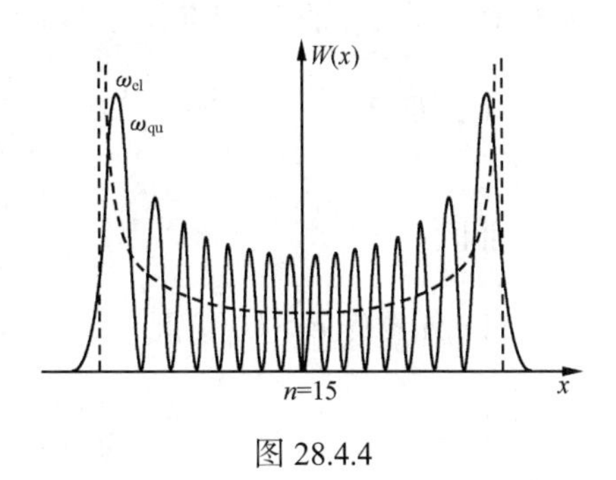

图 28.4.4

§ 28.5　势垒贯穿

除去自由粒子外，前面讨论的都是束缚态问题，其中粒子运动被限制在有限区域内，波函数在无穷远处为零，粒子能级是分立的. 现在研究一种波函数在无穷远处不为零，粒子能谱连续的情况. 在这类问题中通常假设粒子的能量是已知的.

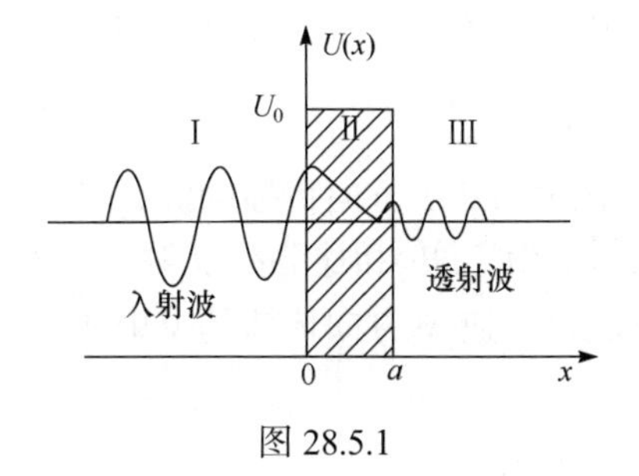

图 28.5.1

28.5.1　一维势垒

一维势垒(图 28.5.1)可表示为

$$U(x) = \begin{cases} U_0, & 0 < x < a \\ 0, & x \leqslant 0, x \geqslant a \end{cases} \tag{28.5.1}$$

问题是已知能量为 E 的粒子沿正 x 方向射

向势垒，求粒子对势垒的反射、透射的概率.

这个问题在经典物理中很简单，如果粒子能量 $E > U_0$,粒子可以越过势垒，出现在 $x > a$ 的区域中；如果粒子能量 $E < U_0$,粒子将在势垒左侧边缘被反射，不能进入势垒. 但在量子力学中，由于粒子波动性，描述粒子运动的物质波在势垒上可以发生反射和透射，即使粒子能量 $E > U_0$,粒子仍有被反射的可能. 特别**粒子能量 $E < U_0$ 时，粒子仍有贯穿势垒，运动到右边的可能性**. 这是在经典物理中没有的典型的量子特征，是微粒子波动的表现. 下面我们用量子力学理论，通过求解定态薛定谔方程揭示这一新特点.

28.5.2 势垒贯穿

根据量子力学理论，粒子运动由薛定谔方程描述. 在图 28.5.1 所示三个分区，粒子运动的定态薛定谔方程分别是

Ⅰ，Ⅲ区：
$$-\frac{\hbar^2}{2m}\frac{\mathrm{d}^2\psi}{\mathrm{d}x^2}=E\psi \tag{28.5.2}$$

Ⅱ区：
$$-\frac{\hbar^2}{2m}\frac{\mathrm{d}^2\psi}{\mathrm{d}x^2}+U_0\psi=E\psi \tag{28.5.3}$$

(1) 先考虑 $E > U_0$ 情况. 令

$$k_1=\sqrt{\frac{2mE}{\hbar^2}},\quad k_2=\sqrt{\frac{2m(E-U_0)}{\hbar^2}} \tag{28.5.4}$$

k_1,k_2 均为实数. 利用式(28.5.4)中的 k_1,k_2 ，方程(28.5.2)、方程(28.5.3)可改写为

$$\frac{\mathrm{d}^2\psi}{\mathrm{d}x^2}+k_1^2\psi=0 \tag{28.5.5}$$

$$\frac{\mathrm{d}^2\psi}{\mathrm{d}x^2}+k_2^2\psi=0 \tag{28.5.6}$$

上面两个方程在三个区域中的解可写作

$$\begin{aligned}
\psi_1(x)&=A\mathrm{e}^{\mathrm{i}k_1x}+A'\mathrm{e}^{-\mathrm{i}k_1x},\quad x<0\\
\psi_2(x)&=B\mathrm{e}^{\mathrm{i}k_2x}+B'\mathrm{e}^{-\mathrm{i}k_2x},\quad 0<x<a\\
\psi_3(x)&=C\mathrm{e}^{\mathrm{i}k_1x}+C'\mathrm{e}^{-\mathrm{i}k_1x},\quad a<x
\end{aligned} \tag{28.5.7}$$

从物理上看，加上时间因子 $\mathrm{e}^{-\mathrm{i}Et/\hbar}=\mathrm{e}^{-\mathrm{i}\omega t}$ 后， $\mathrm{e}^{\mathrm{i}kx}$ 代表沿正 x 方向传播的波， $\mathrm{e}^{-\mathrm{i}kx}$ 表示逆 x 方向传播的波. 在Ⅰ区，存在已知的入射波(A 已知)和被势垒反射、逆 x 方向传播的反射波. Ⅱ区情况相同，但Ⅲ区不可能存在逆 x 方向传播的反射波，所以 $C'=0$.

利用波函数标准化条件可以确定其他系数. 由

$$\psi_1\big|_{x=0}=\psi_2\big|_{x=0}\to A+A'=B+B' \tag{28.5.8}$$

$$\frac{\mathrm{d}\psi_1}{\mathrm{d}x}\bigg|_{x=0}=\frac{\mathrm{d}\psi_2}{\mathrm{d}x}\bigg|_{x=0}\to k_1A-k_1A'=k_2B-k_2B' \tag{28.5.9}$$

$$\psi_2\big|_{x=a}=\psi_3\big|_{x=a}\to B\mathrm{e}^{\mathrm{i}k_2a}+B'\mathrm{e}^{-\mathrm{i}k_2a}=C\mathrm{e}^{\mathrm{i}k_2a} \tag{28.5.10}$$

$$\frac{\mathrm{d}\psi_2}{\mathrm{d}x}\bigg|_{x=a}=\frac{\mathrm{d}\psi_3}{\mathrm{d}x}\bigg|_{x=a}\to k_2B\mathrm{e}^{\mathrm{i}k_2a}-k_2B'\mathrm{e}^{-\mathrm{i}k_2a}=k_1C\mathrm{e}^{\mathrm{i}k_1a} \tag{28.5.11}$$

由上面的方程组消去 B,B'，找出反射波振幅 A'、透射波振幅 C 和入射波振幅 A 的关系为(详细计算过程可参阅本书原版相应节)

$$A=\frac{2k_1k_2\cos k_2a-\mathrm{i}(k_2^2+k_1^2)\sin k_2a}{2k_1k_2}\mathrm{e}^{\mathrm{i}k_1a}C \tag{28.5.12}$$

$$A'=\frac{\mathrm{i}(k_2^2-k_1^2)\sin k_2a}{2k_1k_2}\mathrm{e}^{\mathrm{i}k_1a}C \tag{28.5.13}$$

定义**透射系数** T 和**反射系数** R 分别为透射波振幅、反射波振幅与入射波振幅比的模方，可以求出

$$T=\left|\frac{C}{A}\right|^2=\frac{4k_1^2k_2^2}{4k_1^2k_2^2+(k_2^2-k_1^2)^2\sin^2 k_2a} \tag{28.5.14}$$

$$R=\left|\frac{A'}{A}\right|^2=\frac{(k_2^2-k_1^2)^2\sin^2 k_2a}{4k_1^2k_2^2+(k_2^2-k_1^2)^2\sin^2 k_2a} \tag{28.5.15}$$

由此可以得出量子情况和经典情况不同，在 $E>U_0$ 情况下，除去 $k_2a=n\pi$ 时出现共振透射外，**一般情况下反射系数不等于零**，表明入射粒子除一部分进入 $x>a$ 区域传播外，仍有一部分被反射回来. 容易看出反射系数、透射系数总和为 1，这与粒子在全空间出现的总概率为 1 的事实一致.

(2) 粒子总能量 $E<U_0$ 情况.

此时，$k_2=\sqrt{\dfrac{2m(E-U_0)}{\hbar^2}}=\mathrm{i}k_2'$，$k_2'$ 仍为实数. 将 k_2 换成 $\mathrm{i}k_2'$，上面的推导仍然成立，此时式(28.5.14)、式(28.5.15)化为

$$T=\left|\frac{C}{A}\right|^2=\frac{4k_1^2k_2'^2}{4k_1^2k_2'^2+(k_2'^2+k_1^2)^2sh^2k_2'a} \tag{28.5.16}$$

$$R=\left|\frac{A'}{A}\right|^2=\frac{(k_2'^2+k_1^2)^2sh^2k_2'a}{4k_1^2k_2'^2+(k_2'^2+k_1^2)^2sh^2k_2'a} \tag{28.5.17}$$

表明在量子情况下，即使**粒子总能量** $E<U_0$ **，透射系数也不等于零，粒子仍可能贯穿势垒，进入** $x>a$ **区域运动**. 粒子能量小于势垒高度时，粒子贯穿势垒的现象称为**隧道效应**(tunnel effect). 这种效应是经典物理无法解释的，它是纯粹量子现象.

如果入射粒子能量很小

$$k_2'=\sqrt{\frac{2m(U_0-E)}{\hbar^2}}\gg 1,\ \mathrm{e}^{k_2'a}\gg \mathrm{e}^{-k_2'a},\ \mathrm{sh}^2k_2'a=\left(\frac{\mathrm{e}^{k_2'a}-\mathrm{e}^{-k_2'a}}{2}\right)^2\approx\frac{1}{4}\mathrm{e}^{2k_2'a}$$

式(28.5.16)中的透射系数可写作

$$T=\frac{4}{\frac{1}{4}\left(\frac{k_1}{k_2'}+\frac{k_2'}{k_1}\right)^2\mathrm{e}^{2k_2'a}+4}$$

在 E 很小情况下，k_1 和 k_2' 同量级；在 $k_2'a\gg 1$ 情况下， $\mathrm{e}^{2k_2'a}\gg 4$,上式可近似写作

$$T=\frac{16k_1^2k_2'^2}{(k_1^2+k_2'^2)^2}\mathrm{e}^{-2k_2'a}=\frac{16E(U_0-E)}{U_0^2}\mathrm{e}^{-\frac{2a}{\hbar}\sqrt{2m(U_0-E)}}$$

或

$$T=T_0\mathrm{e}^{-\frac{2a}{\hbar}\sqrt{2m(U_0-E)}}\tag{28.5.18}$$

其中 $T_0=16E(U_0-E)/U_0^2$ 是非敏感部分，可近似看作常数. 式(28.5.18)表明**透射系数** T **敏感地依赖于** a,U_0-E **和** m **，随势垒加宽、加高、粒子质量增大而指数地减小**. 例如，当 $U_0=0.1\mathrm{e}V$ ，电子能量 $E=0.005\mathrm{e}V$ ，势垒宽度 $a=2$ Å 时，$T=0.40$，而当 $a=20$ Å 时，$T=0.0013$；$a=100$ Å 时，$T=1.3\times10^{-14}$.

如果势垒不是方形，而是任意形状 $U(x)$，在这种情况下可把势垒看作由许多窄方势垒排列组成，在入射粒子能量不是很大时，透射系数应等于贯穿所有这些窄方势垒系数乘积. 于是有

$$T=T_0\mathrm{e}^{-\frac{2}{\hbar}\int_a^b\sqrt{2m(U_0-E)}\mathrm{d}x}\tag{28.5.19}$$

由于 $\hbar\approx10^{-34}\,\mathrm{J\cdot s}$ 是个极小量，对于宏观粒子透射系数虽然原则上不是零，但实际上极小. 但对于微观粒子，如电子可以有显著的概率贯穿势垒，运动到势垒的另一边传播.

28.5.3 量子隧道效应的实验证明和技术应用

量子隧道效应已被许多实验证实. 原子核的α衰变、金属电子的冷发射、接触

电势差等都可用隧道效应解释.

α粒子作为放射核的一部分和核的其余部分以短程力相互吸引，相当于被势垒囚禁在核内. 当α粒子一旦离开核，α粒子和核之间存在库仑斥力,因此囚禁α粒子有如图 28.5.2 所示的势能曲线. 放射核α衰变的速率就可归结为α粒子贯穿势垒的透射系数的计算.

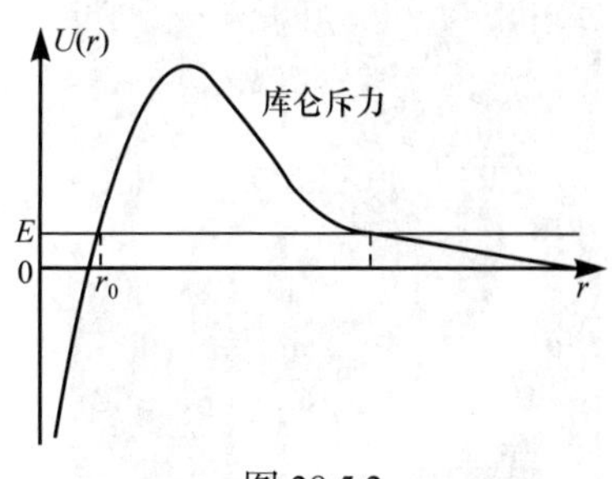

图 28.5.2

在低温情况下金属受强外电场作用，金属中的电子从表面逸出形成电流，这种现象称为金属电子的**冷发射**(cold emission). 取金属内电子势能为零，在金属外施加一垂直指向金属表面的外电场 $\boldsymbol{E}$ ，外电场在金属表面建立了有限宽度的势垒，电子在金属表面附近的势能为

$$U(x)=U_0-eEx \tag{28.5.20}$$

势能曲线如图 28.5.3 所示. 由于隧道效应,电子可以贯穿这个势垒. 研究金属电子冷发射，就归结为计算电子贯穿这个势垒的透射系数.

现在已经有许多器件依靠量子粒子的隧道效应工作. 隧道效应的一个重要技术应用是**扫描隧道显微镜**(scanning tunneling microscope，STM). 扫描隧道显微镜的结构可用示意图 28.5.4 表示. 主体是原子尺度的针尖和控制针尖运动的平面扫描机构、样品与针尖距离的控制调节机构以及计算机控制和数据处理系统. STM 工作时在针尖和被测固体表面构成的两个电极间施加一定电压，当两极间距离小到纳米(10^{-9}m)时，电子可以有隧道效应，从一个电极穿过两极间势垒到达另一电极形成电流. 电流的大小取决于两极间距离、施加电压以及待测表面的电子状态. 由于隧道电流与两极间距成指数关系(见式(28.5.19))，当针尖在材料表面扫描时，即使表面仅有原子尺度的起伏，电流可以有数百倍的变化. 通过记录隧道电流的变化，可得到样品表面的形貌图.

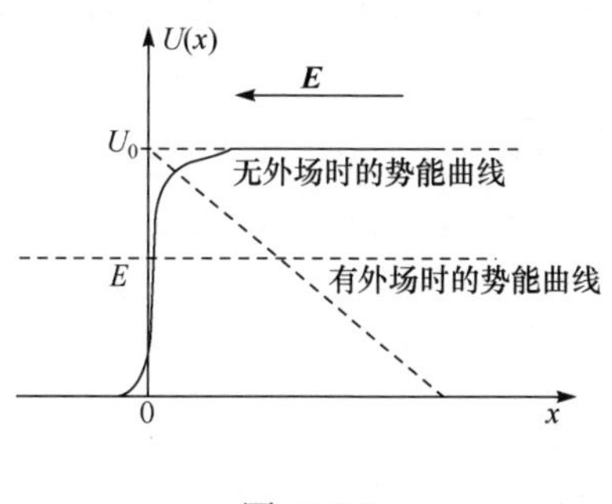

图 28.5.3

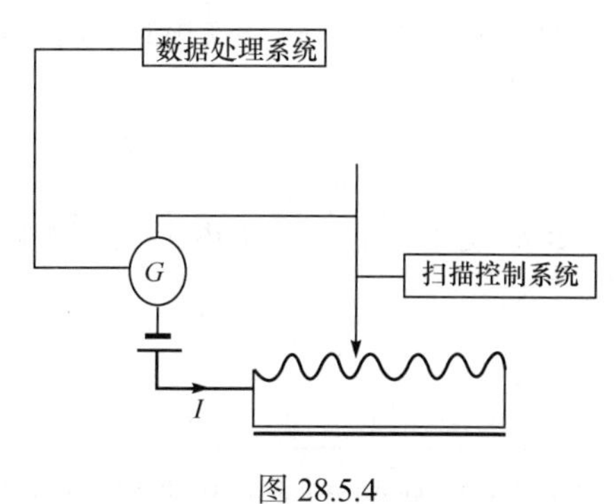

图 28.5.4

实际技术上针尖安放在压电陶瓷上，扫描过程中保持隧道电流不变(即两极间距不变)，利用压电陶瓷上电压变化反映表面的起伏. 巧妙控制针尖的横向扫描，并通过信号放大和计算机处理，就可显示样品表面原子排列及分布情况的彩色照片.

图 28.5.5

利用 STM 不仅能直接观察到原子排列，而且将针尖进一步靠近原子还可吸附单个原子，并沿材料表面拖动，按需要重新排列原子，实现对单个原子的操纵. 图 28.5.5 就是 IBM 公司的研究人员用 STM 的针尖将 48 个铁原子在一块精制的铜板上围成直径为 142.6Å 的圆环，环内的圆形波纹显示了这些电子的波动图景①，这是人类第一次实际看到的波函数.

问题和习题

28.1 从什么意义上说薛定谔方程在量子力学中的地位与牛顿方程在经典力学中的地位相当?

28.2 经典力学中的因果关系和量子力学中的因果关系分别体现在何处? 它们有何异同?

28.3 沿 x 轴运动的自由粒子的波函数为

$$\Psi = A\exp\left\{\frac{i}{\hbar}(px - Et)\right\}$$

式中的动量 p 和能量 E 遵循狭义相对论的能量-动量关系式

$$E^2 = (pc)^2 + (m_0c^2)^2$$

试从以上两式出发，推导出此粒子的波动微分方程.

28.4 与宏观的经典粒子相比较，处于一维无限深方势阱中的微观粒子，其运动有何特征? 如何根据物质波的概念解释这些特征?

28.5 微观粒子处于一维无限深方势阱中，试证明对应于不同本征能量的本征波函数相互正交，即

$$\int_{-\infty}^{+\infty} \psi_m^* \psi_n \mathrm{d}x = 0 \quad (m \neq n)$$

28.6 处于一维无限深方势阱中的微观粒子的本征函数系为

① M. F. Crommie, et al, Science, 262(1993), 218；转引自赵凯华等，量子物理，北京，高等教育出版社(2001)，139.

$$\psi_n(x)=\begin{cases}\sqrt{\dfrac{2}{a}}\sin\dfrac{n\pi x}{a} & (0\leqslant x\leqslant a)\\ 0 & (x<0\text{或}x>a)\end{cases}\qquad (n=1,2,3,\cdots)$$

试求：(1)粒子在 $0\leqslant x\leqslant a/4$ 区间中出现的概率，并对 $n=1$ 和 $n\to\infty$的情况算出概率值；(2)粒子处在基态时，概率密度最大的位置；(3)在哪些量子态上，$a/4$ 处的概率密度取极大？

28.7　设微观粒子的质量为 m，所处的一维无限深方势阱为 $U=\begin{cases}0 & (0\leqslant x\leqslant a)\\ \infty & (x<0\text{或}x>a)\end{cases}$，描述该粒子状态的波函数为

$$\Psi(x)=\begin{cases}\dfrac{4}{\sqrt{a}}\sin\dfrac{\pi x}{a}\cos^2\dfrac{\pi x}{a} & (0\leqslant x\leqslant a)\\ 0 & (x<0\text{或}x>a)\end{cases}$$

试问：若要测量该粒子的能量，则可能测得的能量值和平均能量各是多少？

28.8　试比较量子谐振子和经典谐振子的异同.

28.9　三维各向同性谐振子的哈密顿算符可以写为

$$\hat{H}=\frac{1}{2m}(\hat{p}_x^2+\hat{p}_y^2+\hat{p}_z^2)+\frac{1}{2}m\omega^2(x^2+y^2+z^2)$$

试利用一维谐振子的结果，讨论三微谐振子的能级结构和简并情况.

28.10　什么叫隧道效应？经典粒子有隧道效应吗？简述隧道效应的实验证据和技术应用.

28.11　设方势垒的宽度和高度分别为 a 和 U_0，微观粒子的质量和能量分别为 m 和 E(很小)，则此粒子对势垒的贯穿系数为

$$T=T_0\exp\left\{-\frac{2a}{\hbar}\sqrt{2m(U_0-E)}\right\}$$

令 $U_0-E=1\text{eV}$，试分别求出以下三种情形下粒子对势垒的贯穿系数：(1)粒子是电子，$a=0.70\text{nm}$；(2)粒子是电子，$a=0.30\text{nm}$；(3)粒子是质子，$a=0.70\text{nm}$.

第 29 章　力学量的算子表示　量子测量

本章我们研究量子系统在给定状态下各种物理量的取值. 在经典物理中，粒子的运动状态可以用坐标和动量描述,当状态给定后，其他力学量(如角动量、能量等)可以表示成坐标和动量的函数，其取值可直接由坐标、动量的取值计算或测量得出. 在量子物理中，量子系统的状态用波函数描写，力学量取值和状态之间就没有经典物理中那样直接的、单值决定的函数关系. 量子力学如何预言物理量在给定状态中的取值呢?

本章首先引进一类特殊的算子——**线性厄米**(Hermitian)**算子**，并简要地讨论它的数学性质. 然后通过说明如何计算坐标和动量在给定状态中的平均值，引进力学量算子的概念. 接着介绍**量子力学的第四条基本假设：量子力学中力学量用线性厄米算子表示**. 在简要地讨论了基本力学量算子的构造、对易关系、对易关系的物理意义、一般形式的不确定关系后，详细讨论了角动量算子的本征值和本征函数，通过实验结果分析引进电子自旋概念和在量子物理、量子信息中都极为重要的泡利算子；最后引进量子力学的**第五条基本原理——量子测量假设**及量子力学平均值随时间的演化以及量子力学中的守恒定律.

学习指导：前三节在预习时要了解①量子力学为什么要用线性厄米算子表示力学量(包括线性厄米算子重要性质，量子力学用线性厄米算子表示力学量的合理性)，两个力学量算子对易具有什么样的物理意义；后三节要求重点关注②角动量算子的本征值和本征函数及角动量的量子化；③电子的自旋假设和泡利算子；④量子测量假设、量子力学守恒量条件、量子统计因果关系.

教师引导学生了解前三节的内容，重点讲解角动量算子、角动量算子本征值和本征函数，淡化数学细节着重物理图像和意义；电子自旋假设及泡利算子的物理意义；量子测量假设及量子力学统计的因果关系.

* § 29.1　线性厄米算子

由于在量子力学中系统运动状态不是直接用坐标、动量描述，系统状态和力学量取值没有直接的、决定性的联系，所以和经典物理不同，量子力学中的力学量用一类算子——线性厄米算子表示.

29.1.1　线性厄米算子

算子(operator)是作用到波函数上的一种运算或操作符号. 前面已经遇到了一些算子

$$\mathrm{i}\hbar\frac{\partial}{\partial t}, -\mathrm{i}\hbar\nabla, \hat{H}=-\frac{\hbar^2}{2m}\nabla^2+\hat{U}(\boldsymbol{R})$$

分别是能量、动量和哈密顿算子. 特别强调位置矢量 $\boldsymbol{R}$ 以及它的标量函数(如势函数 $\hat{U}(\boldsymbol{R})$ 等)也可看作算子，它们对波函数的作用就是用自身乘波函数；特别对波函数不作用也可以看作算子，记为 I——称为**恒等算子**.

在数学上我们已经知道，若算子 $\hat{F}$ 具有性质

$$\hat{F}(\alpha\psi_1+\beta\psi_2)=\alpha\hat{F}\psi_1+\beta\hat{F}\psi_2 \tag{29.1.1}$$

α，β是两个任意常数，ψ_1, ψ_2 是两个任意波函数，则称 $\hat{F}$ 是**线性算子**(linear operator).

定义算子 $\hat{F}$ 的**厄米共轭**算子 $\hat{F}^+$ 为满足以下条件的算子：

$$\int\psi^*(\boldsymbol{R})\hat{F}^+\varphi(\boldsymbol{R})\mathrm{d}V=\int\varphi(\boldsymbol{R})[\hat{F}\psi(\boldsymbol{R})]^*\mathrm{d}V \tag{29.1.2}$$

其中 ψ,ϕ 是两个任意波函数，“*”表示取复共轭. 这一关系用狄拉克符号可表示为

$$\left\langle\psi(\boldsymbol{R})\middle|\hat{F}^+\varphi(\boldsymbol{R})\right\rangle=\left\langle\hat{F}\psi(\boldsymbol{R})\middle|\varphi(\boldsymbol{R})\right\rangle=(\left\langle\varphi(\boldsymbol{R})\middle|\hat{F}\psi(\boldsymbol{R})\right\rangle)^*$$

特别若

$$\hat{F}^+=\hat{F} \tag{29.1.3}$$

即对任意两个波函数 ψ,ϕ 都有

$$\int\psi^*(\boldsymbol{R})\hat{F}\varphi(\boldsymbol{R})dV=\int\varphi(\boldsymbol{R})[\hat{F}\psi(\boldsymbol{R})]^*\mathrm{d}V \tag{29.1.4}$$

称 $\hat{F}$ 是个**厄米算子**(Hermitian operator). 用狄拉克符号上式的条件可记为

$$\left\langle\psi(\boldsymbol{R})\middle|\hat{F}\varphi(\boldsymbol{R})\right\rangle=(\left\langle\varphi(\boldsymbol{R})\middle|\hat{F}\psi(\boldsymbol{R})\right\rangle)^* \tag{29.1.5}$$

如果一个算子既是线性的，又是厄米的，称这样的算子是**线性厄米算子**.

例 29.1.1　验证动量算子是线性厄米算子.

解　取它的一个分量 $-\mathrm{i}\hbar\dfrac{\mathrm{d}}{\mathrm{d}x}$,它的线性可由微分运算的线性看出. 为了证明它的厄米性，任取两个波函数 $\psi(x)$ 和 $\phi(x)$，则

$$\int_{-\infty}^{\infty}\psi^*(x)\left(-\mathrm{i}\hbar\frac{\mathrm{d}}{\mathrm{d}x}\right)\phi(x)\mathrm{d}x=-\mathrm{i}\hbar\psi^*(x)\phi(x)\Big|_{-\infty}^{\infty}+\mathrm{i}\hbar\int_{-\infty}^{\infty}\phi(x)\frac{\mathrm{d}}{\mathrm{d}x}\psi^*(x)\mathrm{d}x$$

上式用到分部积分，注意到对任何实际的波函数都有无穷远取零值，上式可写作

$$\int_{-\infty}^{\infty}\psi^*(x)\left(-\mathrm{i}\hbar\frac{\mathrm{d}}{\mathrm{d}x}\right)\phi(x)\mathrm{d}x=\int_{-\infty}^{\infty}\phi(x)\left[-\mathrm{i}\hbar\frac{\mathrm{d}}{\mathrm{d}x}\psi(x)\right]^*\mathrm{d}x$$

和式(29.1.4)比较，这就证明了 $-\mathrm{i}\hbar\mathrm{d}/\mathrm{d}x$ 的厄米性质.

29.1.2 线性厄米算子的本征值和本征函数

线性厄米算子的本征值和本征函数有一些重要性质,这些性质我们用下面的定理表述,关于这些定理的证明,有兴趣的读者可参考书后的附录 10.

定理 1 线性厄米算子的本征值都是实数.

定理 2 线性厄米算子属于不同本征值的本征函数正交.

根据这一定理,设$|u\rangle,|v\rangle$分别是线性厄米算子$\hat{F}$属于两不同本征值F_u,F_v的两个本征函数,则有

$$\langle v|u\rangle=0 \tag{29.1.6}$$

在 § 28.3 曾证明无限深势阱中的粒子属于不同能量本征值的波函数正交;式(27.4.3)表示的属于不同动量$\boldsymbol{p}$的本征波函数正交,都是这一定理成立的具体例子.

定理 3 线性厄米算子的本征函数作为基矢张起一个完备的矢量空间.

数学上在严格条件下可给出这个定理证明,在物理上通常作为一个物理事实接受下来. 无限深势阱中粒子哈密顿算子的本征函数(式(28.3.8))的完备性,动量算子的本征函数——$\boldsymbol{p}$取不同值的平面波——的完备性都是大家熟知的例子. 这个定理表明,若$\hat{F}$是线性厄米算子,它的本征函数系为$\{|u_n\rangle\}$(不失一般性可假设它们是正交归一化的)

$$\int u_n^*(\boldsymbol{R})u_m(\boldsymbol{R})\mathrm{d}V\equiv\langle u_n|u_m\rangle=\delta_{n,m} \tag{29.1.7}$$

则任意波函数$|\Psi\rangle$都可用这个函数系展开,严格地表示为

$$|\Psi\rangle=\sum_n c_n|u_n\rangle \tag{29.1.8}$$

展开系数c_n可利用本征函数系的正交归一化关系求出

$$c_n=\langle u_n|\Psi\rangle \tag{29.1.9}$$

代入式(29.1.8)中,得

$$|\Psi\rangle=\sum_n |u_n\rangle\langle u_n|\Psi\rangle$$

由于此式对任意波函数$|\Psi\rangle$成立,由此可得单位算子的一个有用的表示

$$\sum_n|u_n\rangle\langle u_n|=I \tag{29.1.10}$$

还可以证明(参见附录 10 中定理 3)完备性条件可表示为

$$\sum_n u_n^*(\boldsymbol{R}')u_n(\boldsymbol{R})=\delta(\boldsymbol{R}'-\boldsymbol{R}) \tag{29.1.11}$$

* § 29.2 力学量用线性厄米算子表示

量子力学中的力学量用线性厄米算子表示. 为了看出力学量用线性厄米算子表示的合理

性，首先研究在量子力学如何计算在给定状态中坐标和动量的平均值.

29.2.1　坐标和动量在给定状态中的平均值

设单粒子量子系统处在由归一化波函数 $\Psi(\boldsymbol{R})$ 描述的状态，在这个状态中位置概率密度由 $\Psi^*(\boldsymbol{R})\Psi(\boldsymbol{R})=|\Psi(\boldsymbol{R})|^2$ 给出，按统计求平均的规则，粒子坐标矢量平均值(以下用符号 $\langle * \rangle$ 表示平均值)是

$$\langle \boldsymbol{R} \rangle = \int_\infty \boldsymbol{R}\Psi^*(\boldsymbol{R})\Psi(\boldsymbol{R})\mathrm{d}V = \langle \Psi | \hat{\boldsymbol{R}} | \Psi \rangle \tag{29.2.1}$$

再看在 $\Psi(\boldsymbol{R},t)$ 描述态中动量的平均值，由于粒子动量取值 $\boldsymbol{p}$ 的概率由 $|c(\boldsymbol{p},t)|^2$ 给出，而由式(27.4.12)

$$c(\boldsymbol{p},t)=\frac{1}{(2\pi\hbar)^{3/2}}\int \Psi(\boldsymbol{R},t)\mathrm{e}^{-\frac{\mathrm{i}}{\hbar}(\boldsymbol{p}\cdot\boldsymbol{R}-Et)}\mathrm{d}V \tag{29.2.2}$$

所以动量平均值可表示为

$$\langle p \rangle = \int \boldsymbol{p}c^*(\boldsymbol{p},t)c(\boldsymbol{p},t)\mathrm{d}\boldsymbol{p}$$

(此式类似于坐标情况下的式(29.2.1))，将式(29.2.2)代入，上式可写作

$$\langle \boldsymbol{p} \rangle = \frac{1}{(2\pi\hbar)^3}\int \Psi^*(\boldsymbol{R}',t)\mathrm{e}^{\frac{\mathrm{i}}{\hbar}\boldsymbol{p}\cdot\boldsymbol{R}'}\cdot\boldsymbol{p}\cdot\Psi(\boldsymbol{R},t)\mathrm{e}^{-\frac{\mathrm{i}}{\hbar}\boldsymbol{p}\cdot\boldsymbol{R}}\mathrm{d}\boldsymbol{p}\mathrm{d}V'\mathrm{d}V$$

利用平面波态是动量算子的本征态(见 § 28.2 例 28.2.1)

$$\boldsymbol{p}\mathrm{e}^{\frac{\mathrm{i}}{\hbar}\boldsymbol{p}\cdot\boldsymbol{R}} = -\mathrm{i}\hbar\nabla\mathrm{e}^{\frac{\mathrm{i}}{\hbar}\boldsymbol{p}\cdot\boldsymbol{R}}$$

同时注意到微分算子 ∇ 只作用在不带撇的坐标 $\boldsymbol{R}$ 上，上式又可写作

$$\langle \boldsymbol{p} \rangle = \frac{1}{(2\pi\hbar)^3}\int \Psi^*(\boldsymbol{R}',t)[-\mathrm{i}\hbar\nabla\mathrm{e}^{\frac{\mathrm{i}}{\hbar}\boldsymbol{p}\cdot(\boldsymbol{R}'-\boldsymbol{R})}\mathrm{d}\boldsymbol{p}]\Psi(\boldsymbol{R},t)\mathrm{d}V'\mathrm{d}V \tag{29.2.3}$$

∇ 算子表示的微分运算、对动量 $\boldsymbol{p}$ 的积分运算先后次序是可交换的. 首先对动量积分，利用式(A.9.18)有

$$\frac{1}{(2\pi\hbar)^3}\int \mathrm{e}^{\frac{\mathrm{i}}{\hbar}\boldsymbol{p}\cdot(\boldsymbol{R}'-\boldsymbol{R})}\mathrm{d}\boldsymbol{p} = \delta(\boldsymbol{R}'-\boldsymbol{R})$$

注意到 ∇ 算子的表式(A.5.4)，利用积分公式(A.9.9)

$$\int f(x')\frac{\partial^n}{\partial x'^n}\delta(x'-x)\mathrm{d}x' = (-1)^n\frac{\partial^n}{\partial x^n}f(x)$$

由式(29.2.3)可得

$$\langle \boldsymbol{p} \rangle = \int \Psi^*(\boldsymbol{R},t)(-\mathrm{i}\hbar\nabla)\Psi(\boldsymbol{R},t)\mathrm{d}V = \langle \Psi | (-\mathrm{i}\hbar\nabla) | \Psi \rangle \tag{29.2.4}$$

这就是给定状态 Ψ 下动量的平均值公式.

29.2.2 力学量用线性厄米算子表示

考察式(29.2.1)和式(29.2.4)可以看出,在量子力学中可以把经典物理中的坐标和动量分别用下面的算子表示:

$$\begin{aligned} \boldsymbol{R} &\to \hat{\boldsymbol{R}} \\ \boldsymbol{p} &\to -\mathrm{i}\hbar\nabla \end{aligned} \tag{29.2.5}$$

它们作用到波函数上,再乘以波函数的复共扼,并在全空间积分,就给出相应力学量在**波函数描述态中的平均值**. 特别若系统就处在动量算子的本征态 $\Psi=\psi_p$ 上,由于

$$-\mathrm{i}\hbar\nabla\psi_p=\boldsymbol{p}\psi_p$$

由式(29.2.4)

$$\langle\boldsymbol{p}\rangle=\int\psi_p^*(\boldsymbol{R},t)(-\mathrm{i}\hbar\nabla)\psi_p(\boldsymbol{R},t)\mathrm{d}V=\boldsymbol{p}\int\psi_p^*(\boldsymbol{R},t)\psi_p(\boldsymbol{R},t)\mathrm{d}V=\boldsymbol{p}$$

表示在态 ψ_p 中动量的平均值就是动量算子的本征值. 这显示出力学量算子和力学量取值之间的联系. 显然类似的讨论对坐标算子、动能算子、哈密顿算子都适用. 这启发了下面的假设:

量子力学的第四条基本假设:量子力学中的每个力学量 F 都用一个线性厄米算子 $\hat{F}$ 表示. 测量力学量 F 的可能值谱就是算子 $\hat{F}$ 的本征值谱;仅当系统处在 $\hat{F}$ 的某个本征态 ψ_n 时,测量力学量 F 才能得到唯一确定的结果 F_n,即算子 $\hat{F}$ 属于本征态 ψ_n 的本征值.

由于厄米算子的本征值都是实数,这就保证了测量任何力学量结果都是实数. 和量子力学的其他假设一样,这个假设的正确性也要靠实践证明.

29.2.3 力学量算子的构造

除坐标算子、动量算子外,量子力学中其他力学量算子可由下述方法构造:对于像角动量、动能、哈密顿等力学量,在经典上可表示为坐标、动量的函数,这些量的量子力学算子可由它们在笛卡儿(Descartes)坐标系下的经典表达式

$$F(x,y,z,p_x,p_y,p_z)$$

将其中的 x,y,z,p_x,p_y,p_z 分别代以相应的算子 $\hat{x},\hat{y},\hat{z},-\mathrm{i}\hbar\dfrac{\partial}{\partial x},-\mathrm{i}\hbar\dfrac{\partial}{\partial y},-\mathrm{i}\hbar\dfrac{\partial}{\partial z}$ 得出. 前面给出的动能算子、哈密顿算子就是用这种方法构造的.

用这一方法可构造出量子力学中的**角动量算子**. 经典物理中角动量定义为 $\boldsymbol{L}=\boldsymbol{r}\times\boldsymbol{p}$,量子力学中的角动量算子为

$$\hat{\boldsymbol{L}}=\hat{\boldsymbol{r}}\times\hat{\boldsymbol{p}}=-\mathrm{i}\hbar(\boldsymbol{r}\times\nabla) \tag{29.2.6}$$

作出上面的"×"乘运算,可得到角动量算子各直角分量

$$\hat{L}_x=y\hat{p}_z-z\hat{p}_y=-\mathrm{i}\hbar\left(y\frac{\partial}{\partial z}-z\frac{\partial}{\partial y}\right)$$

$$\hat{L}_y = z\hat{p}_x - x\hat{p}_z = -\mathrm{i}\hbar\left(z\frac{\partial}{\partial x} - x\frac{\partial}{\partial z}\right)$$
$$L_z = x\hat{p}_y - y\hat{p}_x = -\mathrm{i}\hbar\left(x\frac{\partial}{\partial y} - y\frac{\partial}{\partial x}\right) \tag{29.2.7}$$

式(29.2.7)可合并写成矢量形式

$$\hat{\boldsymbol{L}} = -\mathrm{i}\hbar\hat{\boldsymbol{r}} \times \nabla \tag{29.2.8}$$

量子力学中还存在一些没有经典对应的力学量，如自旋、宇称等，这些量的算子通常直接给出它们的运算规则或用它们在作用空间中的表示矩阵定义.

* § 29.3　算子的对易关系　对易关系的物理意义

29.3.1　对易子

设 $\psi(x)$ 是任意波函数，将动量算子 $\hat{p}_x = -\mathrm{i}\hbar\mathrm{d}/\mathrm{d}x$ 作用到 $x\psi(x)$ 上

$$\hat{p}_x[x\psi(x)] = -\mathrm{i}\hbar\frac{\mathrm{d}}{\mathrm{d}x}[x\psi(x)] = -\mathrm{i}\hbar\left[\psi(x) + x\frac{\mathrm{d}\psi(x)}{\mathrm{d}x}\right]$$
$$= -\mathrm{i}\hbar\left(1 + x\frac{\mathrm{d}}{\mathrm{d}x}\right)\psi(x)$$

即

$$[\hat{p}_x x - x\hat{p}_x]\psi(x) = -\mathrm{i}\hbar\psi(x)$$

由于 $\psi(x)$ 任意，得算子等式

$$(\hat{p}_x x - x\hat{p}_x) = -\mathrm{i}\hbar \tag{29.3.1}$$

这表明**一般情况下表示力学量的算子“乘积”**不具有**可对易性**(可交换性)，这是量子力学与经典力学的一个显著差别.

为了刻画算子的这一特征，在量子力学中引进**对易子**(commutator)的概念. 算子 $\hat{A}$ 和 $\hat{B}$ 的**对易子**定义为

$$[\hat{A},\hat{B}] = \hat{A}\hat{B} - \hat{B}\hat{A} \tag{29.3.2}$$

若 $[\hat{A},\hat{B}] = 0$，即 $\hat{A}\hat{B} = \hat{B}\hat{A}$，称算子 $\hat{A}$ 和 $\hat{B}$ **对易**，否则称这两个算子**不对易**.

使用对易子表达，式(29.3.1)可写作

$$[\hat{p}_x,\hat{x}] = -\mathrm{i}\hbar \tag{29.3.3}$$

称为算子 $\hat{p}_x$ 和 $\hat{x}$ 的**对易关系**(commutation relation). 可以证明动量 y,z 分量分别和坐标的 y,z 分量满足相同的对易关系

$$[\hat{p}_y,\hat{y}] = -\mathrm{i}\hbar,\quad [\hat{p}_z,\hat{z}] = -\mathrm{i}\hbar \tag{29.3.4}$$

由于一个坐标分量的微分算子对其他坐标分量的作用，可以把其他坐标分量作为常量看待，所以**动量分量算子和不同分量的坐标算子对易**，即$[\hat{p}_i,\hat{x}_j]=0, i\neq j$. 动量分量和坐标分量的对易关系可合并写为

$$[\hat{p}_i,\hat{x}_j]=-\mathrm{i}\hbar\delta_{i,j},\quad i,j=x,y,z \tag{29.3.5}$$

显然，动量的不同分量、坐标算子的不同分量都是对易的

$$[\hat{p}_i,\hat{p}_j]=0,\quad i,j=x,y,z \tag{29.3.6}$$

$$[\hat{x}_i,\hat{x}_j]=0,\quad i,j=x,y,z \tag{29.3.7}$$

在量子力学中，算子的对易关系有重要意义，所以在量子力学中经常需要进行算子的对易子运算. 利用对易子定义式(29.3.2),容易证明对易子运算有以下性质：

$$[\hat{A},\hat{B}]=-[\hat{B},\hat{A}] \tag{29.3.8}$$

$$[\hat{A}+\hat{B},\hat{C}]=[\hat{A},\hat{C}]+[\hat{B},\hat{C}] \tag{29.3.9}$$

$$[\hat{A}\hat{B},\hat{C}]=\hat{A}[\hat{B},\hat{C}]+[\hat{A},\hat{C}]\hat{B} \tag{29.3.10}$$

熟练地掌握这些性质，常可以简化对易子运算.

作为对易子运算的例子，我们给出式(29.3.9)的证明. 利用对易子的定义式(29.3.2)

$$\begin{aligned}[\hat{A}+\hat{B},\hat{C}]&=(\hat{A}+\hat{B})\hat{C}-\hat{C}(\hat{A}+\hat{B})\\&=\hat{A}\hat{C}+\hat{B}\hat{C}-\hat{C}\hat{A}-\hat{C}\hat{B}=(\hat{A}\hat{C}-\hat{C}\hat{A})+(\hat{B}\hat{C}-\hat{C}\hat{B})=[\hat{A},\hat{C}]+[\hat{B},\hat{C}]\end{aligned}$$

29.3.2　算子对易的物理意义

若两个力学量算子$\hat{F},\hat{G}$对易，即$\left[\hat{F},\hat{G}\right]=0$，它们具有下面的性质：

定理 1　两个力学量算子有共同完备本征函数系的充要条件是这两个算子对易.

关于这个定理的证明，参见附录 10 中定理 4. 这个定理表明，如果两个力学量算子对易，它们有共同、完备的本征函数系(当然对应同一个本征函数，不同力学量算子的本征值不同)；反过来，**如果两个算子有共同、完备的本征函数系，它们必定互相对易.**

值得指出的是，这里关于两个算子的讨论可以推广到多个算子情况，即一组互相独立的力学量算子$\left\{\hat{F},\hat{G},\cdots,\hat{K}\right\}$有共同、完备本征函数系的充要条件是它们互相对易.

根据上面的定理，**量子系统的一个状态可以是一个或几个互相对易力学量算子的共同本征态，反过来给定一组互相独立且彼此对易的力学量算子的本征值，就确定了一个状态**. 完全确定量子系统一个状态，需要的相互独立、相互对易力学量算子的集合，称为这个量子系统的一组**力学量完全集**(complete set of dynamical variables). 力学量完全集中包含的算子数目等于体系的**自由度数目**(这与经典物理不同，经典物理中完全确定一个系统的状态需要的力学量数目是体系自由度的二倍). 例如，自由粒子的一个状态，可以由给出动量算子三个分量本征值$\left\{p_x,p_y,p_z\right\}$确定.

29.3.3　两个不对易的力学量算子　一般形式的不确定性关系

如果两力学量算子 $\hat{F}$ 和 $\hat{G}$ 不对易，$[\hat{F},\hat{G}]=\mathrm{i}\hat{K}$ ($\hat{K}$ 是非零算子)，$\hat{F}$ 和 $\hat{G}$ 一般不存在共同本征态，所以在一般态中不能同时取确定值. 两个算子的不确定程度可以用在任意态中这两算子的**均方偏差**表示. 以 $\langle F\rangle,\langle G\rangle,\langle K\rangle$ 分别表示在任意态 $|\psi\rangle$ 中算子 $\hat{F},\hat{G},\hat{K}$ 的平均值，并令 $\Delta\hat{F}=\hat{F}-\langle F\rangle$，$\Delta\hat{G}=\hat{G}-\langle G\rangle$，算子 $\hat{F}$ 和 $\hat{G}$ 的**均方偏差**定义为

$$\left\langle(\Delta\hat{F})^2\right\rangle=\left\langle(\hat{F}-\langle F\rangle)^2\right\rangle=\left\langle\hat{F}^2-2\hat{F}\langle F\rangle+\langle F\rangle^2\right\rangle=\left\langle\hat{F}^2\right\rangle-\langle F\rangle^2$$

同样

$$\left\langle(\Delta\hat{G})^2\right\rangle=\left\langle\hat{G}^2\right\rangle-\langle G\rangle^2 \tag{29.3.11}$$

关于 $\hat{F}$ 和 $\hat{G}$ 的不确定程度，我们有下面的定理：

定理 2　若力学量算子 $\hat{F}$ 和 $\hat{G}$ 不对易：$[\hat{F},\hat{G}]=\mathrm{i}\hat{K}$ ($\hat{K}$ 是非零算子)，在任意态中 $\hat{F}$ 和 $\hat{G}$ 的均方偏差满足

$$\left\langle(\Delta\hat{F})^2\right\rangle\cdot\left\langle(\Delta\hat{G})^2\right\rangle\geqslant\frac{1}{4}\langle K\rangle^2 \tag{29.3.12}$$

证明　首先注意到 $\Delta\hat{F}$，$\Delta\hat{G}$ 是两个算子，它们满足对易关系

$$[\Delta\hat{F},\ \Delta\hat{G}]=\Delta\hat{F}\Delta\hat{G}-\Delta\hat{G}\Delta\hat{F}=[\hat{F},\hat{G}]=\mathrm{i}\hat{K} \tag{29.3.13}$$

取任意态 $\psi(x)$，并构造如下的积分

$$I(\xi)=\int_\infty\left|(\xi\Delta\hat{F}-\mathrm{i}\Delta\hat{G})\psi\right|^2\mathrm{d}V\geqslant0$$

ξ 为一实参数，被积函数实际上是一个波函数的模方. 上面的积分可化为

$$\begin{aligned}I(\xi)&=\xi^2\int_\infty\psi^*(\Delta\hat{F})^2\psi\mathrm{d}V-\mathrm{i}\xi\int_\infty\psi^*(\Delta\hat{F}\Delta\hat{G}-\Delta\hat{G}\Delta\hat{F})\psi\mathrm{d}V+\int_\infty\psi^*(\Delta\hat{G})^2\psi\mathrm{d}V\\&=\xi^2\left\langle(\Delta\hat{F})^2\right\rangle+\xi\langle K\rangle+\left\langle(\Delta\hat{G})^2\right\rangle\geqslant0\end{aligned} \tag{29.3.14}$$

根据二项式定理，不等式(29.3.14)成立条件是系数满足

$$\langle K\rangle^2-4\left\langle(\Delta\hat{F})^2\right\rangle\cdot\left\langle(\Delta\hat{G})^2\right\rangle\leqslant0$$

或

$$\left\langle(\Delta\hat{F})^2\right\rangle\cdot\left\langle(\Delta\hat{G})^2\right\rangle\geqslant\frac{1}{4}\langle K\rangle^2$$

即式(29.3.12)成立.

式(29.3.12)就是**一般形式的不确定性关系**，称为海森伯**不确定性关系**(uncertainty relation). 根据动量坐标的对易关系式(29.3.5)，由式(29.3.12)，可得出

$$\sqrt{\left\langle(\Delta\hat{p}_x)^2\right\rangle}\cdot\sqrt{\left\langle(\Delta\hat{x})^2\right\rangle}\geqslant\frac{\hbar}{2} \tag{29.3.15}$$

特别对于$\langle x\rangle=0,\langle p_x\rangle=0$的系统，上式就化为前面已使用的坐标、动量不确定性关系的形式

$$\Delta x\cdot\Delta p_x\geqslant\frac{\hbar}{2}\tag{29.3.16}$$

§ 29.4　角动量算子　角动量算子的本征值和本征函数

角动量算子是量子力学中一类重要的算子，它在研究粒子在中心力场中的运动，特别在研究氢原子和原子以及原子核结构中都有重要应用.

29.4.1　角动量算子在球坐标系下的表示

讨论粒子在中心力场中的运动，用球坐标系表示角动量算子更方便. 利用球坐标系和直角坐标系坐标变换关系，可以求出(参见附录 11)角动量各分量算子的球坐标表示

$$\begin{cases}\hat{L}_x=\mathrm{i}\hbar\left(\sin\varphi\dfrac{\partial}{\partial\theta}+\cot\theta\cos\varphi\dfrac{\partial}{\partial\varphi}\right)\\ \hat{L}_y=\mathrm{i}\hbar\left(-\cos\varphi\dfrac{\partial}{\partial\theta}+\cot\theta\sin\varphi\dfrac{\partial}{\partial\varphi}\right)\\ \hat{L}_z=-\mathrm{i}\hbar\dfrac{\partial}{\partial\varphi}\end{cases}\tag{29.4.1}$$

在球坐标系下角动量平方算子$\hat{L}^2=\hat{L}_x^2+\hat{L}_y^2+\hat{L}_z^2$可以写为(见式(A.11.4))

$$\hat{L}^2=-\hbar^2\left[\frac{1}{\sin\theta}\frac{\partial}{\partial\theta}\left(\sin\vartheta\frac{\partial}{\partial\theta}\right)+\frac{1}{\sin^2\theta}\frac{\partial^2}{\partial\varphi^2}\right]\tag{29.4.2}$$

根据角动量的定义式(29.2.7)和对易关系式(29.3.4)～式(29.3.6),可以证明角动量算子满足以下的对易关系：

$$[\hat{L}_x,\hat{L}_y]=\mathrm{i}\hbar\hat{L}_z,\ [\hat{L}_y,\hat{L}_z]=\mathrm{i}\hbar\hat{L}_x,\ [\hat{L}_z,\hat{L}_x]=\mathrm{i}\hbar\hat{L}_y\tag{29.4.3}$$

或写成矢量形式

$$\hat{\boldsymbol{L}}\times\hat{\boldsymbol{L}}=\mathrm{i}\hbar\hat{\boldsymbol{L}}\tag{29.4.4}$$

作为例子，我们给出式(29.4.3)中第一式的证明：利用式(29.2.7)

$$\begin{aligned}\left[\hat{L}_x,\hat{L}_y\right]&=(y\hat{p}_z-z\hat{p}_y)(z\hat{p}_x-x\hat{p}_z)-(z\hat{p}_x-x\hat{p}_z)(y\hat{p}_z-z\hat{p}_y)\\&=y\hat{p}_z z\hat{p}_x-y\hat{p}_z x\hat{p}_z-z\hat{p}_y z\hat{p}_x+z\hat{p}_y x\hat{p}_z-z\hat{p}_x y\hat{p}_z+z\hat{p}_x z\hat{p}_y+x\hat{p}_z y\hat{p}_z-x\hat{p}_z z\hat{p}_x\end{aligned}$$

$$= (x\hat{p}_y - y\hat{p}_x)z\hat{p}_z - (x\hat{p}_y - y\hat{p}_x)\hat{p}_z z$$
$$= \mathrm{i}\hbar\hat{L}_z$$

类似地可证明式(29.4.3)中第 2、第 3 式也成立. 还可证明角动量平方算子和每个角动量分量算子都对易

$$[\hat{L}^2, \hat{L}_i] = 0, \quad i = x, y, z \tag{29.4.5}$$

对易关系式(29.4.3)、式(29.4.4)完全确定了角动量的性质，事实上式(29.4.3)或式(29.4.4)可作为角动量算子的定义式，即**如果一个矢量算子的三个直角分量满足式(29.4.3)的对易关系，这个矢量算子就是角动量算子**.

例 29.4.1　证明$\left[\hat{L}^2, \hat{L}_z\right] = 0$.

证明
$$\left[\hat{L}^2, \hat{L}_z\right] = [(\hat{L}_x^2 + \hat{L}_y^2 + \hat{L}_z^2), \hat{L}_z] = [\hat{L}_x^2, \hat{L}_z] + [\hat{L}_y^2, \hat{L}_z] \tag{29.4.6}$$

其中已用到$[\hat{L}_z^2, \hat{L}_z] = 0$. 利用对易子计算规则式(29.3.10)及对易关系式(29.4.4)

$$[\hat{L}_x^2, \hat{L}_z] = \hat{L}_x[\hat{L}_x, \hat{L}_z] + [\hat{L}_x, \hat{L}_z]\hat{L}_x = -\mathrm{i}\hbar(\hat{L}_x\hat{L}_y + \hat{L}_y\hat{L}_x)$$

$$[\hat{L}_y^2, \hat{L}_z] = \hat{L}_y[\hat{L}_y, \hat{L}_z] + [\hat{L}_y, \hat{L}_z]\hat{L}_y = \mathrm{i}\hbar(\hat{L}_y\hat{L}_x + \hat{L}_x\hat{L}_y)$$

将上述结果代入式(29.4.6)，即得$[\hat{L}^2, \hat{L}_z] = 0$. 类似地还可证明$[\hat{L}^2, \hat{L}_x] = [\hat{L}^2, \hat{L}_y] = 0$成立.

例 29.4.2　令$\hat{L}_\pm = \hat{L}_x \pm \mathrm{i}\hat{L}_y$, **证明**

(1)
$$[\hat{L}_z, \hat{L}_\pm] = \pm\hbar\hat{L}_\pm \tag{29.4.7}$$

(2)
$$[\hat{L}_+, \hat{L}_-] = 2\hbar\hat{L}_z \tag{29.4.8}$$

证明　利用对易子计算规则式(29.3.9)

(1)
$$[\hat{L}_z, \hat{L}_\pm] = [\hat{L}_z, (\hat{L}_x \pm \mathrm{i}\hat{L}_y)] = [\hat{L}_z, \hat{L}_x] \pm \mathrm{i}[\hat{L}_z, \hat{L}_y]$$

再利用对易关系(29.4.6)，即得

$$[\hat{L}_z, \hat{L}_\pm] = \mathrm{i}\hbar\hat{L}_y \pm \hbar\hat{L}_x = \pm\hbar(\hat{L}_x \pm \mathrm{i}\hat{L}_y) = \pm\hbar\hat{L}_\pm$$

类似地，

(2)
$$[\hat{L}_+, \hat{L}_-] = [(\hat{L}_x + \mathrm{i}\hat{L}_y), (\hat{L}_x - \mathrm{i}\hat{L}_y)] = [(\hat{L}_x + \mathrm{i}\hat{L}_y), \hat{L}_x] - \mathrm{i}[(\hat{L}_x + \mathrm{i}\hat{L}_y), \hat{L}_y]$$
$$= \mathrm{i}[\hat{L}_y, \hat{L}_x] - \mathrm{i}[\hat{L}_x, \hat{L}_y] = 2\hbar\hat{L}_z$$

由于角动量平方算子和每个角动量分量算子都对易，特别角动量平方算子和角动量 z 分量对易：$[\hat{L}^2, \hat{L}_z] = 0$，根据 § 29.1 定理 3，它们有共同的完备本征函数系. 这个本征函数系是描述粒子在中心力场中运动状态波函数的一部分.

29.4.2 角动量算子的本征值和本征函数

设角动量平方算子 $\hat{L}^2$ 的本征函数是 $\mathrm{Y}(\theta,\varphi)$，相应的本征值为 $\lambda\hbar^2$，即

$$\hat{L}^2\mathrm{Y}(\theta,\varphi)=\lambda\hbar^2\mathrm{Y}(\theta,\varphi) \tag{29.4.9}$$

利用式(29.4.2), $\hat{L}^2$ 算子的本征值方程可以写作

$$\left[\frac{1}{\sin\theta}\frac{\partial}{\partial\theta}\left(\sin\theta\frac{\partial}{\partial\theta}\right)+\frac{1}{\sin^2\theta}\frac{\partial^2}{\partial\varphi^2}\right]\mathrm{Y}(\theta,\varphi)=-\lambda\mathrm{Y}(\theta,\varphi) \tag{29.4.10}$$

方程式(29.4.10)可以用分离变量法求解，具体求解过程参见附录 11，这里只列出结果.

当且仅当

$$\lambda=l(l+1),\quad l=0,1,2,\cdots \tag{29.4.11}$$

方程才有满足波函数标准化条件的解，其解为**球谐函数** $\mathrm{Y}_{lm}(\theta,\varphi)$，即

$$\hat{L}^2\mathrm{Y}_{lm}(\theta,\varphi)=l(l+1)\hbar^2\mathrm{Y}_{lm}(\theta,\varphi) \tag{29.4.12}$$

其中球谐函数

$$\mathrm{Y}_{lm}(\theta,\varphi)=\sqrt{\frac{(l-|m|)!(2l+1)}{(l+|m|)4\pi}}\mathrm{p}_l^m(\cos\theta)\mathrm{e}^{\mathrm{i}m\varphi} \tag{29.4.13}$$

$$|m|\leqslant l,\quad m=0,\pm1,\pm2,\cdots,\pm l \tag{29.4.14}$$

球谐函数作为厄米算子 $\hat{L}^2$ 的本征函数是相互正交的，并满足归一化关系

$$\int_{\varphi=0}^{2\pi}\int_{\vartheta=0}^{\pi}\mathrm{Y}_{lm}^*(\theta,\varphi)\mathrm{Y}_{lm}(\theta,\varphi)\sin\theta\mathrm{d}\theta\mathrm{d}\varphi=1 \tag{29.4.15}$$

由式(29.4.13)以及式(29.4.1)中的 $\hat{L}_z=-\mathrm{i}\hbar\partial/\partial\varphi$，容易验证 $\mathrm{Y}_{lm}(\theta,\varphi)$ 还是角动量分量算子 $\hat{L}_z$ 的本征函数

$$\hat{L}_z\mathrm{Y}_{lm}=m\hbar\mathrm{Y}_{lm} \tag{29.4.16}$$

所以 $\mathrm{Y}_{lm}(\theta,\varphi)$ 是两个互相对易算子 $\hat{L}^2,\hat{L}_z$ 的共同本征函数，本征值分别是 $l(l+1)\hbar^2$ 和 $m\hbar$，其中 l 称为**轨道(角动量)量子数**(orbital quantum number)，m 称为**磁量子数**(magnetic quantum number). 给定 l 值，$\hat{L}^2$ 有 $2l+1$ 个简并本征函数，这些简并本征函数可以用 $\hat{L}_z$ 的本征值 m 的不同取值($m=0,\pm1,\cdots,\pm l$)区分.

前几个球谐函数的表达式是

$$Y_{00}=\frac{1}{\sqrt{4\pi}},\quad Y_{10}=\sqrt{\frac{3}{4\pi}}\cos\theta,\quad Y_{1\pm1}=\sqrt{\frac{3}{8\pi}}\sin\theta e^{\pm i\varphi}$$

$$Y_{20}=\sqrt{\frac{5}{16\pi}}(3\cos^2\theta-1),\quad Y_{2\pm1}=\sqrt{\frac{15}{8\pi}}\sin\theta\cos\theta e^{\pm i\varphi}$$

$$Y_{2\pm2}=\sqrt{\frac{15}{32\pi}}\sin^2\theta e^{\pm i2\varphi}$$

29.4.3　角动量的量子化

在经典物理中，在中心力场中运动的粒子，相对于力心的角动量是个常矢量. 在量子物理中这一结论仍然成立，但是角动量大小满足

$$L^2=l(l+1)\hbar^2\to L=\sqrt{l(l+1)}\hbar$$

其中 $l=0,1,2,3,\cdots$ 取整数值. 这表明角动量大小 L 只能取 $0,\sqrt{2}\hbar,\sqrt{6}\hbar,\cdots$ 等离散值，这种情况称为**角动量的量子化**. 这里再次看到角动量量子化也是量子理论和波函数标准化条件的一个自然结果. 除角动量大小受到一定的限制外，其空间取向也受到限制，**角动量 $\boldsymbol{L}$ 沿空间某一方向(如外磁场方向——常取为 z 方向)投影 L_z 也只能取一些离散值**

$$L_z=m\hbar,\quad m=0,\pm1,\pm2,\cdots,\pm l$$

这意味着电子绕核运动的轨道方位也是量子化的，轨道平面在空间不能任意取向，只能取一些特定的方向，这一情况也称为**空间量子化**(space quantization)(图 29.4.1). 因为矢量的任意分量都不可能大于矢量长度本身，所以量子数 L_z 不能超过 l 值. 对应着角动量大小的每一个可能取值 l，m 有 $2l+1$ 个值，即 $\boldsymbol{L}$ 有 $2l+1$ 个不同的取向.

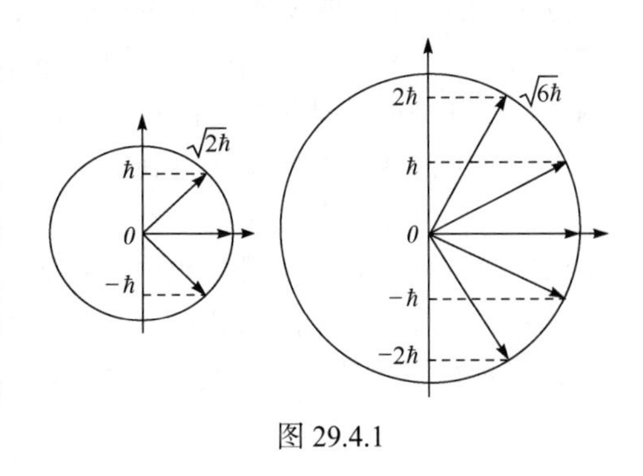

图 29.4.1

§ 29.5　电子自旋　泡利算子

1921 年，施特恩(O. Stern)和格拉赫(W. Gerlach)为了验证角动量量子化的概念，从实验上发现电子除去有空间三个自由度外，还有一个内禀的**自旋**(spin)自由度.

29.5.1 施特恩-格拉赫实验

施特恩-格拉赫(Stern-Gerlach)实验装置密封在真空室中，可示意地由图 29.5.1 表示. 由电炉蒸发出射的银原子束通过窄缝 BB 和由不对称的刃-槽形磁极形成的不均匀磁场，最后射到照相底片 PP 上. 实验结果表明银原子射束在磁场中会发生偏转，并分裂成两束，打在照相底片上留下两条分立的黑带. 射束的偏转表明银原子具有磁矩，分裂成两束表明银原子磁矩是空间量子化的，而黑带的形成是因为原子速度有一定的分布.

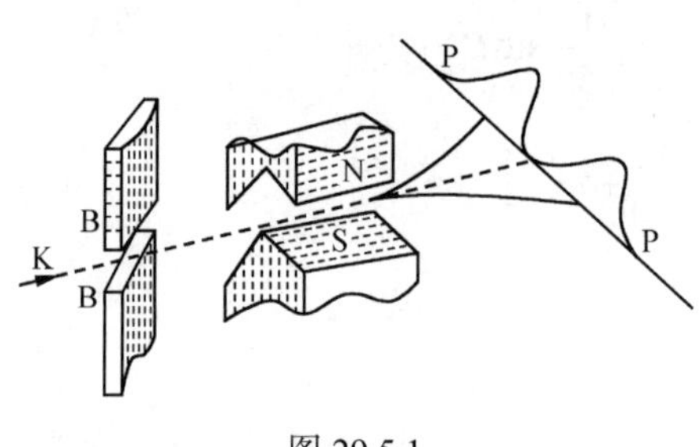

图 29.5.1

假设原子磁矩(即电子磁矩)为 $\boldsymbol{M}$，磁场 $\boldsymbol{B}$ 沿 z 方向，原子在磁场中的势能为

$$U = -\boldsymbol{M} \cdot \boldsymbol{B} = -MB_z \cos\theta \tag{29.5.1}$$

θ 是原子磁矩与磁场 $\boldsymbol{B}$ 的夹角. 原子受到的磁场作用力为

$$F_z = -\frac{\partial U}{\partial z} = M\frac{\partial B_z}{\partial z}\cos\theta = M_z\frac{\partial B_z}{\partial z} \tag{29.5.2}$$

如果原子磁矩在空间取向任意，M_z 应当连续取值，照相底片上电子径迹应是连续分布. 银原子在照相底片上的分布只是两条离散的黑带，表明所有银原子受到的磁场作用力有两个不同的值，原子磁矩的 z 分量也只有正、负两个值，银原子的磁矩及相关的角动量是空间量子化的，而且在 z 方向投影不包括零值.

现在的问题是实验中观察到的银原子磁矩的起源是什么，如果是电子轨道磁矩的话，由于轨道角动量量子数 l 取整数值，在磁场方向投影应有奇数个 $(2l+1)$ 不同的值，相应磁矩 z 分量也应有奇数个值. 现在原子磁矩 z 分量取偶数个值，迫使人们猜想，电子除去轨道运动外，可能还存在自旋运动. 这里银原子表现出的磁矩可能就是与电子的自旋角动量有关的磁矩——**自旋磁矩**(spin magnetic moment).

29.5.2 电子自旋假说

为了解释施特恩-格拉赫实验结果，1928 年，荷兰两位年轻物理学家乌伦贝克(G. Uhlenbeck) 和哥德斯密特(S. A. Goudsmit)明确提出电子自旋假说：

(1) 每个电子具有自旋角动量 $\boldsymbol{S}$，自旋角动量数值是 $\hbar/2$，它在空间 z 方向上投影只能取两个值 $S_z = \pm\hbar/2$，相应的量子数 $m_s = \pm 1/2$.

(2) 与自旋角动量相联系，每个电子都有一个自旋磁矩 $\boldsymbol{M}$，它和自旋角动量

$\boldsymbol{S}$ 的关系是

$$\boldsymbol{M}=-\frac{e}{m_{\mathrm{e}}}\boldsymbol{S} \tag{29.5.3}$$

e,m_e 分别是电子电荷和电子质量(注意，这里**旋磁比**(gyromagnetic)——磁矩与角动量的比值，是轨道旋磁比的 2 倍). $\boldsymbol{M}$ 在 z 方向投影也只能取两个值

$$M_z=\pm\frac{e\hbar}{2m_{\mathrm{e}}}\equiv\pm M_{\mathrm{B}} \tag{29.5.4}$$

M_{B} 是**玻尔磁子**(Bohr magneton).

关于电子自旋的起源，最初乌伦贝克和哥德斯密特把它归结为电子绕直径的自转，这是不正确的. 若电子直径按经典电动力学估计 $r_{\mathrm{e}}=e^2/(4\pi\varepsilon_0c^2m_{\mathrm{e}})\approx2.8\times10^{-13}(\mathrm{cm})$，使电子自旋磁矩为一个玻尔磁子，电子表面旋转的线速度必定远远超过光速，这当然是不可能的. 虽然在狄拉克关于相对论性电子理论中，能够自然得出电子具有自旋的结论，但似乎也不能认为自旋起源于相对论效应. 目前的看法是电子自旋和自旋磁矩是和电子内部结构有关的内禀的性质，但现在尚不知道它的起因，我们现在只是把它当成一个实验事实接受下来.

电子自旋概念不仅解释了施特恩-格拉赫实验，而且还解释了碱金属光谱的精细结构以及反常塞曼效应.

29.5.3　自旋算子

电子自旋角动量是个力学量，它应由一个线性厄米算子 $\hat{\boldsymbol{S}}$ 表示. 但是自旋角动量和坐标、动量无关，$\hat{\boldsymbol{S}}$ 不可能由相应的经典力学量构造出来. 应如何构造自旋算子呢?

自旋角动量既然是角动量，$\hat{\boldsymbol{S}}$ 应和轨道角动量满足相同的对易关系. 由式(29.4.3)、式(29.4.4)得 $\hat{\boldsymbol{S}}$ 各分量应满足的对易关系

$$\begin{cases}[\hat{S}_x,\hat{S}_y]=\mathrm{i}\hbar\hat{S}_z\\ [\hat{S}_y,\hat{S}_z]=\mathrm{i}\hbar\hat{S}_x\\ [\hat{S}_z,\hat{S}_x]=\mathrm{i}\hbar\hat{S}_y\end{cases} \tag{29.5.5}$$

或写成矢量形式

$$\hat{\boldsymbol{S}}\times\hat{\boldsymbol{S}}=\mathrm{i}\hbar\hat{\boldsymbol{S}} \tag{29.5.6}$$

由于自旋角动量在任意方向投影只能取两个值 $\pm\hbar/2$，所以 $\hat{S}_x,\hat{S}_y,\hat{S}_z$ 三个算子的本征值都应当是 $\pm\hbar/2$，它们的平方算子的本征值是 $S_x^2=S_y^2=S_z^2=\hbar^2/4$，由此

得出**自旋角动量平方算子**的本征值是

$$\boldsymbol{S}^2 = S_x^2 + S_y^2 + S_z^2 = \frac{3}{4}\hbar^2 \tag{29.5.7}$$

与轨道角动量平方算子 $\hat{L}^2$ 的本征值 $l(l+1)\hbar^2$ 比较，可以令

$$\boldsymbol{S}^2 = s(s+1)\hbar^2 \tag{29.5.8}$$

并称 s 为**自旋(角动量)量子数**(spin quantum number). s 和轨道角动量 l 相当，但 s 不同 l，s 只能取一个半整数值：1/2.

在量子力学常引进另一个算子 $\hat{\boldsymbol{\sigma}}$ 表示自旋角动量，$\hat{\boldsymbol{\sigma}}$ 和 $\hat{\boldsymbol{S}}$ 的关系是

$$\hat{\boldsymbol{S}} = \frac{\hbar}{2}\hat{\boldsymbol{\sigma}} \tag{29.5.9}$$

$\hat{\boldsymbol{\sigma}}$ 称为**泡利算子**. 它的三个分量算子在 $\hat{\sigma}_z$ 表象中(即 $\hat{\sigma}_z$ 的两个本征矢张起的矢量空间)的矩阵表示，称为**泡利矩阵**(Pauli matrices)(式(A.12.10)).

$$\hat{\sigma}_x = \begin{bmatrix} 0 & 1 \\ 1 & 0 \end{bmatrix}, \hat{\sigma}_y = \begin{bmatrix} 0 & -\mathrm{i} \\ \mathrm{i} & 0 \end{bmatrix}, \hat{\sigma}_z = \begin{bmatrix} 1 & 0 \\ 0 & -1 \end{bmatrix} \tag{29.5.10}$$

可以证明泡利矩阵互相线性独立，和 2×2 单位矩阵共同构成 2×2 矩阵空间中的一组完备基. 泡利矩阵在量子物理、量子信息和现代物理文献资料中应用非常普遍.

例 29.5.1　记 $\hat{\sigma}_z$ 算子本征值分别为±1 的两个本征态为 $|0\rangle, |1\rangle$，验证态

$$\phi_+ = \frac{1}{\sqrt{2}}(|0\rangle + |1\rangle), \quad \phi_- = \frac{1}{\sqrt{2}}(|0\rangle - |1\rangle)$$

分别是 $\hat{\sigma}_x$ 算子的对应本征值+1 和−1 的本征态.

解　$\hat{\sigma}_z$ 是厄米算子，它的两个线性独立本征态张起一个二维希尔伯特空间. 记这个空间的基矢为 $|0\rangle = \begin{bmatrix} 1 \\ 0 \end{bmatrix}$, $|1\rangle = \begin{bmatrix} 0 \\ 1 \end{bmatrix}$，在这组基下有 $\phi_+ = \frac{1}{\sqrt{2}}\begin{bmatrix} 1 \\ 1 \end{bmatrix}$, $\phi_- = \frac{1}{\sqrt{2}}\begin{bmatrix} 1 \\ -1 \end{bmatrix}$, 于是

$$\hat{\sigma}_x \phi_+ = \frac{1}{\sqrt{2}}\begin{bmatrix} 0 & 1 \\ 1 & 0 \end{bmatrix}\begin{bmatrix} 1 \\ 1 \end{bmatrix} = \frac{1}{\sqrt{2}}\begin{bmatrix} 1 \\ 1 \end{bmatrix} = \phi_+$$

$$\hat{\sigma}_x \phi_- = \frac{1}{\sqrt{2}}\begin{bmatrix} 0 & 1 \\ 1 & 0 \end{bmatrix}\begin{bmatrix} 1 \\ -1 \end{bmatrix} = \frac{1}{\sqrt{2}}\begin{bmatrix} -1 \\ 1 \end{bmatrix} = -\phi_-$$

所以 ϕ_+, ϕ_- 分别是 $\hat{\sigma}_x$ 对应本征值±1 的两个本征态，这两个本征态在量子信息中可分别表示(编码)信息 0 和 1，一个电子的自旋就可以编码一个量子位.

§ 29.6　量子测量　量子力学中的守恒定律

根据量子力学的第四条基本假设，量子力学用线性厄米算子表示力学量. **当**

系统处在力学量算子 $\hat{F}$ 的某本征态 ψ_n 时，对系统测量力学量 F，可得到唯一确定值 F_n，即算子 $\hat{F}$ 属于本征态 ψ_n 的本征值. 于是自然要问，当系统不是处在 $\hat{F}$ 的本征态，而是处在任意态 Ψ，量子力学如何预言测量结果呢？量子测量假设给出了这个问题的答案.

29.6.1　量子力学的第五条假设——量子测量假设

对量子力学系统测量力学量 F，只能得到表示力学量 F 的线性厄米算子 $\hat{F}$ 的本征值之一. 若系统处在任一波函数 Ψ (假设已归一化)描述的状态，测得本征值 F_n 的概率是 $|c_n|^2$，其中 c_n 是 Ψ 按 $\hat{F}$ 的正交归一完备本征函数系 $\{\psi_n\}$ 展开的展开系数：

$$|\Psi\rangle = \sum_n c_n |\psi_n\rangle \tag{29.6.1}$$

$$c_n = \langle \psi_n | \Psi \rangle \tag{29.6.2}$$

若测得的是本征值 F_n，则系统在测量刚进行完毕就处在由相应本征态 ψ_n 描述的状态.

根据这一假设，当系统处在一般态(不一定是 $\hat{F}$ 算子的本征态)，测量力学量 F 一般不能得到确定值，而是有一系列**可能取值**. 每个可能值出现的概率，由描述系统状态的波函数按上述假设中的方法决定.

这一假设和态叠加原理是一致的，由于 Ψ 可表示为各个本征态 $\{\psi_n, n=1,2,\cdots\}$ 的叠加，Ψ 所描述的系统部分地处在 ψ_1 态，部分地处在 ψ_2 态，…，这就使对系统测量力学量 F 不能得到唯一结果.

根据这一假设，量子测量还具有另一不同寻常的性质：**测量引起系统由测量前的态 Ψ “坍缩”为测量后的态 ψ_n——测得的本征值 F_n 对应本征态**. 因为在第一次测量完成后，如果紧接着进行第二次测量，由于系统还没有来得及演变，必定仍得到态 ψ_n. **因此必须认为在测量刚刚完成后，系统就处在 ψ_n 描述的新态上.** 这就是说测量将打断测量前系统(在测量仪器未作用上之前可看作孤立系统)的幺正演化过程，测量仪器的作用改变了原来态制备限定条件，事实上制备了系统的一个新态. **一般的测量过程事实上就是新态的制备过程**. 这一点和经典物理根本不同.

孤立系统的幺正演化和测量过程的坍缩是量子力学中两个基本过程，而这两个过程性质是根本不同的；幺正演化是连续的、因果决定的，而测量坍缩是不连续的、非因果决定的，只具有统计的因果关系. 近年来，人们一直在探索这两种过程的统一的、协调一致的理解，给测量过程以因果的、“物理”的解释，这种努力虽然取得了一些进展，但还没有取得普遍接受的看法. 许多人相信自然界可能本来就是这样的.

29.6.2 统计的因果关系

与经典物理不同，量子力学对测量结果的预言不是单值决定论的，而是概率的，怎样理解这种情况？对系统进行测量，必须使测量“仪器”和被测系统发生某种形式的相互作用，通过这种相互作用，测量仪器才能带来被测系统的某些信息，无论是经典测量或量子测量都是这样. 例如，用温度计测某系统的温度，就需要温度计和被测系统接触，二者进行热交换达到平衡，温度计才显示出系统的温度. 我们用眼睛看到某个物体的存在，实际上是这个物体发出(或散射)的光子作用到我们的视网膜上的结果. 由此严格说来，对一个系统测量，**我们得到的不是原来的系统的性质，而是系统在测量仪器作用下(不管这种作用是强或弱)的性质. 这一点对经典测量和量子测量都是相同的**.

但在经典情况下，仪器对被测系统的作用相对系统内部的作用很小，通常可以忽略. 例如，温度计虽然从系统吸收(或向系统放出)热量，引起系统温度降低(或升高)，但这对系统的影响很小，我们可以足够准确地认为温度计显示的就是原来系统的温度. 这种情况就是经典物理具有“**朴素实在论**”的性质：经典物理描述的自然界是独立于测量之外，不依赖测量仪器和测量过程. 经典物理得到的结果直接地、完全准确地描写了客观的自然界. 这种看法能推广到微观世界吗？

当对微观系统测量时，测量对象是如此之小，测量作用对微观客体的干扰就变成不可忽略的，在测量仪器作用下的对象已经不是原来独立的对象. 所以严格说来，观测得到的是**在测量仪器作用下的对象的性质，而不是对象独立于测量环境的性质**，这是量子测量与经典测量的一个重要差别.

我们看到，量子力学虽然可因果地、单值地决定波函数(运动状态)，但却不能因果地、单值地决定测量(力学量)结果，所以**量子力学描述的物质世界只有统计的因果联系**.

29.6.3 力学量的平均值

根据测量假设，当系统处在波函数Ψ描述的态时，测量力学量F,测得F_n的概率是$|c_n|^2$，其中$c_n=\langle\psi_n|\Psi\rangle$. 力学量$F$在态$\Psi$中的平均值是

$$\langle F\rangle=\sum_n F_n|c_n|^2=\sum_n F_n\langle\Psi|\psi_n\rangle\langle\psi_n|\Psi\rangle$$

由于F_n是算子$\hat{F}$对应本征态$|\psi_n\rangle$的本征值

$$\hat{F}|\psi_n\rangle = F_n|\psi_n\rangle$$

所以上式可以写作

$$\langle F\rangle = \sum_n \langle\Psi|\hat{F}|\psi_n\rangle\langle\psi_n|\Psi\rangle$$

利用 $\hat{F}$ 的本征函数系的完备性条件式(29.1.10) $\sum_n|\psi_n\rangle\langle\psi_n| = I$，得任意力学量 $\hat{F}$ 在态 $|\Psi\rangle$ 中的平均值公式

$$\langle F\rangle = \langle\Psi|\hat{F}|\Psi\rangle \tag{29.6.3}$$

本章§29.2 给出的坐标、动量平均值公式(29.2.1)、(29.2.4)就是这一普遍公式的具体应用.

29.6.4　力学量平均值随时间的变化　量子力学中的守恒定律和守恒量

在波函数 Ψ 描述的态中，虽然力学量 F 不一定有确定值，但平均值是确定的. 现在研究力学量平均值随时间变化的规律. 由式(29.6.3)

$$\frac{\mathrm{d}}{\mathrm{d}t}\langle F\rangle = \left\langle\frac{\partial\Psi}{\partial t}\middle|\hat{F}\middle|\Psi\right\rangle + \left\langle\Psi\middle|\hat{F}\middle|\frac{\partial\Psi}{\partial t}\right\rangle + \left\langle\Psi\middle|\frac{\partial\hat{F}}{\partial t}\middle|\Psi\right\rangle \tag{29.6.4}$$

利用状态演化遵从的薛定谔方程(28.1.12),有 $\dfrac{\partial\Psi}{\partial t} = \dfrac{\hat{H}}{\mathrm{i}\hbar}\Psi$，代入得

$$\frac{\mathrm{d}}{\mathrm{d}t}\langle F\rangle = -\frac{1}{\mathrm{i}\hbar}\left\langle\hat{H}\Psi\middle|\hat{F}\middle|\Psi\right\rangle + \frac{1}{\mathrm{i}\hbar}\left\langle\Psi\middle|\hat{F}\middle|\hat{H}\Psi\right\rangle + \left\langle\Psi\middle|\frac{\partial\hat{F}}{\partial t}\middle|\Psi\right\rangle \tag{29.6.5}$$

注意到 $\hat{H}$ 是厄米算子，将式(29.1.4) $\hat{F}\to\hat{H}, \varphi(\boldsymbol{R})\to\hat{F}|\Psi\rangle$，由式(29.1.4)有

$$\left\langle\hat{H}\Psi\middle|\hat{F}\middle|\Psi\right\rangle = \langle\Psi|\hat{H}\hat{F}|\Psi\rangle$$

利用这一结果，式(29.6.5)化成

$$\frac{\mathrm{d}}{\mathrm{d}t}\langle F\rangle = \frac{1}{\mathrm{i}\hbar}\langle\Psi|[\hat{F},\hat{H}]|\Psi\rangle + \left\langle\Psi\middle|\frac{\partial\hat{F}}{\partial t}\middle|\Psi\right\rangle \tag{29.6.6}$$

定义力学量算子 $\hat{F}$ 的全微商算子 $\mathrm{d}\hat{F}/\mathrm{d}t$ 为

$$\left\langle\Psi\middle|\frac{\mathrm{d}\hat{F}}{\mathrm{d}t}\middle|\Psi\right\rangle = \frac{\mathrm{d}}{\mathrm{d}t}\langle\hat{F}\rangle \tag{29.6.7}$$

即在任意态中 $\hat{F}$ 的全微商算子 $\mathrm{d}\hat{F}/\mathrm{d}t$ 的平均值等于 $\hat{F}$ 的平均值对时间的微商. 利用这一定义，注意到 $|\Psi\rangle$ 是任意波函数，由式(29.6.6)得算子等式

$$\frac{\mathrm{d}\hat{F}}{\mathrm{d}t}=\frac{1}{\mathrm{i}\hbar}[\hat{F},\hat{H}]+\frac{\partial \hat{F}}{\partial t} \tag{29.6.8}$$

特别如果算子 $\hat{F}$ 不显含时间，有

$$\frac{\mathrm{d}\hat{F}}{\mathrm{d}t}=\frac{1}{\mathrm{i}\hbar}[\hat{F},\hat{H}] \tag{29.6.9}$$

如果 $\hat{F}$ 还和系统的哈密顿量对易，那么 $\mathrm{d}\hat{F}/\mathrm{d}t=0$，$\hat{F}$ 在任意态中的平均值不随时间变化. 如果力学量算子在系统任意态中的平均值都不随时间变化，称这个力学量是这个系统的**守恒量**(或运动积分). 上面的分析表明，**一个力学量是某个系统的守恒量的充要条件是这个力学量算子不显含时间，并且和这个系统的哈密顿量 $\hat{H}$ 对易**. 特别如果一个系统的哈密顿量 $\hat{H}$ 不显含时间，$\hat{H}$ 和自身当然对易，所以能量是这个系统的守恒量，这就是量子力学中的**能量守恒定律**.

问题和习题

29.1 量子力学中的力学量 F 用线性厄米算子 $\hat{F}$ 表示，即 $\hat{F}\psi=F\psi$. 什么叫线性厄米算子？它是如何构造出来的？它的本征值和本征函数具有哪些重要性质？

29.2 设微观粒子的质量为 m，所处的一维无限深方势阱为 $U=\begin{cases}\infty & (x<0,x>a)\\ 0 & (0\leqslant x\leqslant a)\end{cases}$，描述该粒子状态的本征函数系为 $\psi_n(x)=\begin{cases}0 & (x<0,x>a)\\ \sqrt{\dfrac{2}{a}}\sin\dfrac{n\pi x}{a} & (0\leqslant x\leqslant a)\end{cases}$ ($n=1,2,3,\cdots$). 试计算该粒子处于定态 ψ_n 时的平均动量和平均动能.

29.3 证明：(1)若 $\hat{F}$ 是线性厄米算子，则在任意态中力学量 F 的平均值都是实数；(2)若在任意态中力学量 F 的平均值都是实数，则算子 $\hat{F}$ 必定是线性厄米算子(提示：取两个任意波函数 ϕ_1 和 ϕ_2，令 $\psi=\phi_1+\phi_2$，计算力学量 F 在这个态中的平均值).

29.4 证明：对任意两个算子 $\hat{A}$ 和 $\hat{B}$，总有 $(\hat{A}\hat{B})^{+}=\hat{B}^{+}\hat{A}^{+}$.

29.5 证明：算子的对易关系满足雅可比恒等式：$[\hat{A},[\hat{B},\hat{C}]]+[\hat{B},[\hat{C},\hat{A}]]+[\hat{C},[\hat{A},\hat{B}]]=0$ (提示：利用对易子的定义式 $[\hat{A},\hat{B}]=\hat{A}\hat{B}-\hat{B}\hat{A}$).

29.6 表示力学量的算子对易和不对易各具有怎样的物理意义？

29.7 证明：在球坐标系下，动能算子 $\hat{T}=\dfrac{\hat{P}^2}{2m}$ 可以表示为 $\hat{T}=\dfrac{\hat{P}_r^2}{2m}+\dfrac{\hat{L}^2}{2mr^2}$，其中 $\hat{p}_r=-\mathrm{i}\hbar\left(\dfrac{\partial}{\partial r}+\dfrac{1}{r}\right)$，称为径向动量算子；$\hat{L}^2=-\dfrac{\hbar^2}{\sin\theta}\left[\dfrac{\partial}{\partial\theta}\left(\sin\theta\dfrac{\partial}{\partial\theta}\right)+\dfrac{1}{\sin\theta}\dfrac{\partial^2}{\partial\varphi^2}\right]$，称为角动量平方算子.

29.8 证明：角动量算子 $\hat{\boldsymbol{L}}$ 和动量平方算子 $\hat{\boldsymbol{P}}^2$ 对易.

29.9　在刚性双原子分子中，两个原子核的质量分别为 m_1 和 m_2，两者间的距离为 r. (1)证明：两原子核绕质心转动的转动惯量 $I=\dfrac{m_1m_2}{m_1+m_2}r^2\equiv\mu r^2$ (此式表明刚性双原子分子的转动相当于质量为 μ 的一个粒子绕距离为 r 的定点转动)；(2)刚性双原子分子转动的哈密顿算子可表示为 $\hat{H}=\hat{L}^2/2I$，求转动能量的本征值和本征函数.

29.10　量子系统处在某一给定态，对这个系统测量某一力学量，量子力学如何预言测量结果？量子物理对测量结果的预言与经典物理的预言有何不同？

29.11　设微观粒子的质量为 m，所处的一维无限深方势阱为 $U=\begin{cases}\infty & (x<0,x>a)\\ 0 & (0\leqslant x\leqslant a)\end{cases}$，描述该粒子状态的波函数为 $\psi(x)=\dfrac{4}{\sqrt{a}}\sin\dfrac{\pi x}{a}\cos^2\dfrac{\pi x}{a}\quad(0\leqslant x\leqslant a)$；$\psi(x)=0(x<0\text{或}x>0)$. 若要测量该粒子的能量，则可能测得的能量值是多少？相应的概率是多少？测得的平均能量是多少？

29.12　设量子系统处在波函数 $\psi(\theta,\varphi)=c_1\mathrm{Y}_{11}(\theta,\varphi)+c_2\mathrm{Y}_{10}(\theta,\varphi)$ 描述的态中，求：(1)力学量 $\hat{L}_z$ 的可能值和平均值；(2)力学量 $\hat{L}^2$ 的可能值和平均值；(3)力学量 $\hat{L}_x$，$\hat{L}_y$ 的可能值.

29.13　量子力学中的守恒量和经典物理中的守恒量意义有什么不同？一个力学量是某量子系统的守恒量的充要条件是什么？

29.14　证明：在中心力场中运动的粒子，其角动量的平方 $\overline{L}^2$ 以及角动量的各直角分量 $\overline{L}_x$、$\overline{L}_y$ 和 $\overline{L}_z$ 都是守恒量.

29.15　证明：若力学量 F 是系统的守恒量，则 F 在这个系统任意态中的取值概率不随时间变化.

第 30 章　原 子 结 构

量子力学理论首先在研究氢原子结构上取得了很大成功，本章我们用量子力学理论研究原子结构问题. 由于氢原子中电子在核的库仑力场中运动、碱金属原子价电子在原子实的力场中运动，这些力场都是中心力场，本章首先研究中心力场问题. 然后讨论核外只有一个电子的氢原子和类氢离子. 为了进一步研究多电子原子，接着介绍量子力学另一重要非经典性质——**固有性质相同的微观粒子的不可区分性**和**泡利原理**. 最后简要介绍量子力学处理多电子原子的一般方法，并给出**元素周期律**的量子力学解释.

学习指导：预习时重点关注①量子力学是如何决定氢原子和类氢离子结构和光谱性质的，量子力学解氢原子结构问题的思路和主要步骤(淡化数学细节)，得出氢原子具有怎样的结构和性质；②全同粒子的概念和泡利原理；③量子力学是如何解释元素周期表的.

教师在学生预习基础上,引导学生理解量子力学处理原子问题的思想和方法，泡利不相容原理在解释物质结构中的重要意义. 针对学生存在的问题，重点讲解物理思想、物理方法，淡化数学细节. 可针对本章内容组织一次课堂讨论.

§30.1　量子力学中的中心力场问题

30.1.1　在中心力场中运动粒子的量子态

量子力学中一类重要问题是粒子在中心力场中运动，即粒子运动的势函数仅取决于粒子相对力心坐标矢量 $\boldsymbol{r}$ 的大小，而与其空间取向无关，$U(\boldsymbol{r})=U(r)$. 在中心力场中运动粒子的哈密顿量可以写作

$$\hat{H}=-\frac{\hbar^2}{2m}\nabla^2+U(r) \tag{30.1.1}$$

其中拉普拉斯算子 ∇^2 在球坐标系下的表达式为

$$\nabla^2=\frac{1}{r^2}\left[\frac{\partial}{\partial r}\left(r^2\frac{\partial}{\partial r}\right)+\frac{1}{\sin\theta}\frac{\partial}{\partial\theta}\left(\sin\theta\frac{\partial}{\partial\theta}\right)+\frac{1}{\sin^2\theta}\frac{\partial^2}{\partial\varphi^2}\right] \tag{30.1.2}$$

引用式(29.4.2)中的角动量平方算子表达式，式(30.1.1)中的哈密顿量可以写作

$$\hat{H}=-\frac{\hbar^2}{2mr^2}\left[\frac{\partial}{\partial r}\left(r^2\frac{\partial}{\partial r}\right)\right]+\frac{\hat{\boldsymbol{L}}^2}{2mr^2}+U(r) \tag{30.1.3}$$

注意到算子 $\hat{\boldsymbol{L}}^2,\hat{L}_z$ 仅包含对角变量的微分(和变量 r 无关)，并且 $[\hat{\boldsymbol{L}}^2,\hat{L}_z]=0$，所以它们都和 $\hat{H}$ 对易

$$[\hat{H},\hat{\boldsymbol{L}}^2]=0,\quad [\hat{H},\hat{L}_z]=0 \tag{30.1.4}$$

$\{\hat{H},\hat{\boldsymbol{L}}^2,\hat{L}_z\}$ 是一组互相对易的力学量算子，它们有共同的完备本征函数系

$$\{\psi_{nlm}(r,\theta,\varphi)\}\text{ 或 }\{|nlm\rangle\} \tag{30.1.5}$$

其中 n 是标识 $\hat{H}$ 本征态的量子数，它与 $\hat{H}$ 的本征值有关；l,m 分别是标识 $\hat{\boldsymbol{L}}^2,\hat{L}_z$ 本征态的量子数. 彼此独立且互相对易算子组 $\{\hat{H},\hat{\boldsymbol{L}}^2,\hat{L}_z\}$ 中算子数目已经和粒子运动自由度相等(暂不考虑粒子的自旋自由度)，所以 $\{n,l,m\}$ 是描述粒子运动的一组完备力学量本征态量子数. 式(30.1.5)中的波函数完全描述了中心力场中的一个粒子的运动状态，解中心力场问题就是确定这些函数的具体形式以及相应的本征值.

30.1.2 中心力场中的定态薛定谔方程的求解

与式(30.1.1)中哈密顿量相应的的定态薛定谔方程是

$$\left\{-\frac{\hbar^2}{2mr^2}\left[\frac{\partial}{\partial r}\left(r^2\frac{\partial}{\partial r}\right)\right]+\frac{\hat{\boldsymbol{L}}^2}{2mr^2}+U(r)\right\}\psi=E\psi \tag{30.1.6}$$

这个方程可以用分离变量法求解，令

$$\psi(r,\theta,\varphi)=R(r)\mathrm{Y}(\theta,\varphi) \tag{30.1.7}$$

代入式(30.1.6)中，并以 $\dfrac{2mr^2}{\hbar^2}\dfrac{1}{R(r)\mathrm{Y}(\theta,\varphi)}$ 乘方程的两边，得

$$\frac{1}{R}\left[\frac{\partial}{\partial r}\left(r^2\frac{\partial R}{\partial r}\right)\right]+\frac{2mr^2}{\hbar^2}[E-U(r)]=\frac{\hat{\boldsymbol{L}}^2\mathrm{Y}}{\mathrm{Y}\hbar^2} \tag{30.1.8}$$

式(30.1.8)左端只和径向变量 r 有关，而右端仅为角变量 θ,φ 的函数，等号成立要求两端等于同一个常数. 设这个常数为 λ，于是得角向部分波函数满足方程

$$\hat{L}^2\mathrm{Y}(\theta,\varphi)=\lambda\hbar^2\mathrm{Y}(\theta,\varphi) \tag{30.1.9}$$

径向部分满足方程

$$\frac{1}{r^2}\frac{\mathrm{d}}{\mathrm{d}r}\left(r^2\frac{\mathrm{d}R}{\mathrm{d}r}\right)+\left\{\frac{2m}{\hbar^2}[E-U(r)]-\frac{\lambda}{r^2}\right\}R=0 \tag{30.1.10}$$

角向部分方程(30.1.9)正是在 § 29.4 求解过的方程(29.4.9),其解就是球谐函数

$Y_{lm}(\theta,\varphi)$，它是角动量平方算子$\hat{L}^2$和角动量z分量算子$\hat{L}_z$的共同本征函数

$$\hat{\boldsymbol{L}}^2 Y_{lm}(\theta,\varphi) = l(l+1)\hbar^2 Y_{lm}(\theta,\varphi) \tag{30.1.11}$$

$$\hat{L}_z Y_{lm}(\theta,\varphi) = m\hbar Y_{lm}(\theta,\varphi) \tag{30.1.12}$$

注意到解角向部分方程已确定$\lambda = l(l+1)$，代入径向方程(30.1.10)，可得径向部分方程

$$\frac{1}{r^2}\frac{\mathrm{d}}{\mathrm{d}r}\left(r^2\frac{\mathrm{d}R}{\mathrm{d}r}\right)+\left\{\frac{2m}{\hbar^2}\left[E-U(r)\right]-\frac{l(l+1)}{r^2}\right\}R=0 \tag{30.1.13}$$

对给定的中心力场$U(r)$和角量子数l，解这个方程可决定粒子的能级及径向波函数. 一般径向波函数除和E有关外，还与角量子数l有关，可记为$R_{El}(r)$.

为解径向方程(30.1.13)，令$R_{El}(r)=u_{El}(r)/r$，代入式(30.1.13),可得

$$\frac{\mathrm{d}^2u_{El}(r)}{\mathrm{d}r^2}+\frac{2m}{\hbar^2}\left\{E-\left[U(r)+\frac{l(l+1)\hbar^2}{2mr^2}\right]\right\}u_{El}(r)=0 \tag{30.1.14}$$

方括号中部分可看作粒子运动的有效势函数. 其中$l(l+1)\hbar^2/2mr^2$称为**离心势**(centrifugal potential)，它由粒子角向运动引起，与轨道量子数l有关，并随l值变大而增大.

研究原子结构，就是研究束缚态问题，即限制电子在力心附近有限区域内运动，这要求波函数满足边界条件$R_{El}(r)\xrightarrow{r\to\infty}0$. 对给定的$l$值，方程(30.1.10)**只对一些离散的能量$E$才能找到满足此边界条件的径向波函数**. 能量的这些离散值可以用一组整数$n_r\,(n_r=1,2,3,\cdots)$来标识，我们称n_r为**径向量子数**(radical quantum number)，它和$u_{El}(r)$的节点个数一一对应，于是在中心力场中运动粒子的能量可记为$E_{n_r l}$. 能量依赖于径向量子数n_r和角动量量子数l，但和角动量投影量子数m无关，表示角动量的空间取向不影响原子能量，这是物理上空间各向同性的一种表现，是粒子在中心力场中运动的普遍特点.

求出对应能量值$E_{n_r l}$的径向波函数$R_{El}(r)$，由式(30.1.7),在中心力场中运动的粒子定态波函数就可写作

$$\psi_{n_r lm}(r,\theta,\varphi)=R_{n_r l}(r)Y_{lm}(\theta,\varphi) \quad \text{或}\left|n_r lm\right\rangle \tag{30.1.15}$$

$R_{El}(r)$的具体函数形式，只有给出$U(r)$的函数形式才能解出. 从上述的求解过程我们可以知道，利用分离变量法得到的式(30.1.15)形式的解，就是一个粒子在中心力场中运动时$\hat{H}$，$\hat{\boldsymbol{L}}^2$和$\hat{L}_z$的共同本征态.

30.1.3　粒子位置的概率密度

按波函数的统计解释，在空间点(r,θ,ϕ)附近体积元$\mathrm{d}V=r^2\sin\theta\mathrm{d}r\mathrm{d}\theta\mathrm{d}\varphi$内找

到粒子的概率为

$$\left|\psi_{n_r lm}(r,\theta,\varphi)\right|^2 r^2 \sin\theta \mathrm{d}r\mathrm{d}\theta\mathrm{d}\varphi \tag{30.1.16}$$

(1) **径向位置概率密度**：对角变量积分式(30.1.16)，得在状态 $\psi_{n_r lm}(r,\theta,\varphi)$ 中，粒子处在 $r\sim r+\mathrm{d}r$ 球壳(不考虑方位)中的概率为

$$r^2\mathrm{d}r\int \mathrm{d}\Omega\left|\psi_{n_r lm}(r,\theta,\varphi)\right|^2 = \left[R_{n_r l}(r)\right]^2 r^2\mathrm{d}r \tag{30.1.17}$$

求出具体的径向波函数 $R_{n_r l}(r)$，代入式(30.1.7)，就可决定粒子的径向分布.

(2) **角向位置概率密度**：将式(30.1.16)对径向变量 r 积分，注意到总可取径向波函数 $R_{n_r l}(r)$ 是归一化的，就可得在状态 $\psi_{n_r lm}(r,\theta,\varphi)$ 中沿径向立体角 $\mathrm{d}\Omega$ 内粒子出现的概率

$$\left|\mathrm{Y}_{lm}(\theta,\varphi)\right|^2 \mathrm{d}\Omega = \mathrm{N}_{lm}^2[\mathrm{P}_l^{|m|}(\cos\theta)]^2\mathrm{d}\Omega \tag{30.1.18}$$

图 30.1.1 给出了几种 l,m 值态中粒子角向概率分布. 由于粒子角向分布和 φ 角无关，这些图形都表示绕 z 轴旋转对称的立体图形.

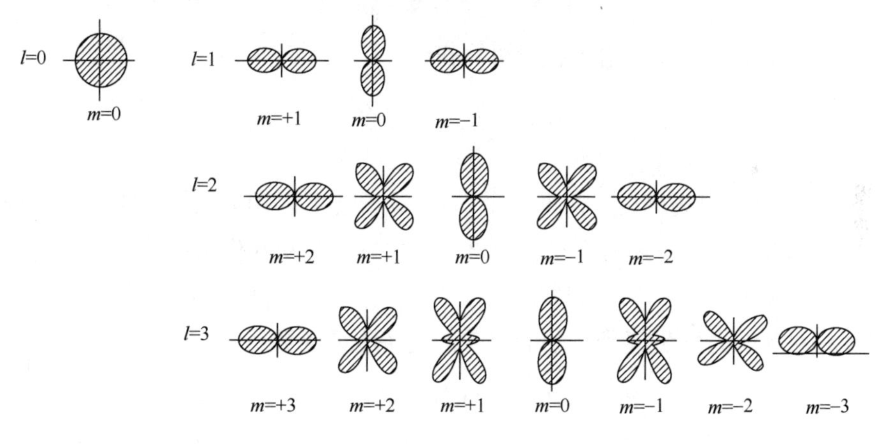

图 30.1.1

§30.2　氢原子和类氢离子

氢原子是最简单的原子，它只有一个电子在核电荷的库仑场中运动. 严格说来，氢原子是个两体问题. 和经典情况相同，一个两体问题可以分解为质心运动和相对运动，其质心运动与质量 $M=m_1+m_2$ 的自由粒子相同；而相对运动则相当于一个约化质量 $m=m_1m_2/(m_1+m_2)$ 的假想粒子，在只决定于相对坐标的势场中

运动. 我们关心氢原子结构，所以只对氢原子中电子相对核的原子内部运动有兴趣. 为了使计算结果适用于类氢离子(类氢离子是原子电离后只剩下一个电子的离子,它与氢原子的差别只是核电荷量 Z 不同),我们用 Z 表示原子的核电荷数. 设电子质量为 m_e，核质量为 M，电子的约化质量 $m = m_e M / (m_e + M)$. 由于核质量比电子质量大得多,可近似认为氢原子、类氢离子都是质量为 m_e、电荷量为 $-e$ 的电子在核电荷为 Ze 的库仑力场中运动.

30.2.1 氢原子的哈密顿量和电子态

氢原子中存在复杂的相互作用，除去电子和核的静电相互作用外，还有电荷运动产生的磁相互作用,包括电子绕核轨道运动磁矩和电子自旋磁矩间自旋-轨道相互作用，原子核磁矩和电子的轨道磁矩以及自旋磁矩间相互作用等. 略去相对次要的磁相互作用，可以认为氢原子中电子主要受核电荷库仑力作用，势函数为(取电子离核无穷远处的势为零)

$$U(r) = -\frac{Ze^2}{4\pi\varepsilon_0 r} \tag{30.2.1}$$

描述氢原子中电子运动的哈密顿量可写作

$$\hat{H} = -\frac{\hbar^2}{2m_e}\nabla^2 - \frac{Ze^2}{4\pi\varepsilon_0 r} \tag{30.2.2}$$

这首先是个中心力场问题. 根据上节讨论,电子态可以用 $\hat{H}, \hat{\boldsymbol{L}}^2, \hat{L}_z$ 的共同本征态 $\psi_{nlm}(r,\theta,\varphi)$ 描写. 电子还有自旋自由度，但在略去磁相互作用情况下，氢原子 $\hat{H}$ 和自旋变量无关, 自旋角动量算子 $\hat{\boldsymbol{S}}^2, \hat{S}_z$ 和 $\hat{H}, \hat{\boldsymbol{L}}^2, \hat{L}_z$ 都对易, 所以 $\{\hat{H}, \hat{\boldsymbol{L}}^2, \hat{L}_z, \hat{S}_z\}$ 是一组互相对易的力学量算子，它们有共同完备本征函数系

$$\{\psi_{nlm}(r,\theta,\varphi)\chi(m_s)\} \quad \text{或} \quad \{|nlmm_s\rangle\} \tag{30.2.3}$$

其中 $\chi(m_s)$ 是 $\hat{\boldsymbol{S}}^2, \hat{S}_z$ 的本征函数. $\hat{\boldsymbol{S}}^2$ 的量子数 s 取值 $1/2$，对应本征值 $3\hbar^2/4$，$\hat{S}_z$ 本征值有两个：$\pm\hbar/2$；量子数 m_s 取 $\pm 1/2$ 两个值. 现在相互独立、互相对易算子组 $\{\hat{H}, \hat{\boldsymbol{L}}^2, \hat{L}_z, \hat{S}_z\}$ 中算子数目已经和电子全部自由度相等，式(30.2.3)波函数可以完全描述氢原子中电子运动. 根据量子力学理论，解氢原子问题就归结为确定这些函数的具体形式以及相应各算子的本征值.

30.2.2 氢原子定态薛定谔方程的求解

由式(30.1.3),与式(30.2.2)哈密顿量相应的氢原子的定态薛定谔方程是

$$\left\{-\frac{\hbar^2}{2m_e r^2}\left[\frac{\partial}{\partial r}\left(r^2\frac{\partial}{\partial r}\right)\right]+\frac{\hat{\boldsymbol{L}}^2}{2m_e r^2}-\frac{Ze^2}{4\pi\varepsilon_0 r}\right\}\psi=E\psi \tag{30.2.4}$$

上一节已经看到，中心力场问题可以用分离变量法求解，其角向部分的解就是球谐函数 $\mathrm{Y}_{lm}(\theta,\varphi)$. 波函数径向部分满足方程(30.1.13)

$$\frac{1}{r^2}\frac{\mathrm{d}}{\mathrm{d}r}\left(r^2\frac{\mathrm{d}R}{\mathrm{d}r}\right)+\left\{\frac{2m_e}{\hbar^2}\left[E+\frac{Ze^2}{4\pi\varepsilon_0 r}\right]-\frac{l(l+1)}{r^2}\right\}R=0 \tag{30.2.5}$$

仿照上节，令 $R_{El}(r)=u_{El}(r)/r$ ，代入式(30.2.5),可得

$$\frac{\mathrm{d}^2u_{El}(r)}{\mathrm{d}r^2}+\frac{2m_e}{\hbar^2}\left\{E+\frac{Ze^2}{4\pi\varepsilon_0 r}-\frac{l(l+1)\hbar^2}{2mr^2}\right\}u_{El}(r)=0 \tag{30.2.6}$$

根据上述对势函数零点的选取， $E>0$ ，这时对任何 E 值这个方程都有在无穷远处波函数不为零的有限解，也即 $E>0$ 时能量具有连续本征值谱，对应着电子脱离开原子核的电离态. 在 $E<0$ 条件下,求方程(30.2.6)满足 $R_{El}(r)\xrightarrow{r\to\infty}0$ 边界条件的解，就可得到氢原子束缚态径向波函数和量子化的能级. 所以不同的边界条件对应物理体系不同类型的物理状态，这些物理状态的物理量的本征值谱不同. 我们研究原子结构问题，仅对 $E<0$ 情况有兴趣，这是电子被束缚在原子核附近形成原子或离子的情况.

求解过程　为了简便求解方程(30.2.6)，令 $\alpha=\sqrt{8m_e|E|/\hbar^2},\rho=\alpha r$ ，并引进

$$\beta=\frac{2m_e}{\alpha\hbar^2}\frac{Ze^2}{4\pi\varepsilon_0}=\frac{Ze^2}{4\pi\varepsilon_0\hbar}\left(\frac{m_e}{2|E|}\right)^{1/2} \tag{30.2.7}$$

方程(30.2.6)可化为

$$\frac{\mathrm{d}^2u_{El}}{\mathrm{d}\rho^2}+\left[\frac{\beta}{\rho}-\frac{1}{4}-\frac{l(l+1)}{\rho^2}\right]u_{El}=0 \tag{30.2.8}$$

先看渐近解，当 $\rho\to\infty$ 时，方程中分母含 ρ 的项均可略去，得到 $\mathrm{d}^2u_{El}/\mathrm{d}\rho^2-u_{El}/4=0$ ，有渐近解 $u_{El}(\infty)=\mathrm{e}^{\pm\rho/2}$ ，波函数有限性要求指数上只能取负号. 从而可令式(30.2.8)的解有形式

$$u_{El}(\rho)=\mathrm{e}^{-\rho/2}f_{El}(\rho) \tag{30.2.9}$$

把这个解代入式(30.2.8)，得 $f_{El}(\rho)$ 满足的方程

$$\frac{\mathrm{d}^2f_{El}}{\mathrm{d}\rho^2}-\frac{\mathrm{d}f_{El}}{\mathrm{d}\rho}+\left[\frac{\beta}{\rho}-\frac{l(l+1)}{\rho^2}\right]f_{El}=0 \tag{30.2.10}$$

此方程可以用级数法求解，并且可以证明：仅当

$$\beta=n_r+l+1 \tag{30.2.11}$$

其中 n_r,l 取正整数或零时，径向波函数 $R_{El}=u_{El}(r)/r$ 才有在 $r=0$ 有限、在 $r\to\infty$ 等于零的解. n_r 是**径向量子数**. 引进 $n=\beta=n_r+l+1$ 代替径向量子数， n 称为**主量子数**(principal quantum number). 由于 n_r, l 只能取正整数或零，主量子数 n 只能取1,2,3,⋯ 整数值. 最后求得归一化的氢原子的径向波函数为

$$R_{nl}(r)=N_{nl}\mathrm{e}^{-\frac{Zr}{na_0}}\left(\frac{2Z}{na_0}r\right)^l\mathrm{L}_{n+l}^{2l+1}\left(\frac{2Z}{na_0}r\right) \tag{30.2.12}$$

其中 $a_0=4\pi\varepsilon_0\hbar^2/m_\mathrm{e}e^2$ 是氢原子玻尔轨道半径， $\mathrm{L}_{n+l}^{2l+1}[2Zr/(na_0)]$ 是缔合拉盖尔多项式，它的表达式已由数学家给出. N_{nl} 是归一化常数，由波函数的归一化条件可求出

$$N_{nl}=-\left\{\left(\frac{2Z}{na_0}\right)^3\frac{(n-l-1)!}{2n[(n+l)!]^3}\right\}^{1/2} \tag{30.2.13}$$

式(30.2.12)中前几个满足归一化条件的径向波函数是

$$R_{10}(r)=\left(\frac{Z}{a_0}\right)^{3/2}2\mathrm{e}^{-\frac{Z}{a_0}r},\quad R_{20}(r)=\left(\frac{Z}{2a_0}\right)^{3/2}\left(2-\frac{Zr}{a_0}\right)\mathrm{e}^{-\frac{Z}{2a_0}r}$$

$$R_{21}(r)=\left(\frac{Z}{2a_0}\right)^{3/2}\frac{Zr}{\sqrt{3}a_0}\mathrm{e}^{-\frac{Z}{2a_0}r},\cdots$$

最后氢原子(能量小于零)的定态波函数由径向波函数、角向波函数(球谐函数)和自旋函数乘积给出

$$\psi_{nlm}(r,\theta,\varphi)\chi(m_s)=R_{nl}(r)\mathrm{Y}_{lm}(\theta,\varphi)\chi(m_s) \tag{30.2.14}$$

30.2.3 氢原子的能级结构和光谱

注意到 β 值通过式(30.2.7)联系着电子能量，将 $\beta=n(n=1,2,3,\cdots)$ 代入式(30.2.7)中，求得氢原子电子能量

$$E_n=-\frac{m_\mathrm{e}Z^2e^4}{2\hbar^2(4\pi\varepsilon_0)^2}\frac{1}{n^2},\quad n=1,2,3,\cdots \tag{30.2.15}$$

由此可见，在 $E<0$ 情况下，氢原子能量取决于主量子数 n，只能取分立值. n 值小的能级间隔较大，当 $n\to\infty$ 时，能级事实上变成连续的. 在这里我们注意到，和一般中心力场粒子能量同时依赖于量子数 n_r 和角量子数 l 情况不同，氢原子中电子能量仅取决于主量子数 n，对角量子数 l 是简并的. 这种简并的存在蕴含着库仑力场有比一般中心力场更高的对称性. 人们已经知道，对于在核库仑力场中运动的电子，除了具有一般中心力场明显的空间对称性外，还具有在同时变换坐标和动量下，哈密顿量保持不变的更高级的动力学对称性(见本书第五部分“物理学中的对称性”25.4.3).

取式(30.2.15)中 $Z=1, n=1$ 得氢原子的基态能量

$$E_1=-\frac{m_\mathrm{e}e^4}{2\hbar^2(4\pi\varepsilon_0)^2}$$

定义**电离能**(ionization energy)是原子从基态过渡到电离态($n \to \infty$)所需要的能量，由式(30.2.15)算出的氢原子的电离能是

$$E_\infty - E_1 = \frac{m_e e^4}{2\hbar^2 (4\pi\varepsilon_0)^2} \approx 13.605\text{eV}$$

这与电离氢原子实验值符合.

由氢原子能级式(30.2.15),当电子从一个能级跃迁到另一个低能级时，发射光子频率

$$\nu = \frac{E_m - E_n}{h} = \frac{m_e e^4}{64\pi^3 \varepsilon_0^2 \hbar^3}\left(\frac{1}{n^2} - \frac{1}{m^2}\right)$$

这与这部分第 26 章式(26.3.9)玻尔理论结果形式上完全一致，并且由此可得出里德伯常量

$$R_H = \frac{m_e e^4}{64\pi^3 \varepsilon_0^2 \hbar^3}$$

这和式(26.3.10)玻尔理论结果相同. 前已指出 R_H 的计算值和实验值很好地符合，这表示了量子理论应用到氢原子结构问题取得了很大的成功.

30.2.4　氢原子电子径向位置的概率密度

氢原子中电子角向概率密度与一般中心力场完全相同. 沿径向立体角 $\mathrm{d}\Omega$ 内电子出现的概率仍由式(30.1.18)给出，几种不同 l,m 值态中电子角向概率分布参见图 30.1.1. 电子径向概率密度，即在 $r \sim r+\mathrm{d}r$ 球壳(不考虑方位)中发现电子的概率由式(30.1.17)给出

$$w_{nl}(r) = r^2 \mathrm{d}r \int \mathrm{d}\Omega \left|\psi_{nlm}(r,\theta,\varphi)\right|^2 = \left[R_{nl}(r)\right]^2 r^2 \mathrm{d}r \tag{30.2.16}$$

图 30.2.1(a)～(c)给出了几个最低 n,l 值电子径向概率密度对 r/a_0 的分布关系. 从图中可以看出，电子没有确定的轨道，但出现在不同径向位置 r 处有不同的概率. 前

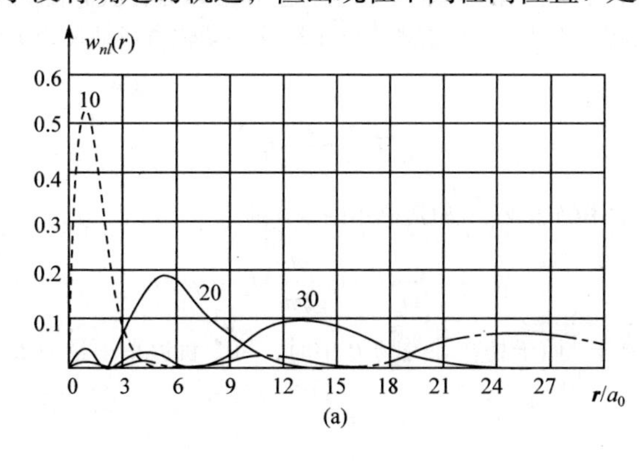

(a)

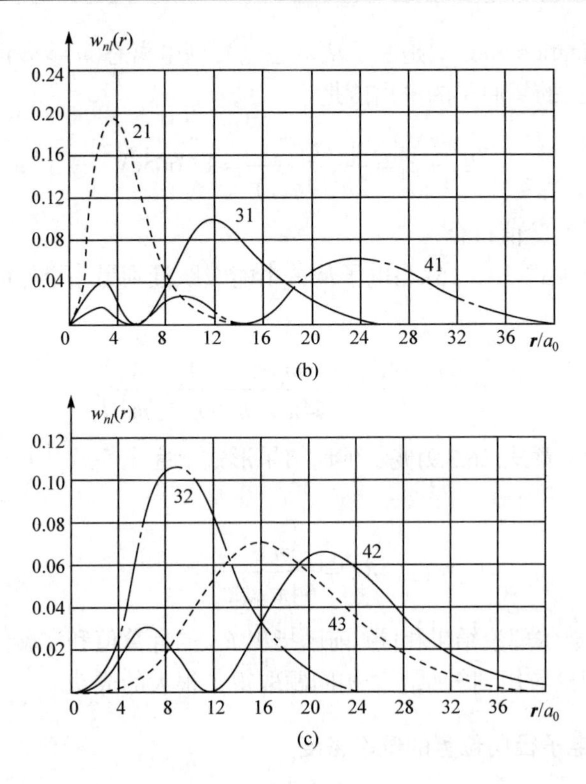

图 30.2.1

面定义的径向量子数 $n_r = n - l - 1$，对应 $w_{nl}(r)$ 曲线(即相应的径向波函数 $R_{nl}(r)$)的节点数. $n_r = 0$(即 $l = n-1$)的态径向波函数无节点，相应的 $w_{nl}(r)$ 图中用虚线表示，$w_{nl}(r)$ **最大值**是以核为中心的球面，球面半径称为电子最可几半径. 容易证明 $n=1, l=0$ 给出的电子最可几半径就是玻尔理论中的玻尔半径 a_0.

例 30.2.1　塞曼(Zeeman)效应.

实验表明在强磁场作用下，单价原子每一条谱线分裂为间距相同的三条谱线，间距大小与磁场强度成正比，这种现象称为**塞曼效应**，塞曼效应于 1896 年首次被观测到. 塞曼效应起源于原子磁矩和外磁场的相互作用. 经典物理中电子绕核运动轨道角动量为 $\boldsymbol{L}$ 时，轨道运动电流磁矩

$$\boldsymbol{M} = -\frac{e}{2m_e}\boldsymbol{L}$$

这一表达式在量子力学中仍然成立. 轨道磁矩的 z 分量

$$M_z = -\frac{e}{2m_e}L_z = -\frac{e\hbar}{2m_e}m_z = -\mu_B m_z$$

$\mu_B = e\hbar/2m_e$ 是玻尔磁子. 原子处在外磁场 $\boldsymbol{B}$ 中时，每个轨道角动量为 $\boldsymbol{L}$ 的电子具有附加的能量

$$\Delta E=-\boldsymbol{M}\cdot\boldsymbol{B}=\frac{e}{2m_{\mathrm{e}}}\boldsymbol{L}\cdot\boldsymbol{B}$$

取磁场方向为 z 方向，这个附加能量为

$$\Delta E=\frac{e}{2m_{\mathrm{e}}}BL_z=\mu_{\mathrm{B}}Bm_z$$

由于 m_z 有 $2l+1$ 个不连续取值，ΔE 有间隔为 $\mu_{\mathrm{B}}B$ 的 $2l+1$ 个不同的值，这些值对应于 $\boldsymbol{L}$ 相对磁场 $\boldsymbol{B}$ 的 $2l+1$ 个不同的取向. 原子在磁场中附加能量引起电子能级的劈裂，在磁场中单电子原子谱线的分裂，就是这种原子电子能级劈裂的反映. 塞曼效应可看作角动量及其分量(投影)量子化的实验证明.

§30.3　泡利原理　两电子自旋波函数

除去氢原子外，其他元素的原子都不只有一个电子. 在讨论多电子原子前，首先应注意到的一个基本事实是所有电子静质量、电荷、自旋等固有性质都相同，量子物理称固有性质相同的粒子为**全同粒子**(identical particles)，电子是一类全同粒子. 粒子的这种全同性在经典物理中并没有什么特别的意义，但在量子物理中却导致了没有经典对应的性质——**不可分辨性**(indistinguishability)，**微观粒子的不可分辨性对描述它们运动的波函数施加了严格的限制条件**.

30.3.1　微观粒子的不可分辨性

在经典物理中，即使固有性质完全相同的粒子，由于运动中都有确定的轨道，原则上总可区分出哪个是第一个粒子，哪个是第二个粒子……对微观粒子，轨道概念已失去意义. 设 $t=0$ 时刻有两个全同粒子，它们的波函数是互不重叠的波包，尚可编号 1，2 加以区分. 随着波包扩散，它们在空间互相交叠(图 30.3.1)，若在交叠区域中测量得到一个粒子，我们不可能说出它究竟是原来的第一个粒子或是第二个粒子. 量子物理把这种不可区分称为**不可分辨性**.

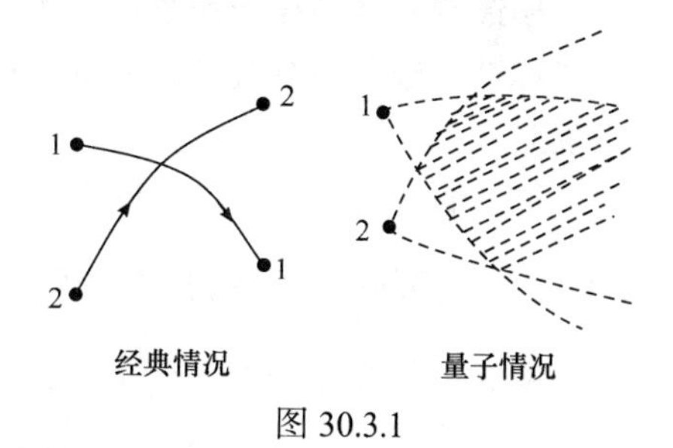

图 30.3.1

量子理论对微观粒子不可分辨性的认识，产生了一些重要结果. 以两个粒子一维运动为例，设两个粒子的坐标分别是 x,x'，这个两粒子系统的波函数是两粒子坐标的函数，我们记为在 $\psi(x,x')$. 现在把两个粒子交换会得到状态 $\psi(x',x)$，根据全同粒子的不可区分性，这两个状态在物理上是完全相同的，这两个波函数只能相差一个常数因子λ，即

$$\psi(x',x)=\hat{A}\ \psi(x,x')=\lambda\ \psi(x,x') \tag{30.3.1}$$

其中算子 $\hat{A}$ 是把两个粒子交换的置换算子. 从上式看出 $\psi(x,x')$ 是置换算子 $\hat{A}$ 的本征态，本征值是 λ. 我们把上述置换运算进行两次，得到

$$\psi(x',x)=\hat{A}\ \hat{A}\ \psi(x',x)=\hat{A}\lambda\psi(x',x)=\lambda^2\psi(x',x)$$

所以

$$\lambda^2=1\rightarrow\lambda=\pm1$$

这意味着

$$\psi(x',x)=\psi(x,x') \tag{30.3.2}$$

或

$$\psi(x',x)=-\psi(x,x') \tag{30.3.3}$$

式(30.3.2)中的波函数在交换两粒子坐标的变换下不变，称为**对称波函数**(symmetric wave function)；式(30.3.3)中的波函数在交换两粒子坐标下改变符号，称为**反对称波函数**(antisymmetric wave function). **实验表明像电子、质子、中子等自旋为半整数的粒子，其波函数是反对称的，**并称这类粒子是**费米子**(fermion)；**而自旋量子数是零或正整数的粒子，像光子、处于基态的氢原子等称为玻色子**(boson)，描述这类粒子的波函数是对称的.

总结上述分析，量子力学引进了**第六条基本假设**：

描述微观全同粒子系统状态的波函数，对于任意两个粒子坐标交换具有确定的对称性；玻色子系统的波函数在这种交换下对称，而费米子波函数在这种交换下反对称.

这一假设可看作粒子全同性原理的数学表示.

30.3.2 全同粒子体系的波函数泡利原理

考虑无相互作用的两个全同粒子体系，两粒子体系的哈密顿量可以写成

$$\hat{H}=\hat{h}_1(\xi_1)+\hat{h}_2(\xi_2) \tag{30.3.4}$$

$\hat{h}_i\ (i=1,2)$称为**单粒子哈密顿量**(ξ 表示与粒子所有自由度对应的全部坐标). 设 $\hat{h}_i$ 的本征值和相应的本征函数分别是 $\varepsilon_k,\psi_k(\xi_i)$，即

$$h_i(\xi_i)\psi_{k_i}(\xi_i)=\varepsilon_{k_i}\psi_{k_i}(\xi_i) \tag{30.3.5}$$

当两个粒子中一个处在 ψ_{k_1} 态，另一个处在 ψ_{k_2} 态时，体系的能量 $E=\varepsilon_{k_1}+\varepsilon_{k_2}$，对应的波函数有两个：$\psi_{k_1}(\xi_1)\psi_{k_2}(\xi_2)$ 和 $\psi_{k_1}(\xi_2)\psi_{k_2}(\xi_1)$，所以系统总能量 E 是简并的，这种与交换有关的简并称为**交换简并**(exchange degeneracy). 因为这两个波函数都不满足交换对称性或者交换反对称性，它们并不表示两个全同粒子体系真实的物

理状态，所以交换简并并不是实际存在的物理简并态. 可以证明，利用上面两个波函数，对于玻色子体系我们可以唯一地构造出交换对称波函数

$$\Psi(\xi_1,\xi_2)=\frac{1}{\sqrt{2}}[\psi_{k_1}(\xi_1)\psi_{k_2}(\xi_2)+\psi_{k_1}(\xi_2)\psi_{k_2}(\xi_1)]$$

对于费米子体系，要求波函数反对称. 描述两费米子系统的归一化反对称波函数可如下构成

$$\Psi(\xi_1,\xi_2)=\frac{1}{\sqrt{2}}[\psi_{k_1}(\xi_1)\psi_{k_2}(\xi_2)-\psi_{k_1}(\xi_2)\psi_{k_2}(\xi_1)] \tag{30.3.6}$$

式(30.3.6)可以写成行列式形式

$$\Psi(\xi_1,\xi_2)=\frac{1}{\sqrt{2}}\begin{vmatrix}\psi_{k_1}(\xi_1) & \psi_{k_1}(\xi_2)\\ \psi_{k_2}(\xi_1) & \psi_{k_2}(\xi_2)\end{vmatrix} \tag{30.3.7}$$

根据行列式的性质，当交换两电子坐标ξ_1,ξ_2时，相当于交换行列式的两列，行列式符号改变，所以波函数满足反对称要求. 容易看出，这种由单粒态行列式构造费米子系统反对称波函数的方法可以推广到多费米子系统，假设N个费米子分别处在$\psi_{k_1},\psi_{k_2},\cdots,\psi_{k_N}$描述的态，系统总反对称波函数就可表示为

$$\Psi(\xi_1,\xi_2,\cdots,\xi_N)=\frac{1}{\sqrt{N!}}\begin{vmatrix}\psi_{k_1}(\xi_1) & \psi_{k_1}(\xi_2) & \cdots & \psi_{k_1}(\xi_N)\\ \psi_{k_2}(\xi_1) & \psi_{k_2}(\xi_2) & & \psi_{k_2}(\xi_N)\\ \vdots & \vdots & & \vdots\\ \psi_{k_N}(\xi_1) & \psi_{k_N}(\xi_2) & & \psi_{k_N}(\xi_N)\end{vmatrix} \tag{30.3.8}$$

观察式(30.3.8)中的反对称波函数可以看出,如果有两个费米子量子态相同(即完全量子数组$k_i=k_j$)，这将导致行列式的两行相同，从而行列式值为零. 总结这一结果可以得出：

全同费米子系统的任意两个粒子都不能处在相同的量子态. 这一结论称为**泡利不相容原理**(Pauli exclusion principle).

泡利不相容原理在早期的量子理论中就已提出，这里我们看到它是全同费米子系统波函数对任意两个粒子交换呈反对称性质的自然结果. 泡利原理是量子物理一个极为重要的结果，是我们理解物质世界奥秘的一把钥匙. §30.4 我们将在独立粒子模型和中心力场近似的基础上，根据这一原理解释元素周期律. 与费米子系统不同，玻色子系统可以有任意多玻色子处在同一量子态. 例如，在温度低于 2.178K 时，可以使大量液氦原子(总自旋为零，是玻色子)都处在基态，呈现出超流动性，这种现象称为**玻色-爱因斯坦凝聚**(Bose-Einstein condensation). 在超导体中，两个电子结合成库珀(Cooper)对可以看作玻色子，处在同一量子态，是超

导电性的基本机制. 1995 年，韦曼(C. Wieman)等采用激光制冷技术，在 180nK 极低温度下，获得多达 2000 个 Ru 原子的玻色-爱因斯坦凝聚体，此后戴维斯(Davies)等人还得到了 50 万个 Na 原子的玻色-爱因斯坦凝聚体.

30.3.3 两电子系统的波函数

必须注意交换两粒子坐标是指交换两粒子的全部坐标. 原子中电子全部坐标包括空间坐标和自旋坐标，波函数

$$\psi_{nlm}(r,\theta,\varphi)=R_{nl}(r)\mathrm{Y}_{lm}(\theta,\varphi) \tag{30.3.9}$$

实际上只是完整电子波函数的空间部分，称为电子**轨道波函数**(orbital wave function). 当不考虑电子的自旋-轨道相互作用时，完整的单电子波函数可由式(30.3.9)乘上自旋函数得到

$$\psi_k(\xi)=\psi_{nlm}(r,\theta,\varphi)\chi_{m_s}(S_z) \tag{30.3.10}$$

其中$\xi=(\boldsymbol{R},S_z)$代表电子的全部空间坐标和自旋坐标，k 表示电子的量子数 $nlmm_s$ 全体.

电子的自旋角动量量子数为$1/2$，自旋投影算子 $\hat{S}_z$ 的本征值只能取$\pm\hbar/2$. 作为角动量算子，$\hat{S}^2$ 和 $\hat{S}_z$ 对易，二者有共同的完备本征函数系. 设 $\hat{S}_z$ 对应本征值$\pm\hbar/2$ 的本征态分别是 $\chi_\pm$，则有

$$\hat{S}_z\chi_\pm=\pm\frac{1}{2}\hbar\chi_\pm \tag{30.3.11}$$

$$\hat{S}^2\chi_\pm=\frac{1}{2}\left(\frac{1}{2}+1\right)\hbar^2\chi_\pm=\frac{3}{4}\hbar^2\chi_\pm \tag{30.3.12}$$

对两电子原子系统，在不考虑电子间的相互作用，也不考虑电子的自旋-轨道相互作用情况下，两电子体系的波函数由式(30.3.7)构造

$$\Psi(\xi_1,\xi_2)=\frac{1}{\sqrt{2}}\begin{vmatrix}\psi_a(\boldsymbol{R}_1)\chi_{m_{s1}}(1) & \psi_a(\boldsymbol{R}_2)\chi_{m_{s1}}(2)\\ \psi_b(\boldsymbol{R}_1)\chi_{m_{s2}}(1) & \psi_b(\boldsymbol{R}_2)\chi_{m_{s2}}(2)\end{vmatrix} \tag{30.3.13}$$

其中$a\equiv(n_1l_1m_1),b\equiv(n_2l_2m_2)$. 下面我们区分几种不同情况讨论.

(1) **两电子轨道态相同**($a=b$)，此时自旋态必定不同($m_{s1}\neq m_{s2}$). 式(30.3.13)可以写作

$$\Psi(\xi_1,\xi_2)=\psi_a(\boldsymbol{R}_1)\psi_a(\boldsymbol{R}_2)\frac{1}{\sqrt{2}}\begin{vmatrix}\chi_+(1) & \chi_+(2)\\ \chi_-(1) & \chi_-(2)\end{vmatrix}=\Psi_S(\boldsymbol{R}_1,\boldsymbol{R}_2)\chi_A \tag{30.3.14}$$

其中$\Psi_S(\boldsymbol{R}_1,\boldsymbol{R}_2)=\psi_a(\boldsymbol{R}_1)\psi_a(\boldsymbol{R}_2)$ 是空间坐标的对称函数，而

$$\chi_A = \frac{1}{\sqrt{2}}[\chi_+(1)\chi_-(2) - \chi_-(1)\chi_+(2)] \tag{30.3.15}$$

是自旋反对称函数.

(2) **两电子轨道态不同**($a \neq b$),此时两电子可以取相同的自旋态. 若两电子都取自旋向上态($m_{s1} = m_{s2} = +1/2$)，式(30.3.13)可写作

$$\Psi(\xi_1, \xi_2) = \frac{1}{\sqrt{2}}\begin{vmatrix} \psi_a(\boldsymbol{R}_1) & \psi_a(\boldsymbol{R}_2) \\ \psi_b(\boldsymbol{R}_1) & \psi_b(\boldsymbol{R}_2) \end{vmatrix} \chi_S^1 \tag{30.3.16}$$

其中波函数空间部分是反对称的，自旋部分 $\chi_S^1 \equiv \chi_+(1)\chi_+(2)$，是两电子自旋对称函数. 两电子也可都取自旋向下态($m_{s1} = m_{s2} = -1/2$)，得到两电子另一个自旋对称函数 $\chi_S^2 \equiv \chi_-(1)\chi_-(2)$.

在两电子轨道态不同的情况下，当然两电子的自旋态也可以不同，但当轨道态反对称时，自旋态必须是对称的. 取两电子自旋反平行，还可构造出两电子的另一个自旋对称函数

$$\chi_S^3 = \frac{1}{\sqrt{2}}[\chi_+(1)\chi_-(2) + \chi_-(1)\chi_+(2)] \tag{30.3.17}$$

总之，两电子体系的反对称波函数可由①空间部分对称，自旋部分反对称；②空间部分反对称，而自旋部分对称两种方式构造. 两个电子可以有四个自旋函数：$\chi_+(1)\chi_+(2)$, $\chi_-(1)\chi_-(2)$, $\chi_+(1)\chi_-(2)$,$\chi_-(1)\chi_+(2)$，其中前两个是对称的，后两个没有确定的对称性，但可线性组合为一个对称函数 χ_S^3 和一个反对称函数 χ_A.

定义两电子总自旋算子 $\hat{\boldsymbol{S}}$ 和总自旋投影算子 $\hat{S}_z$ 为

$$\hat{\boldsymbol{S}} = \hat{\boldsymbol{s}}_1 + \hat{\boldsymbol{s}}_2, \quad \hat{S}_z = \hat{s}_{1z} + \hat{s}_{2z} \tag{30.3.18}$$

可以证明，对称化的的四个自旋函数都是算子 $\hat{S}^2, \hat{S}_z$ 的共同本征态

$$\begin{aligned} &\hat{S}^2 \chi_A = 0 \qquad (S = 0) \\ &\hat{S}^2 \chi_S^i = 2\hbar^2 \chi_S^i \quad (S = 1), \quad i = 1,2,3 \end{aligned} \tag{30.3.19}$$

$$\begin{aligned} &\hat{S}_z \chi_A = 0, \quad \hat{S}_z \chi_S^1 = \hbar \chi_S^1 \\ &\hat{S}_z \chi_S^2 = -\hbar \chi_S^2, \quad \hat{S}_z \chi_S^3 = 0 \end{aligned} \tag{30.3.20}$$

其中自旋量子数 S=1 的三个态称为**自旋三重态**(spin triplet state),而自旋量子数 S=0 的态称为**自旋单态**(spin singlet state). 自旋三重态表示两个电子自旋大致上平行的态(图 30.3.2),相应的自旋函数是对称的；自旋单态是两个电子自旋反平行的态，相应的波函数是反对称的.

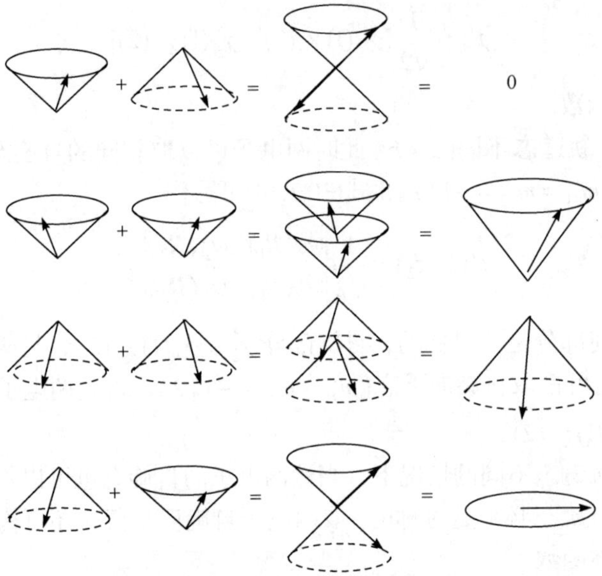

图 30.3.2

例 30.3.1　证明式(30.3.19)、式(30.3.20).

证明: 注意到式(30.3.11)，容易看出 χ_A, χ_S^i 都是 $\hat{S}_z$ 的本征态. 为了证明它们还是 $\hat{S}^2$ 的本征态，需要引用§29.5 及其中例 29.5.1 的一些结果. 由式(29.5.9)、式(29.5.10)，自旋算子的三个分量可以用泡利矩阵表示为

$$\hat{s}_x = \frac{\hbar}{2}\begin{bmatrix} 0 & 1 \\ 1 & 0 \end{bmatrix}, \hat{s}_y = \frac{\hbar}{2}\begin{bmatrix} 0 & -\mathrm{i} \\ \mathrm{i} & 0 \end{bmatrix}, \hat{s}_z = \frac{\hbar}{2}\begin{bmatrix} 1 & 0 \\ 0 & -1 \end{bmatrix} \tag{30.3.21}$$

用列矩阵表示 $\hat{S}_z$ 算子的本征态：$\chi_+ = \begin{bmatrix} 1 \\ 0 \end{bmatrix}$，$\chi_- = \begin{bmatrix} 0 \\ 1 \end{bmatrix}$，容易证明

$$\hat{s}_{ix}\chi_+(\mathrm{i}) = \frac{\hbar}{2}\begin{bmatrix} 0 & 1 \\ 1 & 0 \end{bmatrix}\begin{bmatrix} 1 \\ 0 \end{bmatrix} = \frac{\hbar}{2}\begin{bmatrix} 0 \\ 1 \end{bmatrix} = \frac{\hbar}{2}\chi_-(\mathrm{i})$$

$$\hat{s}_{ix}\chi_-(\mathrm{i}) = \frac{\hbar}{2}\begin{bmatrix} 0 & 1 \\ 1 & 0 \end{bmatrix}\begin{bmatrix} 0 \\ 1 \end{bmatrix} = \frac{\hbar}{2}\begin{bmatrix} 1 \\ 0 \end{bmatrix} = \frac{\hbar}{2}\chi_+(\mathrm{i})$$

$$\hat{s}_{iy}\chi_+(\mathrm{i}) = \frac{\hbar}{2}\begin{bmatrix} 0 & -\mathrm{i} \\ \mathrm{i} & 0 \end{bmatrix}\begin{bmatrix} 1 \\ 0 \end{bmatrix} = \frac{\hbar}{2}\begin{bmatrix} 0 \\ \mathrm{i} \end{bmatrix} = \frac{\hbar}{2}\mathrm{i}\chi_-(\mathrm{i})$$

$$\hat{s}_{iy}\chi_-(\mathrm{i}) = \frac{\hbar}{2}\begin{bmatrix} 0 & -\mathrm{i} \\ \mathrm{i} & 0 \end{bmatrix}\begin{bmatrix} 0 \\ 1 \end{bmatrix} = \frac{\hbar}{2}\begin{bmatrix} -\mathrm{i} \\ 0 \end{bmatrix} = -\frac{\hbar}{2}\mathrm{i}\chi_+(\mathrm{i}) \tag{30.3.22}$$

注意到由式(30.3.18)

$$\hat{S}_z = \hat{s}_{1z} + \hat{s}_{2z}$$

$$\hat{S}^2 = \hat{s}_1^2 + \hat{s}_2^2 + 2(\hat{s}_{1x}\hat{s}_{2x} + \hat{s}_{1y}\hat{s}_{2y} + \hat{s}_{1z}\hat{s}_{2z}) \tag{30.3.23}$$

利用式(30.3.11)、式(30.3.12)，首先

$$\hat{S}_z\chi_A = (\hat{s}_{1z} + \hat{s}_{2z})\frac{1}{\sqrt{2}}[\chi_+(1)\ \chi_-(2) - \chi_-(1)\ \chi_+(2)] = 0$$

其次，由于

$$\hat{S}^2\chi_A = \frac{3}{2}\hbar^2 + 2(\hat{s}_{1x}\hat{s}_{2x} + \hat{s}_{1y}\hat{s}_{2y} + \hat{s}_{1z}\hat{s}_{2z})\chi_A \tag{30.3.24}$$

利用式(30.3.22)

$$\begin{aligned}\hat{s}_{1x}\hat{s}_{2x}\chi_A &= \hat{s}_{1x}\hat{s}_{2x}\frac{1}{\sqrt{2}}[\chi_+(1)\ \chi_-(2) - \chi_-(1)\ \chi_+(2)]\\ &= \frac{\hbar^2}{4}\frac{1}{\sqrt{2}}[\chi_-(1)\ \chi_+(2) - \chi_+(1)\ \chi_-(2)] = -\frac{\hbar^2}{4}\chi_A\end{aligned}$$

$$\begin{aligned}\hat{s}_{1y}\hat{s}_{2y}\chi_A &= \hat{s}_{1y}\hat{s}_{2y}\frac{1}{\sqrt{2}}[\chi_+(1)\ \chi_-(2) - \chi_-(1)\ \chi_+(2)]\\ &= -\frac{\hbar^2}{4}\frac{1}{\sqrt{2}}[-\chi_-(1)\ \chi_+(2) + \chi_+(1)\ \chi_-(2)] = -\frac{\hbar^2}{4}\chi_A\end{aligned}$$

$$\begin{aligned}\hat{s}_{1z}\hat{s}_{2z}\chi_A &= \hat{s}_{1z}\hat{s}_{2z}\frac{1}{\sqrt{2}}[\chi_+(1)\ \chi_-(2) - \chi_-(1)\ \chi_+(2)]\\ &= -\frac{\hbar^2}{4}\frac{1}{\sqrt{2}}[\chi_+(1)\ \chi_-(2) - \chi_-(1)\ \chi_+(2)] = -\frac{\hbar^2}{4}\chi_A\end{aligned}$$

以上三式代入式(30.3.24)中，即得 $\hat{S}^2\chi_A = 0$. 类似地可证明式(30.3.19)、式(30.3.20)中其他结果.

§30.4 原子壳层结构

氢原子及类氢离子在核外只有一个电子，其结构是原子中最简单的情况. 本节我们将讨论多电子原子情况，介绍量子力学研究原子结构的一般思想方法.

30.4.1 中心力场近似 独立电子模型

对于核外有 N 个电子的多电子原子，在忽略多种次要相互作用(电子的自旋-轨道相互作用，电子和核的电磁多极矩之间的相互作用等)的情况下，其哈密顿量可以写作

$$\hat{H} = \sum_{i=1}^{N}\left(-\frac{\hbar^2}{2m_e}\nabla_i^2 - \frac{Ze^2}{4\pi\varepsilon_0 r_i}\right) + \sum_{i\neq j}\frac{e^2}{4\pi\varepsilon_0 r_{ij}} \tag{30.4.1}$$

其中 r_i 是第 i 个电子到核的距离， r_{ij} 是 i，j 两个电子的距离. 括号中的项表示第 i

个电子的动能和在核库仑场中的位能，最后一项是 i, j 两个电子库仑相互作用能. 由于哈密顿量中包含有两电子距离变量 r_{ij} ，多电子原子的薛定谔方程不能严格求解，必须寻找求解的近似方法.

求解多电子原子常用的一个方法是首先引入独立电子模型和中心力场近似，**即假设每个电子独立地在由核和其他电子的静电作用产生的平均力场中运动，并假定这个平均力场是以原子核为中心对称的**. 在这种近似下，多电子原子的哈密顿量式(30.4.1)可改写为

$$\hat{H} = \hat{H}_0 + \hat{H}' \tag{30.4.2}$$

其中

$$\hat{H}_0 = \sum_{i=1}^{N} \left[-\frac{\hbar^2}{2m_\mathrm{e}}\nabla_i^2 - \frac{Ze^2}{4\pi\varepsilon_0 r_i} + u(r_i) \right] \tag{30.4.3}$$

$$\hat{H}' = -\sum_{i=1}^{N} u(r_i) + \sum_{i\neq j} \frac{e^2}{4\pi\varepsilon_0 r_{ij}} \tag{30.4.4}$$

式中 $u(r_i)$ 是原子中第 i 个电子受到其余 N–1 个电子库仑作用的平均势，由于已假设这个势场是中心对称的，所以这个势函数只和电子 i 到核中心的距离 r_i 有关. 引入平均势的原则是尽可能多地概括电子间的相互作用，使残余部分 $\hat{H}'$ 可忽略(或可当成微扰处理). $\hat{H}_0$ 描述 N 个电子互相独立地在中心力场中运动. 引入单电子哈密顿量

$$\hat{h}_i = -\frac{\hbar^2}{2m_\mathrm{e}}\nabla_i^2 - \frac{Ze^2}{4\pi\varepsilon_0 r_i} + u(r_i) \tag{30.4.5}$$

$\hat{H}_0$ 可以表示为 N 个单电子哈密顿量之和. 哈密顿量算子为 $\hat{H}_0$ 的定态薛定谔方程是

$$\hat{H}_0\Psi = \sum_{i=1}^{N} \hat{h}_i\Psi = E\Psi \tag{30.4.6}$$

由于 $\hat{h}_i$ 只和第 i 个电子的坐标有关，方程(30.4.6)可以对各个电子坐标分离变量，波函数 Ψ 可以写成单电子波函数的乘积. 从而解薛定谔方程(30.4.6)，可归结为解单电子方程. 第 i 个电子的薛定谔方程是

$$\hat{h}_i\psi_i = \left[-\frac{\hbar^2}{2m_\mathrm{e}}\nabla_i^2 - \frac{Ze^2}{4\pi\varepsilon_0 r_i} + u(r_i) \right]\psi_i = \varepsilon_i\psi_i \tag{30.4.7}$$

由于 $u(r)$ 是中心力场，只要知道了平均势 $u(r)$ 的函数形式(确定 $u(r)$ 的常使用“**自洽场**”方法，关于这个方法的讨论超出了本课程的内容)，这个方程就可按§30.1

中的步骤求解. 和§30.1 情况相同，方程(30.4.7)角向部分的解是球谐函数，实际求解归结为求径向波函数. 由于这里电子所处的势场是一般的中心力场(不是单纯的库仑力场)，单电子能量 $\varepsilon_{n_r l}$ 依赖于径向量子数 n_r 和轨道角量子数 l . 仿照氢原子情况，用主量子数 n 代替径向量子数 n_r ，单电子波函数可以写作

$$\psi_{n\,l\,m}(r\,,\theta\,,\varphi\,)\chi(m_s) \tag{30.4.8}$$

一旦求得了单电子波函数和单电子能量，方程(30.4.6)的解就可表示为单电子波函数的乘积

$$\Psi=\prod_{i=1}^{N}\psi_i \tag{30.4.9}$$

能量本征值就是单电子能量之和

$$E=\sum_{i=1}^{N}\varepsilon_i \tag{30.4.10}$$

考虑到电子是费米子，整个原子波函数还需要反对称化，这可以由行列式形式的波函数得到

$$\Psi(\xi_1,\xi_2,\cdots,\xi_N)=\frac{1}{\sqrt{N!}}\begin{vmatrix}\psi_1(\xi_1) & \psi_1(\xi_2) & \cdots & \psi_1(\xi_N)\\ \psi_2(\xi_1) & \psi_2(\xi_2) & \cdots & \psi_2(\xi_N)\\ \vdots & \vdots & & \vdots\\ \psi_N(\xi_1) & \psi_N(\xi_2) & \cdots & \psi_N(\xi_N)\end{vmatrix} \tag{30.4.11}$$

很容易证明,反对称化的行列式波函数(通常称之为 Slater **行列式**)满足方程(30.4.6). 根据行列式的性质，式(30.4.11)中如果有任意两个单电子量子态相同(即 $\psi_i=\psi_j$)，将导致行列式的两行相同，从而行列式值为零. 这就是针对原子体系的泡利不相容原理，也即**原子中不能有两个电子处在相同的单电子量子态**.

解 $\hat{H}_0$ 的本征值方程得到的波函数和能量称为**零级近似波函数**和**零级近似能量**. 求得零级近似波函数和零级近似能量之后，第二步再考虑 $\hat{H}'$ 的影响，对零级近似进行修正. 原子物理已发展了一套系统的方法(介绍这些方法已超出本书的范围)，可以逐级足够精确地逼近真正解，得到足够精确的原子能量和原子波函数.

30.4.2　原子的壳层结构

根据前面的讨论，多电子原子中的单电子态在零级近似下可以用三个轨道量子数 n,l,m 和自旋投影量子数 m_s 描写，波函数由式(30.4.8)给出. 定态情况下原子中的每一个电子都处在一个确定的状态，整个原子状态就可由指出各个电子所处的状态描述. 多电子原子的基态可以在泡利原理限制下，由电子总能量最小条件决定.

决定原子结构的基本原则如下：

(1) 由泡利原理限制，不可能有两个或两个以上的电子处在同一个量子态.

① n,l,m,m_s 四个量子数确定后，具有这些量子数的电子不多于一个.

② 具有相同量子数n,l,m的电子数最多有两个，这两个电子的m_s分别取值$\pm 1/2$.

③ 由于对应同一个l值，m可已取$-l,-l+1,\cdots,l-1,l$共$2l+1$个值，而对应一组相同的l,m值，m_s可取2个不同值，具有相同n,l值的电子数有$2(2l+1)$个.

④ 对于给定的n值，l可以取$0,1,2,\cdots,n-1$，具有相同n值的电子数有

$$\sum_{l=0}^{n-1} 2(2l+1) = 2n^2$$

(2) **对基态原子，电子在不违背泡利原理的限制前提下，占据总能量最低的状态.**

对于原子序数Z较小的原子，核外电子数目较少，电子-电子间的相互作用可略去，能级仅与主量子数n有关，所以在满足泡利原理条件下，电子从$n=1$的状态开始填起. 随着电子数目增多,电子间的相互作用越来越重要. 在独立粒子模型和中心力场近似下，单电子定态能量ε_{nl}，不仅和主量子数n(这里已经用主量子数n代替了径向量子数n_r)有关，而且还和角量子数l有关. 当n值较大时，可能出现n值大、l值小态的能量比n值小、l值大态的能量更低，例如，$n=3,l=2$态能量大于$n=4,l=0$态能量就是这种情况. 在这种情况下，按能量最低要求，电子可能优先填充n值小、l值大的态. 在相同n值下，由于离心势随l增大而增大，所以电子将优先填充相同n值中l值小的状态.

根据上述两条基本原则，原子中电子分布将出现“壳层结构”. 原子物理中把具有相同主量子数n的电子称为**同一个壳层**中的电子. 相应于量子数$n=1,2,3,\cdots$的各壳层分别称为K壳层、L壳层、M壳层等. 同一壳层又按角量子数l的取值不同分为不同**支壳层**，对应$l=0,1,2,3,4,\cdots$不同取值，常用s,p,d,f,g等字符表示各支壳层. 表30.4.1给出各个壳层可容纳的最大电子数.

表 30.4.1

N \ l	n	0 s	1 p	2 d	3 f	4 g	5 h	可容纳 电子总数
K	1	2						2
L	2	2	6					8
M	3	2	6	10				18
N	4	2	6	10	14			32
O	5	2	6	10	14	8		50

一个特定的支壳层称为**电子轨道**(electron orbit)，电子轨道用数字(表示壳层)和字符(表支壳层)并列表示，如1s,3s,2p,3d 等. 每个轨道上的电子数用轨道符号右上角的数字给出(数字“1”可以省去). 原子内电子在各轨道上分布情况称为**电子组态**(electron configuration)，通常用$(n_1l_1)^{w_1}(n_2l_2)^{w_2}\cdots(n_ql_q)^{w_q}$来表示. 例如，氦原子的基态的电子组态是$1s^2$,碳原子基态的电子组态是$1s^2 2s^2 2p^2$等. 按照泡利不相容原理，每一个支壳层$nl$可以容纳的最大电子数是$2(2l+1)$，电子占据数达到可容纳的最大电子数的壳层(支壳层)称为**闭壳层**(closed shell)，尚未被电子完全占据的壳层(支壳层)称为**开壳层**(open shell). 表 30.4.2 给出各原子基态的电子组态.

表 30.4.2

元素			电子组态		电离能/eV	元素			电子组态		电离能/eV
1	氢	H	1s		13.598	24	铬	Cr	氩原子组态	3d^{5}4s	6.765
2	氦	H	1s^2		24.587	25	锰	Mn		3d^{5}4s^2	7.432
3	锂	Li	氦原子组态	2s	5.392	26	铁	Fe		3d^{6}4s^2	7.870
4	铍	Be		2s^2	9.322	27	钴	Co		3d^{7}4s^2	7.86
5	硼	B		2s^{2}2p	8.298	28	镍	Ni		3d^{8}4s^2	7.635
6	碳	C		2s^{2}2p^2	11.260	29	铜	Cu		3d^{10}4s	7.726
7	氮	N		2s^{2}2p^3	14.534	30	锌	Zn		3d^{10}4s^2	9.394
8	氧	O		2s^{2}2p^4	13.618	31	镓	Ga		3d^{10}4s^{2}4p	5.999
9	氟	F		2s^{2}2p^5	17.422	32	锗	Ge		3d^{10}4s^{2}4p^2	7.899
10	氖	Ne		2s^{2}2p^6	21.564	33	砷	As		3d^{10}4s^{2}4p^3	9.81
11	钠	Na	氖原子组态	3s	5.139	34	硒	Se		3d^{10}4s^{2}4p^4	9.752
12	镁	Mg		3s^2	7.646	35	溴	Br		3d^{10}4s^{2}4p^5	11.814
13	铝	Al		3s^{2}3p	5.986	36	氪	Kr		3d^{10}4s^{2}4p^6	13.999
14	硅	Si		3s^{2}3p^2	8.151	37	铷	Rb	氪原子组态	5s	4.177
15	磷	P		3s^{2}3p^3	10.486	38	锶	Sr		5s^2	5.693
16	硫	S		3s^{2}3p^4	10.360	39	钇	Y		4d5s^2	6.38
17	氯	Cl		3s^{2}3p^5	12.967	40	锆	Zr		4d^{2}5s^2	6.84
18	氩	Ar		3s^{2}3p^6	15.759	41	铌	Nb		4d^{4}5s	6.88
19	钾	K	氩原子组态	4s	4.341	42	钼	Mo		4d^{5}5s	7.10
20	钙	Ca		4s^2	6.113	43	锝	Tc		4d^{5}5s^2	7.28
21	钪	Sc		3d4s^2	6.54	44	钌	Ru		4d^{7}5s	7.366
22	钛	Ti		3d^{2}4s^2	6.82	45	铑	Rh		4d^{8}5s	7.46
23	钒	V		3d^{3}4s^2	6.74	46	钯	Rd		4d^{10}	8.33

续表

元素				电子组态	电离能/eV	元素				电子组态	电离能/eV
47	银	Ag	氪原子组态	$4d^{10}5s$	7.576	76	锇	Os	氙原子组态	$4f^{14}5d^{6}4s^{2}$	8.5
48	镉	Cd		$4d^{10}5s^{2}$	8.993	77	铱	Ir		$4f^{14}5d^{7}4s^{2}$	9.1
49	铟	In		$4d^{10}5s^{2}5p$	5.786	78	铂	Pt		$4f^{14}5d^{8}4s^{2}$	9.0
50	锡	Sn		$4d^{10}5s^{2}5p^{2}$	7.344	79	金	Au		$4f^{14}5d^{10}6s$	9.22
51	锑	Sb		$4d^{10}5s^{2}5p^{3}$	8.641	80	汞	Hg		$6s^{2}$	10.43
52	碲	Te		$4d^{10}5s^{2}5p^{4}$	9.01	81	铊	Ti		$6s^{2}6p$	6.108
53	碘	I		$4d^{10}5s^{2}5p^{5}$	10.457	82	铅	Pb		$6s^{2}6p^{2}$	7.417
54	氙	Xe		$4d^{10}5s^{2}5p^{6}$	12.130	83	铋	Bi		$6s^{2}6p^{3}$	7.289
55	铯	Cs		$6s$	3.894	84	钋	Po		$6s^{2}6p^{4}$	8.43
56	钡	Ba	氙原子组态	$6s^{2}$	5.211	85	砹	At		$6s^{2}6p^{5}$	8.8
57	镧	La		$5d6s^{2}$	5.577	86	氡	Rn		$6s^{2}6p^{6}$	10.749
58	铈	Ce		$4f5d6s^{2}$	5.466	87	钫	Fr		$7s$	3.8
59	镨	Pr		$4f^{3}6s^{2}$	5.422	88	镭	Ra	氡原子组态	$7s^{2}$	5.278
60	钕	Nd		$4f^{4}6s^{2}$	5.489	89	锕	Ac		$6d7s^{2}$	5.17
61	钷	Pm		$4f^{5}6s^{2}$	5.554	90	钍	Th		$6d^{2}7s^{2}$	6.08
62	钐	Sm		$4f^{6}6s^{2}$	5.631	91	镤	Pa		$5f^{2}6d7s^{2}$	5.89
63	铕	Eu		$4f^{7}6s^{2}$	5.666	92	铀	U		$5f^{3}6d7s^{2}$	6.05
64	钆	Gd		$4s^{7}6s^{2}$	6.141	93	镎	Np		$5f^{4}6d7s^{2}$	6.19
65	铽	Tb		$4f^{9}5s^{2}$	5.852	94	钚	Pu		$5f^{6}7s^{2}$	6.06
66	镝	Dy		$4f^{10}6s^{2}$	5.927	95	镅	Am		$5f^{7}7s^{2}$	5.993
67	钬	Ho		$4f^{11}6s^{2}$	6.018	96	锔	Cm		$5f^{7}6d7s$	6.02
68	铒	Er		$4f^{12}6s^{2}$	6.101	97	锫	Bk		$5f^{8}6d7s^{2}$	6.23
69	铥	Tm		$4f^{13}6s^{2}$	6.184	98	锎	Cf		$5f^{10}7s^{2}$	6.30
70	镱	Yb		$4f^{14}6s^{2}$	6.254	99	锿	E		$5f^{11}7s^{2}$	6.42
71	镥	Lu		$4f^{14}5d6s^{2}$	5.426	100	镄	Fm		$5f^{12}7s^{2}$	6.50
72	铪	Hf		$4f^{14}5d^{2}6s^{2}$	6.865	101	钔	Mv		$5f^{13}7s^{2}$	6.58
73	钽	Ta		$4f^{14}5d^{3}4s^{2}$	7.88	102	锘	No		$5f^{14}7s^{2}$	6.65
74	钨	W		$4f^{14}5d^{4}4s^{2}$	7.98	103	铹	Lr		$5f^{14}6d7s^{2}$	8.6
75	铼	Re		$4f^{14}5d^{5}4s^{2}$	7.87	105					

30.4.3　元素周期律的量子力学解释

元素周期律是俄国化学家门捷列夫(Менделеев)在 1869 年，在总结元素化学性质的基础上提出的. 他发现各种元素的物理和化学性质，按原子序数排列表现出周期性的变化. 长期以来，元素周期律只能看作一条实验规律. 根据上面对原子结构的讨论，可以给元素周期律一个很好的量子力学解释. **元素按序数 Z 排列性质表现出的周期性，实际上是原子中的电子在壳层中分布周期性重复的结果**.

从表 30.4.2 我们看到，在泡利原理和能量取最小值限制下，电子在各壳层的分布表现出周期结构.

氢(Z=1)，基组态 $1s^1$，一个电子就填在 K 壳层上.

氦(Z=2)，基组态 $1s^2$，两电子都填在 K 壳层上，K 壳层闭合.

锂(Z=3)，基组态 $1s^2 2s^1$，它的三个电子中两个填满 K 壳层，最后一个电子只能填在能量更高的 L 壳层的 s 支壳层上，从此开始填充 L 壳层.

氖(Z=10)，基组态 $1s^2 2s^2 2p^6$，首先两个电子填满 K 壳层，其余 8 个电子填满 L 壳层的两个支壳层，至此 L 壳层闭合.

钠(Z=11)，基组态 $1s^2 2s^2 2p^6 3s^1$，它的前 10 个电子填满 K,L 两个壳层，最后一个电子开始填充能量更高的 M 壳层.

氩(Z=18)，基组态 $1s^2 2s^2 2p^6 3s^2 3p^6$，它的前 10 个电子填满 K,L 两个壳层，其余 8 个电子填在 M 壳层的 3s,3p 支壳层上，并使之闭合，但 M 壳层的 3d 支壳层仍空着.

钾(Z=19)，基组态 $1s^2 2s^2 2p^6 3s^2 3p^6 4s^1$，它的前 18 个电子的填充情况同氩，但最后一个电子不是填在 M 壳层的 3d 支壳层上，而是填在下一个壳层 N 的支壳层上，其原因在前面已解释过.

钠(Z=11)，基组态 $1s^2 2s^2 2p^6 3s^1$，它的前 10 个电子填满 K,L 两个壳层，最后一个电子开始填充能量更高的 M 壳层.

氩(Z=18)，基组态 $1s^2 2s^2 2p^6 3s^2 3p^6$，它的前 10 个电子填满 K,L 两个壳层，其余 8 个电子填在 M 壳层的 3s,3p 支壳层上，并使之闭合，但 M 壳层的 3d 支壳层仍空着.

钾(Z=19)，基组态 $1s^2 2s^2 2p^6 3s^2 3p^6 4s^1$，它的前 18 个电子的填充情况同氩，但最后一个电子不是填在 M 壳层的 3d 支壳层上，而是填在下一个壳层 N 的支壳层上，其原因在前面已解释过.

我们看到，随着元素电子数目的增加，电子填充各壳层(支壳层)情况表现出周期性变化，元素最外层电子数目出现周期性的重复，这就使元素的物理化学性质呈现出周期性变化. 同一族元素之所以具有相似的化学性质，是因为它们有相似的最外层电子组态. 例如，碱金属元素(锂、钠、钾、铷、铯、钫)的电子基组态都是闭壳层外有一个处在 s 态的价电子. 这个价电子受核束缚较弱，容易丢失，元素金属性强，化学性质活泼. 卤族元素(氟、氯、溴、碘、砹)的电子组态最外壳层(支壳层)加上一个电子才能形成闭合壳层(支壳层)，所以容易从外界获得一个电子，形成闭壳层结构，表现出强的非金属性. 惰性气体(氦、氖、氩、氪、氙、氡)之所以化学性质不活泼，是因为它们的电子组态形成闭壳层结构. 所有的电子都被核紧紧地束缚着，不易丢失，同时闭壳层的电子分布形成球对称的电子云，屏蔽了核电荷的作用，使原子也不易从外界俘获电子，所以惰性气体性质最稳定.

问题和习题

30.1 简述氢原子光谱的实验规律和玻尔的氢原子理论，指出玻尔理论的成功之处和它的局限性.

30.2 按经典的电动力学理论，电子以加速度 a 运动时，其辐射电磁波的功率为

$$P=\frac{1}{6\pi\varepsilon_0}\cdot\frac{e^2a^2}{c^3}$$

试证明：电子绕核电荷数为 Z 的原子核做圆周运动，其轨道半径 r 随时间 t 变化的规律是

$$r_0^3-r^3=\frac{4Ze^2}{c^3m^2}t$$

并根据以上结果估算氢原子的寿命.

30.3 为什么若不考虑自旋-轨道耦合，类氢离子的电子态可以用 n、l、m_l 和 m_s 四个量子数表征?

30.4 在一般中心力场中运动的粒子，其能量除了和主量子数 n 有关外，还和轨道角量子数 l 有关. 但是对于氢原子和类氢离子，其电子能级只和主量子数 n 有关，这是为什么? 如何根据对称性解释这一事实?

30.5 求基态氢原子内电子的最可几半径.

30.6 氢原子内的电子处于 $n=2$、$l=1$ 的状态，其径向波函数为

$$R(r)=\left(\frac{1}{2a_0}\right)^{3/2}\frac{r}{a_0\sqrt{3}}\mathrm{e}^{-r/2a_0}$$

试问：在此状态下，电子概率密度最大处到核的距离是多大?

30.7 微观粒子 μ 子的带电量为 $-e$，其静质量是电子静质量的 207 倍. 若用一个 μ 子代替氢原子中的电子形成所谓的 μ 氢原子，试求 μ 氢原子的基态能量和第一轨道半径.

30.8 氢原子处于基态，其内部的电子在核的库仑场中运动，求：电子的势能平均值和动能平均值，并按照经典力学估算电子的方均根速率.

30.9 计算轨道角动量为 $\boldsymbol{L}$ 的电子在磁感应强度为 $\boldsymbol{B}$ 的磁场中进动时的频率.

*__30.10__　在一次试验中观测到钙原子的 4226Å 的谱线在 3T 的磁场中分裂为间隔 0.25Å 的三条谱线，试根据这些数据计算电子的荷质比 e/m.

30.11　什么是全同粒子？微观粒子的全同性对全同粒子系统的波函数提出了什么限制？

*__30.12__　氦原子可区分为仲氦和正氦两种，对于空间波函数相同的态，正氦能级低于仲氦相应能级，如何解释这一事实？

30.13　假设在宽度为 a 的一维无限深方势阱中，平均每米有 10^{10} 个电子. 试求这个系统处在基态时电子的最高能量.

*__30.14__　在研究多电子原子结构时，引进了独立电子模型和中心力场近似，试简述这种近似方法.

30.15　描述多电子原子内电子的运动状态用四个量子数，试简述这四个量子数的取值规则. 原子内每个支壳层最多可容纳多少个电子？每个主壳层最多可容纳多少个电子？

30.16　试写出铁原子(原子序数为 26)处于基态时其内部的电子组态.

第七部分　高新技术的物理基础

以相对论、量子力学为基础的近代物理学，奠定了现代高新技术的物理基础. 计算机技术、激光技术、通信技术、新材料技术、生物技术、核能的开发和应用等都和近代物理学有密切关系. 为了使工科学生更好地学习、掌握现代高新技术，并且在未来技术竞争中能有所发明、创造，加强近代物理内容的教学是必要的.

“高新技术的物理基础”这部分内容教学目的就是深化近代物理教学，同时希望能在物理学和高新技术之间架设桥梁. 根据加强近代物理理论基础、有广泛的普遍应用、具有明显发展前景等因素综合考虑，我们选择了固体物理和材料科学，超导体物理学，光的发射和吸收、激光技术，核物理和核技术，量子信息原理和技术，纳米科学和技术等内容.

这部分内容用作大学物理后续课程“高新技术中的物理基础”教材，主要供学生参阅和自学. 学时较多的学校或专业可根据需要和学时安排选讲其中全部或部分内容.

第 31 章　固体物理学和半导体材料

材料是人类赖以生存的物质基础，现代社会高度物质文明和材料科学进步密切有关. 在各种性质的新材料中，固体材料居重要位置. 固体大体上可区分为晶体和非晶体两大类，目前只对晶体才有比较完善的理论. 本章我们利用量子力学的基本原理，研究晶体结构、组成晶体的原子(分子)、离子和电子之间的相互作用及运动规律，阐明各种晶体材料的宏观性质和用处. 首先介绍金属晶体自由电子模型，给出金属导电及金属比热的量子理论解释；然后进一步考虑一般晶体结构的周期性，得出电子能级的能带结构，并用这种能带理论解释导体、半导体和绝缘体的差别. 最后介绍在现代信息科学中极为重要的半导体材料.

学习指导： 本章重点内容是①金属自由电子模型，费米能级、费米面的概念；②了解金属导电、量子统计及金属比热的量子理论解释；③当大量原子形成晶体结构时电子能级的改变和电子能带结构的物理机制；④要求能用电子能带理论说明金属、绝缘体、半导体的区别，了解本征半导体导电机制以及 P 型、N 型半导体的的区别，PN 结的伏安特性以及半导体在技术中的应用.

§ 31.1　金属自由电子模型

金属是一类有重要实用价值的晶体，金属最显著的特征是具有高的电导率和热导率. 为了解释金属的这一特性，在 1900 年发现电子不久，特鲁多(Drude)就提出了“自由电子气模型”，即把金属中的电子看成是由自由电子构成的理想气体，服从经典的玻尔兹曼统计. 这一模型可以说明金属导电和导热现象，但不能说明为什么金属中自由电子对金属比热几乎没有贡献的实验事实. 1927 年，量子力学刚刚创立，索末菲(A. Sommerfeld)就利用量子理论，进一步把金属中的电子看成是遵从费米-狄拉克统计的电子气体，得出了费米能级、费米面等重要概念，并成功地解决了电子热容等问题，下面首先来介绍这一理论.

31.1.1　金属自由电子气模型　电子能级和波函数

原子基组态为满壳层外有少数几个弱束缚电子的元素，在形成晶体时，那些弱束缚电子很容易脱离原子，在金属离子形成的晶格间运动. 这些电子受周围正离子的屏蔽，电子相互间以及和晶格正离子的作用都可以略去，其运动可近似认为是自由的，这就产生了最简单的“自由电子气体”模型. 注意到自由电子从金属中逸出需要克服一个强大的势垒，为了简单，可假设这个势垒无限大. 于是，可以把金属中的电子描述为互相独立地在三维无限深势阱

$$U(\boldsymbol{R})=\begin{cases}0, & \boldsymbol{R}\text{点位于金属体内}\\ \infty, & \boldsymbol{R}\text{点位于金属体外}\end{cases} \tag{31.1.1}$$

中运动. 为了分析简单，进一步假设金属是边长为 L 的立方体，这就相当于限制电子在边长为 L 的立方箱中运动. 根据量子力学理论，晶体中电子运动的能级和波函数由定态薛定谔方程

$$-\frac{\hbar^2}{2m_{\mathrm{e}}}\nabla^2\psi(\boldsymbol{R})=-\frac{\hbar^2}{2m_{\mathrm{e}}}\left(\frac{\partial^2}{\partial x_1^2}+\frac{\partial^2}{\partial x_2^2}+\frac{\partial^2}{\partial x_3^2}\right)\psi(\boldsymbol{R})=E\psi(\boldsymbol{R}) \tag{31.1.2}$$

的解决定. 这个方程可以用分离变量法求解，令

$$\psi(\boldsymbol{R})=\phi_1(x_1)\phi_2(x_2)\phi_3(x_3) \tag{31.1.3}$$

这里为了标注方便，用 x_1,x_2,x_3 依次表示坐标变量 x,y,z. 将式(31.1.3)代入式(31.1.2)中，得三个已分离变量的方程

$$-\frac{\hbar^2}{2m_e}\frac{d^2\phi_i}{dx_i^{\ 2}}=E_i\phi_i,\quad i=1,2,3 \tag{31.1.4}$$

E_1,E_2,E_3 是分离变量引进的常数，满足条件

$$E=E_1+E_2+E_3 \tag{31.1.5}$$

式(31.1.4)中每一个方程都和粒子在一维无限深势阱中运动方程相同，引用第六部分中 § 28.3 的结果，可直接得出其波数、能量本征值和本征函数

$$k_i=\frac{n_i\pi}{L},\quad E_i=\frac{\hbar^2k_i^2}{2m_e}=\frac{n_i^2\pi^2\hbar^2}{2m_eL^2},\quad n_i=1,2,3,\cdots \tag{31.1.6}$$

$$\phi_i(x_i)=\sqrt{\frac{2}{L}}\sin\left(\frac{n_i\pi}{L}x_i\right),\quad n_i=1,2,3,\cdots \tag{31.1.7}$$

其中 $i=1,2,3$．将上述结果代入式(31.1.5)、式(31.1.3)中，得到

$$E=\frac{\pi^2\hbar^2}{2m_eL^2}(n_1^2+n_2^2+n_3^2) \tag{31.1.8}$$

$$\psi_{n_1n_2n_3}(\boldsymbol{R})=\left(\frac{2}{L}\right)^{3/2}\sin\left(\frac{n_1\pi}{L}x\right)\sin\left(\frac{n_2\pi}{L}y\right)\sin\left(\frac{n_3\pi}{L}z\right) \tag{31.1.9}$$

这就是在自由电子气模型下，金属晶体中电子的能级和波函数. 由此可见金属中自由电子的能级和波函数可以用一组量子数 n_1,n_2,n_3 表征，并具有以下特点：

(1) 由于 n_1,n_2,n_3 都取整数值，电子能量是量子化的，且当金属体限度 L 很大时，这些离散能级实际上是准连续的.

(2) 电子基态能量(零点能) $E_0=\dfrac{3\pi^2\hbar^2}{2m_eL^2}$ 不等于零，且随 L 值变小而增大.

(3) 由于 n_1,n_2,n_3 的不同取值组合可以对应同一个能量值 E，所以电子能级是简并的.

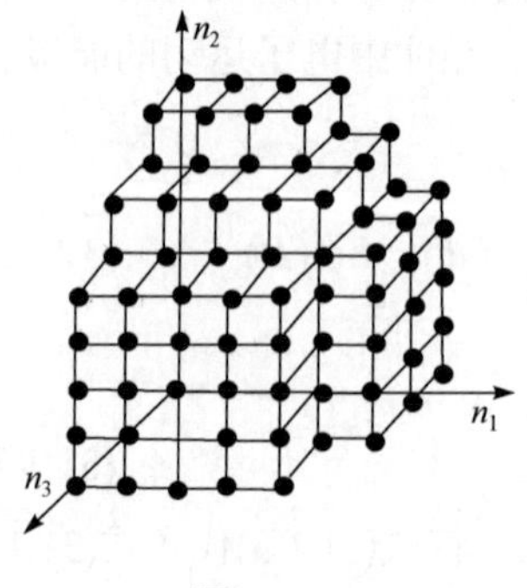

图 31.1.1

31.1.2 自由电子气模型中电子态密度

为了求出金属中自由电子按能量的分布，我们首先求出能量在 $E\to E+dE$ 区间内的电子状态数目. 为此以 n_1,n_2,n_3 为坐标轴建立一直角坐标系(图 31.1.1)，称 n_1,n_2,n_3 张起的三维空间为**量子数空间**(quantum number space). 由于给定一个量子态 ψ_{n_1,n_2,n_3} 即给定一组量子数 n_1,n_2,n_3，同时也就给定了量子数空间中的一个点，所以量子数

空间中的点 n_1,n_2,n_3 和量子态一一对应. 由式(31.1.8)，点 n_1,n_2,n_3 到坐标原点的距离和态 ψ_{n_1,n_2,n_3} 的电子能量有关系

$$R=\sqrt{n_1^2+n_2^2+n_3^2}=\frac{L}{\pi\hbar}\sqrt{2m_{\mathrm{e}}E} \tag{31.1.10}$$

微分上式得

$$\mathrm{d}R=\frac{L}{\pi\hbar}\sqrt{\frac{m_{\mathrm{e}}}{2E}}\mathrm{d}E \tag{31.1.11}$$

能量在 $E\to E+\mathrm{d}E$ 区间内的状态代表点，都应落在量子数空间第一卦限半径 $R\to R+\mathrm{d}R$ 的球壳内. 注意到量子数空间中量子态代表点的体密度是 1，这个 1/8 球壳内代表点的数目是

$$\frac{1}{8}\cdot 4\pi R^2\mathrm{d}R=\frac{V}{\sqrt{2}\pi^2}\left(\frac{m_{\mathrm{e}}}{\hbar^2}\right)^{3/2}\sqrt{E}\mathrm{d}E \tag{31.1.12}$$

其中已利用了式(31.1.10)，$V=L^3$ 是金属的体积. 考虑到对应电子自旋自由度有两个自旋态，这一结果还要乘上 2. 于是由式(31.1.12)求得能量 E 附近单位能量区间内电子状态数是

$$N(E)=\frac{\sqrt{2}V}{\pi^2}\left(\frac{m_{\mathrm{e}}}{\hbar^2}\right)^{3/2}\sqrt{E} \tag{31.1.13}$$

单位能量区间内电子状态数密度(即单位体积内的状态数)是

$$n(E)=\frac{N(E)}{V}=\frac{\sqrt{2}}{\pi^2}\left(\frac{m_{\mathrm{e}}}{\hbar^2}\right)^{3/2}\sqrt{E} \tag{31.1.14}$$

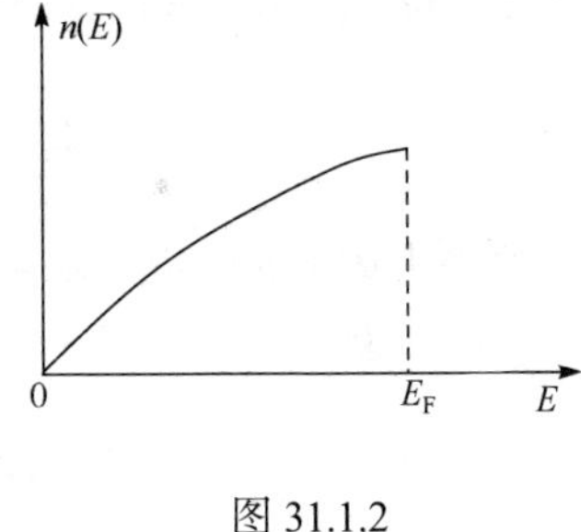

图 31.1.2

$n(E)$ 对能量 E 的函数关系图示在 31.1.2 中.

31.1.3　费米能级和费米能量

电子是费米子，由泡利原理，在一个电子状态上只能有一个电子. 由式(31.1.13)，能量 E 附近单位能量区间内可以容纳的电子数目是 $N(E)$. 在 $T=0\mathrm{K}$ 的温度下，电子按能量最低原理，在满足泡利原理前提下，应从最低能态填起. 当全部自由电子填满低能级时，电子可能占据的最高能级称为**费米能级**(Fermi level)，费米能级对应的能量叫**费米能量**(Fermi energy). 以 E_{F}^0 表示绝对零度下的费米能量，E_{F}^0 可以如下求出：设金属中自由电子总数为 N，由

$$N=\int_0^{E_{\mathrm{F}}^0}N(E)\mathrm{d}E=\frac{2\sqrt{2}V}{3\pi^2}\left(\frac{m_{\mathrm{e}}}{\hbar^2}\right)^{3/2}(E_{\mathrm{F}}^0)^{3/2} \tag{31.1.15}$$

可以求出

$$E_F^0 = (3\pi^2)^{2/3} \frac{\hbar^2}{2m_e} n^{2/3} \tag{31.1.16}$$

其中$n = N/V$是金属中自由电子数密度. 由此可见，费米能量仅决定于金属中自由电子的数密度. 表 31.1.1 给出了绝对零度条件下，几种金属的费米能.

表 31.1.1

金属	Li	Na	K	Cu	Au	Mg	Al
费米能 E_F^0 / eV	4.76	3.24	2.14	7.05	5.54	7.3	11.9

我们以银为例估算 0K 温度下的费米能量. 金属银质量密度为 10.5g /cm³，原子量为 107.9g /mol，假设一个银原子贡献出一个自由电子，自由电子数密度就等于单位体积中的银原子数

$$n = \frac{10.5}{107.9} \times 6.02 \cdot 10^{23} = 5.8 \times 10^{22} (\text{cm}^{-3}) = 5.8 \times 10^{28} (\text{m}^{-3})$$

代入式(31.1.16)，求得绝对零度下银的费米能

$$E_F^0 = (3\pi^2)^{2/3} \frac{\hbar^2}{2m_e} n^{2/3} = 8.74 \times 10^{-19} \text{J} = 5.45 \text{eV}$$

动能等于费米能的电子运动速度称为**费米速度**(Fermi velocity)，电子的费米速度

$$v_F^0 = \sqrt{2E_F^0 / m_e} \tag{31.1.17}$$

在 $T = 0\text{K}$ 的条件下，金属银中电子的费米速度

$$v_F^0 = \sqrt{\frac{2 \times 8.74 \times 10^{-19}}{9.11 \times 10^{-31}}} = 1.38 \times 10^6 (\text{m/s})$$

计算表明大多数金属中电子的费米速度都高达10^6m/s，这是经典理论无法解释的，因为按照经典理论，在绝对零度下，所有电子速度都应等于零.

31.1.4 金属导电的量子理论

在 $T = 0\text{K}$ 温度下金属中自由电子的最大速度是费米速度，在速度空间中以坐标原点为中心，作半径等于费米速度的球，所有电子的速度矢量都可用由坐标原点引出、末端位于这个球内的矢量表示. 这个球称为**费米球**(Fermi sphere). 在无电场情况下，电子速度沿各个方向对称分布，因此没有宏观的电流流动. 当加上沿 $-x$ 方向的电场后(图 31.1.3)，所有自由电子都获得沿 x 方向的**漂移速度**(drift velocity)，在速度空间中整个费米球也沿 v_x 方向漂移. 但是由于电子运动中可能被晶格离

子、杂质和缺陷散射，这相当于速度位于费米球前方的电子将改变方向或被反射回来. 当这种效应和费米球的漂移运动达到平衡时,费米球的漂移运动就停止. 费米球平均漂移时间内的位移可以如下求出：由于每个电子受力

$$\boldsymbol{F}=m_{\mathrm{e}}\frac{\mathrm{d}\boldsymbol{v}}{\mathrm{d}t}=-e\boldsymbol{E}$$

费米球平均漂移时间(即电子连续两次碰撞之间平均自由运动时间)设为τ，则费米球在速度空间的平均位移

$$v=\int_0^{\tau}\frac{\mathrm{d}v}{\mathrm{d}t}\mathrm{d}t=-\frac{e\boldsymbol{E}}{m_{\mathrm{e}}}\tau$$

即每个电子的平均漂移速度. 与此相应的电流密度矢量是

$$\boldsymbol{j}=n\frac{e^2\boldsymbol{E}}{m_{\mathrm{e}}}\tau$$

由此求得金属电导率是$\sigma=ne^2\tau/m_{\mathrm{e}}$,这和第三部分 § 11.4 节的经典结果相同.

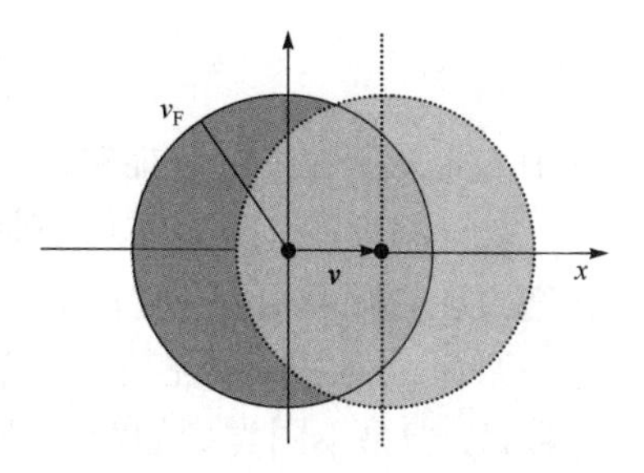

图 31.1.3

§ 31.2　量子统计　金属比热的量子理论

经典金属自由电子气模型不能解释金属热容量的实验结果. 根据经典能量按自由度均分定理，一个电子对热容的贡献为$3kT/2$，可以和位于晶格上的离子振动的贡献相比拟. 但实验表明在**常温下电子对热容的贡献很小，金属热容主要来自晶格上振子的贡献**. 本节按照量子理论，首先给出这一实验结果的定性说明，然后引入量子统计，再给出这一结果的定量解释.

31.2.1　金属比热的定性量子理论解释

在常温下电子对热容的贡献很小，是由于在常温下电子可能获得的热激发能量仅$kT\approx0.03\mathrm{eV}$量级，比E_{F}^0小得多，所以在费米面以下，能量比E_{F}^0小得多的绝大多数电子，没有足够的能量从费米面下跃迁到费米面上的空能级上. 同时由于泡利原理限制，这些电子也不可能被热激发跃迁到相邻的能级上，所以这些电子事实上被“冻结”在费米面以下，所以对金属热容没有贡献. 在热激发下能发生跃迁的仅是能量接近费米面的电子，而能量靠近费米面的电子只是金属中自由电子很少的一部分，所以自由电子对热容的贡献很小.

为了定量地说明金属比热，我们需要根据量子理论确定在任意温度平衡态下电子在各能态上的分布. 下面简要地介绍量子统计的概念和规律.

31.2.2　量子统计

设有一个孤立的 N 粒子系统，粒子的运动可看作互相独立的，单粒子能级用 $\varepsilon_1,\varepsilon_2,\cdots,\varepsilon_i,\cdots$ 表示，其中能级 ε_i 的简并度是 g_i. 这 N 个粒子在各能级上的一种**分布**(distribution)是指：比如 n_1 个粒子在能级 ε_1 上，n_2 个粒子在能级 ε_2 上，$\cdots$,n_i 个粒子在能级 ε_i 上…… 显然，对任何一种可能实现的分布，必须保持粒子总数和粒子总能量不变，即满足条件

$$\sum_{i=1}^{\infty} n_i = N, \quad \sum_{i=1}^{\infty} n_i\varepsilon_i = E \tag{31.2.1}$$

其中 E 是系统粒子的总能量.

统计物理的一个基本假设是：**处于平衡态的孤立系统，系统各个可能的微观状态出现的概率相等**. 这一结果称为**等概率原理**(equal-probability principle). 根据这一原理，热力学系统某一分布 $\{n_i\}$ 实现的概率，决定于这一分布包含的微观状态数目. 但是不同类型的粒子,即使在相同的分布中，包含的微观状态数目也是不同的.

考虑有两个粒子 a 和 b 占据同一能级 ε_i. 假设 ε_i 能级的简并度是 2, 两个简并态分别为 ψ_1,ψ_2，当 a 和 b 这两个粒子是可区分时(例如是两个经典粒子)，系统可以有以下四个微观状态：

$$\psi_1(a)\psi_1(b), \quad \psi_2(a)\psi_2(b), \quad \psi_1(a)\psi_2(b), \quad \psi_1(b)\psi_2(a) \tag{31.2.2}$$

如果这两个粒子是微观的全同粒子，它们是不可分辨的，这时我们需要区分它们是**玻色子**(boson)还是**费米子**(fermion)两种情况.

(1) 如果是两个玻色子，玻色子系统的状态必须是对称的. 式(31.2.2)中前两个状态是对称态，后两个是非对称态，但可以由这两个非对称态组成一个对称态

$$\Psi = \frac{1}{\sqrt{2}}[\psi_1(a)\psi_2(b) + \psi_1(b)\psi_2(a)]$$

因此，系统可能有三个不同的状态.

(2) 如果是两个费米子，系统的态应是反对称的. 式(31.2.2)中前两个状态受泡利原理限制不可能存在，由后两个态可以构成一个反对称态

$$\Psi = \frac{1}{\sqrt{2}}[\psi_1(a)\psi_2(b) - \psi_1(b)\psi_2(a)]$$

所以系统只可能有这一个反对称状态.

由于不同类型的粒子在相同的分布中，可能存在的微观状态数目不同，在热平衡条件下(系统处在微观状态数目最大的分布)，不同种类的粒子有不同的分布.

对不同种类的粒子，可以算出对应每一种分布 $\{n_i\}$ 的微观状态数(它是各个 n_i

值和简并度 g_i 的函数). 根据等概率原理，在一定温度热平衡条件下能够实现的分布就是满足式(31.2.1)条件下微观状态数目最多的分布. 利用数学上的求条件极值方法，就可求出温度 T 的平衡态情况下粒子在各个能级 ε_i 上的分布①

对费米子
$$f_{\mathrm{FD}}(\varepsilon)=\frac{1}{\mathrm{e}^{(\varepsilon-\mu)/kT}+1} \tag{31.2.3}$$

对玻色子
$$f_{\mathrm{BE}}(\varepsilon)=\frac{1}{\mathrm{e}^{(\varepsilon-\mu)/kT}-1} \tag{31.2.4}$$

其中 $f(\varepsilon_i)=n_i/g_i$ 是第 i 个能级上的粒子数目除以该能级的简并度，表示第 i 个能级上平均每个状态被一个粒子占据的概率；μ 是化学势，其意义在后面解释. 式(31.2.3)、式(31.2.4)分别称为**费米-狄拉克分布**(Fermi-Dirac distribution)和**玻色-爱因斯坦分布**(Bose-Einstein distrbution). 这两种分布是用量子理论处理全同多粒子系统的基础.

31.2.3 金属比热的量子理论解释

上节已经看到，绝对零度情况下受能量最低原理和泡利原理的限制，低于费米能 E_{F}^0 的每个态被电子占据的概率为 1，而高于 E_{F}^0 的态电子占据概率为零. 当 $T>0\mathrm{K}$ 时，能量低于 E_{F}^0 的电子可能由于热激发从费米能下的能级跃迁到高于费米能的空能级上(图 31.2.1). 由于电子是费米子，电子按能量的分布服从费米-狄拉克统计. 由式(31.2.3)，**系统处在温度为 T 的平衡态，能量为 ε 的一个本征态被一个电子占据的概率为**

$$f_{\mathrm{FD}}(\varepsilon)=\frac{1}{\mathrm{e}^{(\varepsilon-E_{\mathrm{F}})/kT}+1} \tag{31.2.5}$$

其中 E_{F} 就是化学势. E_{F} 的意义可从式(31.2.5)看出：E_{F} 是温度 T 下占据概率为 1/2 的能级的能量(图 31.2.1)，它是温度的缓变函数. 对于 $T=0\mathrm{K}$ 情况，由于

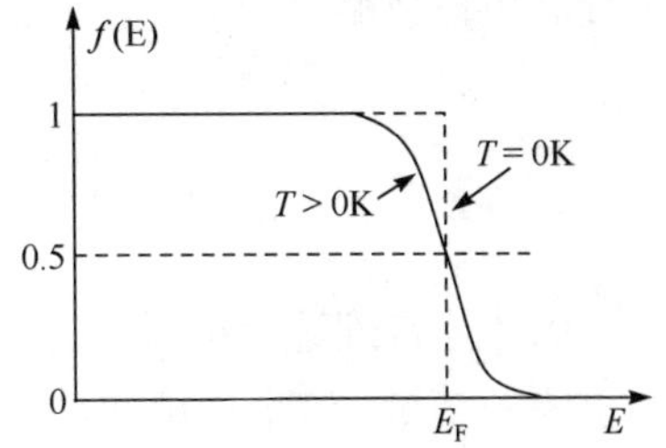

$$\varepsilon<E_{\mathrm{F}},\quad f_{\mathrm{FD}}(\varepsilon)=1$$
$$\varepsilon>E_{\mathrm{F}},\quad f_{\mathrm{FD}}(\varepsilon)=0$$

图 31.2.1

E_{F} 就是前面定义的 0K 温度下的费米能 E_{F}^0.

利用费米-狄拉克分布，可以算出温度 T 下金属中自由电子的总能量. 由式(31.1.12)金属 $\varepsilon\to\varepsilon+\mathrm{d}\varepsilon$ 能量区间电子态数目是

① 汪志诚编“热力学 · 统计物理”，北京：高等教育出版社，1985，246.

$$N(\varepsilon)\mathrm{d}\varepsilon = \frac{\sqrt{2}V}{\pi^2}\left(\frac{m}{\hbar^2}\right)^{3/2}\sqrt{\varepsilon}\mathrm{d}\varepsilon \tag{31.2.6}$$

而能量ε的一个态被占据的概率由$f_{\mathrm{FD}}(\varepsilon)$给出，所以金属中自由电子总能量为

$$E = \int_0^\infty \varepsilon f_{\mathrm{FD}}(\varepsilon)N(\varepsilon)\mathrm{d}\varepsilon \tag{31.2.7}$$

将式(31.2.3)、式(31.2.6)代入式(31.2.7)中，作出上面的积分[①]，得

$$E = R(E_{\mathrm{F}}^0) + \frac{\pi^2}{6}N(E_{\mathrm{F}}^0)(kT)^2 \tag{31.2.8}$$

其中E_{F}^0是 0K 温度下的费米能，$N(E_{\mathrm{F}}^0)$是E_{F}^0附近单位能量区间的电子数目，$R(E_{\mathrm{F}}^0) = \int_0^{E_{\mathrm{F}}^0} \varepsilon N(\varepsilon)\mathrm{d}\varepsilon$，表示$E_{\mathrm{F}}^0$以下能级全被占据时($f_{\mathrm{FD}} = 1$)电子的总能量(即 0K 温度下电子气能量)，它是个与温度无关的常数. 式(31.2.8)第二项表示热激发能量，对其关于T求微商可求出自由电子对金属比热的贡献

$$C_V = \left[\frac{\pi^2}{3}N(E_{\mathrm{F}}^0)kT\right]k \tag{31.2.9}$$

注意到热激发能$\approx kT$，$N(E_{\mathrm{F}}^0)kT$可近似认为是热激发电子数目，由于它只占自由电子总数极少一部分，对于 1 mol 的金属，它远小于阿伏伽德罗常量N_{A}，因此式(31.2.9)中的C_V远小于经典结果$3kTN_{\mathrm{A}}/2$. 这就解释了电子对金属比热的贡献为什么可以忽略.

§ 31.3　固体能带理论

固体能带理论是把量子力学、量子统计应用于晶体周期结构得到的最直接、最重要的结果. 这个理论成功地解释了已知固体的许多重要性质，说明了金属、绝缘体、半导体的差别，奠定了现代固体物理学的理论基础. 本节我们就来介绍这一理论.

31.3.1　固体能带形成的机制

在固体中原子(或分子)彼此紧密堆积着，依靠相互作用的电磁力保持在近乎固定的平衡位置上. 晶体最显著的特点是内部的原子(或分子)排列呈现出规则性或周期性，构成所谓晶体点阵.

当大量的原子形成晶体时，电子的能级结构就会发生变化，形成能带. 为了

---

① 黄昆编著. 固体物理学. 北京：人民教育出版社，1979，179.

说明能带形成的机制，我们首先研究两个基态氢原子彼此靠近的情况. 孤立基态氢原子的电子组态是1s，即一个电子在1s轨道上绕核运动. 彼此远离的两个基态氢原子，其中两个电子分属于不同的氢原子，其运动互不干扰，它们的波函数在空间互不交叠，作为一个两电子系统，总波函数是两电子波函数的乘积. 对应这个乘积态，两个电子的能级是简并的.

当这两个原子距离减小时，电子波函数发生重叠，泡利原理要求总波函数必须反对称化. 反对称化的电子波函数，其空间部分可以是对称的或反对称的(图 31.3.1)，由于交换力的作用，对称波函数在两个核中间的概率密度(电子云密度)比反对称波函数大，这样对称波函数描述的态中，电子有更多的机会被核吸引，使能量降低；而反对称波函数则因交换力作用，有更大的概率远离核，使能量升高. 这样原来的两孤立氢原子的简并能级就分裂为两条. 显然两原子越靠近，这种效应引起的能级分裂越显著.

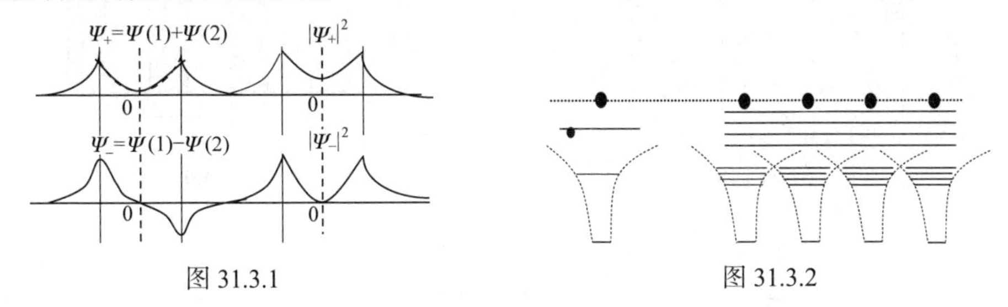

图 31.3.1　　　　图 31.3.2

类似的讨论也适用于两个以上的原子靠近情况. 图 31.3.2 给出了四个氢原子彼此靠近时能级分裂情况. 从图中看出，原来孤立原子情况下的低能级现在裂距较小，而高能级裂距较大. 这是因为低能级对应的电子轨道距核较近，当原子互相靠近时低能级的电子轨道有较少的重叠. 在晶体中大量的原子互相靠近，对应于原来孤立原子的每一条能级，分裂成大量的(能级数目等于晶体中“初基晶胞”的数目，初基晶胞定义为晶格周期的最小的单元)能量极为接近的能级，这些能级密集在一起，就形成了能带. 这就是固体电子能带形成的定性解释.

31.3.2　晶体中电子运动的薛定谔方程

根据量子力学理论，决定电子在周期势场中运动能谱的严格方法，是解电子在周期势场中运动的定态薛定谔方程. 实际的晶体中不仅存在着电子和电子之间的相互作用，电子和晶格离子间也存在着相互作用. 这是一个复杂的多体问题，其薛定谔方程严格求解是超出今天的数学能力的，通常需要做一些简化假设. 首先假设晶格离子是固定不动的，电子和晶格粒子不交换能量，这一假设称为**绝热近似**(adiabatic approximation). 在绝热近似下可以把实际晶体化成一个多电子系统. 其次把电子之间的相互作用用某个平均场代替，即假设每个电子都在这个平均场和离子势场中运动，作用在每个电子上的势只与该电子的位置有关，而与其他电子的位置和运动状态无关，从而把多体问题化成一个单电子问题. 最后考虑到晶格结构的周期性，认为所有电子的平均场和离子势场是周期势场，这样就把晶体中电子的运动问题化为**周期势场中的单电子运动问题.**

图 31.3.3 给出一维晶体中实际作用于电子的周期势. 为了简单求解方便，可用图 31.3.4 所示的方势阱、方势垒周期排列组成的周期势去近似. 这一简化模型称为**克勒尼希-彭尼**(Krönig-Penney)**模型**. 其中 b 是势阱宽度，c 是势垒宽度，$a=b+c$ 是与晶格常数相应的势的周期，U_0 是势垒高度. 于是在 $0<x<a$ 区间的势函数可写作

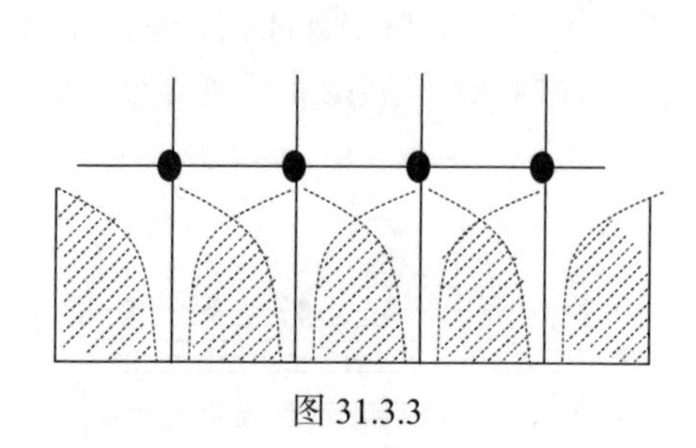

图 31.3.3

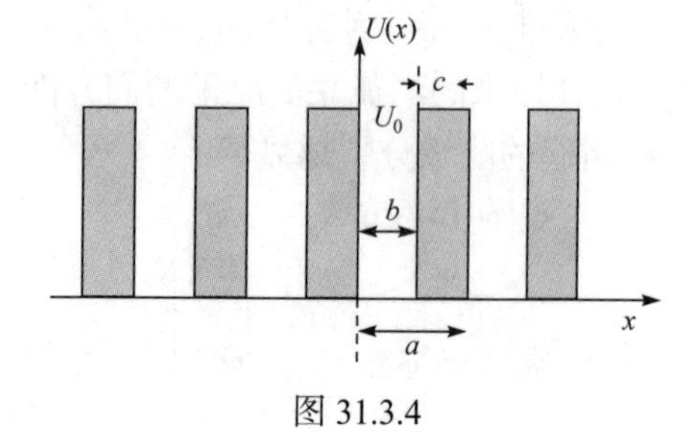

图 31.3.4

$$U(x)=\begin{cases}0, & 0<x<b\\ U_0 & b<x<a\end{cases} \tag{31.3.1}$$

电子在周期势场中运动的势函数可表示为

$$U(x)=U(x+na),\quad n=0,\pm1,\pm2,\cdots \tag{31.3.2}$$

在这样势场中运动的电子的薛定谔方程是

$$\left[-\frac{\hbar^2}{2m_e}\frac{\partial^2}{\partial x^2}+U(x)\right]\psi_k(x)=E(k)\psi_k(x) \tag{31.3.3}$$

其中 k 是表征能量本征值的量子数，ψ_k 是属于能量 $E(k)$ 的本征函数. 详细研究这个方程可以证明，组成晶体点阵原子的能级，受周期势场作用，劈裂形成大量密集分布的准连续能级组，称为**能带**(energy band)，形成了所谓电子的能谱的带状结构.

由于较严格地求解这个方程数学上比较复杂(具体求解过程可参见本书原版的附录 13)，下面根据量子力学的基本原理，用一种简单的方法定量地说明固体中电子能级的这种能带结构.

31.3.3 晶体中电子能谱的带结构

由于晶体中电子受周期势作用. 描述其中电子运动的概率波入射到周期势垒

上，将受到周期势散射，根据布拉格公式，掠射角ϕ满足

$$2a\sin\phi = n\lambda,\quad n=\pm1,\pm2,\cdots \tag{31.3.4}$$

(a是晶格常数)时，可以得到各级衍射极大. 注意到当$\phi=\pi/2$时，各级衍射极大都发生在入射方向上(见第四部分 20.4.2 节)，衍射主极大实际上变成了反射波. 由式(31.3.4)，反射波的德布罗意波长$\lambda=2a/n$，相应的波矢

$$k=\frac{2\pi}{\lambda}=\frac{n\pi}{a},\quad n=\pm1,\pm2,\cdots \tag{31.3.5}$$

对应这些波矢的德布罗意波被晶格势垒反射，在晶格间形成振幅相等，分别向正、负x方向传播的两列波

$$\mathrm{e}^{\mathrm{i}(n\pi/a)x},\quad \mathrm{e}^{-\mathrm{i}(n\pi/a)x}$$

这两列波叠加，可以形成具有不同对称性的两种驻波

$$\begin{aligned}\psi(+)&=\mathrm{e}^{\mathrm{i}(n\pi/a)x}+\mathrm{e}^{-\mathrm{i}(n\pi/a)x}=2\cos(n\pi/a)x\\ \psi(-)&=\mathrm{e}^{\mathrm{i}(n\pi/a)x}-\mathrm{e}^{-\mathrm{i}(n\pi/a)x}=2\mathrm{i}\sin(n\pi/a)x\end{aligned} \tag{31.3.6}$$

这两种驻波中电子的概率密度有不同的分布，表示电子负电荷密度分布不同. 例如，对$n=1$(相当于衍射主极大)情况，与$\psi(+)$相应的负电荷密度分布

$$\rho(+)=-e|\psi(+)|^2\propto\cos^2(\pi/a)x \tag{31.3.7}$$

在$x=n'a(n'=\pm1,\pm2,\cdots)$，即各格点(正电荷)附近，负电荷有最大的密度. 对处在$\psi(-)$态描述的电子

$$\rho(-)=-e|\psi(-)|^2\propto\sin^2(\pi/a)x \tag{31.3.8}$$

在$x=n'a/2(n'=\pm1,\pm3,\cdots)$，即在两格点中间，负电荷有最大的密度.

由于电子处在$\psi(+)$态时，电子有较大的概率出现在正离子近距离处，电子受到的引力较强，势能较低. 因而有较低的能量；而电子处在$\psi(-)$态时情况相反，电子受到的引力较弱，有较高的能量. 所以在周期势场中，对应波矢$k=n\pi/a$的电子能量有两个不同的值. 原来自由电子的能量

$$E=\frac{\hbar^2k^2}{2m_\mathrm{e}}$$

(图 31.3.5 中的抛物线)在$k=n\pi/a$处断开，分裂成一条条能带，相邻的两条**能带**(energy band)间形成**能隙**(energy-gap)，称为**禁带**(forbidden zone). 这就是晶体能带结构的一种简单定量解释.

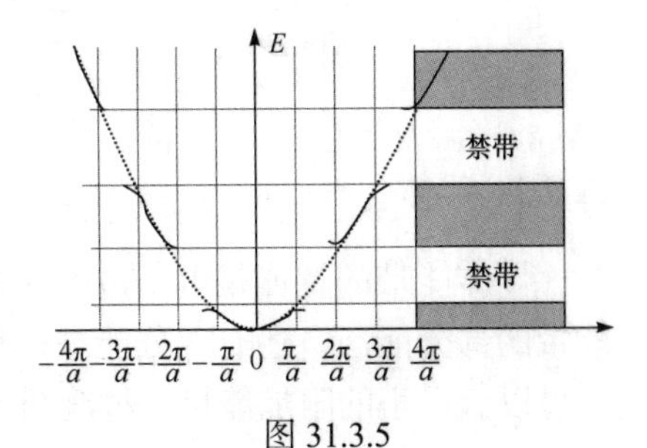

图 31.3.5

§ 31.4 导体、绝缘体和半导体

根据固体的导电性，可以把固体材料区分为导体、绝缘体和半导体. 固体能带理论最大的成功就是能给出这些材料显著不同的电学性质一个简单的物理解释.

31.4.1 能带中电子的分布

固体中的每一个电子都只能处在某一个能带的一条能级上. 由于电子是费米子，电子在能带中的排布首先满足泡利原理，在构成能带的每条能级上只能容纳自旋不同的两个电子. 由于孤立原子的一条能级 E_{nl} 上最多能容纳 $2(2l+1)$ 个电子，在晶体情况下这一条能级分裂成 N(固体中初基元胞数目)条，所以相应于孤立原子 E_{nl} 的能带最多可容纳 $2N(2l+1)$ 个电子. 其次，电子排布服从能量最低原理，优先占据能量较低的能带.

按照上述两条原则，电子从最低的1s能带填起，其次是2s, 2p, 3s, ⋯ 能带. 被电子完全填满的能带称为**满带**(filled band)，电子只填充其中一部分的能带称为部分填充带，对金属导体部分填充带又称**价带**(valence band)或**导带**(conduction band). 完全未被电子填充的带称为**空带**(empty band). 两个能带之间的能区对应晶体中不存在的状态，电子能量值不可能取在这些区域中，称为**禁带**(forbidden zone).

导体和绝缘体以及半导体的差别是它们的能带结构、电子填充情况不同. 图 31.4.1 示意地给出了导体、绝缘体和半导体能带结构以及电子填充情况.

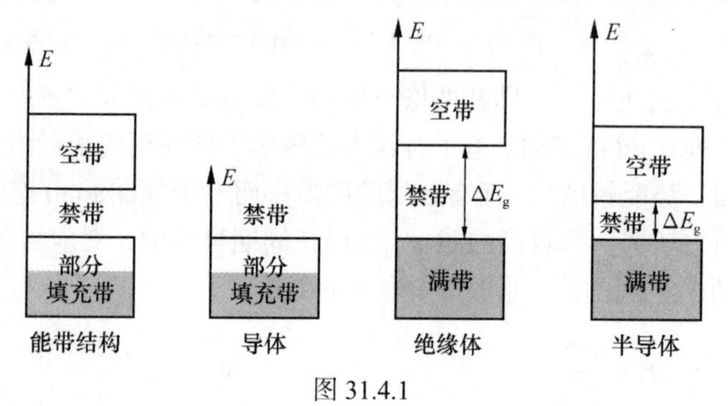

图 31.4.1

31.4.2 导体

导体能带的特征是电子占据的最高能带是部分填充带. 即电子只填充了最高能带的部分能态，还有部分能态是空余的. 在外电场作用下，部分填充带中的电子可以获得小的附加能量，过渡到同一能带中其他相邻的空能态上，而不违背泡利原理. 由于受电场激发的电子获得了与电场相反方向上的动量，这就引起电子逆电场方向的集体运动，从而形成电流. 同样正是因为部分填充带中有许多空能态，电子可以被热激发占据这些空能态，在晶体中移动执行热传导. 所以最高能带未被完全填充的晶体是电、热的良导体.

对于实际导体，还可能发生最高能带重叠情况. 例如，金属钠(Z=11)基组态是$1s^2 2s^2 2p^6 3s^1$，与此对应，钠晶体的1s,2s,2p能带是满带，3s能带(最多可容纳两个电子/原子)仅有一半能态被填充. 实际上在钠晶体中(钠原子间距约3.67×10^{-10}m)，与3s,3p对应的能带是重叠的(图 31.4.2)，传导电子可占用能态比仅3s能带提供的要多得多.

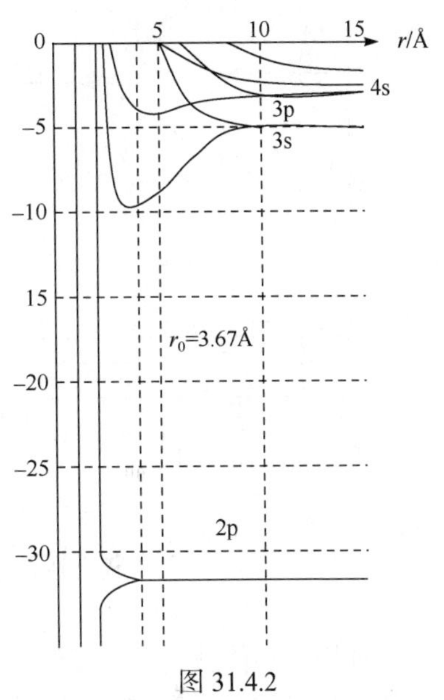

图 31.4.2

最高能带重叠实际上是大多数金属导体的普遍情况. 例如，镁原子的基组态是$1s^2 2s^2 2p^6 3s^2$，在固态情况下镁的最高能带应当是满带，不具有导电、导热性能. 但实际上镁是良导体，这就是因为固态镁中，3p能带的一些低能态与3s能带重叠，提供了电子激发必需的可占用能态.

31.4.3　绝缘体

绝缘体能带结构的特征是电子占据的最高能带是满带，且这个满带和相邻的更高能量的空带之间的禁带宽度ΔE_g较大(3～6eV)(图 31.4.1).

由于满带中的电子能态已被电子全部占据，受泡利原理限制，电子不可能获得能量从它当前能态改变到同一满带中的另一个能态，满带中电子的能量事实上被“冻结”. 激发满带中电子的唯一可能形式是激发它到更高能量的空带中. 但对于通常的热激发以及电场激发，电子获得的能量并不足以使它渡越横亘在满带和更高能量的空带间的禁带，所以这种固体就表现出绝缘体的性质. 但在极高的温度或强电场作用下，电子仍有可能获得足够的能量，从满带跃迁到更高能量的空带上，表现出导热、导电性，这就是绝缘体热击穿和电击穿现象.

金刚石(碳晶体)可作为绝缘体的例子. 在金刚石晶体中，碳原子间距约1.5×10^{-10}m，对应碳原子的2s,2p能带分开距离约5.3eV(图 31.4.3)，碳原子的两个2s电子、两个2p电子都填充在2s能带上，使2s能带成为满带.

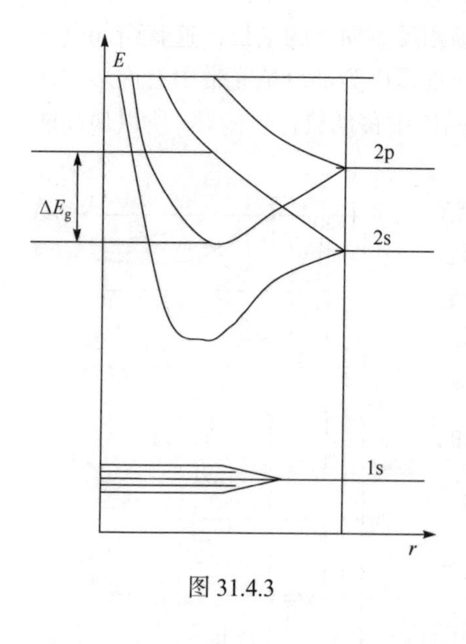

图 31.4.3

31.4.4 半导体

半导体和绝缘体相同，被电子占据的最高能带是个满带. 但半导体不同于绝缘体的是最高满带和相邻的更高能量的空带间距 ΔE_g 比绝缘体情况下要小(0.1～2.0eV)(图 31.4.1). 在通常情况下，由于最高能带是满带，半导体材料表现出绝缘体的性质. 但由于 ΔE_g 较小，在温度升高条件下，会有少数电子由于热激发从满带跃迁到能量较高的邻近的空带中，使原来的空带也有了少数电子，变成电子部分占据的导带. 同时原来的满带现在缺少电子也成为部分占据带，从而使半导体表现出导热、导电性.

§ 31.5 半导体材料和应用

利用半导体材料，可以制成具有各种特殊功能的器件，这些器件广泛应用于现代高技术的各个领域. 特别是现代通信技术、计算技术的进步，都和超大规模集成电路有关；而集成电路技术是以半导体材料应用为基础的. 本节介绍半导体材料的性质和应用.

31.5.1 半导体导电机构

对于不含杂质的纯净半导体，在绝对零度下，所有的电子都处在满带，故电导率等于零. 由于半导体禁带宽度较窄(约为 1eV，如半导体硅禁带宽度 31.14eV，锗为 0.67eV)，而常温下电子能量仅百分之几电子伏，仅有极少数满带中的电子可能被热激发跃迁到空带上. 所以常温下，半导体基本上表现出类似绝缘体的性质. 电子在外加热、光、电场作用下有可能从满带渡越禁带跃迁到空带上，电子向空带的跃迁可以使空带成为导带. 半导体依靠导带中的电子机制导电称为**电子导电**(electron conduction). 离开满带的电子同时在原来满带上留下**空穴**(hole). 由于一个能级上出现空穴，下面能级上的电子可跃迁到空穴上来，在外电场作用下，这种空穴运动也可形成电流，这种导电机制称为**空穴导电**(hole conduction)，不过空穴导电相当于正电子导电. 在外电场作用下，既有导带中电子导电，又有满带中空穴导电的半导体称为**本征导电**(intrinsic conduction). 不含杂质的纯净半导体就是靠本征导电传导电流，所以不含杂质的纯净半导体又称为**本征半导体**(intrinsic semiconductor). 本征半导体的电子和空穴称为**载流子**(carrier).

实际半导体的导电能力可通过在纯净半导体中掺进杂质来控制. 所掺杂质可分为两大类：施主杂质和受主杂质. **施主杂质**(donor impurity)是能给出电子的杂质，其价电子能级位置在原本征半导体禁带中但靠近上面的空带(图 31.5.1). 施主杂质能级上的电子易于被激发进入本征半导体的空带，形成以电子导电为主的半导体. 这种依靠电子导电的半导体称为 **N 型半导体**. **受主杂质**(acceptor impurity)是能接受电子的杂质，其能级位置在原本征半导体禁带中但靠近满带顶部(图 31.5.2)，本征半导体满带中的电子易于被激发占据受主杂质的能级，从而在原满带中产生空穴. 这种依靠空穴导电的半导体称为 **P 型半导体**.

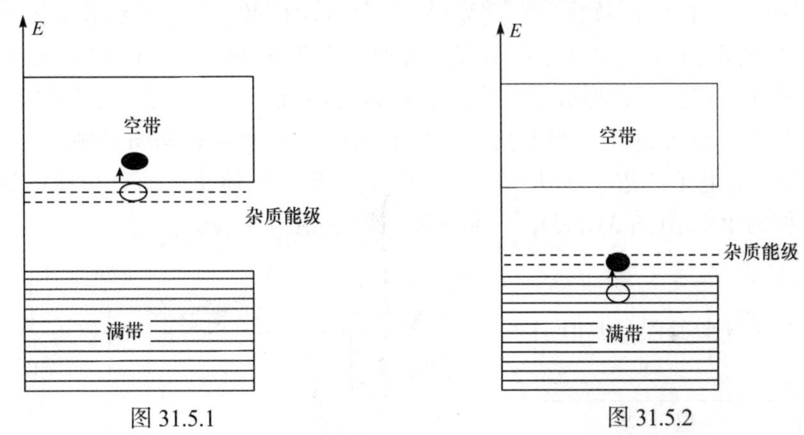

图 31.5.1　　　图 31.5.2

例如，硅原子 4s,4p 能级上有四个价电子，在形成硅晶体时，4s,4p 能带重叠并分裂成被宽度约为 1.1eV 的禁带隔开的两个能带(通过具体计算可得到这些结果)，每个能带上可容纳四个电子，硅原子的四个价电子都填充在下面的能带上形成满带，而上面的能带是空带. 当把五个价电子的磷掺入硅中，磷原子取代晶格上的硅原子，磷原子的四个价电子留在原来硅晶体的满带中，剩余的一个价电子占据恰在空带下方的一些分立能级上，这个电子极易被激发进入空带，形成电子导电的 N 型半导体(图 31.5.3). 相反，在硅中掺入三价杂质硼，杂质引进的分立能级恰好靠近硅晶体满带顶部，满带中的一些较高能量的电子极易激发进入这些杂质能级上，从而在原满带中留下一些空穴，形成靠空穴导电的 P 型半导体(图 31.5.4).

31.5.2　PN 结

半导体材料在现代信息技术中的广泛应用，在很大程度上基于 PN 结的性质. 把一块 P 型半导体和一块 N 型半导体结合在一起，就构成了一个 **PN 结**. 由于 P

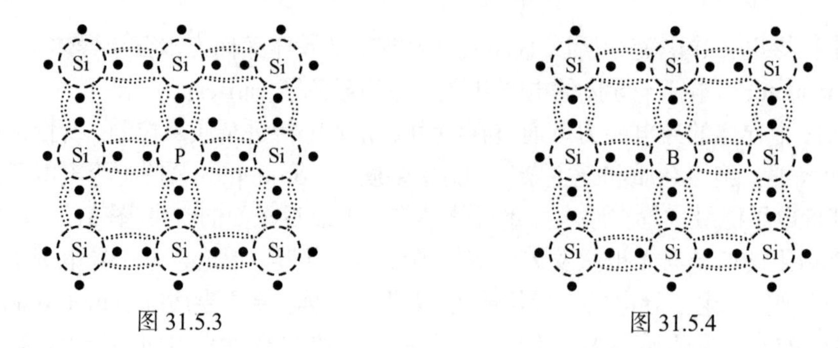

图 31.5.3　　图 31.5.4

区的载流子全部是空穴，N 区的载流子全部是电子，在刚刚结合时，这种空穴、电子密度分布的不均匀性会引起 P 区空穴向 N 区的扩散并和 N 区电子复合，同时 N 区电子向 P 区扩散并和空穴复合. 这种双向扩散、复合的结果是在界面两侧产生一空间电荷区，P 侧电荷为负，N 侧电荷为正(图 31.5.5). 在空间电荷区，由于电子和空穴复合，形成了一个不存在自由载流子的耗尽层. 由于在平衡时，耗尽层两侧带有等量异号的电荷，耗尽层内存在一个内建电场势垒. 这一势垒阻止了空穴、电子的进一步扩散. 在 P 型和 N 型半导体交界面处形成的这种特殊结构称为 PN 结(图 31.5.5)，一般 PN 结厚度约为 0.1μm .

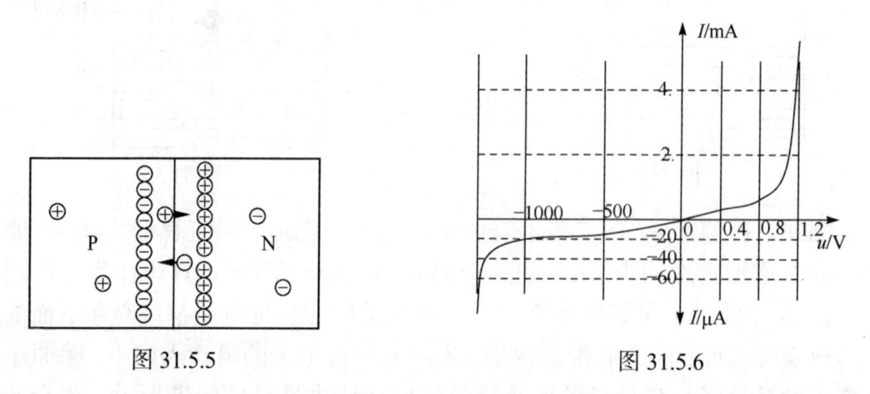

图 31.5.5　　图 31.5.6

如果在 PN 结的 P 型区接电源正极，N 型区接电源负极，这种连接方式叫**正向偏置**. 在正向偏置情况下，阻挡层势垒被削弱变窄，有利于空穴向 P 区运动、电子向 N 区运动，即形成由 P 区到 N 区的正向电流. 正向电流随外加偏压增大而增大，呈现出非线性的伏安特性(图 31.5.6). 如果在 PN 结的 P 区接电源负极、N 区接电源正极，这种连接方式叫**反向偏置**. 在反向偏置情况下，阻挡层势垒增大、加宽，不利于空穴向 N 区运动，也不利于电子向 P 区的运动. 除去少数载流子的存在形成弱的反向漏电流外，没有正向电流. 所以 PN 结的作用是使电流沿 P→N 方向通过，而阻止反方向电流通过. 利用 PN 结的这一特性，可以制成半导体整流器件.

31.5.3　半导体晶体管

PN 结的适当组合可以做成具有放大功能的**三极管**(transistor). 三极管分为 NPN 和 PNP 两种类型. 下面以 NPN 三极管为例说明放大原理. NPN 三极管由三个区组成，分别称为发射区(e)、基区(b)和集电区(c)，通常基区厚度很薄. 用作放大的 NPN 三极管，在发射区和基区间加正偏压，而在集电区和基区间加反偏压(图 31.5.7). 发射区大量的电子在正向偏压作用下大量地涌入基区，由于基区很薄，只有少数电子在基区和空穴复合，形成弱的基极电流 I_b，大部分电子都可渡越基区到达集电区处，在集电区和基区间的反向偏压作用下，到达集电极形成集电极电流 I_c. I_b, I_c 的大小决定于三极管的几何结构和使用的半导体性质，一般的三极管可以做到 I_c/I_b 在 20～200 范围内. 如果把输入信号加在发射极和基极之间，就会引起基极电流微小的变化，而基极电流的微小变化会引起集电极电流大得多的变化，这就是三极管的放大作用.

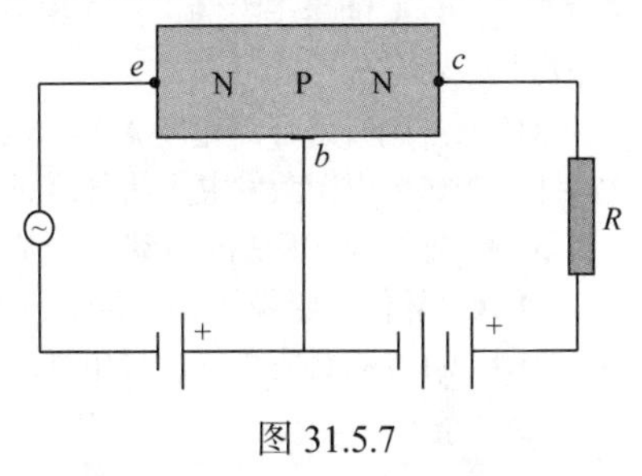

图 31.5.7

现代信息技术的发展，很大程度上依赖于大规模集成电路技术. 集成电路是指以半导体晶体材料为基片，采用专门的工艺技术，将组成电路的元器件和互连线一起集成在一个基片上，构成结构紧凑的微型化整体电路或系统. 它具有体积小、重量轻、性能可靠、功耗小、成本低、便于批量生产等优点. 1958 年第一块集成电路问世，之后集成电路的集成度(在一定尺寸的芯片上做出的元器件的数目)迅速提高，从最初在指甲大小的芯片上只能集成几十只晶体管，现在已达数亿个. 这种集成电路技术发展，大大缩小了各种电子设备的体积，提高了运算速度和可靠性，降低了成本，扩大了应用范围，极大地促进了信息技术进步.

近年来随着半导体薄膜生长技术进步，人们已经能对薄膜单晶生长过程实行精确控制，从而做到按需要去制造具有特殊能带结构的材料.

问题和习题

31.1　金属自由电子气模型的基本假设是什么?

31.2　一种没有相互作用、质量为 m 的粒子，在边长为 L 的三维无限深方势阱中运动，试确定能级 $E=3E_0$、$E=6E_0$ 和 $E=9E_0$ 的简并度，其中 $E_0=\dfrac{\pi^2\hbar^2}{2mL^2}$.

31.3　什么叫费米能量?

31.4　金属钠的质量密度是 $9.71\times10^2\text{kg/m}^3$,摩尔质量是 23.0g /mol. 假设每个钠原子贡献一个自由电子，计算钠的费米能量 E_F^0 和电子的费米速度 v_F^0.

31.5 统计物理的基本假设是什么？如果要讨论金属中的电子在温度为 T 的热平衡状态下对热容量的贡献，可以分别应用经典统计理论和量子统计理论. 试问：两种统计的结论有何不同？哪个结论与实验结果相符？

31.6 在一块金属中，有 N 个自由电子组成电子气，在 $T=0\text{K}$ 温度下，此电子气的费米能级为 E_F^0. 试证明：在 $T=0\text{K}$ 时，此电子气中每个电子的平均能量为 $\bar{E}_k=3E_F^0/5$.

31.7 设：金属的温度为 $T=1000\text{K}$，自由电子的费米能量为 E_F^0，能量分别为 $E_1=E_F^0-0.1\text{eV}$ 和 $E_2=E_F^0+0.1\text{eV}$ 的量子态的占据概率分别为 $f_{FD}(E_1)$ 和 $f_{FD}(E_2)$. 试根据费米-狄拉克统计计算比值 $f_{FD}(E_1)/f_{FD}(E_2)$.

31.8 金刚石禁带的宽度 $\Delta E_g=5.5\text{eV}$. (1)求温度 $T=300\text{K}$ 时，禁带上缘和下缘能级上电子数目比. (2)如果用光激发电子使其渡跃禁带，需要光子的最大波长是多少？

31.9 定性地解释晶体能带的形成原因.

31.10 导体、绝缘体和半导体的能带结构有何不同？

31.11 PN 结具有怎样的导电性质？怎样理解晶体三极管的放大作用？

第 32 章　超导物理学和超导技术

1911 年，荷兰物理学家卡末林·昂纳斯(Kamerlingh Onnes)发现水银在温度 4.2K 附近，电阻降到零，他把这种零电阻物质状态叫**超导态**(superconducting state). 以后人们又发现许多金属(如锡、铅、铌等)和合金在一定温度下也呈现出零电阻现象. 在临界温度下物体从正常态转变为超导态的现象就叫**超导现象**(superconducting phenomenon)，处在超导态的导体称为**超导体**(superconductor). 超导体具有完全导电性、完全抗磁性和约瑟夫森隧道效应等许多重要性质. 本章介绍超导的物理性质以及超导体在技术中的应用.

学习指导：本章重点内容是①超导体的物理性质、超导体的微观理论和磁通量子化现象；②了解约瑟夫森效应、约瑟夫森结的性质；③量子力学中的 A-B 效应，超导量子干涉现象，超导材料在技术中的应用.

§ 32.1　超导体的物理性质

32.1.1　超导体的零电阻效应

某些金属、合金或化合物在温度降低到某个特定温度 T_c 下，电阻突然消失(电阻值极小)，我们称这个电阻突然消失的温度 T_c 为**超导转变温度**或**超导临界温度**(superconducting critical temperature). 把放在磁场中的超导线圈，降低温度进入超导态后，突然撤去磁场，在线圈中会激起感生电流. 实验显示这个电流可以持续数年而没有明显衰减迹象，表明超导体有极小的电阻率. 1914 年，昂纳斯确定超导铅的电阻率上限为 $10^{-16}\Omega\cdot\text{cm}$；1957 年，这个上限被提高到 $10^{-21}\Omega\cdot\text{cm}$，近年更精密的测量确定电阻率 $<10^{-26}\Omega\cdot\text{cm}$. 这比迄今能达到的正常金属低温电阻率 $\rho=10^{-12}\sim10^{-13}\Omega\cdot\text{cm}$ 小得多，超导体的这一性质称为**零电阻效应**.

超导电性可以被外加磁场破坏. 通过增大外磁场使超导体从一定温度下的超导态，过渡到同温度下的正常态，外加磁场的最小值称为**临界磁场**(critical magnetic field). 临界磁场是温度的函数，记为 $H_c(T)$，它同温度的关系可以近似地表示为

$$H_c(T)=H_c(0)(1-T^2/T_c^2) \tag{32.1.1}$$

其中 $H_c(0)$ 是温度 0K 下的临界磁场. 由式(32.1.1)在 $T=T_c$ 时, 临界磁场等于零, 所以前面所说的超导临界温度实际是指在无磁场情况下的超导转变温度. 在有外磁场情况下, 超导转变温度比无磁场时还要低.

超导体内足够大的电流也会破坏超导态. **破坏超导电性所需的最小电流称超导临界电流**(superconducting critical current), 记为 $I_c(T)$. 超导临界电流也是温度的函数, 显然 $I_c(T_c)=0$, 即在临界温度情况下, 超导临界电流等于零. 临界电流和临界磁场有关系, 当超导体内的电流在样品表面的磁场等于临界磁场时, 此时的电流就是临界电流, 这一规则称为**西尔斯比**(Silsbee)定则.

32.1.2 超导体的迈斯纳效应

通常我们把直流电阻等于零的导体(因而不会产生焦耳热损耗)称为**理想导体**(ideal conductor). 超导体具有零电阻效应, 超导体是否就是理想导体呢? 1933 年, 迈斯纳(W. F. Meissner)等对锡单晶球超导体做磁场分布实验发现: 不管先加磁场或后加磁场, 当进入超导态时, 超导体内的磁场都会被排斥出去, 超导体内总保持在 $\boldsymbol{B}=0$ 的状态. 这一现象称为**迈斯纳效应**(Meissner effect). 这个效应表明**不能把超导体看成理想导体**. 因为对理想导体电阻率 ρ 等于零, 当导体内存在有限电流时, 由于 $\boldsymbol{j}=\boldsymbol{E}/\rho$, 导体内电场强度必等于零, 从而由麦克斯韦方程 $-\partial\boldsymbol{B}/\partial t=\nabla\times\boldsymbol{E}$, 导体内的磁感应强度 $\boldsymbol{B}$ 不会随时间变化. 这就是说理想导体内的磁通仅由初始条件决定, 原有磁通不会消失, 也不会增加, 磁通分布被"冻结". 这种现象的物理解释是外加磁场的任何变化, 都会在样品表面感生出无阻电流, 这个无阻电流在样品内激发的磁场与外加磁场在样品内的磁场处处抵消, 结果使样品内磁通保持不变. 所以**理想导体的磁通冻结不变, 其大小与它的历史有关, 而超导体与历史无关, 总保持在 $\boldsymbol{B}=0$ 的状态**. 超导体处在超导态时, 由于 $\boldsymbol{B}=\mu_0(1+\chi_m)\boldsymbol{H}=0$, 超导体的磁化率 $\chi_m=-1$, 这表明超导体具有完全的**抗磁性**(diamagnetism). 现在人们认识到, **完全导电性和完全抗磁性**是超导体的两个基本性质.

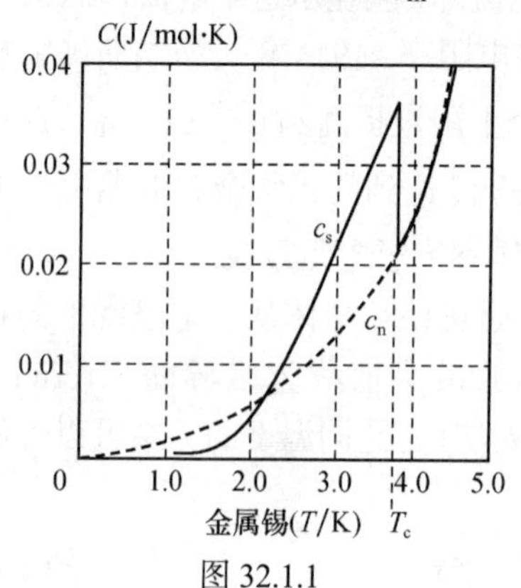

图 32.1.1

32.1.3 超导体比热

实验测量超导态和正常态比热随温度的变化关系曲线示于图 32.1.1 中, 其中实线表示超导态比热随温度的变化关系, 虚黑线给出的是正常态比热随温度的变化. 从图中可以看出, 在临界温度附近, 超导比热曲线发生不连续的突变, 在 T 略低于

T_c时，超导比热大于正常比热；进入超导态后，进一步降低温度，超导态比热反而低于正常值. 更精确的实验证实，超导比热随温度变化接近指数形式

$$c_s = 9.17\gamma T_c e^{-1.50T_c/T} \tag{32.1.2}$$

超导体和正常金属一样，其中包含有晶格离子和电子，超导体的比热也和正常金属一样，应由这两部分贡献. 在低温下正常金属比热随温度的变化关系可以用

$$c = A\left(\frac{T}{\Theta}\right)^3 + \gamma T \tag{32.1.3}$$

描述，其中第一项是晶格离子对比热的贡献，A 为常数，$\Theta = \hbar\omega_{max}/k$ 是**德拜温度**(Debye temperature)(ω_{max} 是由具体材料决定的简正振动模式频率上限)；第二项是电子比热，其中γ是电子比热系数. 用 X 射线或中子散射实验研究超导相变前后晶格点阵，观察不到有什么变化，这表明正常-超导转变只涉及电子气体，与晶格离子无关. 所以对超导体的正常态和超导态，晶格离子振动对比热应有相同贡献. 由此可见在$T = T_c$处，正常-超导转变时比热的跃变，是超导态下金属内的电子态发生深刻变化的表现，这是建立超导态微观理论的重要线索.

32.1.4　超导能隙和同位素效应

我们知道，在导体正常态 $T = 0K$ 的温度下，电子按能量最低原理，在满足泡利原理条件下填满低能级，电子最后占据的最高能级就是**费米能级**(Fermi level). 上述实验测得在$T = T_c$处正常-超导转变时比热的跃变，以及超导态比热随温度的 e 指数变化关系启示人们，样品进入超导态时，电子能谱在费米能级附近存在一个能隙 E_g. 根据统计物理，在温度 $T < T_c$ 下，能隙以上能级中的电子数 $N_s \propto e^{-E_g/2kT}$，因而激发这些电子吸收的热能也$\propto e^{-E_g/2kT}$，与此相应超导体比热 $c_s(N_s) \propto e^{-E_g/2kT}$. 将此结果与式(32.1.2)比较，可以得出

$$E_g = 3.0kT_c \sim kT_c \tag{32.1.4}$$

对典型的$T_c \approx 5K$，能隙值$E_g \approx 10^{-4}eV$.

超导体和辐射场的相互作用实验证实能隙的存在，并进一步确定了能隙的大小. 习惯记**能隙 $E_g = 2\Delta$** (energy gap)，称Δ为能隙半宽度(图 32.1.2). 实验表明$\Delta \sim 10^{-3} \sim 10^{-4}eV$，$\Delta/\hbar$位于辐射微波区或红外区. 微波场光子圆频率$\omega < \Delta/\hbar$时，超导体对辐射场没有反应；当$\omega \approx$

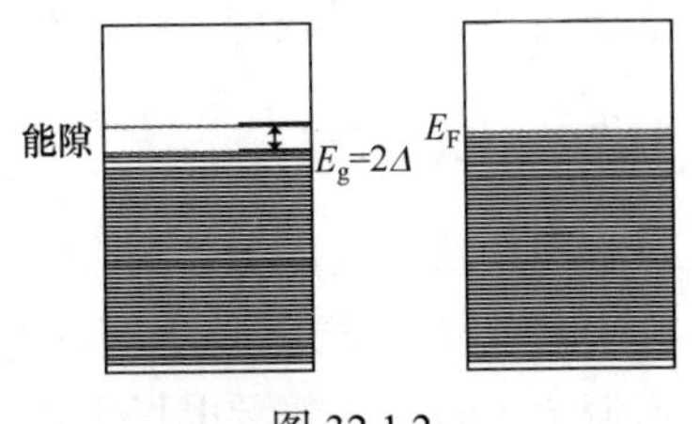

图 32.1.2

$\Delta/\hbar$时，超导体开始强烈吸收入射场；当$\omega \gg \Delta/\hbar$时，超导体对辐射场响应和正常金属实际上没有区别.

1950 年，麦克斯韦和雷诺(Reynolds)同时从实验上发现，**超导体的临界温度与同位素的质量有关**

$$M^{\alpha}T_{\mathrm{c}} = 常数 \tag{32.1.5}$$

其中M表示同位素质量，$\alpha \approx 0.5$，对不同元素取值稍有不同. 这种现象称为**超导体同位素效应**(superconducting isotopic effect).

金属是由位于晶格点阵上的离子和在金属中自由运动的共有化电子组成，其中包含有电子和晶格离子、离子-离子以及电子-电子间的相互作用. 同位素效应表明，尽管超导态和正常态晶格点阵本身没有变化，但组成晶格点阵的离子的质量对导体由正常态到超导态转变有重要影响，这为研究超导电性的微观机制提供了又一个有益的线索.

§ 32.2 超导体的微观理论

超导体的不同寻常的性质，决定于它特殊的微观结构，本节介绍超导体的微观理论.

32.2.1 两流体模型

1934 年，高特(C. J. Corter)和卡西米尔(H. B. G. Casimir)提出**两流体模型**(two-fluid model)解释超导现象：这个模型认为导体内部共有化电子可分为两类：**正常电子**(normal electron)(数密度记为n_{n})和**超流电子**(superfluid electron)(数密度记为n_{s})，导体内电子数密度等于两类电子数密度之合：$n = n_{\mathrm{n}} + n_{\mathrm{s}}$，它们的相对数量随温度和磁场变化. 正常电子在晶格中运动，会受到振动着的晶格散射，有电阻效应. 而超流电子运动完全自由，没有电阻效应，两种电子可以相对流动而无动量交换. 这个模型假设，在正常态所有电子都是正常电子，但当温度低于临界温度时开始有部分电子转变为超流电子，到达 0K，所有自由电子都以超流电子存在，使超导态表现出无电阻效应. 两流体模型还可以解释超导体比热以及其他实验现象.

32.2.2 伦敦方程

以两流体模型为基础，1935 年 F.London，H.London 两兄弟建立了描述超导体的宏观电动力学方程. 他们认为超导体内正常电流服从欧姆定律，$\boldsymbol{j}_{\mathrm{n}} = \sigma \boldsymbol{E}$，而超导电流$\boldsymbol{j}_{\mathrm{s}} = n_{\mathrm{s}} e \boldsymbol{v}_{\mathrm{s}}$不需要电场维持，电场的作用只是使超导电子加速：$m\partial \boldsymbol{v}_{\mathrm{s}}/\partial t = e\boldsymbol{E}$，于是超导电流$\boldsymbol{j}_{\mathrm{s}} = n_{\mathrm{s}} e \boldsymbol{v}_{\mathrm{s}}$对时间变化率满足

$$\frac{\partial \boldsymbol{j}_s}{\partial t} = n_s e \frac{\partial \boldsymbol{v}_s}{\partial t} = \frac{n_s e^2}{m} \boldsymbol{E}$$

方程

$$\frac{\partial \boldsymbol{j}_s}{\partial t} = \frac{n_s e^2}{m} \boldsymbol{E} \tag{32.2.1}$$

称为**伦敦第一方程**(London first equation). 根据这个方程，超导电流的时间变化率由电场决定，在电场强度等于零的稳定情况下，超导体内可以存在与时间无关的稳定电流流动，但此时因超导体内电场强度等于零，正常电流等于零，所以导体处在超导态时，只存在超导电流，表现出无电阻效应.

为了解释超导体完全抗磁性，伦敦将第一方程(32.2.1)中的电场强度 $\boldsymbol{E}$ 代入麦克斯韦方程 $\nabla \times \boldsymbol{E} = -\partial \boldsymbol{B}/\partial t$ 中，得到

$$\frac{m}{n_s e^2} \nabla \times \left(\frac{\partial \boldsymbol{j}_s}{\partial t} \right) + \left(\frac{\partial \boldsymbol{B}}{\partial t} \right) = 0 \tag{32.2.2}$$

伦敦假定下式成立

$$\nabla \times \boldsymbol{j}_s = -\frac{n_s e^2}{m} \boldsymbol{B} \tag{32.2.3}$$

这称为**伦敦第二方程**(London second equation)，这表示超导电流是由磁场维持的.

在超导体内由麦克斯韦方程 $\nabla \times \boldsymbol{B} = \mu_0 \boldsymbol{j}_s$，两边取旋度并利用伦敦方程 (32.2.3)，得

$$\nabla^2 \boldsymbol{B} = \frac{\mu_0 n_s e^2}{m} \boldsymbol{B}$$

由于磁场梯度不等于零，满足这个方程的磁场不可能是空间均匀场. 对稳恒磁场中的半无限大超导体($0 \leqslant x \leqslant \infty$)，解这个方程，可以得到超导体内磁场分布按离开表面距离 x 指数衰减(图 32.2.1)

$$\boldsymbol{B}(x) = \boldsymbol{B}(0) \mathrm{e}^{-x\sqrt{\mu_0 / A}}$$

其中 $A = m / n_s e^2$. 衰减特征长度

$$\lambda = \sqrt{\frac{\mathrm{A}}{\mu_0}} = \sqrt{\frac{m}{\mu_0 n_s e^2}} \tag{32.2.4}$$

称为**伦敦穿透深度**(London penetrating depth). 这表明磁场不能深入到超导体内部，仅在靠近超导体表面的薄层中不等于零. 同样超导电流 $\boldsymbol{j}_s$ 也只存在于同一厚度的薄层中，只是

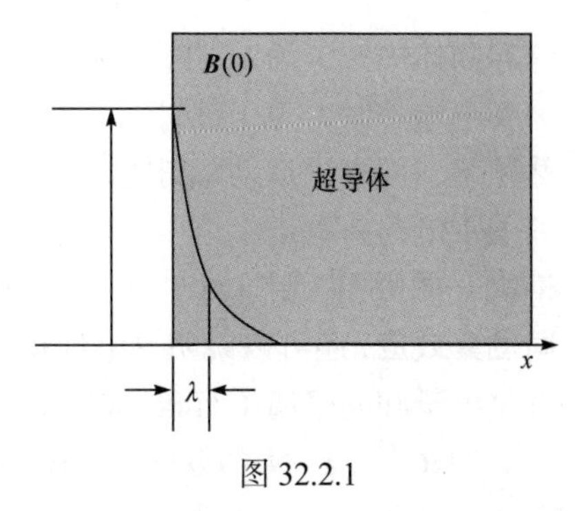

图 32.2.1

由于表面超导电流的屏蔽，超导体内的磁场才迅速趋于零. 以这种方式伦敦方程解释了超导体迈斯纳效应.

32.2.3 BCS 理论：库珀对模型

1950 年，弗列利希(H.Frohlich)首先给出解决超导微观机制的一个线索：认为电子-晶格振动导致电子之间相互吸引，是引起超导电性的原因. 超导体中晶格离子间存在相互作用，一处离子的振动会在晶体中激起沿晶格传播的波，这种波叫**格波**(lattice waves). 按量子力学理论，振动能是量子化的，角频率为 ω 的振子振动能为

$$\varepsilon=\left(n+\frac{1}{2}\right)\hbar\omega,\quad n=0,1,2,\cdots$$

相应的能量子称为**声子**(phonons). 晶格振动能在晶体中的传播，就是声子在晶格点阵中的传播，就像电磁波是光子的传播一样.

弗列利希给出的两电子间相互作用的机制是：当一个电子经过晶格离子时，由于异号电荷吸引，会扰动晶格使其发生局部变形，这种扰动会以格波形式传播，使另一个电子运动受到扰动，只着重最后结果，这就是一个电子和另一个电子作用. 弗列利希等仔细地分析了这种电子-声子相互作用，得出两个电子通过格波的相互作用是一种受迫振动，当电子和离子相互作用激起的离子电荷密度变化，和电子发出的强迫作用同相位时，两个电子就表现为相互吸引. 电子 1 和 2 的相互作用可描写为动量为 $\boldsymbol{p}_1$、能量为 $\varepsilon(\boldsymbol{p}_1)$ 的电子 1，跃迁到动量 $\boldsymbol{p}_1'$、能量 $\varepsilon(\boldsymbol{p}_1')$ 的状态，发出一个声子(图 32.2.2). 声子的波矢和频率由动量守恒给出

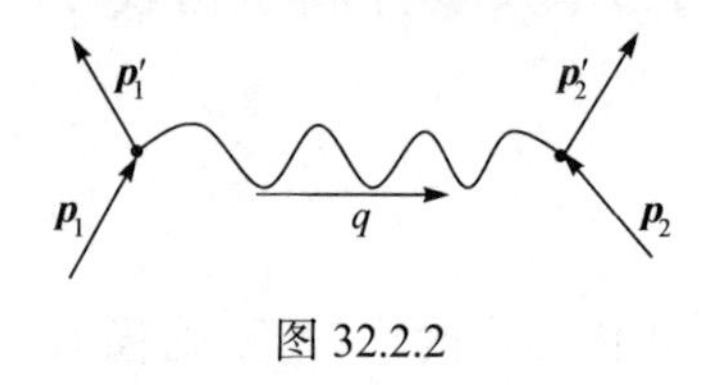

图 32.2.2

$$\boldsymbol{k}=\frac{1}{\hbar}(\boldsymbol{p}_1-\boldsymbol{p}_1')\quad \omega=\frac{1}{\hbar}[\varepsilon(\boldsymbol{p}_1)-\varepsilon(\boldsymbol{p}_1')]$$

激起固体中波矢为 $\boldsymbol{k}$、自然频率为 $\omega(\boldsymbol{k})=\omega(\boldsymbol{p}_1-\boldsymbol{p}_1')$ 的简正模式振动，格波影响到另一个电子时，声子被另一个电子吸收. 如果电子 1 的产生的驱动力频率小于自然频率，即离子运动跟得上电子 1 的运动，这时晶格离子振动与强迫力同相位，离子正电荷向电子 1 集中，电子 1 处正电荷密度增大，电子 2 受到电荷 1 通过晶格媒介的吸引. 用这样电子-声子相互作用模型不仅可以解释当时已知的超导体**同位素效应**，还可以说明导电性良好的碱金属都不是超导体的实验事实(碱金属共有化电子和晶格离子有较弱的相互作用).

1956 年，L. N. Cooper 采用了这种电子-声子相互作用的概念，利用量子场论方法，阐明了两个动量、自旋大小相等、方向相反的电子，在一定条件下可以存

在吸引力而结合成电子对，造成正常金属费米海的不稳定性，并计算了两个动量、自旋大小相等、方向相反的电子结合成对时的结合能为 2Δ，其中

$$\Delta = \hbar\omega_{\mathrm{D}} \mathrm{e}^{-2/N(0)V}$$

ω_{D} 是声子频率，称为**德拜频率**(Debye frequency)(对应声子能量 $\hbar\omega_{\mathrm{D}}$ 约为 10^{-2} eV 量级，远小于 eV 量级的费米能)，$N(0)$ 是 $T = 0\mathrm{K}$ 时费米面的态密度，V 是两电子间的相互作用势. 在 $T = 0\mathrm{K}$ 情况下，费米面附近的电子都结合成**库珀对**时，超导基态费米能就要比正常态费米能低 Δ，这就解释了**超导能隙**(图 32.1.2)的存在.

1957 年，巴丁(J.Bardeen)、库珀(L.Cooper)和施瑞弗(J.R.Schreffer)进一步把这个理论推广到多电子系统，指出晶体中电子-声子相互作用当有关电子间能量差小于声子能量时，电子间由于交换虚声子所产生的相互作用是吸引的. 这种吸引超过电子间库仑斥力时，电子结合成库珀对，像玻色子一样可以凝聚形成超导态，这就是超导体的 **BCS 理论**.

根据 BCS 理论，当导体处在超导态时，全部库珀对作为整体定向运动，形成超导电流. 一个库珀对中两电子质心动量很小，波长很长，不会被晶格振动、晶格缺陷、杂质散射(当其中一个电子受到散射改变动量时，另一个电子也同时受到散射改变动量，总效果是库珀对动量不变，相当于整个库珀对不受晶格散射)，所以超导态宏观上保持零电阻. 库珀对结合能只有 $\sim 10^{-4}$eV 量级，当温度 $T > T_{\mathrm{c}}$ 时库珀对解体，导体就进入常态. 按 BCS 理论，转变温度 $T_{\mathrm{c}} = 0.568\Delta / k_{\mathrm{B}}$，约零点几开尔文.

§ 32.3　超导体的唯象理论和磁通量子化

BCS 理论给出了超导基态、激发态、能隙等重要概念，成功解释了零电阻效应、迈斯纳效应等超导体表现出的一些性质，BCS 理论是成功的. 但对于某些问题，从超导体的 BCS 微观理论出发研究超导体并不方便，本节我们介绍超导唯象理论.

32.3.1　金兹堡-朗道(G-L)理论

在 BCS 超导微观理论建立之前，1950 年，金兹堡(Ginzburg)和朗道(Landau)建立了超导体的唯象理论，他们认为超导态和正常态分别属于有序和无序，引入一个称为**序参数**(order parameter)的函数 $\Psi(\boldsymbol{R}) = \psi(\boldsymbol{R})\mathrm{e}^{\mathrm{i}\varphi(\boldsymbol{r})}$ 描述超导态，其中 $|\psi(\boldsymbol{R})|^2$ 描述位置 $\boldsymbol{R}$ 处电子有序度(序参量是表示系统有序程度的参量，是朗道为建立热力学相变理论引入的一个热力学参量，直接反映相变前后系统的状态. 如

铁磁体中的磁化强度，描述了铁磁体中磁偶极子排列有序程度，就可以看作铁磁体序参量). 所有超导体在临界温度以下转变为超导态，熵都显著减小，反映了系统有序度的增加. 在 G-L 理论中序参量满足的方程和薛定谔方程形式上一样，给出的超导电流表达式也和量子力学中给出粒子流密度矢量一致，这就预示着超导体有类似于微观现象的量子性质. 从 BCS 理论观点看，序参数可以看成是描写库珀对质心运动的单粒子波函数，$|\psi(\boldsymbol{R})|^2$ 就是坐标 $\boldsymbol{R}$ 处库珀对数密度. G-L 理论预言的结果被一系列实验证实.

考虑到在电磁场中带电粒子的哈密顿量中的动量需要用**正则动量**(canonical momentum) $-\mathrm{i}\hbar\nabla = m\boldsymbol{v} + q\boldsymbol{A}$ 表示，由序参数满足的薛定谔方程

$$\mathrm{i}\hbar\frac{\partial \Psi}{\partial t} = \frac{1}{2m}\left(\frac{\hbar}{\mathrm{i}}\nabla - q\boldsymbol{A}\right)^2 \Psi \tag{32.3.1}$$

其中 m,q 分别是带电粒子质量、电荷，$\boldsymbol{A}$ 是磁场矢量势，定义为 $\boldsymbol{B} = \nabla\times\boldsymbol{A}$，可以算出粒子流密度矢量

$$\boldsymbol{j} = \frac{\mathrm{i}\hbar}{2m}(\Psi^*\nabla\Psi - \Psi\nabla\Psi^*) - \frac{q\boldsymbol{A}}{m}(\Psi^*\Psi)$$

取超导波函数(序参数) $\psi \equiv |\psi|\mathrm{e}^{\mathrm{i}\varphi(\boldsymbol{R})}$，粒子质量 $m = 2m_\mathrm{e}$，电荷为 $q = -2e$，得超导电流密度矢量

$$\boldsymbol{j}_\mathrm{s} = \left(\frac{e\hbar}{m}\nabla\varphi - \frac{2e^2}{m}\boldsymbol{A}\right)|\psi|^2 \tag{32.3.2}$$

对此式取旋度，注意到 $\nabla\times\nabla\varphi = 0, \nabla\times\boldsymbol{A} = \boldsymbol{B}$，$2|\psi|^2 = n_\mathrm{s}$ 就可得到伦敦方程(32.2.3).

32.3.2　磁通量子化

复有序参数引入的一个直接结果，是超导电流环**磁通量子化**(flux quantization). 在超导环内、远离表面取一个闭合回路 L(图 32.3.1)，由于超导电流只在超导体表面流动

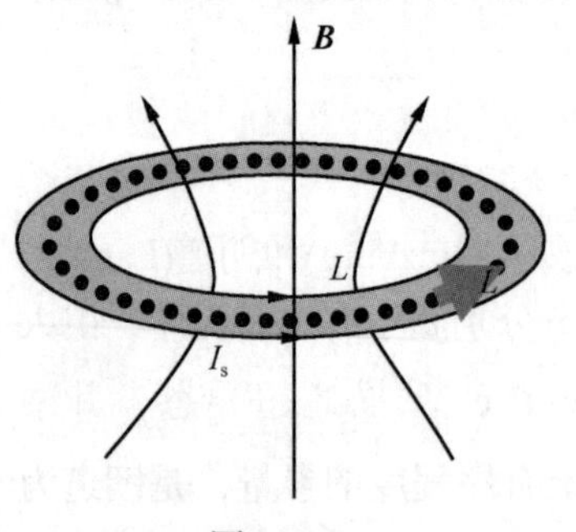

图 32.3.1

$$\oint_L \boldsymbol{j}_s \cdot \mathrm{d}\boldsymbol{l} = -\oint_L \mathrm{d}\boldsymbol{l}\cdot\left(\frac{2e^2}{m}\boldsymbol{A} - \frac{e\hbar}{m}\nabla\varphi\right)|\psi|^2 = 0$$

即

$$\frac{2e^2}{m}\oint_L \mathrm{d}\boldsymbol{l}\cdot\boldsymbol{A} = \frac{e\hbar}{m}\oint_L d\boldsymbol{l}\cdot\nabla\varphi \tag{32.3.3}$$

应用斯托克斯公式，以及 $\nabla\times\boldsymbol{A} = \boldsymbol{B}$，得

$$\oint_L \boldsymbol{A} \cdot \mathrm{d}\boldsymbol{l} = \int_S \nabla \times \boldsymbol{A} \cdot \mathrm{d}\boldsymbol{S} = \int_S \boldsymbol{B} \cdot \mathrm{d}\boldsymbol{S} = \Phi \tag{32.3.4}$$

其中 Φ 是穿过以 L 为边界的任意曲面的磁通量. 另一方面，序参数的单值性要求环绕闭合回路一周相位的变化必须是 2π 的整数倍，所以

$$\oint_L \mathrm{d}\boldsymbol{l} \cdot \nabla \varphi = 2\pi n \quad (n = 1, 2, \cdots) \tag{32.3.5}$$

将式(32.3.4)、式(32.3.5)代入式(32.3.3)中，得

$$\Phi = \frac{n\pi\hbar}{e} = \frac{nh}{2e} = n\Phi_0 \tag{32.3.6}$$

其中

$$\Phi_0 = \frac{h}{2e} = 2.0675 \times 10^{-15}\,\mathrm{Wb} \tag{32.3.7}$$

称为**磁通量子**(flux quantum). 式(32.3.6)表明，**处在超导态的多连通超导体(超导环、超导空心柱体等)空腔中磁通，或导体进入超导态被“冻结”的磁通，只能是磁通量子 Φ_0 的整数倍**. **超导体的这一性质称为磁通量子化**(flux quantization). 磁通量子化已被实验观测到，并测得磁通量子 Φ_0 的数值，成为用复有序参数描写超导电流正确性的一个证据.

应当指出，如果闭合导体回路无电阻(理想导体回路)就可证明，穿过这个回路的总磁通就保持为常数. 但总磁通为**磁通量子 Φ_0 的整数倍，却是超导体独有的性质**.

§ 32.4　约瑟夫森效应

32.4.1　约瑟夫森效应

由超导体-绝缘介质薄层-超导体组成的夹层(S-I-S)结构称为**约瑟夫森结**(Josephson junction)(图 32.4.1). 1962 年,英国剑桥大学研究生从理论上预言了电子对可以隧穿约瑟夫森结绝缘层，形成无电阻的流动. 像这种非导电材料隔开的两超导体之间，发生电流无阻流动的现象称为**约瑟夫森效应**(Josephson effect). 约瑟夫森效应的物理和应用研究构成了成了新兴学科——**超导电子学**(superconductive electronics)的主要内容.

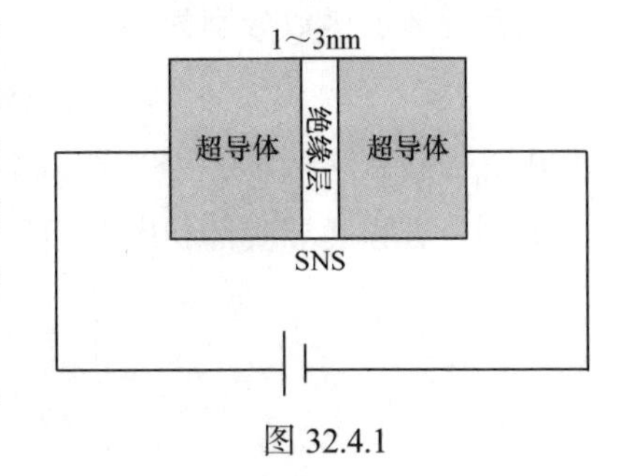

图 32.4.1

约瑟夫森研究了包含约瑟夫森结的超导回路情况(图 32.4.1)，从理论上预言：

(1) 由于超导电子对隧穿，当结上电压为零时，可以存在一个超导电流，超导电流密度存在一个最大值 j_c.

(2) 当结两端的直流电压 $V_0 \neq 0$ 时，依然存在超导电子对隧穿电流，但这是一个交变电流，电流频率 ν 满足关系式 $\nu = 2eV_0 / h$.

(3) 射频电磁场会对结内的超流起调制作用，从而产生超流的直流分量，在结的直流 $I-V$ 曲线上出现一系列直立台阶，电流台阶对应的电压值满足 $2eV/h = n\nu'$ ，其中 ν' 是外加射频电磁场频率， n 取整数值.

约瑟夫森的理论预言发表后仅一年，安德森(P.W.Anderson)、夏皮罗(S.Shapiro)等就从实验上证实约瑟夫森预言的正确性.

32.4.2 约瑟夫森方程

1964～1965 年，约瑟夫森进一步给出约瑟夫森隧道结的方程. 由于约瑟夫森方程的严格推导用到超导微观理论，比较复杂，下面采用费曼给出的一种简明推导方法.

费曼认为，如果被绝缘层隔开的两块超导体彼此没有耦合(比如绝缘层足够厚，没有电子对隧穿)，结两侧超导波函数是相互独立的. 但当绝缘层足够薄，存在通过电子对隧穿发生的耦合，两区波函数 ψ_1,ψ_2 分别满足方程

$$\mathrm{i}\hbar\frac{\partial\psi_1}{\partial t}=U_1\psi_1+K\psi_2,\quad \mathrm{i}\hbar\frac{\partial\psi_2}{\partial t}=U_2\psi_2+K\psi_1 \tag{32.4.1}$$

其中 K 表示库珀对隧穿绝缘层的概率幅，描写两侧超导体的耦合作用. U_1,U_2 描写绝缘层两侧超导体中库珀对能量，取回路中电源端电压为 V ，并取绝缘层中心为电势零点，则有

$$U_1=q\frac{V}{2}=-eV,\quad U_2=-q\frac{V}{2}=eV \tag{32.4.2}$$

其中 q 为库珀对电荷量；将 U_1,U_2 代入上面方程中，得到

$$\mathrm{i}\hbar\frac{\partial\psi_1}{\partial t}=-eV\psi_1+K\psi_2,\quad \mathrm{i}\hbar\frac{\partial\psi_2}{\partial t}=-eV\psi_2+K\psi_1 \tag{32.4.3}$$

设两超导体波函数分别为

$$\psi_1=\sqrt{\rho_1}\mathrm{e}^{\mathrm{i}\varphi_1(t)},\quad \psi_2=\sqrt{\rho_2}\mathrm{e}^{\mathrm{i}\varphi_2(t)} \tag{32.4.4}$$

其中 $\rho_1=|\psi_1|^2,\rho_2=|\psi_2|^2$ 分别为两侧库珀对数密度. 将式(32.4.4)代入方程(32.4.3)，并分别令方程两端实部和虚部相等，得

$$\begin{cases}\dfrac{\mathrm{d}\rho_1}{\mathrm{d}t}=-\dfrac{2}{\hbar}K\sqrt{\rho_1\rho_2}\sin\varphi\\[2ex]\dfrac{\mathrm{d}\rho_2}{\mathrm{d}t}=+\dfrac{2}{\hbar}K\sqrt{\rho_1\rho_2}\sin\varphi\end{cases} \tag{32.4.5}$$

和

$$\begin{cases}\dfrac{\mathrm{d}\varphi_1}{\mathrm{d}t}=-\dfrac{K}{\hbar}\sqrt{\dfrac{\rho_2}{\rho_1}}\cos\varphi+\dfrac{Ve}{\hbar}\\ \dfrac{\mathrm{d}\varphi_2}{\mathrm{d}t}=-\dfrac{K}{\hbar}\sqrt{\dfrac{\rho_1}{\rho_2}}\cos\varphi-\dfrac{Ve}{\hbar}\end{cases}\tag{32.4.6}$$

其中$\varphi=\varphi_1-\varphi_2$是跨结两侧超导波函数相位差. 由式(32.4.5)可以得到

$$\frac{\partial\rho_1}{\partial t}=-\frac{\partial\rho_2}{\partial t}\tag{32.4.7}$$

表明左侧电子对数密度增加等于右侧电子对数密度减少，由于库珀对流动，**结上存在不为零的超导电流密度**. 注意结上超导电流密度$j=-2e\partial\rho_1/\partial t$，即得

$$j_{\mathrm{s}}=j_{\mathrm{c}}\sin\varphi\tag{32.4.8}$$

此即为**约瑟夫森第一方程**，其中

$$j_{\mathrm{c}}=\frac{4eK}{\hbar}\sqrt{\rho_1\rho_2}\tag{32.4.9}$$

是临界超导电流密度. 假设超导结两侧为相同的超导体，即对称情况，有$\rho_1=\rho_2=\rho$，式(32.4.6)中两式相减，并注意到$\varphi=\varphi_1-\varphi_2$，得

$$\frac{\mathrm{d}\varphi}{\mathrm{d}t}=\frac{2eV}{\hbar}\tag{32.4.10}$$

即为**约瑟夫森第二方程**(Josephson equation).

32.4.3　约瑟夫森结的性质

根据约瑟夫森结的基本方程，可以看出约瑟夫森结具有以下性质：

(1) 如果约瑟夫森结上电压$V=0$，由约瑟夫森方程(32.4.10)，超导结两侧相位差时间变化率等于零，$\varphi=\varphi_0$可以是不等于零的常数，φ_0可以用外磁场调制，由0变到$\pi/2$，超导电流可以从0变化到j_{c}. 表明在$V=0$情况下，超导结可以存在零电压电流，最大j_{c}是临界超导电流密度. 超导电流密度在导体截面上的积分给出超导电流强度I_{c}. 超导结零电压降($V=0$)情况下，含超导结电路仍可以存在稳定的直流电流，夹在两超导体间的绝缘层也呈现出超导电性的现象，称为**直流约瑟夫森效应**(D.C Josephson effect).

(2) 当超导结上电压$V\neq0$，但等于某个常数情况下，这时由式(32.4.10)

$$\varphi=\frac{2e}{\hbar}V_0t+\varphi_0\tag{32.4.11}$$

φ_0是由初始条件决定的常数，它可以不为零. 结上超导电流密度

$$j_s = j_c \sin\left(\frac{2e}{\hbar}V_0 t + \varphi_0\right) \tag{32.4.12}$$

表明$V = V_0 \neq 0$时，超导电流随时间振荡，振动圆频率为$\omega_0 = 2eV_0 / \hbar$，与结上电压降有关，这称为**交流约瑟夫森效应**(A.C.Josephson effect).

(3) 当超导结施加直流偏压，同时加高频交流电压

$$V(t) = V_0 + v\cos\omega t \tag{32.4.13}$$

此时由式(32.4.10)

$$\varphi(t) = \varphi_0 + \frac{2e}{\hbar}\int (V_0 + v\cos\omega t)\mathrm{d}t = \varphi_0 + \frac{2e}{\hbar}V_0 t + \frac{2e}{\hbar}\frac{v}{\omega}\sin\omega t \tag{32.4.14}$$

代入式(32.4.8)，得结超导电流密度

$$j_s = j_c \sin\left[\omega_0 t + \varphi_0 + \frac{2e}{\hbar}\frac{v}{\omega}\sin\omega t\right] \tag{32.4.15}$$

其中$\omega_0 = 2eV_0 / \hbar$. 此式表明当施加交变电压时，可以调制电流的相位，使j_s不再是单一频率成分，而是包含多种频率成分的振荡. 并且可以证明，当改变外加直流电压，$V = \dfrac{n\hbar}{2e}\omega$处出现陡变的台阶，台阶高度是固定电压的整数倍. 由于频率可精确测定，用这种方法可得到电压的精确值.

32.4.4 约瑟夫森结的伏安特性

由于在绝对零度下，超导态的导体费米面附近的电子结合成库珀对，使得超导体费米面的能量与费米面上激发态之间形成一个宽度为 $2\varDelta$ 的能隙. 这个能隙的存在使得约瑟夫森结伏安特性曲线呈现出两个分支——$V = 0$处的竖直线表示的约瑟夫森分支和电压$eV > 2\varDelta$时的耗散分支(图 32.4.2).

在$T < T_c$情况下，超导态电子以库珀对形式存在，只存在库珀对隧穿电流，电流呈现出无阻流动，此时结上电压降等于零. 当电流增大时，结起初仍停留在约瑟夫森分支上，当电流接近临界电流I_c时，库珀对开始解体，电流跳变到$eV \geqslant 2\varDelta$耗散分支上，这时存在的是正常电子隧穿. 在有限温度下，由于库珀对被热激发而解体，即使在很低的电压下也存在小的正常电流. 约瑟夫森结的伏安特性对理解量子计算机超导物理实现中的超导量子位的物理机制十分有用.

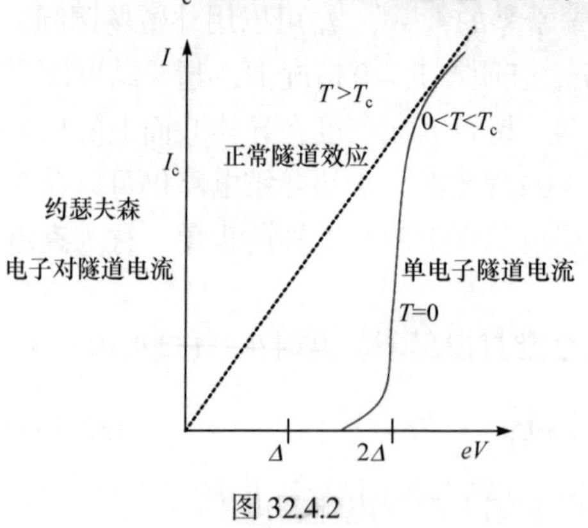

图 32.4.2

§ 32.5　超导量子干涉计

超导量子干涉计(superconducting quantum interference devices, SQUID)是根据约瑟夫森效应制成的，它作为高灵敏度的磁探测器，在技术上已获得广泛应用. 本节我们首先介绍著名的 A-B 效应，然后介绍 SQUID 的物理原理和特性.

32.5.1　A-B 效应

1959 年，阿哈罗诺夫(Y.Aharronov)和玻姆(D.Bohm)指出：电磁场势(矢量势 $\boldsymbol{A}$ 和标势 φ) 是描述电磁场的基本物理量，即使在电子经过的路径上不存在电场强度 $\boldsymbol{E}$ 和磁感应强度 $\boldsymbol{B}$，也会使描述电子运动的波函数相位发生变化，引起可观测的物理效应. 这就是著名的 **A-B 效应**.

图 32.5.1 是演示 A-B 效应的实验示意图. 其中 B 表示垂直于纸面放置的通电长直载流螺线管，管内有磁场存在，管外磁场强度等于零，但磁场矢量势 $\boldsymbol{A}(\boldsymbol{R}) \neq 0$. 当电子从 P 点出发分别经路径 1 或 2 到达 Q 时，电子经过区域虽不存在磁场，但由于此区域矢量势不等于零，电子波函数的相位也会发生变化. 电子经 1，2 两不同路径相位差是

$$\Delta\varphi = \frac{q}{\hbar}\left[\int_{P(1)}^{Q} \boldsymbol{A}(\boldsymbol{R}) \cdot \mathrm{d}\boldsymbol{l} - \int_{P(2)}^{Q} \boldsymbol{A}(\boldsymbol{R}) \cdot \mathrm{d}\boldsymbol{l}\right]$$

即

$$\Delta\varphi = \frac{q}{\hbar} \oint_{P1Q2P} \boldsymbol{A}(\boldsymbol{R}) \cdot \mathrm{d}\boldsymbol{l} = \frac{q}{\hbar}\varPhi \qquad (32.5.1)$$

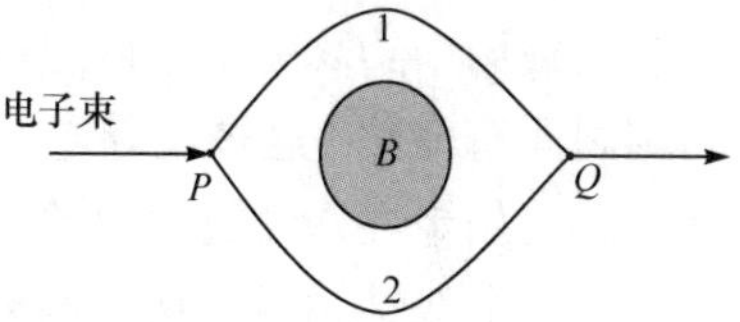

图 32.5.1

正比于穿过螺线管截面的磁通量 $\varPhi$. 这表明在 $\boldsymbol{A} \neq 0$ 的区域中，即使 $\boldsymbol{B} = 0$，仍存在可以观测的物理效应. 1985 年殿村(A. Tonomura)用电子束相干实验严格证明了这种效应的存在. A-B 效应表明，传统的电磁理论中一直被认为是辅助量的矢量势，也描述物理实在，存在可观测的物理效应.

对 A-B 效应可以作以下的解释. 考虑到带电粒子和电磁场的相互作用，在电磁场中运动的带电粒子动量算子应取为正则动量

$$-\mathrm{i}\hbar\nabla = m\boldsymbol{v} + q\boldsymbol{A}(\boldsymbol{R}) \qquad (32.5.2)$$

其中 q 是粒子电荷量，$\boldsymbol{A}$ 是磁场矢量势. 正则动量算子对波函数 $\varPsi(\boldsymbol{R}) = \varphi(\boldsymbol{R})\mathrm{e}^{\mathrm{i}\varphi}(\boldsymbol{R})$ 的作用

$$-\mathrm{i}\hbar\nabla\varPsi(\boldsymbol{R}) = -\mathrm{i}\hbar[\nabla\psi(\boldsymbol{R})]\mathrm{e}^{\mathrm{i}\varphi(\boldsymbol{R})} + \mathrm{i}[\nabla\varphi(\boldsymbol{R})]\varPsi(\boldsymbol{R})$$

一般情况下描述粒子运动的波函数概率幅不变或慢变，而波相位属快变成分. 略

去其中第一项概率幅慢变部分，得

$$-\mathrm{i}\hbar\nabla\Psi(\boldsymbol{R})\approx\hbar[\nabla\varphi(\boldsymbol{R})]\Psi(\boldsymbol{R})=[m\boldsymbol{v}+q\boldsymbol{A}(\boldsymbol{R})]\Psi(\boldsymbol{R})$$

或

$$\nabla\varphi(\boldsymbol{R})=\frac{1}{\hbar}[m\boldsymbol{v}+q\boldsymbol{A}(\boldsymbol{R})] \tag{32.5.3}$$

这表示在电磁场中运动的带电粒子，波函数相位梯度包含有与磁场矢势 $\boldsymbol{A}$ 有关的项，在 $\boldsymbol{A}\neq 0$ 的区域中,带电粒子运动波函数相位要发生变化.

由于带电粒子在磁场中运动波函数相位要受到磁场矢量势的调制而发生变化，把式(32.5.3)应用到库珀对波函数上，注意到 $m\to 2m, q\to -2e, v\to \boldsymbol{v}_{\mathrm{s}}=-\boldsymbol{j}_{\mathrm{s}}/(2n_{\mathrm{s}}e)$，就得电子对宏观量子波函数相位梯度和磁场矢势的关系

$$\nabla\varphi(R)=-\frac{m}{n_{\mathrm{s}}\hbar e}\boldsymbol{j}_{\mathrm{s}}-\frac{2e}{\hbar}\boldsymbol{A}(R)=-\frac{2\pi}{\Phi_0}\left(\frac{m}{2e^2 n_{\mathrm{s}}}\boldsymbol{j}_{\mathrm{s}}+\boldsymbol{A}\right) \tag{32.5.4}$$

其中 m 是一个电子的质量，j_{s} 是超导电流密度，n_{s} 是库珀对数密度，$\Phi_0=h/(2e)$ 是磁通量子.

32.5.2　超导量子干涉现象

在磁场中约瑟夫森结两侧超导电子对宏观量子波函数的相位差，受到磁场空间调制而有变化. 这种超导电子对波函数相位对磁场的依赖关系，就导致约瑟夫森电流的相干性，使隧道电流 $I_{\mathrm{c}}(H)$ 有类似于光学中的干涉现象.

把一个双结超导环接在与外电源相连的超导电路中就构成了一个**超导量子干涉计**(superconducting quantum interference devices, SQUID)(图 32.5.2). 施加外磁场垂直于环面，设通过环路的磁通为 Φ_{e}. 显然流过这个电路的总电流是分别流过两结 a，b 电流总和. 如果流过两结的仅是超导电流，总电流就可表示为

$$I_{\mathrm{s}}=I_{\mathrm{c}(a)}\sin\varphi_1+I_{\mathrm{c}(b)}\sin\varphi_2 \tag{32.5.5}$$

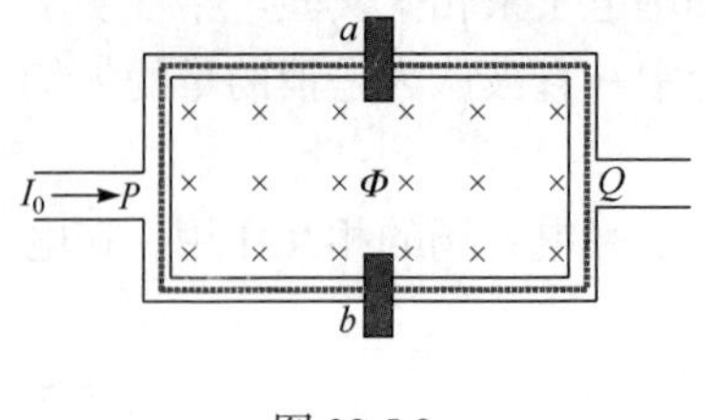

图 32.5.2

其中 $I_{\mathrm{c}(a)},\varphi_1$ 和 $I_{\mathrm{c}(b)},\varphi_2$ 分别是两结的临界电流和相位. 由于 a，b 两结并联成超导环路，φ_1,φ_2 不再互相独立，它们之间的联系可如下求出：注意到图 32.5.2 中，P，Q 两点相位差与路径无关，应用式(32.5.4)有

$$-\frac{2\pi}{\Phi_0}\int_{(PaQ)}\left(\frac{m}{2e^2 n_{\mathrm{s}}}\boldsymbol{j}_{\mathrm{s}}+\boldsymbol{A}\right)\cdot\mathrm{d}\boldsymbol{l}+\varphi_1=-\frac{2\pi}{\Phi_0}\int_{(PbQ)}\left(\frac{m}{2e^2 n_{\mathrm{s}}}\boldsymbol{j}_{\mathrm{s}}+\boldsymbol{A}\right)\cdot\mathrm{d}\boldsymbol{l}+\varphi_2$$

由此

$$\varphi_1-\varphi_2=\frac{2\pi}{\Phi_0}\oint_{PaQbp}\left(\frac{m}{2e^2n_s}\boldsymbol{j}_s+\boldsymbol{A}\right)\cdot d\boldsymbol{l}+2\pi n \tag{32.5.6}$$

当超导环通路尺度不是很小(比穿透深度大得多)时，可以把积分路径取在超导体内部，使 $j_s=0$ ，并假设环自感很小，使环中超导循环电流 I_e 激发的磁通远小于磁通量子 Φ_e ，注意到 $\oint \boldsymbol{A}\cdot d\boldsymbol{l}=\Phi_e$ ，于是

$$\varphi_1-\varphi_2=2\pi\frac{\Phi_e}{\Phi_0}+2\pi n \tag{32.5.7}$$

将此结果代入式(32.5.5)中，并假定两个结是完全对称的： $I_{c(a)}=I_{c(b)}\equiv I_c$ ，得

$$I_s=I_c\sin\varphi_1+I_c\sin\left(\varphi_1-2\pi\frac{\Phi_e}{\Phi_0}\right)=2I_c\sin\left(\varphi_1-\pi\frac{\Phi_e}{\Phi_0}\right)\cos\left(\pi\frac{\Phi_e}{\Phi_0}\right) \tag{32.5.8}$$

此式表示 I_s 的临界值是

$$I_{sc}=2I_c\left|\cos\left(\pi\frac{\Phi_e}{\Phi_0}\right)\right| \tag{32.5.9}$$

I_{sc} 是以外磁通 Φ_e 为变量，以 Φ_0 为周期的周期函数，它的取值是可以直接测量的.

双结超导环在外磁场中的最大超导电流对超导环内外加磁通 Φ_e 极为敏感，可以感受到一个磁通量子的变化，这使人们立即想到，可以利用这一发现制作高灵敏度的磁强计. 用于测量微弱的磁场和磁场细微的不均匀性. 将一个超导线圈与 SQUID 配合，还可以做成灵敏度极高的直流电压计. 当线圈两端有直流电压时，线圈中的电流在 SQUID 中的感应磁通可以用 SQUID 测出，从而推断出线圈两端的电压，灵敏度可达 10^{-19} V 量级.

§ 32.6　超导材料和应用

由于具有一般导体没有的特殊性质，超导体有许多重要应用或潜在的应用价值. 一般说来，只要涉及电、磁和电磁辐射，超导材料都可能找到它的应用. 超导材料的应用可以区分为强电和弱电两个方面，主要有以下几种.

32.6.1　在强电方面的应用

传统的电力传输由于传输线有一定的电阻 R ，当传输线中电流 I 很大时，传输线损耗功率 $P=IV=I^2R$ 会很大. 为了降低线路能量损耗，同时保证一定的传输功率，传统的电力传输采用高压或超高压传输，但目前仍约有 30%的电力损耗在输电线路上. 采用超导体传输线，由于电阻可以降到零，原则上可以完全避免传

输线上的电能损耗. 超导传输线可以铺设在地下管道中，免去超高压输电需要的升压、降压设备以及架设输电铁塔，既减少投资，又节省电力. 当然，实现超导传输线需要高温超导体. 而这目前还没有实现.

超导磁体是继永久磁体、电磁体之后近年来发展起来的第三代磁体. 将超导体做成线圈，可在截面较小的线圈中，通以大电流，产生强大的磁场，这就是超导磁体. 超导磁体不仅可以产生极强的磁场，且具有体积小、重量轻、能量损耗小等一系列优点，在科学研究和技术中有广泛的应用. 高能量物理中大型粒子加速器，高分辨率电子显微镜，受控热核反应、医学上核磁共振等都需要稳定的强磁场设备. 超导磁体还可以用来制造功率强大的超导体发电机、超导电动机等. 在潜艇上使用超导动力系统，则可以提高它的隐蔽性和作战能力.

超导体在交通运输中最重要的应用可能就是超导磁悬浮列车. 早在 1922 年，德国赫尔曼·肯勃就提出了电磁悬浮的构想，并在 1934 年申请了磁悬浮列车的专利. 经过数十年的发展，目前形成分别以德国和日本为代表的两大研究方向，其中德国人以常规电磁铁吸浮列车，使列车悬空，日本则利用超导磁悬浮原理，使车轮和钢轨之间产生排斥力，使列车悬空运行. 超导磁悬浮的磁铁是由超导体线圈组成，由于超导线圈零电阻，可以无损耗地传导强大的电流，激起强大的磁场，制成功率强大、体积小的电磁铁. 在每节车厢的底部安装上这种超导磁铁，在列车行进的轨道上埋设许多闭合的铝环. 列车开动时，超导磁铁强大的磁场相对铝环运动，在铝环中感应出强大电流产生出极强的磁场，这个磁场使固定在车体下的超导磁体受到向上的浮力，车速越快，这个浮力越大，当列车速度速度大于一定值时，向上浮力大于列车重量，列车就可浮起，脱离开轨道悬空运行.

磁悬浮列车是一种没有车轮的陆上物接触式有轨交通工具，由于被悬浮在轨道上面，作无摩擦运行，即使考虑到空气阻力，其速度仍可提高到 500～600 km/h. 超导磁悬浮列车具有快速、低耗、环保、安全等优点，是 21 世纪理想的陆上交通工具，具有广阔的发展前景. 我国已在上海修建了一条西起龙阳路站，东至浦东国际机场，全长 29.863km 的“常导型”磁悬浮列车，并于 2003 年 1 月正式营运.

32.6.2 在弱电方面的应用

在超导电性的弱电应用中，超导电子学是主要方面. 超导电子学是研究超导电子与电磁场相互作用，根据超导体的各种性质——特别是约瑟夫森效应和超导量子干涉现象——开发新型电子器件的理论和技术. 目前已开发的各种超导器件已涵盖了常规电子器件的全部功能，而且具有灵敏度高、频带宽、响应块、功耗低等一系列优点. 超导电子学应用包括四个主要方面.

1. 超导量子干涉器(SQUID)的应用

由于在磁场中，约瑟夫森结两侧超导电子对宏观量子波函数的相位差，受到磁场的空间调制而随外场变化，这就导致约瑟夫森电流的相干性，出现类似于光学中单缝衍射和双缝干涉的现象. 应用这种效应制成的器件称为**超导量子干涉计**(SQUID). 用两个约瑟夫森结并联构成的 SQUID，临界电流是环路包围磁通量 Φ 的周期函数， 由于和单结相比环路磁通面积大大增加，回路超导电流对磁场的反应极为灵敏. 已经用这一原理制造出世界上最灵敏的电磁信号探测原件. 如环面积 $0.1\,\text{cm}^2$，可能检测到 10^{-9} G 的磁场变化. 用约瑟夫森电流对磁场敏感制成的磁强计，测量精度可达 10^{-11} G，应用范围包括生物磁信号探测、医疗磁性诊断，发现微弱地磁场异常、探测含磁性的矿和物理学中的引力波探测等.

2. 微波及红外波段应用

约瑟夫森结在微波辐照下，在结上会附加一射频电压. 在某些分立的频率下，库珀对吸收或辐射微波光子，使结的 I-V 曲线上出现一系列常电压-电流阶梯，台阶处 V_n 与辐照微波频率有关系：$V_n = nh\nu / 2e(n = 0,1,2,\cdots)$. 用此效应可以精确测量物理常数 $h/2e$. 由于电流阶梯处 V 不变，此效应可以用作电压基准.

3. 集成电路

半导体集成电路技术在自动控制系统、计算机、信息技术中的巨大作用是有目共睹的. 然而由于信号传播速度受光速限制，进一步提高电子器件的开关速度，需要计算机体积进一步缩小，这要求集成电路集成度进一步提高. 集成电路集成度提高要受到电子器件工作时热耗的限制. 利用超导体构造没有电阻的传输线和超导逻辑器件，是突破热耗限制的一条出路. 20 世纪 60 年代，就有人提出超导计算机的构想. 近年来，实验上还证明这种约瑟夫森结电荷态、磁通态具有量子相干叠加性质，在一定条件下可近似为一个两能级系统，因此可以用作量子位，在量子信息物理实现中发挥作用. 已经提出利用低温条件下约瑟夫森结电路宏观态的量子性质，实现固态、全电路量子计算机的设想，是正在探索的量子计算机物理实现的一个重要途径.

4. 高精密测量

由于约瑟夫森效应与一些基本物理量(电压、频率、普朗克常量、磁通量等)相联系，并可实现高精密度的测量，超导体在计量技术中也有广泛的应用. 上面提到的物理常数 $h/2e$ 的精确测量以及约瑟夫森电压基准是这方面应用的实例.

32.6.3 高温超导体研究

由于材料进入超导态才具有超导性质，超导体技术应用的最大障碍是材料进入超导态需要极低的临界温度. 因此，如何提高各种材料的 T_c 就是使超导体从实验室研究进入技术应用的关键. 从 20 世纪 70 年代开始人们研究注意力转向寻找高临界温度超导体，1973 年，找到的最高 T_c 是 23.2K 的铌三锗(Nb_3Ge)薄膜. 1986 年，IBM 的苏黎世实验室研究人员缪勒(Muller)和贝德诺茨(J. G. Bednorz)开创了超导新纪元，他们发现了镧钡铜氧化物(La-Ba-Cu)超导体，其 T_c 超过 30K，掀起了全球范围内研究氧化物高温超导体的热潮，贝德诺茨和缪勒因此获得 1987 年的诺贝尔物理学奖. 1987 年，中国科学院物理研究所赵忠贤等、美国休斯敦大学朱经武小组，分别独立获得钇钡铜氧化物(Y-Ba-Cu-O)超导体，其起始转变温度 90K. 1988 年，美国 Arkansas 大学宣布制成起始转变温度约 123K 的超导材料. 以后人们又合成了 Hg 系列氧化物超导体，超导转变温度达133.8K . 现在已发现的高温超导材料达上百种，标志在液氮温区(77.K)开发超导体应用的可能性. 但到超导材料大规模的开发和应用仍有一些问题需要解决，可能还要走很长的路程.

当前超导体理论研究是继续探索超导新物理机制，为高温超导材料研究指示方向. 在超导理论建立过程中，人们曾一度认为超导现象可能只和金属导体有关，绝缘体不会导电，因而氧化物烧结体(绝缘陶瓷等)不可能和超导材料有关，这种认识被实验证明是错误的. 这启示我们在构建高温超导理论中，不能因循守旧，需要解放思想、大胆创新、大胆探索. 超导体研究实验上的目标仍然是寻找更高转变温度的超导材料，同时解决使用超导材料需要的低温技术. 另外还要解决实际使用的超导材料必要的强度、延展性等力学性能问题.

已故著名超导材料权威 Matthiss 曾说过："如能在常温下，例如 300K 左右实现超导电性，则现代文明的一切技术都将发生变化. "超导材料的开发和应用将会使电力、电子、机电等工业发生重大变革，极大推进生产力发展和社会进步.

问题和习题

32.1 简述超导体的物理性质. 超导体就是理想导体吗?

32.2 证明：若导体回路无电阻，则穿过此回路的总磁通保持为常数.

32.3 在金属低温超导理论中，最基本的出发点是什么? 试用二流体模型及 BCS 理论解释超导电性.

32.4 试推导出约瑟夫森第一方程和第二方程并简述约瑟夫森结的性质.

32.5 超导磁悬浮是什么效应的直接结果? 试描述磁悬浮列车的工作原理.

第 33 章　光的发射和吸收　激光技术

在“量子物理基础”部分，我们讨论的量子力学问题都是定态问题，即所研究的系统的哈密顿量与时间无关，通过解定态薛定谔方程，决定系统可能存在的能级和定态波函数. 量子系统从一个定态到另一个定态的转变称为**量子跃迁**(quantum transition)，跃迁可以由外界的扰动产生. 从原来的无微扰到有微扰，而微扰本身可能就和时间有关，所以受外界微扰系统的哈密顿量是和时间有关的. 关于一般的含时微扰理论的讨论可参见本书原版相关部分，本章我们利用含时微扰理论共振跃迁速率的一个结果，研究光的发射和吸收问题，最后介绍与现代技术密切有关的激光原理和激光技术应用.

学习指导：本章要求①重点把握原子和辐射场作用的三种基本过程，了解用含时微扰论在偶极近似下计算原子在辐射场中的吸收系数方法；②理解激光的基本原理以及激光特性，现代激光技术的应用.

§ 33.1　光的发射和吸收

光的发射和吸收是原子体系与光场相互作用发生的现象. 解释这种现象彻底的量子理论是量子光学. 本节我们采用半经典的方法，即用量子力学处理原子体系，而用经典方法描述光场(电磁场). 这种方法可以解释原子吸收和受激辐射，但不能说明自发辐射. 为此首先引进爱因斯坦建立的吸收系数和自发辐射系数之间的普遍关系，从而可间接地计算自发辐射系数.

33.1.1　爱因斯坦辐射和吸收系数

设原子具有分立能级：$E_1 < E_2 \cdots < E_m < \cdots < E_n < \cdots$. 爱因斯坦在 1917 年就指出，原子和辐射场的相互作用有三种基本过程(图 33.1.1)，其中原子从高能态到低能态的跃迁有两种机制：①**自发辐射**(spontaneous radiation)，原子不受外场作用，自发地从高能态跃迁到低能态；②**受激辐射**(stimulated radiation)，即在外场作用下原子从高能态跃迁到低能态. 在这两种跃迁中，系统从高能态 E_n 跃迁到低能态 E_m，都有能量为 $\hbar\omega = E_n - E_m$ 的光子放出；③**吸收**(absorption)，原子从光场中吸收相应能量，从低能态跃迁到高能态. 例如，吸收能量为 $\hbar\omega = E_n - E_m$ 的光子，原子可以从低能态 E_m 跃迁到高能态 E_n.

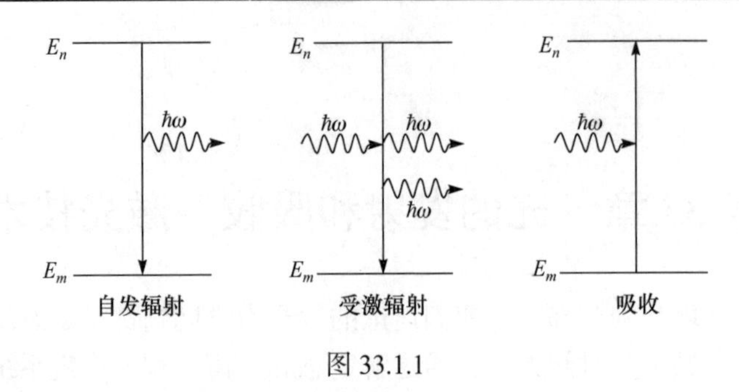

图 33.1.1

为了描述上述三种基本过程，爱因斯坦引进三个系数：

A_{nm}——从 n 态到 m 态**自发辐射系数**(spontaneous emission coefficient)，定义为单位时间内原子自发地从 $\Phi_n \to \Phi_m$ 的跃迁概率，即**跃迁速率**(transition speed).

B_{nm}——受激**辐射系数**(stimulated emission coefficient)，B_{mn}——**吸收系数**(absorption coefficient). 这两者的意义是，当作用于原子的光波在 $\omega \to \omega + \mathrm{d}\omega$ 频段内的能量密度为 $I(\omega)\mathrm{d}\omega$ 时，单位时间内原子从 $\Phi_n \to \Phi_m$ 跃迁(同时发射能量为 $\hbar\omega_{nm}$ 光子)的概率是 $B_{nm}I(\omega_{nm})$；原子吸收能量为 $\hbar\omega_{nm}$ 的光子，单位时间内从 $\Phi_m \to \Phi_n$ 的跃迁概率是 $B_{mn}I(\omega_{nm})$. 注意 B_{nm}, B_{mn} 不同于 A_{nm}，其本身不是跃迁速率，乘上辐射场能量密度才是跃迁速率.

为了建立三个系数 A_{nm}, B_{nm}, B_{mn} 之间的关系，爱因斯坦利用了热力学系统平衡条件. 设在温度 T 下，处于 E_n, E_m 状态的原子数目分别为 N_n, N_m，由于单位时间内从 $\Phi_n \to \Phi_m$ 跃迁概率是

$$n \to m, \quad A_{nm} + B_{nm}I(\omega_{nm})$$

而从 $\Phi_m \to \Phi_n$ 跃迁概率是

$$m \to n, \quad B_{mn}I(\omega_{nm})$$

当原子和辐射场达到平衡时，处于各能态的原子数目应保持不变，所以必有

$$N_n[A_{nm} + B_{nm}I(\omega_{nm})] = N_m B_{mn} I(\omega_{nm})$$

由此可解出

$$I(\omega_{nm}) = \frac{A_{nm}}{\dfrac{N_m}{N_n}B_{mn} - B_{nm}} \tag{33.1.1}$$

另一方面，由麦克斯韦-玻尔兹曼分布律(为了简单假设能级 E_m, E_n 都是非简并的)，有

$$N_m / N_n = \mathrm{e}^{-(E_m - E_n)/kT} = \mathrm{e}^{\hbar\omega_{nm}/kT} \tag{33.1.2}$$

代入式(33.1.1)中，得到

$$I(\omega_{nm}) = \frac{A_{nm}}{e^{\hbar\omega_{nm}/kT}B_{mn} - B_{nm}} = \frac{A_{nm}}{B_{mn}} \cdot \frac{1}{e^{\hbar\omega_{nm}/kT} - B_{nm}/B_{mn}} \tag{33.1.3}$$

注意到$I(\omega_{nm})$就是辐射场能量谱密度，将它和黑体辐射能量谱密度的普朗克公式

$$\rho(\nu,T) = \frac{8\pi h\nu^3}{c^3}\frac{1}{e^{h\nu/kT}-1}$$

比较，并注意到$\rho(\nu,T)\mathrm{d}\nu = I(\omega)\mathrm{d}\omega = 2\pi I(\omega)\mathrm{d}\nu$，得到

$$B_{nm} = B_{mn} \tag{33.1.4}$$

$$A_{nm} = \frac{4h\nu_{nm}^3}{c^3}B_{nm} = \frac{\hbar\omega_{nm}^3}{\pi^2 c^3}B_{nm} \tag{33.1.5}$$

由这些关系，三个系数中实际需要计算的只是一个. 为确定起见，下面计算吸收系数B_{mn}.

33.1.2　吸收系数的计算

当光照射到原子上，光波中电场$\boldsymbol{E}$和磁场$\boldsymbol{H}$都会和原子作用. 但磁场作用力仅为电场作用力的v/c倍(v是电子运动的速度)，所以在非相对论条件下，磁作用可以略去. 其次通常入射光波波长比原子线度大得多(例如，对可见光，波长约是原子线度的10^3倍)，原子线度内的电场实际上可看作强度不随空间点变化、仅和时间有关的均匀场. 所以原子中电子在入射光波电场中的电势能可以写作

$$\hat{H}'(\boldsymbol{R},t) = e\boldsymbol{E}(t)\cdot\boldsymbol{R} \tag{33.1.6}$$

暂时假设电场是沿x方向极化的单色波：$\boldsymbol{E}(t) = E_0\cos\omega t\boldsymbol{e}_x$($\boldsymbol{e}_x$是沿$x$方向的单位矢量)，则

$$\hat{H}'(\boldsymbol{R},t) = eE_0 x\cos\omega t = \hat{F}(\boldsymbol{R})(e^{i\omega t} + e^{-i\omega t}) \tag{33.1.7}$$

其中$\hat{F}(\boldsymbol{R}) = eE_0 x/2$. 当共振条件满足时，系统通过吸收或发射一个光子$\hbar\omega$，从态$\Phi_k$跃迁到态$\Phi_m$的概率是(参见本书原版第七部分§3.2)

$$P_{k\to m} = 2\pi\frac{|F_{mk}|^2}{\hbar^2}\delta(\omega_{mk} \pm \omega)$$

将式(33.1.7)代入此式，得吸收跃迁速率

$$\frac{\mathrm{d}P_{k\to m}}{\mathrm{d}t} = \frac{2\pi}{\hbar^2}\left|\left(\frac{1}{2}eE_0 x\right)_{mk}\right|^2\delta(\omega_{mk}-\omega) = \frac{\pi e^2 E_0^2}{2\hbar^2}|x_{mk}|^2\delta(\omega_{mk}-\omega)$$

注意到电磁波能量密度$I = \varepsilon_0 E_0^2/2$，上式可以写作

$$\frac{\mathrm{d}P_{k\to m}}{\mathrm{d}t} = \frac{\pi e^2}{\hbar^2\varepsilon_0}I(\omega)|x_{mk}|^2\delta(\omega_{mk}-\omega) \tag{33.1.8}$$

以上我们假设入射场是线极化单色波. 如果入射场各向同性，式(33.3.8)应对所有独立极化方向求平均，同时考虑到对非单色波情况，单色波能量密度 I 应用 $I(\omega)\mathrm{d}\omega$ 代替，原子从 Φ_k 跃迁到态 Φ_m 的速率是

$$\begin{aligned}\frac{\mathrm{d}p_{k\to m}}{\mathrm{d}t}&=\frac{\pi e^2}{\hbar^2\varepsilon_0}\int I(\omega)\mathrm{d}\omega\delta(\omega_{mk}-\omega)\frac{1}{3}(|x_{mk}|^2+|y_{mk}|^2+|z_{mk}|^2)\\&=\frac{\pi e^2}{3\hbar^2\varepsilon_0}I(\omega_{mk})|\boldsymbol{R}_{mk}|^2\end{aligned}\tag{33.1.9}$$

注意到 $e\boldsymbol{R}$ 为电子的电偶极矩，式(33.1.9)代表**电偶极跃迁**(electric dipole transition). 导得式(33.1.9)所取的近似(略去磁场作用，并将原子范围内的电场取为均匀场)称为**偶极近似**(dipole approximation).

根据前面的讨论，式(33.1.9)中的吸收速率等于

$$\frac{\mathrm{d}p_{k\to m}}{\mathrm{d}t}=B_{mk}I(\omega_{mk})$$

由此可求得吸收系数

$$B_{mk}=\frac{\pi e^2}{3\hbar^2\varepsilon_0}|\boldsymbol{R}_{mk}|^2\tag{33.1.10}$$

其余两个系数可利用这一结果，由式(33.1.4)、式(33.1.5)给出

$$B_{km}=B_{mk}=\frac{\pi e^2}{3\hbar^2\varepsilon_0}|\boldsymbol{R}_{mk}|^2\tag{33.1.11}$$

$$A_{km}=\frac{e^2\omega_{km}^3}{3\pi\hbar c^3\varepsilon_0}|\boldsymbol{R}_{mk}|^2\tag{33.1.12}$$

这三个系数的表达式中都含有矩阵元 $\boldsymbol{R}_{mk}$，只有这个矩阵元不等于零，相应的跃迁才可能发生，$\boldsymbol{R}_{mk}\neq 0$ 的条件给出跃迁的**选择定则**(selection rule). 由于光子不仅携带一定的能量，而且还有一定的角动量，跃迁过程受能量守恒、角动量守恒等守恒定律的制约，并非任意两个态之间的跃迁都是允许的，选择定则就体现了这些守恒定律的要求.

由于伴随着每一次跃迁，都发出一个能量为 $\hbar\omega_{mk}$ 的光子，因此只要知道初态粒子数目和相应的辐射跃迁概率，就能求出每条光谱线的强度.

§ 33.2　激光原理和激光器

激光(laser)是(light amplification of stimulated emission of radiation)受激辐射光

放大的简称，是 20 世纪 60 年代发展起来的一门新技术. 激光器的基本原理建立在爱因斯坦在 1917 提出的受激辐射概念基础上.

33.2.1　激光原理

受激发射是激光器最基本的过程. 设原子中两个能级差为 $E_2 - E_1$，起始原子处在上能级 E_2，这时有一个携带能量 $\hbar\omega_{21} = E_2 - E_1$ 的光子趋近它，原子受此光子的刺激可能发生从上能级 E_2 到下能级 E_1 的跃迁，同时发射出一个光子，这就是受激发射过程. 受激发射具有两个基本特性，一是发射光子的能量几乎等于引起受激发射的光子能量，二者有近似相等的频率；二是这两个光子有相同的相位、极化状态、传播方向，因此是相干的. 受激发射意味着光场中原来入射光的光子数从一个增加到两个，入射光信号得到放大. 激光就是由受激发射而产生的，因此激光具有受激发射的全部特性.

单位时间内原子受激发射的能量为

$$B_{21}I(\omega_{21})N_2 \cdot \hbar\omega_{21} \tag{33.2.1}$$

其中 N_2 是处在 E_2 能态的原子数目，$\hbar\omega_{21}$ 是放出的一个光子携带的能量，$B_{21}I(\omega_{21})$ 就是上一节给出的跃迁速率.

对于原子系统，若有能量密度 $I(\omega_{21})$ 的电磁场存在，除了受激发射外，还存在着原子对光的吸收. 处在低能态 E_1 的原子，可以从场中吸收一个能量为 $\hbar\omega_{21}$ 的光子，从低能态 E_1 跃迁到高能态 E_2. 单位时间内原子从场中吸收的能量为

$$B_{12}I(\omega_{21})N_1 \cdot \hbar\omega_{21} \tag{33.2.2}$$

N_1 是处在低能态的原子数目. 注意到 $B_{12} = B_{21}$，受激发射能量扣除吸收，光场中能量增加速率为

$$(N_2 - N_1)B_{21}I(\omega_{21})\hbar\omega_{21} \tag{33.2.3}$$

因此要真正使入射光能量得到放大，必须使处在高能态的原子数目 N_2 大于处在低能态的原子数目 N_1.

33.2.2　粒子数反转

由上面的讨论看出，产生激光的关键是使处于高能级的原子数目 N_2 大于处在低能级的原子数目 N_1，但是在热平衡条件下，根据玻尔兹曼分布，由于 $E_2 > E_1$，必有 $N_2 < N_1$. 为了产生净的受激发射，必须破坏热平衡，使 $N_2 > N_1$. 由于 $N_2 > N_1$ 与玻尔兹曼分布相反，称这种情况为**粒子数反转**(population inversion)，或“**负温度**”(negative temperature)分布.

为了建立粒子数反转，首先要有能级结构合适的原子系统作为工作物质. 其

次必须用一定的手段去激励原子体系，使处在上能级的粒子数增加，下能级的粒子数减少，激光技术把这种激励方式称为“**泵浦**”(pumping)或“**抽运**”.

必须指出，对于两能级原子系统不可能通过光抽运实现粒子数反转.

考虑由两能级原子组成的系统，系统中处在高、低两能态的原子数目分别为N_2, N_1，$N = N_1 + N_2$是其中原子总数. 设原子高、低能级差$E_2 - E_1 = \hbar\omega_{21}$，照射泵谱光能量谱密度为$I(\omega_{21})$，系统达到平衡时有

$$-\frac{\mathrm{d}N_2}{\mathrm{d}t} = A_{21}N_2 + B_{21}I(\omega_{21})(N_2 - N_1) \tag{33.2.4}$$

其中已注意到$B_{12} = B_{21}$. 利用起始条件$t = 0$时$N_2 = 0$，可求出方程(33.2.4)的解

$$N_2 = \frac{NB_{21}I(\omega_{21})}{A_{21} + 2B_{21}I(\omega_{21})}[1 - \mathrm{e}^{-(A_{21}+2B_{21}I(\omega_{21}))t}] \tag{33.2.5}$$

当$t \to \infty$时，由上式

$$N_2 = \frac{NB_{21}I(\omega_{21})}{A_{21} + 2B_{21}I(\omega_{21})} < \frac{N}{2}$$

表明使用两能级原子系统不可能实现粒子数反转分布. 实际激光器中的工作物质常采用三能级或四能级原子系统.

33.2.3 光学谐振腔

实现了粒子数反转分布的介质称为**被激活**(activated)的介质. 被激活介质中初始光信号就来源于自发辐射. 而自发辐射发射的光子的频率、相位、极化方向、传播方向是随机的. 为了输出激光，实际的激光器都需要一个称为**光学谐振腔**(optical resonance cavity)的装置，从随机的频率、相位、极化方向、传播方向光子中，选择出某一特定的频率、相位、极化方向、传播方向的光子作为信号光，并把它约束在介质内，使在足够长的传输路程上和介质相互作用，通过受激辐射，不断地得到放大，同时使其他不需要的光信号受到抑制. 最简单的光学谐振腔可以由放置在介质两端，与工作介质共轴的两个球面反射镜组成(图 33.2.1)，一端的反射镜几乎全反射，另一端部分反射，使一部分激光可以透过成为输出.

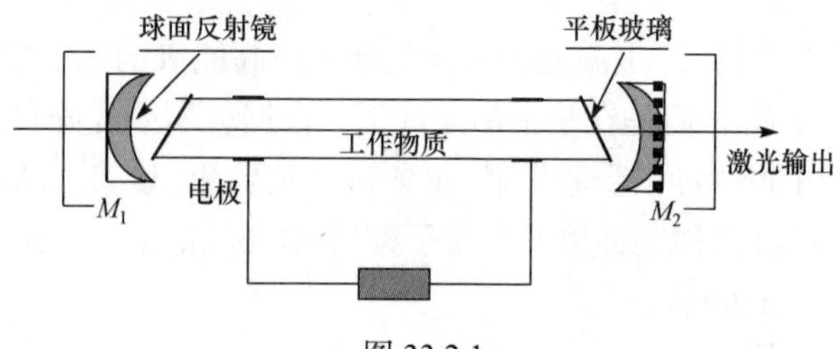

图 33.2.1

光学谐振腔首先对光束传播方向有选择作用. 最初被激活介质通过自发辐射发射光子的传播方向是随机的，但传播方向偏离光轴的光，会直接逸出腔外或经谐振腔两端的几次反射后逸出腔外. 只有沿腔轴方向传播的光信号，可以保留在腔内，并在两反射镜面间经多次反射、多次通过激活介质逐渐加强，最后形成稳定的激光光束输出.

谐振腔的另一个作用是选频. 频率满足一定条件的的光波在谐振腔两镜面间反射，可以形成稳定的驻波分布，光腔中对应这些频率的光能密度最大，单位体积中光子数目最多. 由于受激辐射速率和光子数密度成正比，所以这些频率的光得到最大放大. 根据驻波条件，设腔长为 L ，工作介质折射率为 n ，在腔中能形成驻波的光波长满足

$$nL = k\frac{\lambda}{2}, \quad k = 1,2,3,\cdots \tag{33.2.6}$$

光腔的谐振频率为

$$\nu_k = k\frac{c}{2nL}, \quad k = 1,2,3,\cdots \tag{33.2.7}$$

光腔的一个本征频率称为光腔的一个纵向模式，简称为**纵模**(longitudinal model)或**模**(model). 虽然谐振腔可以存在的纵模有多个，考虑到工作介质的性质、原子能级有限宽度以及光腔的有限长度，通常激光器只能输出少数几个纵模的激光. 由式(33.2.7)，相邻两个纵模频率的间隔为

$$\Delta\nu_k = \frac{c}{2nL} \tag{33.2.8}$$

若工作介质能级宽度为 $\Delta\nu$ ，对应这个能级可以存在的纵模个数是

$$N = \frac{\Delta\nu}{\Delta\nu_k} = \frac{2nL}{c}\Delta\nu \tag{33.2.9}$$

由于单模激光束谱线窄，单色性好，在许多情况下希望激光器输出单模，这可通过调整腔长 L 或其他方式实现.

激光器对极化状态的选择，是通过在谐振腔内安装布儒斯特(Brewster)窗实现的. 如图 33.2.1 所示，两块表面光洁的平板玻璃，与谐振腔轴线成布儒斯特角靠谐振腔两端放置. 沿腔轴的入射光到达平板玻璃，根据布儒斯特定律，其中垂直于入射面极化光部分被反射偏离腔轴方向，从谐振腔内逸出；而平行于入射面极化光完全不被反射，可透过平板玻璃留在腔内. 这样保留在腔内的光束在振荡中多次通过布儒斯特窗的选择，其中垂直于入射面极化光成分会越来越少，最终成为完全平行于入射面的极化光.

33.2.4　谐振腔的增益和阈值条件

光束在激活介质中传播时，设光强度 $I(z=0)=I_0$，光沿 z 方向传播距离 $\mathrm{d}z$ 光强 I 增加为 $I+\mathrm{d}I$，则 $\mathrm{d}I \propto I\mathrm{d}z$，写成等式有

$$\mathrm{d}I = GI\mathrm{d}z \tag{33.2.10}$$

G 称为**增益系数**(gain factor)，它等于沿传播方向单位长度光强增加率. 由式(33.2.3)增益系数和上、下能级上粒子数差成正比，增益系数相对光强不是一个常数. 当光强逐渐增大时，由于受激辐射消耗上能级粒子数的速率会大于泵浦抽运的速率，使上能级粒子数下降，造成增益系数减小，这种现象称为**增益饱和**. 在光强不是很大情况下，可以认为 G 是个常数，积分式(33.2.10)并利用初始条件得

$$I(z) = I_0 \mathrm{e}^{Gz} \tag{33.2.11}$$

由于在光腔内还存在工作物质的吸收、散射以及反射镜的透射等损耗因素，要形成受激放大，增益系数 G 必须满足“**阈值条件**”. 设光腔长度为 L，两端反射镜反射系数分别是 R_1, R_2，强度为 I_0 的光束入射到右端反射镜，并被反射到达左端反射镜，再被反射回到右端，光强将变为

$$I = R_1 R_2 \mathrm{e}^{2GL} I_0 \tag{33.2.12}$$

实现受激放大的条件是 $I > I_0$，由式(33.2.12)得阈值条件

$$R_1 R_2 \mathrm{e}^{2GL} > 1$$

这个阈值条件可用**增益系数**表示为

$$G > \frac{1}{2L}\ln\left(\frac{1}{R_1 R_2}\right) \equiv G_m \tag{33.2.13}$$

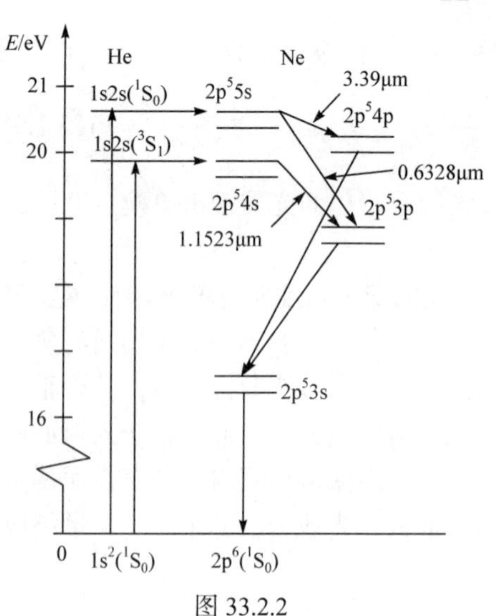

图 33.2.2

G_m 称为**增益系数的阈值**. 当谐振腔长 L 以及 R_1, R_2 一定时，只有增益系数 $G > G_m$ 时，光强才能得到放大. 随着光强增大，增益系数下降，当 $G = G_m$ 时，增益等于损耗，激光输出达到稳定状态.

33.2.5　氦氖激光器

氦氖激光器(helium-neon laser)是最早、目前应用最广泛的气体介质激光器. 氦氖激光器以气体放电方式激励，四能级系统工作，采用的工作物质是以 5∶1～7∶1 比例混合的氦氖气体，涉及的氦、氖原子能级示意地画在图 33.2.2 中. 氦

原子基组态是$1s^2$，放电电子首先被电场加速获得能量，并通过和氦原子碰撞把能量转移给基态氦原子(氦原子的数密度比氖原子大得多)，把氦原子的一个1s电子激发到2s能级，形成两个能量不同的亚稳激发态$1s2s^3S_1, 1s2s^1S_0$. 氖原子的基组态是$1s^2 2s^2 2p^6$，通过和激发态氦原子碰撞，从氦原子获得能量，它的6个2p电子中一个跃迁到4s和5s能级(氖原子的这两个能级分别与氦原子的激发能级$1s2s^3S_1$和$1s2s^1S_0$能量相近)，同时氦原子回到基态. 氖原子还有两个能量比4s和5s能级更低、寿命小一个量级的激发态$2p^5 3p, 2p^5 4p$，处于这两个激发态的氖原子会通过自发辐射快速地跃迁到更低的能级$2p^5 3s$上，这样就造成了氖原子的4s,5s能态相对3p,4p能态的粒子数反转.

§ 33.3 激光特性和激光技术应用

激光是20世纪人类取得的最伟大科学成就之一，它是一种性能优越的新型光源，有许多普通光源不具备的迷人的特点，已经广泛应用于现代社会生活的各个领域，成为技术进步的主要推动力和今天信息社会的主要标志之一.

33.3.1 激光特性

由于激光是由受激辐射产生的，激光具有受激辐射的一系列极有价值的特性.

(1) 激光束方向性强.

激光的发散性可以用**发散角**描述，发散角定义为距离激光器出口z处光束直径d_2，与出口附近光束直径d_1的差值$d_2 - d_1$与z的比值，发散角越小光束方向性越好. 激光发散角基本上只受衍射极限限制，激光束可以近似认为是沿直线传播的平行光束. 例如，红宝石激光器发散角为5mrad，氦氖激光器为0.5mrad. 直径10cm的激光束照射到距离38万km外的月球上，光束直径发散不超过5km.

(2) 激光亮度大.

激光能量在空间、时间上都可实现高度集中，具有极高亮度. 由于激光光源有很高发光强度，激光传输中方向性好，能量在空间分布可以高度集中，亮度比普通光源有极大提高. 例如，功率10mW的激光器就可产生比太阳大几千倍的亮度；采用特殊措施的激光器还可以蓄积能量，引而不发，然后在极短时间内(达到ps(10^{-12}s)或 fs(10^{-15}s)发射出去，实现能量在时间上高度集中. 现有最短的激光脉冲宽度可达6×10^{-15}s，输出功率密度可高达10^{19}W/cm^2.

(3) 激光单色性好.

光源单色性好坏用谱线宽度$\Delta\lambda$描写，谱线宽度定义为中心频率两侧，光强度降低到中心频率最大强度一半时的频率间隔(见第四部分 § 4.3). 激光光源单色性远高于普通光源，目前最好的普通单色光源是氪灯，它发射出的桔黄色谱线(中心频率 605.7nm)宽度为 4.7×10^{-4} nm，而特制发红光的氦氖激光(632.8nm)的谱线宽度 $\Delta\lambda = 2\times10^{-9}$ nm. 二者相差 10 万倍以上.

(4) 光子简并度高.

光子简并度定义为一个光子态(具有相同能量(频率)、动量和偏振方向)中的光子数目. 由于激光单色性好、方向性强，激光光子简并度高. 对于太阳，在可见光范围内光子简并度约为10^{-3}量级，而目前大功率激光器输出激光光子简并度可达10^{14}～10^{17}量级.

(5) 相干性强.

光相干性可分为时间相干性和空间相干性，前者用相干长度度量，后者可用垂直于光传播方向上的相干面积度量. 由于激光单色性好、光子简并度高，它的相干性强，是目前最好的相干光源. 如普通单色性很好的^{86}Kr灯发射的光，相干长度也只有几十厘米，而氦氖激光器发射的激光，相干长度可以达上百公里. 至于空间相干性，几乎可以认为激光整个光束横截面上各点的光振动都是相干的.

33.3.2　激光技术应用

由于激光突破了普通光源的种种局限性,具有上述一般光源没有的许多优点，激光在现代技术中得到了广泛的应用.

激光加工：由于激光能量高度集中，激光束可以在材料上产生局部高达上万度的高温区，使材料局部熔化或气化蒸发，或形成局部高温等离子区，达到对材料加工处理目的. 由于这种加工方式非接触、灵活可控、精度高，在工业上广泛用于打孔、切割、雕刻、焊接、表面处理、微加工等.

精密测量：激光可用于精密的长度测量. 用激光干涉测量法(迈克耳孙干涉仪)，测量 10m 以内距离，精度达亿分之几；用光束调制法测量，1km 内可以分辨出 1mm 的差别；用高功率脉冲激光，测出发射激光和反射回来的时间差，这个时间差的一半乘以光速，就是发射和反射两点之间的距离. 脉冲越短，测量精度越高. 用这一技术测量地球和月球之间距离(3.8×10^5km),精度可达±15cm. 利用多普勒效应的激光测速，可以测出每秒 0.1mm 的运动速度，例如，人体内毛细血管中血流速度、轧钢机中炽热钢轨移动速度等，由于这种测量是非接触的，具有不对被测对象产生干扰，不受高温、高压条件限制等优点.

激光亮度高，不产生重力弯曲，沿直线传播，还是天然的准直线，用于大型机械制造、大型机械安装、建筑、隧道掘进等方面.

激光通信：虽然电磁波通信已是非常成熟的通信手段，但随着传输信息量增大，急需提高信道容量. 提高信道容量最有效的方法就是开发更高频率的电磁波. 激光就是高频电磁波，激光通信就是以光波作为载波，用要传输的信息振幅对载波加以调制实现的. 由于激光在大气中传播易被障碍物阻隔，受到大气组分吸收、散射而衰减，大气中激光通信仅限于短距离. 激光通信主要用于光纤传输的光通信. 由于激光频带宽，光源质量高，激光光纤通信可大大地提高信道容量和信号传输质量. 如频率在 $5\times10^{13}\sim10^{15}$ Hz 的光频段，用于电话通信，若一路电话需 5kHz，可容许 10^{8} 路电话同时通信.

激光核聚变：实现核聚变需要的温度高达 10^{8}K(见第七部分 § 34.5)，在这样的温度下，物质的所有原子都完全电离，形成了等离子体. 为了实现核聚变，除了要求等离子体的温度足够高、体密度足够大外，还要求这样的高温、高密度状态维持足够长的时间，即满足**劳森判据.** 激光惯性约束就是满足这一判据的方法之一. 如果在很短的时间内，把强激光从四面八方射向一个直径约为 400μm 的 D-T 靶丸，则强激光束会压缩 D-T 靶丸，使达其到高温、高密度，产生核聚变. 激光受控热核聚变是人类正在探索和平利用原子能的重要途径.

激光的其他应用：在信息处理中用聚焦成的极细激光束，向光盘写入或读取信息，极大地方便信息存取，同时大大提高信息存储密度；利用激光相干性好，激光全息照相不仅记录光强、还纪录光相位，把物体发出或反射光信号的全部信息都记录下来，可以再现物体的立体图像，用于三维测量、电影业、艺术品收藏. 激光在医学和生物学上用于手术、光照射治疗；在农业上激光照射用于种子改良等.

33.3.3 激光在军事技术上的应用

激光具有高亮度(即高功率)和极好的方向性、相干性，激光在现代军事高技术中有一系列重要应用. 从战术武器、常规武器到战略武器，在各军、兵种中都装备有不同功率大小、用于不同目的的激光器，使用不同的激光技术.

利用激光方向性好、测距准确，可制成激光测距仪，在战场上用于测定敌方目标的方位、距离. 激光测距仪再加上一套自动跟踪系统就可制成激光雷达，不仅可以确定敌方目标方位，而且还可以测定目标的大小、形状、运动速度，从而对飞机、导弹等目标进行探测、跟踪和识别. 激光雷达由于激光波长短、准直性好，测量精度比普通微波雷达高得多. 此外，激光雷达的发射和接收系统可以比微波雷达做得更小，可以安装在重型战略轰炸机、导弹驱逐舰以及地面上坦克、装甲车上，便于隐蔽和移动，机动性更强. 激光制导系统可以安装在导弹上自动寻找、跟踪、击毁目标.

利用激光的高能量直接摧毁目标使其丧失战斗力的武器就是**激光武器**. 激光武器具有射击速度快、瞄准精度高、射击无惯性、抗电磁干扰等优点. 激光武器主要由高能激光系统和精密跟踪系统两部分组成，可区分为战术激光武器和战略激光武器两类. 战术激光武器可安装在飞机、坦克、装甲车上，用于打击敌方武器系统中的光电传感器、制导导弹，击毁坦克、飞机、战术导弹等战术目标. 战略激光武器输出的能量比战术激光武器要大得多，体积、重量也较大，可部署在地面上，用于拦截、摧毁洲际导弹、卫星、天基武器等战略目标.

问题和习题

33.1 试比较量子跃迁问题和定态问题的异同，简述量子力学处理与时间有关的微扰问题的基本思路.

33.2 设系统原来处于 Φ_k 态，受到的微扰为

$$\hat{H}' = \begin{cases} V, & (0 < t < \tau) \\ 0, & (t < 0, t > \tau) \end{cases}$$

试求 $t = \tau$ 时刻以后系统跃迁到 Φ_m 态的概率(精确到一级近似).

33.3 原子和辐射场作用有哪三种基本过程？简述爱因斯坦为描述这三种过程而引进的三个系数的物理意义和它们的相互关系.

33.4 激光器的基本原理是什么？激光器中的光学谐振腔在激光形成中起什么作用？

33.5 氩离子激光器谐振腔的长度为 $L = 1.2\text{m}$，工作介质的折射率为 $n = 1$，激光器输出谱线的宽度为 $\Delta\nu = 4.0\times10^{9}\text{Hz}$. 试求此激光器输出纵模的个数. 如果希望输出单模，谐振腔长度应取多少？

33.6 一氩离子激光器所发射的激光束的波长为 $\lambda = 515\text{nm}$，功率为 $P = 5.00\text{W}$，截面直径为 $d = 3.00\text{mm}$. (1)此激光束的平均光强是多大？(2)将此光束沿光轴方向入射到焦距为 $f = 3.5\text{cm}$ 的凸透镜上，则在焦平面上形成的衍射中心亮斑的半径是多大？(3)假设衍射中心亮斑集中了光束能量的 84%，求中心亮斑的平均光强.

33.7 激光和普通光比较具有哪些特点？激光在技术上有哪些重要应用？

第 34 章　核物理和核技术

原子核物理学的研究对象是原子核. 原子核是介于原子和基本粒子之间的一个物质结构层次. 原子核物理学研究原子核的性质、结构和运动规律，包括核力的性质、核衰变、核反应过程的规律、机制等. 原子核涉及自然界全部四种基本相互作用，除万有引力、电磁相互作用外，还涉及强相互作用和弱相互作用. 本章仅介绍原子核物理的一些基本知识和有关的核能和核技术应用.

学习指导：①了解原子核组成、原子核的磁矩、结合能；②了解核力、核模型和核结合能；③核衰变一般规律以及α,β,γ 衰变；④核反应概念和核反应模型；⑤重核裂变与轻核聚变和核武器(原子弹、氢弹)物理原理与核能和平利用(核反应堆发电)，知道核武器的几种主要杀伤力及防护知识；⑥了解核技术的应用.

§ 34.1　原子核的基本性质

原子是由原子核和核外电子组成的，原子的全部正电荷(Ze)和原子的绝大部分质量集中在相对原子体积很小(占原子体积万分之一)的原子核内，电子在核外绕核运动. 这就是卢瑟福(Rutherford)1911 年提出的原子的有核模型.

34.1.1　原子核的组成和大小

关于原子核的组成，1932 年，英国人查德维克(J. Chadwick)发现中子后，人们才确定了原子核是由质子和中子组成的. 质子和中子除微小质量差和带电荷不同外，性质十分接近，因此统称为**核子**(nucleon). 确定了一个原子核内的质子数 Z 和中子数 N 就可以确定原子核的种类. 具有相同质子数和中子数的一类原子核，称为一种**核素**(nuclide). 核素常用符号 ${}_{Z}^{A}\mathrm{X}_{N}$ 表示，其中 X 是元素符号，Z 是质子数，N 是中子数，$A = Z+N$ 是原子核的质量数. 核素符号常简写为 ${}^{A}\mathrm{X}$，这是因为有了元素符号，就确定了 Z，而 A、Z、N 中只有两个独立，所以给出了 A，N 也就可以省略了.

实验表明，原子核的形状是球形或偏离球形不大的轴对称椭球形，通常用核半径表示原子核的大小. 通过高能微观粒子与核的散射实验，测量得到核半径 R 为$10^{-15}\sim10^{-14}\,\mathrm{m}$，且近似与核的质量数的立方根成正比，有如下经验公式：

$$R \approx r_0 A^{1/3} \tag{34.1.1}$$

其中 $r_0 \approx 1.2 \times 10^{-15}\,\mathrm{m} = 1.2\,\mathrm{fm}$. 可见核体积近似与 A 成正比，核密度近似为常数.

34.1.2 原子核的自旋和磁矩

原子核的自旋是指原子核的总角动量. 核是由质子、中子组成的，而质子和中子都是自旋量子数为 1/2 的粒子. 另外，质子和中子还在核内做轨道运动，有一定的轨道角动量. 所有这些角动量的矢量和就是核的自旋. 核的自旋是表征核内部运动的特征量，与核的外部运动无关. 原子核的自旋 $\boldsymbol{I}$ 遵守量子力学角动量的一般规则，其大小为

$$|\boldsymbol{I}| = \sqrt{I(I+1)}\hbar \tag{34.1.2}$$

其中 I 为核的自旋量子数，取值为一整数或半整数. 核自旋在 z 方向的投影为

$$I_z = m_I \hbar \tag{34.1.3}$$

这里 m_I 为磁量子数，在核的自旋量子数 I 一定时，$m_I = -I, -I+1, \cdots, I-1, I$ 共取 $2I+1$ 个分立值.

原子核带有电荷又有自旋运动，所以原子核有**磁矩**. 原子核的磁矩是原子核内所有质子的自旋磁矩、轨道磁矩和所有中子的自旋磁矩(中子虽然不带电荷，但也有自旋磁矩)矢量和，合成的磁矩绕核的总角动量(即自旋) $\boldsymbol{I}$ 作进动，核磁矩与核角动量的关系是

$$\boldsymbol{\mu}_I = g_I \mu_N \boldsymbol{I} \tag{34.1.4}$$

其中 g_I 为核的 **g 因子**(g factor)，$\mu_N = e\hbar/(2m_\mathrm{p})$ 为**核磁子**(nuclear magneton). 原子核磁矩的测量值指的是磁矩矢量在 z 方向的投影的最大值，即

$$\mu_I = g_I \mu_N I \tag{34.1.5}$$

34.1.3 原子核的结合能

原子核是由质子和中子组成的，但一个原子核 ${}^{A}_{Z}\mathrm{X}_N$ 的静止质量总是小于 Z 个自由质子和 N 个自由中子的静止质量和，其差值称为核的**质量亏损**(mass defect). 根据爱因斯坦的质能关系 $E = mc^2$，可知，在自由核子结合成原子核的过程中，会有能量释放出来，这个能量就是原子核的**结合能**(binding energy). 原子核的结合能越大，自由核子结合成原子核的过程中释放出的能量就越多，形成的原子核所处的能量状态就越低，原子核就越稳定. 根据质能关系，核的结合能 B 为

$$B = [Zm_\mathrm{p} + Nm_\mathrm{n} - m(Z,A)]c^2 \tag{34.1.6}$$

其中 $m(Z,A)$ 为原子核的质量，$m_\mathrm{p}, m_\mathrm{n}$ 分别为自由质子和中子的质量. 如果忽略电

子结合能，则上式可以改写成用原子的质量 $M(Z,A)$ 表示

$$B=[ZM_{\mathrm{H}}+Nm_{\mathrm{n}}-M(Z,A)]c^2 \tag{34.1.7}$$

其中 M_{H} 为氢原子质量.

能量的国际制单位是焦耳(J)，在核物理中这个单位显得太大，使用起来不方便. 核物理中常以电子伏特(eV)作为能量单位. 相应地，千电子伏特(keV)、兆电子伏特(MeV)也是常用能量单位. 核的结合能的单位就通常用 MeV.

核的结合能对核子数 A 作平均就得到核的**比结合能**(specific binding energy)

$$\varepsilon=B/A \tag{34.1.8}$$

比结合能是反映原子核结合紧密程度的物理量. 对稳定核素，以 A 为横坐标，ε 为纵坐标，可得到一条比结合能曲线，如图 34.1.1 所示.

从图 34.1.1 可以看出，比结合能曲线的形状是两边低、中间高，表示轻核的比结合能较小，并随质量数 A 的变化有起伏，中等质量核的比结合能较大(在 ^{56}Fe 处达最大值)，重核的比结合能又缓慢变小. 由比结合能曲线可知，比结合能小的轻原子核聚合成比结合能大的原子核的过程中，会释放出能量. 同样，比结合能小的重原子核，裂变成比结合能大的中等质量原子核的过程中也会有能量释放. 因此，获得核能的方式就有两种：重核裂变和轻核聚变. 由于目前轻核的聚变能还不能做到可控制地慢慢释放，聚变反应仅用于制造氢弹；而裂变反应除用于制造原子弹外，还是核电站的能量来源. 另外，从比结合能曲线上还可以看出，除了少数轻核外，大部分核的比结合能都在 7～8Mev/Nu(Nu 表示每核子)，即大部分核的比结合能近似为常数，而结合能近似与 A 成正比.

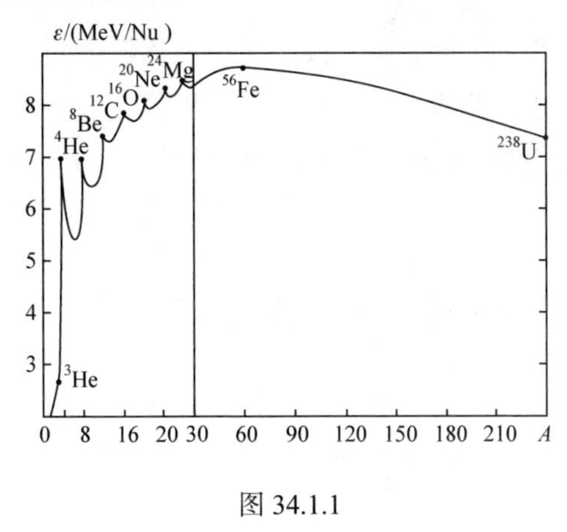

图 34.1.1

§ 34.2　原子核结构

原子核结构是核物理学研究的一个基本问题. 正如原子结构是研究核外电子如何按能量在原子核外分布一样，原子核的结构指的是核内的核子如何在核内按能量分布. 由于目前人们对核力的认识还不很清楚，同时核本身是由多个核子构成的复杂的多体系统，这个系统中的粒子数最多为几百个，不能用统计物理的方

法描述，理论上严格处理这样的多体问题，还存在数学上的困难. 目前对核结构问题只能通过一些核模型唯象地描述.

34.2.1 核力

由于质子带正电荷，质子间存在库仑斥力. 原子核内核子间的万有引力非常小，而自然界中大多数原子核能够稳定地存在，这表明核内必定存在另外的一种作用，能把核子维系在一起，这种作用就是**核力**(nuclear force). 核力主要表现为核子之间的吸引力，用来克服库仑斥力以维持原子核稳定地存在.

核力是指核子之间(包括质子与质子、质子与中子、中子与中子之间)的相互作用. 由于核力能够克服质子间强大的库伦斥力，使核子紧密地结合在一起形成原子核，因此核力是一种强相互作用，在距离大约0.5×10^{-15} m时主要是吸引作用. 实验表明，核内的核力比核内质子间的库仑斥力大 2～3 个数量级. 核力随距离增大而很快减小，当距离大到2×10^{-15} m时就不再有作用，因而核力是**短程作用力**. 由于核的结合能近似与 A 成正比，所以核力还具有**饱和性**，即核力只作用于相邻的、数目有限的核子上. 否则，假如一个核子能与核内其他所有核子都发生作用，则结合能将正比于核子对数$A(A-1)$，这与实验事实不符. 实验还表明，**核力与电荷无关**，即质子与质子、质子与中子、中子与中子之间的核力都是一样的. 另外，原子核的核子数密度近似为一常数，表明核力有一平衡距离a，当核子间距$r>a$时，核力是吸引力；而当$r<a$时，表现为斥力. 即核子间距离小到一定程度后，核力将由吸引作用变为排斥作用，阻止核子继续靠近.

核力中还包含有少量非中心力和多体力成分，表明核力不大可能是一种基本相互作用，很可能是构成核子的夸克之间相互作用的结果，把这种想法系统化为可行的理论，是核物理学家追求的目标，到目前为止还没有成功. 目前，我们仅通过一些实验分析得到核力的若干性质，建立核力的唯象理论，还不能像库仑力那样写出关于核力的解析式.

34.2.2 原子核液滴模型和核结合能的半经验公式

核力类似于分子间的范德瓦耳斯力，具有饱和性和平衡距离a，当核子间距$r>a$时，核力是吸引力；而当$r<a$时，表现为斥力，这使得原子核的体积 V 近似与质量数 A 成正比，密度近似为常数而与 A 无关，这与液体的不可压缩性(质量密度为常数)类似. 再者，除少数轻核外，核的比结合能也近似为常数，说明核力具有饱和性，这与液体分子间作用力的饱和性类似. 由于原子核性质与液体性质有这些类似，因此可以用液滴来与原子核作类比，把原子核看成是一个荷电液

滴，这就是原子核的**液滴模型**(liquid drop model).

基于液滴模型，再加上一些量子修正，可以得到原子核结合能的一个半经验公式

$$B(Z,A)=B_{\rm V}+B_{\rm S}+B_{\rm C}+B_{\rm Sym}+B_{\rm P} \tag{34.2.1}$$

即原子核结合能可写为五项之和，其中前三项由液滴模型给出，后两项为量子修正项. 下面对各项作具体讨论.

第一项为**体积能**(volume energy)，它是结合能中最主要的一项. 前面讲过，除了少数轻核外，大部分核的比结合能都在 7～8Mev/Nu(Nu 表示每核子)，近似为常数，即结合能近似与 A 成正比

$$B_{\rm V}=a_{\rm V}A \tag{34.2.2}$$

其中 $a_{\rm V}>0$ 称为体积能系数.

第二项为**表面能**(surface energy). 由于核表面的核子仅受到内部核子的作用，其外部没有核子，结合得要相对松散一些，因此结合能要加上这一负的修正项. 表面能正比于核的表面积

$$B_{\rm S}=-a_{\rm S}A^{2/3} \tag{34.2.3}$$

其中 $a_{\rm S}>0$ 称为表面能系数.

第三项为**库仑能**(Coulomb energy). 质子是带正电荷的，相互间有库仑斥力，这会导致结合能减小. 库仑力是长程力，库仑能与 Z^2 成正比，与半径成反比

$$B_{\rm C}=-a_{\rm C}\frac{Z^2}{A^{1/3}} \tag{34.2.4}$$

其中 $a_{\rm C}>0$ 为库仑能系数.

第四项为**对称能**(symmetry energy). 实验表明，在原子核组成中，质子和中子有对称相处的趋势. 质子数 Z 和中子数 N 相等的核结合能增大；Z 和 N 不相等的核结合能要小些. 所以结合能中要附加一项对称能，对称能的大小为

$$B_{\rm Sym}=-a_{\rm Sym}\frac{(N-Z)^2}{A} \tag{34.2.5}$$

其中 $a_{\rm Sym}>0$ 称为对称能系数.

第五项为**对能**(pairing energy). 实验发现，质子与中子都有各自成对的趋势，偶偶核(质子数与中子数都是偶数的核)最稳定，结合能相对要大些，奇奇核(质子数与中子数都是奇数的核)最不稳定，结合能相对要小些. 以奇 A 核的对能为基准，对能的具体形式为

$$B_{\mathrm{P}}=\begin{cases}a_{\mathrm{P}}A^{-1/2}, & \text{偶偶核}\\ 0, & \text{奇}A\text{核}\\ -a_{\mathrm{P}}A^{-1/2}, & \text{奇奇核}\end{cases} \tag{34.2.6}$$

其中 $a_{\mathrm{P}}>0$ 为常数.

综合以上五项，结合能半经验公式的最后形式为

$$B(Z,A)=a_{\mathrm{V}}A-a_{\mathrm{S}}A^{2/3}-a_{\mathrm{C}}\frac{Z^2}{A^{1/3}}-a_{\mathrm{Sym}}\frac{(N-Z)^2}{A}+B_{\mathrm{P}} \tag{34.2.7}$$

其中的五个常数一般是通过对大量核素的结合能的实验数据进行数据拟合确定. 下面就是用这种方法得到的一组参数值：

$$\begin{aligned}&a_{\mathrm{V}}=15.67\mathrm{MeV},\ a_{\mathrm{S}}=17.23\mathrm{MeV},\ a_{\mathrm{C}}=0.72\mathrm{MeV}\\&a_{\mathrm{Sym}}=23.29\mathrm{MeV},\ a_{\mathrm{P}}=12\mathrm{MeV}\end{aligned} \tag{34.2.8}$$

一般由上述参数得到的理论值与实验值的偏差小于 1%.

34.2.3 原子核的壳层模型

在原子物理中我们知道，当原子序数(核外电子数)为 2、10、18、36、54、86 时，这些元素(惰性元素)的性质特别稳定，这些数称为“**幻数**”(magic number)，原子的幻数可以通过原子的电子壳层模型得到圆满的解释. 实验发现，原子核中也存在自己的一套“幻数”，即当原子核的质子数或中子数为 2、8、20、28、50、82 和中子数为 126 时，原子核特别稳定. 以下为一些幻数核稳定的实验事实：

(1) 自然界中，幻数核的核素丰度比相邻核素的丰度大，如地球上以下几种核素的含量比附近的核素多很多：${}^{4}_{2}\mathrm{He}_{2}$、${}^{16}_{8}\mathrm{O}_{8}$、${}^{40}_{20}\mathrm{Ca}_{20}$、${}^{60}_{28}\mathrm{Ni}_{32}$、${}^{88}_{38}\mathrm{Sr}_{50}$、${}^{90}_{40}\mathrm{Zr}_{50}$、${}^{120}_{50}\mathrm{Sn}_{70}$、${}^{128}_{56}\mathrm{Ba}_{82}$、${}^{140}_{58}\mathrm{Ce}_{82}$、${}^{208}_{82}\mathrm{Pb}_{126}$，这些核素的质子数或中子数为幻数，或二者都是幻数.

(2) $Z=8$、20、28、50、82 的稳定同位素的数目比附近的要多. 如 ${}_{50}\mathrm{Sn}$ 有十个同位素，$Z=49$、51 的同位素都只有两个；$N=20$、28、50、82 的稳定同中子素(中子数相同而质子数不同的一类核素)数目比附近的多，如 $N=82$ 的同中子素有七个，附近的仅有一两个.

(3) 幻数核的结合能相对于其附近的核素的结合能有突变，表明其结合得更紧密些.

(4) 幻数核的激发能比附近的核素要大很多.

由于幻数的存在，人们推测，原子核中的核子按能级的分布也应当有类似原子中电子按能级分布的壳层结构. 但核结构比原子结构要复杂得多，在原子中，原子核是处于中心地位，且可视为点电荷，核外的每个电子是在核与其他电子提

供的平均场中独立运动，这个平均场是有心力场. 根据量子力学，可以求解出有心力场中单粒子能级. 由于电子是费米子，每个量子态上最多只能容纳的电子数要受到泡利不相容原理的限制，每个量子态上最多只能容纳一个电子. 这样，基态时电子就按从低向高的顺序依次填充能级状态，形成了壳层结构. 核中核子按能级分布要形成壳层结构，则必须满足以下条件：

(1) 每个能级上容纳的核子数目要有限制；

(2) 核内要有一平均场，对球形核，它是一有心力场；

(3) 核子的运动应相互独立.

条件(1)是满足的，因为质子和中子都是自旋 1/2 的费米子，服从泡利不相容原理的限制，每个状态最多容纳一个同类粒子. 而后两个条件在核内似乎不满足，原因是核内各个核子的地位是平等的，并不存在一个力的中心. 而且核的密度很大，核内核子间存在强相互作用，碰撞频繁，核子的运动似乎并不独立. 基于此，最初人们对核的壳层结构是持怀疑态度的，但后来越来越多的实验事实肯定了幻数的存在，迫使人们不得不重新考虑核的壳层结构.

原子核壳层模型的基本思想有以下两点：

(1) 把核内核子受到其他核子的作用等效为一个平均场，对接近球形的核，近似认为这个平均场是有心力场，核子就在这样的有心场中运动.

(2) 泡利原理不但限制一个能级上核子的占有数目，而且事实上也限制了核子间的碰撞. 因为，如果核子间由于碰撞而改变核子状态的话，则状态改变后的核子只能去占据尚未被占据的空缺状态(基态时，低能级被填满，未被填充的只能是高能级)，故在基态时发生这种情况的概率是很小的. 所以，单个核子还能保持原来的运动状态，即单个核子在核中近似独立地运动. 这样，形成壳层的所有条件就都满足了. 用量子力学的方法求解核子在有心场中的运动，可以得到核子的一系列分立能量状态，按泡利不相容原理将核子在这些分立能量状态上进行分布排列，就得到了核中核子的壳层结构.

最简单的有心场是直角势阱和谐振子势阱. 计算表明，这两种势阱均只能得出 2、8、20 这三个幻数，而不能得到所有的幻数. 如果考虑到核内真实的力场应介于直角势阱和谐振子势阱之间，其对应的能级可以对直角势阱和谐振子势阱的能级用内插法得到，但内插得到的结果也只能给出前三个幻数.

理论计算无法得到全部幻数的问题出在哪里？又如何解决呢？实验发现，核内核子的自旋运动与轨道运动之间实际上存在着很强的自旋-轨道耦合作用，核子的能量不仅与轨道角动量有关，而且还与轨道角动量和自旋角动量的取向有关，二者平行与反平行的时候能量是不同的. 考虑核子的自旋-轨道耦合作用后，原来对应一轨道角动量的能级将劈裂为两条，能级劈裂的程度随轨道角动量的增大而增大，以致可能改变原来的能级次序. 考虑自旋-轨道耦合之后的能级如图 34.2.1 所示，它给出了所有的幻数.

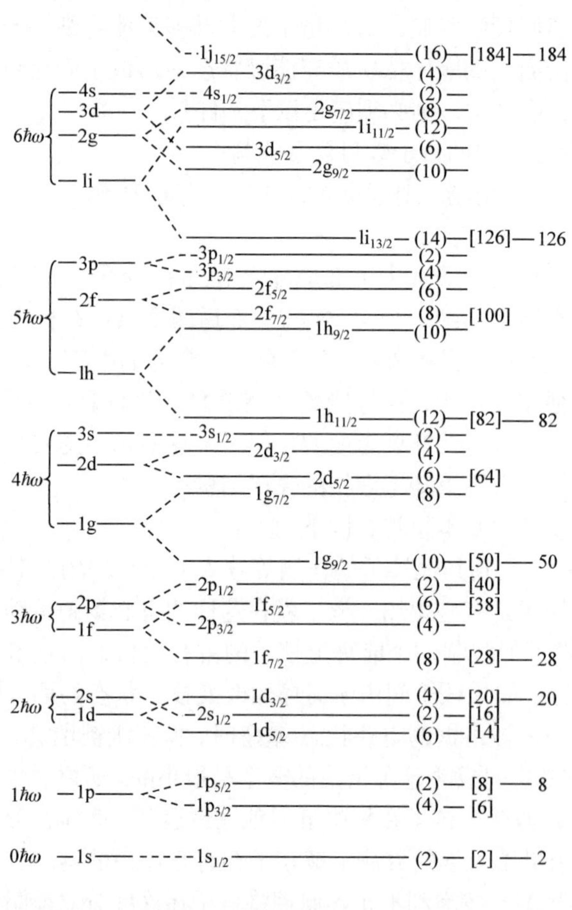

图 34.2.1

图 34.2.1 左边横线为直角势阱和谐振子势阱的能级内插得到的能级，中间长横线为考虑自旋-轨道耦合后的能级，由原来的能级劈裂形成，虚线表示新旧能级间的分裂关系. 能级的表示用与原子物理中类似的光谱符号表示. 右边圆括号内的数字表示相应能级所能容纳的核子数，方括号内的数字表示相应能级及其以下能级所能容纳的总核子数.

原子核的壳层结构模型是一个比较好的核模型，它在解释核的幻数、基态自旋和宇称、磁矩等方面取得了较大的成功，理论预测的结果和实验事实比较接近. 但是壳模型也有它的局限性，对远离幻数的核，核性质的理论预测与实验测量得到的结果相差较大.

§ 34.3　原子核放射性衰变

放射性(radioactivity)是指某些不稳定核素自发地放射出各种射线的现象，能自发地放射出各种射线的核素叫**放射性核素**(radioactive nuclide). 原子核**放射性衰变**(radioactive decay)是指放射性核素通过自发地放出各种射线蜕变为另一种核素的现象. 放射性衰变的方式有很多种，最常见的是α衰变、β衰变、γ衰变.

34.3.1　放射性衰变的一般规律

核衰变是原子核自发发生的变化，是一种量子跃迁过程. 一个放射性原子核在一段时间内是否发生衰变服从量子力学的规律，有一定的衰变概率. 对于大量的放射性核素而言,由于衰变而减少的平均数目则服从一定的统计规律. 设t时刻放射性核素的数目为$N(t)$，则在$t \to t+\mathrm{d}t$时间内，发生衰变核的数目$\mathrm{d}N$应该正比于t时刻的核素数目$N(t)$以及时间间隔$\mathrm{d}t$，即

$$-\mathrm{d}N = \lambda N \mathrm{d}t \tag{34.3.1}$$

其中λ为比例系数，称为**衰变常数**(decay constant). 解此微分方程，并利用初始条件$t=0$时放射性核素的数目为$N=N_0$，则有

$$N(t) = N_0 \mathrm{e}^{-\lambda t} \tag{34.3.2}$$

这就是核衰变所服从的指数规律. 将式(34.3.1)改写为

$$\lambda = \frac{-\mathrm{d}N/N}{\mathrm{d}t} \tag{34.3.3}$$

可看出衰变常数λ是一个原子核在单位时间内发生衰变的概率，即**衰变速率**. 衰变常数是放射性核素的一种特征量，因此测定放射性核素衰变常数，是识别放射性核素的基本方法.

原子核衰变掉原有核数目一半所需要的时间称为**半衰期**(half life),常用$T_{1/2}$标记. 根据衰变的指数规律式(34.3.2)及半衰期的定义，当$t=T_{1/2}$时，$N(t=T_{1/2})=N_0/2=N_0\mathrm{e}^{-\lambda T_{1/2}}$，则得到

$$T_{1/2} = \frac{\ln 2}{\lambda} = \frac{0.693}{\lambda} \tag{34.3.4}$$

即半衰期与衰变常数成反比.

由于每个核发生衰变是概率的，有的核存活时间长，有的核则存活时间短，各个核的寿命不一样. 定义核的**平均寿命**τ (mean lifetime)为核平均存活时间，按放射性指数衰减规律

$$\tau = \frac{1}{N_0}\int t(-\mathrm{d}N) = \frac{1}{N_0}\int_0^{\infty} t\lambda N_0 \mathrm{e}^{-\lambda t}\mathrm{d}t = \frac{1}{\lambda} \tag{34.3.5}$$

可见，**平均寿命是衰变常数的倒数**.

对放射源，人们不仅关心其中还有多少放射性核没有衰变，常常更关心放射源单位时间里有多少核发生了衰变. 由于直接测量原子核数目相对困难些，而测量衰变放出射线相对容易，因此引入**放射性活度**(radioactive activity)描述核衰变. 放射性活度 A 是放射源单位时间内发生衰变的核数目(即 $-\mathrm{d}N/\mathrm{d}t$)，由式(34.3.2)可得放射性活度变化规律

$$A = -\frac{\mathrm{d}N}{\mathrm{d}t} = \lambda N_0 \mathrm{e}^{-\lambda t} = A_0 \mathrm{e}^{-\lambda t} = \lambda N \tag{34.3.6}$$

其中 $A_0 = \lambda N_0$ 为 $t = 0$ 时刻的放射性活度. 可见放射性活度也服从指数规律.

放射性活度的国际制单位是“**贝可勒尔**”(Becquerel)，其符号为 Bq，定义为：$1\mathrm{Bq} = 1$次衰变/秒. 放射性活度的另一常用单位为**居里**(Curie),记为 Ci，Ci 与 Bq 的换算关系为：$1\mathrm{Ci} = 3.7\times 10^{10}\,\mathrm{Bq}$.

34.3.2 α 衰变

不稳定核自发地放出 α **粒子**(alpha particle)(即 ^{4}He 原子核)而发生的衰变叫 α **衰变**(alpha decay). α 衰变一般地表示为

$$^{A}_{Z}\mathrm{X} \to {}^{A-4}_{Z-2}\mathrm{Y} + \alpha \tag{34.3.7}$$

由于衰变都是自发地由不稳定核素向更稳定的核素衰变，所以衰变过程中会释放出能量. 衰变过程中释放出的能量称为**衰变能**(decay energy). 根据质能关系可知，式(34.3.7)描述的 α 衰变的衰变能为衰变前后质量亏损所对应的能量，即 α 衰变能为

$$\begin{aligned} E_{\mathrm{d}} &= [m_{\mathrm{X}}(Z,A) - m_{\mathrm{Y}}(Z-2,A-4) - m_{\alpha}]c^2 \\ &= [M_{\mathrm{X}}(Z,A) - M_{\mathrm{Y}}(Z-2,A-4) - M(2,4)]c^2 \end{aligned} \tag{34.3.8}$$

假设衰变前母核 X 静止(即 X 仅做热运动，相对衰变能其热运动动能可忽略)，则 α 衰变能以 α 粒子动能 E_α 和子核 Y 反冲动能 E_{Y} 的形式放出，即

$$E_{\mathrm{d}} = E_\alpha + E_{\mathrm{Y}} \tag{34.3.9}$$

由于衰变前 X 静止，体系动量为零；设衰变后 α 粒子与子核 Y 的动量分别为 $\boldsymbol{p}_\alpha$、$\boldsymbol{p}_{\mathrm{Y}}$，根据动量守恒定律，$\boldsymbol{p}_\alpha$、$\boldsymbol{p}_{\mathrm{Y}}$ 大小相等、方向相反：$\boldsymbol{p}_\alpha = -\boldsymbol{p}_{\mathrm{Y}}$，再由经典的动能、动量关系 $p^2 = 2mE$，可得

$$E_{\mathrm{Y}} = \frac{m_\alpha}{m_{\mathrm{Y}}}E_\alpha \approx \frac{4}{A-4}E_\alpha \tag{34.3.10}$$

把式(34.3.10)代入式(34.3.9)，得

$$E_{\mathrm{d}}=\frac{A}{A-4}E_{\alpha} \tag{34.3.11}$$

如果实验上测量出衰变后出射的α粒子能量，就可得到 α 衰变能. α衰变的核素大多质量数 A 在 200 以上，则由式(34.3.11)可知α粒子带走了约 98%的衰变能.

值得注意的是，计算衰变能的两个公式(34.3.9)和(34.3.11)是有区别的. 前者只能用于子核 Y 处于基态时的情况，后者可用于子核 Y 处于基态和激发态两种情况.

α粒子是两个质子与两个中子结合形成一个粒子集团，此粒子集团在核内部运动，如果它从原子核内发射出来，核就发生了α衰变. 但是α粒子在核的边界处会受到内部核子的很强的核力吸引作用，在核表面就形成了如图 34.3.1 所示的势垒(图 34.3.1 中的双曲线是由库仑作用形成的). 这个势垒阻止α粒子从核内发射出来，一般情况下，α衰变能 E_{d} 小于势垒的高度 E_{b}. 按照经典的理论，这种情况下α粒子是不可能穿透这个势垒发射出来的. 但是按照量子力学的势垒贯穿效应，α粒子有一定的概率从核内穿透这个势垒发射出来. 按照这种理论推导得到的α衰变半衰期的规律与实验规律基本一致.

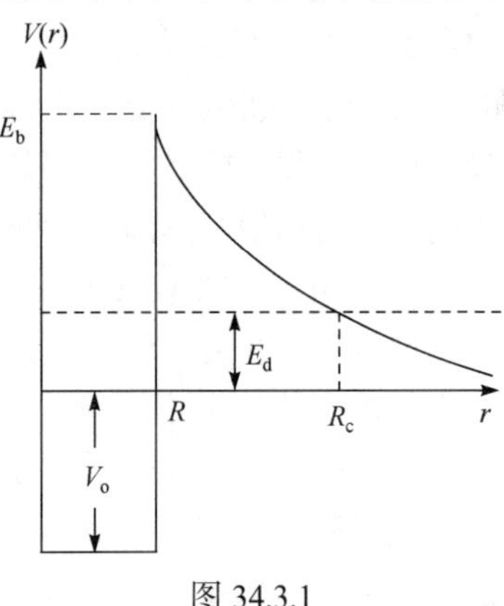

图 34.3.1

34.3.3　β衰变

β衰变(beta decay)是原子核自发地放出电子 e^- 、正电子 e^+ 或俘获一个轨道电子而发生的核转变过程，分别为 β^- 衰变、β^+ 衰变和轨道电子俘获(EC). 三种 β 衰变方程式分别为

$$\beta^- \text{衰变:}\qquad {}_{Z}^{A}\mathrm{X}\rightarrow {}_{Z+1}^{\ \ A}\mathrm{Y}+\mathrm{e}+\bar{\nu} \tag{34.3.12}$$

$$\beta^+ \text{衰变:}\qquad {}_{Z}^{A}\mathrm{X}\rightarrow {}_{Z-1}^{\ \ A}\mathrm{Y}+\mathrm{e}^{+}+\nu \tag{34.3.13}$$

$$\mathrm{EC:}\qquad {}_{Z}^{A}\mathrm{X}+\mathrm{e}\rightarrow {}_{Z-1}^{\ \ A}\mathrm{Y}+\nu \tag{34.3.14}$$

β 衰变的重要特点就是衰变前母核 X 与衰变后子核 Y 的质量数 A 相等，即 Z 变 A 不变的衰变. β^- 衰变放出一个电子和一个反中微子，β^+ 衰变放出一个正电子和一个中微子，轨道电子俘获则是母核俘获一个核外轨道电子并放出一个中微子. β^- 衰变放出的电子与 β^+ 衰变放出的正电子统称为 β **粒子**(beta particle)，它们质量相同，电荷大小相等、符号相反，互为反粒子.

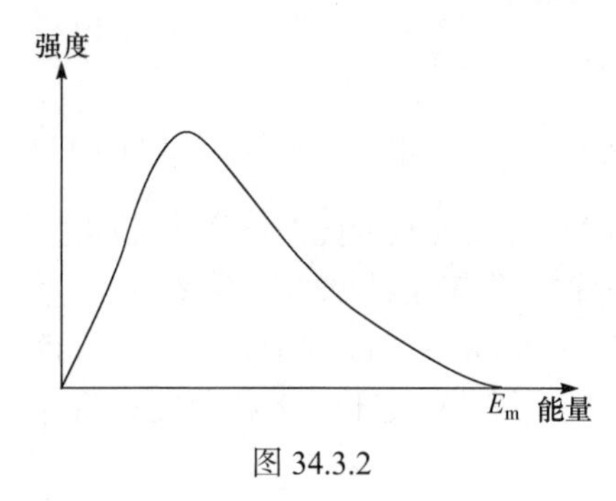

图 34.3.2

实验发现，β 衰变放出的β 粒子能谱与α衰变放出的α粒子能谱有很大不同. 根据式(34.3.11)，当α衰变能确定时，α粒子的能量也是确定的，因此α粒子能谱是分立谱，这与实验结果相符. 但是,实验测得的β 粒子能谱却与此不同，图 34.3.2 是实验测到的β 能谱. 由图 34.3.2 可见，β 粒子能量是连续分布的，各种能量的β 粒子都有，但有一确定的最大能量 E_m. 在早期，人们难以解释β 粒子能量连续分布这种现象，直到 1930 年，泡利(Pauli)提出β 衰变中微子假说，才成功地解释了β 能谱的连续分布. 泡利的中微子假说认为，β 衰变过程中，除放出一个β 粒子外，还放出一个中性的、质量很小的粒子，称为**中微子**(neutrino). 这样衰变后是一个三体系统，在能量守恒与动量守恒定律的限制下，三体的能量分配仍具有一定的任意性，因此β 粒子的能量可以取从 0 到最大值 E_m之间任意值. 中微子假说为以后的实验证实.

1934 年，费米(Fermi)接受了中微子假说，并据此提出了β 衰变费米理论. 费米理论认为，β 衰变的本质是原子核内质子和中子间的相互转变，质子和中子可认为是核子的两个不同量子状态，β 衰变是核子从一个量子态到另一个量子态的跃迁，β 粒子与中微子是在跃迁过程中产生并放出的，事先并不存在于核内. 这正如原子从高能级跃迁到低能级而发光，光子并不事先存在于原子内一样. 但是导致原子发光的是电磁相互作用，而导致β 衰变产生电子和中微子的却是弱相互作用. 因此β 衰变的实质是

$$\beta^-: \quad n \to p + e + \bar{\nu} \tag{34.3.15}$$

$$\beta^+: \quad p \to n + e^+ + \nu \tag{34.3.16}$$

$$\text{EC}: \quad p + e \to n + \nu \tag{34.3.17}$$

34.3.4 γ衰变

α、β 衰变的子核或核反应生成的原子核可能会处于激发态. 处于激发态的核是不稳定的，通常会通过发射γ光子向低能级状态跃迁，这种现象称为**γ衰变**(gamma decay)或**γ跃迁**(gamma transition). γ光子与 X 射线一样，其本质都是电磁波，但来源不同，γ光子来源于核内高能级向低能级的跃迁，X 射线则来源于核外内壳层电子的跃迁. 设 E_i 、E_f 为核跃迁前后所处能级的能量，如果忽略核反冲的能量，则γ光子的能量为

$$E_\gamma = E_i - E_f \tag{34.3.18}$$

原子核从高能级跃迁到低能级，除了通过发射γ光子的方式退激外，还可以直接把激发能交给核外的轨道电子，使它从原子中发射出来，成为自由电子，这种现象称为**内转换**(internal conversion)，发射出的电子称为**内转换电子**. 根据能量守恒，内转换电子的能量

$$E_{\mathrm{e}} = E_{\gamma} - W \tag{34.3.19}$$

其中 W 为轨道电子的结合能. 要注意的是，内转换并没有一个先发射 γ 光子的中间过程，不应该把内转换理解为内光电效应.

§ 34.4　原子核反应

原子核与原子核或其他粒子与原子核之间相互作用所引起的各种变化过程称为**原子核反应**(nuclear reaction). 核反应与原子核衰变不同之处在于，核衰变是自发发生的，是从不稳定核衰变到稳定核的过程，且衰变能量范围小(10MeV). 而核反应不是自发发生的，可以从稳定核变化到不稳定核，且涉及能量范围大(eV～GeV). 因此，核反应的现象更丰富. 核反应一般表示为

$$\mathrm{a} + \mathrm{A} \rightarrow \mathrm{B} + \mathrm{b} \tag{34.4.1}$$

表示用入射粒子 a 轰击靶核 A，发生核反应后生成的剩余核为 B，出射粒子为 b. 核反应也可以简写为

$$\mathrm{A(a,b)B} \tag{34.4.2}$$

34.4.1　反应能

核反应过程中释放出的能量称为**反应能**(reaction energy)，通常用符号 Q 表示. 与衰变能总大于零不同，核反应能 Q 可正、可负. $Q>0$ 为放能反应，$Q<0$ 为吸能反应. 与结合能和衰变能一样，反应能也来自于核反应过程质量亏损所对应的能量，即

$$Q = (m_{\mathrm{a}} + m_{\mathrm{A}} - m_{\mathrm{b}} - m_{\mathrm{B}})c^2 \tag{34.4.3}$$

其中 m_{a} 、 m_{A} 、 m_{b} 、 m_{B} 分别为入射粒子、靶核、出射粒子、剩余核的质量. 因为核反应过程中电荷守恒，反应前后总电荷相等，因此式(34.4.3)中可用原子质量代替核质量，即

$$Q = (M_{\mathrm{a}} + M_{\mathrm{A}} - M_{\mathrm{b}} - M_{\mathrm{B}})c^2 \tag{34.4.4}$$

此式表明，核反应能表现为静止能量的释放. 利用此式计算核反应能时，要求剩余核 B 处于基态.

反应能也可以用粒子动能来计算. 设反应前靶核静止，E_{a}、E_{b}、E_{B}分别为入射粒子、出射粒子、剩余核的动能，则

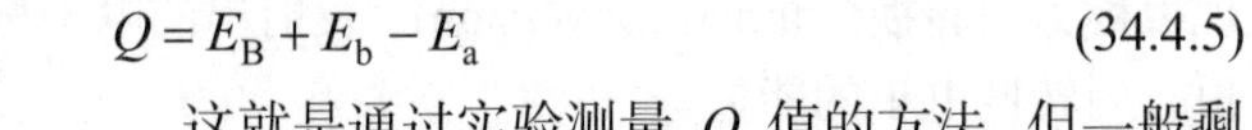

$$Q = E_{\mathrm{B}} + E_{\mathrm{b}} - E_{\mathrm{a}} \tag{34.4.5}$$

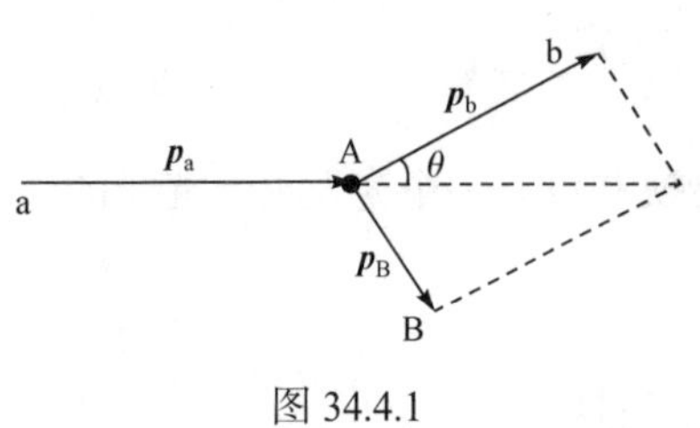

图 34.4.1

这就是通过实验测量 Q 值的方法. 但一般剩余核的质量较大，因此其动能E_{B}相对较小，甚至剩余核不能穿出靶物质，E_{B}值难以准确测量，因此在式(34.4.5)中要将E_{B}消去.

设$\boldsymbol{p}_{\mathrm{a}}$、$\boldsymbol{p}_{\mathrm{b}}$、$\boldsymbol{p}_{\mathrm{B}}$分别为粒子 a、b、B 的动量，则根据动量守恒有

$$\boldsymbol{p}_{\mathrm{a}} = \boldsymbol{p}_{\mathrm{B}} + \boldsymbol{p}_{\mathrm{b}} \tag{34.4.6}$$

设θ为出射粒子 b 相对于入射粒子 a 的出射角，如图 34.4.1 所示. 由余弦定律$p_{\mathrm{B}}^2 = p_{\mathrm{a}}^2 + p_{\mathrm{b}}^2 - 2p_{\mathrm{a}}p_{\mathrm{b}}\cos\theta$及经典动能动量关系$p^2 = 2ME$，得

$$M_{\mathrm{B}}E_{\mathrm{B}} = M_{\mathrm{a}}E_{\mathrm{a}} + M_{\mathrm{b}}E_{\mathrm{b}} - 2(M_{\mathrm{a}}M_{\mathrm{b}}E_{\mathrm{a}}E_{\mathrm{b}})^{1/2}\cos\theta \tag{34.4.7}$$

将式(34.4.7)中的E_{B}代入式(34.4.5)，得

$$Q = \left(\frac{M_{\mathrm{a}}}{M_{\mathrm{B}}} - 1\right)E_{\mathrm{a}} + \left(\frac{M_{\mathrm{b}}}{M_{\mathrm{B}}} + 1\right)E_{\mathrm{b}} - \frac{2(M_{\mathrm{a}}M_{\mathrm{b}}E_{\mathrm{a}}E_{\mathrm{b}})^{1/2}}{M_{\mathrm{B}}}\cos\theta \tag{34.4.8}$$

即测出θ方向出射粒子动能E_{b}就可求出Q，常称式(34.4.8)为Q方程. 不论剩余核处于基态还是激发态，均可用Q方程来计算核反应能.

34.4.2　核反应截面

核反应是一个微观物理过程，服从量子力学的规律，即核反应都是以一定的概率发生的，为描述反应概率的大小，引入**反应截面**(reaction cross section)的概念.

设有一薄靶，其厚度 t 很小，入射粒子垂直通过靶时可认为能量不变. 靶中单位体积靶核数目为N，则单位面积上靶核数目为$N_{\mathrm{S}} = Nt$. 设入射粒子数目为n_{i}，则发生的核反应数目n_{r}应与N_{S}、n_{i}成正比，即$n_{\mathrm{r}} \propto n_{\mathrm{i}}N_{\mathrm{S}}$. 设比例系数为$\sigma$，则

$$n_{\mathrm{r}} = \sigma n_{\mathrm{i}}N_{\mathrm{S}} \tag{34.4.9}$$

σ就称为反应截面，为看清楚它的物理意义，把式(34.4.9)改写为

$$\sigma = \frac{n_{\mathrm{r}}}{n_{\mathrm{i}}N_{\mathrm{S}}} \tag{34.4.10}$$

可见，**σ描述一个粒子入射到单位面积上只有一个靶核的靶上时发生核反应的概率**，这就是核反应截面的物理意义. 核反应截面是描述核反应的一个十分重要的物理量.

由式(34.4.10)可以看出，σ具有面积的量纲. 由于σ很小，常与核的几何截面相当，因此，国际单位 m^2 对它而言显得太大，σ常用的单位为“靶恩”(barn)，记为 b，其大小为

$$1b = 10^{-24}cm^2$$

34.4.3　核反应模型

与原子核结构问题一样，由于对核力的认识不很清楚，以及处理复杂多体问题上的困难，目前还没有一个完善的理论能够完全解决核反应机制问题，因此对核反应仍然只能采用模型描述. 按时间进程可以把核反应过程分为三个阶段，如图 34.4.2 所示.

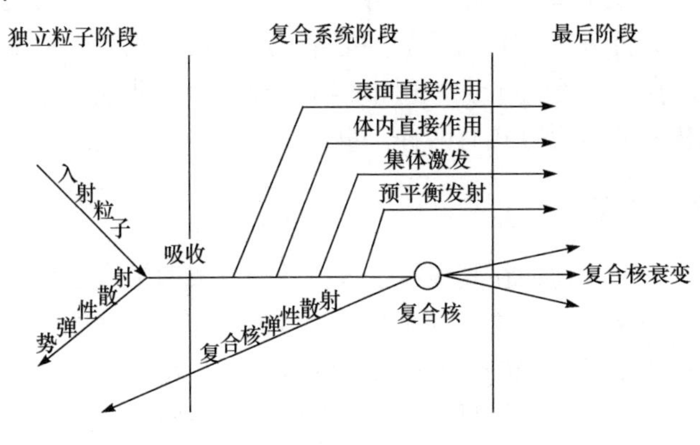

图 34.4.2

第一阶段为**独立粒子阶段**. 这一阶段入射粒子在靶核的平均场中运动，保持相对的独立性，入射粒子可能被散射，也可能被靶核吸收. 描述这一阶段的核反应模型是光学模型. 光学模型的基本思想是将靶核看成一个半透明的玻璃球，入射粒子与靶核作用如同光波射在这个半透明的球上，一部分入射粒子被靶核散射(相当于光波的透射、反射)，一部分进入靶核发生核反应(相当于光波被吸收).

入射粒子被靶核吸收后就进入第二阶段，这个阶段称为**复合系统阶段**，因为入射粒子与靶核相互作用，发生能量交换，形成一个复合系统，不再为独立粒子. 根据入射粒子与靶核能量交换的程度，这个阶段可分为三类：①入射粒子直接与靶核表面或内部核子发生能量交换(表面直接作用、体内直接作用)；或入射粒子在靶核内多次碰撞，把部分能量交给靶核后飞出，引起核的集体转动、振动(集体激发)，然后进入第三阶段. ②入射粒子与靶核核子充分碰撞，能量达到统计平衡，最后入射粒子停留在靶核内，形成复合核. ③介于前二者之间，在达到统计平衡前发射粒子(预平衡发射).

第三阶段为**最后阶段**，即复合系统分解为出射粒子和剩余核. 第二阶段形成的复合核通常处于比较高的激发态，其激发能甚至超过核子的分离能，因此除可通过发射光子的方式退激外，还可发射核子或α粒子等退激，这些粒子发射出来了，核反应就完成了.

§ 34.5 原子核的裂变和聚变 核能的应用

核反应的反应能是很大的，如 $\mathrm{T}(d,n)^4\mathrm{He}$ 的反应能为 17.6MeV，比化学反应的反应能(10eV 量级)大一百万倍以上. 这是因为，核的结合能比原子、分子的结合能大得多，而核反应释放的能量来源于核结合能的变化，也就是说，原子(核)能是指原子核结合能发生变化时释放的能量. 这是核弹威力比常规化学炸弹威力大得多的原因. 前面已经说过，由于图 34.1.1 比结合能曲线中等质量核的比结合能最大，因此核能的利用方式有两种：重核裂变与轻核聚变.

34.5.1 原子核的裂变

较重的原子核自发地或在其他粒子轰击下分裂成两个或多个中等质量原子核的现象称为**裂变**(fission). 如果裂变是自发发生的，即在无其他粒子作用情况下发生，这种裂变称为**自发裂变**(spontaneous fission)，自发裂变与α衰变一样，是势垒贯穿的结果，因此是一个缓慢的过程. 重原子核在外来粒子轰击下产生的裂变称为**诱发裂变**(induced fission). 诱发裂变中，最重要的是中子诱发裂变. 因为中子不带电，与靶核间没有库仑排斥作用，不需要能量来克服库仑势垒，因此很容易被靶核吸收而诱发裂变. 在热中子诱发下就可以发生裂变的核素称为**易裂变核素**(即核燃料)，如 $^{235}\mathrm{U}$ 和 $^{239}\mathrm{Pu}$ 就是易裂变核素，而 $^{238}\mathrm{U}$ 只有在 1.4MeV 以上能量的中子诱发下才会发生裂变，它不是易裂变核素. 另外，裂变过程又会放出中子，这样可能形成链式反应使裂变自持，这也是中子诱发裂变具有特殊重要性的原因之一. 中子诱发易裂变核素 $^{235}\mathrm{U}$ 的裂变反应为

$$\mathrm{n} + {}^{235}_{92}\mathrm{U} \rightarrow \mathrm{X} + \mathrm{Y} + b\mathrm{n} + Q \tag{34.5.1}$$

其中 X、Y 为裂变产生的两碎片，一般有许多组合方式，裂变还会放出两到三个中子，式中 b 的平均值为 2.47，Q 为裂变放能. 重核(A = 235 附近)的比结合能为 7.6MeV 左右，中等质量核的比结合能为 8.5MeV 左右，因此粗略估计反应(34.5.1)的反应能为

$$Q = (8.5 - 7.6)A = 0.9 \times 235 \approx 210(\mathrm{MeV}) \tag{34.5.2}$$

即一次裂变放出大约 200MeV 的能量，可见放能是比较大的.

易裂变的核素吸收中子后发生裂变，裂变时又会放出几个中子. 裂变放出的中子又可以引起新的裂变，这样可以使裂变反应持续下去. 这样的反应过程称为**链式反应**(chain reaction)，如图 34.5.1 所示. 裂变产生的中子可能逃逸或被其他物质吸收而损耗，如果损耗掉的中子过多，则链式反应就无法维持. 一个核吸收一个中子发生裂变，如果所产生的次级裂变中子平均有一个又能引起一次新的裂变，则链式反应就可以维持下去，这样的状态称为**临界状态**(critical state). 如果能引起新的裂变的次级中子平均少于一个，则链式反应会逐渐减弱直至停止，这样的状态为**次临界状态**(subcritical state). 如果能引起新的裂变的次级中子多于一个，则链式反应会不断增强，这样的状态为**超临界状态**(supercritical state). 链式反应使裂变能的大规模利用成为可能. 裂变能大规模利用的方式有两种：**原子弹**(atomic bomb)和**反应堆**(reactor).

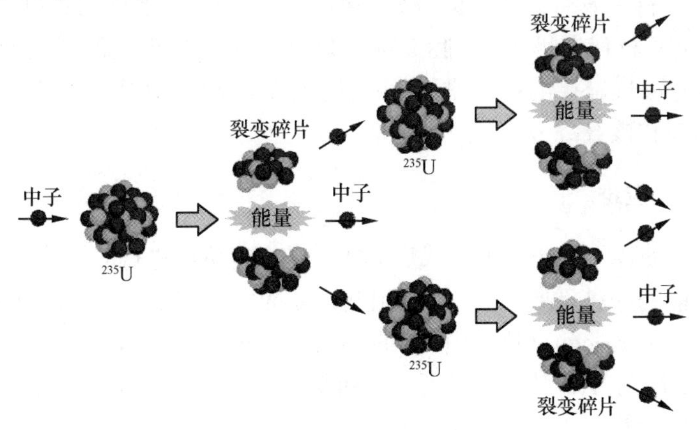

图 34.5.1

34.5.2　原子弹

原子弹是利用 ^{235}U 或 ^{239}Pu 等重核的链式裂变反应原理制成的. 图 34.5.2 为内爆式原子弹结构示意图，化学炸药爆炸后，向内压缩核材料，使处于次临界状态的核材料装配达到超临界状态，并利用中子源提供中子，触发链式反应的发生. 中子层的作用是反射中子，提高中子利用率. 链式反应由于超临界而快速增强，这样剧烈的裂变反应会瞬间释放出巨大的能量而产生核爆炸，从而具有大规模杀伤破坏作用.

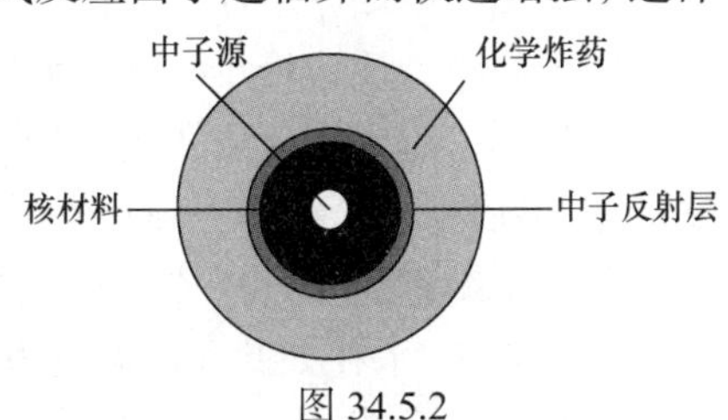

图 34.5.2

原子弹要求瞬间放能，因此其核材料要用高浓缩的 ^{235}U 或 ^{239}Pu，获得高浓缩的 ^{235}U 或 ^{239}Pu 是制造原子弹的关键所在. 天然铀

中 ^{235}U 仅占 0.7%，而 ^{238}U 则占 99.3%，而 ^{235}U 的分离浓缩是比较困难的，铀分离的技术是制造原子弹的核心技术. ^{239}Pu 天然并不存在，只有通过反应堆的长时间运行才能制造出足够的 ^{239}Pu. 其反应过程为

$$n + {}^{238}U \to {}^{239}U + \gamma \tag{34.5.3}$$

$${}^{239}U \to {}^{239}Np + e + \overline{\nu} \tag{34.5.4}$$

$${}^{239}Np \to {}^{239}Pu + e + \overline{\nu} \tag{34.5.5}$$

1945 年在美国国土上试爆的第一颗原子弹是以 ^{239}Pu 为燃料的；接着在日本的广岛和长崎爆炸的两颗原子弹则分别以 ^{235}U 和 ^{239}Pu 为燃料. 1964 年我国爆炸的第一颗原子弹直接用 ^{235}U 作核燃料，当时中国就已掌握了分离铀的技术，这令西方国家感到特别吃惊. ^{235}U 的分离浓缩技术复杂，一般国家难以一下子掌握. 因此，为了防止核武器扩散，国际上对 ^{239}Pu 的获取的控制就很严. 为防止有核电站的国家通过核燃料棒的后处理得到可用于核武器制造的 ^{239}Pu，国际社会对有关国家进行监控和核查.

34.5.3　原子反应堆

反应堆是使原子核裂变的链式反应能够受控地持续进行的一种核装置，是和平利用原子能的一种重要工具. 根据引起裂变的中子能量，反应堆分为**热中子堆**(thermal neutron reactor)和**快中子堆**(fast neutron reactor). 热中子堆是利用热中子来诱发裂变，因为 ^{235}U 的热中子裂变截面很大，比 ^{238}U 的吸收截面大很多，因此热中子堆可用天然铀或低浓缩铀作为原料. 但是，由于裂变产生的中子是快中子，需要慢化，所以热中子堆中一般都有中子慢化(减速)剂，使裂变快中子慢化为热中子. 常用的中子慢化剂为水、重水和石墨，它们的慢化能力强，对中子的吸收少，成本相对较低. 快中子堆则不用慢化剂，裂变由快中子引起. 但由于快中子裂变截面小，因此要用高浓缩的 ^{235}U 或 ^{239}Pu. 这样就不必依赖于热中子引起裂变.

目前，使用较多的是热中子堆，其中较成熟的堆型是压水堆. 我国自行设计建造的秦山核电站(一期)就属于此类型. 图 34.5.3 就是压水堆的结构示意图. 压水堆有两个回路，反应堆堆芯在一回路，堆芯常用低浓缩的二氧化铀作燃料，高压水为慢化剂，起到慢化中子的作用，为达到较好的慢化效果，流过堆芯的一回路中的水必须保持在液态. 一回路中的水同时起到冷却剂的作用，它在一回路中循环，源源不断地把堆芯中裂变产生的热量带出. 一回路的水温度较高，平均温度在 300℃左右. 水在如此高的温度下还要保持液态，则水必然是高压水. 堆芯外的容器必然是一个能承受高压强(近 200 个大气压)的容器，这也是压水堆名字的由

来. 一回路通过一个蒸汽发生器把从堆芯中带出的热量交换到二回路，二回路也是一个水的循环，与一回路不同的是，液态的水经过蒸汽发生器获得一回路交换过来的热量后，就变成高压蒸汽，推动汽轮机带动发电机发电.

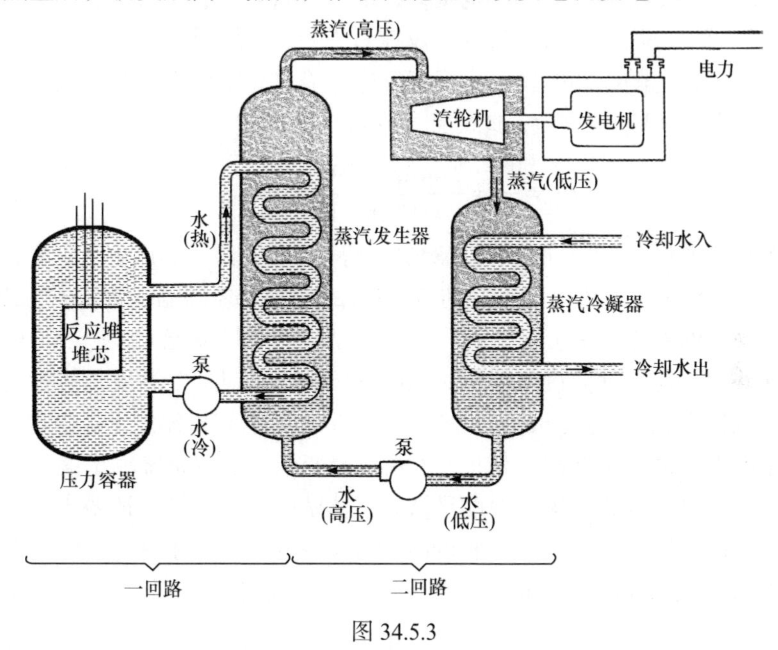

图 34.5.3

与原子弹用于战争的目的不同,反应堆是和平地利用裂变能为人类服务. 因此，要把反应堆的链式裂变反应控制在一定的功率水平，不能使链式反应发展到非常剧烈的程度引起爆炸. 反应堆的控制,是用热中子吸收截面很大的镉或硼做成的控制棒实现，通过控制棒插入堆芯的多少，来调节堆芯的中子密度，从而对堆芯的临界状态实现控制. 如果堆芯功率过高，则将控制棒插入堆芯多一些，就有更多的中子被吸收，这样就可使堆芯从超临界变为次临界，使链式反应减弱，从而使功率降低. 如果堆芯功率过低，则控制过程相反.

34.5.4　原子核的聚变

聚变(fusion)是指轻核聚合成较重的原子核的过程. D(^{2}H)、T(^{3}H)、^{3}He 的比结合能很小，如聚合成 ^{4}He，会释放大量能量. 轻核的聚变是取得原子能的另一条途径，常用的轻核聚变反应有

$$d + D \rightarrow p + T + 4.0\text{MeV} \tag{34.5.6}$$

$$d + D \rightarrow n + {}^3\text{He} + 3.25\text{MeV} \tag{34.5.7}$$

$$d + T \rightarrow n + {}^4\text{He} + 17.6\text{MeV} \tag{34.5.8}$$

$$d+{}^{3}\mathrm{He}\rightarrow p+{}^{4}\mathrm{He}+18.3\mathrm{MeV} \tag{34.5.9}$$

这些反应的核子平均放能都是巨大的，尤其是后两个反应，放能是裂变每个核子放能的 4 倍. 裂变反应可由中子诱发，中子与核间无库仑斥力，热中子就可以进入核内诱发反应，而且有链式反应，反应可以自持. 与裂变不同，参加聚变反应的轻核都是带正电的，两核要发生聚变反应，需要克服库仑斥力，到达核力作用范围 10fm 以内. 对氘氘反应，此时的库仑势垒高度达

$$E_{\mathrm{C}}=\frac{e^{2}}{r}=\frac{1.44\mathrm{fm}\cdot\mathrm{MeV}}{10\mathrm{fm}}=144\mathrm{keV} \tag{34.5.10}$$

两个氘核要聚合,首先必须要克服这一势垒,这要求每个氘核至少要有 72keV 的动能. 如果此动能为热运动平均动能 $(3kT/2)$ ，则对应的温度为 $T=5.57\times10^{8}\mathrm{K}$. 但考虑到动能的麦克斯韦分布，有一些核的动能比平均动能大，以及量子力学的势垒贯穿效应，需要的温度可降低到 10^{8}K(10keV)，但这个温度仍然很高，因此聚变反应也称为**热核反应**(thermonuclear reaction). 在 10^{8}K 温度下，物质的所有原子都完全电离，形成了等离子体. 为了获得聚变能，实现系统输出能量大于输入的能量，除了要求等离子体的温度足够高、体密度足够大外，还要求等离子体这样的高温、高密度状态维持足够长的时间. 这些条件结合在一起，就是著名的**劳森判据**(Lawson criterion). 对氘氚聚变反应，劳森判据为

$$\begin{cases}n\tau=10^{20}\mathrm{s}/\mathrm{m}^{3}\\ T=10\mathrm{keV}\end{cases} \tag{34.5.11}$$

其中 n 为等离子体密度，τ 为维持的时间. 劳森判据是实现自持聚变反应并获得能量增益的必要条件.

希望核聚变温度不要太高，应该尽量选择库仑势垒低的核来进行核聚变. 因此，氢的同位素是理想的选择. 在核反应式(34.5.6)～式(34.5.9)中，比较好的反应是式(34.5.8)，其反应物都是氢的同位素，反应的放能也较大(平均每个核子放能达 3.5MeV)，而且式(34.5.8)的反应截面是四个反应中最大的.

要使一定密度的等离子体在高温条件下维持一段时间，不是一件容易的事. 需要有个“容器”，它不仅能忍受 10^{8}K 的高温，而且不能导热. 目前人工约束高温高密度等离子体的方法有两种，一是**惯性约束**，二是**磁场约束**.

34.5.5　氢弹　惯性约束核聚变

氢弹(hydrogen bomb)就是一种人工实现的不可控的热核反应，它是利用式(34.5.8)的 D-T 聚变反应原理制成的核武器. 由于 T 是不稳定的衰变核素，半衰期 12.3 年，因此氢弹中一般并不直接使用 T，而是使用固态的 ^{6}LiD 作为核原料. 氢弹中的燃料循环过程为

$$n + {}^6Li \rightarrow {}^4He + T + 4.9MeV \tag{34.5.12}$$

$$d + T \rightarrow n + {}^4He + 17.6MeV \tag{34.5.13}$$

前一个反应为造氚反应，消耗中子和锂核，产生氦核和氚；后一个反应为氢弹的主要放能反应，消耗氘和氚的同时，产生的中子又可供造氚之用. 由于氢弹利用的是轻核的聚变，需要高温高密度的反应条件. 目前，氢弹都是由原子弹来引爆的. 原子弹的爆炸可以创造出聚变反应所需要的高温、高密度条件，而且原子弹爆炸产生的大量初级中子可以和 ^6Li 发生造氚反应，生成的 T 与 D 发生聚变反应.

到目前为止，人类还未实现通过受控热核聚变获得能量增益. 实现受控聚变反应的关键是高温等离子体的约束问题，即要使等离子体满足劳森判据式(34.5.11)的要求. 目前较为可行的方案有两种：磁约束和惯性约束.

磁约束装置中，带电粒子在磁场中受洛伦兹力作用而绕磁力线运动，这样垂直磁力线方向运动的粒子就被约束住了，同时等离子体也被电磁场加热. 由于目前技术水平的限制，磁感应强度最大只能达到 10T 左右，故能被有效约束的等离子体的密度不会很大. 因此，要达到点火条件，磁约束只能通过增大约束时间的方式来实现. 磁约束装置的种类很多，其中最有希望的可能是环形电流器，又称**托卡马克**(Tokamak).

惯性约束核聚变(inertial confinement fusion, ICF)是目前研究的一种实现聚变反应的热门方案. 所谓惯性约束，是对聚集在一起的聚变材料，突然加上高温，利用聚变材料的惯性，来不及一下散开，达到聚变反应条件. 激光惯性约束就是其中一种. 如果在很短的时间内，把强激光从四面八方射向一个直径约为 400μm 的 D-T 靶丸，则强激光束会压缩 D-T 靶丸，使达其到高温、高密度，产生核聚变. 当前的强激光的最大功率已达到 TW 量级，光束功率密度最高达 10^{18}～$10^{20}W/cm^2$，并且预计不久的将来能达到 $10^{22}W/cm^2$.

34.5.6　核武器的杀伤及防护

核武器(nuclear weapon)是利用重核的裂变或轻核的聚变反应，瞬间释放出巨大能量，造成大规模杀伤和破坏作用的武器. 核武器是原子弹、氢弹等的统称.

核武器爆炸产生的杀伤作用可分为四种：**光辐射**、**冲击波**、**早期核辐射和放射性污染**. 其中前三种杀伤作用的持续时间，均在爆炸的几秒至几十秒之内，为瞬时杀伤作用. 放射性污染的作用时间较长，可持续几天、几周或更长的时间，因此又称为剩余核辐射. 四种杀伤作用对人员都有伤害，而对建筑物、器械的破坏，主要是光辐射和冲击波. 一枚 1000t TNT 当量的裂变弹，四种杀伤作用的能量占总爆炸能量的比例大致为：光辐射 35%，冲击波 50%，早期核辐射 5%，放射性污染 10%.

光辐射是核爆炸发生后，瞬间产生的数千万度的高温火球向四周辐射出的大量光和热，光辐射能灼伤人的眼睛及暴露的皮肤，引起建筑物等的燃烧，在近距离甚至能使金属熔化. 核爆炸的冲击波与普通爆炸的冲击波一样，是由高温高压的火球向外膨胀形成的，能直接杀伤人员和破坏建筑. 早期核辐射又称贯穿辐射，是核爆炸后数十秒内放出的具有强贯穿能力的中子、γ射线，它能对生物体进行辐射而产生伤害. 放射性污染是核爆炸产生的大量放射性核素，随着烟尘的冷却下落，而造成的空气、地面、水源等污染，可在较长的时间内对污染区的生物产生辐射伤害.

核武器虽然杀伤破坏作用巨大，但只要掌握其杀伤规律，也是可以防护的，防护工作做得好，可以免受或减轻核武器带来的伤害. 对于光辐射，其呈直线传播，且作用时间短，凡是能挡住光线的物体，都能屏蔽或减弱它的伤害. 冲击波是以声速传播的，比光辐射传播慢，发现核闪光后立即进入工事或利用地形地物隐蔽，能极大减轻受到的杀伤. 早期核辐射虽然贯穿能力强，但也能被厚土层或其他物体吸收而减弱，所以，核爆炸后立即进入工事也能减轻早期核辐射的伤害. 放射性污染烟尘的下落需要一定的时间，因此，等冲击波过后迅速撤离，并在一段时间内不进入污染区，就能避免受到辐射伤害.

§ 34.6　核技术应用

核技术(nuclear technology)是以原子核物理、核辐射物理、辐射与物质相互作用为基础，以加速器、反应堆、辐射探测技术、核电子技术和计算机技术为支撑的一门综合性应用技术. 它是现代科学技术的重要组成部分，是当代最主要的尖端技术之一.

核技术涵盖的范围很广，除上节介绍的核武器、核动力(核反应堆)技术外，还有一类重要的核技术——同位素核辐射技术，它包括核成像技术、核分析技术、核检测技术、放射性同位素应用技术、射线辐照技术等，在工业、农业、生物、医学、科研、国防、能源、地质、考古等诸多领域都有应用.

核技术作为一种高新技术，在许多情况下能解决无法用其他技术手段解决的问题. 本节对此作些简单介绍.

34.6.1　核成像技术

核成像主要是指断层摄影(computerized tomography, CT)，包括γ射线 CT、X 射线 CT、核磁共振 CT、正电子发射 CT 等. 核成像技术是核技术、电子技术、计算机技术和图像重建技术相结合的产物. 其主要应用领域是生物医学研究和临床诊断、工业产品的无损探测和生成过程的自动控制.

下面以 γ 射线 CT 为例说明核成像的基本原理. 一束 γ 射线穿过物体时，射线的强度会因物体的吸收而衰减，物体的密度、厚度不同，射线的衰减程度也不同. 因此探测穿过物体后的 γ 射线强度可以获得物体密度、厚度的信息. 如果用一细 γ 射线束从不同方向多次扫描物体的一个横截面，并用探测器测量经吸收衰减后的 γ 射线强度，将其转变为电信号送入计算机，再用计算机处理获得的数据，通过图像重建的方法，就可以获得一幅根据物体横断面各点密度大小建立起来的图像.

核成像技术的优点是对物体没有损伤，检测速度快，空间分辨率和密度分辨率高，成像清晰. 应用于医学领域，各种 CT 能提供高分辨率的人体剖面图像，为疾病的诊断和治疗提供极大的帮助. 以美国为例，核医学已遍及各大医院，每两个就诊者就有一人要求助于核医学. 除了在医学中应用之外，核成像技术还可用于工业领域. 各种工业 CT 可以实现无缝钢管、火箭整体的测试，各种枪炮、弹药、飞机螺旋桨、发动机等的无损检测，如清华大学为我国海关研制的集装箱检测系统就是很好的例子.

34.6.2　核分析技术

核分析技术包括物质的成分、结构和含量分析技术，主要有中子活化分析技术、X 射线荧光分析技术、质子激发 X 射线分析技术等，它具有非破坏性、高灵敏度、高准确度的优点. 其主要应用领域是材料科学和生命科学.

中子活化分析的基本原理是，自然界存在的各种稳定核素在中子的照射下，大多数会吸收中子，成为放射性同位素，即被活化. 被活化的放射性同位素是不稳定的，会放出一定特征能量的 γ 射线， γ 射线的强度与活化形成的放射性同位素的数量成正比. 因此，测量经中子照射而被活化的样品所发射的 γ 射线谱，通过确定谱线的位置和对应的强度，就可以确定样品中含有的元素种类及含量. 中子活化分析是目前最灵敏的化学元素分析方法之一，它能分析出超微量成分(含量仅占百万分之一)的物质. 在环保、刑事案件侦破中可发挥重要作用.

34.6.3　核辐射工业检测仪表

工业核仪表对于传统工业的现代化、自动化具有重要作用. 代表性的工业核仪表有纸张测厚仪、热轧钢板及核钢管在线 γ 射线测厚仪、镀层测厚仪、 γ 射线料位计、物质密度和含水量测量仪、火灾烟雾报警器、核子测井设备、 γ 射线探伤仪、核子秤、在线水泥生料配料系统、煤粉质量流量计和在线灰份分析仪、油水气三相混合物分离和流量计、水流流量及含沙量测量仪等. 另外，利用同位素示踪技术可以查找水坝、输油管的跑冒滴漏，利用放射性药物可进行疾病的准确诊断和有效治疗，利用射线照射可以治疗癌症，利用 ^{14}C 断代技术可以实现古尸的断代研究，射线辐照技术可用于食品保鲜、辐射育种、医疗器具消毒、三废处理等诸多方面.

问题和习题

34.1 已知原子质量 $M(^1H)$=1.007825u，$M(^2H)$=2.014102u，中子质量 m_n=1.008665u，其中 u 为原子质量单位，1uc^2=931.49MeV，求 ^2H 核的结合能和比结合能.

34.2 由结合能的半经验公式计算 $^{56}_{26}Fe$ 核的结合能，并与实验值 493.30MeV 进行比较.

34.3 什么叫“幻数”(magic number)?

34.4 简述原子核的壳层模型.

34.5 已知 ^{226}Ra 的半衰期为 1602 年，试问：1g 纯 ^{226}Ra 的样品，其放射性活度是多少？经过 1000 年后，它的放射性活度又是多少？

34.6 原子核 ^{210}Po 发生 α 衰变，其衰变表达式为：$^{210}Po \to ^{206}Pb + \alpha$. 已知表达式中各原子核的质量分别为 $M(^{210}Po)$=209.9829u，$M(^{206}Pb)$=205.9745u，$M(^4He)$=4.0026u. 求 ^{210}Po 衰变后放出的 α 粒子的动能.

34.7 用 α 粒子轰击 ^{14}N，反应后生成 ^{17}O 和质子 p，其核反应表达式为：$\alpha + ^{14}N \to p + ^{17}O$. 设以 7.68MeV 的 α 粒子入射，在与 α 粒子成 90°的方向上探测到 11.3MeV 的出射质子，求该反应的反应能.

34.8 假设未来设计出一种用来发电的聚变反应堆，它以氘和氚为燃料，核反应表达式为

$$^2H + ^3H \to ^4He + n + 17.6MeV$$

试问：(1)一个功率为 10^6kW 的反应堆每年需要多少质量的氘和氚？(2)一个功率为 10^6kW 的传统火电站每年需要多少煤(每吨煤燃烧所释放的能量是 8×10^9Cal)?

34.9 试简述核爆炸防护工作的要点.

第 35 章　量子纠缠和量子信息学基础

量子信息学是 20 世纪 90 年代出现的、以量子物理学为基础，融合经典信息论、计算机科学形成的一门新兴交叉学科. 量子信息是利用**量子态**编码信息、根据量子力学原理进行信息存储、信息传输和信息处理. 由于量子态具有**相干叠加**、**量子纠缠**等经典物理态没有的新性质，量子信息具有经典信息不可能实现的新功能，如**隐形传态**、**绝对安全的保密通信**、**超大规模的并行计算**等. 近年来量子信息理论、实验技术都获得重大进展. 我国量子通信卫星已经上天，量子通信技术正迅速进入实用阶段；量子计算技术也不断取得进展. 量子信息作为高新技术重要方面，正受到人们越来越多的关注. 本章我们就来简要介绍量子信息技术的物理原理和基础知识.

量子信息最显著的特征是开发、应用了量子纠缠资源. 还在量子力学创立不久，爱因斯坦、薛定谔等就已经注意到“**量子纠缠**”现象，量子纠缠是量子物理最不可思议的特征. 1935 年，爱因斯坦(Einstein)、波多尔斯基(Podolsky)、罗森(Rosen)就根据这种现象对量子力学提出质疑①，从而使量子纠缠现象获得令人印象深刻的表示. 本章我们就以第六部分“量子物理”为基础，首先介绍量子纠缠现象，然后介绍量子位、量子门、量子非克隆定理等量子信息基本概念；接着介绍量子通信、量子计算的基本原理，最后简要介绍对量子信息物理实现极为重要的量子纠错和容错问题.

学习指导：本章要求了解①什么是量子纠缠，量子纠缠的实验证明；②量子信息的基本概念(量子位，量子门，量子非克隆定理)；③量子通信的物理原理及可能提供的非经典功能；④量子计算的物理原理及相对经典计算的可能优势和实现技术上的挑战.

§ 35.1　EPR 佯谬　贝尔不等式

35.1.1　量子纠缠现象

设有两个电子处在自旋单态

---

① A. Einstein, et al. Can Quantum-Mechanical Description of Physical Reality Be Considered Complete?. Phys. Rev. 1935, 47: 777.

$$\chi_A = \frac{1}{\sqrt{2}}[\chi_+(1)\chi_-(2) - \chi_-(1)\chi_+(2)] \tag{35.1.1}$$

为了简单，用$|0\rangle$表示自旋向上态χ_+，$|1\rangle$表示自旋向下态χ_-；同时省去区分电子的编号，用从左到右位置顺序依次表示电子 1，2. 这样式(35.1.1)中的两电子自旋态可以写作

$$|\psi\rangle = \frac{1}{\sqrt{2}}(|01\rangle - |10\rangle) \tag{35.1.2}$$

根据量子力学的基本原理和量子测量理论，式(35.1.2)描述的态具有这样的特点：①在这个态$|\psi\rangle$中，无论是电子 1 或电子 2，自旋都没有确定值；②如果对态$|\psi\rangle$测量电子 1 的自旋，将以概率 1/2 得到自旋向上(向下)态，同时态$|\psi\rangle$坍缩到态$|01\rangle$($|10\rangle$)上，从而在测量完成后，电子 2 立即获得了自旋取确定值的态，并处在和电子 1 相关的自旋向下(向上)态上；③如果对态$|\psi\rangle$测量电子 2 的自旋，会得到类似的结论；④上述结论和两个电子空间分离开的距离无关.

这种现象称为量子**纠缠现象**(entanglement phenomena)，式(35.1.2)中的态就是一个**纠缠态**(entangled states).

35.1.2 EPR 佯谬

量子纠缠是没有经典类比的现象，从经典物理的观点是很难理解的. 早在 1935 年，Einstein、Podolsky、Rosen (**EPR**)就根据这种现象对量子力学提出质疑. EPR 认为：

(1) 对物理系统如果在没有干扰的情况下，能确定地预测一个物理量的值，那么这个物理量就必定是客观实在，并对应有一个物理实在元素；

(2) 完备的物理理论应包括所有的物理实在元素；

(3) 对两个空间分离开的并且没有相互作用的系统，对其中一个的测量(可以是任何操作)必定不能对另一个系统产生任何影响.

现代文献中称他们的这种观点为“**定域实在论**”. 从经典物理看，这些观点是显然的、很容易理解的，当然是正确的.

根据定域实在论的观点，EPR 分析了由两个粒子组成的一维系统. 指出虽然每个粒子的坐标和动量算子不对易，但两个粒子坐标算子差$\hat{x}_1 - \hat{x}_2$与动量算子和$\hat{p}_{x1} + \hat{p}_{x2}$对易

$$[(\hat{x}_1 - \hat{x}_2), (\hat{p}_{x1} + \hat{p}_{x2})] = 0$$

因此存在一个两粒子波函数$|\psi\rangle$，它是算子$\hat{x}_1 - \hat{x}_2$和$\hat{P}_{x1} + \hat{p}_{x2}$的共同本征态. 设

$$(\hat{x}_1 - \hat{x}_2)|\psi\rangle = a|\psi\rangle \tag{35.1.3}$$

$$(\hat{P}_{x1}+\hat{p}_{x2})|\psi\rangle=0 \tag{35.1.4}$$

对态$|\psi\rangle$若测得粒子 1 的坐标为x，由式(35.1.3)就可推得粒子 2 的坐标是$x-a$；同样，如果测得粒子 1 的动量为$\boldsymbol{p}$，由式(35.1.2)就可推得粒子 2 的动量必为$-\boldsymbol{p}$. 特别当a值足够大时，这意味着两粒子空间距离足够大，对粒子 1 的测量必然不会干扰粒子 2 的态. 按照 EPR 的观点，这个两粒子系统就有 4 个独立的物理实在元素. 而根据量子力学，$\hat{x}_1$和$\hat{p}_{x1}$不对易，$\hat{x}_2$和$\hat{p}_{x2}$不对易，这个系统只能有两个物理实在元素，所以 EPR 得出结论：量子力学的描述是不完备的，这就是所谓 **EPR 佯谬**.

关于 EPR 佯谬，以玻尔为代表的哥本哈根学派认为，测量一个量子系统，将对系统产生不可逆的干扰，因此在测量粒子 1 的坐标$\hat{x}_1$之后，态$|\psi\rangle$已经变成一个新态，要对原来的态$|\psi\rangle$测动量已经不可能. 反过来，若先对态$|\psi\rangle$测动量，就破坏了再测坐标的可能性. 因此在态$|\psi\rangle$中只可能存在 2 个物理实在元素，而不可能有 4 个. 其次，玻尔认为在经典**物理中把一个物理系统任意分割成各个组成部分的方法，在量子物理中是不可能的**. 共处于同一个态$|\psi\rangle$的系统，尽管可以划分为空间分离开的各个子系统，不管这些子系在空间分开多么远，这些子系间仍保持着共处于同一个态$|\psi\rangle$的联系，这就是量子力学的**非局域性**(non-localizability). 根据这种观点，玻尔认为 EPR 论证中所谓“当粒子 1 和粒子 2 空间远远分离，测量粒子 1 必然不会干扰粒子 2 的态”是没有意义的.

35.1.3　隐参数理论和贝尔不等式

企图给量子力学这种非局域纠缠现象以理论解释的是玻姆(Bohm)，他首先提出了**隐参数理论**(hidden-variable theory). 在隐参数理论中认为测量实际上是经典决定论的，但由于某些自由度不是严格已知的，才使测量结果表现出概率性. 这种概率性蕴含着存在更深层次的隐参数λ，测量结果实际上是隐参数λ的函数，只是目前量子力学理论或现在的实验技术还没有发现、认识、控制这些隐参数，测量结果才表现出概率性. 正是这些隐参数的作用，才使得对空间分离开的子系分别执行的测量结果间表现出相关性.

这种隐参数理论能否解释量子力学的测量结果呢？1965 年，贝尔(Bell)进一步分析了这一问题，他从隐参数理论和定域实在论出发，导出了隐参数理论允许的、自然界空间分离开的两部分相关程度必须满足的一个不等式——**贝尔不等式**[①].

① J. S. Bell. Physics,1965,1:195.

关于贝尔不等式的推导和论证，这里略去(有兴趣的读者可参见本书原版这一部分内容)，直接给出贝尔不等式如下：

$$\left|P(\boldsymbol{a},\boldsymbol{b})-P(\boldsymbol{a},\boldsymbol{c})\right|\leqslant 1+P(\boldsymbol{c},\boldsymbol{b}) \tag{35.1.5}$$

其中 $\boldsymbol{a},\boldsymbol{b},\boldsymbol{c}$ 是沿空间任意方向的三个单位矢量. P 是两电子自旋相关函数. 下面说明贝尔不等式和量子力学结果是不相容的.

根据量子力学，当两电子处在式(35.1.1)描述的自旋单态时

$$(\hat{\boldsymbol{\sigma}}^{(1)}+\hat{\boldsymbol{\sigma}}^{(2)})|\psi\rangle=0 \tag{35.1.6}$$

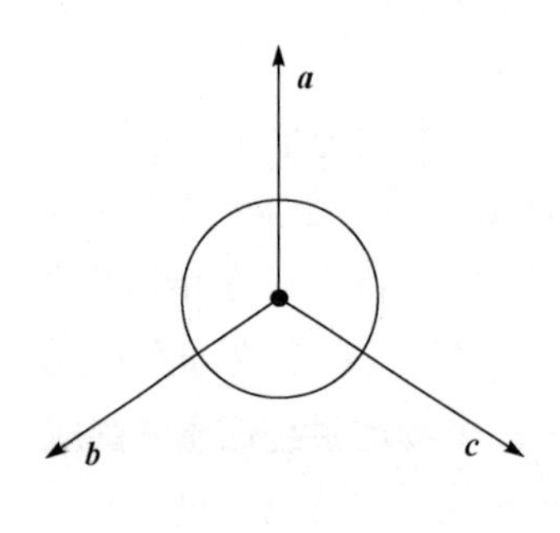

图 35.1.1

从而这两电子自旋相关函数为

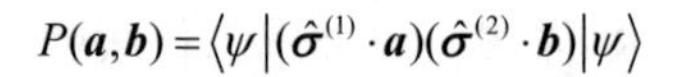

$$P(\boldsymbol{a},\boldsymbol{b})=\langle\psi|(\hat{\boldsymbol{\sigma}}^{(1)}\cdot\boldsymbol{a})(\hat{\boldsymbol{\sigma}}^{(2)}\cdot\boldsymbol{b})|\psi\rangle$$

其中 $\hat{\boldsymbol{\sigma}}^{(2)}$ 根据式(35.1.6)可以用 $-\hat{\boldsymbol{\sigma}}^{(1)}$ 代替,写成

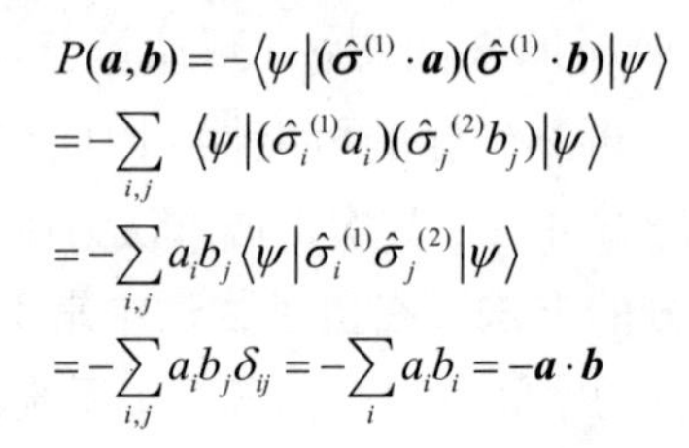

$$\begin{aligned}P(\boldsymbol{a},\boldsymbol{b})&=-\langle\psi|(\hat{\boldsymbol{\sigma}}^{(1)}\cdot\boldsymbol{a})(\hat{\boldsymbol{\sigma}}^{(1)}\cdot\boldsymbol{b})|\psi\rangle\\&=-\sum_{i,j}\langle\psi|(\hat{\sigma}_i^{(1)}a_i)(\hat{\sigma}_j^{(2)}b_j)|\psi\rangle\\&=-\sum_{i,j}a_ib_j\langle\psi|\hat{\sigma}_i^{(1)}\hat{\sigma}_j^{(2)}|\psi\rangle\\&=-\sum_{i,j}a_ib_j\delta_{ij}=-\sum_i a_ib_i=-\boldsymbol{a}\cdot\boldsymbol{b}\end{aligned}$$

所以量子力学的相关函数为

$$P(\boldsymbol{a},\boldsymbol{b})=-\cos\theta \tag{35.1.7}$$

其中 θ 是 $\boldsymbol{a},\boldsymbol{b}$ 两矢量之间的夹角. 为了看出量子力学的结果不满足贝尔不等式，我们取 $\boldsymbol{a},\boldsymbol{b},\boldsymbol{c}$ 三个矢量在同一个平面上，且 $\boldsymbol{a}$ 和 $\boldsymbol{b}$ ，$\boldsymbol{b}$ 和 $\boldsymbol{c}$ 之间夹角都是 $\pi/3$ (图 35.1.1)，由式(35.1.7)

$$P(\boldsymbol{a},\boldsymbol{b})=P(\boldsymbol{c},\boldsymbol{b})=-\frac{1}{2},\quad P(\boldsymbol{a},\boldsymbol{c})=\frac{1}{2}$$

从而

$$\left|P(\boldsymbol{a},\boldsymbol{b})-P(\boldsymbol{a},\boldsymbol{c})\right|=\left|-\frac{1}{2}-\frac{1}{2}\right|=1$$

而

$$1+P(\boldsymbol{c},\boldsymbol{b})=1-\frac{1}{2}=\frac{1}{2}$$

显然，量子力学的结果并不总能满足式(35.1.5)中的贝尔不等式. 这说明量子力学和隐参数理论是不相容的.

贝尔不等式的提出，使得原来在哲学层面上的爱因斯坦、玻尔之争变成一个可以从实验上加以检验的问题，从而激发了一大批构思巧妙的实验，来检验这两种观点到底哪一个正确. 其中最著名的就是 1982 年 Aspect 的实验①. 实验中用激光将钙原子束激发到某个 s 态作为光

① A. Aspect, et al. Experimental test of Bell's inequalities using time-varying analyzers. Phys. Rev. Lett. 1982, 49: 1804.

源，这个态通过双光子级联辐射衰变到基态，同时发射出一对光子沿不同路径传播. 实验中采用精巧的方法极快地改变光子传播的后继路径，使测定光子的极化方向是在光子传播过程中才决定的，以至于即使以光速传递信号，也不可能通过实际信号建立联系——使一个光子对另一个光子的测量结果做出响应. 对两光子极化态实施的测量证实了它们的相关程度，的确超出了贝尔不等式容许的范围，证实了量子纠缠现象存在.

目前已有几十组实验结果都证实了贝尔不等式可以被破坏，从而证明不可能存在定域决定论的隐参数，表明量子力学中确实存在着没有经典类比的纠缠现象.

§ 35.2　量子位　量子门和量子非克隆定理

一个熟知的事实是：信息存储就是把表示信息的物理态固化在存储介质中；信息传输就是传输表示信息(编码)的物理态；信息处理过程实际上是被称为计算机的物理系统的态按算法要求进行的演化过程. 所以信息存储、信息传输、信息处理都以用不同的物理态表示(编码)信息为前提. 经典信息论是建立在对编码物理态作经典理解的基础上，**量子信息就是用量子态编码的信息. 按照量子力学的规律，研究量子信息存储、信息传输、信息处理的科学就是量子信息学**(quantum information).

量子物理态用波函数描述，具有不同于经典物理态的新特点、新性质，这就使量子信息不同于经典信息，并具有经典信息没有的一些新功能.

35.2.1　量子位

在经典信息论中，信息的基本单位是**比特**(bit)，或一个“位”. 一个位，就是一个经典二值系统(比如一只晶体管可以处在“导通”或“截止”两个状态，就是一个经典位. 在量子信息学中，量子信息的基本单位是**量子比特**(qubit). 一个 qubit 就是一个双态量子系统，也就是具有两个线性独立态，并且能制备出这两个线性独立态的任意叠加态的量子系统. 例如，半自旋粒子有两个线性独立的自旋态(常记为$|0\rangle$和$|1\rangle$，分别表示自旋向上、自旋向下)，一个半自旋粒子就是一个 qubit. 由于两个线性独立态张起一个二维 Hilbert 空间，所以也可以说**一个 qubit 就是一个二维 Hilbert 空间**.

在量子信息学中量子位(quantum-bit)的一个重要物理实现就是光子. 在量子力学中，光场或更一般的电磁辐射场是由一个一个光子组成的. 光子的能量 E 和动量 $\boldsymbol{P}$ 通过普朗克常量 $\hbar$ 分别和光场圆频率和波矢 $\boldsymbol{k}$ 联系着

$$E=\hbar\omega,\quad \boldsymbol{P}=\hbar\boldsymbol{k}$$

光子静止质量等于零，以光速 c 运动. 光子有沿波矢方向的自旋角动量 $\hbar$. 对应经典物理中左旋圆极化波和右旋圆极化波，存在左旋圆极化和右旋圆极化两种光

子态，分别用$|L\rangle$和$|R\rangle$表示，前者沿波矢方向的投影为$+\hbar$，后者沿波矢方向的投影为$-\hbar$. 光子可以处在$|L\rangle$和$|R\rangle$的叠加态

$$|x\rangle=\frac{1}{\sqrt{2}}(|R\rangle+|L\rangle),\ \mathrm{i}|y\rangle=\frac{1}{\sqrt{2}}(|R\rangle-|L\rangle) \tag{35.2.1}$$

分别表示光子沿x方向和y方向的两种线极化态，这里假设光子沿z方向传播.

一个量子位的纯态可以用两个实参数表征

$$|\psi\rangle=a|0\rangle+b|1\rangle \tag{35.2.2}$$

这里a和b一般是两个复数，要满足归一化条件：$|a^2|+|b|^2=1$. 注意到当$a=1$, $b=0$或$a=0,b=1$，态$|\psi\rangle$退化为$|0\rangle$或$|1\rangle$. 对态$|0\rangle$或$|1\rangle$执行投影到基$\{|0\rangle,|1\rangle\}$上的测量(例如，让电子通过 Stern-Gerlach 装置，测量电子自旋投影)，其中一个态以概率 1 出现，另一个态根本不出现，测量也不会改变这些态，这些态表现出和经典态相同的性质. 由于这个原因，态$|0\rangle,|1\rangle$有时被称为**经典态**. 但当量子位处在式(35.2.2)描述的一般态时，执行投影到基$\{|0\rangle,|1\rangle\}$上的测量，将以概率$|a|^2$得到态$|0\rangle$，以概率$|b|^2$得到态$|1\rangle$，并且测量操作将破坏这个态，视测量结果不同，把它制备在新态$|0\rangle$或$|1\rangle$上.

二个量子位的态张起一个$2^2=4$维 Hilbert 空间，这个空间的基可以取为

$$|00\rangle,|01\rangle,|10\rangle,|11\rangle$$

在这两个量子位系统中任意制备的一般态$|\psi\rangle$，根据量子态叠加原理，都可以表示为这组基的线性叠加

$$|\psi\rangle=c_0|00\rangle+c_1|01\rangle+c_2|10\rangle+c_3|11\rangle$$

其中叠加系数满足归一化条件：$|c_0|^2+|c_1|^2+|c_2|^2+|c_3|^2=1$. 所以只要系数$c_0,c_1,c_2,c_3$都不是零，在态$|\psi\rangle$中就同时存储有$|00\rangle,|01\rangle,|10\rangle,|11\rangle$四个态的信息. 这和经典情况不同，在经典情况下，虽然利用两个位(两个二值系统)也可以制备出四个状态，但在每个时刻系统只能处在四个状态之一上，不可能制备出两个或两个以上态的叠加态.

同样，n 个 qubit 系统的态空间是 2^n 维 Hilbert 空间，可以取它的 2^n 个基为$\{|i\rangle\}$，其中i是一个n位二进制数. 在n个 qubit 的系统中可以制备出一般态

$$|\psi\rangle=\sum_{i=0}^{2^n-1}c_i|i\rangle \tag{35.2.3}$$

$|\psi\rangle$中可以同时包含有 2^n 个基态的信息. 以这种方式，**量子存储器可以指数快的速度增加它的存储能力，这就为量子信息大规模并行处理奠定了基础.**

35.2.2　量子门

在经典信息中,两个门“AND”“NOT”，或“OR”“NOT”就构成一个**通用逻辑门组**(universal logical gate set)，任何复杂的逻辑运算，都可以通过通用逻辑门运算的组合完成. 与此类似，量子信息处理所需要的逻辑操作，都可以通过“**量子通用逻辑门组**”的操作实现. 现在已经知道，两位**控制非门**(controlled-NOT)(记为 C-NOT)和一位**转动门**(U-门)就构成了量子通用逻辑门组①. 由于量子信息处理对编码态的一切操作(最后提取信息的测量除外)都必须保持量子态的相干叠加不变(否则将引起量子信息丢失)，这就要求量子通用逻辑门都必须是幺正门，即对量子态执行的是**幺正变换**(unitary transformation).

逻辑门的操作可以用对量子位的 Hilbert 空间基矢的作用定义. 用两个两行一列矩阵表示一个量子位 Hilbert 空间的两个基

$$|0\rangle=\begin{bmatrix}1\\0\end{bmatrix},\quad |1\rangle=\begin{bmatrix}0\\1\end{bmatrix}$$

所有的一位门都可用两行两列矩阵表示. 例如：

(1) 一位**恒等操作** I.

$$I=\begin{bmatrix}1&0\\0&1\end{bmatrix}\tag{35.2.4}$$

它对基矢的作用是 $I|0\rangle=0, I|1\rangle=1$，所以它对一个量子位任意态 $|\psi\rangle=a|0\rangle+b|1\rangle$ 的作用是保持这个态不变.

(2) ***X*-门**(非门).

$$X=\begin{bmatrix}0&1\\1&0\end{bmatrix}\tag{35.2.5}$$

容易看出 $X|0\rangle=|1\rangle, X|1\rangle=|0\rangle$，所以又称它为**非门**.

(3) ***Z*-门**.

$$Z=\begin{bmatrix}1&0\\0&-1\end{bmatrix}\tag{35.2.6}$$

它对基矢的作用是 $Z|0\rangle=|0\rangle, Z|1\rangle=-|1\rangle$，对任意态的作用是改变基 $|0\rangle,|1\rangle$ 的相对相位π.

(4) Y-门. 定义 Y 操作是

$$Y=ZX\tag{35.2.7}$$

---

① A. Barenco, et al. Elementary gates for quantum computation. Phys. Rev. A, 1995, 52: 3457; 又 quant-ph/9605031.

它对基矢的作用是$Y|0\rangle = ZX|0\rangle = -|1\rangle, Y|1\rangle = ZX|1\rangle = |0\rangle$，注意到

$$ZX = \begin{bmatrix} 1 & 0 \\ 0 & -1 \end{bmatrix} \begin{bmatrix} 0 & 1 \\ 1 & 0 \end{bmatrix} = \begin{bmatrix} 0 & 1 \\ -1 & 0 \end{bmatrix}$$

所以 Y 操作可以表示为

$$Y = \mathrm{i}\begin{bmatrix} 0 & -\mathrm{i} \\ \mathrm{i} & 0 \end{bmatrix} = \mathrm{i}\hat{\sigma}_y \tag{35.2.8}$$

$\hat{\sigma}_y$ 是泡利算子 Y 分量. 实际上 X，Z 门的表示矩阵分别是泡利算子 $\hat{\sigma}_x, \hat{\sigma}_z$，而已知三个泡利算子加上恒等算子 I 构成 2×2 幺正矩阵完全集，任何一个量子位态的幺正变换都可通过这四个门的操作组合完成. 一个特别有用的一位幺正门是 **Hadamard** 门，记为 H

$$H = \frac{1}{\sqrt{2}}\begin{bmatrix} 1 & 1 \\ 1 & -1 \end{bmatrix} \tag{35.2.9}$$

它对两个基矢的作用分别是

$$H|0\rangle = \frac{1}{\sqrt{2}}(|0\rangle + |1\rangle),\ \ H|1\rangle = \frac{1}{\sqrt{2}}(|0\rangle - |1\rangle) \tag{35.2.10}$$

Hadamard 门实际上是从 $\hat{\sigma}_z$ 表象到 $\hat{\sigma}_x$ 表象的基矢变换矩阵.

构成量子通用逻辑门组的 **C-NOT 门**是个两位门，它作用在两个量子位态上，其中第一个位称为**控制位**(control qubit)，第二个位称为**靶位**(target qubit). C-NOT 门的作用是当且仅当控制位态是$|1\rangle$时，才取靶位的逻辑非，即

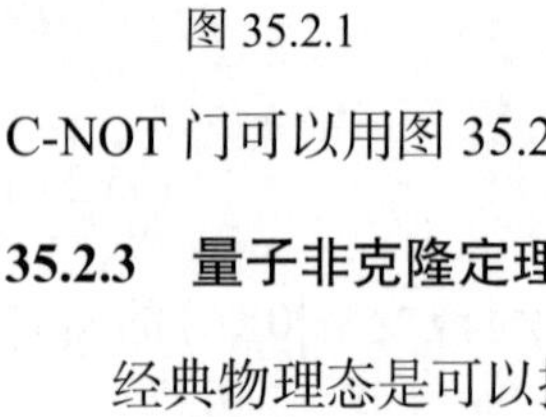

$$\left.\begin{array}{l} |00\rangle \to |00\rangle \\ |01\rangle \to |01\rangle \\ |10\rangle \to |11\rangle \\ |11\rangle \to |10\rangle \end{array}\right\} \tag{35.2.11}$$

$|a\rangle$　$|a\rangle$

$|b\rangle$　$|a\oplus b\rangle$

图 35.2.1

C-NOT 门可以用图 35.2.1 表示.

35.2.3　量子非克隆定理[①]

经典物理态是可以拷贝或复制的，我们可以反复地拷贝或复制记录在磁盘或光盘中的数据、资料，实际上就是拷贝或复制表示这些数据、资料的物理态. 但表示信息的量子态一般是不能拷贝的.

所谓**拷贝**(copy)或**克隆**(cloning)是指原来的量子态不被破坏，而在另一个系

① Yuen H P. Amplification of quantum states and noiseless photon amplifiers. Phys. Lett. A, 1986, 113: 405.

统中产生一个完全相同的量子态. 量子力学理论的一个直接结果是：**一个未知的量子态不能被完全拷贝**——这称为**量子非克隆(no-cloning)定理**. 这个定理是后面介绍的“绝对安全”量子密钥的理论基础.

假设$|\alpha\rangle$是一个未知量子态，有一个物理过程能完全拷贝它

$$U(|\alpha\rangle|0\rangle)=|\alpha\rangle|\alpha\rangle$$

这个物理过程必定不依赖于$|\alpha\rangle$态本身的信息，从而和态$|\alpha\rangle$无关. 对于另一个任意态$|\beta\rangle$ ($|\beta\rangle\neq|\alpha\rangle$)，应有$U(|\beta\rangle|0\rangle)=|\beta\rangle|\beta\rangle$,从而对于相干叠加态$|\gamma\rangle=|\alpha\rangle+|\beta\rangle$，应有

$$\begin{aligned}U(|\gamma\rangle|0\rangle)&=U[(|\alpha\rangle+|\beta\rangle)|0\rangle]=U(|\alpha\rangle|0\rangle+|\beta\rangle|0\rangle)\\&=|\alpha\rangle|\alpha\rangle+|\beta\rangle|\beta\rangle\neq|\gamma\rangle|\gamma\rangle\end{aligned}$$

结果不是态$|\gamma\rangle$的拷贝，所以这样的物理过程是不存在的. 这个定理实际上否定了造出普适量子拷贝机的可能性.

我们还可以从另一角度考察量子非克隆定理. 假设有一个量子位处在未知量子态$|\psi\rangle$，如果我们能够完全拷贝它，这就意味着能得到它的足够多的完全拷贝. 由于这些拷贝态是完全相同的，就可以测出像$\hat{\sigma}_x,\hat{\sigma}_y,\hat{\sigma}_z$这些不对易力学量到任意精度，而这与量子力学中的**不确定关系**是矛盾的.

量子态非克隆定理否定了精确复制未知量子态的可能性，但是不保证复制必定成功的“概率量子克隆”仍然是可能的. 郭光灿等证明两个非正交态通过适当设计的幺正演化和测量过程组合，可以以不等于零的概率产生出输入态的精确复制. A. K. Pati 等还证明，如果有未知量子态的完全拷贝，要完全删除它也是不可能的. 所有这些结果都深刻揭示了量子信息不同寻常的性质.

§ 35.3　量 子 通 信

量子纠缠态现象是没有经典类比的新现象，量子信息学研究已经证明，这是一种极为有用的、新的信息**物理资源**(就像经典信息论中的时间资源、空间资源一样). 利用这种新资源，可以创造出经典信息没有的新功能. 本节就来介绍纠缠在通信技术中的应用.

35.3.1　超密编码[①]

如果编码光子竖直极化态$|0\rangle$为 0，水平极化态$|1\rangle$为 1，要传输经典位串

① A. Barenco, et al. Dense coding based on quantum entanglement. J. Mod. Optics, 1995, 42: 1253.

(10010)，只需要按顺序发送分别制备在$|1\rangle,|0\rangle,|0\rangle,|1\rangle,|0\rangle$态的五个光子. 接收者对传来的光子做投影到基$\{|0\rangle,|1\rangle\}$上的测量，就可毫不含混地得到位串(10010). 这种通信方式和经典无实质差别，传送一个量子位不可能传送多于 1 bit 的经典信息.

使用量子纠缠资源可以只传送一个量子位，而传送 2 bit 的经典信息，这称为**超密编码**(dense coding). 假设通信双方 A 和 B 各拥有处在纠缠态

$$\left|\phi^+\right\rangle = \frac{1}{\sqrt{2}}(|00\rangle + |11\rangle) \tag{35.3.1}$$

中的量子位，不失一般性编号 A 的量子位为 1，B 的位为 2. 从这个态出发，A 可以对它的量子位 1 执行四个不同的操作

$$X^{(1)}\left|\phi^+\right\rangle = \frac{1}{\sqrt{2}}X^{(1)}(|00\rangle + |11\rangle) = \frac{1}{\sqrt{2}}(|10\rangle + |01\rangle) \equiv \left|\psi^+\right\rangle \tag{35.3.2}$$

$$Z^{(1)}\left|\phi^+\right\rangle = \frac{1}{\sqrt{2}}Z^{(1)}(|00\rangle + |11\rangle) = \frac{1}{\sqrt{2}}(|00\rangle - |11\rangle) \equiv \left|\phi^-\right\rangle \tag{35.3.3}$$

$$Y^{(1)}\left|\phi^+\right\rangle = \frac{1}{\sqrt{2}}Y^{(1)}(|00\rangle + |11\rangle) = \frac{1}{\sqrt{2}}(|01\rangle - |10\rangle) \equiv \left|\psi^-\right\rangle \tag{35.3.4}$$

其中$X^{(1)},Y^{(1)},Z^{(1)}$算子右上角的数字表示作用的量子位编号，它们的作用由式(35.2.5)、式(35.2.6)、式(35.2.8)定义. 当然 A 还可不做任何操作，保持$\left|\phi^+\right\rangle$不变. 当 A 操作完后，再把他拥有的那个量子位发送给 B，现在这两个量子位都在 B 处，B 可以通过适当设计的测量区分开这四个态，从而知道 A 执行的是四个操作中的哪一个. A 的四种不同的选择，代表着 2 bit 的经典信息，于是 **A 发送一个量子位就传递了 2 bit 的经典信息**.

容易验证四个态$\{\left|\phi^\pm\right\rangle,\left|\psi^\pm\right\rangle\}$两两正交，互相独立，共同构成了两量子位系统态空间的一组基，通常称它们为**贝尔基**. **贝尔基都是两量子位系统的最大纠缠态**.

未知量子态不能克隆性和 EPR 纠缠一起，进一步说明了非相对论量子力学和狭义相对论在理论上是自恰的. 假设制备出一批处在某一贝尔基态的量子位对，并把每对中的一个量子位放在 A 处，另一个放在 B 处，A 和 B 相距可任意远. 当 A 希望和 B 通信时，A 可以选择地测量他的量子位自旋投影$\hat{\sigma}_x$或$\hat{\sigma}_z$中的一个，从而制备 B 的量子位在沿 x 方向向上、向下态$\{\left|\uparrow\right\rangle_x,\left|\downarrow\right\rangle_x\}$或沿 z 方向向上、向下态$\{\left|\uparrow\right\rangle_z,\left|\downarrow\right\rangle_z\}$之一上. 如果确能克隆未知态，$B$ 就可拷贝这些态，通过多个投影测量，肯定地区分出 A 的测量操作究竟是$\hat{\sigma}_x$或$\hat{\sigma}_z$，从而就可解译出 A

发送过来的信息，实现超光速通信. 而超光速将导致因果律失效，和狭义相对论矛盾，当然是不可能的. 量子非克隆定理排除了利用量子纠缠实现超光速通信的可能性.

35.3.2　量子隐形传态①

假设 A 希望把一个量子位态 $|\alpha\rangle$ 传送给 B，如果 A 已经知道 $|\alpha\rangle$ 态是什么，它就可以把 $|\alpha\rangle$ 态的经典信息通过经典通信传给 B，B 就可以按他得到的信息在他的量子位上重现这个态，这实际上就是经典通信. 但是若 $|\alpha\rangle$ 态是未知的，事情就很麻烦. 克隆这个态的可能性被量子非克隆定理排除，而获得态信息的测量将破坏这个态，且只能得到态的部分信息. 似乎传送 $|\alpha\rangle$ 态唯一的方法是把处在 $|\alpha\rangle$ 态的量子位传给 B.

利用量子纠缠现象，可以不发送任何量子位，而把未知态 $|\alpha\rangle$ 传送出去，这称为**隐形传态**(teleportation). 假设 A 和 B 各拥有一个共处在纠缠态 $|\phi^+\rangle$ 的量子位，A 希望把未知态 $|\alpha\rangle$ 传送给 B. 不失一般性，假设

$$|\alpha\rangle = a|0\rangle + b|1\rangle \tag{35.3.5}$$

其中 a,b 是满足归一化条件的未知系数. 现在全部三个量子位的初态是

$$\begin{aligned}|\Psi_0\rangle &= |\alpha\rangle|\phi^+\rangle = \frac{1}{\sqrt{2}}|\alpha\rangle(|00\rangle + |11\rangle) \\ &= \frac{1}{\sqrt{2}}(a|000\rangle + b|100\rangle + a|011\rangle + b|111\rangle)\end{aligned} \tag{35.3.6}$$

注意其中前两个量子位都在 A 处，A 可以对它们施加任何局域的操作. 假设 A 对前两个量子位执行 C-NOT 运算，就可得到态

$$|\Psi_1\rangle = \frac{1}{\sqrt{2}}(a|000\rangle + b|110\rangle + a|011\rangle + b|101\rangle)$$

接着再对第一位施用 H 门操作，应用式(35.2.10)，得到

$$\begin{aligned}|\Psi_2\rangle &= \frac{1}{2}[a(|0\rangle + |1\rangle)|00\rangle + b(|0\rangle - |1\rangle)|10\rangle + a(|0\rangle + |1\rangle)|11\rangle + b(|0\rangle - |1\rangle)|01\rangle] \\ &= \frac{1}{2}[a|000\rangle + a|100\rangle + b|010\rangle - b|110\rangle + a|011\rangle + a|111\rangle + b|001\rangle - b|101\rangle] \\ &= \frac{1}{2}[|00\rangle(a|0\rangle + b|1\rangle) + |10\rangle(a|0\rangle - b|1\rangle) + |01\rangle(a|1\rangle + b|0\rangle) + |11\rangle(a|1\rangle - b|0\rangle))\end{aligned} \tag{35.3.7}$$

---

① C. H. Bennett, et al. Teleporting an unknown quantum state via dual classical and Einstein-Podolsky-Rosen channels. Phys. Rev. Lett., 1993, 70: 1895.

现在 A 对他的两个量子位(即前两个位)执行到基$\{|0\rangle,|1\rangle\}$上的投影测量，$|\Psi_2\rangle$将坍缩到四个叠加态之一上，并给出 A 拥有的前两个量子位的信息. A 把他测得的信息告诉 B(通过经典通信)，B 就知道他通过什么操作可以把他的量子位制备在 A 希望发送的态$|\alpha\rangle$上. 事实上 A 测量的结果已把 B 的量子位投影到下面四个态之一上

$$I|\alpha\rangle,\quad Z|\alpha\rangle,\quad X|\alpha\rangle,\quad Y|\alpha\rangle \tag{35.3.8}$$

B 根据 A 传来的经典信息，对它的量子位施用式(35.3.8)其中一个相应操作的逆操作，就可在他的量子位上制备出$|\alpha\rangle$态.

关于隐形传态我们注意到：①不是原来态的复制，因为原来在 A 处的量子位的$|\alpha\rangle$态经上述操作后已经被破坏；②在上述实现传态过程中伴随着经典通信，所以隐形传态不可能超光速进行；③上述过程中包含的操作都是线性的，所以原则上可以传送更复杂的叠加态.

1997 年，*Nature* 报道，奥地利 Innsbruck 大学的一个实验小组，在实验室中利用参数下转换制备出纠缠光子态，用于隐形传态，实现了光子极化态的隐形传送[①].

35.3.3 量子密钥分配[②③]

保密通信依赖于**密钥**(cryptography)，在最简单情况下密钥可取为二进制随机位串. 如果通信双方 A 和 B 拥有它们自己才知道的随机位串，他们就可进行保密通信. 比如 A 把他的消息编码后并和密钥进行适当的加密运算，然后发送给 B，B 收到这个位串后就可利用密钥，通过加密算法的逆运算提取出 A 发过来的消息. 由于单独的传输中的位串本身并不携带消息，信息包含在传输位串和密钥的相关中，窃听者即使截获传输中的位串，也不可能得到传输的消息.

现在的问题是通信双方如何建立密钥？当然可以用通信线路交换密钥，或由第三者传送密钥，但这都存在泄密的危险. 传统的经典通信采用各种数学技巧防止泄密，但原则上以任何数学技巧为基础的密钥都是可以破译的，经典通信不可能做到绝对保密. 建立在物理规律基础上的密钥才可以做到绝对保密，量子物理给出了建立绝对保密密钥的可能性.

1. *以纠缠为基础的量子密钥*

假设 A 和 B 拥有一批处在纠缠态

---

① Dik Bouwmeester, et al. Experimental quantum teleportation. Nature, 1997, 390: 11.

② C. H. Bennet, et al. Quantum cryptography. Scientific American, October.50, 1992.

③ A. K. Ekert. Quantum cryptography based on Bell's theorem. Phys. Rev. Lett., 1991, 67: 661.

$$\left|\psi^-\right\rangle=\frac{1}{\sqrt{2}}(|01\rangle-|10\rangle)$$

的量子位对，每一对中一个量子位在 A 处，另一个在 B 处. A 对他拥有的每一个位，随机地选择测量不对易的力学量 $\hat{\sigma}_x$ 和 $\hat{\sigma}_z$ (假设量子位对处在自旋纠缠态)，测量的结果也同时制备 B 的相应位在 $\hat{\sigma}_x$ 或 $\hat{\sigma}_z$ 的本征态上. B 也随机地选择测量 $\hat{\sigma}_x$ 或 $\hat{\sigma}_z$. 当 B 测量某个量子位碰巧和 A 使用了相同的基，他们就得到了完全相关的结果. 当他们使用不同的基时，他们得到的结果是不相关的. 当他们对所有的位对测量完毕后，可以在公开的信道上通报对每个位对各采用了什么测量基(力学量)，但并不公布测量结果. 对大约一半纠缠对，他们的测量使用了不同的基，得到的结果是不相关的，这些结果丢弃不要. 对另一半纠缠对，他们使用了相同的测量基，得到了相关的结果，从而他们分享了随机密钥串.

2. 基于不对易可观测量的密钥分配

假设采用光子极化态编码信息. 定义**加基**：$\oplus=\{|x\rangle,|y\rangle\}$分别表示光子的水平极化态和竖直极化态；**乘基**：$\otimes=\{|R\rangle,|L\rangle\}$, 分别表示光子的右旋圆极化态和左旋圆极化态. 这两组基之间的变化关系由式(35.2.1)给出

$$|x\rangle=\frac{1}{\sqrt{2}}(|R\rangle+|L\rangle),\ \ \mathrm{i}|y\rangle=\frac{1}{\sqrt{2}}(|R\rangle-|L\rangle) \tag{35.3.9}$$

逆变换为

$$|R\rangle=\frac{1}{\sqrt{2}}(|x\rangle+\mathrm{i}|y\rangle),\ \ |L\rangle=\frac{1}{\sqrt{2}}(|x\rangle-\mathrm{i}|y\rangle) \tag{35.3.10}$$

采用编码方案：$|x\rangle,|R\rangle\to 0,|y\rangle,|L\rangle\to 1$.

现在假设 A 发送给 B $2n$ 个光子，A 随机地选择加基或乘基测量每一个光子，从而把每个光子制备在$\{|x\rangle,|y\rangle,|R\rangle,|L\rangle\}$四个态之一上. B 对接收到的每个光子也随机地选择加基或乘基测量，并记下测量结果. 下一步，A 和 B 互相通报对每个光子使用的制备或测量基，但并不通报测量结果. 这样大约有一半的机会他们对同一光子使用了相同的测量基，在不存在出错和干扰情况下，他们应测得相同的结果，从而共同拥有 n 位随机二进制串，这个随机串就可用作密钥.

使用上述两种方法建立密钥的好处是任何窃听者想不被发现是不可能的. 在后面这个方案中，窃听者窃听这种密钥的唯一方法是截获传输中的光子，并测量它，然后再把它发送给 B. 但窃听者测量的结果有一半机会破坏 A 发送过来的光子态，从而使 B 测量平均只有$1/4$的机会和 A 有相同的记录. A 和 B 现在可以随机地选择他们使用了相同基测量得到结果的一半，即 $n/2$ 个光子的测量结果进行比较(可在公开信道上进行)，如果结果都相同，就可肯定他们建立的密钥没有被窃听. 因为如果有窃贼存在，当 n 很大时，他们公开校验又碰巧选择了未

被污染的测量结果的概率非常小. 例如，对 $n = 1000$，这个概率约是 $(1/4)^{n/2} = 2^{-1000} \sim 10^{-125}$.

35.3.4　量子密钥分配实验

量子密钥分配实验根据是基于纠缠光子源还是基于不对易可观测量可分为两大类. 每一类又按传输方式是自由空间传输或光纤传输，把信息是编码在光子极化自由度或相位自由度又分成若干种.

图 35.3.1 是一个典型的基于不对易可观测量的量子密钥实验装置示意图. 实验中采用光子偏振态编码. 通信一方 A 的系统由四个激光二极管(LD)组成，它们发射短的激光脉冲(～1ns)，偏振方向分别取在 –45°,0°,+45°,90°. 随机地触发其中一个二极管，产生脉冲由一组滤波片(F)衰减到平均光子数小于 1(比如 0.1)，沿着量子道(保偏光纤或自由空间)传输到通信的另一方 B. 信号到达 B 后，脉冲从光纤中取出，通过一组用于补偿传输中引进的相位、恢复初始偏振态的波片，然后到达对称的分束器(BS)执行测量基选择. 透过光子用极化分束器(PBS)和两个光子探测器，分析竖直-水平基；而反射光子首先用波片($\lambda/2$)转动极化方向 45°(–45°)，然后用第 2 组极化分束器和两个光子探测器进行光子极化态分析.

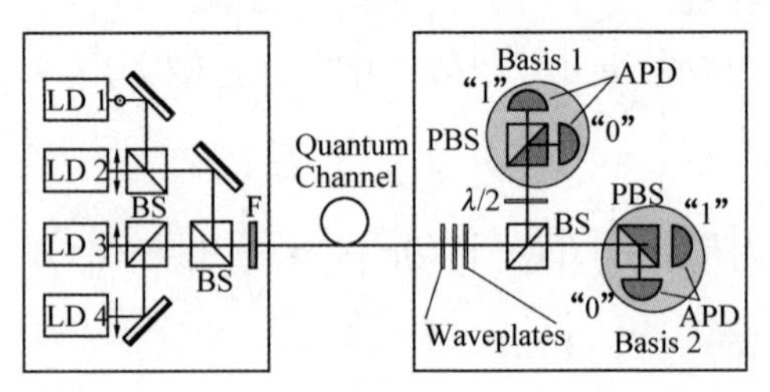

图 35.3.1

代替上述装置中 A 处的 4 个激光器和 B 处的两个极化分束器，可以利用如**泡克耳斯盒**(Pockels cell)之类的主动极化调制实现. A 使用一个激光器发出一定偏振方向的脉冲，发射端调制器随机地作用于每个脉冲，转动光子极化态为上述 4 个偏振态之一. 在接收端调制器随机地转动一半脉冲 45°，完成光子极化态分析.

量子密钥分配实验研究进展很快，从 1993 年首次在实验室进行量子密钥分配实验以后，人们一直致力于提高传输距离，增加单位时间内密钥产生率，降低误码率，向实用化方向发展. 2002 年，瑞士大学完成了商用光纤传输 67km 的量子密钥分配①；同年德国的 Ludwig-Maximillans 大学实现了自由空间传输 23.4km 的量子密钥分配②. 人们普遍认为，量子保密通信是正走向实用化的技术.

---

① D. Stucki,et al. Quantum key distribution over 67 km with a plug&play system.

② arXiv: quant-ph/0203118v1, 2002.

§ 35.4 量 子 计 算

从物理观点看，计算机是一个物理系统，计算过程是个物理过程. 量子计算机就是一个量子力学系统，量子计算就是这个被称为计算机的量子系统中进行的量子态演化过程. 由于经典上不同的物理态可以相干叠加形式存在于量子计算机中，量子计算可以使计算沿着经典上不同的路径并行进行；利用量子纠缠提供的“信道”，可减少计算过程中必要的通信联系. 巧妙地利用量子计算机这些性质，可以降低某些问题的计算复杂度，甚至把经典计算中的指数复杂度的问题化为多项式复杂度的问题.

35.4.1 量子算法

1994 年，美国新泽西贝尔实验室的研究人员 P.Shor 发现了分解大数质因子的量子算法[①]，引发了研究量子计算机的热潮. 在计算机科学中，分解大数质因子计算量(计算步数或时间)随要分解大数的位数按指数律上升，在经典算法复杂性分类中，分解大数质因子问题，是个“难解”问题. 据报道，1994 年人们曾使用散布在世界各地的 1600 个工作站，分解一个 129 位数，结果用了 8 个月的时间[②]. 根据这一估计，用同样计算能力的计算机分解一个 250 位数，大约需要 80 万年，分解一个 1000 位数，将需要 10^{25} 年，这大大超出现在估计的宇宙年龄. 单单分解一个大数质因子本身还是一个无关紧要的数学问题，问题在于现在商业、银行、通信以及政府部门广泛使用的公开密钥系统 RSA(以三个发明者名字的首字母命名)就是建立在分解大数质因子是超出了任何经典计算机计算能力这个假设之上. Shor 发现的新算法，使分解大数质因子问题成为一个计算量与待分解数位数有多项式关系的问题，因而变成了“容易解”的问题. 但这个算法利用了编码态的非经典性质，只能在拟议中的量子计算机上执行. Shor 算法的发现，使萌发于 20 世纪 80 年代的量子计算思想获得了实在的应用背景，因而也使量子计算机研究获得了新的推动力. 1996 年 Grover 又发现了随机数据库搜索的量子算法，把计算量从 N 减缩到 $\sqrt{N}$[③]. 这虽然没有引起算法复杂性分类的变化，但

---

① P. W. Shor. Polynomial time algorithm for prime factorization and discrete logarithms on a quantum computer. quant-ph/9508027.

② D. Atkins, M. Graff, A. K. Lenstra, et al. Advances in cryptology-ASIACRYPT'94//J. Pieprzyk, R Safavi-naini. Lecture notes in comp.sci. 917 (Springer Verlag), Berlin, 1995, P263.

③ L. K. Grover. Quantum mechanics helps in searching for a needle in haystack. Phys. Rev. Lett., 1997, Vol, 79, No.2; Quantum computers can search rapidly by using almost any transformation. Phys. Rev. Lett., 1998,Vol.80, No.19.

把 1 万次的计算量，一下子缩减为 100 次也是十分可观的. 关于这些算法的详细介绍，涉及数论等其他知识，需要较多的篇幅，读者可参阅有关的文献资料. 下面举一个最简单的例子——Deutsch 问题[①]，说明量子加速计算的原理.

35.4.2 量子算法的例子——Deutsch 问题

设 f 是一个函数，如果 $f(0) = f(1)$，称 f 为**常数函数**，如果 $f(0) \neq f(1)$，称 f 是**对称函数**. Deutsch 问题就是决定 $f(x)$ 是常数函数，还是对称函数.

如果限于经典计算，显然必须运行计算机两次才能得到答案.

第一次输入 $x = 0$，计算 $y = f(0)$；

第二次输入 $x = 1$，计算 $y = f(1)$.

比较这两次计算结果，就可决定出 f 是常数函数或对称函数. 显然在经典计算情况下运行次数不能少于两次.

量子计算机可以执行如下的幺正变换

$$U_f : |x\rangle|y\rangle \to |x\rangle|y + f(x)\rangle \tag{35.4.1}$$

如果输入的是量子态叠加态，运行这个计算机只一次就可得出答案. 首先注意到如果制备第二量子位处在叠加态 $(|0> - |1>)/\sqrt{2}$，由于

$$U_f : \left[|x\rangle \frac{1}{\sqrt{2}}(|0\rangle - |1\rangle)\right] \to |x> \frac{1}{\sqrt{2}}(|f(x)\rangle - |1 \oplus f(x)\rangle) \tag{35.4.2}$$

所以当 $f(x) = 0$ 时有

$$\frac{1}{\sqrt{2}}(|f(x)\rangle - |1 \oplus f(x)\rangle) = \frac{1}{\sqrt{2}}(|0\rangle - |1\rangle)$$

当 $f(x) = 1$ 时有

$$\frac{1}{\sqrt{2}}(|f(x)\rangle - |1 \oplus f(x)\rangle) = -\frac{1}{\sqrt{2}}(|0\rangle - |1\rangle) \tag{35.4.3}$$

这表明

$$U_f : \left[|x\rangle \frac{1}{\sqrt{2}}(|0\rangle - |1\rangle)\right] = (-1)^{f(x)}|x\rangle \frac{1}{\sqrt{2}}(|0\rangle - |1\rangle) \tag{35.4.4}$$

即 U_f 对输入态 $\left[|x\rangle \frac{1}{\sqrt{2}}(|0\rangle - |1\rangle)\right]$ 的作用就是乘上与第一量子位函数值 $f(x)$ 有关的一个相因子. 利用这一结果，如果我们制备第一量子位处在叠加态

$$|x\rangle = \frac{1}{\sqrt{2}}(|0\rangle + |1\rangle)$$

① D. Deutsch. Proc. R. Soc. Lodon A, 1985, 400: 97.

运行量子计算机一次，就可得到

$$\begin{aligned} & U_f:\left[\frac{1}{\sqrt{2}}(|0\rangle+|1\rangle)\frac{1}{\sqrt{2}}(|0\rangle-|1\rangle)\right] \\ & =\frac{1}{\sqrt{2}}[(-1)^{f(0)}|0\rangle+(-1)^{f(1)}|1\rangle]\frac{1}{\sqrt{2}}(|0\rangle-|1\rangle) \end{aligned} \tag{35.4.5}$$

注意到如果

$$f(0)=f(1)=0 \quad 或 \quad f(0)=f(1)=1$$

第一个量子位态为

$$|+\rangle=\frac{1}{\sqrt{2}}(|0\rangle+|1\rangle) \quad 或 \quad -|+\rangle=-\frac{1}{\sqrt{2}}(|0\rangle+|1\rangle)$$

如果

$$f(0)=0, f(1)=1 \quad 或 \quad f(0)=1, f(1)=0$$

第一个量子位态为

$$|-\rangle=\frac{1}{\sqrt{2}}(|0\rangle-|1\rangle) \quad 或 \quad -|-\rangle=-\frac{1}{\sqrt{2}}(|0\rangle-|1\rangle)$$

所以只要对第一量子位执行投影到基

$$|\pm\rangle=\frac{1}{\sqrt{2}}(|0\rangle\pm|1\rangle)$$

上的测量，如果得到$|+\rangle$，表明：f 是常数函数；如果测得$|-\rangle$表明 $f(0)\neq f(1)$，f 是对称函数.

从这个例子可以看出，由于量子计算机可接受叠加形式的输入，执行量子计算，只运行一次就可解决经典计算机必须运行两次才能解决的问题. 这个例子虽然简单，但它已很好地说明了量子计算机加速的基本原理.

35.4.3　量子测量和量子计算机编程

在量子计算机中，经典上不同的信息以叠加形式存在，计算结果一般也是经典上不同信息的叠加态. 根据量子力学的测量理论，对于叠加态的测量，只能够概率地得到一个经典结果. 例如，对叠加态

$$|\psi\rangle=a|+\rangle+b|-\rangle$$

其中虽然包含有$|\pm\rangle$态的信息，但用$|\pm\rangle$基的测量只能以一定概率得到$|+\rangle$态或$|-\rangle$态. 而且根据量子力学测量理论，更坏的情况是实施测量的结果将不可逆地破坏被测的叠加态. 使原来的叠加态"坍缩"到测量结果得到的那个经典态上. 如果紧接着上一次再次去测量，也只能得到第一次得到的那个经典态，而绝不会再得到其他的信息. 这么看起来，似乎量子大规模并行计算带来的好处，由于测

量(计算结果的输出)而丧失殆尽，量子计算没什么好处可言. 实际上，虽然在计算结果态中，各种经典信息可以以一定概率存在，但可以存在并不意味着一定存在，存在的概率可以大，也可以小，甚至是零. 量子测量的上述性质仅只是启发了量子计算机编程的一条基本原则：**在对量子计算机编程时，应当利用量子态相干叠加性质，使希望得到的经典态在计算中发生相长干涉，结果中具有最大的概率幅，不需要的经典信息发生相消干涉，结果具有较小的甚至是零的概率幅.** 这样就可使最后测量以最大的概率给出所需要的结果. 至于如何做到这一点，正是量子算法研究的内容. Shor 算法，Grover 搜索算法就是针对具体的问题成功的量子算法的例子. 在最坏的情况下，还可以通过多次重复计算，从测量结果的统计分布中得到问题的答案，这时只需把多次重复的计算看成一个计算就是了.

§ 35.5 量子纠错和容错计算

量子信息具有的超出经典信息的新功能，依赖于利用了量子态的干涉和量子纠缠现象. 然而量子态是极为脆弱的，非常容易和环境相互作用发生消相干，退化为经典态，造成信息传输、信息处理出错. 这种和环境相互作用引起的出错，一度被认为是量子信息物理实现的最大障碍. 正像经典信息传输、信息处理依靠成功的纠错方法(不是仅仅依靠物理设备和逻辑部件的完善)战胜出错一样，量子信息传输、处理也必须借助于成功的纠错方法. 正是在 1995～1996 年，P. Shor 和 A. Steane 等建立了量子纠错的理论和方法[①②③]，才坚定了人们发展量子信息的信心，使量子信息的物理实现不再有原则性的困难. 关于量子容错、纠错和容错计算系统的理论方法，这些内容比较专门，详细的介绍超出了本书的范围，有兴趣的读者可参考[④]中有关章节.

问题和习题

35.1 简要回答下列问题：(1)什么叫量子纠缠？为什么说量子纠缠现象可以作为一种信息资源？(2)什么叫量子位？指出几个能充当量子位的物理系统. (3)为什么说信息学的物理基础是物理态？什么叫量子信息学？

---

① Shor P W. Scheme for reducing decoherence in quantum memory,Phys.Rev. A,1995, 52: R2493-R2496.

② Steane A M. Error correcting codes in quantum theory. Phys. Rev. Lett., 1996, 77: 793-797.

③ Steane A M.Efficient fault-tolerant quantum computing. Nature, 1999, 399, 13: 124.

④ 李承祖，等. 量子通信和量子计算. 长沙：国防科技大学出版社，2000. 或李承祖等《量子计算机研究》(下)，北京，科学出版社，2011. 8.

35.2　证明：

(1) H 门的表示矩阵

$$H=\frac{1}{\sqrt{2}}\begin{bmatrix}1 & 1\\ 1 & -1\end{bmatrix}$$

是幺正矩阵.

(2) 若一个量子位在 Hilbert 空间的两个基用列矩阵表示为

$$|0\rangle=\begin{bmatrix}1\\0\end{bmatrix}\text{和}|1\rangle=\begin{bmatrix}0\\1\end{bmatrix}$$

试用 H 门的表式矩阵证明下式：

$$H|0\rangle=\frac{1}{\sqrt{2}}(|0\rangle+|1\rangle)\text{，}\quad H|1\rangle=\frac{1}{\sqrt{2}}(|0\rangle-|1\rangle)$$

35.3　一个量子位在 Hilbert 空间的两个基用两个列矩阵来表示，两个量子位系统在 Hilbert 空间的基可以通过这两个列矢量的直积(“×”积)来构造. 例如

$$|00\rangle=\begin{bmatrix}1\\0\end{bmatrix}\otimes\begin{bmatrix}1\\0\end{bmatrix}=\begin{bmatrix}1 & 0 & 0 & 0\end{bmatrix}^{\mathrm{T}}$$

(1) 用这种方式构造两个量子位系统的 Hilbert 空间的基；

(2) 给出 C-NOT 操作在这组基下的表示矩阵；

(3) 证明 C-NOT 的表示矩阵是幺正矩阵.

35.4　证明贝尔基 $\{|\phi^{\pm}\rangle,|\psi^{\pm}\rangle\}$ 是双边局域操作算子 $\sigma_x^{(1)}\sigma_x^{(2)},\sigma_z^{(1)}\sigma_z^{(2)}$ 的共同本征态，求出它们各自相应的本征值. 根据上面的结果，说明存在“隐匿”的量子信息.

35.5　证明：自旋单态

$$|\psi^{-}\rangle=\frac{1}{\sqrt{2}}(|01\rangle-|10\rangle)$$

中的两个粒子在双边 X、Y、Z 操作下保持不变(相位因子改变–1 除外). 其中

$$X=\begin{bmatrix}0 & 1\\ 1 & 0\end{bmatrix},\quad Y=\begin{bmatrix}0 & 1\\ -1 & 0\end{bmatrix},\quad Z=\begin{bmatrix}1 & 0\\ 0 & -1\end{bmatrix}$$

35.6　什么叫“隐形传态”(teleportation)？假设有一个量子位的任意态

$$|\alpha\rangle=a|0\rangle+b|1\rangle$$

试给出把这个态从 A 传给 B 的步骤.

35.7　说明“BB84”方案实现量子密钥分配的物理原理.

35.8　证明：在转动基 $|\tilde{0}\rangle=\frac{1}{\sqrt{2}}(|0\rangle+|1\rangle)$ 和 $|\tilde{1}\rangle=\frac{1}{\sqrt{2}}(|0\rangle-|1\rangle)$ 下，相位错 $Z|\alpha\rangle=Z(a|0\rangle+b|1\rangle)=a|0\rangle-b|1\rangle$ 表现为位反转错.

第36章 纳 米 科 技

“纳米”是长度单位，1nm=10^{-9}m，是十亿分之一米，约一根头发丝粗细的六万分之一，相当于一般 4 个原子排列的长度. 纳米科技是指研究纳米尺度物质运动规律和性质，利用这些规律和性质制造特定功能产品的科学和技术. 纳米科技是以研究对象的空间尺度划分出的新研究领域，它介于微观和宏观之间，属于介观物理范畴.

纳米科技诞生于 20 世纪 60 年代. 1959 年 12 月，著名物理学家理查德·费曼在美国加州理工学院出席美国物理学年会，发表了题目为“在底部还有很大空间”的著名讲演，提出用单个分子或原子组装成满足某种功能的结构的构想. 他说道“至少依我看，物理学规律没有排除一个原子一个原子地制造物品的可能性”，并预言“如果人类能够在原子或分子的尺度上加工材料、制造设备，将有许多激动人心的发现”“当我们对细微尺寸的物体加以控制的话，将极大地扩充我们获得物性的范围”. 一般认为这就是纳米科技概念的起源.

纳米科技是一门交叉学科，研究内容包括纳米材料、纳米器件和装置、纳米科技检测和表征三大部分. 涉及现代科学技术广泛领域，包括纳米电子学、纳米材料学、纳米机械学、纳米生物学、纳米计量学、纳米物理学和纳米化学等分支学科. 其中纳米物理学、纳米化学是纳米技术的理论基础.

学习指导：本章要求了解纳米科技的物理原理以及它可能的技术应用. 具体要了解纳米尺度的表面、体积、量子等物理效应，纳米材料的概念、种类及可能的技术应用.

§ 36.1 纳米尺度物理效应

纳米科技的物理基础是常规的物质材料当物质结构至少一维减小到纳米尺度以下时，其光学、热学、电学、磁学、力学以及化学性质都会发生显著的变化，表现出不同寻常的性质. 这些变化起源于纳米尺度的表面效应、小尺寸效应和量子效应.

36.1.1 表面效应

定义颗粒**比表面积**为颗粒表面积与其体积之比，考虑到球形颗粒的表面积与半径平方成正比，而体积与半径三次方成正比，球形颗粒的比表面积与其半径成反比. 随着颗粒半径变小，比表面积会显著增大. 比表面积增大的直接效果是位置在表面的原子数目占构成颗粒原子总数的比大大增加. 如图 36.1.1 所示，颗粒直径在 10nm 以下，表面原子数目占颗粒原子总数的比随粒径减小而急剧上升. 当粒径降到 1nm 时，表面原子数目比例高达 90%以上. 有人计算过，1g 的超微颗粒其表面积总和可达 $100m^2$.

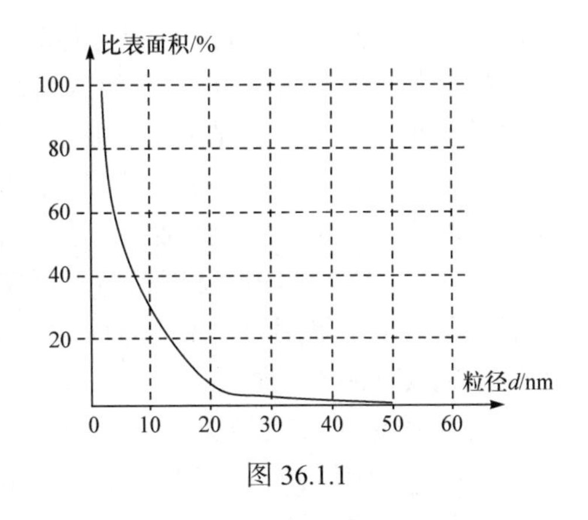

图 36.1.1

超微颗粒的表面与大块物体表面非常不同，用高倍电子显微镜对超微颗粒进行观测，可以观察到这些颗粒既不同于固体，也不同于液体，而是呈现出一种没有固定形态的准固态，在单晶、多晶、孪晶之间连续地变换. 在电子束照射下，表面原子仿佛进入“沸腾”状态. 增大颗粒尺度超过 10nm 后才具有较稳定的结构.

超微颗粒表面原子因为只有靠内部一侧才与其他原子健合，靠外侧原子近邻配位不全，很多成为悬键状态，因此具有很高的化学活性，在空气中极易发生氧化反应. 例如，纳米金属铜或金属铝颗粒，在空气中极易激烈燃烧，发生爆炸. 因此，纳米金属粉末可以做成烈性炸药，制成燃料添加剂提高材料燃烧值，用作催化剂加快化学反应速率等.

36.1.2 体积效应

实验表明，黄金被细分到小于光波长尺寸时，会失去原有富贵光泽而呈黑色. 事实上所有的金属在超微颗粒状态，都会吸收所有可见光而呈黑色. 金属超微颗粒对光的吸收率可达 99%以上，大约几微米的厚度就能完全消光.

我们知道大块金属中由于相互作用的金属原胞数目巨大，单个原子能级劈裂形成的数目等于元胞数目的准连续能级——能带. 当形成纳米尺度颗粒时，晶体周期性边界条件被破坏，其中元胞数目减小，每个能带内能级裂距变大. 当颗粒限度达到 10nm 以下时，会产生大块金属不可能发生的光吸收. 利用这一性质，超微颗粒可以制成高效率的光热、光电转换材料，可以高效率地将太阳能转换为热能、电能，也可以制成红外敏感元件，用于红外隐身技术.

固态物质在其形态为大尺寸时，其熔点是固定的. 超微化以后，由于表面原子数目比例增大，而表面原子结合能比内部原子要低，融化时需要从外部吸收热量破坏原子键的主要是内部原子，所以其熔点显著降低. 例如，金的常规熔点是

1064℃，当颗粒小于 10nm 时，熔点降为1037℃，2nm 尺寸时的熔点仅为327℃左右. 银的常规熔点是670℃，而超微银颗粒熔点可低于100℃. 因此，超细银粉制成的浆料可在低温下烧结，不必要求耐高温的陶瓷基片，甚至可用塑料基片. 日本川崎制铁公司采用0.1～1 μm 的铜、镍超微颗粒制成导电浆料可代替钯与银等贵金属. 超微颗粒熔点下降的性质对粉末冶金工业有吸引力. 例如,在钨颗粒中附加0.1%～0.5% 重量比的超微镍粉后，可使烧结温度从3000℃降到1200～1300℃，在较低的温度下烧制大功率半导体管基片.

人们发现鸽子、海豚、蝴蝶、蜜蜂等生物体内存在超微磁性颗粒，使这些生物在地磁场导航下能辨别方向. 小尺寸的超微磁性颗粒与大块材料有显著的不同，例如，纳米尺寸的强磁性颗粒(Fe-Co 合金、氧化铁等)，当颗粒尺寸小到单个磁畴临界尺寸时，矫顽力可增大 1000 倍. 利用磁性颗粒具有高矫顽力的特性，已制成高储存密度的磁粉，用于磁带、磁盘、磁卡以及磁性钥匙.

纳米材料具有大的界面，界面上原子排列相当混乱，原子在外力作用下很容易迁移，因此表现出很好的韧性和可延展性. 陶瓷材料在常态下呈脆性，然而纳米微颗粒压制成的纳米陶瓷材料却具有极好的韧性，氟化钙纳米材料在室温下可以弯曲而不断裂.

超微尺寸颗粒的小尺寸效应还表现在超导电性、异常的介电性能、声学特性以及化学性质等方面.

36.1.3 量子效应

纳米技术不同于微电子技术，纳米技术是以量子力学原理为基础，研究控制单个原子、分子实现结构特定的功能的技术；而微电子学则是以经典电磁学为基础，通过控制电子群体运动实现其功能的技术.

电子的德布罗意波长在室温下就是纳米量级，和纳米材料尺度相当，纳米材料会表现出的量子效应，取决于材料的纳米维度不同，会表现出不同的量子效应. 主要表现在两个方面. 按照能带理论，大块金属、半导体结构中电子能级形成准连续带结构，根据日本物理学家久保理论，金属共有化电子能级间隔 $\varDelta = 4E_{\mathrm{f}}/3N$，其中 E_{f} 是费米能量，N 是金属颗粒中共有化电子数目. 在纳米尺度下大块材料中准连续的能带退化为分立的能级. 能级间距随纳米颗粒中包含共有化电子数目减少而增大. 当激发热能、电磁场光子能量小于能级差时，导电的金属纳米颗粒可能变成绝缘体. 而当电磁场光子能量等于能级差时，将引起超微粒子对电磁场能的强烈吸收，表现出不同寻常的热学、光学、电磁学性质，称之为**量子尺寸效应**. 例如，金属纳米颗粒宽频带强吸收，吸收谱线、发射谱线会向短波长移动，比热发生反常变化，导电的金属颗粒变成绝缘体；磁矩的大小和颗粒中电子数目的奇偶性有关等，这些都是纳米颗粒量子尺寸效应的宏观表现.

纳米尺度量子效应的另一方面是微观粒子的量子隧道效应. 当器件或装置某一维度进一步微型化时，必须考虑电子能渡越势垒，贯穿到大尺度条件下不可能到达区域的可能性. 例如，在制造微电子器件时，电子可能贯穿纳米级厚的绝缘层，造成电路不能正常工作，这为大规模集成电路设置了一个极限，但可以利用这一效应开发新型电子器件，例如目前研制的量子共振隧穿晶体管，就是利用这一量子效应工作的.

§36.2 纳米材料和纳米组装结构

由于纳米尺度材料具有一些特有的效应，展现出许多全新的性质. 纳米材料有许多种类，在国民经济各个部门以及军事上都得了广泛的应用.

36.2.1 纳米材料

纳米材料是至少一个维度小到纳米尺度材料的总称. 纳米材料可以细分为纳米粉末、纳米纤维(丝、棒、管)、纳米膜和纳米块体四种. 其中纳米粉末开发时间最长，技术也最为成熟，是生产其他三类材料的基础.

纳米粉末: 又称为超微粉或超细粉，一般指粒度在 100nm 以下的粉末或颗粒，是一种大小介于原子或分子与宏观粒子之间的固体颗粒. 这些材料可用于高密度磁记录材料，吸收电磁波的隐身材料，磁流体材料，单晶硅和精密光学器件抛光材料，微芯片导热基片及布线材料；多功能传感材料，太阳能电池材料；高效催化剂；高效助燃剂；柔性陶瓷材料；人体修复材料等. 纳米细粉可用作功能涂层材料，用在需要阻燃、防静电，要求高介电、吸收紫外线、隐身等场合. 氧化物纳米粉在光的照射或在电场作用下，能迅速改变颜色，可以做成绚丽多彩的广告牌. 把药物和纳米颗粒结合制成的纳米颗粒药物，可以自由地在血管和人体组织内运动，可以被人体外加磁场导引，集中到病患部位提高疗效；还可利用纳米颗粒定向阻断毛细血管，“饿”死癌细胞；目前已有用磁性纳米颗粒分离动物癌细胞和正常细胞，在治疗人的骨髓疾病的临床实验上成功的报道.

纳米纤维: 指直径为纳米尺度而长度较大的线状材料，包括纳米丝、棒、管等. 纳米纤维可用于微导线光纤、新型激光或发光二极管材料. 将抗辐射纳米颗粒加入到纤维中，可以制成可阻隔 95%以上紫外线或电磁辐射的“纳米服装”. 可以用纳米材料生产出完全可降解的农用地膜、一次性餐具、各种包装袋等类似产品，从根本上解决日益严重的“白色污染”问题.

纳米膜: 可以分为颗粒膜和致密膜两种. 颗粒模是指纳米颗粒粘结在一起，

中间有极为细小间隙的薄膜. 致密膜指膜致密、中间没有间隙的纳米级厚度的薄膜. 可用于过滤材料、高密度磁记录材料、平面显示器材料等.

纳米块体：是将纳米颗粒在保持新鲜表面的情况下，高压成形或控制金属液体结晶得到的块状材料. 这些材料常具有非常高的硬度、强度或韧性，主要用作高强度材料或智能金属材料等. 将金属纳米颗粒制成块状金属材料，强度比通常金属高十几倍. 用纳米陶瓷粉末制成的纳米陶瓷,具有可塑性. 纳米氧化铝粉添加到陶瓷里，其强度和韧性均可增加 50%以上.

各种纳米材料的制备方法，可以分为物理方法和化学方法两大类. 其中物理方法包括通过机械粉碎、机械球磨、电火花爆炸制备纳米粒子；通过真空加热、蒸发、高频感应等形成细粒，然后骤然冷却形成纳米颗粒. 化学方法包括利用沉淀剂加入到盐溶液，从化学反应的沉淀物中得到纳米粒；利用金属化合物蒸气的化学反应，低温处理金属化合物溶液凝胶、固化物等.

36.2.2 纳米器件和装置

纳米颗粒的性质不仅决定于组成它的原子和分子，而且还决定于这些原子、分子在纳米尺度上的结构. 于是，以原子分子为起点，设计、组装特殊功能的纳米装置就是人类梦寐以求的目标. 纳米组装结构可以分为两类：人工纳米组装结构和自组装纳米结构. 人工纳米组装结构是按照人的意愿，利用物理和化学方法人工地将纳米尺度的物质单元，组装成特定功能的结构体系；纳米结构自组装是通过原子间相互作用键(共价键、离子键、范德瓦耳斯键等)，把原子、粒子、分子组装在一起，形成有特定功能的结构.

纳米组装结构制造不同于传统的、从大到小微型化的制造方法，而是直接操控单个原子、分子，通过自组织或安装制造结构. 使用微制造技术，人们可以按照自己的意愿自由裁剪，集成不同材质的材料. 用纳米技术制造的电子器件，其性能优于传统的电子器件，具有体积小、速度快、功耗低等优点.

纳米组装需要有一系列的新型工具组装这些微结构,需要有新型的检测设备,来检测这些微结构的性能. 还在 20 世纪 80 年代,IBM 公司 G. Binning 和 H. Rohrer 利用量子力学隧道效应，制造成功世界上第一台扫描隧道显微镜(STM)，不仅是人类第一次观察到物质表面原子、分子的排列，而且使用 STM 针尖(尖端原子)对电子、原子的引力，直接操控原子. 原子力显微镜、磁场力显微镜、电场力显微镜等提供了操控和测量纳米结构的“手指”和“眼睛”，用于制造纳米器件、纳米表面加工和用于不同目的的纳米装置.

1991 年 IBM 公司 D. Engler 等用这种设备在镍(Ni)单晶表面上，移动氙原子组成了 IBM 字样,两年后他们又将 48 个铁原子栽到一块铜板上,形成一个圆圈(见量子物理基础部分图 3.5.5). 后来又有人用一氧化碳分子做成一个高度只有 5nm 的分子人. 中国科学院也用原子做成一幅中国地图形状. 这表明直接操控原子、分子，量子工程的时代已经到来.

据报道，日本丰田公司组装了一台米粒大小的微型汽车，德国美因兹微技术研究所制造了一架只有黄蜂大小的直升机，重量不到 0.5g，飞行了 130cm，目的是证明微型发动机是可行的. 所用发动机只有铅笔尖大,每分钟转动10万次. 2006 年，美国佐治亚理工学院教授王中林等成功地在纳米尺度范围内将机械能转换成电能，研制出世界上最小的发电机——纳米发电机. 这一成果发表在 4 月 14 日出版的《科学》杂志上，被中国科学院评选为 2006 年世界十大科技进步之一. 这表明微制造技术也不是科学幻想，而是实在的正被研究和开发的应用技术.

36.2.3　纳米技术的军事应用

纳米材料制造工艺的进步，特别是微机电系统的初步成功，为纳米武器的研究开辟了丰富的想象空间，已经产生出大量的奇思妙想，设想出千奇百怪的战场精灵.

美国于 1995 年提出纳米卫星的概念. 这种卫星比麻雀略大，重量不足 10kg, 各种部件都用纳米材料制造，采用先进的微机电一体化集成技术整合，具有可重组性和再生性，成本低，质量好，可靠性强. 用一枚火箭可发射上百颗这样的卫星. 若在太阳同步轨道上布置 684 颗功能不同的纳米卫星，就可保证在任何时刻对地球上任何地点进行连续监视，即使少数卫星失灵，整个卫星网络的工作也不会受到影响.

纳米器件体积小，可以制造出全新原理的信息存储、传输、处理能力更强的智能化微型导航系统，使制导武器的隐蔽性、机动性和生存能力都大大提高. 可以制造蚊子大小导弹，用电波遥控，神不知鬼不觉地潜入目标内部，摧毁敌方的坦克、飞机、指挥部和弹药库. 可以制造苍蝇大小的袖珍飞行器，携带各种探测设备，具有信息处理、导航和通信能力，部署到敌方信息系统和武器系统附近，监视敌方情况. 据说它还能悬停、飞行，逃避敌方雷达监测，全天候作战. 使用这种纳米制造技术，还可以制造出微型机器人，建成独具一格的“微型军”，执行各种战斗任务.

总之，纳米武器可以实现武器系统的超微化，使目前车载电子战系统浓缩至可单兵携带，隐蔽性、安全性、机动性都更好. 纳米武器可以实现更高程度的智能化，使侦察精度大大提高，信息获取、处理速度大大加快，将根本改变未来战争态势，产生全新的战争概念.

必须充分估计、认识纳米技术进步对未来战争的影响.

问题和习题

36.1 什么是纳米科学技术？它有哪些应用前景？

36.2 纳米材料具有哪些奇异特性？为什么？

附　　录

附录 7　三维空间中的坐标系转动变换和三维张量

A.7.1　三维空间中的坐标系的转动变换

由于转动物理系统，等价于物理系统不动，描述物理系统的坐标系发生了转动，因此可以用坐标系的转动变换代替转动物理系统. 设坐标系 S 绕 z 轴转动 θ 角，记新坐标系为 S'. 位置矢量 $\boldsymbol{R}(x,y,z)$ 在新、旧坐标系中的坐标有关系(图 A.7.1)

$$\begin{cases} x' = \cos\theta \cdot x + \sin\theta \cdot y \\ y' = -\sin\theta \cdot x + \cos\theta \cdot y \\ z' = z \end{cases}$$

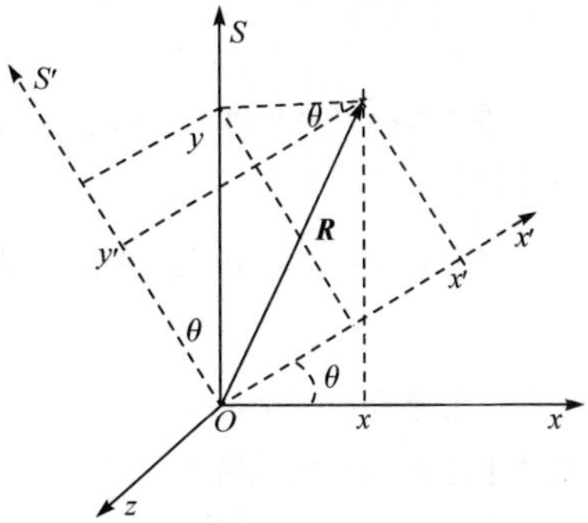

可写成矩阵形式

$$\begin{bmatrix} x' \\ y' \\ z' \end{bmatrix} = \begin{bmatrix} \cos\theta & \sin\theta & 0 \\ -\sin\theta & \cos\theta & 0 \\ 0 & 0 & 1 \end{bmatrix} \cdot \begin{bmatrix} x \\ y \\ z \end{bmatrix} \tag{A.7.1}$$

图 A.7.1

其中系数矩阵

$$[\alpha] = \begin{bmatrix} \cos\theta & -\sin\theta & 0 \\ \sin\theta & \cos\theta & 0 \\ 0 & 0 & 1 \end{bmatrix} \tag{A.7.2}$$

称为**转动矩阵**(rotation matrix)，只决定于转轴和转角. 容易验证：$[\alpha][\tilde{\alpha}] = I$，其中$[\tilde{\alpha}]$表示$[\alpha]$的转置矩阵，$I$ 是 3×3 单位矩阵. 在坐标系转动过程中，位置矢量 $\boldsymbol{R}$ 本身并没有任何变化，其长度当然不变(实际上容易验证 $x'^2 + y'^2 + z'^2 = x^2 + y^2 + z^2$,数学上称这种保持矢量长度不变的线性变换为**正交变换**(orthogonal transformation)，所以**坐标系的转动变换是正交变换**.

鞅面我们选择了坐标系绕 z 轴转动这一特殊情况，下面证明在绕空间任意方向、转动任意角度的一般情况下，仍有相同的结论.

设描述物理系统的坐标系为 S，记沿 S 三个坐标轴的单位基矢量为 $\{\boldsymbol{e}_1, \boldsymbol{e}_2, \boldsymbol{e}_3\}$ ，这些基矢量满足正交归一化关系

$$\boldsymbol{e}_i \cdot \boldsymbol{e}_j = \delta_{ij} \tag{A.7.3}$$

其中

$$\delta_{ij} = \begin{cases} 0, & i \neq j \\ 1, & i = j \end{cases} \tag{A.7.4}$$

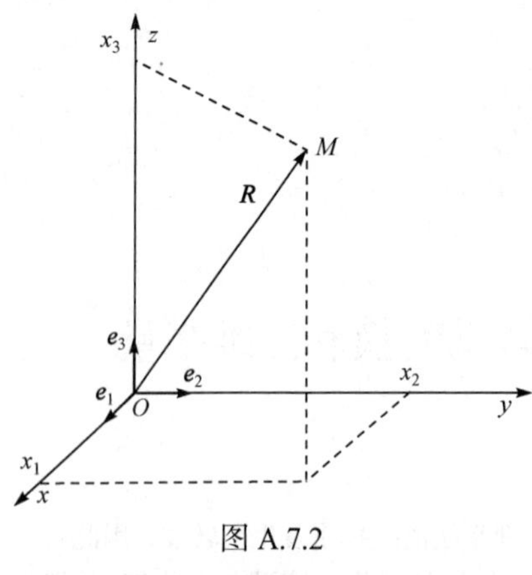

图 A.7.2

称为 **Kronecker 符号**. 空间点 M 的位矢 $\boldsymbol{R}$ 在 S 系中可表示为

$$\boldsymbol{R}=\sum_{i=1}^{3}x_i\boldsymbol{e}_i\equiv x_i\boldsymbol{e}_i \tag{A.7.5}$$

x_i 是 $\boldsymbol{R}$ 沿基矢 $\boldsymbol{e}_i$ 的分量(图 A.7.2). 这里已采用**凡下标重复就代表对该下标所有可能值求和的惯例.**

保持坐标系原点不动，让坐标系 S 绕某一方向转过一个角度，记新坐标系为 S'. 取 S' 系的单位基矢为 $\{\boldsymbol{e}_1',\boldsymbol{e}_2',\boldsymbol{e}_3'\}$，这些基矢也满足正交归一化关系 $\boldsymbol{e}_i'\cdot\boldsymbol{e}_j'=\delta_{ij}$. M 点的位矢在新坐标系中可表示为

$$\boldsymbol{R}=x_k'\boldsymbol{e}_k' \tag{A.7.6}$$

x_k' 是 $\boldsymbol{R}$ 沿新坐标系基矢 $\boldsymbol{e}_k'$ 的分量. 由于坐标系转动过程中 M 点不动，由式(A.7.5)、式(A.7.6)

$$x_k'\boldsymbol{e}_k'=x_j\boldsymbol{e}_j \tag{A.7.7}$$

以 $\boldsymbol{e}_i'$ 点乘式(A.7.7)两边，并利用 $\{\boldsymbol{e}_i'\}$ 的正交归一性，得

$$x_k'\delta_{ki}=x_j\boldsymbol{e}_i'\cdot\boldsymbol{e}_j$$

注意到 $x_k'\delta_{ki}=x_i'$，$\boldsymbol{e}_i'\cdot\boldsymbol{e}_j$ 是个数，记为 α_{ij}，上式就可写作

$$x_i'=\alpha_{ij}x_j,\quad i=1,2,3 \tag{A.7.8}$$

此即位矢 $\boldsymbol{R}$ 在新旧坐标系下各分量间的变换关系. 系数 α_{ij} 与坐标无关，仅决定于新、旧坐标系的相对转动(转轴和转角). 式(A.7.8)表明**坐标系转动变换是坐标分量的线性变换**.

式(A.7.8)可以写成矩阵形式

$$\begin{bmatrix}x_1'\\x_2'\\x_3'\end{bmatrix}=\begin{bmatrix}\alpha_{11}&\alpha_{12}&\alpha_{13}\\\alpha_{21}&\alpha_{22}&\alpha_{23}\\\alpha_{31}&\alpha_{32}&\alpha_{33}\end{bmatrix}\begin{bmatrix}x_1\\x_2\\x_3\end{bmatrix} \tag{A.7.9}$$

或

$$[X']=[\alpha][X] \tag{A.7.10}$$

其中 $[X'],[X]$ 分别是新、旧坐标的列矩阵

$$[\alpha]=\begin{bmatrix}\alpha_{11}&\alpha_{12}&\alpha_{13}\\\alpha_{21}&\alpha_{22}&\alpha_{23}\\\alpha_{31}&\alpha_{32}&\alpha_{33}\end{bmatrix} \tag{A.7.11}$$

就是一般转动的转动矩阵. 由于在坐标系转动变换下，矢量 $\boldsymbol{R}$ 长度不变，即

$$x_i'x_i'=x_jx_j \tag{A.7.12}$$

所以一般的**坐标系的转动变换也是正交变换**. 并且可以证明坐标系转动变换矩阵具有性质

$$\alpha_{ij}\alpha_{ik}=\delta_{jk} \tag{A.7.13}$$

或写成矩阵形式

$$[\tilde{\alpha}][\alpha]=[I] \tag{A.7.14}$$

式(A.7.14)表明转动矩阵的每行(列)都看成行(列)矢量，这些矢量都是正交归一化的.

A.7.2 三维空间中的张量

根据三维空间中坐标系转动变换，可以定义三维空间中的张量(或笛卡儿张量).

(1) 如果一个量在坐标系转动变换下为不变量，就称此量为三维空间中的零阶张量.

时间、质量、电荷等和坐标系无关，自然不受坐标系转动变换的影响；空间两点坐标虽然都随坐标系转动变化，但两点距离不变，所以这些量都是零阶张量. 事实上我们已经遇到的所有的标量都是零阶张量.

三维空间中的位置矢量 $\boldsymbol{R}$ ，是大家最熟悉的一个矢量，它有三个分量，每个分量在坐标系转动变化下都满足变化关系式(A.7.8)，推广这种情况，可定义一阶张量.

(2) **如果一个量由三个分量组成，每个分量在坐标系转动变换下如同坐标分量一样变换，即**

$$A_i' = \alpha_{ij} A_j \tag{A.7.15}$$

则称此量为三维空间中的一阶张量. 所以位置矢量 $\boldsymbol{R}$ 就是个一阶张量. 可以证明速度也是一阶张量，因为它的每个分量在坐标系转动变换下有

$$v_i' = \frac{\mathrm{d}x_i'}{\mathrm{d}t} = \alpha_{ij}\frac{\mathrm{d}x_j}{\mathrm{d}t} = \alpha_{ij} v_j$$

类似地可证明动量、加速度、力等也是一阶张量. 事实上以前已经遇到的所有的矢量都是一阶张量.

(3) 如果一个量 T ($T_{ij}, i, j = 1,2,3$)由 9 个分量构成，每个分量在坐标系转动变换下都满足变换关系

$$T_{ij}' = \alpha_{ik}\alpha_{jl} T_{kl} \tag{A.7.16}$$

就称量 T 是三维空间中的二阶张量. 本书力学部分第 4 章讨论过转动惯量张量，就是一个二阶张量的例子，物理上二阶张量的例子还有应力张量，描述各向异性介质电磁性质的介电张量、磁导率张量等.

类似地可以定义更高阶张量. 为了简单，以下把零阶、一阶、二阶张量等统称为三维空间中的**张量**(tensor).

A.7.3 张量的代数运算

如果一个张量的所有分量都是零，称这个张量是**零张量**. 如果两个同阶张量所有分量都相等，称这两个**张量相等**.

既然我们熟悉的标量、矢量分别是三维空间中的零阶、一阶张量，张量的代数运算规则很多可直接推广我们熟悉的标量、矢量的代数运算规则得出.

(1) 与两个矢量相加(减)(见附录式(A.2.10))类似，两个同阶张量可以相加(减). **两个同阶张量相加(减)即对应分量相加(减)，其和(差)是和原张量同阶的新张量.** 例如

两个一阶张量相加减：　$\boldsymbol{A} \pm \boldsymbol{B} = \sum_{i=1}^{3}(A_i \pm B_i)\boldsymbol{e}_i$

两个二阶张量相加减：　$T + \varPhi = \sum_{i,j=1}^{3}(T_{ij} + \varPhi_{ij})\boldsymbol{e}_i\boldsymbol{e}_j$

等等.

(2) 张量的外乘：一个 m 阶张量和一个 n 阶张量的外乘积是一个 $m+n$ 阶张量，这个张量的 3^{m+n} 个分量分别由前一个张量的每个分量乘后一个张量的每个分量得出. 例如，设 A、B 都是一阶张量，A、B 的外积是个二阶张量 T，T 的 9 个分量是

$$T_{ij}=A_iB_j \quad (i=1,2,3;\ j=1,2,3) \tag{A.7.17}$$

(3) 张量的缩阶：任给一个 m 阶张量 T，它的每个分量有 m 个自由下标，若指定两个下标相同，并对这个相同下标所有可能值求和，而保持其余下标不变，这样就得到一组具有 $m-2$ 个自由下标的元素，这些元素构成 $m-2$ 阶张量. 显然仅当张量阶 $m\geqslant 2$ 时，才可以进行缩阶运算.

例如，三阶张量的分量 T_{ijk}，保持下标 k 不变，令 $i=j$，并对 i 求和得

$$A_k=\sum_{i=1}^{3}T_{iik}=T_{11k}+T_{22k}+T_{33k} \quad (k=1,2,3)$$

三个分量 $\{A_1,A_2,A_3\}$ 构成一阶张量. 显然三阶张量的缩阶方式还可以有 T_{iji},T_{ijj} 两种，对不同的下标缩阶结果一般不同. 所以**张量的缩阶运算必须指定对哪两个下标进行**，否则结果不是唯一的. 但二阶张量例外，它的缩阶是唯一的

$$T\to\sum_{i=1}^{3}T_{ii}=T_{11}+T_{22}+T_{33}$$

其结果是一个数，即零阶张量. 张量缩阶运算一般并不单独进行，定义张量缩阶运算的目的是把它作为下面要定义的张量内积运算的一个环节.

(4) 张量内积：推广两个矢量的的标积运算

$$\boldsymbol{A}\cdot\boldsymbol{B}=A_1B_1+A_2B_2+A_3B_3=\sum_{i=1}^{3}A_iB_i$$

可定义两张量 T 和 Φ 的内积为这两张量的外积再进行一次缩阶，记为 $T\cdot\Phi$. 若 T 为 m 阶张量，Φ 为 n 阶张量，$T\cdot\Phi$ 是 $m+n-2$ 阶张量.

前已指出，张量缩阶运算结果依赖于对哪两个下标进行，为了使内积有唯一结果，通常约定求内积就是对外积中第一因子张量的最后一个下标和第二因子张量的第一个下标进行缩阶. 例如，A 为一阶张量，T 为二阶张量，这两张量的内积有

$$A\cdot T=\sum_{i=1}^{3}A_iT_{ij},\quad T\cdot A=\sum_{j=1}^{3}T_{ij}A_j$$

两种，张量的内积运算一般是不可交换的. 但是两个一阶张量的内积例外，两个一阶张量的内积实际上就是大家熟悉的两个矢量点乘或标积.

定义张量的代数运算的目的，是说明可用张量组成数学上的张量方程，表示物理规律. 由于这样的张量方程在坐标系转动变换下保持形式不变，直接表示了物理规律具有坐标系转动变换的对称性.

附录 8　希尔伯特空间　狄拉克符号

A.8.1　希尔伯特空间

通常的三维位置矢量空间，是定义在实数域上的线性矢量空间，矢量记为 $\boldsymbol{a},\boldsymbol{b},\boldsymbol{c},\cdots$. 其中定

义了两个矢量的加法. 这个矢量空间在任意两矢量相加，其和还是这个空间中的一个矢量的意义上是封闭的；加法满足交换律、结合律等性质，是大家熟悉的. 类似地，可定义希尔伯特空间.

希尔伯特(Hilbert)空间是定义在复数域上的、完备的线性矢量空间.

希尔伯特空间首先是线性矢量空间. 记希尔伯特空间为 H，其中的元素称为矢量，记为：$|u\rangle, |v\rangle, |w\rangle, \cdots$. 符号 $|*\rangle$ 称为 Dirac 符号，由线性矢量空间的定义，H 具有性质：

(1) H 中定义了“加法”(用“+”表示)，H 在“+”运算下是封闭的，即对 H 中的任一对矢量 $|u\rangle, |v\rangle$，都有

$$|u\rangle + |v\rangle = |w\rangle \in H$$

并有下面等式成立

$$|u\rangle + |v\rangle = |v\rangle + |u\rangle \qquad (\text{交换律}) \tag{A.8.1}$$

$$(|u\rangle + |v\rangle) + |w\rangle = |u\rangle + (|v\rangle + |w\rangle) \qquad (\text{结合律}) \tag{A.8.2}$$

存在零矢量，并具有性质

$$|u\rangle + |0\rangle = |u\rangle \tag{A.8.3}$$

对 H 中的任意矢量 $|u\rangle$，存在一个逆矢量 $|-u\rangle$，使得

$$|u\rangle + |-u\rangle = |0\rangle \tag{A.8.4}$$

对任意复数 a, b，有

$$a(|u\rangle + |v\rangle) = a|u\rangle + a|v\rangle\text{；}\quad (a+b)|u\rangle = a|u\rangle + b|u\rangle\text{；}\quad ab|u\rangle = a(b|u\rangle) \tag{A.8.5}$$

(2) 在三维坐标空间中，定义两个矢量 $\boldsymbol{a}, \boldsymbol{b}$ 的标积(内积)为 $\boldsymbol{a} \cdot \boldsymbol{b} = \sum_i a_i b_i$，类似地，在 H 中定义了两个矢量 $u(\xi), v(\xi)$ 的标积为

$$\int_\infty v^*(\xi) u(\xi) \mathrm{d}\xi \equiv \langle v(\xi) | u(\xi) \rangle \tag{A.8.6}$$

(简记为 $\langle * | * \rangle$)，其中 ξ 代表矢量的全部变量(例如，坐标变量和自旋变量)，积分表示对连续变量积分和离散变量求和，且要求标积满足关系

$$\langle u | \lambda v \rangle = \lambda \langle u | v \rangle,\ \langle u | (|v\rangle + |w\rangle) \rangle = \langle u | v \rangle + \langle u | w \rangle,\ \langle u | v \rangle = (\langle v | u \rangle)^* \tag{A.8.7}$$

特别，$\langle u | u \rangle = \| u \|^2 \geqslant 0$，它的非负平方根称为矢量 $|u\rangle$ 的**模**或**长度**.

(3) H 空间是完备的，对 H 中的每一个矢量序列 $\{|u_i\rangle\}$，给定任意正小数 ε 都可找到一个正整数 N，使得对任意两个整数 $n > N$ 和 $m > N$ 都有

$$\| |u_n\rangle - |u_m\rangle \| < \varepsilon$$

成立，称这个序列是收敛的，一个收敛的序列必存在一个极限. 如果序列的极限也在 H 中，就称矢量空间 H 是**完备的**.

应当注意，希尔伯特空间可以是有限维的，对有限维 H 空间，它的完备性条件可由性质(1)、(2)直接得出. 在量子力学中常涉及无穷维希尔伯特空间，条件(3)是必要的.

H 空间中的两个矢量 $|u\rangle, |v\rangle$，如果满足

$$\langle u | v \rangle = 0 \tag{A.8.8}$$

就称这两个矢量**正交**. 如果一组单位矢量(长度是 1) $\{|u_i\rangle\}$，其中矢量两两正交

$$\langle u_i | u_j \rangle = \delta_{ij} = \begin{cases} 0, & i \neq j \\ 1, & i = j \end{cases} \tag{A.8.9}$$

称这组矢量是**正交**、**归一化**的. 如果在 H 中再找不到其他矢量和 $\{|u_i\rangle\}$ 中的矢量都正交，就称 $\{|u_i\rangle\}$ 是 H 中的一组**正交归一化(完备)基**. H 空间中的一组正交、归一化基，相当于于三维坐标空间中的一组基 $(\boldsymbol{e},\boldsymbol{e}_2,\boldsymbol{e}_3)$.

类似于在三维坐标空间中任意一个矢量 $\boldsymbol{a}$ ，都可以通过三个基矢表示为 $\boldsymbol{a} = \sum_i a_i \boldsymbol{e}_i$ ，给出 H 的一组正交归一基 $\{|u_i\rangle\}$ ，H 的完备性意味着其中的任意矢量 $|u\rangle$ ，都可以用这组基严格地表示为

$$|u\rangle = \sum_i a_i |u_i\rangle \tag{A.8.10}$$

其中 a_i 是展开系数，它可以利用正交归一化条件式(A.8.9)求出

$$a_i = \langle u_i | u \rangle \tag{A.8.11}$$

事实上利用式(A.8.9)

$$\langle u_i | u \rangle = \langle u_i | (\sum_j a_j | u_j \rangle) = \sum_j a_j \delta_{ij} = a_i$$

这里假设 H 的基是离散可数的，如果是连续不可数的，上面的求和需要用积分代替.

A.8.2 态空间 狄拉克符号

根据量子态叠加原理，可以验证描述量子系统状态的波函数张起一个完备复矢量空间，因此构成一个希尔伯特空间. 所有的波函数都是希尔伯特空间中的矢量，表示量子态的希尔伯特空间称为**态矢空间**或**态空间**(state space). 引用态空间的概念，量子力学的第一条基本假设又可表述为：**量子力学系统的态由希尔伯特空间中的矢量完全描写.**

量子力学中的态矢空间，除去是无穷维情况外，还可以是有限维的. 前面提到的一个量子位，实际上就是一个二维希尔伯特空间.

严格说来，量子力学中的态矢空间是扩充了的希尔伯特空间，因为在量子力学中包括有长度无限大的矢量，这些矢量在数学的希尔伯特空间中是没有的.

上面我们用 $|*\rangle$ 表示希尔伯特空间中的矢量，其中“$|\ \rangle$”称为狄拉克(Dirac)符号，“$*$”是表征具体态矢的特征量(通常是一个或一组量子数). 使用狄拉克符号可以把态矢量表示成与具体表象无关的抽象形式，其作用类似于三维空间中的矢量符号“$\rightarrow$”. 前面已经用这个符号表示态矢量，如 $|0\rangle, |1\rangle, |u\rangle, |v\rangle$ 等，类似地，态矢 $\Psi(\boldsymbol{x},t)$ 也可写作 $|\Psi(\boldsymbol{x},t)\rangle$ 或 $|\Psi\rangle$ ，动量为 $\boldsymbol{p}$ 的态矢可写作 $|\boldsymbol{p}\rangle$ 等. 态矢 $|*\rangle$ 称为右矢，与态矢 $|*\rangle$ 厄米共轭的态矢用 $\langle *|$ 表示，称为左矢，特别是两矢量的内积就简单记为 $\langle * | * \rangle$ ，这样可以把量子力学的公式表示得非常简洁.

附录 9 δ 函 数

A.9.1 δ 函数的概念

点电荷(或质点)是一个重要的物理模型，为了给点电荷的电荷密度分布一个数学描述，需要引入 δ 函数的概念.

设空间 $\boldsymbol{R}$ 点有一个单位点电荷，以 $\rho(\boldsymbol{R})$ 表示空间电荷密度，$\rho(\boldsymbol{R})$ 应具有以下性质

$$\rho(\boldsymbol{R})=\begin{cases}0, & \boldsymbol{R}\neq\boldsymbol{R}'\\ \infty, & \boldsymbol{R}=\boldsymbol{R}'\end{cases};\qquad \int_V\rho(\boldsymbol{R})\mathrm{d}V=\begin{cases}1, & \boldsymbol{R}'\text{点在区域}V\text{内}\\ 0, & \boldsymbol{R}'\text{点不在区域}V\text{内}\end{cases}$$

这样的密度分布函数没有通常意义上的函数值，在早期的数学理论中是没有意义的. 只是由于近代物理学的需要，把函数概念推广，才给以确切定义. 狄拉克(Dirac)在 1926 年最早引用它，并用 δ 函数表示，所以又称狄拉克 δ 函数. δ 函数定义为

$$\delta(\boldsymbol{R}-\boldsymbol{R}')=\begin{cases}0, & \boldsymbol{R}\neq\boldsymbol{R}'\\ \infty, & \boldsymbol{R}=\boldsymbol{R}'\end{cases} \tag{A.9.1}$$

$$\int_V\delta(\boldsymbol{R}-\boldsymbol{R}')\mathrm{d}V=\begin{cases}1, & \boldsymbol{R}'\text{点在区域}V\text{内}\\ 0, & \boldsymbol{R}'\text{点不在区域}V\text{内}\end{cases} \tag{A.9.2}$$

在直角坐标、球坐标和柱坐标系下可分别表示为

$$\delta(\boldsymbol{R}-\boldsymbol{R}')=\delta(x-x')\delta(y-y')\delta(z-z') \tag{A.9.3}$$

$$\delta(\boldsymbol{R}-\boldsymbol{R}')=\frac{1}{r^2\sin\vartheta}\delta(r-r')\delta(\vartheta-\vartheta')\delta(\varphi-\varphi') \tag{A.9.4}$$

$$\delta(\boldsymbol{R}-\boldsymbol{R}')=\frac{1}{\rho}\delta(\rho-\rho')\delta(\varphi-\varphi')\delta(z-z') \tag{A.9.5}$$

A.9.2　δ 函数的性质

δ 函数的一个重要性质是对任意在 x' 点连续的一维函数 $f(x)$ 有

$$\int_{-\infty}^{+\infty}f(x)\delta(x-x')\mathrm{d}x=f(x') \tag{A.9.6}$$

成立，其中积分区间是包含 x' 点的任意区间. 由 δ 函数定义式(A.9.1)，当积分区间逐渐缩向 x' 点时，积分值不变，因为仅 x' 点附近一个充分小的区间对积分结果才有非零的贡献. 当区间充分接近 x' 点时，由于 $f(x)$ 在 x' 点连续，$f(x)$ 可代以 $f(x')$ 而移到积分号外，剩下的积分利用式(A.9.2)即得式(A.9.6).

δ 函数的上述性质可推广到三维情况，对任意在 $\boldsymbol{R}'$ 点连续的函数 $f(\boldsymbol{R})$ 有

$$\int_V f(\boldsymbol{R})\delta(\boldsymbol{R}-\boldsymbol{R}')\mathrm{d}V=f(\boldsymbol{R}') \tag{A.9.7}$$

设一维函数 $f(x)$ 微商连续(或分段连续)，容易证明

$$\int_{-\infty}^{+\infty}\frac{\partial}{\partial x}\delta(x-x')\cdot f(x)\mathrm{d}x=-\frac{\mathrm{d}}{\mathrm{d}x'}f(x') \tag{A.9.8}$$

类似地，若 $\partial^n f(x)/\partial x^n$ 连续，有

$$\int_{-\infty}^{+\infty}\left[\frac{\partial^n}{\partial x^n}\delta(x-x')\right]f(x)\mathrm{d}x=(-)^n\frac{d^n}{dx'^n}f(x') \tag{A.9.9}$$

δ 函数还具有以下性质：

$$\delta(x)=\delta(-x) \tag{A.9.10}$$

$$\delta(ax)=\delta(x)/|a| \tag{A.9.11}$$

A.9.3 δ 函数的几个具体表达式

(1) δ 函数的傅里叶积分表达式：数学上定义任意一维函数 $f(x)$ (分段光滑)的 Fourier 积分表示为

$$f(x) = \int_{-\infty}^{+\infty} c(k) \mathrm{e}^{\mathrm{i}kx} \mathrm{d}k \tag{A.9.12}$$

其中 $c(k)$ 是 Fourier 变换系数，它可表示为

$$c(k) = \frac{1}{2\pi} \int_{-\infty}^{+\infty} f(x) \mathrm{e}^{-\mathrm{i}kx} \mathrm{d}x \tag{A.9.13}$$

应用上述表示，一维 δ 函数的 Fourier 变换为

$$\delta(x-0) \equiv \delta(x) = \int_{-\infty}^{+\infty} c(k) \mathrm{e}^{\mathrm{i}kx} \mathrm{d}k \tag{A.9.14}$$

Fourier 变换系数可由式(A.9.13)，利用 δ 函数性质式(A.9.6)求出

$$c(k) = \frac{1}{2\pi} \int_{-\infty}^{+\infty} \delta(x) \mathrm{e}^{-\mathrm{i}kx} \mathrm{d}x = \frac{1}{2\pi} \tag{A.9.15}$$

所以

$$\delta(x) = \frac{1}{2\pi} \int_{-\infty}^{+\infty} \mathrm{e}^{\mathrm{i}kx} \mathrm{d}k \tag{A.9.16}$$

此式可一般地写成

$$\delta(x-x') = \frac{1}{2\pi} \int_{-\infty}^{+\infty} \mathrm{e}^{\mathrm{i}k(x-x')} \mathrm{d}k \tag{A.9.17}$$

推广到三维情况有

$$\delta(\boldsymbol{R}-\boldsymbol{R}') = \frac{1}{(2\pi)^3} \int_{-\infty}^{+\infty} \mathrm{e}^{\mathrm{i}\boldsymbol{k}\cdot(\boldsymbol{R}-\boldsymbol{R}')} \mathrm{d}\boldsymbol{k} \tag{A.9.18}$$

对于以波矢 $\boldsymbol{k}$ 为变量的 δ 函数有 $\delta(\boldsymbol{k}-\boldsymbol{k}') = \frac{1}{(2\pi)^3} \int_{-\infty}^{+\infty} \mathrm{e}^{\mathrm{i}\boldsymbol{R}\cdot(\boldsymbol{k}-\boldsymbol{k}')} \mathrm{d}V$，或通过 $\boldsymbol{p} = \hbar\boldsymbol{k}$ 用动量表示

$$\delta(\boldsymbol{p}-\boldsymbol{p}') = \frac{1}{(2\pi\hbar)^3} \int_{-\infty}^{+\infty} \mathrm{e}^{\frac{\mathrm{i}}{\hbar}\boldsymbol{R}\cdot(\boldsymbol{p}-\boldsymbol{p}')} \mathrm{d}V \tag{A.9.19}$$

这是一个有用的表示.

(2) 在电磁学中常用到 δ 函数的另一个表达式是

$$\delta(\boldsymbol{R}-\boldsymbol{R}') = -\frac{1}{4\pi} \nabla^2 \frac{1}{r} \tag{A.9.20}$$

其中 $r = |\boldsymbol{R}-\boldsymbol{R}'|$. 容易证明(见式(A.6.23)) $\nabla^2 \mathrm{e}^{\mathrm{i}\boldsymbol{k}\cdot(\boldsymbol{R}-\boldsymbol{R}')} = -k^2 \mathrm{e}^{\mathrm{i}\boldsymbol{k}\cdot(\boldsymbol{R}-\boldsymbol{R}')}$，将此结果代入式(A.9.18)中

$$\delta(\boldsymbol{R}-\boldsymbol{R}') = -\frac{1}{(2\pi)^3} \int_{-\infty}^{+\infty} \frac{\nabla^2 \mathrm{e}^{\mathrm{i}\boldsymbol{k}\cdot(\boldsymbol{R}-\boldsymbol{R}')}}{k^2} \mathrm{d}\boldsymbol{k}$$

这里微分和积分分别对不同变量进行，次序可交换. 微分算子 ∇^2 可以移到积分号外

$$\delta(\boldsymbol{R}-\boldsymbol{R}') = -\frac{1}{(2\pi)^3} \nabla^2 \int_{-\infty}^{+\infty} \frac{\mathrm{e}^{\mathrm{i}\boldsymbol{k}\cdot(\boldsymbol{R}-\boldsymbol{R}')}}{k^2} \mathrm{d}\boldsymbol{k} \tag{A.9.21}$$

为了作出上面的积分，在波矢 $\boldsymbol{k}$ 空间取球坐标系 (k,ϑ,φ)，坐标原点取在 $\boldsymbol{R}'$ 点，取极轴沿 $\boldsymbol{r}=\boldsymbol{R}-\boldsymbol{R}'$ 方向，由于 $\mathrm{d}\boldsymbol{k}=k^2\sin\vartheta\mathrm{d}k\mathrm{d}\vartheta\mathrm{d}\varphi$，所以

$$\int_{-\infty}^{+\infty}\frac{\mathrm{e}^{\mathrm{i}\boldsymbol{k}\cdot(\boldsymbol{R}-\boldsymbol{R}')}}{k^2}\mathrm{d}\boldsymbol{k}=\int_0^{\infty}\mathrm{d}k\int_0^{\pi}\sin\vartheta\mathrm{e}^{\mathrm{i}kr\cos\vartheta}\mathrm{d}\vartheta\int_0^{2\pi}\mathrm{d}\varphi=4\pi\int_0^{\infty}\mathrm{d}k\frac{\sin kr}{kr}=2\pi^2\frac{1}{r}$$

其中利用了积分公式 $\int_0^{\infty}\sin(x/x)\mathrm{d}x=\pi/2$．将上述结果代入式(A.9.21)，即得式(A.9.20).

(3) 利用 δ 函数的定义，容易证明下面两个用极限形式给出的一维 δ 函数的表达式

$$\delta(x)=\lim_{k\to\infty}\frac{1}{\pi}\cdot\frac{\sin kx}{x}\tag{A.9.22}$$

$$\delta(x)=\lim_{k\to\infty}\frac{1}{\pi}\cdot\frac{\sin^2 kx}{kx^2}\tag{A.9.23}$$

附录 10　线性厄米算子及其性质

线性厄米算子定义：线性算子 $\hat{F}$，若对任意两个波函数 ψ,ϕ 都有

$$\int\psi^*(\boldsymbol{R})\hat{F}\phi(\boldsymbol{R})\mathrm{d}V=\int\phi(\boldsymbol{R})[\hat{F}\psi(\boldsymbol{R})]^*\mathrm{d}V\tag{A.10.1}$$

称 $\hat{F}$ 是个线性厄米算子(linear Hermitian operator). 用 Dirac 符号上式可记为

$$\left\langle\psi(\boldsymbol{R})\middle|\hat{F}\phi(\boldsymbol{R})\right\rangle=(\left\langle\phi(\boldsymbol{R})\middle|\hat{F}\psi(\boldsymbol{R})\right\rangle)^*\tag{A.10.2}$$

线性厄米算子的本征值和本征函数有一些重要性质，这些性质我们用下面的定理表述.

定理 1　线性厄米算子的本征值都是实数.

证明　设 $\hat{F}$ 是线性厄米算子，$|u\rangle$ 是属于本征值 F_u 的本征函数

$$\hat{F}|u\rangle=F_u|u\rangle\tag{A.10.3}$$

以 $\langle u|$ 从左作用于上式两边，得

$$\langle u|\hat{F}|u\rangle=F_u\langle u|u\rangle\tag{A.10.4}$$

由于 $\hat{F}$ 是厄米算子，应用式(A.10.2),有 $\langle u|\hat{F}|u\rangle=(\langle u|\hat{F}|u\rangle)^*$，这表示式(A.10.4)左端是实数，而右端 $\langle u|u\rangle$ 为实数，所以 F_u 必为实数.

定理 2　线性厄米算子属于不同本征值的本征函数正交.

证明　设 $|u\rangle,|v\rangle$ 分别是线性厄米算子 $\hat{F}$ 属于两不同本征值 F_u,F_v 的两个本征函数，即有

$$\hat{F}|u\rangle=F_u|u\rangle,\quad \hat{F}|v\rangle=F_v|v\rangle$$

分别以 $\langle v|,\langle u|$ 左乘上面第一、第二两式，得

$$\langle v|\hat{F}|u\rangle=F_u\langle v|u\rangle\tag{A.10.5}$$

$$\langle u|\hat{F}|v\rangle=F_v\langle u|v\rangle\tag{A.10.6}$$

利用算子 $\hat{F}$ 的厄米性质以及 F_v 为实数的事实，由式(A.10.6)可得

$$\langle v|\hat{F}|u\rangle = (\langle u|\hat{F}|v\rangle)^* = F_v\langle v|u\rangle \tag{A.10.7}$$

从式(A.10.5)减去式(A.10.7)，得 $0=(F_u-F_v)\langle v|u\rangle$，由于 $F_u \neq F_v$,上式意味着 $\langle v|u\rangle=0$，即二者正交. 无限深势阱中的粒子，属于不同能量本征值的波函数正交；属于不同动量 $\boldsymbol{p}$ 的平面波函数正交，都是这一定理成立的具体例子.

定理 3　线性厄米算子的本征函数，作为基矢张起一个完备的矢量空间.

数学上在严格条件下可给出这个定理证明，在物理上通常作为一个物理事实接受下来. 无限深势阱中粒子哈密顿算子的本征函数的完备性，动量算子的本征函数—— $\boldsymbol{p}$ 取不同值的平面波——的完备性都是大家熟知的例子. 这个定理表明，若 $\hat{F}$ 是线性厄米算子，它的本征函数系为 $\{|u_n\rangle\}$，不失一般性可假设它们是正交归一化的

$$\int u_n^*(\boldsymbol{R})u_m(\boldsymbol{R})\mathrm{d}V \equiv \langle u_n|u_m\rangle = \delta_{n,m} \tag{A.10.8}$$

则任意波函数 $|\varPsi\rangle$ 都可用这个函数系展开，严格地表示为

$$|\varPsi\rangle = \sum_n c_n|u_n\rangle \tag{A.10.9}$$

展开系数 c_n 可利用本征函数系的正交归一化关系求出

$$c_n = \langle u_n|\varPsi\rangle \tag{A.10.10}$$

代入式(A.10.9)中，得

$$|\varPsi\rangle = \sum_n |u_n\rangle\langle u_n|\varPsi\rangle$$

由于此式对任意波函数 $|\varPsi\rangle$ 成立，由此可得单位算子的一个有用的表示

$$\sum_n |u_n\rangle\langle u_n| = I \tag{A.10.11}$$

还可以证明完备性条件可表示为

$$\sum_n u_n^*(\boldsymbol{R}')u_n(\boldsymbol{R}) = \delta(\boldsymbol{R}'-\boldsymbol{R}) \tag{A.10.12}$$

为证明这一结果，将函数 $\delta(\boldsymbol{R}'-\boldsymbol{R})$ 按完备集 $\{u_n\}$ 展开

$$\delta(\boldsymbol{R}'-\boldsymbol{R}) = \sum_n a_n(\boldsymbol{R}')u_n(\boldsymbol{R}) \tag{A.10.13}$$

以 $u_{n'}^*(\boldsymbol{R})$ 乘上式两端并对变量 $\boldsymbol{R}$ 积分，得出

$$\int_V u_{n'}^*(\boldsymbol{R})\delta(\boldsymbol{R}'-\boldsymbol{R})\mathrm{d}V = \sum_n a_n(\boldsymbol{R}')\int_V u_{n'}^*(\boldsymbol{R})u_n(\boldsymbol{R})\mathrm{d}V$$

利用 $\{u_n\}$ 正交归一化关系，上式给出

$$u_{n'}^*(\boldsymbol{R}') = \sum_n a_n(\boldsymbol{R}')\delta_{nn'} = a_{n'}(\boldsymbol{R}')$$

将这一结果代入式(A.10.13)，即得式(A.10.12).

定理 4　两个力学量算子(线性厄米算子)有共同完备本征函数系的充要条件是这两个算子对易.

证明　首先证明如果两个力学量算子 $\hat{F},\hat{G}$ 有共同完备本征函数系，那么 $[\hat{F},\hat{G}]=0$. 设它们的共同本征函数系为 $\{|u_n\rangle\}$，且

$$\hat{F}|u_n\rangle = F_n|u_n\rangle,\quad \hat{G}|u_n\rangle = G_n|u_n\rangle$$

则

$$[\hat{F},\hat{G}]|u_n\rangle = (\hat{F}\hat{G}-\hat{G}\hat{F}]|u_n\rangle = (F_nG_n - G_nF_n)|u_n\rangle = 0$$

由于$\{|u_n\rangle\}$是完备的，任意波函数$|\psi\rangle$均可向它展开为 $|\psi\rangle=\sum_n c_n|u_n\rangle$,从而

$$[\hat{F},\hat{G}]|\psi\rangle=\sum_n c_n[\hat{F},\hat{G}]|u_n\rangle = 0$$

由于$|\psi\rangle$是任意的，上式对任意波函数成立，所以$[\hat{F},\hat{G}]=0$.

其次证明，若$[\hat{F},\hat{G}]=0$，则它们必有共同完备本征函数系.

设$\{|u_n\rangle\}$是算子$\hat{F}$的完备本征函数系，我们证明在非简并情况下，每个$|u_n\rangle$也必是$\hat{G}$的本征函数. 因为

$$\hat{F}|u_n\rangle = F_n|u_n\rangle$$

以算子$\hat{G}$作用于上式两边

$$\hat{G}\hat{F}|u_n\rangle = F_n\hat{G}|u_n\rangle$$

由于$\hat{F}$和$\hat{G}$对易，上式可写成

$$\hat{F}(\hat{G}|u_n\rangle) = F_n(\hat{G}|u_n\rangle)$$

这表示$\hat{G}|u_n\rangle$也是算子$\hat{F}$属于本征值F_n的本征函数，由于F_n是非简并的，$\hat{G}|u_n\rangle$和$|u_n\rangle$只能相差一个常数因子，所以

$$\hat{G}|u_n\rangle) = G_n|u_n\rangle$$

其中G_n是某个常数，这表示$|u_n\rangle$也是$\hat{G}$的本征函数，这就证明了$\hat{F}$和$\hat{G}$有完备共同本征函数系.

关于$\hat{F}$的本征值有简并情况下的证明稍复杂些，这里不拟给出.

附录 11　角动量算子和球谐函数

A.11.1　角动量算子在球坐标系下的表示

讨论粒子在中心力场中的运动，用球坐标系表示角动量算子更方便. 利用球坐标系和直角坐标系坐标变换关系

$$x = r\sin\theta\cos\varphi,\quad y = r\sin\theta\sin\varphi,\quad z = r\cos\theta$$

$$r=\sqrt{x^2+y^2+z^2},\quad \theta=\arctan(z/\sqrt{x^2+y^2}),\quad \varphi=\arctan(x/y)$$

可以求得

$$\begin{cases}\dfrac{\partial}{\partial x} = \sin\theta\cos\varphi\dfrac{\partial}{\partial r}+\dfrac{1}{r}\cos\theta\cos\varphi\dfrac{\partial}{\partial\theta}-\dfrac{\sin\varphi}{r\sin\theta}\dfrac{\partial}{\partial\varphi}\\ \dfrac{\partial}{\partial y} = \sin\theta\sin\varphi\dfrac{\partial}{\partial r}+\dfrac{\cos\theta\sin\varphi}{r\sin\theta}\dfrac{\partial}{\partial\theta}+\dfrac{\cos\varphi}{r\sin\theta}\dfrac{\partial}{\partial\varphi}\\ \dfrac{\partial}{\partial z} = \cos\theta\dfrac{\partial}{\partial r}-\dfrac{\sin\theta}{r}\dfrac{\partial}{\partial\theta}\end{cases}$$

代入式

$$\begin{cases}\hat{L}_x = y\hat{p}_z - z\hat{p}_y = -\mathrm{i}\hbar\left(y\dfrac{\partial}{\partial z} - z\dfrac{\partial}{\partial y}\right)\\ \hat{L}_y = z\hat{p}_x - x\hat{p}_z = -\mathrm{i}\hbar\left(z\dfrac{\partial}{\partial x} - x\dfrac{\partial}{\partial z}\right)\\ L_z = x\hat{p}_y - y\hat{p}_x = -\mathrm{i}\hbar\left(x\dfrac{\partial}{\partial y} - y\dfrac{\partial}{\partial x}\right)\end{cases} \tag{A.11.1}$$

中，得角动量各分量算子的球坐标表示

$$\begin{cases}\hat{L}_x = \mathrm{i}\hbar\left(\sin\varphi\dfrac{\partial}{\partial\theta} + \cot\theta\cos\varphi\dfrac{\partial}{\partial\varphi}\right)\\ \hat{L}_y = \mathrm{i}\hbar\left(-\cos\varphi\dfrac{\partial}{\partial\theta} + \cot\theta\sin\varphi\dfrac{\partial}{\partial\varphi}\right)\\ \hat{L}_z = -\mathrm{i}\hbar\dfrac{\partial}{\partial\varphi}\end{cases} \tag{A.11.2}$$

定义角动量平方算子

$$\hat{L}^2 = \hat{L}_x^2 + \hat{L}_y^2 + \hat{L}_z^2 \tag{A.11.3}$$

注意到对任意角向波函数 $\psi(\theta,\varphi)$ 有 $\hat{L}_x^2\psi(\theta,\varphi) = \hat{L}_x[\hat{L}_x\psi(\theta,\varphi)]$，可以求得算符等式

$$\hat{L}_x^2 = -\hbar^2\left[\sin^2\varphi\frac{\partial^2}{\partial\theta^2} + 2\cot\theta\sin\varphi\cos\varphi\frac{\partial^2}{\partial\theta\,\partial\varphi} + \cot^2\theta\cos^2\varphi\frac{\partial^2}{\partial\varphi^2}\right.$$
$$\left. + \cot\theta\cos^2\varphi\frac{\partial}{\partial\theta} - (\cot^2\theta + \csc^2\theta)\sin\varphi\cos\varphi\frac{\partial}{\partial\varphi}\right]$$

类似地还可求出

$$\hat{L}_y^2 = -\hbar^2[\cos^2\varphi\frac{\partial^2}{\partial\theta^2} - 2\cot\theta\sin\varphi\cos\varphi\frac{\partial^2}{\partial\theta\,\partial\varphi} + \cot^2\theta\sin^2\varphi\frac{\partial^2}{\partial\varphi^2}$$
$$+ \cot\theta\sin^2\varphi\frac{\partial}{\partial\theta} + (\cot^2\theta + \csc^2\theta)\sin\varphi\cos\varphi\frac{\partial}{\partial\varphi}]$$

$$\hat{L}_z^2 = -\hbar^2\frac{\partial^2}{\partial\varphi^2}$$

将以上三式代入式(A.11.3)，得球坐标系下角动量平方算子 $\hat{L}^2$ 为

$$\hat{L}^2 = -\hbar^2\left[\frac{1}{\sin\theta}\frac{\partial}{\partial\theta}\left(\sin\theta\frac{\partial}{\partial\theta}\right) + \frac{1}{\sin^2\theta}\frac{\partial^2}{\partial\varphi^2}\right] \tag{A.11.4}$$

A.11.2　角动量算子的本征值和本征函数

设角动量平方算子 $\hat{L}^2$ 的本征函数是 $Y(\theta,\varphi)$，相应的本征值为 $\lambda\hbar^2$，即

$$\hat{L}^2 Y(\theta,\varphi) = \lambda\hbar^2 Y(\theta,\varphi) \tag{A.11.5}$$

利用式(A.11.4)，$\hat{L}^2$ 算子的本征值方程可以写作

$$\left[\frac{1}{\sin\theta}\frac{\partial}{\partial\theta}\left(\sin\theta\frac{\partial}{\partial\theta}\right)+\frac{1}{\sin^2\theta}\frac{\partial^2}{\partial\varphi^2}\right]Y(\theta,\varphi)=-\lambda Y(\theta,\varphi) \tag{A.11.6}$$

1. 用分离变量法求解方程式(A.11.6)

令

$$Y(\theta,\ \varphi)=\varTheta(\theta)\varPhi(\varphi) \tag{A.11.7}$$

代入式(A.11.6)中，并以 $\sin^2\theta/(\varTheta\varPhi)$ 乘每一项，可得到

$$\frac{\sin\theta}{\varTheta}\frac{\mathrm{d}}{\mathrm{d}\theta}\left(\sin\theta\frac{\mathrm{d}\varTheta}{\mathrm{d}\theta}\right)+\lambda\sin^2\theta=-\frac{1}{\varPhi}\frac{\mathrm{d}^2Y}{\mathrm{d}\varphi^2}=\nu$$

上式左端仅是变量 θ 的函数，右端仅是变量 φ 的函数，等式成立仅当两端等于同一个常数 ν．于是得到分别关于 $\varTheta,\varPhi$ 的两个方程

$$\frac{1}{\sin\theta}\frac{\mathrm{d}}{\mathrm{d}\theta}\left(\sin\theta\frac{\mathrm{d}\varTheta}{\mathrm{d}\theta}\right)+\left(\lambda-\frac{\nu}{\sin^2\theta}\right)\varTheta=0 \tag{A.11.8}$$

$$\frac{\mathrm{d}^2\varPhi}{\mathrm{d}\varphi^2}+\nu\varPhi=0 \tag{A.11.9}$$

首先考虑方程式(A.11.9)，它的通解是

$$\varPhi=A\mathrm{e}^{\mathrm{i}\sqrt{\nu}\varphi}+B\mathrm{e}^{-\mathrm{i}\sqrt{\nu}\varphi}$$

A,B 是两个任意常数. 波函数的标准化条件要求 $\varPhi$ 在空间各点单值，所以有 $\varPhi(\varphi)=\varPhi(\varphi+2\pi)$．为了满足这一条件，要求 $\mathrm{e}^{\pm\mathrm{i}\sqrt{\nu}2\pi}=1$，所以 $\pm\sqrt{\nu}$ 必须取整数. 以 $m(m=0,\pm1,\pm2,\cdots)$ 表示 $\pm\sqrt{\nu}$，方程式(A.11.9)的特解可写作

$$\varPhi_m(\varphi)=\frac{1}{\sqrt{2\pi}}\mathrm{e}^{\mathrm{i}m\varphi},\quad m=0,\pm1,\pm2,\cdots \tag{A.11.10}$$

其中 $1/\sqrt{2\pi}$ 是归一化常数.

2. 关于 $\varTheta$ 方程式(A.11.8)求解

(1) 变量代换. 以 $\nu=m^2$ 代入式(A.11.8)中，并作变量代换，令 $\xi=\cos\theta$，由于 $0\leqslant\theta\leqslant\pi$，有 $-1\leqslant\xi\leqslant1$. 将 $\theta=\cos^{-}\xi$ 代入 $\varTheta(\theta)$ 中，$\varTheta(\theta)$ 可化成 $P(\xi)$，注意到

$$\frac{\mathrm{d}}{\mathrm{d}\theta}=\frac{\mathrm{d}}{\mathrm{d}\xi}\frac{\mathrm{d}\xi}{\mathrm{d}\theta}=-\sin\theta\frac{\mathrm{d}}{\mathrm{d}\xi}=-(1-\xi^2)\frac{\mathrm{d}}{\mathrm{d}\xi}$$

可以将方程式(A.11.8)化成

$$\frac{\mathrm{d}}{\mathrm{d}\xi}\left[(1-\xi^2)\frac{\mathrm{dP}}{\mathrm{d}\xi}\right]+\left(\lambda-\frac{m^2}{1-\xi^2}\right)\mathrm{P}=0 \tag{A.11.11}$$

这个方程数学上称为**缔合勒让德**(Legendre)方程. 在 $-1\leqslant\xi\leqslant1$ 范围内，这个方程有两个奇点 $\xi=\pm1$，分析方程在其异点的性质可知，要保持 $\mathrm{P}(\xi)$ 有限，它应有下面的形式

$$\mathrm{P}(\xi)=(1-\xi^2)^{|m|/2}v(\xi) \tag{A.11.12}$$

其中 $v(\xi)$ 满足下述方程

$$(1-\xi^2)\frac{\mathrm{d}^2v}{\mathrm{d}\xi^2}-2(|m|+1)\xi\frac{\mathrm{d}v}{\mathrm{d}\xi}+(\lambda-|m|-m^2)v=0 \tag{A.11.13}$$

这个方程可以用幂级数法求解.

(2) 幂级数法求解. 由波函数的标准化条件决定角量子数：设

$$v(\xi)=\sum_{\nu=0}^{\infty}b_{\nu}\xi^{\nu} \tag{A.11.14}$$

代入方程(A.11.13)中，比较 ξ^{ν} 对应项的系数，可得系数 b_{ν} 满足的方

$$(\nu+2)(\nu+1)b_{\nu+2}=[\nu(\nu-1)+2(|m|+1)\nu-\lambda+|m|+m^2]b_{\nu}$$

或

$$b_{\nu+2}=\frac{\nu(\nu-1)+2(|m|+1)\nu-\lambda+|m|+m^2}{(\nu+2)(\nu+1)}b_{\nu} \tag{A.11.15}$$

这是决定幂级数展开系数的一个递推关系. 注意到要使 $v(\xi)$ 满足波函数有界条件，它的幂级数展开必在某一项中断成为多项式. 设在 $\nu=k$ 为多项式的最高次幂，则必有 $b_{k+2}=0$ ，从而

$$k(k-1)+2(|m|+1)k-\lambda+|m|+m^2=0$$

由此求出

$$\lambda=(k+|m|)(k+|m|+1) \tag{A.11.16}$$

以 l 表示 $k+|m|$

$$l=k+|m|$$

l 称为**角量子数**, 由于 k 是零或正整数，$|m|$ 只能是零或正整数, 所以 l 只可能取零和正整数. 由式(A.11.16)

$$\lambda=l(l+1),\quad l=0,1,2,\cdots \tag{A.11.17}$$

$$|m|\leqslant l,\quad m=0,\pm1,\pm2,\cdots,\pm l \tag{A.11.18}$$

由于只有 λ 取式(A.11.17)中值时，才能得到满足波函数标准化条件的解. 为了求得满足要求的波函数，$\mathrm{P}(\xi)$ 满足的方程(A.11.15)中的 λ 应代以 $l(l+1)$

$$\frac{\mathrm{d}}{\mathrm{d}\xi}\left[(1-\xi^2)\frac{\mathrm{dP}}{\mathrm{d}\xi}\right]+\left(l(l+1)-\frac{m^2}{1-\xi^2}\right)\mathrm{P}=0 \tag{A.11.19}$$

(3) 当 $m=0$ 时的解. 勒让德多项式：式(A.11.19)的解称为勒让德多项式，记为 $\mathrm{P}_l(\xi)$ ，此时式(A.11.12)中 $\mathrm{P}(\xi)=v(\xi)$. 勒让德多项式的系数递推关系可由式(A.11.15), 令其中 $m=0$ 得到

$$b_{\nu+2}=\frac{\nu(\nu+1)-l(l+1)}{(\nu+2)(\nu+1)}b_{\nu} \tag{A.11.20}$$

这个式子联系着 $b_{\nu+2}$ 和 b_{ν} ，所以 $\mathrm{P}_l(\xi)$ 可以只含偶次项或只含奇次项. 取 $b_0\neq0,b_1=0$ ，由式(A.10.20)可求出所有偶次项系数，得到只含偶次项的 $\mathrm{P}_l(\xi)$ ；取 $b_0=0,b_1\neq0$ ，得到只含奇次项的 $\mathrm{P}_l(\xi)$. 这样得到的 $\mathrm{P}_l(\xi)$ 还包含一个任意常数 b_0 或 b_1 . 若取 b_0 或 b_1 使 $P_l(1)=1$ ，在 l 给定后，相应的 $\mathrm{P}_l(\xi)$ 就完全确定. 容易验证，这样得到的勒让德多项式可以由下面的公式给出

$$\mathrm{P}_l(\xi)=\frac{1}{2^l l!}\frac{\mathrm{d}}{\mathrm{d}\xi}(\xi^2-1)^l \tag{A.11.21}$$

(4) $m\neq0$ 时的解. 缔合勒让德多项式：注意到方程(A.11.13) $m=0$ ， $\lambda=l(l+1)$ 化为

$$(1-\xi^2)\frac{\mathrm{d}^2v}{\mathrm{d}\xi^2}-2\xi\frac{\mathrm{d}v}{\mathrm{d}\xi}+l(l+1)v=0 \tag{A.11.22}$$

此时其解 $v(\xi)=\mathrm{P}_l(\xi)$；将式(A.11.22)对 ξ 求 $|m|$ 次导，可以证明 $\mathrm{d}^{|m|}v/\mathrm{d}\xi^{|m|}$ 满足的方程和 $|m|\neq 0$ 时的方程(A.11.13)相同. 以 $\mathrm{P}_l^{|m|}$ 表示式(A.11.19)的解，注意到式(A.11.12)，我们得到

$$\mathrm{P}_l^{|m|}(\xi)=(1-\xi^2)^{|m|/2}\frac{\mathrm{d}^{|m|}}{\mathrm{d}\xi^{|m|}}\mathrm{P}_l(\xi) \tag{A.11.23}$$

$\mathrm{P}_l^{|m|}$ 称为**缔合勒让德多项式**.

(5) 角动量平方算子的本征函数. 注意到 $\mathrm{P}_l^{|m|}(\xi)=\mathrm{P}_l^{|m|}(\cos\theta)$，将式(A.11.23)以及式(A.11.10)代入式(A.11.7))中，得 $\hat{L}^2$ 算子的本征值方程(A.11.6)的解

$$\mathrm{Y}_{lm}(\theta,\varphi)=N_{lm}\mathrm{P}_l^{|m|}(\cos\theta)\mathrm{e}^{\mathrm{i}m\varphi} \tag{A.11.24}$$

$\mathrm{Y}_{lm}(\theta,\varphi)$ 称为**球谐函数**，$N_{lm}=C_{lm}/\sqrt{2\pi}$，是归一化常数，由条件

$$\int_{\varphi=0}^{2\pi}\int_{\theta=0}^{\pi}\mathrm{Y}_{lm}^*(\theta,\varphi)\mathrm{Y}_{lm}(\theta,\varphi)\sin\theta\mathrm{d}\theta\mathrm{d}\varphi=1$$

定出 $N_{lm}=\sqrt{\dfrac{(l-|m)!(2l+1)|}{(l+|m|)!4\pi}}$, 代入式(A.11.24)中得满足归一化条件的球谐函数的表达式为

$$\mathrm{Y}_{lm}(\theta,\varphi)=\sqrt{\frac{(l-|m|)!(2l+1)}{(l+|m|)4\pi}}\mathrm{P}_l^m(\cos\theta)\mathrm{e}^{\mathrm{i}m\varphi} \tag{A.11.25}$$

总结上述结果有

$$\hat{L}^2\mathrm{Y}_{lm}(\theta,\varphi)=l(l+1)\hbar^2\mathrm{Y}_{lm}(\theta,\varphi) \tag{A.11.26}$$

附录 12　泡利算子和泡利矩阵

A.12.1　泡利算子

电子具有自旋角动量 $\hat{\boldsymbol{S}}$，在量子力学中常引进另一个算子 $\hat{\boldsymbol{\sigma}}$ 表示自旋角动量，$\hat{\boldsymbol{\sigma}}$ 和 $\hat{\boldsymbol{S}}$ 的关系是

$$\hat{\boldsymbol{S}}=\hbar\hat{\boldsymbol{\sigma}}/2 \tag{A.12.1}$$

利用 $\hat{\boldsymbol{S}}$ 算子满足的对易关系式(见第六部分式(4.5.5)、式(4.5.6)),可得出 $\hat{\boldsymbol{\sigma}}$ 算子满足的对易关系

$$[\hat{\sigma}_x,\hat{\sigma}_y]=2\mathrm{i}\hat{\sigma}_z,\ [\hat{\sigma}_y,\hat{\sigma}_z]=2\mathrm{i}\hat{\sigma}_x,\ [\hat{\sigma}_z,\hat{\sigma}_x]=2\mathrm{i}\hat{\sigma}_y \tag{A.12.2}$$

或写成

$$\hat{\boldsymbol{\sigma}}\times\hat{\boldsymbol{\sigma}}=2\mathrm{i}\hat{\boldsymbol{\sigma}} \tag{A.12.3}$$

由 $\hat{\boldsymbol{\sigma}}$ 算子和自旋算子 $\hat{\boldsymbol{S}}$ 的关系式(A.12.1)可以看出，$\hat{\boldsymbol{\sigma}}$ 算子也是厄米算子，它的每个分量算子 $\hat{\sigma}_\alpha$ ($\alpha=x,y,z$)的本征值为 $\sigma_\alpha=\pm1$，$\hat{\sigma}_\alpha^2$ 和 $\hat{\boldsymbol{\sigma}}$ 的平方算子的本征值是

$$\sigma_x^2=\sigma_y^2=\sigma_z^2=1,\quad \boldsymbol{\sigma}^2=\sigma_x^2+\sigma_y^2+\sigma_z^2=3$$

利用 $\hat{\sigma}_\alpha$ 的性质和满足的对易关系，还可证明以下关系成立：

$\hat{\boldsymbol{\sigma}}$ 的各分量满足反对易关系

$$\left[\hat{\sigma}_x,\sigma_y\right]_+ = \hat{\sigma}_x\hat{\sigma}_y + \hat{\sigma}_y\hat{\sigma}_x = 0,\quad \left[\hat{\sigma}_y,\sigma_z\right]_+ = 0,\quad \left[\hat{\sigma}_z,\sigma_x\right]_+ = 0 \tag{A.12.4}$$

例如，$\hat{\sigma}_x\hat{\sigma}_y + \hat{\sigma}_y\hat{\sigma}_x = 0$，利用式(A.12.2)中第三式 $\hat{\sigma}_z\hat{\sigma}_x - \hat{\sigma}_x\hat{\sigma}_z = 2\mathrm{i}\hat{\sigma}_y$ 解出 $\hat{\sigma}_y$，代入下式

$$\begin{aligned}\hat{\sigma}_x\hat{\sigma}_y + \hat{\sigma}_y\hat{\sigma}_x &= \frac{1}{2\mathrm{i}}\hat{\sigma}_x(\hat{\sigma}_z\hat{\sigma}_x - \hat{\sigma}_x\hat{\sigma}_z) + \frac{1}{2\mathrm{i}}(\hat{\sigma}_z\hat{\sigma}_x - \hat{\sigma}_x\hat{\sigma}_z)\hat{\sigma}_x \\ &= \frac{1}{2\mathrm{i}}(\hat{\sigma}_x\hat{\sigma}_z\hat{\sigma}_x - \hat{\sigma}_z) + \frac{1}{2\mathrm{i}}(\hat{\sigma}_z - \hat{\sigma}_x\hat{\sigma}_z\hat{\sigma}_x) = 0\end{aligned}$$

其中利用了 $\hat{\sigma}_x^2 = 1$. 类似地可以证明式(A.12.4)中其他两式也成立.

利用式(A.12.2)和式(A.12.4)还可得出

$$\hat{\sigma}_x\hat{\sigma}_y = \mathrm{i}\hat{\sigma}_z,\quad \hat{\sigma}_y\hat{\sigma}_z = \mathrm{i}\hat{\sigma}_x,\quad \hat{\sigma}_z\hat{\sigma}_x = \mathrm{i}\hat{\sigma}_y \tag{A.12.5}$$

分别用 $\hat{\sigma}_z,\hat{\sigma}_x,\hat{\sigma}_y$ 左乘式(A.12.5)两边，得

$$\hat{\sigma}_z\hat{\sigma}_x\hat{\sigma}_y = \hat{\sigma}_x\hat{\sigma}_y\hat{\sigma}_z = \hat{\sigma}_y\hat{\sigma}_z\hat{\sigma}_x = 0 \tag{A.12.6}$$

A.12.2 泡利矩阵

现在我们求在 $\hat{\sigma}_z$ 表象中泡利算子的矩阵表示. $\hat{\sigma}_z$ 在自身表象中的矩阵是对角矩阵，对角元就是它的两个本征值

$$\hat{\sigma}_z = \begin{bmatrix} 1 & 0 \\ 0 & -1 \end{bmatrix} \tag{A.12.7}$$

设 $\hat{\sigma}_x$ 在 $\hat{\sigma}_z$ 表象中的矩阵为 $\hat{\sigma}_x = \begin{bmatrix} a & b \\ c & d \end{bmatrix}$，利用式(A.12.4)中第三式得

$$\begin{bmatrix} 1 & 0 \\ 0 & -1 \end{bmatrix}\begin{bmatrix} a & b \\ c & d \end{bmatrix} + \begin{bmatrix} a & b \\ c & d \end{bmatrix}\begin{bmatrix} 1 & 0 \\ 0 & -1 \end{bmatrix} = 0$$

由此推得 $a = d = 0$，$\hat{\sigma}_x$ 具有形式 $\hat{\sigma}_x = \begin{bmatrix} 0 & b \\ c & 0 \end{bmatrix}$. 再利用 $\hat{\sigma}_x$ 为厄米算子，$c^* = b$，以及 $\hat{\sigma}_x^2 = 1 \Rightarrow |c|^2 = 1,\ c = \mathrm{e}^{\mathrm{i}\alpha}$ (α 为实数)，得

$$\hat{\sigma}_x = \begin{bmatrix} 0 & \mathrm{e}^{-\mathrm{i}\alpha} \\ \mathrm{e}^{\mathrm{i}\alpha} & 0 \end{bmatrix} \tag{A.12.8}$$

利用 $\hat{\sigma}_z,\hat{\sigma}_x$ 的表示矩阵，$\hat{\sigma}_y$ 的表示矩阵可由式(A.12.6)求出

$$\hat{\sigma}_y = \frac{1}{i}\hat{\sigma}_z\hat{\sigma}_x = -\mathrm{i}\begin{bmatrix} 0 & \mathrm{e}^{-\mathrm{i}\alpha} \\ -\mathrm{e}^{\mathrm{i}\alpha} & 0 \end{bmatrix} \tag{A.12.9}$$

习惯取 $\alpha = 0$，于是得

$$\hat{\sigma}_x = \begin{bmatrix} 0 & 1 \\ 1 & 0 \end{bmatrix},\quad \hat{\sigma}_y = \begin{bmatrix} 0 & -\mathrm{i} \\ \mathrm{i} & 0 \end{bmatrix},\quad \hat{\sigma}_z = \begin{bmatrix} 1 & 0 \\ 0 & -1 \end{bmatrix} \tag{A.12.10}$$

是泡利算子在 $\hat{\sigma}_z$ 表象中的矩阵表示，称为**泡利矩阵**(Pauli matrices).

习题参考答案

第四部分　振动　波动　电磁波和波动光学

第 16 章　振动

16.1　振动和波动是自然界一种十分普遍的运动形式，这些振动和波动的表现形式虽然不同，但具有普遍的性质和规律，满足相同的微分方程，可以用统一的数学形式描述. 因此，振动和波动在物理学中具有非常重要的地位和作用.

16.2　简谐振动的判据是：① $x = A\cos(\omega t + \varphi_0)$；或② $a = -kx/m$；或③$F = -kx$.

一切复杂振动都可分解为不同频率简谐振动的叠加. 所以，研究简谐振动是研究一切复杂振动的基础.

16.3　简谐振动的三个特征量是：①振幅 A，它由初始条件决定；②频率ν(圆频率 ω，周期 T)，它由简振系统的自身性质决定；③初相位 φ_0，它由初始条件决定.

16.4　(1) $A = 5\times10^{-3}\,\text{m}$；$\omega = 8\pi\ \text{rad/s}$；$T = 2\pi/\omega = 0.25\text{s}$；$\varphi_0 = \pi/3$；

(2) $v = -4\pi\times10^{-2}\sin(8\pi t + \pi/3)$，$a = -3.2\pi^2\times10^{-1}\cos(8\pi t + \pi/3)$；

(3) $\varphi\big|_{t=0.1} = 17\pi/15$，$\varphi\big|_{t=0.2} = 29\pi/15$，$\varphi\big|_{t=0.3} = 41\pi/15$；

或$\varphi\big|_{t=0.1} = -13\pi/15$，$\varphi\big|_{t=0.2} = -\pi/15$，$\varphi\big|_{t=0.3} = 11\pi/15$.

16.5　(1) $\varphi_0 = \pi$；(2) $\varphi_0 = -0.5\pi$；(3) $\varphi_0 = \pi/3$.

16.6　(1) $x = 5\times10^{-2}\cos\left(\dfrac{5\pi}{6}t - \dfrac{\pi}{3}\right)$(SI 制)；(2) $\varphi_a = 0$，$\varphi_b = \dfrac{\pi}{3}$，$\varphi_c = \dfrac{\pi}{2}$，$\varphi_d = \dfrac{2\pi}{3}$，$\varphi_e = \dfrac{4\pi}{3}$.

16.7　$x = 10\sqrt{2}\cos\left(20\pi t - \dfrac{\pi}{4}\right)(\text{cm})$，$v = -200\sqrt{2}\pi\sin\left(20\pi t - \dfrac{\pi}{4}\right)(\text{cm/s})$，

$$a = -4000\sqrt{2}\pi^2\cos\left(20\pi t - \frac{\pi}{4}\right)(\text{cm/s}^2).$$

16.8　(1) $x\big|_{t=0.5\text{s}} \approx 16.97\text{cm}$，$F\big|_{t=0.5\text{s}} \approx -4.19\times10^{-3}\,\text{N}$，沿 x 轴的反向；

(2) $t_{\min} = 4/3 \approx 1.33(\text{s})$，$v\big|_{x=-12} = \pm6\sqrt{3}\pi \approx \pm32.65\,(\text{cm/s})$；(3) $E \approx 7.1\times10^{-4}\,\text{J}$.

16.9　$x = \sqrt{\dfrac{m}{k}}\,v_0\cos\left(\sqrt{\dfrac{k}{m}}\,t - \dfrac{\pi}{2}\right)$，$E = E_\text{k} + E_\text{p} = \dfrac{1}{2}mv_0^2 = \dfrac{1}{2}kA^2$.

16.10　$A \approx 1.06\times10^{-2}\,\text{m}$，$v_{\max} = 15.0\times10^{-2}\,\text{m/s}$.

16.11　$x = \dfrac{mg}{k}\sqrt{1 + \dfrac{2hk}{(m+M)g}}\cos\left(\sqrt{\dfrac{k}{m+M}}t + \arctan\dfrac{-\sqrt{2hk}}{-\sqrt{(m+M)g}}\right)$.

16.12　$T_{串} = 2\pi\sqrt{\dfrac{(k_1+k_2)m}{k_1k_2}}$，$T_{并} = 2\pi\sqrt{\dfrac{m}{k_1+k_2}}$.

16.13　$\theta = \theta_0\cos(\sqrt{3g/(2l)}\,t)$.

16.14　摆球相对于升降机的运动是简谐振动，其振动表达式为$\theta = \theta_0\cos(\sqrt{2g/l}\,t)$.

若摆球摆到最高点时升降机以重力加速度下落，则以后摆球相对于升降机位于摆角 θ_0 处静止.

若摆球摆到最低点时升降机以重力加速度下落，则以后摆球相对于升降机做匀速圆周运动，其速率为$v = \sqrt{4gl(1-\cos\theta_0)} \approx \sqrt{2gl}\theta_0$.

16.15　$T \approx 0.0773\text{s}$.

16.16　$y = 0.5D\cos\left(\sqrt{\dfrac{g}{2D}}t\right)$.

16.17　木板在水平方向作简谐振动，振动的圆频率为$\omega = \sqrt{\mu g/l}$.

16.18　$z = R\cos\left(\sqrt{G\dfrac{M_{地}}{R^3}}t\right)$，$t_{\min} = \dfrac{T}{2} = \pi\sqrt{\dfrac{R^3}{GM_{地}}}$.

16.19　$T = \dfrac{2\pi}{\omega} = 2\pi\sqrt{\dfrac{L}{3g}}$.

16.20　$\dfrac{T-T_0}{T_0} = \sqrt{1+\dfrac{\ln^2 3}{4\pi^2}} - 1 \approx 0.0152 = (1.52\%)$.

16.21　$t_2 = \dfrac{\ln 10}{\ln 3}\times 10 \approx 21(\text{s})$.

16.22　$v \approx 20.6\text{m/s} = 74.2\text{km/h}$.

16.23　令 $\varphi_1 = 0$ 得 $A_2 \approx 0.1003544\text{m}, \varphi_2 \approx 85.18°$.

16.24　(1) $x = 2x_1 = 10\cos(3t+\pi/3)$；(2) $x = 0$.

16.25　(1) $x = x_1+x_2+x_3 = 0.16\cos\left(314t+\dfrac{\pi}{2}\right)$；(2) $t_{\min} \approx 1.17\times10^{-2}(\text{s})$.

16.26　(1) $\dfrac{x^2}{0.05^2}+\dfrac{y^2}{0.06^2} = 1$ (SI 制);

(2) $F_x = -0.02\left(\dfrac{\pi}{3}\right)^2\cos\left(\dfrac{\pi}{3}t+\dfrac{\pi}{6}\right)$，$F_y = -0.024\left(\dfrac{\pi}{3}\right)^2\sin\left(\dfrac{\pi}{3}t+\dfrac{\pi}{6}\right)$(SI 制).

第 17 章　机械波

17.1　$\lambda = 2\text{m}$，$T = 0.8\text{s}$，$u = 2.5\text{m/s}$.

17.2　$\nu_1 = 600\text{Hz}$，$\lambda_{气} \approx 0.57\text{m}$，$\lambda_{水} = 2.5\text{m}$，$\lambda_{钢} \approx 8.83\text{m}$.

$\nu_2 = 2\times10^5\text{Hz}$，$\lambda_{气} = 1.7\times10^{-3}\text{m}$，$\lambda_{水} = 7.5\times10^{-3}\text{m}$，$\lambda_{钢} = 2.65\times10^{-2}\text{m}$.

17.3　(1) $\lambda = 0.5\text{m}$，$\nu = 200\text{Hz}$，$u = 100\text{m/s}$，此波沿 x 轴正向传播；

(2) $v_{\max} = 8\pi = 25.12(\text{m/s})$.

17.4　$y = 0.01\sin(4.0t-5.0x+1.5)$ (SI 制).

17.5 (1) $y|_{t=5s}=-0.05\cos(400\pi x)$ (SI 制); (2) $y|_{x=0.04}=0.05\cos(3\pi t)$ (SI 制); (3) $v|_{\substack{t=3\\x=0.035}}=0$.

17.6 $y=5\cos\left[\pi\left(t-\dfrac{x}{2}\right)+\dfrac{\pi}{2}\right]$, $y|_{x=1cm}=5\cos(\pi t)$.

17.7 $t=4.2s$，波峰位置：$x=k-8.4$ ($k=0,\pm1,\pm2,\cdots$)； $x|_{k=8}=-0.4m$ ， $t=4.0s$.

17.9 (1) $u_{横}\approx3.101\times10^3 m/s$ ， $u_{纵}\approx5.064\times10^3 m/s$ ； (2) $L\approx4.0\times10^4 m$.

17.10 自由谐振子：机械能守恒，原因是只有保守内力做功.

简谐波场中质元：机械能不守恒，原因是周围质元作用在该质元上的外力做功.

17.11 (1) $I\approx1.58\times10^5 J/(m^2\cdot s)$ ； (2) $E\approx3.79\times10^3 J$.

17.12 $I=\dfrac{P_0}{2\pi r}$ ， $A=\sqrt{\dfrac{P_0}{\pi\rho u\omega^2 r}}$.

17.13 $r_1\approx892m$ ， $r_2\approx282\times10^3 m$.

17.14 不违背能量守恒定律. 因为有干涉相长点，就必有干涉相消点，总体上能量守恒

17.15 $x=\dfrac{s}{2}-k\dfrac{u}{\omega}\pi$ (k 为 0 或整数，且 $0\leqslant x\leqslant s$).

17.16 $y_{入}=A\cos\left[\omega\left(t-\dfrac{x}{u}\right)-\dfrac{\pi}{2}\right](x\leqslant x_P)$， $y_{反}=A\cos\left[\omega\left(t+\dfrac{x}{u}\right)-\dfrac{\pi}{2}\right](x\leqslant x_P)$，

$y=2A\cos\left(\dfrac{\omega}{u}x\right)\cos\left(\omega t-\dfrac{\pi}{2}\right)(x\leqslant x_P)$， $x=(2k+1)\dfrac{\lambda}{4}$ ($k=1$，0，-1，-2，$\cdots$).

17.17 (1) $A=0.02(m)$ ， $u=5(m/s)$ ； (2) $\Delta x=\lambda/2=0.1(m)$ ； (3) $v|_{\substack{x=x_0\\t=t_0}}\approx-1.85(m/s)$.

17.18 $\Delta T/T=2.01\%$.

17.19 (1)前方 $\lambda_1\approx0.279(m)$ ，后方 $\lambda_2\approx0.334(m)$ ； (2) $\nu_R\approx1768(Hz)$ ， $\lambda'\approx0.187(m)$.

17.20 $\Delta t_R\approx1.88(s)$.

17.21 $h\approx1080(m)$.

17.22 $\nu_{R\min}=\nu_R|_{\theta=60^\circ}=\dfrac{u}{u+r\omega}\nu_s\approx456(Hz)$ ， $\nu_{R\max}=\nu_R|_{\theta=-60^\circ}=\dfrac{u}{u-r\omega}\nu_s\approx554(Hz)$.

17.23 (1) $\Delta t\approx15.1(s)$ ； (2) $\alpha\approx25.77^\circ$.

第 18 章 电磁波

18.1 $\boldsymbol{H}=2.39\cos(\omega t+\pi/6)\boldsymbol{e}_y$ (SI 制)；前方 a 米处相位滞后 $\omega a/c$；后方 a 米处相位超前 $\omega a/c$.

18.2 $\boldsymbol{H}=-0.796\cos(\omega t+\pi/3)\boldsymbol{e}_y$ (SI 制).

18.3 $B_0\approx3.33\times10^{-12}T$ ， $\bar{S}\approx1.33\times10^{-9} W/m^2$.

18.4 (1) $\nu=1.0\times10^8 Hz$ ； (2)沿 y 轴正向， $B_0=1.0\times10^{-6}T$ ； (3) $\bar{S}\approx119.53W/m^2$.

18.5 电偶极子辐射远场的特征如下：

(1) 电场强度的方向沿经线切向，磁场强度的方向沿纬线切向，能流密度方向(传播方向)沿径向.

(2) 电场强度和磁场强度同频率同相位地变化着，其大小关系为$(\varepsilon)^{1/2}E=(\mu)^{1/2}H$.

(3) 电场强度和磁场强度$\propto 1/r$，能流密度$\propto 1/r^2$. 所以，远场是球面波，在小范围内可看作平面波，其波速为$u=(\varepsilon\mu)^{-1/2}$，波长为$\lambda=2\pi u/\omega$.

(4) 能流密度的分布与φ角无关，与θ角有关. 当$\theta=0$和π时，平均能流密度为零；当$\theta=\pi/2$时，平均能流密度最大.

(5) 振荡偶极子的平均辐射总功率$\propto\omega^4$.

18.6　$\bar{P}=1.73\times10^{15}\,\text{W}$.

18.7　$\bar{P}=3.96\times10^{26}\,\text{W}$.

18.8　$E_0\approx1.55\times10^3\,\text{V/m}$，$B_0\approx5.17\times10^{-6}\,\text{T}$.

18.9　(1) $H_0\approx2.65\times10^{-2}\,\text{A/m}$；(2) $\bar{P}=1.325\times10^3\,\text{W}$.

18.10　$\sqrt{\overline{E^2}}\approx2.74\,\text{V/m}$，$\sqrt{\overline{H^2}}\approx7.27\times10^{-3}\,\text{A/m}$.

18.11　$R\approx0.638$.

第 19 章　波动光学(Ⅰ)

19.1　观察不到干涉条纹. 频率不同，非相干.

19.2　(a)图：非相干，无干涉条纹；(b)图：激光相干，可能有干涉条纹.

19.3　非相干光叠加：$I=I_1+I_2$；相干光叠加：$I=I_1+I_2+2\sqrt{I_1I_2}\cos\Delta\varphi$.

19.4　(1) 条纹向中心收缩，条纹变窄；(2) 若S上移(下移)，则条纹整体向下(向上)平移；(3) 若S的上下宽度变大，则条纹变模糊，当宽度增加到一定限度时，干涉条纹消失.

19.5　$\Delta x_3=3.6\times10^{-4}\,\text{m}$.

19.6　$\Delta x_1=7.2\times10^{-4}\,\text{m}$，$\Delta x_5=5\Delta x_1$.

19.7　$l=6\times10^{-6}\,\text{m}$.

19.8　$\Delta x=2\times10^{-4}\,\text{m}$.

19.9　$x_1=45\,\mu\text{m}$.

19.10　(1) $d=10^{-3}\,\text{m}$；(2) $\Delta x\approx10^{-3}\,\text{m}$；(3)最多能够出现三条明纹.

19.11　(1) 若把劈尖的表面向上平移，条纹将向尖角处平移，间距不变，而尖角处明暗交替变化；

(2) 若把劈尖角逐渐增大，条纹将向尖角处收缩，间距变小.

19.12　因为板的厚度太大，上下表面的反射光的光程差超过了相干长度.

19.13　牛顿环装置可以看作由无限多个环形劈尖组成的，由内向外，劈尖角逐渐增大. 应该将平凸透镜的球面磨制成圆锥面.

19.14　$\theta\approx3.88\times10^{-5}\,\text{rad}$.

19.15　$\lambda\approx5903\,\text{Å}$.

19.16　33 条；45 条.

19.18　$\Delta\delta=2(n-1)d$.

19.19　$\lambda=5349\,\text{Å}$.

19.20　$u=3\times10^{-5}\,\text{m/s}$.

19.21　(1)干涉条纹是以O_2为圆心的同心圆环形的牛顿环；

(2) $r_k=\begin{cases}\sqrt{kR\lambda} & (k=0,1,2,\cdots) \quad 明\\ \sqrt{(k+1/2)R\lambda} & (k=0,1,2,\cdots) \quad 暗\end{cases}$；(3)向中心收缩，中心明暗交替.

第 20 章 波动光学(Ⅱ)

20.1 日常物体或孔径的线度，接近于声波的波长，远大于光波的波长.

20.2 本质：相干叠加；联系：都是相干叠加；区别：干涉是有限个分立子波，衍射是无限多个连续子波.

20.3 把平行的衍射光会聚在焦平面上使其发生相干叠加.

20.4 $\Delta x_0 = 5.461\times10^{-3}\text{m}$.

20.5 半波带法：$\lambda_2 = 4285.7$ Å；振幅矢量叠加法：$\lambda_2 = 4253.6$ Å .

20.6 光线 1 和 3 产生的合振动与光线 2 和 4 产生的合振动是反相的.

20.7 (l)衍射图样不变；(2)衍射条纹宽度和间距都变大.

20.8 $L_{\max}\approx 8941.9\text{m}$.

20.9 $D_{\min}\approx 0.15\text{m}$.

20.10 (1) $d=6\times10^{-6}\text{m}$；(2) $a=1.5\times10^{-6}\text{m}$；(3)0,±1, ±2, ±3, ±5, ±6, ±7, ±9.

20.11 $d\approx1.03\times10^{-6}\text{m}$，不可能出现第二级主极大明纹.

20.12 $\lambda'\approx 4599$ Å；0,±1, ±2, ±3.

20.13 $\Phi_2\approx 5.25\times10^{-3}\text{rad}$.

第 21 章 波动光学(Ⅲ)

21.1 $I_2 = 9I_1/4$.

21.2 (1) $\alpha\approx 54.74°$；(2) $\alpha\approx 35.26°$.

21.3 $\dfrac{I_n}{I_n+I_p}=\dfrac{1}{3}$；$\dfrac{I_p}{I_n+I_p}=\dfrac{2}{3}$.

21.4 垂直入射偏振片并旋转偏振片：若透射光强不变，则入射光是自然光；若透射光强变化但无消光，则入射光是部分偏振光；若透射光强变化且有消光，则入射光是线偏振光.

21.7 一束自然光通过 $\lambda/4$ 波片后，其出射的光仍然是自然光；一束线偏振光通过 $\lambda/4$ 波片后，其出射的光可能是椭圆偏振光或圆偏振光，也可能是线偏振光；一束自然光通过 $\lambda/2$ 波片后，其出射的光仍然是自然光；一束线偏振光通过 $\lambda/2$ 波片后，其出射的光仍然是线偏振光.

21.8 $d_{\min}\approx 9.31\times10^{-7}\text{m}$，光轴方向与波片平面平行.

21.9 (1) $\lambda/2$ 波片；(2) 顺时针转过 40°.

21.10 (1)条纹的位置和宽度不变，光强减半；(2)屏上无条纹，屏上各点的光强是两束光到达该点的光强之和，在 O 点附近的较小范围内，各点光强基本相同.

21.11 若一束圆偏振光垂直入射到 $\lambda/4$ 波片上，则透射光是线偏振光.

若一束圆偏振光垂直入射到 $\lambda/2$ 波片上，则透射光仍然是圆偏振光，但旋转方向与入射光相反.

21.12 $\lambda_2 = 6.880\times10^{-7}\text{m}$，$\lambda_3 = 4.914\times10^{-7}\text{m}$.

第五部分　相对论　物理学中的对称性

第 22 章　狭义相对论

22.1　原理略；零结果的意义：光速不遵循经典的速度相加定理，在所有惯性系中的速度都是 c.

22.2　经典时空观：①两事件的同时性是绝对的；②两事件的时间间隔是绝对的；③空间两点的距离是绝对的；④空间与时间是相互独立的.

相对论时空观：①两事件的同时性是相对的；②两事件的时间间隔是相对的；③空间两点的距离是相对的；④空间与时间是相互联系的，与物质运动有关.

22.3　$l=\dfrac{\sin\theta'}{\sin\theta}l'$，$v=c\sqrt{1-\left(\dfrac{\tan\theta'}{\tan\theta}\right)^2}$.

22.4　(1) $\Delta t\approx 1.11\times 10^{-5}\text{s}$; (2) $\tau_0\approx 0.89\times 10^{-5}\text{s}$.

22.5　洛伦兹变换：$x'=\gamma(x-vt)$；$y'=y$；$z'=z$；$t'=\gamma(t-\beta x/c)$，其中 $\beta=v/c,\gamma=(1-\beta^2)^{-1/2}$.

物理意义：①时间和空间不再互相独立，两者通过物质运动相联系；②时间和空间只能用具体物质的物理过程来度量，每个惯性系中的“钟”和“尺”必须相对该惯性系静止；③若 $v\ll c$，则洛伦兹变换过渡到伽利略变换；④真空光速 c 是一切物质运动速度或信号传递速度之上限.

22.6　$\Delta t'=\tau_0=\dfrac{\Delta x\sqrt{1-v^2/c^2}}{v}$.

22.7　$\Delta t'\approx -3.464\times 10^{-8}\text{s}$，“−”号表示坐标 x 较大处的事件先发生.

22.8　(1) $\Delta t_1'=3\times 10^{-7}\text{s}$，$\Delta t_2'=3.75\times 10^{-7}\text{s}$；(2) $\Delta t_1=1.0\times 10^{-7}\text{s}$，$\Delta t_2=2.25\times 10^{-7}\text{s}$.

22.9　(1) $|\boldsymbol{u}|\approx 0.9655c$；(2) $|\boldsymbol{u}|\approx 0.9260c$.

第 23 章　相对论质点力学　电磁场的相对性

23.1　令 $\sin\theta=\mathrm{i}\gamma\beta$，有 $\cos\theta=\gamma$，可以把洛伦兹变换矩阵表示为 x-w“平面”内的转动矩阵.

23.2　由狭义相对论原理导出的洛伦兹坐标变换矩阵是 4×4 矩阵，所以，满足狭义相对论原理要求的物理量必须写成四维张量，物理方程必须写成四维时空中的张量方程形式. 否则，此方程就不满足狭义相对论原理的要求，从而不可能完全正确地表述物理规律.

23.4　牛顿方程的缺陷：①在洛伦兹变换下不协变；②会导致超光速运动.

建立相对论力学方程应该遵循的原则是：①符合狭义相对论原理的要求；②方程必须是四维张量方程；③当物体的运动速度 $u\ll c$ 时，相对论力学自动地过渡到牛顿力学.

23.5　$\boldsymbol{F}=\dfrac{Q^2}{4\pi\varepsilon_0 r^2}\sqrt{1-\dfrac{v^2}{c^2}}\boldsymbol{j}$.

23.6　质能关系式表明：质量和能量存在着联系，即物质和运动不可分割. 没有不运动的物质，也不存在无物质的运动. 质量守恒和能量守恒合并为质能守恒.

当正、负电子对湮灭而转化为光子时，质量并没有消灭. 电子和正电子的能量转化为光子的能量，电子和正电子的质量转化为光子的质量，质能守恒成立.

23.7 $E_k^+ \approx 2.08\text{MeV}$ ，$E_k^- \approx 1.04\text{MeV}$ ；这一过程并不意味着运动消灭了从而产生出了物质，只能说光子的能量转化为电子和正电子的能量，光子质量转化为电子和正电子的质量，质能守恒成立.

23.8 $E^\gamma \approx 2.756\times10^6\text{eV}$.

23.9 $E_k \approx 10.69\text{MeV}$.

23.10 $u = 54\text{km/h}$.

23.11 $\boldsymbol{E} = \left(1-\dfrac{v^2}{c^2}\right)\dfrac{q\boldsymbol{r}}{4\pi\varepsilon_0\left[r^2\left(1-\dfrac{v^2}{c^2}\right)+\left(\dfrac{\boldsymbol{r}\cdot\boldsymbol{v}}{c}\right)^2\right]^{3/2}}$ ， $\boldsymbol{B} = \dfrac{\boldsymbol{v}}{c^2}\times\boldsymbol{E}$.

23.12 $\rho = \gamma\lambda_0/\Delta s$ ， $\lambda = \gamma\lambda_0$ ， $\boldsymbol{j} = \boldsymbol{v}\rho$ ， $\boldsymbol{E} = \dfrac{\lambda}{2\pi\varepsilon_0 r}\boldsymbol{e}_r$ ， $\boldsymbol{B} = \dfrac{\mu_0}{2\pi}\cdot\dfrac{\Delta s\boldsymbol{j}\times\boldsymbol{e}_r}{r}$.

第 24 章　广义相对论简介

24.1 ①只对惯性系成立不合理；②没有把引力场理论也包括进来.

24.2 弱等效原理；强等效原理；广义相对性原理；时空弯曲；时钟延缓；长度收缩；真空光速减小.

24.3 物质、运动和时空存在着紧密的、不可分割的联系.

24.4 $r_S = 2.96\times10^3\text{m}$ ； $M = 6.75\times10^8\text{kg}$.

24.5 引力红移；光线在引力场中弯曲；水星轨道近日点的进动；雷达回波的时间延迟；引力波的发现…….

第 25 章　物理学中的对称性

25.1 ①对称操作：操作前后，物理系统不变；②正三角形的对称操作共有 6 个.

25.2 空间各向同性→物理规律有转动对称性. 三维转动变换矩阵是 3×3 矩阵→物理量是三维空间的张量.

25.3 空间平移对称性→ $E_p(\boldsymbol{r}_A,\boldsymbol{r}_B) = E_p(\boldsymbol{r}_A-\boldsymbol{r}_B)$ ；空间各向同性→ $E_p(\boldsymbol{r}_A,\boldsymbol{r}_B) = E_p(|\boldsymbol{r}_A-\boldsymbol{r}_B|)$.

25.4 空间平移对称性→作用力和反作用力大小相等，方向相反；空间各向同性→相互作用力沿它们连线.

25.5 空间平移对称↔动量守恒定律；空间转动对称↔角动量守恒定律；时间平移对称↔能量守恒定律.

25.6 经典力学相对性原理↔伽利略变换不变性；狭义相对论的相对性原理↔洛伦兹变换不变性.

第六部分　量子物理基础

第 26 章　波粒二象性

26.4　(1) $T \approx 3.28\times10^3\text{K}$；(2) $\int e_0(\lambda,T)\mathrm{d}\lambda \approx 6.56\times10^6\text{W/m}^2$.

26.6　$w_0 \approx 2.99\times10^{-19}\text{J}$，$\nu_0 \approx 4.5\times10^{14}\text{Hz}$.

26.7　(1) $E_{\text{km}} \approx 3.23\times10^{-19}\text{J}$；(2) $U_{\text{c}} \approx 2.02\text{V}$；(3) $\lambda_0 \approx 2.96\times10^{-7}\text{m}$.

26.9　(1) $\Delta\lambda \approx 2.43\times10^{-12}\text{m}$；(2) $E_{\text{k}} \approx 1.19\times10^{-17}\text{J}$.

26.12　$\lambda \approx 1.28\times10^{-10}\text{m}$；可以.

26.13　$\lambda = 6.14\times10^{-12}\text{m}$.

26.14　$\lambda = 6.63\times10^{-35}\text{m}$；日常生活中的实物粒子波长很短，实际上观察不到波动性.

26.15　$\lambda \approx 1.65\times10^{-10}\text{m}$；$E_{\text{k}} \approx 55.4\text{eV}$.

第 27 章　波函数

27.1　微观粒子具有波粒二象性，坐标和动量不能同时取确定值. 量子力学用波函数描述粒子状态.

27.2　$\Delta x \geqslant 2.4\times10^{-2}\text{m}$.

27.3　$\Delta\lambda \approx 4.24\times10^{-15}\text{m}$.

27.4　$E_{\text{k min}} \approx 5.22\times10^3\text{eV}$.

27.5　$E_{\text{k min}} \approx 9.40\text{MeV} \gg 10^{-1}\text{MeV}$，说明原子核内不可能存在单个电子.

27.6　$\Delta x \approx 2.64\times10^{-30}\text{m}$.

27.7　$\Delta x \approx 2.90\times10^{-2}\text{m}$.

***27.8**　(1) $A = 2\lambda^{3/2}$；(2)动量概率密度 $\rho(p) = |c(p)|^2 = \dfrac{2\lambda^3}{\pi\hbar}\left|\dfrac{(\lambda - \mathrm{i}p/\hbar)^2}{(\lambda^2 + p^2/\hbar^2)^2}\right|^2$.

第 28 章　薛定谔方程　几个典型量子现象

28.1　给定量子系统的初始状态，解薛定谔方程，就可以确定以后任意时刻此系统的状态. 从这个意义上说，量子力学中的薛定谔方程和经典力学中的牛顿方程地位相当.

28.2　经典因果：初态 $(\boldsymbol{r}_1, \boldsymbol{p}_1)$，$\boldsymbol{F}$ 的作用，→，末态 $(\boldsymbol{r}_2, \boldsymbol{p}_2)$. 是拉普拉斯决定论的.

量子因果：初态 $\psi(\boldsymbol{r}, t_1)$，$U$ 的作用，→，末态 $\psi(\boldsymbol{r}, t_2)$. 是非决定论的、概率的、统计性的.

28.3　$\dfrac{\partial^2\Psi}{\partial x^2} - \dfrac{1}{c^2}\cdot\dfrac{\partial^2\Psi}{\partial t^2} = \dfrac{m_0^2c^2}{\hbar^2}\Psi$.

28.6　(1) $W_n\big|_{0\leqslant x\leqslant a/4} = \dfrac{1}{4} - \dfrac{1}{2n\pi}\sin\dfrac{n\pi}{2}$，$W_1\big|_{0\leqslant x\leqslant a/4} \approx 0.09085$，$W_\infty\big|_{0\leqslant x\leqslant a/4} = 0.25$；

(2) $\rho_{1\max} = \rho_1(x)\big|_{x=a/2} = \dfrac{2}{a}$；

(3)在 $n=2(2k-1)$ $(k=1,2,3,\cdots)$ 的量子态上，$x=\dfrac{a}{4}$ 处，$\rho_{n\max}=\dfrac{2}{a}$.

28.7 $E_1=\dfrac{\pi^2\hbar^2}{2ma^2}$，概率为 $\dfrac{1}{2}$；$E_3=\dfrac{3^2\pi^2\hbar^2}{2ma^2}$，概率为 $\dfrac{1}{2}$；$\bar{E}=\dfrac{5\pi^2\hbar^2}{2ma^2}$.

28.8 $E_n=\left(n+\dfrac{1}{2}\right)\hbar\omega$，$\psi_n(x)=\left(\dfrac{m\omega}{\pi\hbar}\right)^{1/4}\dfrac{1}{\sqrt{2^n n!}}\mathrm{H}_n(\sqrt{m\omega/\hbar}x)\mathrm{e}^{-\frac{m\omega}{2\hbar}x^2}$.

量子谐振子：能量不连续；$\Delta E=\dfrac{1}{2}\hbar\omega$；$E_{\min}=\dfrac{1}{2}\hbar\omega$；概率密度是振荡的.

经典谐振子：能量连续；$\Delta E=0$；$E_{\min}=0$；概率密度是非振荡的.
若粒子能量很高，则量子谐振子→经典谐振子.

28.9 $E_N=\left(N+\dfrac{1}{2}\right)\hbar\omega$，$N=n_x+n_y+n_z+1$，$N=1,2,3,\cdots$.

能级简并度为: $N+N-1+\cdots+1=\dfrac{1}{2}N(N+1)$.

28.11 (1) $T\approx7.44\times10^{-4}T_0$；(2) $T\approx4.562\times10^{-2}T_0$；(3) $T\approx T_0\exp\{-308.4\}\approx0$.

第 29 章　力学量的算子表示　量子测量

29.2 $\bar{p}=0$；$\bar{E}_\mathrm{k}=\dfrac{\hbar^2\pi^2n^2}{2ma^2}$.

29.6 ①一组互相独立的力学量算子 $\{\hat{F},\ \hat{G},\cdots,\ \hat{K}\}$ 有共同完备本征函数系的充要条件是它们互相对易；②若力学量算子 $\hat{F}$ 和 $\hat{G}$ 不对易：$[\hat{F},\hat{G}]=\mathrm{i}\hat{K}$ ($\hat{K}$ 是非零算子)，则这两个力学量不可能同时取确定值，在任意态中 $\hat{F}$ 和 $\hat{G}$ 的方均偏差满足 $\left\langle(\Delta\hat{F})^2\right\rangle\cdot\left\langle(\Delta\hat{G})^2\right\rangle\geqslant\dfrac{1}{4}\langle K\rangle^2$.

29.9 $E_l=\dfrac{1}{2I}l(l+1)\hbar^2$；$\psi_{lm}=\mathrm{Y}_{lm}(\theta,\varphi)=\sqrt{\dfrac{(l-|m|)!(2l+1)}{(l+|m|)4\pi}}\mathrm{p}_l^m(\cos\theta)\mathrm{e}^{\mathrm{i}m\varphi}$.

$$l=0,1,2,\cdots,\quad m=0,\pm1,\pm2,\cdots,\pm l.$$

29.11 $E_1=\dfrac{\hbar^2\pi^2}{2ma^2}$，$|c_1|^2=\dfrac{1}{2}$；$E_3=\dfrac{9\hbar^2\pi^2}{2ma^2}$，$|c_3|^2=\dfrac{1}{2}$；$\bar{E}=\dfrac{5\hbar^2\pi^2}{2ma^2}$.

29.12 (1) $L_z=\hbar$，0；$\bar{L}_z=\dfrac{|c_1|^2\hbar}{|c_1|^2+|c_2|^2}$；(2) $L^2=2\hbar^2$，$\overline{L^2}=2\hbar^2$；(3) $L_x,L_y=\hbar,0,-\hbar$.

第 30 章　原子结构

30.2 $t\approx1.55\times10^{-11}\mathrm{s}$.
30.5 基态氢原子内电子的最可几半径为 $r_0=a_0$.
30.6 概率密度最大处到核的距离为 $r=4a_0$.

30.7 $E_1=-207\times13.6(\mathrm{eV})$，$a_0=\dfrac{1}{207}\times0.529\times10^{-10}(\mathrm{m})$.

30.8 $\bar{E}_\mathrm{p}=-27.2\mathrm{eV}$；$\bar{E}_\mathrm{k}=13.6\mathrm{eV}$；$\sqrt{\overline{v^2}}\approx2.19\times10^6\mathrm{m/s}$.

30.9　$\omega_{\mathrm{p}} = eB/(2m_{\mathrm{e}})$.

30.10　$e/m_{\mathrm{e}} \approx 1.76\times10^{11}\mathrm{C/kg}$.

30.13　$E_{\max} \approx 9.41\mathrm{eV}$.

30.15　$n=1,2,3,\cdots$ ；$l=0,1,2,3,\cdots,n-1$ ；$m_l=0,\pm1,\pm2,\pm3,\cdots,\pm l$ ；$m_s=\pm1/2$.

$$N_l = 2(2l+1)\ ;\quad N = 2n^2 .$$

30.16　$1s^2 2s^2 2p^6\ 3s^2 3p^6 4s^2 3d^6$.

第七部分　高新技术的物理基础

第 31 章　固体物理学和半导体材料

31.2　$E=3E_0$ ，简并度为 1；$E=6E_0$ ，简并度为 3；$E=9E_0$ ，简并度为 3.

31.4　$E_{\mathrm{F}}^0 \approx 3.15\mathrm{eV}$ ；$v_{\mathrm{F}}^0 \approx 1.05\times10^6\mathrm{m/s}$.

31.7　$f_{\mathrm{FD}}(\varepsilon_{\text{低}})/f_{\mathrm{FD}}(\varepsilon_{\text{高}}) \approx 3.2$.

31.8　(1) $f_{\mathrm{FD}}(\varepsilon_{\text{上}})/f_{\mathrm{FD}}(\varepsilon_{\text{下}}) \approx \mathrm{e}^{-213} \approx 3.13\times10^{-93}$ ；(2) $\lambda \leqslant 2.2574\times10^{-7}\mathrm{m}$.

第 32 章　超导物理学和超导技术

32.1　零电阻效应、完全抗磁性、比热异常、电子能谱异常. 超导体不同于理想导体.

32.3　基本的出发点是把导电机制分为正常态导电机制和超导态导电机制两部分. 二流体模型理论用常态电流密度和超导态电流密度解释超导电性, BCS 理论用常态电子导电和库珀电子对导电解释超导电性.

32.4　约瑟夫森结的性质：①存在零电压电流；②$V=V_0\neq0$ 时超导电流随时间振荡；③当超导结施加直流偏压，同时加高频交流电压时，超导电流多频率振荡.

32.5　超导磁悬浮是零电阻效应和电磁感应效应的直接结果.

第 33 章　光的发射和吸收　激光技术

33.2　$P_{k\to m} = \dfrac{|H'_{mk}|^2\tau}{\hbar^2}\cdot\dfrac{\sin^2(\tau\omega_{mk}/2)}{\tau(\omega_{mk}/2)^2}$ ；若 $\omega_{mk}\tau \gg 1$ ，则 $P_{k\to m} = 2\pi\cdot\dfrac{|H'_{mk}|^2}{\hbar^2}\cdot\tau\cdot\delta\left(\dfrac{E_m-E_k}{\hbar}\right)$.

33.5　$N=32$ ，$L=0.0375\mathrm{m}$.

33.6　(1) $I_0 \approx 7.07\times10^5\mathrm{W/m^2}$ ；(2) $R \approx 7.33\times10^{-6}\mathrm{m}$ ；(3) $I_0' \approx 2.49\times10^{10}\mathrm{W/m^2}$.

第 34 章　核物理和核技术

34.1　$B(^2\mathrm{H}) = 2.22439812\mathrm{MeV}$ ；$\varepsilon(^2\mathrm{H}) = 1.11219906\mathrm{MeV/Nu}$.

34.2　$B(^{56}_{26}\mathrm{Fe}) \approx 493.05\mathrm{MeV}$.

34.5　$A_0 \approx 3.656\times10^{10}\mathrm{Bq}$ ；$A \approx 2.372\times10^{10}\mathrm{Bq}$.

34.6　$E_{\alpha} \approx 5.30\mathrm{MeV}$.

34.7 $Q \approx 6.09\text{MeV}$.

34.8 (1) $M_{\text{D}} \approx 37.2\text{kg}$，$M_{\text{T}} \approx 55.8\text{kg}$；(2) $M_{\text{coal}} \approx 9.39 \times 10^{8}\text{kg}$.

第 35 章　量子纠缠和量子信息学基础

35.3 (1) $|00\rangle = [1\quad 0\quad 0\quad 0]^{\text{T}}, |01\rangle = [0\quad 1\quad 0\quad 0]^{\text{T}}$

$|10\rangle = [0\quad 0\quad 1\quad 0]^{\text{T}}, |11\rangle = [0\quad 0\quad 0\quad 1]^{\text{T}}$;

(2) $[F] = \begin{bmatrix} 1 & 0 & 0 & 0 \\ 0 & 1 & 0 & 0 \\ 0 & 0 & 0 & 1 \\ 0 & 0 & 1 & 0 \end{bmatrix}$.

第 36 章　纳米科技

略.